AUGUST THIENEMANN

DEM GANZHEITSSEHER DER LEBENSGEMEINSCHAFT
ZUM GEDÄCHTNIS

BIOSOZIOLOGIE

BERICHT ÜBER DAS

INTERNATIONALE SYMPOSIUM IN STOLZENAU/WESER

1960

DER

INTERNATIONALEN VEREINIGUNG FÜR VEGETATIONSKUNDE

HERAUSGEGEBEN VON

REINHOLD TÜXEN

VERLAG Dr. W. JUNK — DEN HAAG — 1965

ISBN-13:978-94-011-7598-2   e-ISBN-13:978-94-011-7597-5
DOI: 10.1007/978-94-011-7597-5

Softcover reprint of the hardcover 1st edition 1966

© *Copyright 1966 by Dr. W. Junk Publishers, The Hague*

INHALT

VORWORT DES HERAUSGEBERS

Wenn nach einer durch unüberwindliche Schwierigkeiten bedingten langen Wartezeit endlich der Bericht über das Internationale Stolzenauer Symposion für Biozosiologie erscheinen kann, so hoffen wir, daß er an Bedeutung und Lebendigkeit nichts wesentliches verloren hat, selbst wenn auch einige Beiträge heute in Einzelheiten überrundet sein mögen. Wir sehen aber den Wert dieser Zusammenstellung der während des Symposions gehaltenen Referate und der durch sie ausgelösten Diskussionen weit mehr als in den Sonderheiten spezieller Fragestellungen in der ungemein vielseitigen Gesamtheit der Biozönologie, die sich hier in lebendiger Fülle geschlossen darbietet.

Wir haben daher auch nicht die Diskussionen auf ein Mindestmaß zusammen gedrängt, sondern sie nur einer vorsichtig straffenden Bearbeitung unterzogen, um den Geist des ganzen Symposion, der ja gerade in den Stegreif-Äußerungen der Teilnehmer sich offenbart, so unmittelbar wie möglich wiederzugeben, glauben wir doch, damit auch einen gewissen Überblick über den heutigen Stand biosoziologischer Forschung zu geben, der zwar nicht ganz vollständig sein kann, aber doch in solcher Fülle und vor allem Vielseitigkeit nicht so bald wieder von einem ähnlich zusammengesetzten Forscher-Kreis gegeben werden kann. Wir sind überzeugt, daß unser Bericht seine anregenden und befruchtenden Wirkungen nach vielen Seiten ausstrahlen wird.

Darum sind wir dem Verlag Dr. W. Junk zu aufrichtigem Dank verpflichtet, daß er mit großer Tatkraft und hohem Wagemut nicht ohne Opfer sich der Herausgabe dieses Berichtes angenommen hat, dem weitere über die anderen Symposien unserer Internationalen Vereinigung für Vegetations kunde folgen sollen.

Todenmann über Rinteln, Februar 1965

Die Teilnehmer am Internationalen Symposion für Biosoziologie

TEILNEHMERVERZEICHNIS

Belgien
> DEBAUCHE, Prof. H. R., Louvain, 71, Rue de Nanna
> Mlle DEBAUCHE, Louvain, 71, Rue de Nanna

Deutschland
> BARZ, W., 5 Köln-Mülheim, Münstererweg 15
> BUCHWALD, Prof. Dr. K., Institut für Landespflege, 3 Hannover, Technische Hochschule, Herrenhäuserstr. 2
> DAMMANN, Dr. HILDEGARD, 314 Lüneburg, Wilschenbrucher Weg 87
> DIEKMANN, W. †, 2 Hamburg
> ERNSTING, Dipl.-Biologe W. †, Bad Godesberg
> ESKUCHE, Dr. U., Departemento de Biologia. Moreno 967–1°. Buenos Aires. Argentinien
> FRANCKE–GROSMANN, Prof. Dr. HELENE, Bundesforschungsanstalt, 2057 Reinbek Bez. Hamburg, Schloß
> FREITAG, Dr. H., Botanisches Institut d. Landwirtsch. Hochschule. 7 Stuttgart-Hohenheim
> FRIEDERICHS, Prof. Dr. K., 34 Göttingen, Am Sölenborn 14
> FRIEDRICH, G., Stud. Ass. 4153 Krefeld, Krefelderstr. 155
> FRITSCH, Dr., Pflanzenschutzamt, Bezirksstelle, 307 Nienburg/Weser, Rühmkorffstr. 12
> GEHLKER, Dr. H., 7065 Winterbach bei Schorndorf (Württbg), Neue Gasse
> GÖRS, Dr. SABINE, 7401 Tübingen-Lustnau, Linsenbergstr. 26
> HABER, Dr. W., Landesmuseum für Naturkunde, 44 Münster (Westf.), Himmelreichallee 50
> HIEBSCH, Dr. H., Dresden A 16, Stübelallee 2
> HÖLL, Dr. K., Reg. Rat, 325 Hameln, Kreuzstr. 16
> HÜBSCHMANN, A. v., 532 Bad Godesberg, Heerstr. 110, Bundesanstalt für Vegetationskunde, Naturschutz und Landschaftspflege
> HUNDT, Prof. Dr. R., Halle/Saale, Blumenstr. 9
> JAHN, Dr. GISELA, Institut für Waldbau-Grundlagen, 351 Hann.-Münden, Schloß
> JAHNS, W., 532 Bad Godesberg, Heerstr. 110, Bundesanstalt für Vegetationskunde, Naturschutz und Landschaftspflege
> KAISER, Prof. Dr. E. †, Hildburghausen

LOHMEYER, Dr. W., 532 Bad Godesberg, Heerstr. 110, Bundesanstalt
für Vegetationskunde, Naturschutz und Landschaftspflege.
LUCHTERHAND, Dipl. Ing. J., Abteilungs-Präsident, 56 Wuppertal-
Elberfeld, Müllerstr. 107
LUTZ, Prof. Dr. J. †, München
MAYER-KRAPOLL, Dipl.-Landwirt H., 4 Düsseldorf 10, Meineckestr. 2
MEISEL, Dr. K., 532 Bad Godesberg, Heerstr. 110, Bundesanstalt für
Vegetationskunde, Naturschutz und Landschaftspflege
MEISZNER, H., 532 Bad Godesberg, Heerstr. 110, Bundesanstalt für
Vegetationskunde, Naturschutz und Landschaftspflege
MÜLLER, Dr. Th., 714 Ludwigsburg, Favoritschloß
OFFNER, Dr. H., Oberlandforstmeister, Bundesministerium für
Ernährung, Landwirtschaft und Forsten, 53 Bonn
PIRK, W., 3078 Stolzenau/Weser, Kleine Geest 9
PREISING, Prof. Dr. E., Niedersächsisches Landesverwaltungsamt-
Naturschutz und Landschaftspflege, 3 Hannover, Leisewitzstr. 2
RABELER, Dr. W., 532 Bad Godesberg, Heerstr. 110, Bundesanstalt
für Vegetationskunde, Naturschutz und Landschaftspflege
RÄUKER, Bundesbahndirektor, 53 Bad Godesberg, Kurfürstenstr. 21
RUNGE, Dr. F., 44 Münster (Westf.), Vinzenzweg 35
SCAMONI, Prof. Dr. A., Institut für Waldkunde der Forstl. Hoch-
schule, 13 Eberswalde, Schwappachweg 2
SCHÄFER, Dr. E., Niedersächsisches Landesmuseum, 3 Hannover, Am
Maschplatz 5
SCHLICHTING, Prof. Dr. E., 7 Stuttgart-Hohenheim, Wrangelstr. 12B
SCHMITHÜSEN, Prof. Dr. J., 66 Saarbrücken, Trillerweg 40
SCHMITZ, Dr. W., 75 Karlsruhe, Schloßplatz 10
SCHUBERT, Prof. Dr. R., Institut für System. Botanik und Pflanzen-
geographie der Martin Luther Universität Halle-Wittenberg,
Halle/Saale
SCHWERDTFEGER, Dr. G., Staatl. Ingenieurschule für Wasserwirt-
schaft und Kulturtechnik, 3113 Suderburg, Krs. Uelzen/Hann.
SEIBERT, Doz. Dr. P., Oberreg. Rat, 8 München 61, Höslstr. 9
SEIDEL, Dr. KÄTHE, 415 Krefeld-Hülserberg, Am Waldwinkel 70,
Limnologische Station Niederrhein in der Max Planck-Gesellschaft
SPEIDEL, Dr. B., 643 Bad Hersfeld/Eichhoff
STEFFAN, Dr. A. W., 65 Mainz, Institut für Allgemeine Zoologie,
Johannes-Gutenberg-Universität, Saarstr. 21
SUKOPP, Dr. H., 1 Berlin-Schöneberg, Erfurterstr. 1
TANTZEN, R., Landes-Kultusminister a.D., 29 Oldenburg (Oldb),
Hermann Allmersweg 5
TRAUTMANN, Dr. W., 532 Bad Godesberg, Heerstr. 110, Bundesan-
stalt für Vegetationskunde, Naturschutz und Landschaftspflege
TRAITTEUR-RONDE, Frau Dr. GABRIELE, 8 München, Asgardstr. 30
TÜXEN, Dr. J., 324 Lüneburg, Pädagogische Hochschule
TÜXEN, Prof. Dr. Dr. h. c. R., 3261 Todenmann über Rinteln
VIETINGHOFF-RIESCH, Prof. Dr. A. Frhr. v. †, Hann.-Münden
WALTHER, Frau Dr. ELLY, 2 Hamburg-Wellingsbüttel, Reinkingstr. 13
WALTHER, Dr. K., Oberkustos, 2 Hamburg 36, Jungiusstr. 6–8

WILLMANNS, Doz. Dr. habil. OTTILIE, 78 Freiburg i. B., Schänzlestr. 9/11, Botan. Institut
ZINGEL, Dr. S., 232 Plön/Holst. Kieler Kamp 12

England

APINIS, Prof. Dr. A. E., 15 Cumberland Avenue, Chilwell, Notts.

Frankreich

VILLERET, Prof. Dr. S., Physiologie végétale, Fac. Sci. Rennes, 27, rue Michelet

Italien

GIACOMINI, Prof. Dr. V., Roma, Città Universitaria
MEROLA, Prof. Dr. A., Napoli, Via Foria, Orto Botanico
MARCHESE-POLI, Dr. EMILIA, Catania, Istituto Botanico, Via A. Longo 19

Japan

MIYAWAKI, Prof. Dr. A., Yokohama National University, Shimizu-gaoka, Minami-ku

Niederlande

BARKMANN, Doz. Dr. J. J., Wijster (Dr.), Kampsweg 29
BOER, P. J. DEN, Wijster (Dr.), Kampsweg 27
DONSELAAR, J. VAN, Inst. Syst. Plantkunde, Utrecht, Lange Nieuwstr. 106
HEYLIGERS, P. C., 3 Booth Street, Queanbeyan, N.S.W., Australia
LINDEMANN, J. C., Inst. v. Syst. Plantkunde, Utrecht, Lange Nieuwstr. 106
MAAREL, E. VAN DER, Groningen, Lab. van Plantenoecologie der Rijksuniversiteit
MAAREL-VERSLUYS, VAN DER, Mevrouw.
STOUTJESDIJK, Dr. Ph., Biologisch Station Oostvoorne, Duinen 11

Österreich

FRANZ, Prof. Dr. H., Institut für Bodenforschung der Hochschule für Bodenkultur, Wien 18, Greg. Mendelstr. 33
HÜBL, Doz. Dr. E., Pflanzenphysiologisches Institut der Universität Wien, Wien I, Dr. Karl Luegerring 1

Schweden

DU RIETZ, Prof. Dr. G. E., Växtbiologiska Institutionen, Villavägen 14, Uppsala 8
WITTING-DU RIETZ, Frau M. fil. lic. Uppsala, Kyrkegardsgatan 18

Schweiz

FURRER, Dr. E., Zürich 38, Nibelbadstr. 86

Tschechoslowakei

HEJNÝ, Dr. S., Československá Akademie věd, Geobotanická laboratoř, Průhonice u Prahy

Mráz, Dr. K., Vyzkumný kstav lesníko kospodářství a myslivosti, Zbraslav-Strnady.

Rosický, B., Československá Akademie věd, Geobotanická laboratoř, Průhonice u Prahy

USSR

Tolmatschev, Prof. Dr. A., Akademie d. Wissenschaften, Leningrad, Pescocnaja 1/2

ERÖFFNUNG

von

REINHOLD TÜXEN

Im Namen der Internationalen Vereinigung für Vegetationskunde und der Bundesanstalt für Vegetationskartierung in Stolzenau habe ich die Ehre, das diesjährige Internationale Stolzenauer Symposion für Biosoziologie zu eröffnen und Ihnen allen, meine sehr verehrten Damen und Herren und meine lieben Freunde, ein herzliches Willkommen in Stolzenau zuzurufen. Wir sind beeindruckt von dem Opfer, das Sie gebracht haben an Zeit und Mitteln, um die zum Teil sehr weiten und anstrengenden Reisen nach hier in unseren kleinen ruhigen Flecken auf sich zu nehmen, um hier sich zusammenzuschließen in alter erprobter Freundschaft zu Referaten und Diskussionen über die Probleme der biosoziologischen, der biozönotischen Forschung.

Zuerst darf ich unsere ausländischen Freunde willkommen heißen! Es sind ihrer zu viele, um sie alle namentlich aufzuführen. Einige darf ich aber doch nennen, und sie wollen bitte in der Folge keine Rangordnung sehen. Es freut mich besonders, meinen alten Freund Prof. APINIS aus England wieder – ich weiß nicht zum wievielten Male – hier zu sehen. Eine ebenso große Freude ist es mir, meinen jungen Freund Dr. AKIRA MIYAWAKI aus Yokohama in unserem Kreise begrüßen zu können. Als besondere Genugtuung, Freude und Ehre empfinden wir es, daß Herr Prof. GIACOMINI, ich glaube zum zweiten Male nach Nordwestdeutschland gekommen ist (das erste Mal unter schlechteren Vorzeichen), und wir freuen uns, ihn jetzt fröhlich unter uns zu sehen und ebenso sehr, daß seine frühere Assistentin, Fräulein Dr. POLI aus Catania, noch hier ist und bedauern nur, daß sie ihren Aufenthalt nächstens vorläufig abbrechen muß. – Wir freuen uns, Prof. DEBAUCHE als Zoologen und Prof. VILLERET als Algologen willkommen zu heißen. Soyez les bienvenus, mes chers collègues! Es ist sehr erfreulich, daß trotz einiger sehr schmerzlicher Absagen einiger jüngerer Freunde und vor allem unseres allverehrten Herrn Präsidenten Dr. DE LEEUW, der sehr herzliche Grüße sendet, so zahlreiche niederländische Kollegen gekommen sind. Seien auch Sie alle herzlich willkommen! Eine sehr fruchtbare Bereicherung unseres Symposion sehen wir in der Teilnahme unseres verehrten Kollegen Prof. FRANZ aus Wien, dessen soeben erschienene Feldbodenkunde (Wien 1960) noch besprochen werden wird. Wir sind Ihnen ganz besonders dankbar, daß Sie bei Ihrer enormen Belastung zu uns gekommen sind auf einem Umwege Ihrer Heimreise von Ibizza nach Wien. Und ebenso sehr freuen wir uns über die Wiederkehr unseres verehrten Herrn Dr. FURRER aus

Zürich, der trotz mancher Schwierigkeiten und Bedenken, als er das Programm sah, sich doch rasch entschloß zu kommen. Wir hoffen wieder auf einen so schönen Bericht aus Ihrer Feder über dieses Symposion wie über das letzte.

Nun bleibt noch unter unseren ausländischen Freunden einer übrig, für dessen Begrüßung ich schwer die richtigen Worte, die meinen Empfindungen entsprechen, finden kann. Das ist unser hochverehrter Herr Prof. Einar Du Rietz aus Uppsala. Sie wissen, daß ich bei Josias Braun-Blanquet Pflanzensoziologie gelernt habe. Aber das war eigentlich ein Zufall, denn diejenigen, die mich auf den Weg unserer Wissenschaft gebracht haben, waren die Schweden Prof. Osvald, der leider nicht kommen kann, und Prof. Du Rietz. 1925 habe ich als erste pflanzensoziologische Arbeiten die Schriften dieser beiden Autoren gelesen und damals mir vorgenommen, in dieser Weise zu arbeiten. Ich bin dann, wenn man will, ein wenig auf „Abwege" geraten, aber diese Wege sind nun wieder zusammengekommen.

In dem Nachruf für Prof. Malta aus Riga und seine Gattin – wir mußten beide auf unserem Stolzenauer Friedhof begraben – hieß es: Unsere Aufgabe in Stolzenau möge sein, nicht nur Nord und Süd zu verbinden, sondern auch Ost und West. Das ist bis zu dem Grad, bis zu dem es möglich war, gelungen. Aber nicht nur durch unsere eigenen Bemühungen, sondern mehr noch durch das Entgegenkommen und die Freundschaft aller jener Männer und Frauen der umgebenden und ferner Länder, die sich diesem Streben mit Freuden angeschlossen haben.

Man sprach früher von einem Gegensatz der nordischen Schule, der Schule Du Rietz gegen die Schule Braun-Blanquet oder von Zürich-Montpellier. Wer noch heute oder schon seit Jahren von diesem Gegensatz spricht, ist sicher durchaus nicht im Bilde! Schon 1935, während des Internationalen Botaniker-Kongresses in Amsterdam haben die drei Träger der damaligen Pflanzensoziologie: Josias Braun-Blanquet, Einar Du Rietz und Rolf Nordhagen den Beschluß gefaßt, in Zukunft ihre Begriffe und ihre Methoden einander anzunähern. Ich habe schon zweimal in Schweden sagen dürfen, daß keiner von den Dreien treuer diese Verabredung gehalten hat als Einar Du Rietz! Er hat auch seine zahlreichen begabten und befähigten Schüler in diese Richtung geführt und gelenkt und gerade ihm ist es entscheidend zu verdanken, daß wir heute in Europa eine einheitliche Pflanzensoziologie haben; das darf ich hier noch einmal aus voller Überzeugung wiederholen und meinen herzlichen Dank aussprechen für das Opfer der weiten Reise.

Es bleibt mir noch, unsere deutschen Gäste zu bewillkommnen. Ich begrüße den Vertreter des Bundesministeriums für Ernährung, Landwirtschaft und Forsten, Herrn Oberlandforstmeister Dr. Offner. Ich begrüße herzlich unsere ostdeutschen Kollegen, Herrn Prof. Scamoni aus Eberswalde, und alle anderen. Eine hohe Ehre ist es mir, Seine Spektabilität, den Dekan der Forstlichen Fakultät der Universität Göttingen in Hann.-Münden, Herrn Prof. Dr. Freiherr v. Vietinghoff-Riesch hier willkommen heißen zu dürfen. Unsere Hochschulen sind erfreulich zahlreich vertreten: Wir begrüssen Frau Prof. Großmann von der Universität Hamburg und der Bundesforschungsanstalt Reinbek,

Prof. Schmithüsen von der Technischen Hochschule Karlsruhe, Prof. Buchwald von der Technischen Hochschule Hannover, und eine hohe Ehre ist es uns, Herrn Prof. Friederichs, Göttingen, – neben Prof. Thienemann, der leider schwer erkrankt ist – einen der großen Biosoziologen in Deutschland als Nestor unserer Wissenschaft heute trotz seines Alters in unserer Mitte sehen zu dürfen. Wir sind uns der Leistung dieser Reise bewußt und sehr dankbar dafür.

Ebenso begrüße ich die Vertreter der Arbeitsgemeinschaft für Vegetationsbau, das sind die Herren von der Deutschen Bundesbahn, die sich mit der Befestigung der Böschungen, der Einschnitte und der Lebendverbauung mit der forstlichen und Grünlandnutzung der großen Ländereien, welche die Bundesbahn besitzt, beschäftigen und die bahnbrechend in dieser Richtung auch für andere Verwaltungszweige gewirkt haben. Wir hoffen, daß Sie viele Anregungen mitnehmen werden für Ihre praktische Arbeit!

Endlich darf ich die Herren Mitglieder der Gesellschaft der „Freunde und Förderer der Bundesanstalt für Vegetationskartierung" herzlich in unserem Kreise willkommen heißen. Herr Minister a.D. Tantzen, der Präsident dieser Gesellschaft, ist leider an der Teilnahme verhindert, wünscht schriftlich dem Symposion für Biosoziologie eine nachhaltige Förderung der Aufgaben der Vegetationskunde.

Auch alle Teilnehmer, die ich nicht namentlich nennen konnte, – voran die Jugend – sind uns ebenso herzlich willkommen!

Unser Altmeister Josias Braun-Blanquet bedauert brieflich die Notwendigkeit seines Fernbleibens, das ihn hindert, mit „alten Freunden und Kollegen zusammenzukommen: Die Frühlingsmonate sind die meistbelegten." Er bittet, seine wärmsten Grüße zu übermitteln. Auch Prof. Ivo Horvat sendet telegraphisch Glückwünsche. Viele von Ihnen erinnern sich seiner sprühenden Lebenskraft, die er beim vorjährigen Symposion alltäglich neu hier entwickelte. Leider sind auch eine Reihe aus- und inländischer Freunde verhindert zu kommen, durch Krankheit, dienstliche Verpflichtungen oder Ablehnung der Reisegenehmigung: Prof. Kaiser, Prof. Ehwald, Prof. Ellenberg, Prof. Fukarek, Prof. Küchler und andere.

Herrn Bürgermeister Husemann, Stolzenau, darf ich herzlich danken für viele Hilfe, die er uns immer wieder geleistet hat, und Herrn Konrektor Hunte und dem Lehrerkollegium der Mittelschule schulden wir Dank für das Opfer, das die Damen und Herren auf sich genommen haben, indem sie uns diese Räume zur Verfügung stellten. Ohne Ihre Hilfe wäre unsere Tagung in unserem kleinen Orte gar nicht möglich gewesen!

In echter Gemeinschaftsarbeit haben sich Botaniker und Zoologen hier versammelt. Sie sind vielleicht nicht ganz gleich an Zahl, aber es dürften genügend bedeutende Vertreter beider Disziplinen hier sein, um zu einem fruchtbaren Austausch und zu einer gemeinsamen Gedankenverbindung zu kommen, zumal auch Mikrobiologie, Bodenkunde und nicht zuletzt Geographie hervorragend vertreten sind und neben den Männern der Praxis auch Theoretiker von höchstem Ruf unter uns weilen, Männer des Geländes und Männer des Katheders.

Wir sehen Freunde und Kollegen des In- und Auslandes hier. Wir

vereinigen Lehrer und Schüler in unserem Kreise. Wir danken den Alt-
meistern unserer biozönologischen und pflanzensoziologischen Wissenschaft, den Herren Prof. FRIEDERICHS und Prof. DU RIETZ für ihr
Kommen; wir freuen uns über die Teilnahme zahlreicher reifer Forscher,
die ihre Schüler sind, und deren Schüler auch hier mit uns arbeiten wollen,
die wiederum schon ihre Studenten mitgebracht haben. Wir sind beeindruckt von dieser Staffelung der wissenschaftlichen Generationen, die sich
hier zusammengefunden haben und freuen uns darüber.

So möchte ich wünschen, daß sich in diesen drei Tagen ein echtes
wissenschaftliches Leben entfalten und eine herzliche Freundschaft
zwischen uns anbahnen und weiter entwickeln möge in unserem Kreise
wie im vorigen Jahre, wie das unter dem Eindruck der damals erlebten
Tage in einem Briefe, der uns erreichte, geschildert wurde: „Ich weiß
wahrlich nicht, wie und wo ich mit Schreiben anfangen soll, so sehr haben
sich die Eindrücke und Erlebnisse in Stolzenau gehäuft. Als ich nachher
in F. eine Zeitung aufschlug, kam ich mir ganz seltsam vor: mir war, ich
sei von einer Insel der Seligen in eine wüste Welt hinausgeworfen worden,
in eine Welt wirtschaftlicher und politischer Schandtaten. Umso nach-
haltiger bleibt die Erinnerung an das Symposion und an die nachherigen
herrlichen Tage des Ausklangs.‘‘

Meine sehr verehrten Damen und Herren und meine lieben Freunde:
Hoffen wir und helfen wir alle dazu, daß die nächsten drei Tage ein
ähnliches „Fest der Freundschaft‘‘ werden mögen wie die im vorigen
Jahre!

Wir dürfen nun wie immer unsere prominenten Gäste bitten, das
Präsidium der Sitzungen zu übernehmen.

BIOZÖNOSE ODER KAMPF UMS DASEIN?

von

ARNOLD Frhr. v. VIETINGHOFF-RIESCH †, Hann. Münden

Wenn ich von Biozönose *oder* Kampf ums Dasein und nicht von Biozönose *und* Kampf ums Dasein spreche, so stelle ich damit bewußt eine Antithese heraus, die bisher m.E. noch zu wenig beachtet wurde, und die auch nicht rein naturwissenschaftlich ist, sondern letzten Endes erkenntnistheoretisch zu lösen ist.

Dabei gehe ich von der Voraussetzung aus, daß ich weder als Genetiker noch als Philosoph vom Fach spreche, jedoch jenem Kreis von Biologen und Forstmännern entstamme, der viel mit Gemeinschaftsproblemen zu tun hat, und daß jede zur Selbständigkeit strebende Disziplin: Genetik, Anthropologie – oder jede aus früherer Autonomie in den Bereich der allgemeinen Diskussion diffundierende Disziplin: Theologie, Philosophie – des vermittelnden Laien bedarf, um nicht in die Gefahr der Erstarrung und Selbstherrlichkeit zu geraten. Ketzertum wird heute jedoch eher von Theologie und Philosophie als von der Genetik und, sagen wir es im Schatten des Darwin-Jahres ganz ruhig: des Neo-Darwinismus geduldet.

Wenn ich mir damit einen gewissen Freibrief für autonomes Denken sichern möchte, so nicht im Sinne unkontrollierbarer Unwissenschaftlichkeit. Es ist ebenso klar, daß man in Begriffen orthodox sein muß, wie, daß die Entwicklung der Organismen nicht einmal vom Papst mehr geleugnet werden kann!

Was Biozönose ist, wissen wir alle, denn wir sind ja zu einem internationalen Symposion zusammengekommen, um die Struktur und Phaenomenologie dieser relativ neuen Wissenschaft zu klären und zu vertiefen. Es fragt sich nur, ob ein souveränes Prinzip, wie das der „Gemeinschaft" ein so umfassendes, ausschließendes ist, daß es seinen Gegenpol, das Prinzip des Kampfes sozusagen als Staat im Staate, verträgt und verdaut, oder ob es sich an ihm vergiftet. Letzten Endes wird die Entscheidung über diese Frage davon abhängen, welche Maximen des Denkens wir uns zu eigen machen, ob wir kausal oder final argumentieren.

Ich weiß, daß die moderne Biologie neben der kausalen Gesetzlichkeit noch eine parallele und eine logische anerkennt, daß sie die kausale insofern einschränkt, als zugegeben wird, auch das Kausalgesetz – die *causa efficiens* – könne niemals selbst erklärt werden, doch behauptet sie, final wirkende Gesetzlichkeiten in der Naturforschung seien bisher nicht nachgewiesen worden; jeder genauer analysierbare Vorgang erweise sich vielmehr als kausal bedingt.

Theologen und Philosophen denken darüber anders. Thomas von Aquino sagte: „Aller Anfang ist hingeordnet auf Vollendung", und Henri Bergson hatte die Überzeugung, das Wesen der Wirklichkeit sei nur in der Intuition zu erfassen und ließ damit einer final-teleologischen Betrachtungsweise durchaus Raum. Aber auch Deszendenztheoretiker, die – wie Bernhard Rensch – einen Finalismus ablehnen, bedienen sich teleologischer Terminologie, z.B. wenn sie bei der Entwicklungslehre von einer „neuen Konstruktionsbasis" sprechen, auf der alle möglichen Sonderausprägungen auf ihre Einpassungsfähigkeiten in die verschieden gearteten Lebensstätten durchprobiert würden oder davon, daß „nur die besten Konstruktionstypen", d.h. die in zahllosen Ketten von Generationen durch unzählige Auslese-Examina erprobten Stammesreihen sich fortentwickelten. Ja, die jede zielstrebig ausgerichteten Evolutionskräfte ablehnenden Entwicklungstheoretiker sind zu Hypothesen gezwungen, wie die, es sei für die zukünftige Weiterentwicklung einer Stammesreihe günstiger, die Spezialisierung nicht zu weit zu treiben. In allen diesen Aussagen ist die Zukunft (das Ziel, telos) wenn auch nicht praeformiert, so doch praedestiniert gedacht, während der asketische Kausalanalytiker sich eigentlich solche teleologischen Eskapaden nicht leisten dürfte. Wer zu solchen ausgeprägten Teleologismen greift, muß – falls er nicht vom Gott-Schöpfer als Konstrukteur und Examinator sprechen will –, mindestens, wie Spinoza es tat, vom Deus sive natura sprechen, dem er als Schöpfer und Konstrukteur dann logischerweise auch seinen Plan nicht absprechen kann, nach welchem er baut. –

Es scheint also bereits, daß die finale Betrachtungsweise mindestens als notwendiges Korrelat zur kausalen anzusehen ist, doch kommen wir auch damit noch nicht weiter. Die Frage Biozönose *oder* Kampf ums Dasein hat es ja nicht mit hie finaler, dort kausaler Betrachtungsweise zu tun, wir stellen bisher lediglich fest, daß die Biozönose nicht rein kausal bedingt sein kann, da sie ja – wie die Entwicklung der Arten selbst – ein konstruktiver Entwicklungsvorgang ist, und da Kausalkomponenten materielle Dinge sind, mithin nur zu Teilerkenntnissen führen können. Erst durch eine übergeordnete teleologische Betrachtung („was liegt im Plan der Konstruktion oder im „Willen derNatur"?") kommen wir der Wahrheit näher und bewahren die akzentlose kausalanalytische Methode davor, als Pfropfunterlage für eine sich abzeichnende und zum Schlagwort-Mißbrauch neigende metaphysische Irrlehre, wie die vom Kampf ums Dasein, zu dienen. Oder wenn wir statt einer organischen Allegorie eine anorganische wählen: Die akzentlos kausalanalytische Betrachtungsmethode läßt den Stein einfach liegen, während doch auch in ihr eine Ahnung davon schlummert, daß er als Baustein, allerdings zum Tempel der Erkenntnis und nicht zum Anbetungsort der Dämonie verwendet werden soll. –

Auf Malthus nämlich fußend deduzierte Darwin bekanntlich – ohne zu ahnen, was er als gläubiger Christ damit aufrührte – aus den Tatsachen multiplikativer Fortpflanzung und einer trotzdem gleichbleibenden Artkonstanzdichte den „Kampf ums Dasein" (struggle of life), der nun nicht mehr ein rein kausal bedingtes, akzentloses, aber auch nicht ein final notwendiges Ausscheiden bedeutete, sondern etwas drittes: einen

Konkurrenzkampf um Raum und Nahrung, wozu die von ihm entdeckte Variabilität der Organismen – heute Mutation genannt – eine Angriffsfläche zu bieten schien. Mit einer ihr Ziel involvierenden Entelechie hatte dieser Vorgang also nichts zu tun, da die Variabilität – sive Mutation – nur zu einer durch ungerichtete Vorgänge ermöglichten Eignungsbevorzugung führen sollte.

Man ist heute mit dieser Eignungsbevorzugung vorsichtiger geworden. Das laut DARWIN „Tauglichste", sagt THEODOSIUS DOBZHANSKY, ist nicht dasselbe wie körperliche Kraft, Energie oder Tapferkeit, es kann in Wirklichkeit sogar schwach sein, wenn es nur mehr Kinder in die Welt setzt als sein gesunder und kräftiger Nachbar.

Um dieses Prinzip zu stützen, braucht man aber den Selektionsfaktor sogar dringender als je, und so ist denn die Frage nach dem ihn auslösenden Motor und seiner Firmenbezeichnung ebenfalls brennender als je. Er heißt nach wie vor: „Kampf ums Dasein". Wäre dieses Prinzip rein kausal akzentlos, würde es also gleichzusetzen sein mit der Rate ausscheidender Individuen (quantitativer Mortalitätsfaktor), ja stützt es sich nur auf die unbestreitbare Tatsache, daß es im Einzelnen wie in der Gemeinschaft eine Evolution gibt, bei der geeignetere Mutanten zur Fortpflanzung kommen, ungeeignete oder in früheren Typen verbliebene Formen nicht, so wäre gegen eine diese Vorgänge deckende Formel nichts einzuwenden; der „Kampf ums Dasein" ist jedoch dafür so wenig notwendig, wie die Entwicklung einer Stadt durch die Zerstörung der Mehrzahl ihrer Häuser charakterisiert werden muß. Können wir die das Gleichgewicht einer Biozönose regelnden Vorgänge gerade noch mit „Kampf" vulgär verständlich machen, so bedeutet die Kennzeichnung der strukturellen Entwicklungsvorgänge einer Lebensgemeinschaft durch ein destruktives Prinzip geradezu einen Widerspruch in sich selbst. Die Biozönose – um deren Eigengesetzlichkeit zu verfolgen und die von anderen Gesetzlichkeiten mitbestimmte menschliche Gesellschaft zu verlassen – bleibt stationär nur, solange ihre Symbionten eine gleichbleibende Fertilität und Mortalität besitzen, und sie verändert sich strukturell regressiv oder progressiv durch verschieden auf ihre Glieder einwirkende Umweltfaktoren. In dieser Veränderung, – da sie sich über ganz andere Zeiträume erstreckt, als die stationären Phasen – besteht sogar ihr eigentliches Wesen; jedoch brauchen wir zur Erklärung solcher hochkomplexen Vorgänge, die stets wieder zu neuen sozialen Gefügen und damit zu Entelechie streben, kein so primitives Prinzip, wie das des „Kampfes ums Dasein", dessen Hypostasierung aus ganz anderen Welten heraus und in ganz andere Welten hineinführt, das ein typisches Kind des gerade zum Hochkapitalismus steuernden Zeitalters DARWINS ist und von den Despotien zu Beginn des 20. Jahrhunderts gierig übernommen wurde.

Kampf ist ein sehr anthropologischer und damit nur noch bedingt organischer Begriff, dessen Anwendung auf andere organische Bereiche höchst anfechtbar ist und dort vielleicht gerade noch als Analogie, als Arbeitshypothese gewertet und geduldet werden kann; er vermenschlicht viel mehr als andere naturwissenschaftliche Begriffe. So ist er unlösbar verbunden mit Emotion, Bemühen um den Sieg, Triumph über den

Unterliegenden, Leiden dieses Besiegten. Zumindest setzt er – abgemildert und neutralisiert – im Sprachgebrauch den Widerstand des Individuums gegen den Überwinder voraus, sogar gegen die anorganische Umwelt, Kälte, Hitze usw. oder Not allgemein, obwohl er schon hier passendere Abwehrbegriffe, die sich in ein symbiontisches Gesellschaftsleben einfügen, durch einen entlehnten und groben ersetzt. Auch ist Kampf ganz allgemein unserem Sprachgefühl nach Auseinandersetzung mit mindestens einem Rest von Ungewißheit, während die soziologischen Gesellschaftsphänomene nicht etwa nur verschwommen sich abzeichnenden Entelechien zustreben, sondern in ihrem Verlauf sich, wie die Pflanzensoziologen ja am besten wissen, streng vorausbestimmen, d.h. im Konstruktionsplan aufweisen lassen.

Es sei mir gestattet, diese rein theoretischen Erörterungen durch Analyse einiger Vorgänge aus dem Bereich des Tier- und Pflanzenlebens zu versinnbildlichen; ich wähle dabei natürlich solche, die mir als Zoologen und Forstmann besonders vertraut erscheinen.

Ich habe nie verstanden, wie man von einer natürlichen Zuchtwahl – den Kampf ums Dasein als Erklärungsprinzip eingeschaltet – dort sprechen kann, wo schon beim Befruchtungsvorgang Millionen von Spermatozoen wahllos verloren gehen und dann – etwa bei der Schwalbe – die Mortalität weiter im großen rein quantitativ eingreift, Embryonen und Jungvögel absterben läßt, wiederum Millionen von Schwalben auf dem Zuge durch wahllos wirkende Katastrophen zugrundegehen läßt, nur um die Artkonstanz einigermaßen zu wahren; qualitativ auslesende Faktoren können z.B. bei der Rauchschwalbe, – aber auch da nur vom Augenblick des Flüggewerdens der Jungen – von der 75% umfassenden Mortalitätsquote höchstens einmal 1% umfassen, bei Tieren mit einem riesigen Vermehrungs- und Todeskoeffizienten, wie Fischen und Insekten, ist der qualitative Auslesefaktor praktisch gleich Null. Aber selbst, wenn die Mortalität nur qualitativ bestimmt wäre, dann würde, um das Gleichgewicht der Biozönose eines bestimmten Lebensraumes herauszustellen, wiederum ein gleichwirkender Auslesefaktor bei den qualitativ einwirkenden organischen Umweltfaktoren einsetzen müssen, bei Schwalben z.B. innerhalb der Sperber, und aus dem Wettrennen ginge artlich so wenig einer als Sieger hervor, wie beim Wettrennen zwischen Angriffs- und Abwehrwaffen. Selbst Mutationen – auf die ja heute in der Entwicklungslehre mehr Wert gelegt wird, als auf das „survival of the fittest" – können da nicht helfen.

Niethammer hat kürzlich in der Sahara sehr interessante Feststellungen getroffen. Er fand eine Biozönose, deren Hauptmerkmal die Anpassung an ein bestimmtes farbliches Wüstensubstrat war, sowie die Anpassung von Predatoren auf Konsumenten. Es ist klar, daß hier Kräfte am Werk gewesen sein mußten, die der geeignetsten Mutation das Überleben ermöglichte, wenn es auch durchaus unklar blieb, wie man sich denn nun das Initialstadium einer solchen Gesellschaftsform vorstellen sollte, die ja auch nicht aus Individuen bestanden haben kann, die der Umwelt minder gut angepaßt waren. Kommen wir hier, sofern wir nicht Einwanderung annehmen, um einen Schöpfungsakt, einen Kon-

struktionsplan herum? – Und dann der Kampf selbst? Ist es denn
wirklich das gleiche Prinzip, das Achill den Leichnam Hektors um Troja
herumschleppen läßt, Hirsche in der Brunft aufeinander losgehen,
Affentrupps im brasilianischen Urwald sich Stimmkämpfe liefern, Wild-
ganter zur Behauptung ihres Reviers aufeinander lossegeln, Kampfhähne
ihre Kragen spreizen, eine Meise sich dem eindringenden Siebenschläfer
zur Wehr setzen, Spermatozoen nicht zur Mikropyle gelangen läßt? Ich
möchte sagen: *Nur* Achill lieferte Hektor einen wirklichen Kampf ums
Dasein; kaum höhere Tiere liefern sich noch echte Kämpfe, und auch da
könnte man im Sinne des Philosophen KARL JASPERS vielfach sogar von
einer Gegenauslese des Minderwertigen sprechen, die aber Zoologen nicht
gern wahrhaben wollen. Was dann nach unten zu vor sich geht, sind
entweder Scheinkämpfe, die wir falsch deuten, oder ein leidloses, weil
nicht mehr ein Bewußtsein, ja nicht einmal mehr ein Nervenzentrum
treffendes Ausscheiden.

Der Spieß kann jedoch sogar umgedreht werden! Vom Gesichtspunkt
des teleologisch-konstruktiven Planes erfüllt der Weichende, der „Be-
siegte" mindestens die gleiche Aufgabe oder hat die gleiche Funktion,
wie der sogenannte Sieger im Kampf ums Dasein[1]). Die dem Siebenschläfer zum Opfer fallende Meise erfüllt damit die zur Erhaltung der
Artkonstanz notwendige Todesrate, ohne die eine Biozönose nicht bestehen kann, sie wird geradezu zum Symbol der Populationsstatik eines
biozönotischen Gefüges.

Erscheint schon bei Tiergesellschaften die Anwendung des Begriffes
„Kampf" zur Erklärung von Ausscheidungsvorgängen, die der Art- und
Gesellschaftskonstanz wie -dynamik dienen, anfechtbar, wieviel mehr
dort, wo – wie in der Pflanzenwelt – alle populationsdynamischen
Vorgänge noch strenger determiniert, rationalisierbar und voraus-
schaubar sind und die vom Menschlichen abgeleiteten Merkmale eines
Kampfes soweit verblassen, daß sie nur noch als vordergründiges Symbol,
eben als Arbeitshypothese gewertet werden können ohne Anspruch auf
echten Wahrheitsgehalt.

Noch mehr als im Tierreich wird hier klar, daß der Kampf seine Gültigkeit verliert, wo es kein Nervenzentrum gibt, aber auch positiv, daß eine
Pflanze auf dem Wuchsraum der vorhergehenden vielfach nur gedeihen
kann, weil diese ihr den Boden im wahrsten Sinn des Wortes „bereitet"
hat; noch einprägsamer als auf dem individuellen Standraum wirkt sich
dieses Prinzip auf der Fläche der Pflanzengesellschaften aus, deren ratio-
nalisierbare Dynamik deshalb ja auch die Bezeichnung Sukzession erhält.
Weiter sprechen wir sogar von Pioniergesellschaften, z.B. von Moosen,
Gräsern, Birken und Grünerlen, ohne uns dabei bewußt zu sein, daß wir
uns damit terminologisch festlegen. Es war mir deshalb unverständlich,
wie ein so berühmtes Lehrbuch der Pflanzensoziologie, wie das von
BRAUN-BLANQUET den Satz aufstellen kann, überall herrsche der Kampf
ums Dasein, eine Pflanze, eine Pflanzengesellschaft werde durch die
andere verdrängt, während es doch so nahe läge zu sagen, überall herrsche
die Sukzession, eine Pflanze, eine Pflanzengesellschaft werde durch die
andere ersetzt, noch besser, folge ihr.

[1] Der demzufolge ja auch über das gleiche „taugliche" Erbgut verfügen
müßte.

Ein noch schlimmerer Mißbrauch wird mit dem Kampf-ums-Dasein-Prinzip im Bereich der Waldgesellschaften getrieben, unverständlich deshalb, weil der Mensch hier ja die Geschicke weitgehend steuert und die angeblich miteinander Ringenden ebenso leicht auseinanderbringen kann, wie der Ringrichter. Der Kampf ums Dasein – sagt der russische Forstwissenschaftler Morosow – herrsche nicht nur zwischen den Holzarten, sondern auch zwischen den Gruppen von Bäumen und Beständen, zwischen benachbarten Beständen und zwischen den verschiedenen vertikalen Schichten des Waldes um Licht, Nährstoffe usw., und er überschreibt ein Kapitel seiner Lehre vom Waldbau mit der Schlagzeile „Kampf ums Dasein"; ja, er wirft Darwin geradezu vor, dieser habe die beste Rechtfertigung seiner Lehre, die im Exempel „Wald" bestehe, ganz unberücksichtigt gelassen.

Ich wende mich bei diesen mir am besten bekannten Gesellschaftsproblemen – nämlich des Waldes – sowohl gegen den Begriff der Auslese schlechthin, soweit es nicht rein wirtschaftlich ist, wie gegen den enger formulierten der natürlichen Auslese, wie erst recht gegen ein in diesen Vorgängen wirksam werdendes Prinzip des Kampfes ums Dasein. Ich lehne es auch ab, wenn in geschickter Dialektik, um ein klares logisches Bekenntnis zu vermeiden, der Wald als Begegnungsform zwischen Vegetationsgliedern und einer bestimmten Tierwelt charakterisiert wird, die sich durch den „Kampf um den Lebensraum" *oder* durch gegenseitige Anpassung zu bestimmten Ordnungen zusammenfinden – besser müßte man da schon sagen: „zusammenraufen". Auch die berühmte „coincidentia oppositorum" des Nikolaus von Kues kann ich nicht anerkennen. Das waren und sind scholastische Spitzfindigkeiten oder mystische Verschlungenheiten.

Gerade der Wald zeigt uns nämlich am besten, wie alle Ausscheidungsvorgänge im Tier- und Pflanzenleben rein kausal gesehen quantitativ-richtungslos, wie sie teleologisch-konstruktiv gesehen Wegebereitung für einen Klimax, eine Entelechie im Aristotelischen Sinn sind, Vorgänge, die im Wirtschaftswald nun außerdem vom Ringrichter-Mensch nach seiner Zielsetzung gesteuert werden. Wo bleibt da die Notwendigkeit, als klärendes Prinzip den Kampf ums Dasein einzuschalten? Unser Wortschatz reicht aus, die Entwicklungsvorgänge ohne diesen odiumbeladenen anthropomorphen Begriff zu analysieren und zu beschreiben.

Es kann uns aber darüber hinaus nicht gleichgültig sein, ob wir von einem Mutterbaum, einem Schirmbestand, von Altholz und Jugend oder von Konkurrenten sprechen, die sich gegenseitig Licht, Luft und Nährstoffe wegnehmen. Wäre es so, dann wäre die Natur kein Kosmos, sondern Chaos, eine grausige Arena, in welcher die Gladiatoren vor den Augen eines desinteressierten Gottes sich gegenseitig umbringen und die Menschen, sofern sie nicht in den Strudel dieses sinnlosen Geschehens hereingerissen werden, die Plätze der entsetzten Zuschauer einnähmen.

Man könnte sagen, das alles sei ein Streit um Worte. Wie man das Agens der populationsdynamischen und entwicklungsgeschichtlich-genetischen Vorgänge nenne, ob aus dem militant-anthropologischen Wortschatz entnommen: Kampf ums Dasein oder philosophisch: „Streben zur Entelechie", sei Geschmacksfrage. Ich habe schon eingangs

6

gesagt, daß das nicht gleichgültig ist, und wir wissen alle, daß das Zu-
rückfließen des militant-hochkapitalistischen Begriffs vom Kampf ums
Dasein nach der anscheinend legitimen Taufe durch die Naturwissenschaften in den Bereich des Politischen zu den schwersten Erschütte-
rungen der jüngsten Geschichte geführt hat. Konnte man es HERAKLIT
noch verzeihen, wenn er sagt, der Krieg sei der Vater aller Dinge – so
verdanken wir dem Kriege in der Neuzeit eigentlich nur das DDT.

Im übrigen sind Lebensgemeinschaft und Kampf ums Dasein keine
gleichwertigen Kategorien. Lebensgemeinschaft ist eine Wahrheit, ihre
Realisierung Forschung und Forderung. Kampf ums Dasein ist bestenfalls eine dem menschlichen Sprachgebrauch entnommene Arbeitshypothese, jedoch durch Gefahr der Virusübertragung ihrer militant-
schillernden Eleganz auf menschlich integre Belange eine gefährliche
Arbeitshypothese. Die menschliche Gesellschaft als Staatsgebilde hat
zwar DARWINS Entwicklungslehre für richtig anerkannt, selbst sie
braucht aber die Krücken des Kampfes ums Dasein nicht mehr, seit sie
sich, was ich optimistisch behaupten möchte, auf dem Wege zur Ächtung
des Krieges und zum sozialen Ausgleich bewegt. Erst recht nicht braucht
sie der Biologe, um Vorgänge zu bezeichnen, für die es bessere Formulie-
rungen gibt.

Lassen Sie mich, um im Geistigen zu enden, mit einer Stellungnahme des
THOMAS VON AQUINO schließen, der Mitte des 13. Jahrhunderts über
diese Dinge nachgedacht hat. Für ihn bedeutet geistige Auseinandersetzung *gemeinsames* Bemühen um den Sieg nicht eines der Streitenden,
sondern der Wahrheit. Und auch dem Irrenden, so sagt er, gebühre Dank,
weil auch der Irrtum der Verdeutlichung der Wahrheit dienstbar werden
könne.

SUMMARY

Modern biology accepts other laws regarding causality than theology or
philosophy do. The author does not agree with DARWIN's term „struggle
for existence". In his opinion, struggle (german = Kampf) is an anthro-
pological concept, connected with „emotion", „striving for victory",
„triumph", „suffering of the vanquished foe". He believes that in nature
„struggle" does not exist. From his work on forest vegetation he argues
that all suppression of plants, of animals, or of whole communities, can be
explained by succession.

SCHMITHÜSEN:

Es erscheint wichtig, auch wenn das Thema auf ein spezielles wissenschaftliches Fach gerichtet ist, sich immer dessen bewußt zu bleiben, daß
die wissenschaftstheoretischen Grundlagen, die in jedem Falle das solide
Fundament bilden, letzten Endes nur philosophisch begründet werden
können. So ist in diesem Vortrag im Grunde als Pol und Gegenpol eine
von der praktischen Beobachtung ausgehende Grundvorstellung für die
Deutung dessen, was uns als das Objekt unserer biologischen Forschung
entgegentritt und auf der anderen Seite einer philosophische Grundhaltung

gegenübergestellt, aus der heraus dieses Fundament in der geistigen Tiefe begründet wird.

Friederichs:

Biozönologen sind keine Spezialisten. Biozönologie ist ein Überbau über vielen anderen Disziplinen und verleiht dementsprechend ein weiteres Gesichtsfeld als ein Spezialist es hat. Wenn Herr Kollege v. Vietinghoff seine „Ketzereien" in einem Gremium von Spezialisten vorgetragen hätte, wäre er sicherlich auf lebhaften Widerstand gestoßen, ja es wäre gewesen, als ob er in ein Wespennest gestochen hätte. Wenn das hier nicht der Fall ist, so stellt das der Selbstdisziplin der Versammlung ein ehrenhaftes Zeugnis aus.

Ich stehe nicht an, persönlich zu erklären, daß ich die mutigen Thesen des Herrn Kollegen v. Vietinghoff mindestens zum großen Teil für richtig halte, wenn ich auch nicht alles ebenso formulieren würde. Ich bin in dreißigjährigem Ringen zu dem Schluß gekommen, daß die Reichweite des Darwinismus zehnfach überschätzt wird.

Darwin's Lehre, in ihrer heutigen modernisierten Form fast ausschließlich auf den Begriffen „Mutation" und „Auslese" beruhend, erschließt von der Evolution das, was man, die kausale Betrachtungsweise allein anwendend, erkennen kann, und will gar nicht mehr, darf sich aber dann nicht schmeicheln, dieses große Lebensrätsel damit wirklich und wesentlich gelöst zu haben. Da der Begriff des „Sinnes" in Ermangelung einer die Evolution zeitlich integrierenden Betrachtungsweise dann fehlt, so erscheint alle Umwandlung also von sich aus sinnfrei, d.h. als Zufall mit der Auslese als einem Prinzip, das von außen her die neu entstehenden Gebilde sinnvoll ausprägt durch Erhaltung des Dauerfähigen und in das Ganze der Natur Hineinpassenden. Zugleich aber, wie in dem Vortrag gesagt, wird dennoch der finale Gesichtspunkt hineingetragen (da er unvermeidlich ist), z.B. mit dem Begriff der Vervollkommnung, die man vergeblich auf den Kategorien des Darwinismus hinreichend zu basieren versucht, anders aber basieren kann auf die im Laufe der Evolution stärker sich herausbildende Individualität und der Freiheit des Individuums gegenüber der Außenwelt. Indem das darwinistisch nicht geschieht, ist der Darwinismus keine vollständige und wesenhafte Beschreibung und Erklärung der Evolution, ja er reicht an das Wesentliche gar nicht heran, obgleich er uns einen Mechanismus der Evolution vorführt.

Die Kontroverse, die zutiefst vorliegt und sich durch die ganze Biologie hindurchzieht, ist eine solche des Apriori. Das Apriori der einen Front ist eine von vornherein und wesenhaft sinnvolle Welt, ein Kosmos, d.h. eine Welt, in der es Sinn gibt (der sie erhält und sich in der Evolution steigert) und in der dieser Sinn gegen den Nichtsinn, sinnloses, zufälliges Geschehen (das das Getriebe in Bewegung erhält), kämpfen muß (woraus sich Werden und Vergehen ergibt). Die Anderen, der Darwinismus reinsten Wassers (die vielleicht weniger zahlreich sind als es den Anschein hat), gehen dagegen, wie oben ausgeführt, von dem Apriori primärer Sinnfreiheit des Geschehens der Evolution aus. Die Natur ist dann sinnfreier, nur kausal bedingter Kreislauf. Zwischen diesen beiden Gegensätzen gibt es keine Brücke. Wer Mechanismus sucht, findet Mechanismus, wer außerdem Sinn sucht, findet ihn. Der Mechanismus, wie ihn der Darwinismus aufgezeigt hat, besteht, aber er ist ganz und gar nicht alles. Der große Rest ist im ganzen vielleicht irrational wie das Lebensrätsel überhaupt, kann aber teilweise annähernd spekulativ erobert werden, auch wohl auf anderen Wegen teilweise mit der Zeit.

Auf welcher Seite ich wie der Vortragende stehe, kann nicht zweifelhaft sein. So wenig, wie, nach KANT's Ausspruch, auch nur ein Grashalm mechanistisch vollständig erklärt werden kann, so wenig die Evolution als eine Art Mechanismus allein.

Du RIETZ:

Daß die relative Bedeutung des Kampfs um Dasein überschätzt worden ist, haben u.a. AREND L. HAGEDORN und A. C. HAGEDORN-VORSTHEUVEL LA BRAND, meines Erachtens mit Recht, stark betont in ihrem ausgezeichneten, zu viel vergessenen Buch ,,The relative value of the processes causing evolution'' (1921).

Wenn verschiedene Teile von einer ursprünglich ziemlich homogenen Population einer Art auf verschiedenen Inseln, Bergen usw. isoliert werden, werden sie von einander differenziert schon durch verschiedenartige ,,automatic reduction of potential variability'', auch wenn sich keine Verschiedenheiten zwischen den Biotopen der verschiedenen Isolate nachweisen lassen und deshalb weder von einer direkten Beeinflussung im Sinne von LAMARCK noch von einer durch verschiedene Bedingungen eines ,,Kampfs um Dasein'' verursachten verschiedenartigen Selektion die Rede sein kann. Vergl. auch die wichtige Arbeit von NILS HERIBERT NILSSON: Synthetische Artbildung. Grundlinien einer exakten Biologie. Lund 1953.

WESENSZÜGE DER BIOZÖNOSE

GESETZE DES ZUSAMMENLEBENS VON PFLANZEN UND TIEREN

von

REINHOLD TÜXEN

Durch zahlreiche Farbbilder belegt wurden Gesetzmäßigkeiten im Zusammenleben der Pflanzen (und Tiere) in Biozönosen abgeleitet und beleuchtet, wie sie sich dem Feld-Soziologen durch unmittelbare Beobachtung im Gelände aufdrängen:

1. Gesetz der Gesellschaftsordnung der Lebewesen

Keine Pflanze – weder Individuum noch Art – lebt ebenso wie Tier und Mensch für sich allein, sondern nur im lebendigen Wirkungsgefüge ihrer Gesellschaft (Biozönose). Sie kann sich darin nur halten, wenn und solange ihre Eigenart ihr Einfügen in die Arten-Verbindung, die Gestalt und das Geschehen der sich bildenden, gefestigten und wieder zerfallenden Biozönose räumlich, zeitlich und funktionell erlaubt.

2. Gesetz der exogenen Ordnung der Lebensgemeinschaften (Biozönosen)·

Der Standort duldet nur eine ihm angepaßte begrenzte Auslese aus der Gesamtheit aller Arten von Pflanzen und Tieren. Auf jedem Standort lebt also eine von ihm ausgelesene, jedoch durch das Gesetz der endogenen Gesellschaftsordnung (5) eingeschränkte, ihm angepaßte und mit ihm in Wechselwirkung stehende Pflanzen- und Tiergesellschaft (Lebensgemeinschaft).

Der Standort gibt der Biozönose Raum, Nahrung, Wasser und Energie.

Die auf vielseitigen und ausgeglichenen Standorten artenreichen Gesellschaften werden unter einseitigen Lebensbedingungen artenärmer und an der Grenze der Lebensmöglichkeiten einartig.

3. Gesetz der räumlichen Ordnung

Jeder Bestand einer Pflanzen- und Tiergesellschaft (Biozönose) ist in sich im Raume über und unter der Erdoberfläche geordnet, geschichtet. Jede Art, die in einer bestimmten Gesellschaft lebt, muß sich in deren Raum-Ordnung einfügen.

Jede Biozönose braucht zu ihrer Ausbildung einen bestimmten Minimalraum.

Jeder Biozönose ist ein bestimmtes geographisches Areal eigen, das sich allerdings mit Standortswandlungen verlagern kann.

Jede Biozönose hat nur eine beschränkte Anzahl von bestimmten Nachbar- (Kontakt-) Gesellschaften. Auch das Grenzgefüge von Pflanzengesellschaften (ihre Zonierung) ist daher nicht zufällig. Jedes einheitliche

Wuchsgebiet enthält darum nur eine begrenzte Zahl von bestimmten Gesellschaften (Gesellschafts-Komplex).

4. Gesetz der zeitlichen Ordnung

Alle Lebensäußerungen (Erscheinungen, Funktionen und Leistungen) fügen sich in der Biozönose in eine zeitliche Ordnung. Sie zeigt sich ebenso in dem von Tag und Nacht und von den Jahreszeiten gesteuerten Rhythmus wie in der Einfügung jeder Art in den Gesamt-Ablauf der Lebensvorgänge in der Gesellschaft (Frühlingsblüher im Buchenwald, Wiesenpflanzen und Wiesenschnitt).

Auch die Entwicklung der Gesellschaft, ihr Entstehen, ihre Entfaltung und ihr Zerfall, die durch Arten von hoher dynamischer Kraft gesteuert werden, folgen einer zeitlichen Ordnung, die sich in verschiedenen „Phasen" durch Unterschiede in der Arten-Verbindung zu erkennen gibt.

Diese Entwicklung führt zu Veränderungen des Standortes, die ihrerseits wiederum auf die Biozönose rückwirken, bis als „Atempause" im Naturgeschehen ein dynamisches Gleichgewicht eintritt.

Auf *eine* Gesellschaft kann nur eine begrenzte Anzahl bestimmter anderer Gesellschaften folgen. Die Zahl der Anfangsgesellschaften ist größer als die der Schlußgesellschaften. Die Zahl der menschlich bedingten „Ersatzgesellschaften" jeder Schlußgesellschaft (potentielle natürliche Vegetation) ist beschränkt. Ihre möglichen potentiellen Arten-Verbindungen sind festgelegt.

5. Gesetz der endogenen (funktionalen) Ordnung

Von den Arten welche an einen Wuchsort gelangen können und welche der Standort zulassen würde, kann in einer „gesättigten" Biozönose nur eine beschränkte Anzahl – Pflanzen und Tiere – zusammenleben.

Neben der Floren- und Faunen-Geschichte, den verbreitungsbiologischen Möglichkeiten und dem Standort, dem exogenen Kräfte-Integral, entscheiden endogene, gesellschaftseigene Wirkungen über die sich soziologisch zusammenfügenden Sippen und regulieren ihr gesellschaftliches Leben.

Willkürlich vom Menschen erzeugte Artgemische halten in der Regel nicht lange zusammen. Echte Gesellschaftsgefüge, die allein auf die Dauer lebens- und in sich selbst erneuerungsfähig sind, werden sie nicht.

Einige Gesellschaften bilden sich vor unseren Augen neu, andere zerfallen oder verschwinden als Ganzes unter dem Einfluß des Menschen (Verkehr, Wirtschaft). Viele Gesellschaften aber bleiben in größer oder geringer werdender Ausdehnung und Zahl ihrer Bestände bestehen, solange sie mit den menschlichen Einflüssen im Gleichgewicht oder ihnen gar nicht ausgesetzt sind.

Die Biozönose ist ein Wirkungsgefüge, in welchem jedes auf alles wirkt. Die in ihm ablaufenden Vorgänge und ihre Wirkungen (Funktionen), wie Stoffwechsel, Wachstum, Vermehrung, Ortswechsel, Altern und Sterben der Art-Individuen und ebenso der Bildung, Ausbreitung, Zerfall und Erneuerung der Gesellschaft selbst sind rhythmisch geordnet. Die Entwicklung und das dynamische Gleichgewicht des Wirkungs-Gefüges sind das Gesamtergebnis des Zusammenwirkens von Standorts-

und endogenen Einflüssen (wie Wettbewerb, Duldung und gegenseitiger
Hilfe der Arten) zugleich, wodurch wiederum der Standort abgewandelt
werden kann, dessen Veränderungen ihrerseits nun den Ablauf der
endogenen Vorgänge beeinflussen.

Dieses Wirkungsgefüge jeder Gesellschaft steht zugleich in Wechselwirkung mit allen ihren Kontaktgesellschaften.

6. Gesetz der Produktionsordnung

Das Ergebnis dieses soziologischen Wirkungsgefüges ist eine echte
Arbeitsleistung, die sich in der Selbsterneuerung der Gesellschaft, der
Erzeugung organischer Masse, der Bildung und Umbildung von Böden,
der Festigung und Sicherung der Erdoberfläche u.a. Erscheinungen
äußert. Diese Arbeitsleistung wird durch Arbeitsteilung (Produzenten,
Konsumenten, Reduzenten) innerhalb der Gesellschaft (Biozönose)
erreicht. Jede Biozönose besitzt ein qualitativ und quantitativ bestimmtes Produktionspotential.

7. Gesetz der Harmonie

Alle Erscheinungen und Äußerungen der Pflanzen- und Tiergesellschaft
(Lebensgemeinschaft) werden bei gesundem Ablauf vom Menschen als
harmonisch empfunden. Störungen der Harmonie verraten Schwächun-
gen der Lebens- und Erzeugungskraft der Gesellschaft.

FRANZ hat in seiner Feldbodenkunde seine Befunde, die auf ganz anderem
Wege abgeleitet werden, zu folgendem Abschnitt zusammengefaßt, den
wir auch für unsere Blickrichtung in Anspruch nehmen dürfen:
,,Alle diese Feststellungen führen zu einer allgemeingültigen Erkenntnis,
deren Bedeutung in der Zeit der zweiten industriellen Revolution, in der
wir stehen, gar nicht hoch genug eingeschätzt werden kann und deren
Lehren für die Bodenwirtschaft nachdrücklichst betont werden müssen.
Es ist diese Erkenntnis, daß die Natur an jedem Standort bestrebt ist,
einen möglichst stabilen Gleichgewichtszustand zwischen allen dort
wirksamen Faktoren herzustellen und dann, wenn dieses Gleichgewicht
durch menschliche Einwirkung gestört wurde, ein neues unter Einbeziehung
der Wirtschaftsfaktoren aufzubauen. Der Aufbau eines Gleichgewichtes
aller an einem Standort wirksamen Kräfte benötigt Zeit, es vergehen unter
Umständen Jahrzehnte, bis sich im Boden der einer bestimmten Nutzung
und Pflege entsprechende Humus- und Strukturzustand, der entsprechende Wasserhaushalt und eine adäquate, ausgeglichene Organismengemeinschaft gebildet haben.

Der Mensch trägt diesem Sachverhalt zur Zeit überhaupt nicht oder
doch nicht ausreichend Rechnung. Er spielt der Natur gegenüber die
Rolle eines Herrschers, der sich um die Reaktion seiner Untertanen auf
die von ihm getroffenen Anordnungen nicht kümmert. Dieses sonderbare
Verhalten erklärt sich in erster Linie daraus, daß man die Tragweite der
ergriffenen Maßnahmen für den Haushalt der Natur weit unterschätzt.
Dies ist ein gefährlicher Zustand, der durch Appell an das Verantwortungs-
gefühl und durch intensivste Aufklärung beseitigt werden muß.'' (FRANZ,
H., Feldbodenkunde, p. 551/2. Wien 1960).

SUMMARY

The author proposes seven basic laws which apply to biocoenoses:
1. No plant or animal lives in isolation. They all belong to one or other community and fit into this community.
2. The environment allows only one biocoenosis which harmonises with its properties. It provides the community with place, food, water and energy.
3. Every biocoenosis is organized in the space on and in the soil, needs a minimum area, and has only a limited number of contact communities.
4. All functions are organized in time, as shown by daily, seasonal and other rhythms.
5. There is an endogenous, functional organisation which allows only a limited number of plants or animals to live together.
6. The result of a sociological structure is work, as shown by the renovation of the community, the production of organic compounds, the formation and transformation of soil.
7. All normal biocoenoses are harmonic.

LITERATUUR

Tüxen, R.: Vegetations- und standortskundliche Grundlagen für Rekultivierungsmaßnahmen in Tagebaugebieten. – Natur u. Landschaft **34** (3): 34/5. Bad Godesberg 1959.

Schmithüsen:

Wir danken für diesen überaus instruktiven Vortrag, der von der anderen Seite, von der reinen Anschauung, von der Empirie, im Grunde doch zu den gleichen Problemen, z.T. auch zu den gleichen Grundanschauungen gekommen ist, wie der erste Vortrag, der von der rein geistigen Seite an diese Fragen heranging.

BIOGEOZÖNOSE – PHYTOZÖNOSE

von

ALEXIS SCAMONI, Eberswalde

Im „Naturgemälde der Tropenländer" schrieb A. VON HUMBOLDT im Jahre 1807: „In der großen Verkettung von Ursachen und Wirkungen darf kein Stoff, keine Tätigkeit isoliert betrachtet werden". Diese auf die Einheit der belebten und unbelebten Natur hinzielende Konzeption des großen Gelehrten führte in den verschiedenen Zweigen der Naturwissenschaften zur Anwendung dieser Auffassung in den Forschungen, ihren weiteren Ausbau und zur Bildung von Begriffen, die diese Einheit charakterisieren, und zu Bezeichnungen für diese Einheit, als kurzen Ausdruck des gesamten Systems.

In der Bodenkunde war es DOKUTSCHAJEW (1889), der diese Ideen zur Grundlage seiner Betrachtungen machte. Von ihm beeinflußt stellte der Forstwissenschaftler MOROSOW (1959) Waldtypen auf, die dieser Konzeption entsprachen. Von zoologischer Seite stellte FRIEDERICHS (1927) den Begriff des Holocön auf, in der Vegetationskunde wurde von TANSLEY (1935) der Begriff des „ecosystem" geschaffen, PALLMANN (1948) spricht in diesem Zusammenhang von der *Biochore*, aber auch von geographischer Seite wurde an diesen Fragen gearbeitet, wie es die Werke von POLYNOW (1953), BERG (1945) zeigen, und besonders bemühte sich SCHMITHÜSEN (1948) um die Klärung der Begriffe, die in seinen Definitionen der Landschaft, des Naturraumes, der Fliese uns entgegentreten.

Von den Anschauungen DOKUTSCHAJEW'S, MOROSOW'S, POLYNOW'S und BERG'S ausgehend entwickelte SUKATSCHEW (1957) die Lehre von der Biogeozönose, die als Grundlage für die vergleichende Betrachtung genommen sei, zumal SUKATSCHEW ihre Bedeutung für die Praxis der Bodenkultur besonders herausstellt. Sie kann auch als Zusammenfassung aller oben genannten Anschauungen gelten, in denen ein gemeinsamer Nenner durchklingt, obgleich im einzelnen von den verschiedensten Seiten an das Problem herangegangen wurde.

Die Biogeozönose bildet nach SUKATSCHEW die Einheit zwischen der Lithosphäre, der Pedosphäre, der Hydrosphäre, der Atmosphäre, der Vegetation und der Tierwelt.

Weiterhin werden noch orographische Faktoren mit herangezogen, wie Höhenlage, Massenerhebung, Hangrichtung, Hangneigung und Mikrorelief. Diese letzteren Faktoren stellen komplexe standortskundliche Begriffe dar, die alle auf die oben erwähnten abiotischen (ökologischen) Primärfaktoren zurückgeführt werden können, doch bilden sich, durch die orographischen Bedingungen verursacht, verschiedene Entwicklungstendenzen heraus, die, wie noch weiter ausgeführt wird, mit in die Definition der Biogeozönose eingehen können.

Umstritten ist die Frage, ob die durch den Menschen abgewandelten Biogeozönosen als solche zu gelten haben. Die Berechtigung dieser abgewandelten Biogeozönosen muß unbedingt anerkannt werden, da dieser Begriff für jede Forstgesellschaft, jede Kahlfläche, jede landwirtschaftliche Kulturfläche zutrifft.

Die uns in der Natur entgegentretenden Verbindungen dieser Elemente bilden Typen der Biogeozönose, die als Grundlage des Handelns auf allen Zweigen der Bodenkultur genommen werden sollen.

Die mannigfaltigen Möglichkeiten der Kombinationen der einzelnen Komponenten der Biogeozönose lassen die Vermutung auftauchen, daß der Praxis eine Unsumme von Typen entgegentritt, sodaß eine derartige Typologie praktisch unbrauchbar wird. Doch zeigt die Erfahrung, daß die einzelnen in Wechselbeziehung stehenden Komponenten regelmäßig wiederkehrende Kombinationen aufweisen, deren Zahl in der Natur zu überblicken ist und so aus Gesichtspunkten der Praxis kaum Einwendungen zu erheben sind. Allerdings darf ein Typ einer Biogeozönose nicht zu eng gefaßt werden, denn alle die kleinen Änderungen, wie wir ihnen in der Natur begegnen, wie im Walde die Findlinge mit ihren besonderen biotischen und abiotischen Verhältnissen, Baumstöcke, Windwürfe können zwar als eigene Biogeozönosen aufgefaßt werden, haben aber nur für spezielle Untersuchungen eine Bedeutung. Ebenso können komplexe Siedlungen als Typen der Biogeozönose aufgefaßt werden, wie z.B. der Bülten-Erlenwald mit seiner sehr unterschiedlichen Vegetation der Bülten und Schlenken.

So ist bei rationaler Anwendung des Begriffs der Biogeozönose die Anzahl der für die Praxis auszuscheidenden Typen durchaus zu übersehen.

Für die Forstwirtschaft setzt SUKATSCHEW (1957) einen Typ der Waldbiogeozönose gleich einem Waldtyp, der folgendermaßen definiert wird: „Der Waldtyp ist ein Zusammenschluß von Waldflächen, die nach der Holzartenzusammensetzung, dem allgemeinen Charakter der anderen Vegetationsschichten, der Fauna, dem Komplex der Standortsbedingungen, der Wechselbeziehung zwischen den Pflanzen und der Umwelt, den Wiederherstellungsprozessen und der Richtung des Wechsels gleich sind und bei gleichen ökonomischen Bedingungen gleiche forstwirtschaftliche Maßnahmen erfordern."

Diese Auffassung zwingt dazu, die Bestände verschiedener Baumarten auf demselben Standort als eigene Waldtypen aufzufassen oder Kahlflächen als besondere Typen anzusprechen, was bei der engen Auslegung des Begriffs eines Typs der Biogeozönose durchaus richtig ist, jedoch in der Praxis zu einer zu großen Ausweitung der Waldtypen führt und so ihre Anwendbarkeit erschwert, wenn nicht gar unmöglich macht.

Der Einwand wird etwas abgeschwächt, indem SUKATSCHEW (1957) neben den Grundtypen auch abgeleitete Typen einführt, die mehr oder minder beständig sein können.

Die Notwendigkeit der Reduktion der Zahl der Waldtypen auf ein für die Praxis vertretbares Maß unter Berücksichtigung der abgeleiteten

Typen und der Kahlflächen bietet eine Typisierung der Standortsbedingungen, womit nur bestimmte Komponenten der Biogeozönose ihre Berücksichtigung finden.

Die Lösung unter Beachtung des Begriffs der Biogeozönose kann darin gefunden werden, daß man zu einem Typ alle Flächen mit der gleichen Entwicklungstendenz vereinigt und die jeweiligen Bestockungs- und Vegetationsunterschiede als Entwicklungsstufen auffaßt.

Deshalb ist es notwendig, in den Begriff der Biogeozönose auch das Moment der Entwicklung einzubeziehen und zu Biogeozönosen höherer Ordnung aller auf dem gleichen Standort stockenden Pflanzenbestände mit der sich daraus ergebenden gleichen Entwicklungstendenz zusammenzufassen.

In natürlichen oder naturnahen Pflanzendecken treten diese Probleme vor allem nach Naturkatastrophen auf, bei Einwirkung des Menschen auf die Pflanzenwelt werden sie sofort sehr groß und zwingen sowohl den Einfluß des Menschen, wie die durch ihn verursachte Entwicklung zu beachten.

Da die Vegetation, die Phytozönose, einen untrennbaren Bestandteil der Biogeozönose bildet, erhebt sich die Frage, wieweit die Phytozönose der Ausdruck der gesamten Biogeozönose ist.

SUKATSCHEW (1957) schreibt: „Daher ist bei Ausscheidung von Biogeozönosen in der Natur zweckmäßig, die Phytozönose auszuwerten, mit anderen Worten, die Grenzen jeder einzelnen Biogeozönose werden von Grenzen der Phytozönose bestimmt. Das hängt im Grunde genommen damit zusammen, daß von den Komponenten der Biogeozönose der Phytozönose die größte, man kann sagen, die biogeozönosebildende Rolle gehört".

Zu diesem Zweck ist es notwendig, auch den Begriff der Phytozönose zu klären, der in verschiedener Art und Weise gebraucht wird.

Die Vegetationskunde, von ALEXANDER VON HUMBOLDT (1807) als ein eigener Zweig der Botanik gegründet, zeigte in ihrer Entwicklung verschiedene Auffassungen und Richtungen, deren Vereinigung das Ziel ist.

Die einfachste Definition der Phytozönose, der Pflanzengemeinschaft als einer regelmäßig wiederkehrenden Artenverbindung ist zu weit und kann das Problem der Kongruenz der Phytozönose mit der Biogeozönose nicht aufdecken.

Physiognomische, chorologische Anschauungen, Überbewertung der Stetigkeit, des Treuegrades und der Entwicklung stehen gegeneinander, wobei die Synthese in der kürzlich erarbeiteten soziologischen Auffassung (SCAMONI und PASSARGE 1959) zu erwarten ist.

Danach sind soziologische Merkmale eines Typs der Phytozönose: 1. die gesamte Artengruppenkombination, d.h. es gibt keine Sammelgruppe der sogenannten Begleiter, 2. die mittlere Artenzahl, 3. die Artmächtigkeit, 4. die Homogenität und 5. bei Vegetationseinheiten im Range einer Assoziation auch die Art der Untergliederung.

Zu diesem Zweck muß die kleinste, nach soziologischen Merkmalen ausgeschiedene Vegetationseinheit auf die Homogenität der anderen Komponenten der Biogeozönose untersucht werden.

Stehen die faunistischen Untersuchungen noch im „Anfang", so sind

16

wir doch in der Lage, mit den Methoden der modernen Standortserkundung, den übrigen abiotischen Teilkomplex im wesentlichen zu erfassen. Treten signifikante Standortsunterschiede bei ähnlichen Artmächtigkeitsunterschieden in der Vegetation auf, so ist als akzessorisches Merkmal das der Artmächtigkeit heranzuziehen.

Treten bei gleichen soziologischen und Artmächtigkeitsmerkmalen doch Unterschiede in den Standortsmerkmalen auf, so wird die oben gestellte Frage aufgerissen, ob gleiche Phytozönosen auch gleiche Biogeozönosen anzeigen. Diese Tatsachen kommen z.B. bei vergleichenden Untersuchungen der natürlichen Kiefernwälder und bestimmter Kiefernforsten vor, die keinen anderen Unterschied in der Vegetation aufweisen als einen anderen Aufbau der Baumschicht.

Die Lösung kann hier darin gefunden werden, daß bei jeder Phytozönose die Entwicklungstendenz mit berücksichtigt werden muß, um auch phytologisch die Verschiedenheiten aufzudecken.

Jeder Typ einer Biogeozönose hat eine bestimmte von einem anderen Typ abweichende Entwicklungstendenz, die auch ihren Ausdruck in der Tendenz der Entwicklung der ähnlichen Typen der Phytozönose findet.

Deshalb ist es bei pfleglicher Behandlung des Waldes auf Standorten von Laubwaldgesellschaften zwecklos, eine Naturverjüngungswirtschaft mit Kiefer zu betreiben, wenn auch eine wirtschaftliche Naturverjüngung dieser Baumart temporär in einer Entwicklungsphase möglich ist.

Die Inkongruenz zwischen verschiedenen Standortstypen mit gleicher Pflanzendecke tritt uns besonders in den vom Menschen stark veränderten Forsten entgegen, enthebt uns aber nicht auch unsere Forschungen auf diese Phytozönosen auszudehnen und mit zusätzlichen Kriterien zu arbeiten, auch die Methoden der Palynologie und der Forstgeschichte mit zu verwenden.

Die weitere Frage ergibt sich, wenn bei „gleichen" Standortsbedingungen verschiedene Pflanzengemeinschaften auftreten. Die genaue Nachprüfung ergibt in fast jedem Fall, daß von gleichen Standortsbedingungen bei verschiedenen Pflanzengemeinschaften nicht gesprochen werden kann. Sehr oft werden nur gleiche Bodenbedingungen herangezogen, jedoch auf die anderen Standortsfaktoren kein Wert gelegt. Auch muß die Verschiedenheit der Pflanzengemeinschaften nachgeprüft werden, denn in sehr vielen Fällen hat man es mit temporären Änderungen ein und derselben Pflanzengemeinschaft zu tun, die nur als bestimmte Entwicklungsphasen zu deuten sind. Die Pflanzengemeinschaften zeigen so die Veränderungen ein und derselben Grundeinheit der Standortsbedingungen an.

SUKATSCHEW (1957) spricht davon, daß je nach Bestandesalter verschiedene Phytozönosen auftreten, die aber alle zum selben Waldtyp, also zum selben Typ der Biogeozönose gehören, erst auf der Kahlfläche tritt eine andere Biogeozönose auf.

Diese Feststellungen führen wieder dahin, daß bei der engen Fassung der Biogeozönose, die Abwandlungen der Pflanzendecke, auch der Tierwelt in den verschiedenen Bestandesaltern eigene Typen der Biogeozönose darstellen.

Für die Praxis ist jedoch, wie gesagt, wichtig, diese temporären Grundtyp-Abwandlungen zu einem Typ zusammenzufassen.

Für bestimmte Zwecke, so der Standortstypenbildung im Walde, der vegetationskundlichen Kartierung in mittleren und kleineren Maßstäben, für landeskulturelle Planungen ist eine weitere Zusammenfassung der natürlichen und abgewandelten Biogeozönosen nach bestimmten Gesichtspunkten von Bedeutung, etwa zu Gesellschaftsreihen, die alle diese Phytozönosen auf dem gleichen Standort umfassen (SCAMONI 1958), ähnlich wie SCHWICKERATH (1954) Gesellschaftsringe oder TÜXEN (1956) die potentielle natürliche Vegetation für diese Zwecke herausstellen.

Eine weitere und oft angeschnittene Frage ist die, ob bei verschiedenen Kombinationen der einzelnen Standortsfaktoren die gleiche Gesamtwirkung für die Vegetation sich ergibt und somit gleiche Phytozönosen in verschiedenen Typen der Biogeozönosen auftreten können. Der schon oben besprochene Teil dieser Frage, die temporäre Kongruenz der Phytozönosen auf verschiedenen Standorten, kann, wie gesagt, unter Einbeziehung der Entwicklungstendenz einer Lösung zugeführt werden. Es bleibt zu untersuchen, ob bei gleicher Entwicklungstendenz gleiche Phytozönosen in verschiedenen Biogeozönosen angetroffen werden können.

Diese Frage führt zum Problem der Ersetzbarkeit der Standortsfaktoren, das schon oft diskutiert wurde.

RÜBEL (1930) gibt eine ganze Liste von Beispielen der Ersetzungsmöglichkeiten der einzelnen Faktoren. Untersucht man aber die von ihm aufgeführten Beispiele, so ergibt sich, daß keine echte Ersetzbarkeit vorliegt, sondern der Ersatz nur eine andere Form derselben Sphäre darstellt.

WALTER (1953) hat in seinem Buch über die Standortslehre ganz entschieden diese Form der Ersetzbarkeit verneint.

Die Frage wird aber komplizierter, wenn man die orographischen Bedingungen mit in die Definition der Biogeozönose einbezieht, denn hier können tatsächlich bei verschiedenen Expositionen, meist nur im Vergleich zwischen flachem Gelände und Hängen, fast gleiche Pflanzengemeinschaften auftreten. Doch handelt es sich fast immer um voneinander entfernte, ja extrazonale Erscheinungen, die überdies auch eine andere Entwicklungstendenz aufweisen, so daß deren Vereinigung zu einem Typ der Biogeozönose nicht angängig ist.

Faßt man die Biogeozönose als die Einheit der belebten und unbelebten Natur, in der die Lithosphäre, die Pedosphäre, die Hydrosphäre, die Atmosphäre, die Vegetation und die Tierwelt in einer sich gegenseitig beeinflussenden Verbindung steht, eine bestimmte Entwicklungstendenz aufweist und auf exogene Einflüsse gleichartig reagiert, so ist nach den bestehenden Erfahrungen immer die Kongruenz zwischen einem Typ der Biogeozönose und einem Typ der Phytozönose gegeben, der nicht nur nach seiner Statik, sondern auch nach seiner Dynamik ausgeschieden worden ist.

Kurz gefaßt kann man also sagen, daß die Phytozönose der phytologische Ausdruck der Biogeozönose ist.

Für die Praxis der Bodenkultur hat die biogeozönotische Auffassung große Bedeutung. Zwar vermag die moderne Landtechnik extrem abgewandelte Phytozönosen zu schaffen, jedoch bleibt für jede Steigerung der pflanzlichen Produktion die Aufgabe, die Biogeozönose in ihrem Aufbau, ihrer Entwicklung und in ihrer Gesetzmäßigkeit zu erkennen, um folgerichtig die Maßnahmen der verschiedenen Zweige der Bodenkultur durchzuführen.

Die Erfassung der gesamten Biogeozönose ist eine sehr langwierige und komplizierte Aufgabe, man wird zunächst signifikante und nach dem derzeitigen Stand der Untersuchungsmethoden am besten erfaßbare Teile herausnehmen.

Wie in ihrer forstlichen Anwendung zunächst nur der Boden, dann alle Standortsfaktoren und schließlich auch die Phytozönose mit in die Untersuchungen und Kartierungen einbezogen wurden, die Abwandlungen durch den Menschen und die Dynamik ihre Berücksichtigung finden, so können die Erkenntnisse der forstlichen Standortserkundung und Standortskartierung, die auf der biozönologischen Grundkonzeption beruhen, auch auf andere Zweige der Bodenkultur ausgedehnt werden.

Die Anwendung der Vegetation in ihrer passiven Rolle als Zeiger für die Typen der Biogeozönose ist vor allem im Walde, auf Dauergrünland und auf Ödland für die Abgrenzung, aber auch für die Beurteilung von Bedeutung. Auf Ackerflächen wird diese Bedeutung der von Natur sich einfindenden Vegetation (Unkräuter) schwächer, ohne jedoch ganz ihren Wert zu verlieren. Die Untersuchung der Standortsfaktoren, insbesondere der Böden, tritt in den Vordergrund, ohne daß die Konzeption der Biogeozönose aufgegeben zu werden braucht, denn auch die landwirtschaftliche Nutzpflanze und alle dort vorkommenden Tiere gehören zu ihr.

Deshalb ist anzustreben, daß nicht nur die forstlich genutzten Flächen einer Standortserkundung und Standortskartierung unterzogen werden, sondern auch alle landwirtschaftlich genutzten Flächen nach biogeozönologischen Prinzipien aufgenommen werden, damit alle Maßnahmen auf dieser Grundlage aufgebaut werden können.

Zur Erforschung der Biogeozönosen ist ein weites Feld zur kollektiven Zusammenarbeit der verschiedenen Zweige der Wissenschaften geöffnet. Geologie, Geographie, Bodenkunde, Klimakunde und Meteorologie, Vegetationskunde und Ökologie, Zoologie sind hierbei beteiligt, darauf bauen sogleich die Planung, die Ökonomie und die speziell beteiligten Fächer der einzelnen Zweige der Bodenkultur.

Neben der Ausscheidung größerer Naturräume (Waldgebiete, landwirtschaftliche Produktionszonen) ist die großmaßstäbliche Erfassung von Bedeutung, die auf der Ebene eines Betriebes zur Steigerung der pflanzlichen Produktion beiträgt.

ZUSAMMENFASSUNG

Nach einer Erläuterung der Termini Holocön, ecosystem und Biochore geht der Verfasser näher ein auf den von SUKATSCHEW geprägten Terminus „Biogeozönose". Die Biogeozönose bildet die Einheit zwischen Lithosphäre, Pedosphäre, Hydrosphäre, Atmosphäre, Vegetation (= Phytozönose) und Tierwelt. Durch orographische Bedingungen verursacht, bilden sich verschiedene Entwicklungstendenzen heraus. Diese werden Typen genannt. Erfahrungsgemäß ist immer die Kongruenz zwischen einem Typ der Biogeozönose und einem Typ der Phytozönose gegeben, d.h. die Phytozönose ist der phytologische Ausdruck der Biogeozönose.

SUMMARY

After the terms holocenosis, ecosystem and biochore had been explained, SUKATSCHEW's term „biogeocenosis" was discussed in more detail. The biogeocenosis forms the unifying link between the lithosphere, the pedosphere, the hydrosphere, the atmosphere, vegetation (= phytocenosis) and the animal world. Different successional trends, caused by varying orographical conditions, may develop. These have been termed „types". Experience has shown that a correlation always occurs between a biogeocenosis type and a phytocenosis type, i.e. the phytocenosis is the vegetational expression of the biogeocenosis.

LITERATUR

BERG, L. S.: Fazies, geographische Aspekte und geographische Zonen. – Ber. geogr. Ges. UdSSR **77**. 1945. (Russ.)

DOKUTSCHAJEW, W. W.: Die Lehre von den Naturzonen. – St. Petersburg 1889. (Russ.)

FRIEDERICHS, K.: Grundsätzliches über die Lebenseinheiten höherer Ordnung und den ökologischen Einheitsfaktor. – Naturwiss. **15**, 1927.

HUMBOLDT, A. v.: Ideen zu einer Geographie der Pflanzen nebst einem Gemälde der Tropenländer. – Tübingen 1807.

MOROSOW, G. F.: Die Lehre vom Walde. 2. Aufl. – Radebeul u. Berlin 1959.

PALLMANN, H.: Bodenkunde und Pflanzensoziologie. – Kultur- u. staatswiss. Schr. ETH. **60**. Zürich 1948.

POLYNOW, B. B.: Die Lehre von den Landschaften. Fragen der Geographie. – Moskau 1953. (Russ.)

RÜBEL, E.: Pflanzengesellschaften der Erde. – Bern-Berlin 1930.

SCAMONI, A.: Zur Karte der natürlichen Vegetation der DDR. – Ber. dtsch. Landesk. **21**. 1958.

— u. PASSARGE, H.: Gedanken zu einer natürlichen Ordnung der Waldgesellschaften. – Arch. Forstw. **8**. 1959.

SCHMITHÜSEN, J: Fliesengefüge der Landschaft und Ökotop. – Ber. dtsch. Landesk. **5**. 1948.

SCHWICKERATH, M. Die Landschaft und ihre Wandlung. – Aachen 1954.

SUKATSCHEW, W. N., SONN, S. W. u. MOTOWILOW, G. P.: Methodische Hinweise zur Untersuchung von Waldtypen. – Moskau 1957. (Russ.)

TANSLEY, A. G.: The use and abuse of vegetational concepts and terms. – Ecology **16**. 1935.

TÜXEN, R.: Die heutige potentielle natürliche Vegetation als Gegenstand der Vegetationskartierung. – Angew. PflSoziol. **13**. Stolzenau/Weser 1956.

WALTER, H.: Einführung in die Phytologie, Band III: Grundlagen der Pflanzenverbreitung, 1. Teil: Standortslehre. – Stuttgart 1953.

SCHMITHÜSEN:

Dieses Referat war jetzt eigentlich die Verbindung zwischen den beiden ersten Vorträgen. Als Diskussionspunkt wäre die Frage zu stellen: Was ist der Unterschied zwischen einer Biozönose und einer Biogeozönose, oder ist dies kein Unterschied?

Friederichs:

Das Wort Biogeozönose ist kein neuer Begriff, sondern ein neues Wort für einen alten Begriff, der vor mehr als dreißig Jahren bei uns entstanden ist, und für den nachher die englische Bezeichnung „ecosystem" und später von russischer Seite „Biogeozönose" vorgeschlagen worden ist.

Ich vermag nicht einzusehen, warum der erste Ausdruck durch diese späteren ersetzt werden muß, und zwar ist „Biogeozönose" reichlich umständlich und der Begriff „ecosystem" ist nicht einmal logisch. Denn Ökosystem ist ein sehr allgemeiner Ausdruck. Ökosysteme gibt es sehr viele, z.B. der einzelne Mensch, oder die einzelne Art mit der Umwelt zusammen sind Ökosysteme. Ein Wirt mit seinen Parasiten ist ein Ökosystem. Symbionten bilden zusammen ein System usw. Also die Biozönose ist *ein* Ökosystem, aber sie ist nicht *das* Ökosystem. Man muß darauf achten, daß keine neuen Namen für alte Begriffe ohne Not eingeführt werden. Natürlich findet mit der Zeit ein gewisser Wandel der Bezeichnungen statt, auch eine gewisse Auslese, aber dabei ist große Vorsicht nötig.

Auf einem Symposium der Deutschen Gesellschaft für Entomologie in Staufen habe ich mich zum Begriff der Biozönose in folgender Weise geäußert: Man müßte bei Entscheidungen in dieser Hinsicht drei Gesichtspunkte beachten:

1. den logischen

2. den praktischen, weil das geschaffene Wort und der Begriff der Verständigung dienen soll und

3. aber auch den der Kontinuität der Wissenschaft, und dies will ich in diesem Moment besonders betonen. Ein gewisser Konservatismus ist praktischer als die Gefahr des Chaos, die tatsächlich besteht, und die wir aus der Taxonomie kennen.

Scamoni:

In der kyrillischen Schrift lassen sich ein „ö" und ein „ä" nicht unterscheiden (s. Holocön und Holocän). Deshalb schlägt Sukatschew einen neuen Ausdruck vor. Nach Sukatschew sind Holocön, Biochore und Biogeozönose identisch.

Friederichs:

Im Englischen besteht dieselbe Schwierigkeit, indem es den Buchstaben ö nicht gibt. Deshalb wird Biozönose in biocenosis umgelautet und Zön entsprechend zu cene (holocene).

Das Wort zön hat die Eigenschaft, daß es sich für die Zusammensetzung außerordentlich gut eignet: Beispielsweise der eben erwähnte Fall vom Individuum oder Art nebst Umwelt. Das ist ein System, das man zweckmäßig als Monozön bezeichnet. Ferner kann man von Merozön (Teil eines Zöns), von Abiozön, Biozön und Holozön sprechen usw.

Schmithüsen:

Der Autor dieses Begriffes ist Herr Friederichs mit seinem Holozön. Der Begriff Holozön ist identisch mit dem Begriff, den Sukatschew Biogeozönose nennt.

Franz:

Ich schließe mich hundertprozentig diesen Ausführungen an, und ich fürchte, daß wir mit der Schaffung der neuen Begriffe, die eine Flut werden von verschiedenen Seiten her, unsere Wissenschaft allmählich diskriminieren. Denn gerade wir Ökologen haben ja die Aufgabe, unsere Erkenntnisse der Praxis näher zu bringen. Und je mehr Begriffe wir dahinein werfen, desto weniger haben wir überhaupt noch die Möglichkeit, uns mit der praktischen Welt verständigen zu können. Ich sehe hier eine große Gefahr.

Du Rietz:

Die Einführung des Begriffs, den man jetzt abwechselnd Holozön, Ökosystem und Biogeozönose nennt, scheint mir einer der wichtigsten Fortschritte in der Biozönologie unseres Jahrhunderts zu sein. Durch diesen Begriff hat man scheinbare Widersprüche zwischen Vegetationsforschern, die von der Vegetation, und solche die vom Standort ausgegangen sind, aufklären können. Wenn z.B. in Finnland Norrlin 1870–71 Vegetationseinheiten, die offenbar auf die Vegetation selbst gegründet waren, nach ihren Standorten benannt hat, scheint er unbewußt mit einem Holozön-, Ökosystem- oder Biogeozönose-Begriff gearbeitet zu haben. Dieser Begriff spielt in der heutigen Biozönologie eine immer größere Rolle und zwar meistens unter dem Namen Ökosystem (ecosystem). Der älteste Namen scheint aber Holocön oder einfach Cön zu sein (Friederichs 1927). Herr Professor Friederichs hat auch betont, daß Ökosystem sprachlich-logisch ein weiterer Begriff ist als Holocön, und ich kann darin nur einstimmen: eine Biene, die eine Blume besucht, und diese Blume bilden zusammen ein Ökosystem, aber kein Holocön oder Cön. Man kann also gut beide Begriffe in verschiedenem Umfange verwenden.

BIOZÖNOSEN UND SYNUSIEN IN DER PFLANZENSOZIOLOGIE

von

G. Einar Du Rietz, Uppsala

Es ist für mich eine sehr große Freude und Ehre, in dieser Versammlung von botanischen und zoologischen Biozönologen über Biozönosen und Synusien in der Pflanzensoziologie sprechen zu dürfen. Ich fühle ein tiefes Bedürfnis damit zu beginnen, meinem hochverehrten Freunde Reinhold Tüxen herzlichst zu danken für seine freundlichen Begrüßungsworte, für die Einladung zu diesem Symposion und für seinen begeisterten Einsatz für eine bessere Verständigung zwischen verschiedenen Richtungen in der heutigen Biozönologie.

I. BIOZÖNOSEN

„Eine Austernbank ist eine Biozönose oder Lebensgemeinde" nannte Karl Moebius die klassische Schrift von 1877, in der er den Begriff der Biozönose und damit auch ein ausgezeichnetes Werkzeug für das Studium des gesamten Lebens eines Abschnittes der Erdoberfläche unter gleicher Berücksichtigung von Pflanzen und Tieren schuf. Schon in dieser Arbeit nannte er die Biozönose eine „Gemeinschaft von lebenden Wesen"; später (1886) ersetzte er das Wort „Lebensgemeinde" durch „Lebensgemeinschaft", und dieses Wort hat sich als deutsches Synonym der internationalen Bezeichnung Biozönose eingebürgert. Nachdem das Wort Biozönose vier Jahrzehnte nur von Zoologen benutzt worden war, wurde es von Helmut Gams in seiner gedankenreichen, bahnbrechenden Dissertation im Jahre 1918 auch in die Pflanzensoziologie eingeführt. Eine Biozönose umfaßt nach Gams „die gesamte auf einem einheitlichen Ausschnitt der Biosphäre ... enthaltene Vegetation im weitesten Sinne", d.h. Pflanzen und Tiere. In diesem Sinne ist der Begriff der Biozönose in der heutigen Pflanzensoziologie eingebürgert. In Nordamerika sprach schon 1913 Vestal von „a single biotic association, composed of plant and animal assemblages". In diesem Sinne spielen in der späteren amerikanischen „Ecology" Begriffe wie „biotic community", „biotic formation," „biome" etc. eine zentrale Rolle (Clements a. Shelford 1939, Allee, Emerson, Park, Park a. Schmidt 1949, Dice 1952, Woodbury 1954, etc.). In Europa hat Emil Schmid seit 1922 in vielen scharfsinnigen Schriften (1922, 1923, 1936, 1940, 1941, 1942, 1944, 1950, 1955 u.a.) den Begriff der Biozönose erörtert und entwickelt.

Die praktische Unmöglichkeit für den einzelnen Forscher, die Pflanzen und die Tiere einer Biozönose gleichzeitig zu beherrschen und zu be-

handeln, und die Schwierigkeiten, die erwünschte Zusammenarbeit
zwischen Botanikern und Zoologen zu organisieren, haben die meisten
Pflanzensoziologen dazu gezwungen, ihre Studien auf die Phytozönose,
d.h. auf die Gesamtheit der pflanzlichen Komponenten einer Biozönose,
zu beschränken. Aber alle Pflanzensoziologen dürften wohl jetzt darüber
einig sein, daß dies nur ein praktischer Notbehelf ist, der prinzipiell wo
möglich durch das Studium der gesamten Biozönose ersetzt werden sollte.

Im Gegensatz zu denjenigen Biologen, die „den Wald vor lauter Bäume
nicht sehen", sind wohl die heutigen Pflanzensoziologen darüber einig,
daß eine Einteilung der Organismenwelt in Biozönosen notwendig ist,
um die enorme Mannigfaltigkeit und Variation der gemischten Organismenpopulationen zu begreifen, zu beschreiben und zu erklären. Ziemlich
große Einigkeit dürfte darüber bestehen, daß es wünschenswert ist, mit
einer Hierarchie von Biozönosen verschiedenen Ranges zu arbeiten.
Ebenso darüber, daß die Begrenzung aller dieser Biozönosen auf die
Vegetation selbst gegründet werden muß, nicht auf ihre Biotope, aber
auch darüber, daß das Studium der Wechselbeziehungen und -wirkungen
zwischen den Pflanzen und Tieren und den Biotopen eines der Hauptziele
der Vegetationsforschung sein muß. Fast alle Pflanzensoziologen dürften
die Biozönosen niedrigeren Ranges auf ihre floristische Zusammensetzung
gründen wollen, während die höheren Einheiten zwar von vielen Pflanzensoziologen auf demselben Prinzip, von anderen aber wenigstens vorläufig lieber auf ihre Lebensformen, d.h. auf ihre Physiognomie begründet
werden. Beinahe vollständig ist die Einigkeit darüber, daß diejenigen
Biozönosen mittelhohen Ranges, die jetzt allgemein Assoziationen und
Verbände genannt werden, auf die *qualitative* Artenzusammensetzung
gegründet werden sollten. Ein Gegensatz in dieser Hinsicht zwischen
schwedischer und mitteleuropäischer Pflanzensoziologie existiert zwar
immer noch in der Phantasie verschiedener Verfasser, in Wirklichkeit
aber, wie Prof. Tüxen in seinen Begrüßungsworten schon gesagt hat,
gar nicht mehr, seitdem Braun-Blanquet, Du Rietz und Nordhagen
bei dem internationalen Botanikerkongress in Amsterdam 1935 einen
gemeinsamen Vorschlag im oben genannten Sinne vorgelegt und durchge-
setzt haben (Du Rietz 1936, S. 587). Dasselbe gilt auch von dem hohen
Wert der Charakterarten, Leitarten oder *Kennarten* für die Abgrenzung
der Assoziationen und Verbände, den schon im vorigen Jahrhundert
Klassiker wie Heer (1835) und Drude (1885) erkannt haben, den im
Anfang unseres Jahrhunderts Gradmann (1909) und Braun-Blanquet
(1913, 1915, 1918, 1921, Braun & Furrer 1913) mit genialer Klarheit
entwickelt haben, und den in den letzten Jahrzehnten Braun-Blanquet,
Tüxen und andere südliche Kollegen mit überzeugender Begeisterung
und in freundschaftlichster Zusammenarbeit mit nordischen Pflanzensoziologen wie Nordhagen und mir selbst zu allgemeiner Anerkennung
gebracht haben. Prinzipiell gilt dies auch den Differentialarten oder
Trennarten, von Koch 1926 (S. 13–14) zusammen mit Braun-Blanquet
vorgeschlagen, zunächst für die Abgrenzung von Subassoziationen einer
Assoziation, aber schon vom ersten Anfang an auch „zur schärferen
Abgrenzung von Assoziationen innerhalb eines Verbandes" gebraucht
(vergl. auch Braun-Blanquet 1928, S. 52), eine Anwendung, die in

späteren Jahren immer häufiger geworden ist (vergl. z.B. Du Rietz 1942 c, Knapp 1942, 1948, Albertson 1946, 1950, Andersson u. Waldheim 1946, Andersson 1950, Sjörs 1948, Braun-Blanquet 1948, 1951, S. 21, Braun-Blanquet u. Tüxen 1950, Braun-Blanquet, Pallmann u. Bach 1954, Tüxen 1951, 1957, 1958 u.a.). In der skandinavischen Pflanzensoziologie haben die Trennarten auch für die Abgrenzung und Diagnostik von Verbänden und Unterverbänden eine große und grundlegende Verwendung gefunden, ebenso wie für Ordnungen und Klassen im Sinne Braun-Blanquets (Nordhagen 1936, 1943, 1954, Du Rietz 1942 a, b, c, 1949, 1954, Waldheim u. Weimarck 1943, Albertson 1946, Sjörs 1956). In vielen Fällen scheinen die Trennarten sogar einen noch größeren diagnostischen Wert für die Abgrenzung dieser Biozönosen zu haben als die Kennarten, die ja eigentlich nur einen extremen Spezialfall der Trennarten darstellen. Eine Trennart, die *niemals* die Grenze zwischen zwei Biozönosen überschreitet, die aber regelmäßig diese Grenze sogar in bedeutender Menge erreicht, ist offenbar von besonders hohem diagnostischen Wert für die Erfassung dieser Grenze, vor allem wenn das plötzliche Aufhören der Trennart mit dem ebenso plötzlichen Aufhören einer Reihe anderer Trennarten zusammenfällt – sie hat jedenfalls einen höheren diagnostischen Wert als eine Kennart des zweiten oder dritten Treuegrades, die vielleicht an der betreffenden Grenze gar nicht vollständig aufhört. Es gibt sogar extreme Fälle, wo eine offenbar sehr natürliche und gut abgegrenzte Biozönose durch keine einzige Kennart und keine einzige positive Trennart charakterisiert werden kann, aber um so besser durch eine beträchtliche Anzahl von negativen Trennarten, die außerhalb der betreffenden Biozönose bis zu ihrer Grenze in oft großer Menge wachsen, aber an der Grenze alle auf einmal vollständig verschwinden. Dies gilt in der natürlichen Moorvegetation Südschwedens vor allem von der außerordentlich gut begrenzten und charakteristischen Groß-Biozönose der Hochmoore (Thunmark 1940, 1942, Du Rietz 1942 b, c, 1948, 1949, 1950 a, b, c, 1950 e, 1951, 1953, 1954, 1959, Ackenheil 1944, Sjörs 1948 etc.).

Semenow-Tian-Schanski (1928) nannte die Geographie „die Wissenschaft von den natürlichen Grenzen", und „die Festlegung der natürlichen Grenzen" steht nach Berg (1958) „am Anfang und Ende jeder geographischen Arbeit". Ebenso in der Pflanzensoziologie. Die Entdeckung und Erfassung der natürlichen Grenzen, der Diskontinuitäten in der Vegetation, durch abwechselnde extensive Beobachtung und intensive Analyse, ist eine Hauptvoraussetzung für das Erkennen der Differenzierung der Vegetation in natürlichen Biozönosen verschiedenen Ranges. Mit Clements (1916, S. 127), Schmid (1923, S. 16, 1941, etc.), Alechin (1925) u.a. habe ich seit Jahrzehnten die Begriffe des Assoziationsindividuums und der Assoziation als abstrakten Typus zurückgewiesen und die ganze Biozönose als eine ebenso konkrete Einheit (eine Population von gemischten Arten) wie ihre einzelnen Teilstücke oder *Segmente* im Sinne Schmid's (1941) aufgefaßt. Dies gilt für Biozönosen von allen Rangstufen – die höheren Biozönosen werden von mir nicht als abstrakte Typen aufgefaßt, die durch Klassifikation von niedrigeren Biozönosen erfaßt werden, sondern als konkrete Mischpopulationen hohen Ranges (CLEMENTS 1916, S. 127: „The climax formation is not an abstraction ..."), die in der Natur durch direkte Beobachtung erkannt werden. Daraus ergibt sich als eine wichtige Konsequenz, daß die höheren Biozönosen in der Natur direkt studiert, erkannt und gewissermaßen charakterisiert werden können auch ohne Spezialstudien ihrer Gliederung in Biozönosen niedrigeren Ranges. Man kann z.B. ein Hochmoor und seine Grenze gegen das umgebende Niedermoor (vergl. DU RIETZ 1942 b, 1949, 1950 a, b, c, 1953, 1954, 1957) ganz gut erkennen und in seinen allgemeinen Hauptzügen, seiner floristischen Zusammensetzung etc. beschreiben auch ohne Studium seiner Gliederung in Randabhänge- und Hochflächen-Vegetation, in Bulten- und Schlenken-Vegetation usw. Und man kann in der skandinavischen Gebirgskette – in den Skanden, wie wir jetzt nach dem Vorschlag ERIK LJUNGNER's sagen – niemals im Zweifel sein über die außerordentlich klare Gliederung der artenarmen Heidebiozönose der kalkarmen niederen alpinen Stufe in einen Empetrion-Verband und einen Myrtillion-Verband (durch die obere Grenze des zuverlässigen Winterschneeschutzes und der dadurch bedingten oberen Grenze von *Vaccinium myrtillus* auf den kleinen Hügeln in dieser Stufe messerscharf geschieden), auch wenn man gar nicht dazu gekommen ist, die Gliederung dieser beiden Verbände in Assoziationen etc. zu studieren (vergl. DU RIETZ 1942 a, b, 1950 d, 1953, 1957 b).

Mit der genannten Auffassung jeder Biozönose, nicht nur ihrer einzelnen Segmente, als eine konkrete Mischpopulation entfällt jeder Grund dazu, den Namen der höheren Biozönosen, im Gegensatz zu denjenigen der niedrigeren, die Pluralform zu geben. Für diese höheren Biozönosen erscheinen dann auch die an die Kategorien der idiobiologischen Systematik zu stark erinnernden Namen Ordnung und Klasse wenig geeignet, und ich habe seit drei Jahrzehnten versucht, den alten GRISEBACH'schen Begriff der *Formation*, bzw. Subformation, für diejenigen Biozönosen hohen Ranges, die in der europäischen Pflanzensoziologie Klasse und Ordnung genannt worden sind, zu retten (DU RIETZ 1930 a und b, 1949, 1954, 1957 etc.). In etwa diesem Sinne ist das Wort „Formation" auch in der nordamerikanischen Pflanzensoziologie gut eingebürgert (CLEMENTS 1916, 1920, 1928, WEAVER a. CLEMENTS 1929, 1938). Von den neueren nordamerikanischen Biozönologen mit überwiegenden zoologischen Interessen wird für „the biotic formation" oft der Name „biome" verwendet, was als internationale Bezeichnung für solche Biozönosen sehr hohen Ranges vielleicht zweckmäßig sein kann.

Ein gutes Beispiel einer Grenze zwischen zwei Biozönosen, bei deren Erfassung und Charakterisierung es besonders natürlich und notwendig ist, nicht nur Pflanzen sondern auch Tiere heranzuziehen, liefert auf den Strandfelsen der schwedischen Westküste die Grenze zwischen dem hydrolitoralen Verband des Nemalioneto-Vesiculosion (nach der Rotalge *Nemalion multifidum* und der Braunalge *Fucus vesiculosus* benannt) und dem untergeolitoralen Verband des Mauro-Calothrixion (nach der Krustenflechte *Verrucaria maura* und der Blaualge *Calothrix scopulorum* benannt). Gute Trennarten des Nemalioneto-Vesiculosion gegenüber dem Mauro-Calothrixion, nach deren Aufhören man die Grenze leicht ziehen kann, sind nicht nur Algenarten wie *Nemalion multifidum* (in exponierter, *Fucus*-freier Lage), *Fucus vesiculosus* und *F. spiralis* sowie Krustenflechten wie *Verrucaria microspora*, sondern auch die Cirripedien-Art *Balanus balanoides*, die diagnostisch besonders wertvoll ist, weil sie von den geschützten bis zu den am meisten exponierten Felsen einen sehr auffallenden weißen Gürtel bildet, dessen Aufhören meistens scharf und deutlich auch auf steilen Felswänden, wo die Algen fehlen, die Grenze zwischen den beiden Biozönosen und überhaupt zwischen Meeresvegetation und Landvegetation markiert und illustriert (vgl. Du Rietz 1947).

In der skandinavischen Pflanzensoziologie werden die Assoziationen nicht nur nach der qualitativen Artenzusammensetzung in Subassoziationen eingeteilt, sondern auch weiter nach den Dominanten der verschiedenen Schichten in noch niedrigere Biozönosen, die in der früheren skandinavischen Pflanzensoziologie Assoziationen, in den letzten drei Jahrzehnten aber nach dem Vorschlag Rübel's (1927) *Soziationen* genannt werden (Du Rietz 1930 a und b). Diese Bezeichnung wurde nach dem gemeinsamen Vorschlag von Braun-Blanquet, Du Rietz und Nordhagen von dem Botaniker-Kongress in Amsterdam 1935 auch international sanktioniert. Die Einteilung in Soziationen wird von mir seit drei Jahrzehnten innerhalb der nach der qualitativen Artenzusammensetzung unterschiedenen Assoziationen vorgenommen (vgl. z.B. Du Rietz 1949, S. 276–277), d.h. sie erfüllt vollkommen die Forderung Braun-Blanquet's (1951, S. 24), „daß, wenn möglich, vorerst die Assoziationen und hierauf die kleineren Einheiten zu umschreiben sind". Daß die Fassung der Soziation „von vornherein auf die Berücksichtigung der Treueverhältnisse verzichtet" (Braun-Blanquet 1951, S. 24), kann deshalb nur für meine vor 1930 erfaßten und als Assoziationen beschriebenen Soziationen richtig sein, nicht aber für diejenigen der drei letzten Jahrzehnte.

Durch eine derartige Unterscheidung und Analyse der Soziationen, in die eine Assoziation (bzw. Subassoziation) gegliedert ist, gewinnt man mehrere bedeutende Vorteile.

Man bekommt dadurch eine Möglichkeit, den Zusammenhang zwischen der Variation der Dominanzverhältnisse und der übrigen Zusammensetzung innerhalb einer Assoziation näher zu studieren. Die in südlicheren Ländern Europas landläufige Methode, große und betreffs der Dominanzverhältnisse oft sehr variable Probeflächen einer Assoziation zu analysieren, erschwert eine zuverlässige Schätzung des Deckungsgrades (der ja innerhalb einer Probefläche oft sehr wechseln kann). Sie erschwert auch eine vollständige qualitative Analyse wenigstens der Moos- oder Flechtenschicht und gibt bestenfalls nur einen unsicheren Mittelwert der variablen Deckung der verschiedenen Arten. Eine Analyse von kleinen (1 m^2 oder 1/4 m^2), gleichgroßen und sowohl qualitativ als auch quantitativ homogenen Probeflächen ermöglicht eine sicherere Schätzung des Deckungsgrades und auch eine qualitative Artenliste, deren Vollständigkeit zuverlässiger garantiert ist. Der oft gemachte Einwand, daß diese kleinen Probeflächen zu klein seien, „um ein vollständiges Bild vom Artenbestande der Gesellschaft zu bieten"

(Gillner 1960, S. 31), verliert jede Bedeutung, wenn man die Charakterisierung eines Segmentes oder irgendeiner lokalen Großfläche einer Soziation auf die Analyse nicht nur eines einzigen Kleinquadrates sondern von einer geeigneten Anzahl Kleinquadrate gründet (gute Beispiele bei Nordhagen 1927–28, 1936, 1943) und noch mehr, wenn man diese Analyse mit dem Aufzeichnen auch der von keinem Kleinquadrate eingefangenen seltensten Arten ergänzt, wie ich dies seit vielen Jahren wo möglich versucht habe. Ein anderer oft vorgeführter Einwand, nämlich daß „die übersichtliche Beschreibung der Vegetation jedoch sehr erschwert wird, wenn man die Analyse der Soziationen als Ausgangspunkt nimmt" (Gillner 1960, S. 30), kann auch nicht stichhaltig sein, solange die Soziationen im Rahmen der Assoziationen und Verbände unterschieden werden. Wenn man die Zusammensetzung und Variation jeder Soziation innerhalb einer Assoziation mit einer für die Variationsamplitude der Soziation repräsentativen Serie von Kleinquadraten analysiert und veranschaulicht, kann dies selbstverständlich nur ein vollständigeres und übersichtlicheres Bild auch von der Variation der betreffenden *Assoziation* geben, als wenn man die Gliederung der Assoziation in Soziationen nicht berücksichtigt. Jene Methode ermöglicht auch einen vollständigeren und übersichtlicheren Vergleich zwischen den verschiedenen Assoziationen eines Verbandes, d.h. die Analyse der Soziationen hat die übersichtliche Beschreibung der Vegetation gar nicht erschwert sondern gefördert.

Ein schönes Beispiel der befruchtenden Synthese von der mit gleichgroßen homogenen Kleinquadraten durchgeführten Soziationsanalyse der alten „Upsalaer Schule" und den auf die qualitative Artenzusammensetzung gegründeten Assoziations- und Verbandsbegriffen von Braun-Blanquet und seinen Nachfolgern, das für viele Arbeiten der neueren skandinavischen Pflanzensoziologie als charakteristisch gelten darf, ist die Vegetationsmonographie von Albertson 1946. Das große Vegetationsanalysenmaterial Albertson's besteht ausschließlich aus Kleinquadratanalysen von Soziationen und „Soziationsgruppen von einander sehr nahe stehenden Gesellschaften, in der Regel Konsoziationen" (Albertson 1946, S. 29), und seine Untersuchung ist nach seiner eigenen Aussage ein Versuch „einer Vegetationsanalyse auf der Basis der Feldarbeitsmethoden, die seit langem von ,der Upsalaer Schule' ausgearbeitet worden sind, aber mit einem ,natürlichen System', auf der floristischen Verwandtschaft der Pflanzengesellschaften gebaut, als Ziel", d.h. eine „synthetisierende Linie, die ihren ersten Ausdruck in Nordhagen's Sylene-Monographie (1927–1928) und in Du Rietz' methodologischen Arbeiten vom Jahre 1930 genommen hat" (Albertson 1946, S. 28).

Ein anderer großer Vorteil des Auseinanderhaltens der verschiedenen Soziationen einer Assoziation und der in Kleinquadraten ausgeführten Soziationsanalyse ist, daß die Biotop-Analysen dadurch im Rahmen einer viel einheitlicheren Vegetation ausgeführt werden. Eine Bodenprobe (oder Wasserprobe) aus der Mitte eines $1/4$ m² großen Quadrats, dessen Vegetation qualitativ und quantitativ genau analysiert ist, kann selbstverständlich viel mehr von der Korrelation zwischen Vegetation und Boden (bzw. Wasser) erzählen als eine entsprechende Boden- (oder

Wasser-)probe, von der man nur weiß, daß sie aus einer viel heterogeneren und variableren Assoziation (oder Subassoziation) geholt ist. (Vgl. ferner DU RIETZ 1957 b, S. 34–35.)

II. SYNUSIEN

Nicht einmal die niedrigsten Einheiten in der Serie der Biozönosen, die Soziationen, sind die elementarsten Einheiten der betreffenden Vegetation. Sie sind in den meisten Fällen komplexe Biozönosen oder Kombinationen von noch einfacheren Lebensgemeinschaften, die entweder verschiedene Schichten bilden oder epiphytisch aufeinander wachsen. Die Bedeutung dieser Einschichtgemeinschaften und epiphytischen Gemeinschaften als die elementaren Bausteine der Biozönosen war schon vor 100 Jahren von LORENZ (1858) und KERNER (1863) erkannt und von vielen späteren Verfassern erwähnt und erörtert worden, als HELMUT GAMS 1918 dieses Problem und seine Behandlung in der Literatur zu einer weit- und tiefblickenden Behandlung aufnahm, die in vielen Fällen große Selbständigkeit dieser elementaren Bausteine der Biozönosen betonte und sie mit dem von RÜBEL in einer Vorlesung vorgeschlagenen Ausdruck *Synusien* bezeichnete, der sich nachher in der Pflanzensoziologie eingebürgert hat. Die in vielen Fällen nur schwache Korrelation zwischen den verschiedenen Synusien einer Biozönose veranlaßte GAMS (1928) zu dem Versuch, eine Vegetationsbeschreibung auf die Beschreibung der Synusien aufzubauen und die Biozönosen nur als mehr oder weniger lockere Kombinationen von Synusien zu erwähnen. Auch ich habe eine Zeitlang dasselbe versucht, bin aber in späteren Jahren dazu zurückgegangen, die Biozönosen in den Vordergrund zu stellen und die Synusien hauptsächlich im Rahmen der Biozönosen zu behandeln – mit Ausnahme der epiphytischen und einiger anderer Typen von Synusien, die aus praktischen Gründen vielleicht besser mehr selbständig behandelt werden sollten. Im Jahre 1930 habe ich einen ersten Versuch gemacht, eine der Hierarchie der Biozönosen entsprechende Hierarchie der Synusien verschiedenen Ranges auszuarbeiten, um dadurch die Parallellisierung von Synusien und Biozönosen zu erleichtern. Die von mir vorgeschlagene Terminologie stieß aber auf sprachliche Einwände. Dem internationalen Botaniker-Kongress in Amsterdam 1935 legte ich (DU RIETZ 1936) einen von GAMS und mir gemeinsam ausgearbeiteten neuen Vorschlag einer Terminologie der Synusien verschiedenen Ranges vor. Dieser Vorschlag wurde auch von LIPPMAA (1938, 1939), der in den Jahren 1934–1935 für eine auf „Einschicht-Assoziationen" gegründete pflanzensoziologische Methode eingetreten war, angenommen und ist nachher besonders in den bryosoziologischen Monographien WALDHEIM's (1944, 1947) und VON KRUSENSTJERNA's (1945) mit Erfolg verwendet worden (vgl. auch DU RIETZ 1945, ALMBORN 1948, 1955). Nach dieser Terminologie wird in der Hierarchie der Synusien die dem Verband entsprechende Einheit *Federation*, die der Assoziation entsprechende Einheit *Union* und die der Soziation entsprechende Einheit *Sozietät* genannt. Die Federationen und Unionen werden auf Verschiedenheiten in der qualitativen Zusammensetzung der Vegetation gegründet und durch Trennarten und wenn

möglich Kennarten charakterisiert (vgl. die oben angeführte Literatur).
Die Sozietäten, die im Rahmen der Unionen zu unterscheiden sind,
werden auf Verschiedenheiten in den Dominanzverhältnissen gegründet
und durch ihre Dominanten, übrigen Konstanten und wenn möglich auch
durch Trennarten charakterisiert.

Diese Begriffe sowie der Begriff der Synusien überhaupt erscheinen
besonders unentbehrlich bei der Analyse der epiphytischen Vegetation.
Diese Vegetation wird von skandinavischen Pflanzensoziologen seit
Jahrzehnten als Synusien, die in Federationen, Unionen und Sozietäten
gegliedert sind, aufgefaßt und beschrieben, während sie von den meisten
Pflanzensoziologen in südlicheren Ländern (z.B. HILITZER 1925, OCHS-
NER 1928, KLEMENT 1941, BARKMAN 1958) als Biozönosen (Verbände
und Assoziationen etc.) aufgefaßt und beschrieben wird. GAMS, SCHMID
und HÖFLER haben gegen die letztgenannte Methode opponiert. „Ein
Eichenwaldtypus fällt unter den Begriff Assoziation, unter denselben
Begriff fällt aber auch die Moosgesellschaft, welche innerhalb der
Bestände dieses Typus auf den Ästen vegetiert. Der gleiche Begriff gilt
für den Teil und das Ganze" (SCHMID 1941, S. 572). Vom logischen
Gesichtspunkt aus muß dies selbstverständlich abgelehnt werden.
HÖFLER (1959, S. 33) findet eine Terminologie unbefriedigend, „nach der
eine Wald-‚Assoziation' viele Kryptogamen-‚Assoziationen' in sich
schließt". Auch vom praktischen Gesichtspunkt aus entstehen große
Schwierigkeiten, wenn man eine Waldassoziation als aus verschiedenen
Assoziationen zusammengesetzt zu beschreiben versucht. Der Synusien-
begriff ermöglicht eine logisch und praktisch einwandfreie Beschreibung
der epiphytischen Lebensgemeinschaften als Teile der Biozönose, zu der
sie gehören, und auch ihre Koordination mit den entsprechenden Moos-
und Flechtensynusien der Gesteinsblöcke und des Bodens in demselben
Walde sowie mit den Gras-, Kraut- und Zwergstrauchsynusien der
Feldschicht, mit den Strauchsynusien und Baumsynusien, mit den Tier-
synusien usw.

In der komplexen Biozönose eines nordschwedischen Fichtenurwalds
wächst epiphytisch auf den Fichten und Birken die für die saueren
Rinden charakteristische artenarme Flechten-Federation des Parmelion
physodes oder Physodions, von dessen beiden wichtigsten Unionen
man die sehr artenarme Euphysodetum-Union auf den Fichten, die
etwas weniger artenarme Physodeto-sulcatetum-Union (DU RIETZ
1945) auf den Birken findet. Eine von den besten Trennarten der Physodeto-sulcatetum-Union der Euphysodetum-Union gegenüber
ist die grauweiße Laubflechte *Parmelia sulcata*. Jede der beiden Unionen
ist in eine Reihe Sozietäten mit verschiedenen Dominanten gegliedert, die
Physodeto-sulcatetum-Union z.B. in eine Parmelia physodes-
Sozietät, eine P. sulcata-Sozietät, eine P. olivacea-Sozietät u.a.
Wenn eine Espe (*Populus tremula*) im Fichtenwald eingemischt ist,
wächst auf ihrer weniger saueren Rinde eine viel artenreichere Flechten-
Synusie hohen Ranges, die Xanthorion-Federation (DU RIETZ 1945),
mit der prachtvoll orangefarbigen Laubflechte *Xanthoria parietina*
sowie u.a. verschiedenen *Physcia-*, *Caloplaca-* und *Lecanora*-Arten als
Trennarten gegenüber der Physodion-Federation. Jene Federation ist

auch in verschiedene Unionen, und diese sind wiederum in verschiedene
Sozietäten gegliedert. Mit diesen epiphytischen Flechtensynusien
koordiniert sind die verschiedenen schichtenbildenden Synusien des
Waldes: die Fichten- und Birken-Synusien, die Myrtillion-Federation
der Feldschicht, hier meistens durch die Eumyrtilletum-Union und
namentlich durch ihre Vaccinium myrtillus-Sozietät repräsentiert,
die Pleurozion-Federation der Bodenschicht, die verschiedenen Moos-
und Flechten-Synusien der Gesteinsblöcke, die Pilz- und Bakterien-
Synusien und die verschiedenen Insekten-Synusien der Rohhumusdecke,
die Ameisen- und Mücken-Synusien, die Vogel-Synusien und die Bären-
Synusie usw. Alle diese verschiedenen Phyto- und Zoo-Synusien sind
Teile der komplexen Biozönose des Fichtenwaldes, und erfordern andere
Begriffe und Bezeichnungen als diejenigen, die für die Biozönosen verwendet werden. Jede von ihnen besitzt eine gewisse Selbständigkeit und
kann auch isoliert studiert und mit identischen oder ähnlichen Synusien
in anderen Biozönosen parallelisiert und verglichen werden – die Myrtillion-Federation z.B. mit der Myrtillion-Federation des subalpinen
Birkenwaldes oder der unteren alpinen Zwergstrauchheide. Sie sind
aber auch voneinander mehr oder weniger abhängig und stehen miteinander in einer mehr oder weniger starken ökologischen Wechselwirkung.

Noch mehr voneinander abhängig sind die verschiedenen Synusien
eines dichten Laubmischwaldes, wie sie LIPPMAA (1935) in seiner Monographie der Insel Abruka in Estland so anschaulich geschildert hat
(bevor er die Bezeichnung Union angenommen hatte – die Unionen
wurden in dieser Arbeit immer Assoziationen genannt). Aber auch die
schattenbedürftigsten von diesen Synusien können unter geeigneten
Boden- und Wasserverhältnissen sehr große Ähnlichkeiten mit entsprechenden Synusien eines dichten Fichtenwaldes aufweisen (vgl.
HEDBERG 1949) und können zu gewissen Zwecken vorteilhaft mit diesen
zu höheren Synusienkategorien vereint und vergleichend studiert werden.

Viel weniger voneinander abhängig sind dagegen die Synusien, die in
der Süßwasservegetation abwechselnd allein und zu mehrschichtigen
Biozönosen locker zusammengefügt auftreten. ALMQUIST (1929), der in
seiner Vegetationsmonographie der mittelschwedischen Provinz Uppland
sonst immer mit Biozönosen arbeitet, ist in der Süßwasservegetation zu
einer Beschreibung der Synusien übergegangen mit nur geringer Berücksichtigung der Biozönosen, zu denen sie teilweise locker zusammengefügt
sind. Auch ich habe es am natürlichsten gefunden, beim Studium der
Seevegetation das Hauptgewicht auf die Synusien zu legen. In den
oligotrophen Seen Schwedens wird z.B. die Gliederung der Lobelion-
Federation in ihre beiden Unionen, die niemals bloßgelegte Isoëteto-
Lobelietum-Union und die zeitweise bloßgelegte Lobelietum
isoëtosum-Union, und ihre weitere Gliederung in Subunionen und
Sozietäten nur wenig davon beeinflußt, ob sie mit einer lichten höheren
Schicht von der Phragmition-Federation oder von submersen Langs-
sproßgewächsen oder ohne diese auftritt.

Die Hochfläche eines südostschwedischen Hochmoores, z.B. des
Ryggmossemoores nw von Uppsala (DU RIETZ u. NANNFELDT 1925,
DU RIETZ 1948, 1950 c, 1957 a, Tab. I) wird von einem sehr auffallenden

Verband eingenommen, der (ebenso wie der ähnliche Ledo-Parvifolion-Verband des ihn umgebenden Randabhanges von den Niedermoorverbänden des das Hochmoor umgebenden Laggs) durch das absolute Fehlen einer großen Menge der Niedermoorarten abweicht, und den ich (Du Rietz 1949, 1950 c) nach seinem wichtigsten Torfaufbauer *Sphagnum fuscum* Eufuscion-Verband genannt habe. Dieser Verband ist sehr auffallend in zwei Assoziationen gegliedert, eine Cuspidatetum-Assoziation der Schlenken (nach *Sphagnum cuspidatum* benannt) und eine Calluneto-Fuscetum-Assoziation der Bulten. Die Cuspidatetum-Assoziation ist in eine Eucuspidatetum-Subassoziation des niederen Schlenken-Stadiums, eine Baltico-Cuspidatetum-Subassoziation des progressiven oberen Schlenkenstadiums (nach *Sphagnum balticum* benannt) und eine Tenello-Cuspidatetum-Subassoziation des regressiven oberen Schlenkenstadiums (nach *Sph. tenellum* benannt) gegliedert, die Calluneto-Fuscetum-Assoziation in die Eufuscetum-Subassoziation der noch wachsenden Bultenflächen und die Cladinetum-Subassoziation, die Mylio-Lepidozietum-Subassoziation und die Coccomyxetum-Subassoziation der durch Überwachsen von Strauchflechten, Lebermoosen bzw. Grünalgenkolonien sterbenden Bultenflächen. Alle diese Subassoziationen sind in eine Reihe Soziationen mit verschiedenen Dominantenkombinationen weiter gegliedert. Jede von diesen zweischichtigen Soziationen besteht wenigstens aus drei Sozietäten, einer Feldschichtsozietät, einer Bodenschicht-Sozietät und einer Mikroalgen- und Rhizopoden-Sozietät; die Bult-Soziationen enthalten manchmal auch Ameisen-Sozietäten usw. Die Gliederung der verschiedenen Schichten und der Mikrovegetation in Synusien verschiedenen Ranges geht mit der oben erwähnten Gliederung des Eufuscion-Verbandes in Biozönosen verschiedenen Ranges parallel. Zu einer vollständigen Vegetationsanalyse gehört die Analyse der Feldschicht, der Bodenschicht und der Mikrovegetation. Zu einer vollständigen Schilderung der Hochmoorvegetation gehört die Beschreibung und das Charakterisieren des Verbandes, der Assoziationen, der Subassoziationen und der Soziationen sowie der entsprechenden Synusien. Das Mosaik der Hochmoorfläche ist so feingefeldert, daß ihre feineren Züge nur durch die vergleichende Analyse von vielen kleinen homogenen Probeflächen klargelegt werden können. Die Zusammensetzung des Verbandes der Hochfläche, ihre Gliederung in Assoziationen und Subassoziationen, die Variation und der Kreislauf der Sukzession können am besten geklärt und illustriert werden durch die möglichst allseitige Analyse einer großen Menge möglichst homogener Probeflächen, die über die ganze Variationsamplitude jeder Soziation zerstreut sind, und die dadurch auch die Variationsamplitude der höheren Biozönosen so allseitig wie möglich illustrieren. Wenn man nur kurze Zeit zur Verfügung hat, muß man aber mit schnelleren und mehr summarischen Methoden arbeiten, z.B. mit allgemeinen Analysen von ganzen Bulten und ganzen Schlenken oder von großen Probeflächen wechselnder Größe, mit allgemeinen Artenlisten von den Subassoziationen und Assoziationen, oder sogar mit einer allgemeinen Artenliste von der ganzen Hochfläche des Moores. Die Methodik muß sich immer der zu Verfügung stehenden Zeit anpassen. Und ich möchte mit den klassischen

Worten von TANSLEY u. CHIPP vom Jahre 1926 schließen: „No scheme can claim more than practical convenience and *relatively* little violence done to the facts".

SUMMARY

I. BIOCOENOSES

The concept biocoenose, proposed by MOEBIUS 1877 and during 4 decades used only by zoologists, was introduced into phytosociology by GAMS 1918. According to GAMS, a biocoenose included „the total vegetation in the widest sense (i.e. the plant and animal population) of a homogenous segment of the biosphere". In this sense, the biocoenose concept is generally accepted in recent phytosociology. It has been much discussed and further developed by EMIL SCHMID in many papers (1922–1955). It is synonymous with the „biotic association" of VESTAL (1913) and with the „biotic community", the „biotic formation" and the „biome" of more recent North American ecologists.

Contrary to those biologists, who „do not see the forest for all its trees", the phytosociologists of the present day agree that a division of the living world into biocoenoses is necessary for conceiving, describing and explaining the enormous diversity and variation of the mixed organism populations. Most phytosociologists also agree about the desirability of working with a hierarchy of biocoenoses of different rank. There is also a general agreement among phytosociologists that biocoenoses should be founded upon vegetation, not upon biotopes, though one of the chief aims of phytosociology should be the study of interrelations between plant and animal components and between them and the biotope. Nearly all phytosociologists are basing biocoenoses of lower rank upon their floristic composition, whereas higher units are based upon the same principle by many phytosociologists but upon life-forms by others. There is a nearly complete agreement that the biocoenoses of middle rank now generally called associations and alliances should be based upon *qualitative* floristic composition. There is no divergence in this matter between Swedish and Middle-European phytosociologists since BRAUN-BLANQUET, DU RIETZ and NORDHAGEN at the Amsterdam Botanical Congress 1935 jointly proposed the principle mentioned above and got it generally accepted. Nor is there any divergence about the high value of characteristic species (sensu BRAUN-BLANQUET) for the delimitation of associations and alliances, and of differential species for the delimitation not only of subassociations but also of associations. In Scandinavian phytosociology differential species are also used more and more for the delimitation and characterization of alliances and suballiances as well as for still higher units of biocoenoses. In many cases differential species are even more useful than characteristic species for the delimitation of biocoenoses.

In extreme cases a natural biocoenose may have no characteristic species and even no positive differential species but still be very well characterized and delimited by a great number of negative differential species, *e.g.* the bog vegetation of southern Sweden, characterized by the absolute absence of a great number of plant species occurring in the surrounding fen.

The study of natural discontinuities in vegetation by alternating extensive observation and intensive analysis is a good approach to the grasping of the differentiation of vegetation into natural biocoenoses. With CLEMENTS, SCHMID, ALECHIN and others I oppose the concept of the ,,association-individual'' and the idea of the association as an abstract unit, regarding the whole biocoenose as an equally concrete unit as its isolated patches or segments in the sense of SCHMID. This is true for biocoenoses of every rank: the higher biocoenoses are not abstract types formed by classification of lower biocoenoses, but concrete mixed populations of high rank conceived in nature by direct observation. This means that we can grasp, study and to some extent characterize higher biocoenoses in nature also when we have no opportunity to make a special study of their differentiation into biocoenoses of lower rank.

Another consequence of the conception of every biocoenose, not only its isolated segments, as a concrete mixed population, is that the habit of using the plural form for the names of higher biocoenoses cannot be maintained. The names ,,order'' and ,,class'' for these higher units of biocoenoses appear then unsuitable for these units. In 1930 I proposed to use GRISEBACH's old term ,,formation'' for the unit called ,,(association) class'' by BRAUN-BLANQUET and others, and the term ,,subformation'' for the unit called ,,(association) order''. This would be in rather good agreement with the use of the term ,,formation'' by CLEMENTS and his followers.

In Scandinavian phytosociology associations are divided not only according to qualitative species composition into subassociations but also further subdivided according to dominants of the different layers into biocoenoses of still lower rank. In Scandinavian phytosociology before 1930 these units were called associations, but from that year they have been called sociations, a term proposed by RÜBEL 1927 and unanimously accepted by the 6th international botanical congress in Amsterdam 1935 after a common proposition by BRAUN-BLANQUET, DU RIETZ and NORDHAGEN. Since 3 decades, the division into sociations is always made by myself within associations based upon qualitative species composition.

By a division of associations (or subassociations) into sociations the relation between the variation in dominance and that in qualitative species composition is easily studied within an association. The current method of analyzing sociations by means of comparatively small ($1/4$ m^2 or 1 m^2), very homogenous quadrats also enables us to study the biotope within a very homogenous vegetation.

II. SYNUSIAE

Not even the lowest units in the series of biocoenoses are the most elementary units in the vegetation concerned. They are in most cases combinations of still simpler organism communities forming different layers or growing epiphytically on each others. The importance of such one layer communities and epiphytic communities as elementary

building stones of a biocoenose, recognized one hundred years ago by
Lorenz and Kerner and mentioned by several subsequent authors, was
elaborately discussed in 1918 by Gams, who emphasized their often considerable independence and called them *synusiae,* a term first proposed by
Rübel in a lecture and now generally adopted in phytosociology in this
sense. At the 6th international botanical congress (1935) Gams and I
proposed a terminology for synusiae of different rank, corresponding to
the hierarchy of biocoenoses and soon afterwards adopted also by
Lippmaa and by other phytosociologists, especially bryophyte and lichen
sociologists in Scandinavia. In this terminology, the unit of synusiae
corresponding to the alliance is called „federation", that corresponding to
the association „union", and that corresponding to the sociation „society".
The two units of synusiae first mentioned are based upon qualitative
species composition and characterized by differential species and, if
possible, characteristic species. The societies, which are distinguished
within the unions, are based upon dominants and characterized by
dominants, other constants and, when possible, also by differential
species.

These concepts are especially indispensible for the analysis of epiphytic
vegetation. From a logical point of view, and also from a practical, it
seems inadmissable to use the same concepts and terms both for a whole
forest and for its epiphytic communities, as those authors do who
describe epiphytic „associations" within a forest „association".

Examples are given of various synusiae of different rank within forest,
lake and bog biocoenoses. Each of these synusiae has a relative independence and may be studied isolated and be parallellized and compared
with similar synusiae in other biocoenoses, but they are also more or less
dependant of other synusiae within the same biocoenose, with which they
show certain mutual ecological interrelations.

LITERATUR

Ackenheil, H. V.: Zur Hauptgliederung der südschwedischen Moorvege-
   tation. – Medd. telmatol. Stat. Ågård **2**. Oslo 1944.
Albertson, N.: Österplana hed. Ett alvarområde på Kinnekulle. – Acta
   phytogeogr. suec. **20**. Uppsala 1946.
— Das grosse südliche Alvar der Insel Öland. – Svensk bot. tidskr. **44**.
   Uppsala 1950.
Alechin, W. W.: Ist die Pflanzenassoziation eine Abstraktion oder eine
   Realität? – Englers bot. Jb., Beibl. **135**. Leipzig 1924.
Allee, W. C., Emerson, A. E., Park, O., Park, Th., Schmidt, K. P.:
   Principles of animal ecology. – Philadelphia 1949.
Almborn, O.: Distribution and ecology of some south Scandinavian Lichens.
   – Bot. Notiser, Suppl. **1** : 2. Lund 1948.
— Lavvegetation och lavflora på Hallands Väderö. – Kgl. Svenska Vetensk
   Akad. Avh. i Naturskydds. **11**. Stockholm 1955.
Almquist, E.: Upplands vegetation och flora. – Acta phytogeogr. suec.,
   1. (Diss.) Uppsala 1929.
Andersson. O.: The Scanian sand vegetation – a survey. – Bot. Notiser 1950.
   Lund 1950,
— & Waldheim, S.: Bidrag till Skånes Flora. 35. Tortella inclinata som
   komponent i skånsk sandstäppvegetation. – Ibid. 1946. Lund 1946.

Barkman, J. J.: Phytosociology and ecology of cryptogamic epiphytes. – Assen 1958.
Berg, L. S.: Die geographischen Zonen der Sowjetunion. Band 1. – Leipzig 1958.
Booberg, G.: Gisselåsmyren. En växtsociologisk och utvecklingshistorisk monografi över en jämtländsk kalkmyr. – Norrländskt Handbibliotek **12**. (Diss.) Uppsala 1930.
Braun [-Blanquet], J.: Die Vegetationsverhältnisse der Schneestufe in den Rätisch-Lepontischen Alpen. Ein Bild des Pflanzenlebens an seinen äussersten Grenzen. – Neue Denkschr. schweiz. naturf. Ges. **48**. Zürich 1913.
— Les Cévennes méridionales. Études sur la végétation méditerranéenne I. – Genève 1915.
Braun-Blanquet, J.: Eine pflanzengeographische Exkursion durchs Unterengadin und in den schweizerischen Nationalpark. – Beitr. geobot. Landesaufn. **4**. Zürich 1918.
— Prinzipien einer Systematik der Pflanzengesellschaften auf floristischer Grundlage. – Jb. St. Gallischen naturw. Ges. **57**, II. Teil. St. Gallen 1921.
— Pflanzensoziologie. Grundzüge der Vegetationskunde. – Berlin 1928.
— La végétation alpine des Pyrénées orientales. – Monogr. Estación de Estud. pirenaicos y Inst. español de Edafol., Ecol. y Fisiol. vegetal. Barcelona 1948.
— Pflanzensoziologie. Grundzüge der Vegetationskunde. 2. umgearb. u. vermehrte Aufl. Wien 1951.
Braun [-Blanquet], J. & Furrer, E.: Remarques sur l'étude des groupements de plantes. – Bull. Soc. languedoc. de Géogr. **36**. Montpellier 1913.
Braun-Blanquet, J., Pallmann, H. u. Bach, R.: Pflanzensoziologische und bodenkundliche Untersuchungen im schweizerischen Nationalpark und seinen Nachbargebieten. II. Vegetation und Böden der Wald- und Zwergstrauchgesellschaften (Vaccinio-Piceetalia). – Ergebn. wiss. Untersuch. schweiz. NatParks **4** (N.F.). Liestal 1954.
Braun-Blanquet, J. u. Tüxen, R.: Irische Pflanzengesellschaften. In: Ergebnisse der 9. Internat. Pflanzengeographischen Exkursion durch Irland 1949. – Veröff. geobot. Inst. Rübel **25**. Bern 1949.
Clements, F. E.: Plant succession. An analysis of the development of vegetation. – Carnegie Inst. of Wash., Publ. **242**. Washington 1916.
— Plant indicators. The relation of plant communities to process and practice. – Ibid. **290**. Washington 1920.
— Plant succession and indicators. – New York 1928.
— u. Shelford, V. E.: Bio-Ecology. – New York 1939.
Dice, L. R.: Natural communities. – Ann Arbor 1952.
Drude, O.: Die Verteilung und Zusammensetzung östlicher Pflanzengenossenschaften in der Umgebung von Dresden (I. Abhandl.). – Festschr. naturwiss. Ges. Isis. Dresden 1885.
Du Rietz, G. E.: Vegetationsforschung auf soziationsanalytischer Grundlage. In: Abderhalden, Handb. biol. Arbeitsmeth. 11, 5. Berlin u. Wien 1930 (a).
— Classification and nomenclature of vegetation. – Svensk bot. tidskr. **24**. Uppsala 1930 (b).
— Classification and nomenclature of vegetation units 1930-1935. – Ibid **30**. Uppsala 1936.
— Rishedsförband i Torneträskområdets lågfjällbälte. – Svensk bot. tidskr. **36**. Uppsala 1942 (a).
— De svenska fjällens växtvärld. – "Norrland; natur, befolkning och näringar." Ymer **62**. Stockholm 1942 (b).
— Växtsamhällslärans grunder. – Stenciliertes Kompendium. 1942 (c).
— Om fattigbark- och rikbarksamhällen. – Svensk bot. tidskr. **39**. Uppsala 1944.
— Wellengrenzen als ökologische Äquivalente der Wasserstandslinien. – Festskr. tillägnad Prof. Nils von Hofsten. Zool. bidrag fr. Uppsala **25**. Uppsala 1947.

·— Uppländska myrar. In: S. Hörstadius och K. Curry–Lindahl, Natur i
Uppland. – Stockholm 1948.
— Huvudenheter och huvudgränser i svensk myrvegetation. – Svensk bot.
tidskr. **43**. Uppsala 1949.
— Phytogeographical mire excursion to the Billingen-Falbygden district in
Västergötland (Southwestern Sweden). A II b 1. – Excursion guides.
Section PHG. Seventh internat. Botanical Congress, Stockholm 1950.
Uppsala 1950 (a).
— Phytogeographical mire excursion to northeastern Småland and Öster-
götland. A II b 2 (second part). – Ibid. Uppsala 1950 (b).
— Phytogeographical excursion to the Ryggmossen mire near Uppsala.
A II b 3. – Ibid. Uppsala 1950 (c).
— Phytogeographical excursion to the surroundings of Lake Torneträsk in
Torne Lappmark (Northern Sweden). C III c. – Ibid. Uppsala 1950 (d).
— Småländska myrar. In: A. Eklundh och K. Curry-Lindahl, Natur i
Småland. – Göteborg 1950 (e).
— Myrar i Västergötland. In: P. O. Swanberg och K. Curry-Lindahl, Natur
i Västergötland. – Göteborg 1951.
— A II b: Phytogeographical mire excursions. – Proc. Seventh internat.
Botanical Congress, Stockholm 1950. Uppsala 1953 (a).
— C III c: Phytogeographical excursion to the surroundings of Lake Torne-
träsk in Torne Lappmark (Northern Sweden), July 21st to August 2nd. –
Ibid. 1953 (b).
— Die Mineralbodenwasserzeigergrenze als Grundlage einer natürlichen
Zweigliederung der nord- und mitteleuropäischen Moore. – Vegetatio **5/6**.
Den Haag 1954.
— Linné som myrforskare. – Uppsala Univ. Årsskr. (Acta Univ. Upsal.)
1957:5. Uppsala 1957 (a).
— Vegetation analysis in relation to homogenousness and size of sample
areas. – Huitième Congrès International de Botanique. Paris 1954. C.R.
Séances et Rapp. et Commun. Déposés lors du Congrès dans les Sec. 7 et 8.
Paris 1957 (b).
— Blängen, ett mossemyrreservat på Billingen. – ,,Från Falbygd till
Vänerkust'' utgiven av Skaraborgs läns naturskyddsförening. Lidköping
1959.
— u. NANNFELDT, J. A.: Ryggmossen und Stigsbo Rödmosse, die letzten
lebenden Hochmoore der Gegend von Upsala. – Führer für die 4. I.P.E. –
Svenska Växtsoc. Sällsk. Handl. 3. Uppsala 1925.
GAMS, H.: Prinzipienfragen der Vegetationsforschung. – VjSchr. naturf.
Ges. Zürich **63**. Zürich 1918.
— Von den Follatères zur Dent de Morcles. Vegetationsmonographie aus
dem Wallis. – Beitr. geobot. Landesaufn. **15**. Bern 1927.
GILLNER, V.: Vegetations- und Standortsuntersuchungen in den Strand-
wiesen der schwedischen Westküste. – Acta phytogeogr. suec. **43**. (Diss.)
Uppsala 1960.
GRADMANN, R.: Über Begriffsbildung in der Lehre von den Pflanzenforma-
tionen. – Englers bot. Jb. **43**, Beibl. 99. Leipzig 1909. – Unveränd. Neudruck
Hannover 1940.
HEDBERG, O.: Vegetation och flora inom Ombergs skyddsområde. – Kgl.
Svenska VetenskAkad. Avh. i Naturskydds. 5. Stockholm 1949.
HEER, O.: Die Vegetationsverhältnisse des südöstlichen Teiles des Kt.
Glarus. – Mitt. Geb. theor. Erdk. 1835.
HILITZER, A.: Étude sur la végétation épiphyte de la Bohème. Publ. Fac.
Sci. Univ. Charles. Praha 1925.
HÖFLER, K.: Über die Gollinger Kalkmoosvereine. – SitzBer. Öst. Akad.
Wiss., math.-nat. Kl. **168**. Wien 1959.
KERNER, A.: Das Pflanzenleben der Donauländer. – Innsbruck 1863.
KLEMENT, O.: Zur Epiphytenvegetation der Eichenwälder in der Walachei.
– Ber. dtsch. bot. Ges. **59**. Jena 1941.
KNAPP, R.: Zur Systematik der Wälder, Zwergstrauchheiden und Trocken-

rasen des eurosibirischen Vegetationskreises. – Beil. **12**. Rundbr. Zentralst. f. Vegetationskartierung des Reiches. Hannover 1942. (Als Mskr. vervielf.)
— Arbeitsmethoden der Pflanzensoziologie und die Eigenschaften der Pflanzengesellschaften. – Einführung in die Pflanzensoziologie. H.1. Stutt-gart 1948.
KOCH, W.: Die Vegetationseinheiten der Linthebene unter Berücksichti-gung der Verhältnisse in der Nordostschweiz. – Jb. St. Gall. naturwiss. Ges. **61**, Teil II. St Gallen 1926.
KRUSENSTJERNA, E. V.: Bladmossvegetation och bladmossflora i Uppsala-trakten. – Acta phytogeogr. suec. **19**. (Diss.) Uppsala 1945.
LIPPMAA, TH.: La méthode des associations unistrates et le système écolo-gique des associations. – Acta Inst. et Horti bot. Univ. Tartuensis (Dorpa-tensis) **4** (1–2). Tartŭ 1934.
— Une analyse des forêts de l'île estonienne d'Abruka (Abro) sur la base des associations unistrates. – Ibid. **4**, 1935.
— Areal und Altersbestimmung einer Union (Galeobdolon-Asperula-Asa-rum-U.) sowie das Problem der Charakterarten und der Konstanten. – Ibid. **6**, (2). 1938.
— The unistratal concept of plant communities (the unions). – Amer. Midl. Nat. **21**. 1939.
LORENZ, J. R.: Allgemeine Resultate aus der pflanzengeographischen und genetischen Untersuchung der Moore im präalpinen Hügellande Salzburg's. – Flora **41**. Regensburg 1858.
MOEBIUS, K.: Die Auster und die Austernwirthschaft. 10. Eine Austernbank ist eine Biozönose oder Lebensgemeinde. – Berlin 1877.
— Die Bildung, Geltung und Bezeichnung der Artbegriffe und ihr Ver-hältnis zur Abstammungslehre. – Zool. Jb. **1**. Jena 1886.
NORDHAGEN, R.: Die Vegetation und Flora des Sylenegebietes. – Skr. Norske VidenskAkad. Oslo I. Mat.-nat. Kl. **1**. 1927–1928.
— Versuch einer neuen Einteilung der subalpinen-alpinen Vegetation Nor-wegens. – Bergens Mus. Årsb. 1936, Naturv. Rekke **7**. Bergen 1936.
— Sikilsdalen og Norges fjellbeiter. En plantesosiologisk monografi. – Bergens Mus. Skr. **22**. Bergen 1943.
— Vegetation units in the mountain areas of Scandinavia. – Aktuelle Probleme der Pflanzensoziologie. Veröff. geobot. Inst. Rübel **29**. Bern 1954.
OCHSNER, F.: Studien über die Epiphytenvegetation des Schweiz (insbe-sondere des schweizerischen Mittellandes). – Jb. St. Gall. naturwiss. Ges. **63**. St. Gallen 1928.
RÜBEL, E.: Einige skandinavische Vegetationsprobieme. – In: Rübel, Er-gebnisse der Internationalen pflanzengeographischen Exkursion durch Schweden und Norwegen 1925. – Veröff. geobot. Inst. Rübel **4**. Bern 1927.
SCHMID, E.: Biozönologie und Soziologie. – Naturwiss. Wochenschr. **38**. Naumburg a.d.S. 1922.
— Vegetationsstudien in den Urner Reusstälern. – Ansbach 1923.
— Was ist eine Pflanzengesellschaft? Akademische Antrittsrede. – Ber. schweiz. bot. Ges., **46** (Festband Rübel). Bern 1936..
— Die Vegetationskartierung der Schweiz im Maßstab 1 : 200 000.– E. RÜBEL u. W. LÜDI, Ber. geobot. ForschInst. Rübel f. 1939. Zürich 1940.
— Vegetationsgürtel und Biocoenose. – Ber. schweiz. bot. Ges. **51**. Bern 1941.
— Über einige Grundbegriffe der Biocoenologie. – E. RÜBEL u. W. LÜDI, Ber. geobot, ForschInst. Rübel f. 1941. Zürich 1942.
—Kausale Vegetationsforschung. – Ibid., Jahr 1943. Zürich 1944.
— Zur Vegetationsanalyse numidischer Eichenwälder. – Ibid., Jahr 1949. Zürich 1950.
— Der Ganzheitsbegriff in der Biocoenologie und in der Landschaftskunde. – Geographica helvet. **3**. 1955.
SEMENOV-TIAN-SCHANSKI, W. P.: Rayon und Land. – 1928.
SJÖRS, H. Myrvegetation i Bergslagen. – Acta phytogeogr. suec. **21**. (Diss.) Uppsala 1948.
— Nordisk växtgeografi. – Stockholm 1956.

Tansley, A. G. & Chipp, T. F.: Aims and Methods in the Study of Vegetation. – London 1926.
Thunmark, S.: Orientierung über die Exkursionen des IX. internationalen Limnologenkongresses im Anebodagebiet. – Verh. int. Verein. theor. u. ang. Limnol. **9**. Stuttgart 1940.
— Über rezente Eisenocker und ihre Mikroorganismengemeinschaften. – Bull. geol. Inst. Uppsala **29**. Uppsala 1942. Akad. Avh. Uppsala.
Tüxen, R.: Eindrücke während der pflanzengeographischen Exkursionen durch Süd-Schweden. – Vegetatio **3** (3). Den Haag 1951.
— Der Geißbart-Schwarzerlenwald (Arunco-Alnetum glutinosae [Kästner 1938]). – Mitt. flor.-soz. ArbGemeinsch. N.F. **6/7**. Stolzenau/Weser 1957.
— Die Bullenkuhle bei Bokel. – Abh. naturw. Ver. Bremen **35**. Bremen 1958.
Vestal, A. G.: An associational study of Illinois sand prairie. – Bull. Illin. State Labor. nat. Hist. **10**. Urbana, Ill. 1913.
Waldheim, S.: Mossvegetationen i Dalby-Söderskogs nationalpark. – Kgl. Svenska VetenskAkad. Avh. i Naturskydds. **4**. Stockholm 1944.
Waldheim, S.: Kleinmoosgesellschaften und Bodenverhältnisse in Schonen. – Bot. Notiser, Suppl. **1** : 1. (Diss.) Lund 1947
Waldheim, S. u. Weimarck, H.: Bidrag till Skånes Flora. 18. Skånes myrtyper. – Bot. Notiser 1943. Lund 1943.
Weaver, J. E. u. Clements, F. E.: Plant Ecology. – New York 1929.
— Plant Ecology. Second edition. – New York and London 1938.
Woodbury, A. M. Principles of General Ecology. – New York 1954.

Schmithüsen:

Dieser Vortrag hat uns in die Probleme der praktischen Pflanzensoziologie hineingeführt. Wir sind damit in diesen vier Vorträgen von der Fragestellung nach den Grundbegriffen und Grundanschauungen über die Fragestellung nach den Wesenszügen, die wir an unseren Objekten erkennen können, nach einigen Wesensproblemen der Biozönose, schließlich sinngemäß zu den methodologischen Problemen der Arbeit in der Biosoziologie gekommen.

Herr Du Rietz hat sehr mit Recht darauf hingewiesen, daß man die „eigentliche Biozönose" als eine räumlich geschlossene Lebensgemeinschaft mit ihrem gesamten Inhalt fassen sollte. Nur auf die so aufgefaßte „Gesamt"-Biozönose sollte man m.E. den Assoziationsbegriff anwenden. Die darin „einquartierten" Synusien z.B. von Rindenhaftern auf den Stämmen der Waldbäume oder die Mikrophytozönosen von Schmitz müssen selbstverständlich als Einheiten für sich untersucht und diagnostiziert werden. Sie bleiben darum aber doch *Teile* der (Gesamt)-Biozönose und müssen in deren Gesamtdiagnose eingebaut werden. Wenn auch diese Gesamtdiagnose vorerst noch lediglich ein anzustrebendes Ideal bleibt, so sollte man sich doch wohl schon jetzt darüber Gedanken machen, da sich m.E. von hier aus die Grundlagen für die begriffliche Ordnung und für die Nomenklatur der einbeschlossenen Makro- und Mikro-Synusien ergeben. Diese können, da sie nicht die Assoziation sind, mit Recht mit anderen Methoden diagnostisch gefaßt werden als jene. Ich könnte mir vorstellen, daß man in die Assoziation-Tabelle *neben* den raumbeherrschenden Makrophyten-Arten die *Mikro-Biozönose-Einheiten* als solche aufnimmt (mit ihrer Abundanz) und sie in der weiteren Tabellenarbeit wie die Arten der Makrophyten behandelt, d.h. sie nach Stetigkeit und Assoziationstreue einordnet und zur Gesamtdiagnose mit verwendet. Eine Assoziation würde in ihrer Diagnose neben den Kenn*arten*

auch gesellschaft*treue* und stete *Mikrosynusien* haben usw. Das gleiche
gilt sinngemäß entsprechend für Differential- und Charakter-Arten und
Synusien in allen Stufen des Systems. Ähnlich könnte man Gruppierungen
von Holzfäulnisorganismen, mit der Bodenlebewelt und mit den Tierbeständen anstreben. Für die Praxis ist das z.T. reine Zukunftsmusik, für
die theoretische Klärung „wie alles sich zum Ganzen" fügen sollte, aber
doch vielleicht eine ganz nützliche Überlegung.

BARKMAN:

Wie ich sehe, hat Prof. SCHMITHÜSEN wieder den Phanerogamengesell-
schaften eine gewisse Priorität gegeben und will diesen Gesellschaften die
Synusien von kleineren Pflanzen und von Tieren einverleiben. Rein
praktisch gesehen, ist das vielleicht auch am besten; aber theoretisch
verstehe ich nicht, warum die Phanerogamenvegetation als die wichtigste,
oder als der Rahmen der Assoziation betracht werden muß. In einem
Fichtenwald, z.B. mit *Sphagnum*-Unterwuchs ist vielleicht das *Sphagnum*
die wichtigste Pflanze, welche den Boden mehr ändert als die Fichte,
während die Fichte natürlich wiederum auf das Mikroklima einen
größeren Einfluß hat.

Weil ich selbst über Epiphyten-Gesellschaften gearbeitet habe, mußte
ich mich mit diesem Problem befassen. Ich habe die Gesellschaften
gesondert beschrieben, weil sie manchmal ganz unabhängig von den
Waldgesellschaften sind, und weil sie auch an freistehenden Bäumen
vorkommen. Wir müßen einfach von den Tatsachen ausgehen, daß also
jede Gesellschaft aus einer Anzahl Synusien besteht, die manchmal
streng und manchmal, wie in Skandinavien aber auch bei uns und besonders auch bei Gesellschaften extremer Substrate wie epipetrische und
epiphytische Gesellschaften, nur sehr lose aneinander gebunden sind.
Deshalb sollte man beides tun, alles, was auf einem Substrat wächst, als
eine Gesellschaft betrachten inclusive der Epiphyten. Ich glaube, daß das
Auslassen der Epiphyten in einem Wald theoretisch nicht richtig ist, daß
man vielmehr alle Pflanzen in einem Wald mit in die Untersuchung ein-
beziehen muß. Aber daneben ist es, schon rein praktisch, zweckmäßig,
die Synusien für sich gesondert zu betrachten. Aber dann nicht nur die
Epiphyten-Synusien, sondern auch die Moos-Synusien am Boden.

Nun hat Prof. DU RIETZ gesagt, man solle dies keine Assoziation
nennen, denn man kann nicht in einer Assoziation einige andere Assoziationen haben. Das ist sicher richtig. Bei meinen Epiphyten-Unter-
suchungen habe ich von Assoziationen gesprochen, weil es aus dem
Namen klar hervorgeht, wenn ich von einem Tortuletum levipilae
spreche, daß es nicht eine Waldgesellschaft ist, sondern eine Moosgesellschaft an Bäumen. Damit scheint mir dieser Einwand etwas aufgehoben.
Der zweite Grund für mein Vorgehen ist die notwendig sich ergebende
Konsequenz, daß Synusien andere Namen erhalten müßten. Ich habe nun
nicht die Namen aller Epiphyten-Assoziationen mit-etum-Bezeichnungen
ändern wollen. Das würde ein Chaos geben und man sollte so konservativ
wie möglich sein, ohne daß es Verwirrung gibt. Ich glaube, daß auch Prof.
DU RIETZ nicht konsequent ist, wenn er von einem „Physodion"
spricht. Wenn man die Epiphyten-Gesellschaften nicht als Assoziationen

auffassen will, darf man sie auch nicht als Verbände betrachten und mit
der Endung -ion benennen. Es sei denn, daß der Name Physodion klar
zeigt, daß es sich um *Parmelia physodes*, also nicht um eine Waldgesellschaft, sondern um eine Synusie handelt.

Aber in diesem Falle kann man m.E. auch von Assoziationen und
Verbänden sprechen. Wenn wir die Bezeichnung Synusien verwenden,
möchten wir die gleichen Endungen wie bei den Assoziationen brauchen,
um nicht die Namen vieler schon als Assoziation beschriebenen Gesellschaften ändern zu müssen.

Du Rietz:

Ich habe den bestimmten Eindruck gewonnen, daß wir sachlich ganz
einig sind, und daß der augenblickliche Unterschied unserer Auffassung
nur dieser ist, daß Herr Dr. Barkman meint, daß man für Synusien die
Endungen -etum und -ion nicht verwenden kann. Ich habe vorgeschlagen,
daß man für diejenigen Rangstufen der Synusien, die den Verbänden entsprechen, dieselbe Endung -ion anwendet wie für die Verbände; daß also
Namen, wie z.B. Physodion für Federationen ebensogut wie für die
entsprechende Biozönosen-Einheit: Verbände (alliances) gebraucht
werden können. Ganz ähnlich mit den Unionen und den Assoziationen.
Die Assoziationen werden durch die Endung -etum bezeichnet. Ich
möchte diese Endung auch für die entsprechende Synusien-Einheit, die
Union verwenden, d.h. wir können auch eine Union, z.B. die Physode-
tum-Union nennen.

In einigen von diesen Fällen muß man vielleicht die Nomenklatur etwas komplizierter machen, indem man an den -etum-Namen das Wort
Union oder an den -ion-Namen das Wort Federation anhängt. Aber nach
meiner Erfahrung ist das nur in weniger Fällen nötig. Wenn es ganz
deutlich ist, daß man von Unionen oder Federationen spricht und nicht
von Assoziationen oder Verbänden, dann kann man ganz einfach bei der
Endung -etum und-ion bleiben. Jedermann begreift, daß man eine Union
bezw. eine Federation meint, und daß man nicht von einer Assoziation
oder von einem Verbande spricht.

Diese Methode ist jetzt in Schweden und in ganz Skandinavien verwendet worden. Es sind große bryosoziologische (z.B. von Waldheim
und Krusenstjerna) und flechtensoziologische Monographien publiziert
worden, in denen diese Nomenklatur verwendet worden ist. Dabei sind
keine Schwierigkeiten entstanden. Ich meine, es würde sich lohnen, diese
Methode in der Praxis mehr zu prüfen. Ich kann mir gar nicht denken,
daß man andere Endungen für die Unionen anwenden könnte. Das würde
zum Chaos führen. Je weniger Endungen wir brauchen, desto besser!

Dies ist die einzige rein praktische Frage, in der wir differieren. Prinzipiell sind wir einig.

Schmitz:

Die Forderung von Prof. Schmithüsen ist schon oft erhoben worden,
daß man die Assoziation in ihrer Gesamtheit erfassen soll. Aber betrachtet
man die Frage von der ökologische Seite, so muß man doch wohl zugeben,
daß für die Verbreitung beispielsweise von Makrophyten ganz andere

Dimensionen der ökologischen Faktoren von Bedeutung sind als beispielsweise für Mikrophyten. Ich kann eine ganze Reihe von Faktoren anführen, die dafür entscheidend sind, ob bestimmte Diatomeen anwesend
sind oder nicht, die gar keinen Einfluß auf die Art und Ausbildung der
höheren Vegetation haben. Daher meine ich auch mit Herrn Dr. BARK-
MAN, daß man ganz unabhängig verfahren sollte. Man findet zunächst
rein größenordnungsmäßig physiognomisch und artenmäßig verschiedene
Einheiten und am Ende erst kann man sehen, aber nicht von vornherein
postulieren, ob diese sich auch in einem geschlossenen Rahmen zusammenfassen lassen. Wir haben in der Hydrobiologie vor Jahren, ausgelöst
durch ROLL und andere, eine große Diskussion darüber gehabt, was
eigentlich Algengesellschaften sind. Es wurden Termini geprägt wie
unabhängige Algengesellschaften oder Algengesellschaften wurden
höheren Pflanzengesellschaften zugeschrieben. Das alles hat sich bei
näherer Nachprüfung nicht aufrecht erhalten lassen. Wenn man unbe-
fangen solche Einheiten, Synusien, oder wie man sie nennen mag, erfaßt,
wird man später sehen können, in welchem Umfang sich hier Querver-
bindungen schaffen lassen.

R. TÜXEN:

Genau so meint es Prof. SCHMITHÜSEN auch.

DU RIETZ:

Man kann epiphytische Synusien nach zwei Methoden bearbeiten.
Erstens kann man sie, wie Prof. SCHMITHÜSEN vorgeschlagen hat, im
Rahmen der betreffenden Biozönose behandeln. Es ist immer gut, wenn
man eine Biozönosenbeschreibung so ergänzt. Aber man kann auch, wie
ich es in meinem Vortrag erwähnt habe, die Synusien selbständig behandeln. In gewissen Zusammenhängen lohnt es sich wohl, die epiphytischen Flechten-Synusien, von denen ich gesprochen habe, ziemlich
unabhängig von den betreffenden Biozönosen zu behandeln, wie es Dr.
BARKMAN gemacht hat, und in ihren Verwandtschaftszusammenhängen
mit anderen Synusien darzustellen. Beide Wege sind notwendig und
nützlich und ergänzen einander.

DIE PFLANZENGESELLSCHAFTEN ALS GRUNDLAGE FÜR DIE LANDBIOZÖNOTISCHE FORSCHUNG

von

WERNER RABELER, Stolzenau/Weser

Unter Biozönose versteht man ein Bevölkerungssystem von Pflanzen und Tieren, das einen in sich einheitlichen Lebensraum besiedelt. Der Pflanzenbestand, die Pflanzengesellschaft, ist also ein Teil der Biozönose. Jede biozönotische Betrachtung muß sich deshalb auch mit der Frage beschäftigen, welche Stellung die Pflanzengesellschaft in der Biozönose einnimmt, in ihrem Aufbau und in ihren Lebensäußerungen. Ich möchte hier aber nicht so sehr auf diese grundsätzliche Frage eingehen, sondern darlegen, welche Bedeutung die pflanzensoziologische Einteilung der Vegetationsdecke als Grundlage für die Untersuchung der im Gelände vorhandenen Biozönosen und ihrer Lebensgesetzlichkeiten hat, und zwar mit Beschränkung auf die Landbiozönosen. Beide Fragestellungen lassen sich aber doch nicht ganz voneinander trennen. Denn wenn die Pflanzengesellschaften sich im Gelände als Untersuchungseinheiten der biozönotischen Forschung bewähren, so hat das einen Grund gerade darin, daß die Pflanzengesellschaft selbst einen sehr wesentlichen Bestandteil der Biozönose bildet, von dem die Untersuchung der übrigen Bestandteile nun ausgehen kann. Und zwar sind dabei von vornherein zwei Umstände wichtig.

Die Pflanzengesellschaft, zunächst ganz einfach als Pflanzenbestand betrachtet, hat für die Biozönose eine große raumbildende, raumausformende Bedeutung. Die Pflanzengesellschaft umgrenzt nicht nur einen Bodenabschnitt, sondern sie wächst auch in die Höhe, sie ist ein räumliches Gebilde mit bestimmten Strukturen, das gewissermaßen einen Rahmen für die biozönotischen Vorgänge schafft. Die Tiergesellschaft fügt sich darin ein und verteilt sich darin. Es ist nicht zufällig, daß man in der Landschaft von den Land-Biozönosen im allgemeinen nur den Pflanzenbestand als ganzen sichtbar vor Augen hat, nicht aber die abiotischen Standortsfaktoren und auch nicht den Tierbestand. Sodann aber hat der Pflanzenbestand ernährungsbiologisch eine große Bedeutung für die Biozönose, er vermittelt im Stoffkreislauf gewissermaßen zwischen dem Standort und seiner Tierbevölkerung. Diese beiden Umstände vor allem bedingen es, daß sich das Tierleben im Gelände so stark nach den Vegetationseinheiten orientiert. Die Vegetationseinheiten kennzeichnen räumliche Abschnitte im Gelände, sie sind selbst Räume mit bestimmten Lebensmöglichkeiten, Wohnmöglichkeiten, Ernährungsmöglichkeiten.

Nun versteht man unter Pflanzengesellschaft eine Vegetationseinheit, die nach der floristischen Artenzusammensetzung charakterisiert ist.

Dadurch unterscheidet sie sich von den Pflanzenformationen, die physiognomisch gekennzeichnet sind. Die pflanzensoziologische Einteilung der Vegetation in floristisch definierte Gesellschaften steht aber doch nicht gerade in einem Gegensatz zur formationskundlichen Einteilung, sondern sie bedeutet nur eine nach anderen Gesichtspunkten durchgeführte Aufgliederung der Formationen in floristisch und ökologisch genauer umschriebene Einheiten. Das Melico-Fagetum und das Luzulo-Fagetum, der Perlgras-Buchenwald und der Hainsimsen-Buchenwald, gehören beide zu den Laubwäldern und genauer noch zu den Buchenwäldern, aber sie kennzeichnen innerhalb dieser Formation floristisch verschieden zusammengesetzte Wälder an Standorten mit verschiedener Ökologie.

Auf dieser floristischen Kennzeichnung beruht nun letzten Endes die besondere Brauchbarkeit der Pflanzengesellschaften als Einteilungsgrundlage für die biozönotischen Untersuchungen. Die typische Artenzusammensetzung der Pflanzengesellschaften ist bekannt, und daraus ergeben sich für die Biozönotik ganz wesentliche Unterscheidungsmöglichkeiten. Einmal gewinnt die Biozönotik durch die Pflanzengesellschaften gut gekennzeichnete und festgelegte Untersuchungsflächen. Wichtig ist dabei vor allem, daß man an Hand der floristischen Artenzusammensetzung ökologisch vergleichbare Bestände wiederfinden kann, die Artenzusammensetzung der Pflanzengesellschaft ist ein gutes diagnostisches Kennzeichen, um gleichartige Standorte zu bestimmen und abzugrenzen. Die biozönotische Forschung erhält dadurch eine gut aufgegliederte Vergleichgrundlage für vergleichende Untersuchungen. Zweitens aber ist zu beachten, daß am pflanzensoziologisch festgelegten Standort die synökologische Betrachtung jederzeit bis in die Ökologie der einzelnen Pflanzenarten fortgesetzt werden kann, man kann einerseits die Vegetation des Standorts im ganzen als ökologischen Faktor in Rechnung stellen, ebenso gut aber auch der Frage nachgehen, welche ökologische Rolle die typischerweise zur Gesellschaft gehörenden einzelnen Pflanzenarten in der Biologie der betreffenden Biozönose spielen. Und dasselbe gilt, sobald die typische Artenzusammensetzung der dazu gehörigen Tiergesellschaft festgestellt ist, auch für die Ökologie der Tiere.

Die Feststellung der typischen Artenzusammensetzung ist also eine wichtige, grundlegende Aufgabe der biozönotischen Forschung. Die Feststellung der Tiergesellschaften, der Zoozönosen, steht hier noch weit hinter der Kenntnis der Pflanzengesellschaften zurück. Hier sei ein Wort über den Ausdruck Tiergesellschaft eingefügt. Diese Bezeichnung ist eigentlich für andere Vergesellschaftungsformen vorweggenommen, man denkt dabei beispielsweise an den Ameisenstaat oder an die Herdenbildung mancher Tiere, aber sie hat sich in Anlehnung an die pflanzensoziologische Ausdrucksweise doch auch in der Biozönotik eingebürgert. Denn sie bringt gut zum Ausdruck, daß Pflanzengesellschaft und Tiergesellschaft, Phytozönose und Zoozönose, zwei einander entsprechende Bestandteile der Biozönose sind. Tiergesellschaft und Pflanzengesellschaft gehören im Sinne der biozönotischen Betrachtungsweise zusammen, und für die Untersuchung der Tiergesellschaften sind die schon besser bekannten floristisch definierten Pflanzengesellschaften der gegebene Anknüpfungspunkt.

Die Zoozönotik ist bei der Aufnahme der Artenbestände in einer anderen Lage als die Pflanzensoziologie, sie muß von vorbestimmten Untersuchungseinheiten ausgehen, da die Tierbestände nicht, wie die Pflanzenbestände, als ganze unmittelbar der Beobachtung zugänglich sind. Der Pflanzenbestand ist augenfällig, überschaubar, man kann sich beim Vergleich von zwei Pflanzenbeständen schon durch einfache Beobachtung ein Bild davon machen, ob man einander ähnliche Artengruppierungen vor sich hat oder ob sie stark voneinander abweichen. Die Pflanzensoziologie kann mit Hilfe der Aufnahme- und Charakterisierungsmethoden, die sie entwickelt hat, die floristisch zusammengehörigen Artengruppierungen unmittelbar erkennen, zu typischen Gesellschaften zusammenfassen und von anderen Gesellschaftstypen sondern.

Der Zoologe kann nicht so vorgehen. Der größte Teil der Tierarten lebt verborgen. Man bekommt an einem Standort bald die eine, bald die andere Art zu sehen, gewinnt aber nie eine unmittelbare Anschauung von der Gesamtzusammensetzung der Zoozönose, durch die man sich bei der Suche nach vergleichbaren Gruppierungen leiten lassen könnte. Der Zoologe ist deshalb darauf angewiesen, sich aus der Standortsbeschaffenheit ein Bild davon zu machen, ob er vergleichbare Geländeabschnitte vor sich hat, an denen dann auch vergleichbare Tierartengruppierungen zu erwarten sind. Eine Unterscheidung der Standorte nach dem Aussehen kann hier leicht irreführen. Legt man die Probeflächen in Geländeeinheiten, die sich habituell vielleicht ähnlich sind, aber in manchen ökologischen Bedingungen doch stärker voneinander abweichen, so bekommt man auch stark auseinanderfallende Tierartengruppierungen, und es wird dann schwierig oder unmöglich, typische Übereinstimmungen und typische Abweichungen festzustellen und sie auf bestimmte Standortsbedingungen zu beziehen.

Diese Schwierigkeit wird noch nicht so sehr sichtbar, wenn es sich um sehr grobe Standortsunterschiede handelt. Zwischen der Fauna von Kiefernforsten und Buchenwäldern wird man immer bezeichnende Unterschiede finden, auch wenn man bei der Untersuchung nicht beachtet, daß es Kiefernforsten sehr verschiedener Art und Buchenwälder an sehr verschiedenen Standorten gibt. Die Schwierigkeit tritt aber immer sofort auf, wenn es sich um diese genaueren Unterschiede handelt, wenn also etwa die typischen Unterschiede zwischen den Biozönosen der verschiedenen Buchenwald-Standorte herausgearbeitet werden sollen.

Hier helfen nun die floristisch definierten Pflanzengesellschaften weiter. Die Pflanzengesellschaften selbst bilden, als Vegetationsabschnitt und als floristische Artenverbindung, für die Tiere eine wichtige Gruppe von Umweltfaktoren, die durch die pflanzensoziologische Standortsbestimmung auf alle Fälle zunächst einmal genau festgelegt ist. In der typischen Artenzusammensetzung der Pflanzengesellschaft wiederum drückt sich aber auch die Gesamtwirkung der abiotischen Standortsfaktoren aus. So besteht von vornherein eine gewisse Gewähr dafür, daß durch die Pflanzengesellschaften Standorte mit einer Gesamtheit aufeinander abgestimmter abiotischer und biotischer Umweltfaktoren erfaßt sind. Wenn auch nicht von vornherein gesagt ist, daß in der Artenzusammensetzung der Pflanzengesellschaft alle Faktoren immer so zum Ausdruck kommen, wie sie für den Tierbestand wirksam sein mögen, so gelangt man auf diese Weise doch zu einer scharfen Sonderung standörtlicher Tierartengruppierungen, und man kann sie mit den Pflanzengesellschaften in Beziehung setzen.

Die Aufgabe, die Zoozönosen einer Landschaft aufzunehmen und zu charakterisieren, erscheint zunächst uferlos. In jeder Landschaft gibt es eine große Anzahl von Standortstypen und Pflanzengesellschaften, die Aufnahme der Tierbestände ist langwierig, und in manchen hochdifferenzierten Pflanzengesellschaften, etwa im Eichen-Hainbuchenwalde, hat man es mit einer Überfülle von Tierarten zu tun. Aber bei Benutzung der pflanzensoziologischen Einteilungsgrundlage zeigt sich schnell, daß schon nach der Untersuchung von verhältnismäßig wenigen Beständen wesentliche Züge in der Artenzusammensetzung hervortreten und charakteristische Unterschiede zwischen den Tierbeständen der Pflanzengesellschaften sichtbar werden – einfach deshalb, weil durch die floristisch definierten Pflanzengesellschaften charakteristische Standortsunterschiede erfaßt sind. In einem weiteren Referat soll das am Beispiel einiger Laubwaldbiozönosen erläutert werden (vgl. S. 238).

Die Feststellung des Artenbestandes ist nun aber nicht Selbstzweck. Die biozönotische Betrachtung fragt nach den Lebensvorgängen, die sich in der Biozönose abspielen, nach ihrer Bedingtheit, nach ihrem Ineinandergreifen, nach ihren Auswirkungen. Die Feststellung des Artenbestandes ergibt zunächst nur Artenlisten. Aber schon aus diesen einfachen Artenlisten läßt sich viel Biologisches und Ökologisches entnehmen. Für viele Tierarten, über deren Biologie noch wenig bekannt ist, wird durch die Festlegung des Vorkommens auf bestimmte Pflanzengesellschaften und ihre Standorte die Ökologie nun doch schon viel besser umrissen. Aber auch für die eigentlich biozönotische Betrachtung sind die Artenlisten Voraussetzung. Die Biozönosen setzen sich aus Arten zusammen, und wenn man die Lebensvorgänge in den Biozönosen verstehen will, so muß man die Artenzusammensetzung wenigstens in den Grundzügen kennen.

Die Tier- und Pflanzenarten der Biozönose sind wohnräumlich und durch Lebensvorgänge eng miteinander verbunden, sie sind aber auch mit dem abiotischen Faktorengefüge des Standorts, mit dem Boden oder dem Bestandesklima, eng verknüpft, sie bilden mit ihnen zusammen eine biologische Organisation. In solch einer biologischen Organisation bedingen sich alle Bestandteile gegenseitig, sie sind voneinander abhängig und wirken unmittelbar oder mittelbar alle aufeinander ein. So bildet auch die Biozönose, der Artenbestand von Pflanzen und Tieren, in der biologischen Organisation eine ganz wichtige Gruppe von Faktoren. Die Feststellung der typischen Artenzusammensetzung der Biozönose, ihres Pflanzen- und Tierbestandes, ist deshalb in ganz demselben Sinne ökologische Grundlagenforschung wie etwa die Untersuchung des Bodens, des Grundwasserganges, des Temperaturganges, bei der ja auch zunächst viele rein feststellende Arbeiten nötig sind.

Geht man bei der Betrachtung einer Biozönose und ihrer biologischen

Organisation von der Pflanzengesellschaft aus, so ergeben sich hier, wie bereits angedeutet, zwei große Gruppen von ökologischen Verknüpfungen: Einmal zwischen den Organismenarten, und so im besonderen zwischen Pflanzen- und Tierarten. Sodann die Beziehungen zwischen dem Pflanzenwuchs und dem Standort, den abiotischen Faktoren.

Für das Tierleben an einem Standort hat die Vegetation eine zweifache Bedeutung, sie ist Nahrungsquelle und Aufenthaltsort der Tiere. Umgekehrt wirken die Tiere, etwas vereinfacht ausgedrückt, ebenfalls vorwiegend in zweifacher Weise auf die Vegetation ein: Durch den Pflanzenfraß der phytophagen Tierarten und durch ihre Einwirkung auf den Boden, besonders also durch die Lebenstätigkeit der Bodentiere, die sich auf die Vegetation auswirkt, auf die Wuchskraft des Bestandes so gut wie auf die Artenzusammensetzung. Sieht man hier von den wohnräumlichen Beziehungen ab, so betreffen diese Beziehungen zwischen Pflanzen und Tieren vor allem den Stoffumsatz, den Stoffkreislauf in der biologischen Organisation, die Erzeugung, den Abbau und die Neubildung der organischen Substanz.

Dieser Vorgang verläuft in den einzelnen Biozönosen verschieden. Das hängt von den standörtlichen Voraussetzungen ab, aber ganz wesentlich auch von der Artenzusammensetzung der Biozönose, von der Artbiologie der beteiligten Organismen. Man kann die Organismenarten nach der Art, wie sie in den Stoffkreislauf eingreifen, in der bekannten Weise in Produzenten, Konsumenten und Reduzenten einteilen, aber jede dieser ökologischen Gruppen setzt sich an verschiedenen Standorten anders aus Arten zusammen. Daraus ergeben sich auch ernährungsbiologisch gesehen in den verschiedenen Pflanzengesellschaften ganz andere Artenverknüpfungen, die Pflanzen- und Tierarten bilden je nach Standort und Pflanzengesellschaft ganz verschiedene biozönotische Konnexe.

Nun ist die Einteilung der Vegetation in Pflanzengesellschaften ihrem Wesen nach eine Charakterisierung der Standorte nach der Artenzusammensetzung der Organismen. Zwar wird durch die pflanzensoziologische Kennzeichnung an sich meistens nur der Artenbestand einiger systematischer Pflanzengruppen erfaßt und festgelegt, der Phanerogamen, der Farne, der Moose, der Flechten, mancher Pilze. Aber viele dieser Pflanzenarten haben eine große Bedeutung als Nahrungsquelle für die Tiere, und diese Nahrungsbeziehungen sind artbiologisch festgelegt. Unterschiede in der Artenzusammensetzung des Pflanzenbestandes, und besonders der Phanerogamenvegetation, modifizieren deshalb in ganz gesetzmäßiger Weise auch den Artenbestand der pflanzenfressenden Tiere, weiter aber auch durch die verschiedene Komplexwirkung den Tierartenbestand überhaupt. Darauf beruht es, daß die pflanzensoziologische Einteilung der Vegetation ein sehr guter Ausgangspunkt für die Untersuchung der ernährungsbiologischen Artenverknüpfungen und überhaupt der biozönotischen Verknüpfungsketten ist.

Für die Bodenbiologie tritt das nicht so unmittelbar deutlich hervor. Soweit hier die abgestorbene organische Substanz die Ernährungsgrundlage von Tierarten bildet, ist eine unmittelbare Abhängigkeit von der Artenzusammensetzung des Pflanzenbestandes oft nicht ohne weiteres zu erkennen. Aber sie ist vorhanden. Grundsätzlich wichtig ist hier zweierlei. Einmal ist die Artenzusammensetzung der Bodenfauna in den Pflanzengesellschaften schon gemäß den verschiedenen Standortsbedingungen, wie besonders der Bodenbeschaffenheit, verschieden. Sodann aber üben die Pflanzengesellschaften selbst einen Einfluß auf Bodenbildung und Bodenbiologie aus, und in dieser Komplexwirkung der Gesellschaft steckt die Einzelwirkung der Arten mit darin. Man kann sich das an dem einfachen Beispiel klar machen, daß das Fallaub der einzelnen Baumarten ganz verschieden auf die Bodenbildung einwirkt und daß manche Tierarten der Bodenfauna auf die Art des Fallaubs ansprechen. Die Bodenbiologie ist ein Teil der biozönotischen Beziehungen, die die biologische Organisation und die Biozönose selbst an einem Standort zusammenhalten. So sind auch die Bodenbiologie und die höhere Vegetation des Standorts aufeinander abgestimmt, und die floristisch definierten Pflanzengesellschaften sind gut charakterisierte Bezugseinheiten, um diese Zusammenhänge zwischen der Bodenfauna und der Vegetation zu untersuchen.

In all den Fällen nun aber, in denen die Nahrungsbeziehungen auf einer Bindung zwischen bestimmten Pflanzenarten und phytophagen Tierarten beruhen, ergibt die typische Artenzusammensetzung der Pflanzengesellschaft überhaupt den unmittelbaren Ausgangspunkt, um die konkreten biozönotischen Artenverknüpfungen der einzelnen Standorte zu untersuchen. Die einzelne Pflanzenart dient nur ganz bestimmten Tierarten zur Nahrung, und die phytophagen Tierarten werden ihrerseits von einer begrenzten Zahl parasitisch oder räuberisch lebender Tiere heimgesucht. Für die biozönotische Betrachtung ist es wichtig, diese engeren biozönotischen Konnexe erkennen zu können, also beispielsweise zu wissen, welche Tierarten unter gegebenen Standortsbedingungen biologisch eng an die Eiche oder die Buche oder die Kiefer gebunden sind.

An pflanzensoziologisch definierten Standorten ist diese Aufgabenstellung von vornherein scharf umrissen. Die typische Artenzusammensetzung der Pflanzengesellschaft ist bekannt. Alle Pflanzengesellschaften haben ihre eigenen Abhängigkeitsketten von Pflanzen- und Tierarten, die in anderen Gesellschaften nicht oder doch nicht genau in dieser Artenzusammensetzung vorkommen. Man darf dabei nicht allein an die Charakterarten der Pflanzengesellschaften denken, sondern auch Pflanzenarten mit großer Anpassungsbreite, die in mehreren oder vielen Gesellschaften wachsen, können an verschiedenen Standorten sehr verschiedene Konnexe bilden. So kommen manche Tierarten, die im azidophilen Buchen-Traubeneichenwalde des Flachlandes an der Buche leben, an den Buchen im Melico-Fagetum der Kalkberge anscheinend nicht oder doch weniger vor. Bei solchen Arten hängt das Vorkommen nicht nur von der Nahrungspflanze ab, sondern von der Gesamtökologie des Standorts. Geht man bei der Untersuchung dieser Erscheinungen von den Pflanzengesellschaften aus, so erfaßt man für einen bestimmten Standortstyp beide Bestandteile der Biozönose, die an der Bildung der biologischen Konnexe beteiligt sind, die Pflanzen und die Tiere, in der Artenzusammensetzung, wie sie an diesem Standortstyp tatsächlich aufeinander einwirken.

In diesem Referat war hauptsächlcih von den Beziehungen die Rede, die sich in der Biozönose zwischen den Organismen ergeben, zwischen Pflanzengesellschaft und Tiergesellschaft, zwischen Pflanzenarten und Tierarten. Diese Fragestellungen liegen bei einer Zusammenarbeit von Biozönotik und Pflanzensoziologie am nächsten, und ich möchte mich darauf beschränken. Abschließend ist aber doch noch ein Wort über den Wert zu sagen, den die pflanzensoziologische Gesellschaftseinteilung für die Untersuchung der abiotischen Standortsfaktoren hat.

Die Pflanzensoziologie beschränkt sich nicht auf die Feststellung und Charakterisierung der Pflanzengesellschaften, sondern sie hat von Anfang an auch die Standorte der Gesellschaften ökologisch untersucht. All die Ergebnisse, die dabei gewonnen sind und noch gewonnen werden, können mit der Zeit auch der biozönotischen Forschung insgesamt zugute kommen, wenn die zoologischen Untersuchungen an die Pflanzengesellschaften anknüpfen. Pflanzensoziologie und Zoozönotik haben in der Standortsforschung dieselben Untersuchungsgegenstände, aber sie betrachten sie teilweise von verschiedenen Gesichtspunkten aus. Die Beziehungen, die zwischen Pflanzenwuchs und Boden bestehen, führen auf manche anderen Fragestellungen als die Beziehungen zwischen Tiergesellschaft und Boden. Aber diese Fragestellungen greifen ineinander, und die Ergebnisse ergänzen zich und können ausgetauscht werden, wenn beide Disziplinen sich auf eine gemeinsame Untersuchungseinheit beziehen. Hinzu kommt, daß ökologische Untersuchungen, die zu verschiedener Zeit und in verschiedenen Gegenden in Beständen einer bestimmten Pflanzengesellschaft gemacht sind, innerhalb eines gewissen Spielraums aufeinander bezogen werden können. So ergibt sich hier die Möglichkeit, zu einer allseitigen Untersuchung der einzelnen Biozönosetypen zu kommen und damit zugleich auch der theoretischen Biozönotik Unterlagen für eine Gesamtbetrachtung der Organisationsform Biozönose zu verschaffen.

SCHMITHÜSEN:

Es scheint mir hier der richtige Ort zu sein, um wirklich auf das Grundproblem der Biozönose als der Grundeinheit dieser Gliederung des Lebens, die wir auf der Erde vornehmen, noch einmal zurückzukommen.

Die Biozönose ist das ganze Objekt, dem wir uns zuwenden. Wir müssen uns, soweit wir von der Pflanzensoziologie allein kommen, vielleicht manchmal erst daran gewöhnen, daß man nicht immer nur von dieser einen Sparte aus die Problematik sieht. Die Biozönose ist das Ganze! Eine weitere Stufe ist die Biozönose in ihrer Umwelt; das ist das Holozön. Die Biozönose ist eine substantielle Lebenseinheit oberer Ordnung, die einen in sich geschlossenen Ausschnitt aus dem Leben umfaßt. Die Pflanzengesellschaft, die ja letzten Endes nur eine Bildung des menschlichen Hirns ist, beleuchtet eine Seite der Biozönose und hat den großen Vorteil und die Brauchbarkeit für uns, daß sie das beste Mittel ist, um Biozönosen untereinander zu vergleichen und als gleich oder ungleich zu identifizieren. Das ist das, was die Pflanzensoziologie durch die reine Betrachtung des pflanzengesellschaftlichen Anteils der Biozönose leisten kann. Diese isolierte Betrachtung des Pflanzengesellschaften-Anteils der Biozönose gibt uns außerdem noch etwas vom Wesen der Biozönose, nämlich die vertikalen, funktionalen Beziehungen. Die Beziehungen, soweit sie sich vom pflanzlichen Leben direkt ableiten, ergeben sich aus dem vertikalen Stoffkreislauf der Pflanzen und sind im wesentlichen ökologische Verbindungen in der Vertikalen.

Die Tierbetrachtung der Biozönose gibt uns etwas mehr, da sie einmal im Hinblick auf diesen vertikalen Stoffkreislauf einen viel höheren Anteil des Gesamtkreislauf betrifft, nämlich den ganzen Stoffabbau, und in die ja viel stärker von Tieren besetzten Bodenteile der Biozönose hinein reicht, verstärkt sie diese Einsicht in die vertikale Funktion des stofflichen Kreislaufes in der Biozönose. Sie gibt darüber hinaus aber in höherem Maße, als es die Betrachtung des pflanzlichen Bestandes der Biozönose tut, auch eine innere Verbindung in der Horizontalen: Einmal indem das Tierleben als solches etwas mobiler ist innerhalb der Biozönose und auch räumlich in der Horizontalen reale Verbindungen schafft, und damit auch rein ökologisch (ecosystem-mäßig) in stärkerem Maße die gesamträumliche innere funktionale stoffliche Verbindung in der Biozönose gibt. Die Betrachtung der Tierwelt gibt darüber hinaus noch eines mehr, was die Pflanzenwelt nicht geben kann, nämlich ein direktes Mittel zu höheren räumlichen Einheiten zu kommen, indem ja, davon war zwar hier nicht die Rede, über diese kleinen biozönotischen Einheiten hinweg, von denen wir hier normalerweise sprechen, das Tierleben als solches ja nun räumlich auch übergreift im jahreszeitlichen Austausch zwischen verschiedenen Pflanzengesellschaften, die aneinander grenzen in den Kontakt-Biozönosen, die gemeinsames Tierleben haben und schließlich in einem, wiederum hierarchisch aufgebauten, nach der Größenordnung gesteigerten Austauschraum, der biozönotisch wieder etwas Zusammenhängendes ergibt.

Von der Seite aus erlaubt uns also nach meiner Auffassung die Betrachtung der tierinhaltlichen Seite der Biozönose, das Gesamtbild der Biozönose und des räumlichen biozönotischen Aufbaues wesentlich nach einer Seite aufzubauen, wie wir es mit der Pflanzenwelt nicht in diesem Maße, jedenfalls nicht so dem Leben gerecht machen können, wenn wir uns nicht mit Mosaiken begnügen wollen. Die Betrachtung der Tierwelt gibt uns eine echte innere Verbindung der Biozönosen höherer Ordnung auch in der Horizontalen, eben weil ein großer Teil der Tierwelt räumlich zwischen den verschiedenen Pflanzengesellschaften jahreszeitlich oder im ganzen Lebensablauf fluktuiert. Wenn man also die zusätzliche, vertiefte Betrachtung des Tierlebens in der Biozönose in den Vordergrund rückt, dann gewinnt man neue Möglichkeiten, die Gesamtbiozönose als solche, ihrem Wesen gemäß, tiefer und besser zu erfassen.

Franz:

Ich habe den Eindruck, daß die anwesenden Herren Kollegen, die nicht Zoologen sind, vielleicht nicht ganz bemerkt haben, wie außerordentlich vorsichtig Kollege Rabeler formuliert hat mit Rücksicht darauf, daß nämlich diese Korrelationen für uns Zoologen lange nicht so scharf und so regelmäßig sind, wie sie vielleicht von der vegetationskundlichen Seite her erwartet werden würden. Kollege Rabeler hat gesagt, der Zoologe braucht immer zunächst eine Gelände-Erkundung. Damit hat er mir restlos aus der Seele gesprochen, denn es ist nicht so, daß wir, wie es vielfach gemacht wurde, und zum Teil noch heute gemacht wird, blind sagen können, hier habe ich eine Pflanzengesellschaft, hier muß ich dieselbe Tiergesellschaft haben. Das ist gar nicht sicher. Das gilt für bestimmte Tierarten, das gilt für die Phytophagen weitgehend, es gilt für gewisse andere größere Tiere, die in der Vegetationsschicht leben. Es gilt aber lange nicht z.B. für die Tiere, die im Boden leben. Und ich glaube, nicht vollkommen verstanden worden zu sein, wenn ich auf diesen Umstand bereits hingewiesen habe.

Ich war recht erstaunt, als ich im Mediterrangebiet jahrelang Aufnahmen über die Bodenfauna gemacht habe und zunächst erwartete, in der Macchie, oder in laubwerfenden Wäldern, im Kulturland usw. Unterschiede zu finden, statt dessen aber eine weitgehend gleiche Bodenfauna in den immergrünen Wäldern und in den laubwerfenden Wäldern mit Buche und Eiche fand, weil diese Bodenfauna viel älter ist als die derzeitige Verteilung von Macchie und laubwerfenden Wäldern, bedingt durch Faktoren, die wir heute in der Vegetationsverteilung nicht mehr sehen, weil sie weit zurückliegen. Das kann man nicht scharf genug betonen. Das kommt nicht so deutlich zum Ausdruck in allen jenen Räumen, die glazial devastiert waren, wo die rezenten Bedingungen auch für die Verteilung der Bodenfauna eine sehr starke Rolle spielen, z.B. auch in ganz Skandinavien aber auch in diesen Räumen hier.

Aber selbst hier folgt die Tierverteilung z.T. anderen Gesetzen als die Pflanzenverteilung, weil nämlich die Verbreitung vieler Tierarten sich viel schwieriger vollzieht als die der Pflanzen, und weil viele Brücken für Pflanzen für Landtiere nicht passabel sind. Es gelten ähnliche Bedingungen für die Süsswasser- und sogar auch für die marinen Faunen.

Man muß also tatsächlich so vorgehen, und das möchte ich hier ganz scharf betonen, damit der Kontakt zwischen Botanikern und Zoologen fruchtbar wird, daß man wirklich auf Grund der Tierbestände versucht, die Tiergemeinschaft abzuklären, und danach fragt, wie weit diese Areal-Grenzen mit den Vegetationsgrenzen, den Grenzen der Pflanzengesellschaften koinzidieren. Da wird man in vielen Fällen eine Koinzidenz feststellen, in anderen aber keine. Dann kommt die fruchtbare Frage, warum hier Koinzidenz, warum dort keine? Und hier liegen nun die Möglichkeiten, daß sich diese beiden Disziplinen auch in der Frage der ursächlichen Erforschung der Phänomene ergänzen, indem Erkenntnisse aus der Vegetation und aus der zoozönotischen Forschung herkommen.

Es sollte also versucht werden, die biozönotischen Arbeiten auf vegetationskundlichem und auf zoologischem Gebiete stärker zu koordinieren. Was wir in der Bodenbiologie studieren, sind Synusien. Von einer vollständigen Erfassung aller Bodensynusien auch nur einer Assoziation sind wir noch weit entfernt. Vegetationskundler und biozönotisch arbeitende Zoologen sollten sich zusammensetzen, um bestimmte Grundbegriffe gemeinsam zu definieren.

Kollege RABELER hat angedeutet, daß man in der Zoologie im allgemeinen unter Tiergesellschaft etwas anderes versteht, als der Phytosoziologe unter Pflanzengesellschaft, nämlich Herden- bezw. Staatengebilde. Ich bin selbst von der Bezeichnung Tiergesellschaft für die

Zoozönosen ausgegangen. Ich habe mich dann nach zahlreichen Diskussionen entschlossen davon abzugehen und im Deutschen zu sagen: „Tiergemeinschaft" und im internationalen Verkehr beim Begriff Zoozönose zu bleiben, weil man sonst zu einer Verwirrung der Begriffe kommt. Wir können also nicht ohne weiteres die Nomenklatur der Vegetationskundler mutatis mutandis in die Zoologie übernehmen.

SCHMITHÜSEN:

Diese Frage der Nomenklatur ist wohl nicht so schwierig: Im Deutschen gibt es ein einfaches neutrales Wort. Wenn man die Biozönose als das Höhere faßt, kann man vom Pflanzen-Bestand und vom Tier-Bestand der Biozönose und im Fremdwort eben von Phyto- und von Zoozönose sprechen. Daß nun außerdem die Pflanzensoziologie rein arbeitsmethodologisch ihre Einheiten „Gesellschaften" nennt, würde ich nicht als störend auffassen.

V. VIETINGHOFF-RIESCH:

Daß durch den Zoofaktor eine Verlebendigung der Biozönose stattfindet, sowohl horizontal als auch vertikal, ist sehr richtig. Ich meine aber, der Schwerpunkt lag darin, daß gesagt wurde, es handele sich im wesentlichen um bodenstete Tiere, meistens kleinere Tiere, die auch eine bestimmte Integration zur Biozönose dadurch leisten, daß sie den Boden bearbeiten, wie z.B. die Collembolen und viele andere niedere Tiere.

Ich möchte einschränkend dazu sagen, daß man sich davor hüten möchte, eine allzu weite Fluktuation als verlebendigend für die Biozönose zu betrachten. Die Biozönose kann dadurch auch ihrerseits verdünnt und sogar verflüchtigt werden. Ich bin z.B. als Ornithologe einmal aufgefordert worden, die Vogelwelt des Querceto-Carpinetum zu schreiben. Es hat dann jemand anders gemacht. Ich halte den Versuch für gerade noch gangbar, aber weiter hinaus ist das nicht möglich, weil wir aus dieser Fragestellung alle die Tiere doch ausscheiden müssen, die sehr bodenvag und die sehr euryoek sind, wenn wir nicht den Biozönosebegriff zu sehr verwässern wollen. Die stenoeken und bodenfesten Tiere können natürlich zur Biozönose eine Vertiefung in beiden Richtungen, vertikal und horizontal, hinzufügen.

Es fiel auch das Wort Hierarchie. Ich glaube, wir müssen bei den biozönotischen Fragen unterscheiden zwischen Integration und Koexistenz, Begriffe, die leider in der Politik eine große Rolle spielen, die m.E. in der Biologie viel besser angebracht wären. Ich benutze sie auch manchmal in meinen Vorlesungen. Es gibt gerade in anthropogen ausgerichteten Landschaftstypen echtes koexistentielles Beisammensein von Tieren, wahrscheinlich auch bei Pflanzen, das mit einer echten Integration nichts zu tun hat. Wenn wir von einer Hierarchie sprechen, so ist der Begriff der Infiltration, der Integration, also der Beeinflussung mitgegeben.

Aber es gibt sicher eine ganze Menge von uns als ursprünglich betrachteter Biozönosen, die mehr oder minder anthropogen beeinflußt sind, bei denen diese Integration gar nicht da ist, oft keine Hierarchie, sondern lediglich eine Koexistenz. Ich denke z.B. an einen Kiefernwald, eine Großaufforstung von Kiefern, in dem es unendlich viele Triebwickler gibt und daneben sehr viele Brachpieper, Baumpieper, Grasmücken u.a., die natürlich auch diese Insekten in Massen fressen, aber gar nichts Gemeinsames zur Erhaltung dieser vom Menschen bedingten Pseudo-Lebensgemeinschaft beisteuern können.

Da stehe ich nun hier als Ketzer da bei meinen Freunden, den Vogelschützern. Ich bin durchaus der Ansicht, daß dem Vogel in der Biozönose und erst recht den höheren Tieren eine viel zu große Rolle zugemutet wird, daß das ein Mythos ist, daß je höher ein Tier in der Entwicklungsstufe steht, um so weniger sein Einfluß auf die Biozönose sich geltend machen kann, und daß deshalb auch die ganze Frage des wirtschaftlichen Vogelschutzes wohl etwas sehr liebenswertes ist, aber für die Erhaltung der Biozönose ist wahrscheinlich der Vogel vollkommen irrelevant. Möglicherweise ist es anders im tropischen Urwald, nicht aber in unseren mitteleuropäischen und erst recht nicht in unseren Wirtschaftswäldern.

Mein Vorschlag wäre also, mit dem Begriff der Hierarchie sehr vorsichtig zu sein; wenn er in die Diskussion geworfen wird, muß vorher festgestellt sein, ob es sich um eine echte Biozönose handelt, bei der es zu einer Integration kommt, oder ob es sich um eine anthropogen ausgerichtete Pseudo-Biozönose handelt, in der eine Koexistenz herrscht, die wir fälschlich als Integration und als Hierarchie ansehen.

Schmithüsen:

Ich habe das Wort Hierarchie ganz in dem Sinne von Thienemann und Friederichs gebraucht, im Hinblick auf die Hierarchie der Begriffe und ihrer räumlichen Rangordnung. Kleine Einheiten gehen in größere auf: Holozöne verschiedener Größenordnung. Das ist die hierarchische Ordnung im Sinne von Thienemann und Friederichs. Gemeint ist mit der hierarchischen Ordnung das Ineinandergefügtsein von Holozönen vom Ameisenhaufen bis zum Kosmos.

Du Rietz:

Es ist wahr, daß in vielen Biozönosen die Pflanzen eine so vollständig dominierende Rolle spielen, daß man kaum daran zweifeln kann, daß die Begrenzung und Benennung der Biozönosen auf den Pflanzen-Synusien gegründet werden muß. In anderen Fällen, wie in der *Fucus-Balanus*-Biozönose, spielen Pflanzen und Tiere eine ungefähr gleich wichtige Rolle. Hier muß man die Trennarten und die Kennarten von Pflanzen und Tieren nehmen und versuchen dadurch eine Synthese zwischen den pflanzlichen und den tierischen Bestandteilen der Biozönosen zu machen und danach die Biozönosen zu begrenzen.

In anderen Fällen aber sind die tierischen Bestandteile auch in terrestrischen Biozönosen so vollständig dominierend, daß man ganz offenbar die Biozönosen ausschließlich nach ihnen begrenzen und benennen muß. Ich kann einige Beispiele anführen:

Auf den Bounty-Inseln südöstlich von Neu-Seeland lebt eine wunderbare Vogel-Biozönose von Pinguinen (hauptsächlich *Eudyptes sclateri*) und Albatrossen (*Diomedea cauta*). Die Pinguine sind so dicht, daß infolge der intensiven Düngung die einzigen Pflanzen auf den nicht kleinen Granitinseln einzellige Algen sind, bis an der Meeresküste die marinen

Flechten und die Meeres-Algen auftreten! Dort ist es ganz offenbar, daß die Biozönosen nach den Zoo-Synusien begründet werden müssen. In den Vogelbergen von Röst (äußerste Lofoten-Inseln, Nord-Norwegen) ist die am dichtesten bewohnte Biozönose der dreizehigen Möwe (*Rissa tridactyla*) beinahe pflanzenfrei, während die weniger dichte Biozönose des Tord-Alkes (*Alca torda*) und der Trottellumme (*Uria aalge*) sowie die noch weniger dichte des Papageitauchers (*Fratercula arctica*) auch reich entwickelte Synusien von Gefäßpflanzen und Flechten enthalten. Marine Biozönosen werden in den obersten Stufen meistens von Algen so stark beherrscht, daß man sie am Besten nach ihren pflanzlichen Komponenten begrenzt und benennt. Weiter nach unten werden aber die Verhältnisse umgekehrt, so daß dort die Biozönosen von Tieren dominiert oder ausschließlich aufgebaut werden. Ich meine, man muß alle diese verschiedenen Fälle berücksichtigen: die extrem von Phyto-synusien auf der einen und die extrem von Zoosynusien beherrschten Biozönosen auf der anderen Seite. Und man muß nach unserer Meinung sehr vorsichtig sein, wenn man versucht, allgemeine Regeln zu formulie-ren für die Analysierung der Gliederung der Natur in Biozönosen.

Dann noch eine Frage zur Nomenklatur: Ich habe vor vielen Jahren mit GAMS darüber gesprochen, wie man eigentlich diese Begriffe deutsch ausdrücken sollte, und er hat mir gesagt, man sollte versuchen, das Wort „Gemeinschaft" mehr allgemein zu verwenden, also für Vereinigungen überhaupt von Pflanzen oder Tieren oder von Pflanzen und Tieren. Dagegen sollte man das Wort „Gesellschaft" mehr für die Biozönosen reservieren und das Wort „Verein" für die Synusien. GAMS und ich haben das während vieler Jahre versucht und waren damit gut zufrieden.

SCHMITHÜSEN:

Ich bin Herrn Kollegen DU RIETZ ganz besonders dankbar, daß er auf diesen Punkt hingewiesen hat. Man kann noch eines hinzufügen: Die-jenigen Biozönosen, die man in erster Linie nur nach den Tieren fassen und abgrenzen kann und die dominant durch die Tiere bestimmt werden, liegen alle, im gesamtirdischen Raum gesehen, in Kontakträumen zwischen grundverschiedenen Lebensräumen. Solche Küstenbiozönosen gibt es in der Arktis und Antarktis an der Grenze des pflanzlichen Lebens und überall an den Küsten und in der Tiefsee.

v. VIETINGHOFF-RIESCH:

Vor 40 Jahren hat DEEGENER bereits die tierischen Gesellschaften in ein System gebracht. Er schied zwischen den essentiellen Gesellschaften, den Sozietäten und den Zufälligen, den Assoziationen.

SCHMITHÜSEN:

Die Biologen, Botaniker und Zoologen sind im allgemeinen, soweit es sich um Systematik als auch um Gesellschaften handelt, außerordentlich streng auf Priorität in der Namengebung bedacht. Aber bei den Begriffen sind die meisten das leider nicht!

In der Definition von MÖBIUS, die einwandfrei historisch die erste ist, wird der besprochene Bestand eine „Lebensgemeinde" genannt. Das

Wort der Lebensgemeinschaft steht also am Anfang als Übersetzung von Biozönose. Wir brauchen also nur den Original-Autor beizubehalten, um das Wort „Gemeinschaft" an der richtigen Stelle zu haben.

Der andere Begriff der „Gesellschaft" ist entstanden bei dem Versuch Biozönosen auf Grund der Artenkombination zu systematisieren. Da entstand der Begriff der Assoziation. Auch da brauchen wir nur die ursprünglichen Autoren, ROBERT GRADMANN und JOSIAS BRAUN-BLANQUET beizubehalten. Ein wenig Quellenkritik in der Nomenklatur und der Begriffs-Formulierung bei den Original-Autoren würde nach meiner Auffassung manches vereinfachen.

Ein weiterer Punkt aus dem Vortrag von Herrn SCAMONI scheint mir sehr wichtig und gehört auch in diesen Zusammenhang. Das Wesentliche des Vortrages von Herrn SCAMONI war doch die Frage, wie weit die Koinzidenz zwischen Pflanzenbestand und Tierbestand in der Biozönose geht, – die Frage wurde schon diskutiert – und wie weit weiterhin die Koinzidenz zwischen dieser Lebensgemeinschaft aus Pflanzenbestand und Tierbestand mit den Standorten geht.

Als Diskussions-Anregung möchte ich eine Antithese dazu aufstellen: Herr SCAMONI vertrat die Ansicht, daß im allgemeinen eine Kongruenz besteht zwischen der Zusammensetzung der Biozönose und der Gesamtheit der Umwelt-Qualitäten, also des Standortes. Ich möchte behaupten, das stimmt nicht. Es stimmt dann, wenn wir im engen Raum operieren, also z.B. hier in Mitteleuropa, wo das gleiche floristische und faunistische Inventar zur Verfügung steht. Aber es stimmt in dem Augenblick nicht, wenn wir Standorte über die ganze Erde vergleichen. Es gibt sicher gleichartige Standorte etwa in Mitteleuropa und auf Neu-Seeland oder sonstwo auf der Süd-Halbkugel. Und diese haben sicher nicht dieselbe Biozönose, weil sie ganz andere Sippen in den verschiedenen Lebensreichen haben.

DU RIETZ:

Ich möchte nur einige Worte hinzufügen zu der von Prof. SCHMITHÜSEN angeschnittenen Frage nach dem Grad des Parallelismus und Standort:

Schon 1855 schrieb A. DE CANDOLLE in den Schlußworten seiner „Géographie botanique raisonnée" (p. 1340):

„Les phénomènes les plus nombreux, les plus importants, et quelquefois les plus bizarres de la distribution actuelle des végétaux s'expliquent par ces causes antérieures ou par une combinaison de ces causes antérieures et de causes plus anciennes, quelquefois primitives. Les causes physiques et géographiques de notre époque ne jouent qu'un role très secondaire."

Diese Feststellung ist durch spätere Forschung weitgehend verifiziert worden. Die großen floristischen Ähnlichkeiten und die ebenso großen Differenzen zwischen neuseeländischer und magellanischer Vegetation lassen sich nicht durch heutige Milieuverhältnisse erklären – um sie zu verstehen muß man zu den Zeiten zurückgehen, als der jetzt so vegetationsarme antarktische Kontinent nebst den ihm umgebenden Ländern von einem großen zusammenhängenden Wald bedeckt war, von dem die jetzigen neuseeländischen und magellanischen Wälder nur kleine Überbleibsel darstellen. Auch die Vegetation der skandinavischen Gebirgskette, der Skanden, läßt sich in ihrer regionalen Gliederung nicht vollständig verstehen, wenn man nur die heutigen Milieuverhältnisse heranzieht. Die durch die Verbreitung der bizentrischen, nordöstlichen und südlichen Oreophyten bedingten Unterschiede zwischen den Biozönosen der Nord-, Mittel- und Südskanden lassen sich nur dadurch erklären, daß es während der Würm-Eiszeit eisfreie Refugien an der norwegischen Küste im Norden und Süden aber nicht dazwischen gab, auf denen verschiedene Arten der betreffenden Eiszeit überdauern konnten, im Süden, im Norden oder in beiden Hauptgebiete der Refugien. Der in vielen anderen Hinsichten so auffallende Parallellismus zwischen Biozönosen und Biotopen kann durch Verhältnisse wie die jetzt erwähnten weitgehend beeinträchtigt werden.

Schmithüsen:

Dadurch wird der Faktor Zeit erneut beleuchtet, der überall für die räumliche Differenzierung der Lebewelt mit verantwortlich ist und in den anderen Erdteilen viel größere Unterschiede bedingt, als wir sie hier bei uns gewohnt sind. Man darf also dieses Problem nicht allzusehr aus der mitteleuropäischen Sicht sehen, weil wir hier eben die einheitliche Entwicklung seit der Eiszeit haben. Hier zeigt sich also die Bedeutung der Florengeschichte.

Im Sinne von Herrn Scamoni möchte ich jetzt meine vorherige Aussage ein wenig korrigieren: Ganz theoretisch gesprochen hat er vollkommen recht. Wenn man in der Lage wäre, sämtliche Ackerunkräuter, die auf der Erde in dieser Funktion auftreten, gleichmäßig über die ganze Erde zu säen, dann würden – Beispiele aus Chile zeigen das – identische Pflanzengesellschaften auf entsprechenden Standorten auch in den anderen Florenreichen entstehen. Diese anthropogenen Pflanzengesellschaften in der Süd-Halbkugel an einer Stelle zu studieren, um dieses Problem aufzeigen zu können, war eine Aufgabe unserer Reise mit Herrn Oberdorfer. Wir können jetzt Standorte in verschiedenen Erdteilen auf der Grundlage der anthropogenen Pflanzengesellschaften absolut parallelisieren. Das spricht für die grundsätzliche Richtigkeit der Auffassung, daß gleiche Standorte gleiche Pflanzengesellschaften tragen, unter der Voraussetzung, daß der gleiche Florenbestand zur Verfügung steht. Ich kann mir eine entwickelte Testmethode vorstellen, um weltweit mit Hilfe der anthropogenen Pflanzengesellschaften Standorts-Parallelisierungen durchzuführen, was man mit den natürlichen Pflanzengesellschaften in den verschiedenen Florenreichen nicht kann, weil die Flora so grundverschieden ist, daß es keine Vergleichbarkeit mehr gibt. In einem solchen Experiment spielt der Faktor Zeit im Sinne der Florenentwicklung nicht mit.

Apinis:

Ich möchte an das Vorkommen einiger Mikroorganismen erinnern, die sowohl im Boden als im Pflanzenbestand und auch im Tier als Krankheitserreger vorkommen. Von diesen Arten ist *Thermoaseus aurantiacus* ausschließlich auf Böden beschränkt, während die übrigen vier Arten *Aspergillus fumigatus, Monosporium apiospermum, Taralomyces duponti* und *Thermomyces lanuginosus* sowohl in Böden als auch in der Vegetation zu finden sind. Von diesen sind *Aspergillus fumigatus* und *Monosporium apiospermum* zugleich Krankheitserreger.

Ich möchte gern wissen, ob diese Arten durchgehende Arten der Phytozönose oder der Biozönose, oder ob sie durchgehende Arten der Geobiozönose sind.

BIOSOZIOLOGIE, LANDSCHAFTSBIOLOGIE UND VERGLEICHENDE BIOGEOGRAPHIE

von

E. KAISER †, Hildburghausen

Als ich meine pflanzensoziologischen und landeskundlichen Studien auf thüringischem Raum (Landeskunde von Thüringen 1933) zu einem gewissen Abschluß gebracht hatte, beschäftigte mich die Frage, wie weit die Faunistik in eine ganzheitlich ausgerichtete Forschung noch einzubeziehen ist.

Ich begann meine diesbezüglichen Untersuchungen an einem klassischen Aufschluß meiner südthüringischen Heimat, die Landschaft am Nadelöhr der Werra, einem wirklich klassisch zu nennenden Aufschluß der heimatlichen Erdgeschichte, dem kurzen, aber großartigen Durchbruch der oberen Werra durch den hennebergisch-fränkischen Wellenkalk unterhalb der Stadt Themar, wo eine Vielfalt von Lebensstätten, Biotopen, zusammenkommen: ein amphitheatralischer Prallhang mit noch unberührter Felssteppe und Steppenheidewald, ein pleistozän-holozäner Gleithang, Felssporn oder Umlaufberg, Durchbruch durch laterale Erosion durch diesen Sporn (sog. Nadelöhr), künstliche Durchhaue für den heutigen Fluß, die Eisenbahn und die Landstraße, Wasserleitenwald am kühlschattigen Flußufer und die Flußgemeinschaft, die durch eine Spaltenquelle am Fluß zu einer ausgiebigen Forellen-Äschen-Region geprägt wurde. Es wurden die einzelnen Gemeinschaften untersucht, sodann die gegenseitigen Wechselbeziehungen der verschiedenen Gemeinschaften und ihre Zusammenfassung zu einem höheren Gemeinschaftskomplex der Landschaft am Nadelöhr. Diese Arbeiten fanden ihren Niederschlag in einer kleinen Monographie „Landschaftsbiologie. Die Landschaft am Nadelöhr der Werra" (Sonderschrift der Erfurtre Akademie gem. Wissenschaften 1937). Von weiteren kleineren Untersuchungen abgesehen, bearbeitete ich in den 40er Jahren „Die Steppenheiden des mainfränkischen Wellenkalkes zwischen Würzburg und dem Spessart" (Berichte der Bayr. Botanischen Ges. München 28/1950).

Diese Arbeit möchte ich meinen weiteren Ausführungen zugrundelegen, wenn ich im folgenden die Untersuchungsmethoden der Biosoziologie darlegen darf.

Ich muß zur Orientierung in wenigen Strichen die Ergebnisse der pflanzensoziologischen Untersuchung des rechtsseitigen Wellenkalkmassivs zwischen Würzburg und dem Spessart kurz schildern. Denn auf sie bauen sich die tiergeographischen und tiersoziologischen Untersuchungen auf. Es ist das klassische Untersuchungsgebiet von GREGOR KRAUS, wo dieser mit seinen Schülern ökologische Einzelfragen untersucht hat. In einem allgemeinen Teil wurden Geschichte der Erforschung dieses Gebietes, die erdgeschichtlichen Verhältnisse, Klima und Boden sowie das Arealtypenspektrum der Wellenkalkpflanzen und -tiere, also die Floren- und Faunenelemente untersucht. Hinsichtlich der Faunenelemente wurden die bemerkenswertesten Arten der mainfränkischen Wellenkalksteppe in die Pflanzengemeinschaften eingegliedert. Sie hören schon heraus, daß ich mich in den Tierlisten habe beschränken und nur den derzeitigen Stand der faunistischen Forschung von 1950 habe berücksichtigen müssen, der allerdings ein sehr umfangreicher ist. Eine Biosoziologie s.str. stellt also diese Münchner Monographie nicht dar. Es sind xerothermische Tiere des Würzburger Wellenkalks nach dem Stand der Forschung vom Jahre 1950. Von Interesse war hierbei folgendes festzustellen:

1. den großen Anteil an südlichen und südlich-kontinentalen Faunenelementen bei Geradflüglern, Käfern, Bienen, Schmetterlingen, Wanzen, Fliegen und Spinnen,
2. die Beeinflussung des Maintales sowohl vom Rhein her als auch über die Muschelkalkverbindung an den Talflanken des Neckars und der Tauber,
3. das Maintal als Nordgrenze einiger Insektenarten,
4. die eigenartige Verzahnung südlicher, östlicher, westlicher und zirkumpolar-holarktischer Felsschnecken.

Die pflanzensoziologischen Untersuchungen erfolgten nach der BRAUN-BLANQUET'schen Schätzungsmethode.

Herausgeschält wurden folgende Gemeinschaften:

I. *Die Grasheiden*
    1. Offene Felsheide warmtrockener Hänge
      a Erd- und Steinkrusten-Gesellschaften
      b Hartgrasgesellschaften
        Blaugrashalde
        Blauschwingelheide
        Wimperperlgrasflur
      c Felsheidengebüsche
        Sukzession der Pflanzengesellschaften am Kalbenstein zwischen Würzburg und dem Spessart
    2. Geschlossene Grasheiden oder Wiesensteppen
      a Zwergseggen-Pfriemgras-Rasen, Carex humilis-Stipac apillata – Ass.
      b Fiederzwenkenrasen, Brachypodium pinnatum – Ass.
    3. Der Gesellschaftskomplex Steppenheide

II. *Steppenheidewald*
Eichentrockenwald, Blaugras-Buchenwald und Steppenheide-Kiefernwald

DIE PFLANZLICHEN LEBENSFORMEN

In dieser Arbeit habe ich die HUMBOLDT'schen Lebensformen zugrundegelegt wie ähnlich KERNER in seinem klassischen Pflanzenleben der

59

Donauländer und die nordische pflanzensoziologische Schule; in meinen
späteren Arbeiten habe ich sowohl das HUMBOLDT'sche physiognomische
als auch das biologische RAUNKIAER'sche Lebensformensystem berücksichtigt.

DIE UNTERSUCHUNGSMETHODEN DER STEPPENHEIDETIERE

Bei Eingliederung der Steppenheidetiere in die pflanzensoziologisch
untersuchten Gemeinschaften wird es notwendig sein, zuvor die Begriffe
,,Lebensform'' und ,,Ernährungsform'' festzulegen. Für die Steppenheidetiere habe ich folgende Formen unterschieden:

LEBENSFORMEN

FEUCHTLUFTTIERE

mit ungenügen-
dem Vertrock-
nungsschutz (Re-
genwürmer, As-
seln, gewisse
Schnecken)

TROCKENLUFTTIERE

Bodentiere
1. Grabtiere (Boden-
   ameisen, bodenbr.
   Hautflügler, ge-
   wisse Spinnen)
2. Wühltiere (Mäuse,
   Regenwürmer)
3. Kriecher (Schnek-
   ken-, Echsen-,
   Schlangenkriecher)
4. Lauftiere (Reh,
   Hase, Fuchs)
5. Hüpfer (gewisse
   Geradflügler)

Lufttiere
1. Klettertiere (Eichhorn, Mar-
   der, Haselmaus)
2. Flugtiere
   a. Fluginsekten
   b. Vögel:
      bodenbr. Erdsänger
      baumbr. Kronenbrüter
              Höhlenbrüter
      buschbr. Buschsänger
3. Flattertiere (Fledermäuse)

ERNÄHRUNGSFORMEN

PFLANZENFRESSER

plumpe, träge, wehrlose,
gesellig lebende Tierfor-
men mit entsprechenden
Mundwerkzeugen und
langem Darm.

1. Laubfresser (Asseln)
2. Körnerfresser (Meißel-
   schnäbler, Nager)
3. Pollenfresser (Käfer)
4. Nektarsauger (Schmet-
   terlinge)
5. Zellsaftsauger (Blatt-
   läuse)
6. Fruchtsauger (Wanzen)
7. Fruchtminierer (Maden,
   Raupen, Haselnuß-
   bohrer)
8. Blattminierer (Buchen-
   springrüßler, Lärchen-
   miniermotte)
9. Pilzfresser (Baum-
   Schnirkelschnecken)

TIERFRESSER

flinke, bewegliche, kräf-
tige, meist ungesellige
Tierformen mit höher or-
ganisierten Sinnen, ent-
sprechenden Mundwerk-
zeugen und kurzem Darm.
1. Räuber des Bodens
   a. Großräuber (Fuchs,
      Marder)
   b. Kleinräuber (Raub-
      insekten, Wolfsspin-
      nen, Tausendfüßler)
2. Räuber der Luft
   a. Raubvögel: Tagraub-
      vögel (Flugräuber,
      Buschräuber, Boden-
      räuber) Nachtraub-
      vögel
   b. Raubflattertiere
      (Fledermäuse)

ALLESFRESSER

Dachs, Elster,
Häher

WEICHFRESSER
(Obst, Beeren,
Weichinsekten):
Meisen, Goldam-
mern

Einige Beispiele aus meiner Würzburger Steppenheide- Monographie (1950):

Name	Lf	Ef	Areal	Häufig-keit	Gesellig-keit	Vorkommen 1. Beobachtung
Zebrina detrita Porzellan-schnecke	Boden-kriecher	pfl.	se-oe	h	1–	xerotherme Art an Halmen und Fels-kanten. A. ADE
Lepdophyes albovittata (Orthopt.) *Sisiphus*	Springer	pfl.	so-e	nh	1–2	x. Art an Blut-storchschnabel u. Hauhechel. WEIDNER
schaefferi Pillendreher (Scarab.)	Flugins.	pfl.	s-po	nh	1–2	x. Art der St. G. LEYDICH, STICH

Dr. H. WEIDNER – Hamburg konnte über die Verteilung der Heuschrecken an der Felssteppe bei Würzburg feststellen, daß die xerophilen Geradflügler inselhaft (disjunkt) verbreitet sind, nämlich in den geröllreichsten, trockenwärmsten Böden mit einem Skelett von 65 bis 70%. Hierbei unterscheidet WEIDNER:

1. extrem xerotherme Böden mit *Caloptenus italicus* und *Oedipoda germanica*;
2. xerotherme Böden ohne hohe Vegetation mit *Oedipoda coerulescens*, *Myrmeleotettix maculatus*;
3. xerotherme Böden mit Gebüsch mit *Leptophyes albo-vittata* und *Phaneroptera falcata*;
4. xerotherme Böden mit Baumschatten mit *Platycleis grisa* und *Chorthippus vagans*;
5. Steppenheidewald mit *Nemobius silvestris* und *Pholidoptera griseoaptera*;
6. Kulturflächen mit sehr viel Feinerde mit *Gryllus campestris*.

Bei seinen Untersuchungen hat A. PETRI-Nordhausen ,,Über die Kleinschmetterlinge der Kyffhäusersteppe'' festgestellt, daß es oft monophage Kleinschmetterlinge sind, die in ihrer Ernährung nur an eine einzige Pflanze gebunden sind, z.B.
Zwergmotte *Scythris bifissella* an *Silene otites*; Federmotte *Pterophorus constanti* und Tastermotte *Apodia martini* auf *Inula hirta*.
An der pontischen *Gypsophila fastigiata* der Kyffhäusensteppe leben streng monophag vier Schmetterlinge:
die östliche Eule *Dianthoecia irregularis*
2 Sackträgermotten *Coleophora muehligella* und die Tastermotte *Coleophora kyffhusana* (endemisch) sowie
Lita petryi
A. KNÖRZER – Eichstädt hat eine Anzahl faunistischer Beiträge zur Eichstädter Alb in den Jahren 1913/14 bis 1940 herausgegeben, keine erschöpfend systematische Studien, wohl aber nach Faunenelementenautgeführte und Steppenheide und Steppenheidewald zugeordnete Charakter- und bemerkenswerte Arten von Schnecken, Schmetterlingen, Käfern, Hauffüglern, Halbflüglern, Netzflüglern, Geradflüglern und Spinnentieren.
Ich will nur einige wenige Charaktertiere nach KNÖRZER nennen: Die med. Neuroptere *Ascalaphus*,

die med. Orthoptere *Oedipoda germanica,*
zwei seltene med. Spinnen, *Atypus piceus,* der tropischen Vogelspinne
nahestehend,
Eresus cinnabarinus, die farbenprächtigste Spinne, die ein völlig disjunc-
tes Areal besitzt (Eichstädter Alb, Erfurt, Halle, Oberelsaß und Nord-
afrikanische Steppen);
der dealpine Apollofalter *Parnassia apollo* am Weißen Mauerpfeffer der Alb.

Ähnliche Verbreitungstendenzen von Steppenpflanzen und Klein-
tieren wurden festgestellt an
Pulsatilla vulgaris und *pratensis, Onobrychis arenaria, Rapistrum perenne,*
Nonnea pulla und *Veronica teucrium.*

Als Ergebnis solcher feinstökologischen Untersuchungen kann zusammenfassend gesagt werden: Kleintiere vergesellschaften sich mit kleinen
Pflanzenbeständen (Elementar-Assoziationen nach DRUDE) und er-
weisen sich als allerfeinste Indikatoren von Boden und Klima auf
kleinstem Raum.

Wie kann eine biosoziologische Aufnahme erfolgen?

Sie kann nur eine Gemeinschaftsarbeit sein. Die grundlegende Arbeit
leistet der Pflanzensoziologe, der wiederum unterstützt wird, wenn
erforderlich, vom Geographen nach der bodenkundlichen, klimatischen,
historischen und vorgeschichtlichen Seite. Die Ergebnisse pflanzengeo-
graphischer bezw. soziologischer Arbeit werden den faunistischen
Mitarbeitern vorgelegt, damit sie ihre faunistischen Forschungsergebnisse
so eingliedern, wie wir das oben angedeutet haben, also nach Lebensform,
Ernährungsform, Areal, dem Grad der Häufigkeit und der Geselligkeit
unter Angabe der Pflanzengemeinschaft bezw. Elementar-Assoziation.

Welche Schwierigkeiten ergeben sich?

1. Es fehlt an Faunisten. Ein Verschulden trifft hier vielleicht auch die
Hochschulen, die zu meiner Zeit – es mag natürlich auch Ausnahmen
gegeben haben – zu wenig Anregungen zum faunistischen Studium geben.
Ich habe vor 50 Jahren während meiner Jenaer Studienzeit nur an zwei
hydrobiologischen Exkursionen teilnehmen können, an denen auch nur
eine kleine Gruppe von Mitgliedern des Großen Zoologischen Praktikums
teilnahm. Es wurden sonst keine faunistischen, auch keine ornithologi-
schen Exkursionen unternommen. Wenn ich auf meine mehr als 50-
jährige Lehrtätigkeit zurückschaue, so darf ich es hier einmal aussprechen,
daß ich als Lehrer der Naturwissenschaften und Geographie an einer
alten, aber bis zuletzt modern ausgerichteten Lehrerbildungsanstalt des
Meininger Landes, dann als Geographiedozent an einer Lehrerhochschule,
danach in der Lehrerfortbildungsarbeit während meiner schulrätlichen
Tätigkeit und schließlich auch in den verflossenen 15 Jahren ungezählt
viele Exkursionen geführt habe. Sie waren *ganzheitlich* ausgerichtet, auch
die Faunistik wurde berücksichtigt, soweit ich es selbst tun konnte, nicht
selten nahmen aber auch Faunisten, Ornithologen und Insektenforscher,
an meinen Exkursionen teil[1]).

[1] Ganzheitlich ausgerichtet sind auch meine ,,Geographischen Führer durch
Thüringen'', (herausgegeb. i.A. der Univ. Jena): Südthüringen (3. Aufl. 1956)
Thüringerwald und Schiefergebirge (2. Aufl. 1955), Thüringer Becken zw.
Harz und Thüringer Wald (1954) und Ostthüringen (1960), in welchem auch
die Biogeographie gebührend berücksichtigt wurde.

In meiner Landschaftsbiologie von 1937 habe ich im Schlußkapitel
entsprechende Hinweise für die Ausbildung der künftigen Biologielehrer
an den Lehrerhochschulen und höheren Schulen gegeben, daß sie nach
einem Studium in Botanik und Zoologie zuletzt an einer landschafts-
biologischen Vorlesung und an Übungen in biologischen Schulgebieten
teilnehmen sollten. Solche Forschungslehrstätten sollen künftig unsere
Naturschutzgebiete werden, sie müssen zu Mittelpunkten der Ganzheitsforschung werden. Der angehende Schulbiologe sollte mit einigen großen
Lebensgemeinschaften unbedingt vertraut werden.

2. Inzwischen hat die naturwissenschaftliche Forschung eine ungeheure
fachliche Aufsplitterung erfahren, bei der – wie es mir scheint – die uni-
versitas litterarum verloren zu gehen droht, also eine Ganzheitsforschung
und Totalitätsschau im Sinne des Philosophen EDUARD SPRANGER (vgl.
seine Schrift „Der Bildungswert der Heimatkunde". Berlin 1923).

An den Universitäten und Pädagogischen Hochschulen sollten Botaniker und Zoologen zusammengehen und gemeinsame Exkursionen abhal-
ten, dazu auch solche einladen, die sich auf irgendeinem Gebiet der
Faunistik ausgezeichnet haben. Ich habe in meinem Leben hervorragende
Freunde der scientia amabilis, der Floristik und der Faunistik kennen-
und schätzen gelernt. Ich verspreche mir von solchen Exkursionen sehr
viel und auch eine Belebung der Faunistik.

Noch eine dankbare, nicht gerade biosoziologische, sondern vergleichend biogeographisch-ökologische Aufgabe möchte ich hier anführen.
Ich habe mich länger als ein Jahrzehnt mit der Biogeographie der Sahara
beschäftigt. Im Anschluß an eine Studienreise, die mich in einen kleinen
Teil Nordafrikas, vom Mittelmeer durch Tunesien, führte. Das reiche
französische, deutsche, englische und italienische Schrifttum, teilweise
überlassen von Herrn Professor Dr. THEODOR MONOD in Dakar, gestattete
mir ein vergleichend biogeographisch-ökologisches Studium, dessen
Ergebnisse ich in einigen Abhandlungen dargelegt habe. Ich möchte hier
nur auf die letzte Arbeit kurz verweisen, die sich in gewisser Hinsicht mit
biosoziologischen Problemen beschäftigt, soweit das aus der vorhandenen
Literatur durch vergleichende Betrachtung möglich war. „Die saharischen Hochgebirge. Eine vergleichend biogeographische Studie." Leipzig
1958. Sie umfaßt das Hochgebirge von Hoggar (Ahaggar) und Tibesti. In
jedem Falle ausgehend von den biologischen, geomorphologischen,
klimatischen und hydrogeologischen Verhältnissen, werden die Biotope
dieser beiden Hochgebirge dargestellt.

a. Die saharisch-tropische Stufe bis 1800 m

Wasserstellen, Quellen, wasserdurchtränkte Schuttböden, sandigfeuchte
Wadis, felsig-steinige Wadis und Schluchten, die Gartenoase Ideles;

b. obere mediterrane Stufe

Die bemerkenswertesten Pflanzen und Tiere der einzelnen Gesellschaften,
soweit sie der Literatur entnommen werden konnten, wurden ökologisch
eingeordnet, und auch der Mench in diesen Landschaften wurde in die
Betrachtung mit einbezogen. Die Arbeit war also – ich möchte es noch
einmal betonen – keine biosoziologische Studie im strengen Sinne, sondern

eine vergleichende Biogeographie auf ökologischer Grundlage nach der
vorhandenen Literatur. Ich meine, daß eine solche Arbeit auch eine
dankbare Aufgabe und eine wissenschaftliche Synthese darstellt.

Für eine biosoziologische Erfassung der Pflanzen und Tiere eines
großen Gemeinschaftskomplexes, wie es die Steppenheide ist, kommt es
nicht so sehr auf eine Bewertung der einzelnen Art als Leitart, Begleiter
und zufällige Art an, wie das in der Pflanzensoziologie geschieht, sondern
vielmehr auf die Erfassung der charakteristischen Artenkombination der
Gemeinschaft. Alle späteren Untersuchungsergebnisse werden als
„Nachträge" verzeichnet und sinnvoll in unsere biosoziologische Übersicht eingeordnet.

ZUSAMMENFASSUNG

An Hand seiner langjährigen Forschungen in Thüringen erklärt der
Autor seine biosoziologischen Methoden.

Bei der Eingliederung der Steppenheide-Tiere in die pflanzensoziologisch untersuchten Gemeinschaften unterscheidet er die Begriffe „Lebensform" und „Ernährungsform", die er durch einige Beispiele erläutert.
Zum Schluß referiert der Autor noch seine biogeographischen Studien in
den saharischen Hochgebirgen.

SUMMARY

The biosociological methods of the author are explained in reference to
his extended investigations in Thuringia.

In classifying the animals of the phytosociologically investigated
communities of the steppe-heath, „life-forms" and „feeding-forms" were
distinguished. A number of examples illustrate the distinction. Some
biogeographical studies in the mountains of the Sahara are also reported.

LITERATUR

KAISER, E.: Landschaftsbiologie. Wege zu einem ganzheitsbiologischen
Unterricht. – Sonderschr. d. Ak.g.Wiss. Erfurt **10**. 1937.
— Die Steppenheiden des mainfränkischen Wellenkalkes zwischen Würz-
burg und dem Spessart. – Ber. bayer.bot. Ges. **38**. München 1950.
— Arbeitsziele und Methoden der Biogeographie. – Petermanns geogr.
Mitt. 1951. Gotha.
— Die großen Wadis, insbesondere das System des Igharghar, als Leitlinien
des saharischen Bios. – Wiss. Veröff.dtsch. Inst. Länderk. N.F. **12**. Leipzig
1953.
— Ideen zu einer Biogeographie der Sahara. – Petermanns geogr. Mitt.
1954. Gotha.
— Zur Landschaftsbiologie des Bezirkes Suhl. – Mitt. med. Ges.Suhl 1955.
— Das Grettstadter Reliktengebiet bei Schweinfurt, Tempe Grettstadtien-
sia. – Ber.bayer.bot.Ges. **32**. München 1958.
— Die saharischen Hochgebirge. Eine vergleichend biogeographische Studie.
– Wiss.Veröff. dtsch. Inst. Länderk. **16/16**, Leipzig. 1958.

ZUR STATIK UND DYNAMIK IM ÖKOSYSTEM DER FLIESSGEWÄSSER UND ZU DEN MÖGLICHKEITEN IHRER KLASSIFIZIERUNG

von

AUGUST WILHELM STEFFAN

Hydrobiologische Anstalt der Max-Planck-Gesellschaft, Limnologische
Flußstation, Schlitz/Hessen

I. EINLEITUNG UND AUFGABENSTELLUNG

Für die Wissenschaft von der Gesamtheit biozönotischer Erscheinungen
und Gesetzmäßigkeiten im Ökosystem der Binnengewässer schlug
MARGALEF (1947) die Bezeichnung Limnosoziologie vor. Ist dieser
Terminus berechtigt, gibt es bereits eine gesamt-limnosoziologische
Arbeitsweise, oder wird die Bedeutung dieses Wortes noch gar nicht
ausgefüllt?

Wenn wir die Literatur durchsehen, die sich mit den Lebensgemeinschaften der Binnengewässer befaßt, dann werden wir erfahren, daß es
bisher nur ganz vereinzelte sowohl Phytozönosen als auch Zoozönosen
umfassende, also holo-biozönotische Bearbeitungen auf limnologischem
Gebiet gibt. Die meisten Autoren berücksichtigten bisher jeweils nur die
Lebensformen und Lebenseinheiten ihres mehr oder weniger speziellen
Arbeitsbereiches. Das gilt sowohl für die Untersuchung der stehenden
Gewässer als auch für die der fließenden: In der Phytosoziologie wurden
verschiedenen Gewässertypen angehörende Pflanzengesellschaften beschrieben und in das hierarchische System der Phytozönosen eingereiht,
in der Planktonkunde wurden verschiedene Wasserschweber-Gesell-
schaften bearbeitet, und in der limnischen Zoosoziologie wurden bereits
viele biozönotische Konnexe niederen und höheren Ranges untersucht
und beschrieben. Alle diese Arbeitsergebnisse führten zur Aufstellung
verschiedenartiger meist völlig unzusammenhängender Ordnungsprinzipien und Klassifizierungssysteme. Selten wurden bisher bei biosoziologischen Bearbeitungen auch die Resultate, die Methoden, Termini
und Systeme der Nachbarwissenschaften berücksichtigt. Auch wurde
zumindest bei der Untersuchung von Fließgewässer-Lebensgemeinschaften kaum versucht, zoosoziologische Befunde in das phytosoziologische System einzuordnen, so wie es z.B. RABELER (1955, 1957) in
seinen Arbeiten über terrestrische Zönosen unternimmt. Weiterhin wurde
bisher für die Lebensbereiche der Fließgewässer noch nicht angestrebt
das phytosoziologische System mit zoosoziologischen Ergebnissen abzustimmen, wie es z.B. RABELER & TÜXEN (1955) für terrestrische Ökosysteme diskutieren. Auch andere Publikationen, in denen die Koordi-
nierung phytosoziologischer und zoosoziologischer Untersuchungen
erörtert wird, erstrecken sich lediglich auf terrestrische Bereiche (PALM-
GREN 1928, DAHL 1921/1923, RABELER 1937, FRANZ 1939, 1950, KÜH-
NELT 1943 a, 1943 b, 1944, STRENZKE 1949, TISCHLER 1948, 1949, 1950).

Aufgabe dieses Aufsatzes soll es nun sein, die bisher bei der biozönologischen Erforschung der Fließgewässer eingeschlagenen Arbeitsrichtungen aufzuzeigen und miteinander zu vergleichen, die in der ökologischen Klassifikation der Fließgewässer gebrauchte Terminologie mit der für terrestrische Lebensbereiche abzustimmen, im Bereich der Fließgewässer die phytosoziologische und zoosoziologische Forschung und Klassifizierung zu koordinieren und so schließlich unter Berücksichtigung der ökologischen Eigenheiten aller Fließgewässerbewohner zueinanderzuführen zu einer gemeinsam von mehreren Wissenschaftszweigen getragenen einheitlichen Limnosoziologie.

2. DIE BESIEDLUNGSZONEN UND BIOZÖNOSEN DER FLIESSGEWÄSSER

a *Allgemeine Erörterungen*

Während eine Sumpfwiese, ein Buchenwald oder ein stehendes Gewässer rein phänologisch als ein in sich homogenes abgeschlossenes Beziehungsgefüge erscheint, stellt ein Fließgewässer einen Siedlungsraum dar, der in einer Richtung, nämlich der Fließrichtung, eine allmähliche oder stufenweise Abwandlung erfährt. Dieser Augenschein allein mag schon vor Jahrhunderten oder Jahrtausenden dazu geführt haben etwa zwischen einem Bergbach, einem Talfluß und einem Tieflandstrom zu unterscheiden.

Aber auch von wissenschaftlicher Seite entsteht die Frage, ob ein Fließgewässer von seiner Quelle bis zur Mündung als einheitlicher Biotop betrachtet werden darf, ob alle ihn besiedelnden Lebewesen sich gegenseitig bedingen, also im Sinne von MÖBIUS (1877) einer einzigen Biozönose angehören. Die Antwort konnte nur lauten, daß ein Flußlauf mehrere unterschiedliche Biotope umfaßt, und daß die diesen eigenen Biozönosen in sich geschlossen und weitgehend voneinander unabhängig sind.

b *Die Zoozönosen*

Daß die frühesten Gliederungsversuche auch in wissenschaftlicher Hinsicht auf eine Unterteilung eines Flußsystems in Abschnitte hinzielten, die in seiner Fließrichtung aufeinanderfolgen, war naheliegend. Die erste von zoologischer Seite unternommene Abschnittsgliederung eines Fließgewässers in seinem Längsverlauf erfolgte durch VOIGT (1892, 1904) nach den Siedlungsbereichen verschiedener Turbellaria-Species. Seine Untersuchungen wurden später noch von anderen Autoren, so in den letzten Jahren von DAHM (1958) und FLÖSSNER (1958) weitergeführt und lassen uns heute in Mitteleuropa je nach den physiographischen Verhältnissen von der Quelle abwärts drei oder vier Siedlungszonen unterscheiden, nämlich von *Crenobia alpina*, (*Polycelis cornuta*), *Dugesia gonocephala* und *Planaria lugubris*. Der nächste Unterteilungsversuch erfolgte durch STEINMANN (1907, 1915) und gründet sich auf das Vorkommen der einzelnen Fischarten. Auch seine Untersuchungsergebnisse wurden später noch weiter ausgebaut (SMOLIAN 1920, THIENEMANN 1925, HUET 1946,

66

1949, MÜLLER 1951) und führten für Mitteleuropa zur Zoneneinteilung
der Flüsse anhand folgender Kennarten:

Salmo trutta fario   – Obere-Salmoniden-Zone
Salmo trutta fario   – Mittlere-Salmoniden-Zone
Thymallus thymallus – Untere-Salmoniden-Zone
Barbus fluviatilis   – Barben-Zone
Abramis brama   – Brassen-Zone
Acerina cernua, Pleuronectes flesus – Kaulbarsch-Flunder-Zone

Für andere Faunengebiete mußte diese Zoneneinteilung der Flüsse
naturgemäß hinsichtlich der kennzeichnenden Fischarten eine gewisse
Abwandlung erfahren (BANARESCU 1956, Südosteuropa). Grundsätzlich
jedoch, d.h. typologisch, dürfte sie Allgemeingültigkeit beanspruchen.
Das ergibt sich vor allem aus den an der Fulda durchgeführten biozönologischen Untersuchungen von ILLIES (1950, 1951, 1953, 1955, 1958).
Aufgrund von statistischen Besiedlungsanalysen an verschiedenen das
Benthal bewohnenden Insekten-Ordnungen konnte er nachweisen, daß
deren Artengefüge sprunghaft und parallel zum Auftreten der oben
genannten Fischarten wechselt. Eine Gesamtdarstellung der an der
Fulda erarbeiteten Analysen zur Zonengliederung von Fließgewässern
(z.B. in Form von Artwechselkurven) bringt SCHMITZ (1957). Weitere
Monographien zu besprechen, die ebenfalls die Analyse der Zonierung von
Fließgewässern zum Ziele haben, würde den Rahmen dieser Arbeit
übersteigen. Ebenso müssen hier die verschiedenen Gliederungsversuche
unberücksichtigt bleiben, die jeweils mithilfe einzelner Evertebraten-
gruppen unternommen worden sind. Sie alle stützen die von ILLIES und
SCHMITZ ausgearbeiteten Grundlagen zur biozönologischen Gliederung
der Fließgewässer und zur Charakterisierung der einzelnen Zonen durch
das jeweils in diesen immer wiederkehrende Artengefüge und dem Wechsel desselben mit dem Übergang von der einen zur anderen. So können
wir die eingangs gestellte Frage beantworten und aussagen, daß die im
Fließgewässer von der Quelle zur Mündung aufeinanderfolgenden
Abschnitte – Quell-Zone, Obere-, Mittlere-, Untere-Salmoniden-Zone,
Barben-Zone, Brassen-Zone, Kaulbarsch-Flunder-Zone – selbständige
Biozönosen darstellen, bzw. den zoologischen Anteil von solchen, nämlich Zoozönosen. Daß dieses Einteilungsprinzip nur für natürliche, also
nicht für verbaute oder verschmutzte Fließgewässer Gültigkeit haben
kann, versteht sich von selbst. Einer Kritik jener Autoren, die hervor-
heben, daß sich keine genauen Grenzen zwischen diesen einzelnen Fließgewässer-Zoozönosen festlegen ließen, kann entgegengehalten werden, daß
auch der Übergang von einer Steppenheide zur Bergwiese, von dieser zur
Talwiese, und von dieser zur Sumpfwiese örtlich nicht genau festzulegen
ist. Und dennoch ist jede dieser Phytozönosen aufgrund ihrer typischen
Artenkombination genau definiert. Das gleiche aber läßt sich auch von
den Fließgewässer-Zoozönosen feststellen, zu deren Typisierung nach
ILLIES (1955) Besiedlergruppen benutzt werden, ,,deren ökologische
Valenz einerseits eng genug ist, um unterschiedliche Regionen eines
Flußlaufes erkennen zu können, und die andererseits weit genug ist, um

geringfügige Standortsschwankungen zu überbrücken und längere Fluß-
strecken in gleichförmiger Weise zu besiedeln".

c *Die Phytozönosen*

Die erste botanische Arbeit, die sich eingehender mit der zonalen Unterteilung von Fließgewässern befaßte, dürfte die Untersuchung eines
Sauerland-Baches durch BUDDE (1928) sein. Er konnte den Bergbach
aufgrund algologischer Analysen in zwei Abschnitte gliedern. Den oberen
Abschnitt, der der Oberen- und Mittleren-Salmoniden-Zone entsprechen
dürfte, nannte er „*Hildenbrandia*-Zone", und den unteren, der Unteren-
Salmoniden-Zone entsprechenden, „*Lemanea*-Zone". GESSNER (1955)
spricht der von BUDDE gegebenen Zonen-Einteilung des Gebirgsbaches
Allgemeingültigkeit ab und möchte sie auf das Sauerland beschränkt
wissen. Dieser Auffassung steht jedoch entgegen, daß auch STAVE (1953)
unabhängig von den Arbeiten BUDDE's (1928, 1930, 1932, 1935) zu fast
der gleichen Zonen-Einteilung wie dieser kommt: Am Beispiel der Algen-,
Moos- und Phanerogamen-Flora der Fulda zeigt die Autorin, daß auch
aus dem Pflanzen-Vorkommen eines Flusses „auf Zonen einheitlicher
Lebensbedingungen" geschlossen werden kann, und daß „diese Fluß-
strecken durchaus mit denen übereinstimmen, die durch vergleichende
Betrachtung verschiedener zoologischer Daten ermittelt werden konnten".
Weitere Arbeiten, in denen aufgrund von floristischen Untersuchungen
biozönotische Probleme in Fließgewässern behandelt werden, oder die
als Grundlage für deren Zoneneinteilung dienen können, sind die folgen-
den: BUTSCHER (1933): Verbreitung der Makrophyten in britannischen
Flüssen, VON HÜBSCHMANN (1957): Wassermoosgesellschaften, ISRAËL-
SON (1942): Verbreitung der Süßwasser-Florideen in Schweden, MARGA-
LEF (1947, 1948, 1951, 1955): Algengesellschaften, Aufwuchsgesellschaften,
ROLL (1938): Pflanzengesellschaften ostholsteinischer Fließgewässer,
SCHEELE (1952): Diatomeen-Gesellschaften der Fulda.

Bei Gesamtbetrachtung der Untersuchungsergebnisse der verschiedenen Autoren läßt sich feststellen, daß die Quellbiozönose einerseits
gekennzeichnet ist durch die Montio-Cardaminetalia-Gesellschaften
und andererseits durch ganz spezifische Mikrophyten-Assoziationen. Die
Salmonidae-Biozönosen werden ebenfalls durch mikrophytische Algen
charakterisiert, darüber hinaus aber auch noch durch makrophytische
Algen und Wassermoose. Für die Untere Salmonidae-Biozönose ist außerdem noch das Vorkommen des Ranunculetum fluitantis wichtig,
das sich allerdings auch auf die Barben-Zone ausdehnt. Die Barben- und
die Brassen-Zone sind gegenüber den Salmonidae-Zonen vor allem charakterisiert durch die die Uferbereiche säumenden Bestände der Phragmitetalia. Von der Quelle flußabwärts können wir grob gesehen die Aufeinanderfolge von folgenden phytosoziologischen Ordnungen feststellen:
Montio-Cardaminetalia, Brachythecietalia, Fontinaletalia,
Potametalia, Phragmitetalia.

Vergleichen wir diese Verhältnisse bei Pflanzen- und Tiergesellschaften
miteinander, so erkennen wir, daß viele Gemeinsamkeiten vorliegen. Am
auffälligsten ist wohl die scharfe Zäsur zwischen Salmonidae- und Cyprinidae-Biozönosen. Sowohl die Tier- als auch die Pflanzenarten der Cy-

prinidae-Zonen besitzen ihre Hauptverbreitung in stehenden Gewässern, nur aufgrund ihrer Rheotoleranz besiedeln sie auch ruhiger fließende Abschnitte der Flüsse. Die Salmoniden-Zonen dagegen werden fast ausschließlich von solchen Tieren und Pflanzen besiedelt, die auf die niedere Temperatur und die hohe Fließgeschwindigkeit dieser Bereiche ökologisch und physiologisch eingestellt sind und allein hier Lebensmöglichkeiten finden.

d *Physiographische Gliederung und Saprobiensystem*

Neben den biologischen Gliederungsprinzipien hat man sich auch bereits seit langem bemüht die Fließgewässer oder Abschnitte derselben nach geographischen, geologischen, chemischen oder physikalischen Gesichtspunkten zu klassifizieren. Von diesen sind für die Biozönoseforschung vor allem diejenigen wichtig, die Existenz und Vorkommen bestimmter Arten im einen, aber Nichtexistenz und Fehlen derselben im anderen Biotop bedingen. Die älteste Einteilung der Fließgewässer nach der Thermik, d.h. aufgrund der Beziehungen der Wasser- zur Lufttemperatur geht zurück auf ULE (1925). Danach unterscheidet er: Gletscherfluß, Quell- und Gebirgsfluß, Flachlandfluß und Seeabfluß. Die auf demselben Unterscheidungsprinzip beruhenden Bezeichnungen ,,sommerkalter Bach'' und ,,sommerwarmer Bach'' nach BREHM & RUTTNER (1926) finden heute noch vielfach Anwendung. Darüber hinausgehend charakterisieren ILLIES (1952) und DITTMAR (1955a) die einzelnen Abschnitte der von ihnen untersuchten Fließgewässer nach der jährlichen Temperaturamplitude: Quellgebiet = weniger als 5°C, Oberlauf = 5–10°C, Mittellauf = 10–15°C, Unterlauf = mehr als 15°C. SCHMITZ (1954, 1955) geht dagegen dazu über, die einzelnen Zonen der Fließgewässer mit Indices zu charakterisieren, die sich aus der Differenz von Luft- und Wassertemperatur ergeben. Diese physiographischen Methoden scheinen ausgezeichnet dazu geeignet zu sein, die verschiedenen Biozönoseformen der Fließgewässer zu kennzeichnen, sie dürften jedoch keinesfalls primär zur Aufstellung und Abgrenzung bestimmter Biotope angewandt werden. Ebenfalls günstig zur Charakterisierung der nach biologischen Fakten umgrenzten Fließgewässer-Biozönosen sind die Heranziehung des Stoffhaushaltes und vor allem der Sauerstoff-Verhältnisse (SCHMASSMANN 1951, 1955) sowie der Strömungsgeschwindigkeit (AMBÜHL 1959). Doch sollte nach diesem abiotischen Faktorengefüge keinesfalls primär eine Typisierung von Biotopen und Biozönosen erfolgen.

Ein weiteres Gliederungsprinzip für Fließgewässer basiert auf dem von KOLKWITZ und MARSSON (KOLKWITZ 1922) erarbeiteten Saprobiensystem. Die verschiedenen Zonen – Oligosaprobion, Mesosaprobion, Polysaprobion – sind durch verschiedene Leitformen charakterisiert, die einen unterschiedlichen Verschmutzungsgrad der Gewässer mit P- und N-haltigen organischen Faulstoffen anzeigen. Eine solche Verunreinigung eines Fließgewässers kann natürlich erfolgen (Selbstverunreinigung), sie tritt dann aber nur temporär auf, oder sie ist anthropogen bedingt. Die einzelnen aufgrund biologischer Analyse definierten Gesellschaftsgefüge der Saprobien werden nicht durch Selbst-, sondern durch Fremdregulation in einem pseudonatürlichen Gleichgewicht gehalten. Könnten sie dem menschlichen Einfluß entzogen werden, so würden sie bald natürlichen Lebensgemeinschaften Platz machen, wie sie sich in anderen nicht-verschmutzten Fließgewässern finden. Man sollte daher diese künstlichen Organismengemeinschaften der Fließgewässer ähnlich wie terrestrische anthropogen bedingte Gesellschaftssysteme bewerten. Sie wären damit ebenso wie Kulturforste, Äcker und Kunstwiesen entsprechend dem Vorschlag von SCHWERDTFEGER (1956) als Biozönoide zu bezeichnen. Das Saprobiensystem kommt also nicht als Zonierungsprinzip für Fließgewässer in Frage; natürliche Fließgewässerbiozönosen unterscheiden sich grundsätzlich von Saprobienzonen. Kritik an der Realität von unterscheidbaren gegeneinander abgrenzbaren Fließgewässerbiozönosen ist oft auf eine Verwechslung beider Ordnungsprinzipien zurückzuführen.

3. DIE STRATOZÖNOSEN UND CHORIOZÖNOSEN DER FLIESSGEWÄSSER

a *Allgemeine Erörterungen*

Unter einer Biozönose versteht man die Gesamtheit der Organismen z.B. der Barbenzone eines Flusses, die eines Hochmoores, einer Steppenheide oder eines Hainbuchenwaldes. In der terrestrischen Ökologie unterscheidet man in vertikaler Richtung in einem solchen Hainbuchenwald mehrere Schichten: Boden-, Streu-, Kraut-, Strauch-, Stamm- und Kronenschicht. TISCHLER (1949) bezeichnet diese einzelnen Lebensräume als Strata und die sie besiedelnden Lebensvereine als Stratozönosen.

Auch bei den natürlichen Pflanzenvereinen stehender Gewässer konnte man eine solche vertikale Schichtung feststellen. So unterscheidet DU RIETZ (1921, 1930) in Seen zwischen der Schicht der Helophyten, der Nymphaeiden, der Elodeiden, der Isoëtiden, des Pleuston, des Neuston, des Plankton und des Herpon. Weitere bekannte Bezeichnungen für die Stratozönosen von Seen sind Nekton, Benthon, Edaphon, Plocon, Pedon. Entsprechende Bezeichnungen für die Lebensräume, die Strata, in denen diese Lebensvereine auftreten, sind z.B. Pelagial und Benthal. Der eben gebrauchte Begriff Stratum für die biozönologischen Vertikalschichten eines Lebensortes kann leicht mit der Bezeichnung Substrat für Aufbau und Strukturformen des Gewässergrundes in Zusammenhang gebracht werden und Verwirrung stiften. Ich möchte deshalb vorschlagen an seiner Stelle ein anderes Wort zu verwenden und für Lebensverein und Lebensort auf dieser biozönotischen Stufe, parallel zu dem Begriffspaar Biocoenosis – Biotopos, Stratocoenosis – Stratotopos zu sagen.

Ebenso wie in vertikaler, so kann ein Biotop auch in horizontaler Richtung untergliedert sein. Einen solchen Teilbezirk nennt man Biochorion. Für die diesen besiedelnde Organismengemeinschaft schlägt TISCHLER (1949) den Terminus Choriozönose vor. Auch hier wäre es angebracht ein den obigen entsprechendes einprägsames Begriffspaar zu bilden: Choriocoenosis – Choriotopos.

Wie weiter unten gezeigt wird, hat man auch bei der biozönologischen Erforschung der Fließgewässer bereits zwischen horizontalen und vertikalen Siedlungsbereichen unterschieden. Die Anwendung der von

TISCHLER (1949) geprägten und gut definierten Termini zur Untergliederung der Biotope und Biozönosen ist bisher jedoch noch nicht erfolgt. Auch sind innerhalb der einzelnen Fließgewässerbiozönosen bereits viele Gesellschaftsglieder unterschieden und beschrieben worden, aber auch hier fehlt noch eine genaue Terminologie.

b Die Zoostratozönosen und Zoochoriozönosen

Bei der zoologischen Erforschung der Biozönosen der Fließgewässer hat man schon früh erkannt, daß dieselben sich aus vielen kleinen Gesellschaften zusammensetzen. So unterscheidet z.B. THIENEMANN (1913) bei der Beschreibung der Tierwelt der Sauerland-Bergbäche eine Lebensgemeinschaft der „Tiere des freien Wassers", eine „Fauna der Wasseroberfläche" und eine „Fauna des Bodens". Die letztere unterteilt er in die „Steinfauna", die „Fauna der Bachpflanzen" und die „Tierwelt ruhiger Buchten". Er schreibt dazu: „Der Lebenskomplex des Bergbaches setzt sich aus einer ganzen Anzahl von einzelnen Lebensgemeinschaften zusammen, deren jede ihre Besonderheiten zeigt". Eine ähnliche Unterteilung der Lebensgemeinschaften des Gewässergrundes eines Tieflandflusses bringt BEHNING (1924, 1928) bei der Beschreibung der Tierwelt der Wolga. Er weist vor allem auf die mosaikartige Gliederung des Flußgrundes in Teilbiozönosen hin und vermerkt für die Siedlungsvereine des „Schlammboden", des „Sandboden", des „Tonboden", „zwischen Uferpflanzen", „zwischen dem Bodenbewuchs und den Steinen" die kennzeichnenden Tierarten. Auch BEYER (1932) folgt dieser Aufteilung und Benennung der Fließgewässer-Teilbiozönosen indem er unterscheidet zwischen „Steinfauna oder Nerëiden, Phytophiler Fauna, Limicoler Fauna von Sandgrund, Schlammgrund und Genist, Freiem Wasser und Wasseroberfläche". Diese beschreibende Gliederungsweise der verschiedenen Fließgewässerbiozönosen wurde von vielen anderen Autoren angewandt, die hier nicht alle genannt werden können. (Wesentlich erscheint nun bei der Betrachtung all dieser Arbeiten, daß keine allgemein anwendbaren Termini geprägt wurden, daß also für die einzelnen Biotop- bzw. Biozönoseglieder keine benennende, sondern nur eine beschreibende Nomenklatur vorhanden ist). Einen Fortschritt in der Benennungsweise der einzelnen Teilbiotope und Teilbiozönosen bringen die auf den Untersuchungen BEHNINGS (1924, 1928) aufbauenden Arbeiten anderer russischer Autoren (SHADIN 1940, NEISWESTNOWA-SHADINA & LJACHOW 1941, SERNOW 1958). Sie stellen den terrestrischen Biozönosen den „Stamm der Wasser-Biozönosen" gegenüber und gliedern diesen in vier Biozönose-Klassen: Benthos (Lebensgemeinschaft des Gewässergrundes), Plankton (Lebensgemeinschaft des freien Wassers, sowohl Schweber als auch Schwimmer = Nekton umfassend), Neuston (Lebensgemeinschaft der Wasser-Oberfläche) und Pagon (winterliche anabiotische Lebensgemeinschaft im gefrorenen Wasser). Die wesentlichste Biozönose-Klasse der Fließgewässer-Lebensgemeinschaften (oder Rheobiozönosen), das Benthon, wird nach SERNOW (1958) wiederum in fünf Biozönosen unterteilt:

1. Die Lithorheobiozönose umfaßt die Lebensgemeinschaft der Lithorheobionten, die an harten Boden, Felsen und Steine angepaßt sind.

2. Die Phytorheobiozönose wird von den Phytorheobionten, den pflanzenbewohnenden Organismen, besiedelt.

3. Die Argillorheobiozönose ist die Lebensgemeinschaft der lehmigen Flußböden.

4. Die Pelorheobiozönose findet sich auf Böden mit verschiedenem, vor allem organogenem Schlamm.

5. Die Psammorheobiozönose wird von den sandliebenden Organismen, den Psammorheobionten, gebildet.

Als nachteilig an dieser Gruppierung der Fließgewässer-Teilbiozönosen durch die russischen Autoren muß die Außerachtlassung der übergeordneten Biozönosen, Obere-Salmoniden-Zone, Mittlere-Salmoniden-Zone usw., angesehen werden. Besser ist dagegen die hierarchische Untergliederung der Lebensstätten der Barbenzone durch ILLIES (1958). Er unterscheidet hier bei den Organismen des Benthal zwei Lebensvereine, von denen der eine an das Geröll, der andere an den Schlamm gebunden ist. Die eine Assoziation, Elminthidae-Variante genannt, ist durch folgende Mitglieder gekennzeichnet: *Elmis maugetii, Oulimnius tuberculatus, Limnius volckmari, Stenelmis canaliculatus, Orectochilus villosus, Hydraena gracilis,* die andere, Haliplidae-Variante, durch folgende: *Haliplus fluviatilis, Laccophilus hyalinus, Ilybius fuliginosus, Hyphydrus ovatus, Platambus maculatus.*

c *Die Phytostratozönosen und Phytochoriozönosen*

Die Phytosoziologie teilt die im Wasser auftretenden pflanzlichen Lebensvereine in Schweber-, Hafter- und Wurzler-Gesellschaften ein. Für die soziologische Gliederung der Fließgewässer, besonders deren Oberläufe, sind die Hafter-Gesellschaften-sehr wesentlich. Sie setzen sich fastausschließlich aus Kryptogamen zusammen; Wassermoose, Flechten und Algen sind die pflanzlichen Hauptsiedler der oberen Fließgewässer-Regionen.

Die Wassermoos-Gesellschaften wurden von VON HÜBSCHMANN (1957) aus der Klasse der Potametea ausgegliedert und als selbständige Klassen mit zahlreichen Verbänden und Assoziationen den Klassen höherer Wasserpflanzen gegenübergestellt. Bei künftigen soziologischen Untersuchungen in Fließgewässern sollten VON HÜBSCHMANNS systematische und ökologische Arbeiten unbedingt berücksichtigt werden. Wassermoose ebenso wie makrophytische Algen weisen ganz spezifische Standortsansprüche auf, so daß nicht nur auffällige Unterschiede in der Besiedlung einzelner Fließgewässerstrecken zu verzeichnen sind, sondern auch in der von einzelnen Choriotopen. Eine Übergangsstellung zwischen den freischwebenden und den haftenden Gesellschaften nimmt nach MARGALEF (1947) das Plocon ein, eine offene Gesellschaft, die in der Regel dem Substrat anhaftet und mehrere Zentimeter Höhe erreicht. Diese Plocon-Assoziationen setzen sich in erster Linie aus vielzelligen Algen zusammen. BUDDE (1928) unterscheidet in den Bächen des Sauerlandes lotische und lenitische Algengesellschaften. Zu den lotischen rechnet er z.B. das Gomphonetum, das Cladophoretum, das Ulotrichetum und das Hormidietum; lenitische Assoziationen sind das Oedogonietum, das Naviculetum und das Desmidiacetum.

Während die durch Algen- und Moos-Assoziationen gekennzeichneten

Phytochoriozönosen der Salmonidae-Zonen relativ kleinflächig sind, dehnen sich die von submersen oder ufersäumenden Blütenpflanzen gebildeten Phytochoriozönosen der Cyprinidae-Zonen über größere Bezirke aus. Kennzeichnend sind für letztere auch die Stratozönosen und Choriozönosen des Plankton und des Neuston, die soziologisch selbständige Gesellschaften darstellen können oder von den Assoziationen höherer Pflanzen direkt abhängig sind.

4. DIE MEROZÖNOSEN ODER SYNUSIEN DER FLIESSGEWÄSSER

a *Allgemeine Erörterungen*

Nach TISCHLER (1949) werden Teilgesellschaften innerhalb von Stratozönosen oder von Choriozönosen, deren systematisch verschiedenartige Mitglieder bedingt durch die Eigenart des Aufenthaltsortes in gleichen Bautypen auftreten können, Merozönosen genannt. Die von einer Merocoenosis eingenommene Lebensstätte nennt man Merotopos. Dieser ist entsprechend der Definition von FRIEDERICHS (1957) „Teil eines Biotops, dessen physiographische Verhältnisse Besonderheiten aufweisen, ohne sich darin wesentlich von dem allgemeinen Charakter des Biotops zu unterscheiden". Im Sinne von TISCHLER ist der Merotop ein Strukturteil eines Stratotops oder eines Choriotops. In die Fließgewässer-Biozönologie haben diese Begriffe noch keinen Eingang gefunden. Nicht selten jedoch wurde hier der Terminus Synusium gebraucht. Dieser von GAMS (1918) aufgestellte Begriff bezeichnet nach der Definition von DU RIETZ (1930) „eine Societät von Pflanzen, die durch eine Artengruppe mit deutlicher soziologischer Affinität ihrer Hauptmitglieder zusammengehalten wird." Da „Synusium" bisher nicht allein im Sinne von Merozönose gebraucht worden ist, sondern auch auf der biozönologischen Stufe der Stratozönosen Anwendung fand, und da ferner für den von einem Synusium besiedelten Ort noch ein neuer Begriff geprägt werden müßte, sollte es lediglich als Synonym zu Merocoenosis behandelt werden.

b *Die Zoomerozönosen und Phytomerozönosen*

Wenn die erwähnten Bezeichnungen für die Untergliederung von Stratozönosen und Choriozönosen auch noch nicht im oben definierten Sinne in die Fließgewässer-Biozönologie eingeführt worden sind, so hat man doch schon gleichwertige Strukturteile erkannt und beschrieben. So unterscheidet z.B. MARLIER (1951) die beiden Stratozönosen Epibenthon und Eubenthon und zählt für jede eine Reihe von „Synusien" auf, die er nach den typischen Arten benennt. Ähnlich gehen ALBRECHT (1952, 1953, 1957) und DITTMAR (1955a, 1955b) vor, die in den Biotopen 3. Ordnung, die Choriotopen und Stratotopen entsprechen würden, noch kleinräumigere Strukturteile, also Merotope, unterscheiden. BUTCHER (1933) stellte bei dem Versuch die Fließgewässer nach dominanten Makrophyten vegetationsmäßig zu kennzeichnen, fest, daß oft mehr oder weniger ausgedehnte Flächen von jeweils nur einer einzigen Species besiedelt werden. Auch diese einzelnen artenreinen Vegetationsbestände mit den ihnen eigenen spezifischen Mikrophyten- und Zooassoziationen sind als Merozönosen zu werten. Wenn auch noch von einigen weiteren Autoren eine ähnliche Feingliede-

rung der Stratozönosen und Choriozönosen angestrebt worden ist, so
steht die Erfassung sowohl der tierischen als auch der pflanzlichen Kleingesellschaften der Fließgewässer doch hinter den Ergebnissen der terrestrischen Biozönologie zurück. Ziel sollte aber auch hier sein, die qualitativen Aufnahmen noch zu verfeinern und schließlich zu quantitativ-bio-
soziologischen Aussagen zu kommen.

5. DAS GESELLSCHAFTSSYSTEM DER FLIESSGEWÄSSER-BEWOHNER

In den vorangegangenen Abschnitten konnte gezeigt werden, daß ein
mitteleuropäisches Fließgewässer in seinem Verlauf von der Quelle bis
zur Mündung ins Meer von mehreren aufeinanderfolgenden genau defi-
nierbaren und voneinander unterscheidbaren Biozönosen eingenommen
wird. Diese Fließgewässer-Lebensgemeinschaften oder Rheobiozönosen
werden meist nach den charakteristischen Fischarten benannt: Quell-
Biozönose – Obere Salmo-trutta-Biozönose – Untere Salmo-trutta-
Biozönose – Thymallus-thymallus-Biozönose – Barbus fluviatilis-Biozö-
nose – Abramis-brama-Biozönose – Pleuronectes-flesus-Biozönose. Diese
einzelnen Biozönosen sind je an eine bestimmte Fließgewässer-Zone oder
einen Rheobiotop gebunden, den man entsprechend benennt: Quell-Zone –
Obere Salmo-trutta-Zone usw. Eine genaue qualitative und quantitative
Besiedlungsanalyse der einzelnen Biozönosen fehlt selbst für Mitteleuropa noch, sowohl in floristischer als auch in faunistischer Hinsicht.
Die Realität der Biozönosen ist jedoch anhand von Artwechselkurven
statistisch nachgewiesen worden.

Jede der Biozönosen kann sich aus mehreren Stratozönosen zusammensetzen, die an bestimmte Stratotope gebunden sind. Die Stratozönosen
und Stratotope sind bisher auch in Mitteleuropa nur selten mit Namen
belegt worden, die sich auf die spezielle Artenzusammensetzung dieser
Gesellschaftseinheiten gründen. Benannt worden aber sind die verschiedenen Stratozönose-Typen, denen sich die einzelnen Stratozönosen
zuordnen lassen: Neuston, Pleuston, Plankton, Nekton, Benthon, Edaphon, Pedon, Plocon, Herpon, Hyporheon, etc. Die zugehörigen Stratotop-
Typen können jeweils mit entsprechenden Termini belegt werden:
Neustal, Pleustal, Benthal, Hyporheal etc.

Stratozönosen können oft noch in Choriozönosen untergliedert werden.
Von den Rheostratozönosen setzt sich vor allem das Benthon aus sehr
verschiedenartigen Lebensvereinen zusammen. Man unterscheidet je
nach Substratverhältnissen, Fließgeschwindigkeit usw. z.B. die folgenden
Choriozönose-Typen: Psammon, Pelon, Argillon, Epiphyton, Periphyton,
Epilithon, Hypolithon, Interlithon, Eurheon. Diese Choriozönose-Typen
sind an die folgenden Choriotop-Typen gebunden: Psammal, Pelal,
Argillal, Epiphytal, Periphytal, Epilithal, Hypolithal, Interlithal,
Eurheal. Auch für die einzelnen Rheochoriozönosen sind nur selten biosoziologische Namen geprägt worden, es sei denn, man würde zur Benennung dieser Lebensvereine bei Übereinstimmung mit Phytoassoziationen
die für diese in der Phytosoziologie gebräuchlichen Bezeichnungen einfach
übernehmen.

Choriozönosen (und ebenso Stratozönosen, die keine Untergliederung
in Choriozönosen aufweisen) können in kleinere Teilgesellschaften aufge-
gliedert sein, deren Mitglieder oft als gleiche Lebensformtypen erscheinen.
Diese Teilgesellschaften nennt man Merozönosen, die von ihnen besiedelten kleinräumigen Lebensorte Merotope.

Entsprechend den Verhältnissen bei terrestrischen Lebensgemeinschaften läßt sich also auch bei den fluviatilen eine Unterteilung des
Gesellschaftsaufbaues erkennen. Diese führt zur Einordnung der Fließgewässerbewohner in ein hierarchisches Biozönsystem: Merozönose →
Choriozönose → Stratozönose → Biozönose.

6. KONSTANZ UND DYNAMIK DER CHORIOTOPE DES BENTHAL

Ein Bach- oder Flußbett, das Benthal eines Fließgewässers, setzt sich aus
verschiedenartigen substrat-bedingten Choriotopen zusammen. Die einzelnen Choriotop-Typen müssen dabei keine ausgedehnten zusammenhängenden Flächen bilden, sondern bestehen meist aus einem mehr oder
minder großen unregelmäßigen Mosaik, das innig mit dem Mosaik
anderer Choriotop-Typen verflochten sein kann. Die einzelnen Choriotope
weisen nicht stetig ein und dieselbe Besiedlungsdichte auf. Vielmehr
scheint diese einer anhaltenden Fluktuation zu unterliegen, die je nach
Lagerungsalter des Substrates vom Unbesiedeltsein bis zur Bedeckung
mit einer Klimaxgesellschaft reichen kann. Vergleicht man diese Verhältnisse im fließenden Wasser mit denen auf dem Lande, so findet sich bei
letzteren Gleichartiges nur auf Rohböden, die durch Erosionsvorgänge,
Bergrutsche, vulkanische Tätigkeit oder anthropogene Einwirkung entstanden sind. Die Böden der Fließgewässer erscheinen demnach als
Dauer-Rohböden. Durch die erodierende Kraft des fließenden Wassers
erfolgt eine anhaltende Ablagerung von Sedimenten verschiedenster Art
und eine immerwährende Entfernung und Verfrachtung anstehender
Böden oder zuvor abgelagerter Sedimente. Mit dem Wechsel der Substrate können die jeweils an bestimmte Umweltfaktoren gebundenen
Pflanzen- und Tierarten von Jahr zu Jahr und von Tag zu Tag ihre Lebensstätten verlieren oder andere günstigere finden. Diese Verhältnisse
bedingen einen andauernden Wechsel der Choriozönosen, allmählich oder
plötzlich. In manchen Gewässern findet er häufiger statt, in anderen
weniger häufig, in den Oberläufen mit stärkerem Gefälle ist er in der
Regel stärker als in den ruhigeren Unterläufen. In den lotischen Bereichen
besteht für die tierischen und pflanzlichen Besiedler die immerwährende
Gefahr abgetrieben zu werden, und in den lenitischen Bezirken können
die dort lebenden Organismen von den angeschwemmten Sedimenten
bedeckt werden. So wechseln die verschiedenen Choriotope – natürlich
innerhalb bestimmter Bereiche – ständig ihre Ausdehnung und Lage.
Das führt wiederum zu Veränderungen in der Verbreitung der Choriozönosen, zu ihrer regellosen oder jahreszeitlich korrelierten Verschiebung,
zum Untergang der einen Sozietät und zum Gedeihen einer anderen.
Aufschlußreich in dieser Hinsicht sind auch die Untersuchungen von
MÜLLER (1953) über die Wiederbesiedelung des Benthal verschiedener
Bäche in Schwedisch-Lappland, die im Rahmen von Holzflößerei-Anfor-

derungen künstlich erweitert und damit praktisch aller höherer Lebewesen beraubt worden waren.

Innerhalb gewisser erdgeschichtlicher Perioden bleiben die einzelnen als Choriozönosen oder Biozönosen bezeichneten Lebensvereine erhalten, wenn sich nicht die ihre Zusammensetzung bedingenden und regulierenden Faktoren ändern. Dadurch, daß die einzelnen Arten – soweit man auch sie als statische Einheiten betrachten darf – in ihrer Lebensweise auf bestimmte ökologische Verhältnisse eingestellt sind, wird ein kennzeichnendes Artengefüge bei der Besiedlung eines neuen Choriotops und bei der Entstehung einer neuen Choriozönose ein und derselben soziologischen Verwandtschaftsform immer wiederkehren. Ändernd können lediglich die Zufallsgesetze wirken (THIENEMANN 1913, 1956), die die Erstansiedlung und damit die Vermehrung und Ausbreitung dieser und nicht jener Art begünstigen.

Ein bestimmtes natürliches Fließgewässer weist also in der Regel immer denselben Artenbestand auf; seine Biozönosen, Stratozönosen, Choriozönosen und auch die untergeordneten Lebensvereine, die Merozönosen, stimmen in ihrem Gesellschaftsgefüge mit denen eines anderen gleichartigen Gewässers derselben geobiologischen Region weitgehend überein. Auf die Länge eines Fließgewässerlaufes aber und auch innerhalb der einzelnen Biozönosen sind die Choriozönosen und Merozönosen in ganz verschiedener Weise verteilt: Ein Bergbach besitzt mehr verschiedenartige Choriotope als ein Tieflandfluß; seine einzelnen Choriotope nehmen kleinere Areale ein und wechseln flächenmäßig häufiger einander ab (Abb. 1). Die Salmonidae-Zonen sind schon physiognomisch gekennzeichnet durch die häufige Aufeinanderfolge kleiner Stromschnellen. Den diese besiedelnden Lebensverein nennt SERNOW (1958) Eurheobiozönose. Falls man ihn nicht nur als Sonderausbildung der Choriozönose des übrigen Lithal, also als Merozönose auffassen will, sondern als selbständigen Choriozönose-Typus, wäre wohl ein treffender Terminus, etwa Eurheon, parallel zu Epiphyton, Psammon usw., angebracht. In pflanzensoziologischer Hinsicht ist dieser Choriotop in Mitteleuropa meist gekennzeichnet durch Assoziationen der Brachythecietalia und der Fontinaletalia. Bemerkenswert für die Salmonidae-Zonen sind noch die relativ weiten Ausdehnungen der übrigen Choriozönosen des Lithal und ferner des Psammal. Lenitische Bereiche, deren Boden etwa als Pelon besiedelt wäre, und ripicole Pflanzengesellschaften der Phragmitetalia sind hier selten. Diese Choriozönose-Typen beherrschen dagegen weitgehend das Bild der Tiefland-Flüsse. Das Pelon, und in Lehm- und Tonlandschaften das Argillon können als kennzeichnend für die Cyprinidae-Zonen betrachtet werden. Ein weiteres Kennzeichen gerade für diese Fließgewässer-Abschnitte liegt in der geringen Anzahl sich voneinander unterscheidener Choriotope. Die vorhandenen zeichnen sich aus durch geringen Wechsel und relative Großflächigkeit.

Zusammenfassend läßt sich also feststellen, daß die Anzahl der Choriozönose-Typen und ihre Verteilung innerhalb bestimmter Fließgewässer-Zonen einer bestimmten geobiologischen Region konstant ist, daß aber die jeweilige Lage und Ausdehnung der Choriotope und damit der Fortbestand der zugehörigen Choriozönosen dynamisch einem Wechsel von

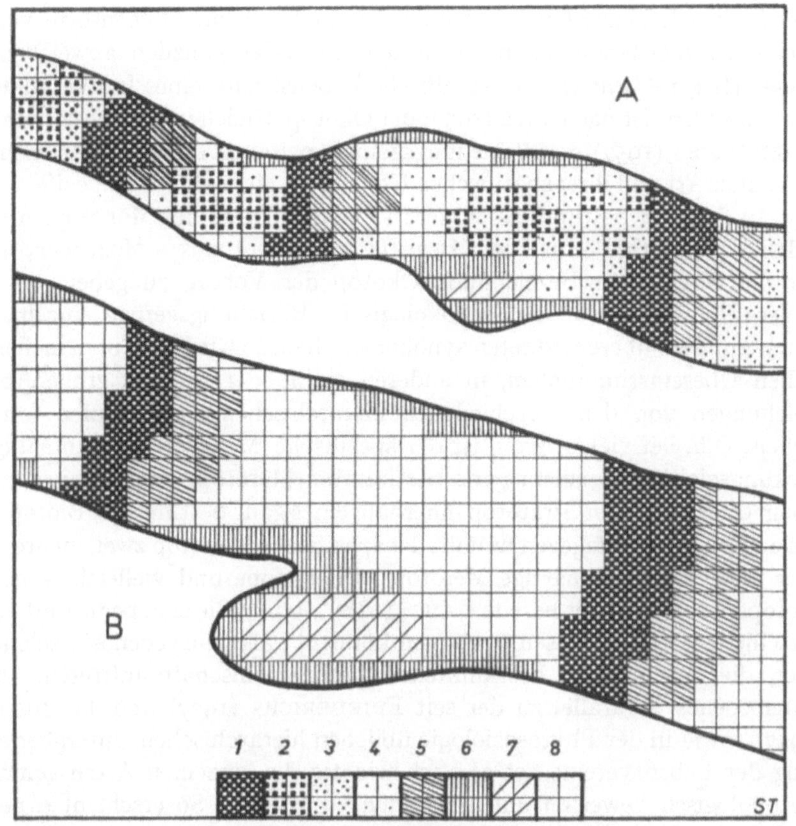

Abb. 1. Choriotop-Mosaik in Fließgewässern

A: in den Salmonidae-Biozönosen, B: in der *Barbus-fluviatilis*-Biozönose.
1 = Wasserschnellen, lotische Bezirke (Eurheal), 2 = steiniger felsiger Bachgrund (Makrolithal), 3 = kiesiger Bachgrund (Mikrolithal), 4 = sandiger Bachgrund (Psammal), 5 = Stellen mit flutender Wasservegetation (Interphytal), 6 = ripicole Pflanzengesellschaften, Phragmitetalia (Epiphytal, Interphytal), 7 = schlammige Stillwasserzonen (Pelal), 8 = toniger Flußboden (Argillal).

Untergang und Entfaltung unterworfen ist. Fließgewässer-Choriotope des Benthal können in der Regel als Dauer-Rohböden bezeichnet werden, die ihnen zugehörenden Lebensvereine höherer oder niederer Soziationsstufe ähneln in ihrer Gesellschaftsstruktur und Gesellschaftsdynamik pflanzlichen Ruderalgesellschaften terrestrischer Biotope.

7. KONSTANZ UND DYNAMIK IN DEN ZÖNOSEN

Jede Pflanzen- und Tierart nimmt in biogeographischer Hinsicht ein ganz bestimmtes Verbreitungsgebiet ein, ihr Areal. Innerhalb desselben aber kommt die Einzelart nicht überall vor, sondern gehört nur einem bestimmten Biozönose-Typus an, und innerhalb der Biozönose kann sie wiederum auf einen ganz bestimmten Strato-, Chorio- oder Merozönose-Typus beschränkt sein. Betrachtet man das Auftreten irgendeiner Art innerhalb ihres Areals einmal nicht vom synökologischen sondern vom

autökologischen Standpunkt, so muß man feststellen, daß sie nur an ganz
spezifischen Lebensorten anzutreffen ist, und daß ihre Lebensorte von
denen der meisten anderen Arten teilweise oder gänzlich abweichen.
Diese arteigene Umwelt, der spezifische Lebensbezirk eines Individuums
bzw. einer Art, ist nach VITÉ (1950) der Ökotop. Gleicherweise bezeichnet
FRIEDERICHS (1957) das Beziehungsgefüge zwischen einem Individuum
bzw. einer Art und ihrer spezifischen Umwelt als Monozön. Der spezifische
Ort, an dem ein bestimmtes Monozön existiert, wäre der Monotop. Aus
didaktischen Gründen ist dem Begriffspaar Monotopos – Monocoenosis
vor der VITÉ'schen Bezeichnung Ökotop der Vorzug zu geben.

Vergleicht man nun das autökologische Beziehungsgefüge einzelner
Arten mit dem übergeordneten synökologischen, so wird man in manchen
Fällen Übereinstimmungen, in anderen mehr oder weniger große Abweichungen von den verschiedenen hierarchischen Gefügestufen feststellen. D.h. bei vielen Arten ist der spezifische Monotop flächenmäßig
deckungsgleich mit einem ganz bestimmten Merotop, oder wenigstens
einem Choriotop oder Stratotop innerhalb eines ganz bestimmten Biotops.
Bei anderen Arten dagegen umfaßt der spezifische Monotop zwei, mehrere
oder viele verschiedenartige Merotope, Choriotope und vielleicht sogar
Biotope. So bezeichnet bereits GAMS (1918) „Arten, die sich beim Aufbau
verschiedener Biocoenosen beteiligen können", als „eurycoenos", solche
aber, die nur in einer bestimmten Lebensgemeinschaft auftreten, als
„stenocoenos". Parallel zu der seit FRIEDERICHS (1927) und TISCHLER
(1947) sowie in der Phytosoziologie üblichen hierarchischen Untergliederung der Lebensvereine, ist es auch wichtig die einzelnen Arten genau
biozönologisch bewerten und einordnen zu können. So erscheint es gerechtfertigt in Anlehnung an die oben erwähnten Termini von GAMS
(1918) zu unterscheiden, daß eine Art stenomerocoenos ist, also nur einem
einzigen Merozönose-Typus angehört, eine andere dagegen eurymero-
coenos und stenochoriocoenos, und wieder eine andere eurychoriocoenos
und stenobiocoenos. Bei der Festlegung von Kennarten für bestimmte
Zönosen irgendeiner Rangstufe muß also geprüft werden, welchem der
erwähnten biozönologischen Typen eine in Erwägung gezogene Art
angehört, bzw. ob ihre Monozönose genau mit der zu kennzeichnenden
Merozönose, Chorio-, Strato- oder Biozönose übereinstimmt.

Diese Feststellung und Kennzeichnung hat jedoch nur Gültigkeit für
diejenigen Arten, die während ihres gesamten Lebensablaufes konstant
nur einem Merozönose-, Choriozönose- oder Biozönose-Typus angehören.
Unternimmt eine Art jedoch einen regelmäßigen Wechsel von einem
bestimmten Merotop oder einem bestimmten Biotop zu einem anderen,
so ist diese Eigenheit bei der biozönologischen Charakterisierung besonders zu berücksichtigen. Nach ENDERLEIN (1908) werden solche Arten als
heterotop bezeichnet gegenüber den im vorigen Absatz behandelten
homotopen. Bei diesen heterotopen Arten wiederum muß unterschieden
werden, ob der Zönosenwechsel vorgenommen wird a) parallel zu den im
Laufe der Entwicklung einer Art erfolgenden eigenen Änderungen in den
Umwelt-Ansprüchen, oder b) parallel zu den jahreszeitlichen Änderungen
der Umwelt-Bedingungen.

In keine dieser beiden Gruppen dürfen aber diejenigen Arten eingeord-

net werden, die stenocoenos während ihres ganzen Lebens einer und derselben Zönose angehören und nur innerhalb dieser Ortsveränderungen
vornehmen. Nach VITÉ (1950) würde das im autokölogischen Sinne
bedeuten, daß eine solche Art nicht ihren spezifischen Lebensraum
wechselt, also immer denselben Monotop bewohnt und nur innerhalb
desselben etwa zur Nahrungsaufnahme, zur Fortpflanzung oder zum
Schutzsuchen den Standort ändert und damit eben nur einen Wechsel der
Habitatio vornimmt. Weiterhin müssen diejenigen Arten besonders
bedacht werden, die einen Monotop nicht ganzjährig einhalten, sondern
die zwei oder mehr räumlich getrennte Monozönosen besitzen. Nach VITÉ
(1950) werden solche Arten als pliotop bezeichnet gegenüber den mono-
topen. Zu dieser Artengruppe sind von den Fließgewässerbewohnern z.B.
der Flußuferläufer *Actitis hypoleucos* und der Flußregenpfeifer *Charadrius
dubius* zu zählen, die während des Sommers vornehmlich Schotterbänke
und Schilfgürtel mitteleuropäischer Flüsse bewohnen und im Herbst
diesen Monotop verlassen, um für den Winter einen anderen in Afrika
aufzusuchen.

Bei Außerachtlassung der pliotopen Arten und der mehr oder weniger
weitgehend euryöken können wir bei den die mitteleuropäischen Fließgewässer besiedelnden Lebewesen vor allem zwischen zwei Siedlungstypen
unterscheiden: 1. Arten, die in allen Entwicklungsstadien nur in einer
ganz bestimmten Mero-, Chorio-, Strato- und/oder Biozönose auftreten;
2. Arten, die gesetzmäßig in einem Entwicklungsstadium nur dieser und
im nächstens nur jener Mero-, Chorio-, Strato- oder Biozönose angehören.
Bereits THIENEMANN (1918) beachtete diese beiden Siedlungsgruppen
und bezeichnete als „stenotop-homocoen" diejenigen „Organismen, die
während ihres ganzen Lebens nur in einer oder einigen einander ähnlichen
Biocoenosen vorkommen", als „stenotop-heterocoen" aber solche, „die
zwar auf eine geringe Anzahl von Biocoenosen angewiesen sind, aber
doch regelmäßig jedenfalls einmal im Leben von der einen in andere
Biocoenosen überwandern".

Wenn man die verschiedenen die Fließgewässer besiedelnden Lebewesen auf ihre Zugehörigkeit zu einer der beiden Siedlungstypen über-
prüft, so ergibt sich, daß dem stenotop-homocoenen vor allem viele
Wasserpflanzen-Arten angehören. Sie sind überwiegend mehr- oder
vieljährig ausdauernd und gehören während ihres gesamten Lebensablaufes einer und derselben Zönose dieser oder jener Rangstufe an.
Durch ihre meist stark vegetative Vermehrungsweise können die einzelnen
Arten immerfort das ganze Jahr über und jahrelang an einem und demselben Platz verharren, sie sind kontinuierliche Siedler. Aufgrund dieser
Zönotop-Stetigkeit können sie gut als Kenn- und Trennarten zu den
Einzeltypen in den verschiedenen Rangstufen der fluviatilen Zönosen
herangezogen werden.

Im Gegensatz zu den pflanzlichen zählen die meisten tierischen Mitglieder der fluviatilen Zönosen zum 2. Siedlungstypus. Im Laufe ihrer
Ontogenese durchschreiten sie verschiedene Entwicklungsstadien, die
schon in der äußeren Erscheinungsform voneinander zu unterscheiden
sein können. Zwei, mehrere oder alle Stadien im Lebensablauf einer Art
können ganz verschiedene Ansprüche an die Umweltsverhältnisse stellen

und damit können sie ganz unterschiedlichen Merozönose-, Choriozönose-, Stratozönose- oder gar Biozönose-Typen angehören. Der Orts- und Gesellschaftswechsel beim Übergang vom einen zum anderen Stadium kann innerhalb oder zwischen verschiedenen biozönologischen Ebenen stattfinden und damit mehr oder weniger bedeutungsvoll im Lebensablauf eines Individuums und einer Art sein. So ist es wohl angebracht die THIENEMANNsche Bezeichnung stenotop-heterocoen zu untergliedern und damit anzugeben, ob die Angehörigen einer Art im Laufe ihrer Ontogenese nur von einer Merozönose zur anderen überwechseln, oder aber zwischen Choriozönosen, Stratozönosen oder noch höheren Gesellschaftsstufen migrieren. Man sollte also zwischen Arten unterscheiden, die stenotop-heteromerocoen, stenotop-heterochoriocoen, stenotop-heterostratocoen oder stenotop-heterobiocoen sind.

Die einzelnen Entwicklungsstadien einer Art, die verschiedenen Gesellschaftseinheiten angehören, sind bei der biozönologischen Erfassung wie verschiedene Arten zu behandeln. So wäre für jedes Stadium anzugeben (genau so, wie es oben für die Kennzeichnung der Arten vorgeschlagen wurde), wie weit sein gesellschaftlicher Aktionsradius reicht, ob es also stenomerocoenos ist, eurymerocoenos-stenochoriocoenos, eurychoriocoenos-stenostratocoenos usw. Jedes Stadium einer Art kann eine andere Anpassungsbreite haben, spezielle oder weniger spezielle Ansprüche an die Umwelt stellen, stenök oder euryök sein. So wäre es theoretisch möglich, daß eine Insektenart im Larvenstadium als stenomerocoenos zu bezeichnen ist, als Imago aber ubiquitär lebt, oder umgekehrt.

Beispiele für den Zönosenwechsel einer Art parallel zu den unterschiedlichen Umweltsansprüchen der einzelnen Entwicklungsstadien sind bei allen fließgewässer-bewohnenden Tiergruppen zu finden (Abb. 2): Die Bachforelle *Salmo trutta* lebt als erwachsenes Tier meist unterhalb von Stromschnellen, sie gehört also zum Eurheon. Zur Laichablage wandert sie bachaufwärts, oft bis an die oberen Grenzen ihres möglichen Lebensraumes. Dort machen die Eier ihre Entwicklung im flachen Wasser zwischen Kies und Steinen durch, gehören also dem Interlithon an. Die Jungtiere aber lassen sich abtreiben und wachsen schließlich in lenitischen Bereichen heran. Auch der Lachs *Salmo salar* besiedelt je nach Lebensalter verschiedene Zönotope. Die Eier und Jungfische leben ebenso wie die der Forelle im Interlithal, die älteren Tiere während des Sommers in Stromschnellen und im Winter in tieferen lenitischen Bereichen. Nach dem 3. Lebensjahr erfolgt ein ganz wesentlicher Wechsel von einer Biocoenosis zur anderen, nämlich die Abwanderung zum Meer. Das Neunauge *Lampetra planeri* lebt in der Jugend im Sandboden der Bäche und später zwischen den Steinen; es wechselt also im Laufe seiner Entwicklung zwischen den Choriozönosen Psammon und Interlithon.

Bei den Wasserinsekten, die als Larven meist Choriozönosen des Benthal angehören, ist dieser Zönosenwechsel noch viel ausgeprägter. Imagines und Larvenstadien gehören häufig zwei völlig andersartigen Lebensbereichen an. Nicht einmal die im Wasser lebenden Larvenstadien verharren vom Schlüpfen aus dem Ei bis zur Metamorphose in ein und derselben Zönose. Die Imagines mancher Chironomidae-Species legen ihre Eier in der Nähe des Gewässers auf dem Lande ab. Diese werden vom

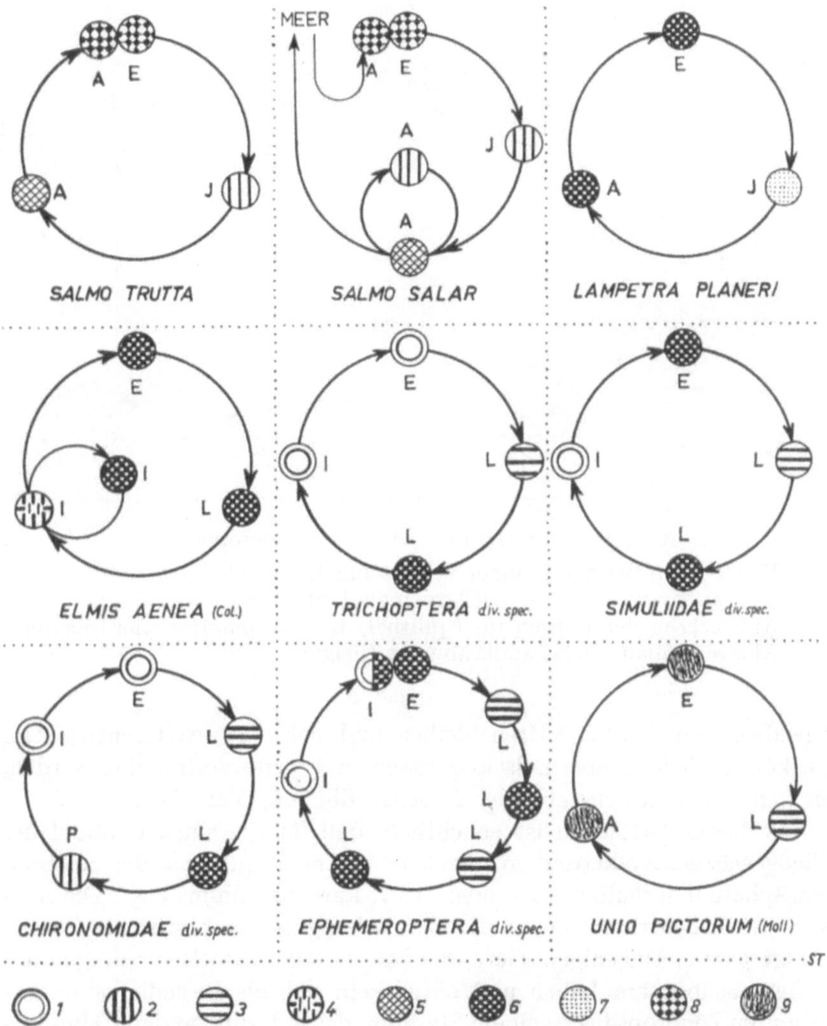

Abb. 2. Zönosewechsel-Schemata von Fließgewässerbewohnern.
1 = Biotope außerhalb des Wassers, 2 = lenitische Fließgewässerbereiche,
3 = im fließenden Wasser passiv als Drift verfrachtet (Tychoplankton),
4 = in Pflanzenbeständen (Interphytal), 5 = in Stromschnellen (Eurheal),
6 = auf Steinen (Epilithal), 7 = im Sandgrund (Psammal), 8 = zwischen
Steinen und Kies (Interlithal), 9 = im Schlamm (Pelal); E = Ei, J = Jungtier,
A = Adultes Tier, L = Larve, I = Imago.

nächsten Regen oder Hochwasser weggeschwemmt und als Angehörige
der Drift bachabwärts geführt bis sie zufällig an Steinen hängen bleiben,
wo die Larven als Angehörige des Epilithon ihre Weiterentwicklung
durchmachen. Die Puppen dieser Arten findet man später meist in anderen
Stratozönosen und zwar in lenitischen Bereichen; die Imagines schließlich
sind Lufttiere. Ähnlich verlaufen Entwicklung und Zönosenwechsel bei
den Ephemeroptera. Die Imagines der meisten Arten legen ihre Eier im
Wasser an stark umströmten Steinen ab, also an eng umgrenzten Merotopen des Epilithal. Beim Schlüpfen werden die Eilarven vom Wasser
mitgerissen und wandern passiv als Drift bachabwärts, bis sie wieder an

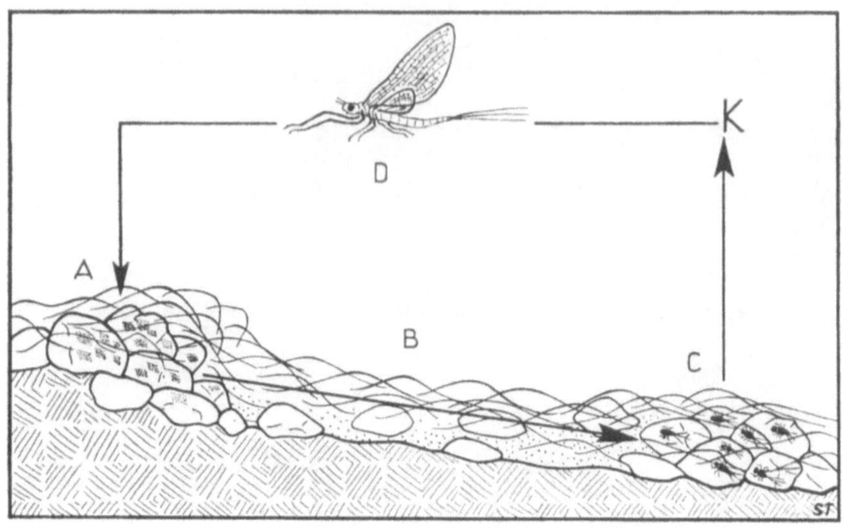

Abb. 3. Siedlungskreislauf der Ephemeroptera.
A = Eigelege auf Steinen in einer Stromschnelle,
B = passive Abwanderung der Eilarven als Drift,
C = Aufwachsen der Larven im Epilithal, K = Kopulation oder Imagines,
D = Aktive Flußaufwärtswanderung der Imagines.

irgendwelchen Steinen haften bleiben und sich dort weiterentwickeln. Sie können jedoch abermals losgerissen und weiterverfrachtet werden, bis sich vielleicht neue günstige Lebensbedingungen ergeben.

Aus diesen Tatsachen ist ersichtlich, daß für die einen Großteil der Fließgewässerbevölkerung ausmachenden Insektenlarven die Ausbreitungsphase innerhalb des Ei- oder des 1. Larvenstadiums liegt. Die Auswahl des Lebensraumes bzw. die Einnischung in eine bestimmte Zönose erfolgt passiv. Diejenigen Tiere, die zufällig adäquate Bedingungen antreffen, bleiben am Leben und entwickeln sich als Besiedler eines bestimmten Zönotops bis zu einem Stadium, das aufgrund anderer Umweltansprüche wieder aus diesem ausscheidet. Das Abgetriebenwerden der Junglarven der Insekten als Fließgewässer-Drift wurde eingehend erstmals von K. MÜLLER (1954) beschrieben und unter Einbeziehung der Beobachtungen von ULMER (1927) und SCHÖNEMUND (1930) über das Bachaufwärtswandern der Imagines als ein Teil eines Besiedlungskreislaufes erkannt. Dieses Phänomen ist am besten bei verschiedenen Arten der Ephemeroptera bekannt geworden (Abb. 3): Nur durch die Verdriftung der Junglarven, die aus den oft Tausenden von Eiern schlüpfen, die an eng begrenzten Merotopen im Epilithal abgelegt worden waren, können alle heranwachsenden Tiere der Art Lebensmöglichkeiten finden. Andererseits geht mit der ja stets bachabwärts erfolgenden Verdriftung der Junglarven und Larven von Generation zu Generation Lebensraum verloren. Die Monozönose der Art ist im Fließgewässerlauf eben entsprechend den Umweltsansprüchen der Larven auf einen bestimmten Abschnitt beschränkt. Der Gebietsverlust aber wird wieder kompensiert durch die regelmäßige Bachaufwärtswanderung der Imagines.

Mit diesen Darlegungen ergibt sich, daß die Fließgewässer-Zoozönosen sehr dynamische Vergesellschaftungen darstellen. Zwar sind auch Phytozönosen nicht als völlig statisch zu bezeichnen, aber gegenüber den tierischen Lebensvereinen zeichnen sie sich zeitlich gesehen doch durch eine relativ größere Konstanz nicht nur ihrer artlichen sondern auch ihrer individualen Zusammensetzung aus. Eine tierische Rheozönose gleich welcher Rangstufe ist in ständigem Aufbau begriffen im Hinblick auf den Abgang und Zugang der zugehörigen Einzelarten. Entsprechend ihrer Generationsfolge müssen sich die heterozönen Arten von Monat zu Monat, oder von Jahr zu Jahr, oder auch alle zwei bis drei Jahre erneut in ihre Lebensgemeinschaft einfügen.

Rückblickend kann noch einmal hervorgehoben werden, daß es unter den tierischen Mitgliedern der Rheobiozönosen wie bei denen der terrestrischen Lebensgemeinschaften eurytope und stenotope Arten gibt. Bei den zur Charakterisierung der Zönosen wichtigen stenotopen Vertretern jedoch muß unterschieden werden zwischen stenotop-homocoenen und stenotop-heterocoenen. Zu den stenotop-homocoenen Fließgewässerbesiedlern, die also während ihrer Individualentwicklung keine Zönosenwechsel vollziehen, zählen z.B. Arten der Turbellaria, Mollusca, Hydracarina und Coleoptera: Elminthidae. Zu den stenotop-heterocoenen zählen Arten der Mollusca und Pisces, die in Verbindung mit Laichablage und erster Postembryonalentwicklung interzönotische Wanderungen ausführen, so wie die meisten Wasserinsekten, die parallel zur Entwicklung der verschiedenen Metamorphosestadien von einer Zönose in die andere überwechseln oder sogar die Biosphären Wasser und Luft vertauschen.

So ist festzustellen, daß viele Tierarten nur in einem bestimmten Entwicklungsstadium den einzelnen Mero-, Chorio-, Strato- oder Biozönose-Typen der Fließgewässer angehören. Darum sollten bei der Beschreibung und Typisierung von Rheozönosen gleich welcher Rangstufe nicht allein die einzelnen Species angegeben werden, sondern man sollte immer hinzufügen, in welchem Stadium ihrer Individualentwicklung sie in dieser bestimmten Zönose auftreten.

Eine Rheozönose ist eine konstante Vergesellschaftungsform wie viele andere Lebensvereine auch. Der spezifische Mitgliederbestand eines jeden Rheozönose-Typus innerhalb eines engeren biogeographischen Bereichs erscheint in mehrjähriger Betrachtung bei gleichbleibenden Umweltsverhältnissen immer unverändert. Bei kurzfristigen Kontrollen ergibt sich jedoch, daß der Mitgliederbestand einer Zönose sowohl quantitativ als auch qualitativ niemals genau derselbe ist. Die zu bestimmten Jahreszeiten ausscheidenden Individuen einer Art müssen von anderen jüngeren wieder ersetzt und damit der Artenbestand immer wieder von neuem einreguliert werden. Zwar trifft diese Situation im Prinzip auch für terrestrische Zönosen zu, sowohl was ihre pflanzlichen als auch ihre tierischen Mitglieder anbelangt, bei den Rheozönosen jedoch erscheint dieser Wechsel im Verhältnis als viel dynamischer. Bei geringen Abweichungen z.B. des jährlichen Klimaablaufes kann eine Rheozönose ob des kurzfristigen Austausches ihres Individuen- und Artenbestandes für kürzere oder längere Zeitspannen auch qualitativen Veränderungen unterliegen. Sei es, daß z.B. die luftlebenden Imagines einer Ephemeroptera-Species infolge extremer Witterungsverhältnisse in einem Jahr nicht zur Paarung und Eiablage gelangten, oder daß die wasserlebenden Larven gerade dieser Art durch winterliche Grundeisbildung vernichtet wurden. Aus den gleichen Gründen der Dynamik aber auch können solche quantitativen und qualitativen Zönose-Änderungen wieder einreguliert werden. Retardierte Schlupfzeiten, wie sie von ILLIES (1959) für bestimmte Ephemeroptera-Species nachgewiesen worden sind, zielen ebenfalls auf eine qualitative Bestandserhaltung der Zönose hin. Durch das sich über einen längeren Zeitraum hinziehende Schlüpfen der Junglarven einer Art, bleibt diese ihrer Biozönose erhalten, auch wenn durch widrige Umwelteinflüsse die Nachkommenschaft zu einer bestimmten Zeit vernichtet worden sein sollte.

Das Fehlen einer bestimmten Art in einer Zönose, in der sie nach Befunden in anderen benachbarten oder wenigstens solchen desselben engeren biogeographischen Bereichs vorkommen müßte, kann andererseits von paläogeographischen oder ethologisch-biozönotischen Faktoren bestimmt sein. Verbreitungsbarrieren können das Eindringen und Auftreten verhindert haben, wie es z.B. THIENEMANN (1906, 1934) für *Dugesia gonocephala* nachwies, die in den Bächen der Insel Rügen vollkommen fehlt, in der entsprechenden Zönose der benachbarten Festlandsbäche aber vorkommt. Weiterhin können für das Auftreten oder Fehlen einer Art in einer bestimmten Zönose Konkurrenz- und Zufallsfaktoren eine Rolle spielen. Die zuerst eingedrungene Art kann sich ungehindert vermehren, eine andere in einem bestimmten Jahr ausnahmsweise durch abweichende Witterungsverhältnisse in ihrer Entwicklung gehemmte Art kann sich später nicht mehr in diesen Gesellschaftsrahmen einpassen. An anderer Stelle, an die die 1. Art nicht hingelangt ist, mag sie dagegen denselben Biotop-Typus durchaus besiedeln, oder in einem normalen Jahr durchaus mit der 1. konkurrieren können.

Abschließend kann festgestellt werden, daß die niederen und höheren Gesellschaftseinheiten der Fließgewässer, die Mero-, Chorio-, Strato- und Biozönosen aufgrund des Gleichbleibens ihres artlichen Aufbaues konstante Erscheinungsformen sind wie andere Vergesellschaftungen auch, daß sie sich aber aufgrund ihrer größeren Siedlungsdynamik von manchen terrestrischen Zoozönosen und von den meisten Phytozönosen unterscheiden. Am ehesten noch scheinen sie pflanzlichen Ruderalgesellschaften mit ihren überwiegend annuellen Mitgliedern zu ähneln, wie sie sich primär im Überschwemmungsbereich von Flüssen und sekundär auf Kulturland, Wegrändern und Schuttplätzen finden.

Innerhalb der Grenzen eines bestimmten biogeographischen Bereiches kann jeder Rheozönose-Typus gleich welcher Rangstufe auf zweierlei Weise charakterisiert werden:

1. Durch Angabe derjenigen stenotop-homocoenen Species und derjenigen Entwicklungsstadien stenotop-heterocoener Species, deren Monotop-Umfang genau mit dem Zönotop-Umfang der zu charakterisierenden Zönose kongruent ist.

2. Durch Angabe derjenigen nach Punkt 1 definierten Zönose-Typen der nächstniedrigen biozönotischen Rangstufe, die ausschließlich in der zu

charakterisierenden Zönose auftreten und deren Grenzen nirgends überschreiten.

8. RHEOBIOZÖNOSEN-LITERATUR, NACHTRAG 1959–1964

Die sieben vorangegangen Abschnitte dieses Aufsatzes sind in ihren
überwiegenden Teilen vom Verfasser in einem Referat anläßlich des 1.
Internationalen Symposions für Biosoziologie, Stolzenau 1960, vorgetragen worden. Seitdem sind nun mehr als vier Jahre vergangen, während
derer nicht wenige Arbeiten erschienen sind, in denen ebenfalls Fragen
der Fließgewässer-Biozönotik behandelt werden, oder die ihrer allgemein-
synökologischen Darlegungen wegen für das Verständnis der gesellschaft-
lichen Beziehungen zwischen den pflanzlichen und tierischen Mitgliedern
der Rheozönosen von Bedeutung sind. Besonders zu erwähnen sind die
Tagungsberichte von vier anderen Kongressen oder Symposien, die
ebenfalls ganz oder teilweise dem hier diskutierten Problemkreis gewidmet waren. Um den vorliegenden Aufsatz mit dem derzeitigen Kenntnis-
und Erkenntnisstand der Biozönologie in Einklang zu bringen, sollen hier
die mir bekannt gewordenen und wesentlich erscheinenden Publikationen
noch besprochen und die hinzugekommenen Referenzen in das alte
Literaturverzeichnis eingefügt werden.

Von den Vorträgen zum „Symposion on the classification of brackish
waters, Venedig 1958" möchte ich hier diejenigen von CASPERS (1959),
REMANE (1959), SEGERSTRÅLE (1959) und SCHMITZ (1959) erwähnen. Sie
alle beschäftigen sich mit der Klassifizierung von Brackgewässern aufgrund von Untersuchungen über das Vorkommen verschiedener Pflanzen-
und Tierarten bei unterschiedlichen Versalzungsgraden. Nach Überein-
kunft der Symposionsteilnehmer wurde im Rahmen des „Venedig-Systems
zur Klassifizierung der Salzgewässer" der Brackwasserbereich als Mixohalinikum bezeichnet. Entsprechend einer Salinität von 0,5–5%, 5–18%,
und 18–30% wurde er weiterhin in die mixo-oligohaline, die mixo-
mesohaline und die mixo-polyhaline Zone unterteilt. Für diese verschiedenen Salzgehaltszonen beschreibt CASPERS (1959) unterschiedliche
Lebensvereine von Planktonorganismen und von sedentären Tieren.
Generell scheint das Mixohalinikum im Mündungsgebiet der großen
Flüsse zumindest Nordwesteuropas mit dem zuvor als Kaulbarsch-
Flunder-Zone bezeichneten untersten Fließgewässer-Abschnitt überein-
zustimmen. Hierauf wurde nicht speziell eingegangen. Ebenso wurde
keine endgültige biozönotische Einteilung binnenländischer Salzgewässer
vorgelegt.

Im Schlußwort zum „Kolloquium über Biozönose-Fragen, Freiburg
1959" trug FRIEDERICHS (1960) einige auch für die limnosoziologische
Forschung wichtige Anschauungen vor, die zum Teil auf seinen früheren
Arbeiten und Ausführungen (1927, 1930, 1950, 1957) zu synökologischen
Fragestellungen gründeten. Gegen die Auffassung von SCHWENKE (1960)
tritt er wiederum ein für die Anwendung des Begriffes Holocoen „als
Zusammenfassung von allem, was – lebend oder nichtlebend – auf gemein-
samen, abgegrenzten Raum (einem Landschaftsteil) ein Gesamtsystem

bildet", nämlich von Biocoenosis plus Biotopos, bzw. von Biocoen plus Abiocoen.

Vom Standpunkt der Autökologie ausgehend, daß ein Tier zum Dasein eine Minimalumwelt benötigt, die nicht auf einen bestimmten Landschafts- oder Geländetypus beschränkt zu sein brauche, und daß daher der Begriff Biotop nichts über die ökologische Situation eines Tieres aussage, forderte PEUS (1954) die Auflösung der synökologischen Termini Biotopos und Biocoenosis. Hiergegen erheben sowohl FRIEDERICHS (1960) als auch ILLIES (1960) Einspruch, der eine gestützt auf allgemeine ökologische Überlegungen, der andere unter Heranziehung von Untersuchungsergebnissen über das biozönotische Gefüge der Fließgewässer-Bewohner. Aufgrund anderer autökologischer Studien waren auch BACMEISTER (1943), STRENZKE (1951, 1952, 1964) und ANDREWARTHA & BIRCH (1954) zu ähnlichen Anschauungen wie PEUS gekommen. Durch die Ausführungen von VITÉ (1950) und von FRIEDERICHS (1957) hätten die Unterschiede zwischen dem autökologisch definierten spezifischen Lebensraum eines Individuums oder einer Art, dem Monotopos, und dem synökologisch definierten gemeinsamen Lebensraum eines Lebensvereins oder Coenosis, dem Coenotopos, bereits klargestellt worden sein sollen. Mit einer ausführlichen Besprechung dieses Problemkreises in seiner „Autökologie. Die Beziehungen zwischen Tier und Umwelt" dürfte aber nunmehr SCHWERDTFEGER (1963), der auch noch einmal die Gedankengänge von PEUS und STRENZKE erörtert, endgültig Ordnung geschaffen haben.

Aus den Darlegungen von FRIEDERICHS (1960) ist noch ein weiterer Punkt zu erörtern, nämlich die Frage der Zusammenarbeit von Botanik und Zoologie auf synökologischem Gebiet. Sieht man ab von den Ergebnissen der Planktonforschung so wie von allgemeinen Erörterungen und Angaben in Lehrbüchern und Übersichtsdarstellungen, so kann man keinesfalls sagen, daß eine Klage über mangelnde botanisch-zoologische Zusammenarbeit auf limnologischer Ebene unberechtigt sei. Wie schon weiter oben hervorgehoben worden ist, fehlen zumindest für die Fließgewässerbiozönosen gezielte koordinierte Untersuchungen, die pflanzliche und tierische Siedler gleicherweise berücksichtigen und in ein gemeinsames soziologisches System einordnen, noch völlig. Dagegen gibt es auf terrestrischem Gebiet umfassende synökologische Arbeiten, wie z.B. die von TISCHLER (1948) und in jüngster Zeit wieder eine von RABELER (1962), in denen Tiere verschiedenster Verwandschaftsgruppen phytosoziologischen Einheiten zugeordnet werden.

Von den anläßlich des Internationalen Limnologenkongresses in Wien 1959 gehaltenen Vorträgen sind für die Erörterung der Biozönose-Fragen in Fließgewässern vor allem die von SCHMITZ (1961) und MACAN (1961) sehr wichtig. Ähnlich wie BUTCHER (1933) in England untersuchte auch SCHMITZ (1961) die Makrophyten-Besiedlung eines kalkreichen Mittelgebirgsbaches. Im Vergleich mit den Assoziationslisten von TÜXEN (1937) handelt es sich bei beiden Aufnahmen um Bestände des Glycerieto-Sparganietum neglecti, die vor allem für langsam fließende Bäche im niederen Hügelland charakteristisch sind. Über die biozönologische Zugehörigkeit dieser Phytoassoziation werden keine Angaben gemacht, doch dürfte sie wahrscheinlich der *Thymallus thymallus*-Biozönose einzugliedern sein. Nach Untersuchungen in der Fulda konnte SCHMITZ auch für das Auftreten bestimmter Mikrophytengesellschaften eine soziologische Zonation im Längsverlauf des Fließgewässers nachweisen.

Bei der soziologischen Erfassung der Diatomeen ergab sich, daß deren hoher Abundanz wegen regelmäßige Aufsammlungen im Jahreszyklus erforderlich sind. Berücksichtigt man die Abundanz der einzelnen Arten und damit den Aspektwechsel der einzelnen Gesellschaften, so zeichnen sich für verschiedene Artengruppen unterschiedliche Verbreitungsschwerpunkte im Fließgewässerlauf ab. Bezüglich der Soziologie und Ökologie des fluviatilen Phytoplanktons unterscheidet SCHMITZ (1961) im Fließgewässerlauf einen aplanktischen Abschnitt, einen tychoplanktischen und einen euplanktischen. Der aplanktische entspricht etwa dem Epi- und Metarhithron, der tychoplanktische dem Hyporhithron und der euplanktische dem Potamon. Im tychoplanktischen Bereich wird die Planktondichte und Artenzusammensetzung weitgehend durch die benthische Besiedlung bestimmt, aus der dieses Driftplankton hervorgeht. Erst im euplanktischen Abschnitt setzt eine merkliche Vermehrung eines Teils der driftenden Phytoplankter ein. „Im Fluß erkennen wir daher in Fließrichtung eine Tendenz zur Zunahme der Planktondichte" (SCHMITZ 1961).

Nach Diskussion vor allem der Untersuchungsergebnisse von BERG (1948), DITTMAR, (1955a), ILLIES (1952, 1953, 1955), MARLIER (1951) und SCHMITZ (1955, 1957) kommt MACAN (1961) zu dem Schluß, daß die bisher vorliegenden Daten nicht ausreichen um in Fließgewässern Biozönosen gegeneinander abzugrenzen. Er gibt weiterhin zu bedenken, ob nicht die von MARLIER hervorgehobenen größeren Fortschritte im Erkenntnisstand der Phytosoziologie gegenüber dem der Zoosoziologie auf einem grundsätzlichem Unterschied in der Ökologie der Pflanzen und Tiere beruhen. Richtig an dieser Ansicht mag sein, daß die Verbreitung der Pflanzen im allgemeinen von weit weniger Faktoren bestimmt wird als die der Tiere, und eine solche geringere ökologische Verknüpfung wäre darum leichter den wissenschaftlichen Untersuchungsmethoden zugänglich. Doch dürfte das nicht zu der Annahme verleiten, daß es zwar Phytozönosen gibt, aber keine Zoozönosen. Eine weitere Vorstellung MACANS erscheint anfechtbar, nämlich daß in der Phytosoziologie einer der wichtigsten, wenn nicht sogar der wichtigste Faktor, die Beschaffenheit der dominierenden Art sei, und daß es nichts der vorherrschenden Pflanzenart Vergleichbares in Tiergesellschaften gäbe. Dem kann Verschiedenes entgegenhalten werden: In den Pflanzengesellschaften spielen einerseits die dominierenden Arten (nicht Art, wie MACAN vermerkt) weder als hervortretende Lichtbeanspruchter noch sonstwie eine so übermäßig wichtige gesellschaftsregulierende Rolle. Andererseits wirken sich in jeder Lebensgemeinschaft, im tierischen Anteil genau so wie im pflanzlichen, die individuenmäßig oder körpergrößenmäßig hervortretenden Arten konkurrierend und limitierend für andere aus, die potentiell dieselben ökologischen Nischen einzunehmen vermöchten. Ebenso wie Pflanzen für das Vorkommen von Tierarten regulierend wirken können indem sie als Futterpflanzen an dieser Lebensstätte auftreten, an einer anderen aber nicht, so können auch viele Pflanzen nur dort dauernd einer Biozönose angehören, wo die geeigneten Insekten vorhanden sind, die die Befruchtung ihrer Blüten vollziehen. Die Vorstellungen MACANS scheinen von autökologischen Untersuchungen auszugehen. Autökologische Untersuchungen jedoch, die meist nur die die Verbreitung einer Species limitierenden abiotischen Faktoren berücksichtigen, vermögen nur den potentiellen Monotopos derselben zu umgrenzen. Da in der Natur aber nicht nur abiotische Faktoren wirksam sind, sondern auch biotische, da also für das Vorkommen einer Art auch das Vorhandensein der der Ernährung dienenden Produzenten wesentlich ist und daneben das der Konkurrenten und das der dieser Art etwa nachstellenden Konsumenten, sieht ihr definitiver Monotopos ganz anders aus. Aber erst das mehr oder weniger genaue flächenmäßige oder räumliche Übereinstimmen definitiver Monotope und damit der Monozönosen verschiedener Species ergibt das, was uns tatsächlich in der Natur begegnet, die Lebensgemeinschaften oder Biozönosen mit ihren soziologischen Teilgliedern. Prinzipiell stimmen darin die Lebensvereine der Pflanzen und Tiere überein.

Anläßlich des Symposions über den „Einfluß der Strömungsgeschwindigkeit auf die Organismen des Wassers, Kastanienbaum (Luzern) 1961" wurde nicht nur die autökologische sondern auch die synökologische Bedeutung dieses Faktors diskutiert. Besonders in den Arbeiten von AMBÜHL (1962), HUËT (1962), ILLIES (1962), MACAN (1962), PLESKOT (1962), und SHADIN (1962) kommt zum Ausdruck, auf welche Weise die Strömungsgeschwindigkeit im Zusammenhang mit anderen abiotischen Faktoren so wie mit biotischen auf das Artenspektrum der einzelnen Rheobiozönosen einwirkt und wie sie außerdem die Verteilung und Verschiebung der verschiedenen Rheobiotope und ihrer Teilbezirke im Fließgewässer bedingt. Beim Vergleich der Ausführungen verschiedener Autoren ist zu beachten für welche Zönose-Stufe sie das Begriffspaar Biotopos-Biocoenosis verwenden. So spricht z.B. auch SHADIN (1962) wie schon in früheren Arbeiten wieder von Psammorheobiozönosen, Argillorheobiozönosen etc. und meint damit Assoziationseinheiten, die nach meinen obigen Darlegungen als Choriozönosen zu bezeichnen wären. Als weitere neuere Arbeiten, die die Strömungsgeschwindigkeit in ihrer Wirkung auf die Ökologie und Ethologie der Fließgewässerbewohner behandeln, sind die von BOURNAUD (1963) und ZIMMERMANN (1962) zu nennen.

Von den Arbeiten, die in der Zwischenzeit außerhalb von Symposien erschienen sind und zur Beurteilung des Problemkreises Limnosoziologie beitragen, sollen nur noch einige wenige angeführt werden: ROSS (1963) weist auf evolutive Zusammenhänge in der Verbreitung von Rheobiozönosen und terrestrischen Biozönosen des Laubwaldes im östlichen Nordamerika hin. Gebirgsbachbewohner unter den Trichoptera treten nur in denjenigen Gegenden auf, die dem Biom des temperierten Laubwaldes angehören, die die großen Ströme besiedelnden dagegen sind in mehreren verschiedenartigen Biomen verbreitet. Aus dieser biogeographischen Korrelation schließt ROSS, daß die Biozönosen der Fließgewässer im wesentlichen dieselbe Entwicklungsgeschichte durchlaufen haben wie die terrestrischen ihrer Umgebung. Zu ähnlichen Ergebnissen wie ROSS bin ich bei meinen biozönologisch-evolutiven Untersuchungen an den Species der Dryopidae-Subgenera *Dryops* und *Yrdops* gekommen

(STEFFAN 1961a, 1962b). Ich konnte nachweisen, daß innerhalb jedes dieser Subgenera die plesiomorphen Species anderen Biozönosen angehören als die apomorphen, und daß die Biozönosen, in denen die plesiöken Species zu finden sind, anderen Biomen der biogeographischen Subregion Europa angehören als die apoöken. Hierbei laufen biozönologische Trends parallel zu den evolutiven, und zwar derart, daß die plesiomorphen Species beider Subgenera am Rande großer Gewässer des südlichen Mitteleuropa und Südeuropas leben, die mehr apomorphen des einen Trends aber den Biozönosen immer kühlerer Fließgewässer-Bereiche angehören und damit schrittweise den Biomen immer höherer Gebirgsregionen, die mehr apomorphen des anderen Trends dagegen mehr und mehr Spezialbiozönosen stehender Gewässer und mit diesen immer weiter den Biomen nördlicher Breiten.

Auch in meinen Arbeiten zur Klärung der Stammes- und Siedlungsgeschichte von Blattlausarten (Homoptera: Adelgidae) (STEFAN 1961c, 1961d, 1962a, 1962c, 1963), bin ich den Fragen biozönotischer Beziehungen zwischen pflanzlichen und tierischen Biozönose-Angehörigen und der Entwicklungs- und Wandergeschichte dieser Biozönosen vom Tertiär über die Diluvial- bis zur Alluvialzeit nachgegangen. So konnte wahrscheinlich gemacht werden, daß die holozyklisch-diözische Species *Sacchiphantes viridis*, deren Generationen regelmäßig zwischen *Picea abies* und *Larix decidua* migrieren, nur in solchen Refugien die Eiszeiten Europas überdauert haben, in denen ihre beiden Wirtspflanzen nebeneinander in demselben Biotop vorkamen, daß aber die anholozyklisch-monözische Species *Sacchiphantes abietis* in einem Gebiet entstanden ist, in dem die ursprüngliche Biozönose verarmte, wo also die Lärche ausstarb und nur die Fichte weitergedeihen konnte. In einem weiteren Rahmen erörtert ROSS (1962) diese Probleme der Evolution der Lebensgemeinschaften, ihrer gegenseitigen Beziehungen und des Wandels der spezifischen Assoziationen in seinem Buch ,,A synthesis of evolutionary theory''.

Ein weiteres Buch, in dem synökologisch Pflanzen und Tiere als Biozönose-Mitglieder behandelt werden, ist die ,,Einführung in die Biogeographie von Mitteleuropa'' aus der Feder des Botanikers H. FREITAG (1962). Unter Zugrundelegung des phytosoziologischen Systems werden darin die wichtigsten Biozönosen Deutschlands besprochen. Allerdings erscheint vom zoosoziologischen Standpunkt aus unbefriedigend, daß für die einzelnen Lebensgemeinschaften nur eine nicht immer charakteristische Anzahl von Tierarten aufgezählt wird ohne deren biozönotische Verknüpfung näher zu erörtern. Die Behandlung der Rheobiozönosen ist in diesem Rahmen noch weniger vollkommen. Auch in der neuesten Auflage des ,,Grundriss der Limnologie'' von RUTTNER (1962) werden die Lebensgemeinschaften der Fließgewässer nur am Rande behandelt, in erster Linie gestützt auf ältere Arbeiten und die Publikationen von AMBÜHL (1959), ILLIES (1952, 1961), PLESKOT (1949, 1951, 1953) und SCHMITZ (1957, 1961).

Wichtige Grundlagen für die weitere Erforschung soziologischer Gesetzmäßigkeiten, auch für die der biozönotischen Beziehungen zwischen pflanzlichen und tierischen Mitgliedern von Fließgewässer-Biozönosen,

werden die beiden folgenden Werke abgeben: Das eine, ,,Pflanzensoziologie. Grundzüge der Vegetationskunde" von BRAUN-BLANQUET (1964),
gibt nicht nur einen guten Überblick über die Rheophytozönosen,
sondern gewährt auch einen Einblick in die Zusammenhänge von
Phytosoziologie und Zoosoziologie. Das andere, ,,Ökologie der Tiere.
Autökologie" von SCHWERDTFEGER (1963), berücksichtigt zwar entsprechend dem Arbeitsgebiet des Verfassers weit mehr die Umweltsbeziehungen terrestrischer Tiere, doch dürfte auch die Biozönologie der
Fließgewässer viele wertvolle Anregungen daraus entnehmen können.
Vor allem mag es dazu beitragen, daß man sich auch in der hydrosoziologischen Forschung mehr noch als bisher dem allgemeinen ökologischen
Begriffssystem anschließt. Das gilt besonders auch für die in vorangegangenen Abschnitten für die Fließgewässer-Forschung vorgeschlagene
Übernahme der Biozönosen-Gliederung in Stratozönosen, Choriozönosen
und Merozönosen. Zu diesem Problem der Fließgewässergliederung und
-klassifizierung geben auch die Arbeiten von ILLIES (1961a, 1961b, 1961c)
und von ILLIES & BOTOSANEANU (1963) neue Anregungen. Sie werden im
nächsten Abschnitt besonders behandelt.

9. ZUR GLIEDERUNG UND KLASSIFIZIERUNG DER FLIESSGEWÄSSER

Betrachtet und vergleicht man die vielen botanischen und zoologischen
Untersuchungen, die bereits durchgeführt worden sind, um die Lebewesen
der Fließgewässer und ihre Beziehungssysteme zu erfassen, so wird man
erkennen, daß die ökologischen Darstellungs- und Klassifizierungsmethoden der einzelnen Autoren oft stark voneinander abweichen.
Dabei erhebt sich die Frage, ob alle seitherigen Gliederungsversuche
tatsächlich natürlichen Ordnungsprinzipien entsprechen, oder ob manchen
nur beschreibender Wert beigemessen werden kann. Eine genaue Durchsicht ergibt, daß viele Arbeiten, gleichgültig ob sie die Fließgewässer als
Ganzheiten, die einzelnen Zonen oder die Substratverhältnisse als Einteilungsmaßstab berücksichtigen, rein idiographischer Natur sind, auch
wenn sie vorgeben biozönotische Probleme anzugehen oder nach soziologischen Gesichtpunkten zu gliedern. Die dabei gebrauchten Termini entstammen meist verschiedenartigen Ordnungsprinzipien und werden oft
in buntem Wechsel nebeneinander und füreinander eingesetzt. Soll aber
die gesetzmäßige Vergesellschaftung der Organismen der Fließgewässer-
Lebensräume auf weltweiter Basis geklärt werden, dann ist die Voraussetzung dafür die definitive Klärung der verwendeten Bezeichnungen und
eine weitgehende Vereinheitlichung der Begriffssysteme aller beteiligten
Forschungszweige.

THIENEMANN (1926) und NAUMANN (1927) teilten die limnologische
Forschung in drei Stufen ein, die idiographische, die zönographische und
die limnologische, bzw.: ,,I. Die limnische Idiobiologie. II. Die limnische
Biocoenologie. III. Die gesamte Limnocoenologie." Auf der untersten
Stufe werden die Pflanzen und die Tiere der Gewässer mit besonderer
Rücksicht auf ihr limnisches Vorkommen behandelt, auf der zweiten
Stufe die biozönotischen Verknüpfungen dieser Lebewesen untereinander

und mit ihrem Lebensraum, und auf der letzten vor allem die Gewässertypen und ihre Beziehungen zur Landschaft. Mit diesen im Hinblick auf stehende Gewässer abgefaßten Forschungskategorien werden praktisch auch bereits zwei Klassifizierungssysteme aufgezeigt. Sie finden in der soziologischen Erfassung der Lebensgemeinschaften der Seen und in der Seetypenlehre ihren Niederschlag. Allerdings erfolgt die Anwendung der Klassifizierungssysteme nicht konsequent, soziologische und typologische Prinzipien werden oft nicht klar voneinander geschieden. Diese Kritik gilt noch mehr für die Fließgewässerforschung. In Unkenntnis oder in Vernachlässigung der klassischen limnologischen Arbeiten sind auch bei der Gliederung und Klassifizierung der Fließgewässer Systemüberschneidungen und Begriffsverwechslungen aufgetreten, deren Richtigstellung hier angestrebt werden soll.

Wie bei allen Forschungsrichtungen, so muß auch in der Limnologie unterschieden werden zwischen beschreibender und erklärender Arbeitsweise, zwischen idiographischer und nomothetischer Begriffsbildung. Mit dem Aufstellen von Klassifizierungssystemen wird das in der Natur geschaute oder erkannte auf übergeordnete Prinzipien zurückgeführt. Dabei handelt es sich um ein nomothetisches Vorgehen. Dies kann auf eine funktionelle, eine kausale oder eine typologische Erklärung abzielen und dementsprechend verschiedene Klassifizierungssysteme mit ihren jeweils in mehrere Rangstufen untergliederten und auf jeder Rangstufe mehrfach unterteilten Bezugseinheiten bedingen. Für den hier behandelten Fall der Fließgewässer-Klassifizierung ergeben sich damit ein biozönologisches, ein geobiologisch-historisches und ein typologisches Ordnungssystem.

Eine funktionelle Erklärung für das Vorkommen einzelner Arten an bestimmten Siedlungsorten und in Vergesellschaftung mit bestimmten anderen Arten führt zur Aufstellung des biozönologischen Systems. Es gründet sich auf die Einwirkungsweisen und Abhängigkeitsverhältnisse der Arten untereinander und zu ihrer Umwelt. Allerdings genügt die funktionelle Erklärung (synökologisch) nicht allein um die biozönotische Verbreitung und Vergesellschaftung der Arten zu definieren. Hinzu kommt noch die kausale Erklärung (autökologisch), denn eine Art erfüllt nicht nur bestimmte Funktionen im Gesellschaftssystem, sie wird auch in ihrem Vorkommen von klimatischen und edaphischen Faktoren bedingt und damit ebenfalls auf einen ganz bestimmten Siedlungsbereich beschränkt.

Im biozönologischen System werden die natürlichen Vergesellschaftungen der Pflanzen- und Tierarten aufgezeigt. Oberste Bezugseinheit dieses Systems ist die Biocoenosis in der Definition von Möbius (1877). Eine Biocoenosis ist kein Vergesellschaftungstypus bestimmten Umfanges oder bestimmter Prägung, sondern die ganz bestimmte Vergesellschaftung einer begrenzten Anzahl von bestimmten Pflanzen- und Tierarten. Sie ist einmalig in dieser bestimmten Artenzusammensetzung und tritt nur innerhalb eines umgrenzten geobiologischen Bezirks auf. Im Fließgewässer ebenso wie z.B. im stehenden Gewässer oder im Wald kann eine bestimmte Biozönose in vertikaler Richtung in mehrere Schichtgesellschaften oder Stratozönosen untergliedert sein. Andere einschichtige

Biozönosen und die Stratozönosen mehrschichtiger Biozönosen können in horizontaler Richtung in mehrere Bezirkgesellschaften oder Choriozönosen untergliedert sein. Die Choriozönosen wiederum können in horizontaler und in vertikaler Richtung in kleinste Teilgesellschaften oder Merozönosen zerfallen. Für diese verschiedenen Zönosen oder Kleingesellschaften gilt ebenfalls das bereits für die Biocoenosis Gesagte. Stratozönosen, Choriozönosen und Merozönosen stellen innerhalb einer Biozönose jeweils bestimmte mehr oder weniger große Auswahlgesellschaften bestimmter der Biozönose angehörender Arten dar.

Die Lebensstätte einer Biocoenosis ist nach der Definition von DAHL (1908) der Biotopos. Für die von den Gliedgesellschaften einer Biocoenosis, also einer Stratocoenosis, Choriocoenosis oder Merocoenosis besiedelten Teilbezirke eines Biotopos wären entsprechend die Bezeichnungen Stratotopos, Choriotopos oder Merotopos zu verwenden. Ein Biotopos und ebenso seine Teilbezirke stellen keine Lebensraumtypen bestimmter Ausdehnung oder bestimmter Prägung dar, sondern sie sind die jeweils spezifischen Lebensstätten ganz bestimmter Vergesellschaftungen (bzw. deren Teilgesellschaften) einer begrenzten Anzahl von Pflanzen- und Tierarten.

Am Aufbau einer Biozönose sind im allgemeinen gleicherweise Phytoassoziationen und Zooassoziationen beteiligt. Ob zur Charakterisierung und Abgrenzung einer bestimmten Biozönose vorwiegend pflanzliche oder tierische Lebensvereine herangezogen werden sollen, wird meist zugunsten der ersten beantwortet. So schreibt TISCHLER (1948): „Die terrestrische Biozönotik kann auf den Ergebnissen der Pflanzensoziologie aufbauen, da deren Einheiten Biotopen von bestimmter einheitlicher und gegenüber ihrer Umgebung abgrenzbarer Beschaffenheit entsprechen". Studiert man in diesem Zusammenhang die Auffassungen der Phytosoziologen, so erfährt man einerseits (BRAUN-BLANQUET 1964), daß „die Tiere und tierischen Lebensgemeinschaften so weit als möglich in den festeren Rahmen der Pflanzengesellschaften, die der Tierwelt Schutz und Nahrung bieten, einzugliedern" seien. Andererseits schreibt BRAUN-BLANQUET (1964) über die Beziehungen der Gesellschaftseinheiten des phytosoziologischen Systems zu den Biozönosen: „Sodann fallen die Biozönosen begrifflich als in der Natur gegebene Realitäten mit Einheiten verschiedenster Größenordnung zusammen. Es kann sich um Synusien, Subassoziationen, Varianten, um bestimmte ober- oder unterirdische Schichten, aber auch um Einheiten höherer und höchster Ordnung oder selbst um Gesellschaftskomplexe handeln". MARGALEF (zit. nach BRAUN-BLANQUET 1964) „bezeichnet als Biozönose einen Bach, einen See, und stützt sich sodann zur schärferen Umschreibung der soziologischen Einheiten auf die den See oder Bach bewohnenden Assoziationen, die er der Biozönose einordnet". „MARGALEFs weitgefaßte Biozönosen, ein Bachlauf, ein Tümpel, ein See, bilden Gesellschaftskomplexe, die zahlreiche, auch ökologisch verschiedenartige neben- und durcheinander lebende Assoziationen enthalten".

Aus diesen Mitteilungen ist zu entnehmen, daß primär keine der enger oder weiter gefaßten, tiefer oder höher stehenden Gesellschaftseinheiten des phytosoziologischen Systems mit der von MÖBIUS (1877) und anderen

Zoosoziologen definierten Biocoenosis bzw. derem floristischen Anteil kongruent ist. Von Seiten der Zoosoziologie äußert hierzu TISCHLER (1948, 1950) wiederum: ,,Zur Charakterisierung und Begrenzung der Landbiotope dienen am besten die Ordnungen der Pflanzensoziologie''. ,,Es hat sich nämlich immer wieder gezeigt, daß eine Übereinstimmung zwischen pflanzlichen und tierischen Assoziationen besteht, sofern man nur von wirklich natürlich charakterisierten Biotopen ausgeht. Allerdings entspricht es nicht den Tatsachen, daß jede Pflanzenassoziation ihre besondere Tierwelt hat. Aber niemals wird innerhalb einer einheitlichen Assoziation ein Schnitt liegen, der zwei völlig verschiedene Biozönosen erkennen ließe''. Auch STAMMER (1949) sieht die phytosoziologische Einheit ,,Ordnung'' als die Richtschnur an zur Abgrenzung einer natürlichen Biozönose. RABELER (1937), der die Phytoassoziation als zoosoziologische Richteinheit vorschlägt, wird von CASPERS (1950) entgegen gehalten, daß es ,,schon prinzipiell sehr unwarhscheinlich ist, daß eine Pflanzenassoziation stets eine entsprechende Tiergemeinschaft aufweist''.

Betrachten wir in dieser Hinsicht noch einmal die mitteleuropäischen Fließgewässer-Biozönosen im Vergleich mit den bisher bekannten fluviatilen Phyto- und Zooassoziationen, so ergibt sich folgendes Bild: Im Quellbereich der mitteleuropäischen Flüsse treffen wir die Ordnung der Quellflurgesellschaften oder Montio-Cardaminetalia an mit den beiden Verbänden Cardamino-Montion und Cratoneurion commutati. Der erste Verband läßt sich in die beiden Hauptassoziationen Bryetum schleicheri und Cardaminetum amarae gliedern, von denen die eine für Quellen im offenen Gelände, die andere für schattige Waldquellen charakteristisch ist. In den schneller fließenden Bächen und Flußoberläufen findet sich aus der Ordnung der Laichkrautgesellschaften oder Potametalia vor allem die Hauptassoziation Ranunculetum fluitantis. Weiter als *Ranunculus fluitans*, die Charakterart dieser Gesellschaft, dringt das Fieber-Quellmoos *Fontinalis antipyretica* bachaufwärts vor, und noch weiter die Rotalge *Batrachospermum*. Haftende Algengesellschaften scheinen generell für die Biozönosen- und Choriozönosen-Abgrenzung in den oberen Fließgewässerbereichen einen größeren Wert zu besitzen als die Limnologen ihnen bisher zugedacht haben. So unterscheidet z.B. auch MARGALEF (1955) in fließenden Gewässern Nordspaniens folgende Algengesellschaften: Diatomion) Melosirion, Diploneidion. Auf andere z.B. von BUDDE (1928, 1930, aufgestellte Algengesellschaften und auf die in den größeren Flüssen auftretenden Assoziationen aus der Ordnung der Bachröhrichtgesellschaften oder Phragmitetalia wurde bereits weiter oben hingewiesen. Anhand des wenigen hier Gesagten ergibt sich bereits, daß für die Rheobiozönosen nicht generell, so wie es TISCHLER (1948) für die terrestrischen Biozönosen angegeben hatte, eine phytosoziologische Ordnung zur Abgrenzung herangezogen werden kann. Vielmehr dürfte es einmal eine Ordnung sein, durch die eine Rheobiozönose charakterisiert ist, und ein anderes Mal ein Verband oder eine Assoziation.

Wenn auch die Tiergesellschaften in Fließgewässern ebenso wie im Meer oder auf anderen Dauer-Rohböden in den Vordergrund zu treten scheinen, so sollte doch bei der Biozönosen-Definition auch dem Vorkommen von Phytoassoziationen Rechnung getragen werden. Besonders könnten dabei gerade die für Rohböden typischen Algen- und Moosgesellschaften gute Zeigerdienste leisten. Die Tatsache, daß die meisten Fließgewässertiere zu diesen Pflanzen in keinem direkten Abhängigkeitsverhältnis stehen, darf kein Grund sein ihre Heranziehung zur biozönotischen Gliederung abzulehnen, oder sie gar nur als Kulisse für die Tiergesellschaften zu bezeichnen. Es sollte vielmehr bedacht werden, daß die Phytoassoziationen ebenso wie die Zooassoziationen in demselben ökologischen Bezugssystem zu eben derselben Umwelt stehen. In diesem Sinne bemerkt auch TISCHLER (1950): „Immer wieder zeigen sich letzten Endes Milieubedingungen und Struktur des gesamten Biotops als das Primäre, das für die Auswahl der Organismen verantwortlich ist. Erst in zweiter Linie kommt die Verflechtung zu biozönotischen Konnexen durch biotische Faktoren und die Massenwirkung der Tiere auf die Umwelt hinzu."

Durch die Einbeziehung der pflanzlichen Lebensvereine dürfte das für die mitteleuropäischen Fließgewässer aufgestellte Biozönosen-System, das sich vor allem auf die Fischbesiedlung des Pelagial und die Tiergemeinschaften des Benthal gründet, kaum umgestaltet werden müssen, sondern im Gegenteil noch gefestigt werden. Die von ILLIES (1953) gegebenen Repräsentationskurven des Artengefüges und die Artwechselkurven von SCHMITZ (1957) für die tierische Besiedlung eines deutschen Mittelgebirgsflusses lassen erkennen, daß die „Obere *Salmo-trutta*-Zone", die „Untere *Salmo-trutta*-Zone", die „*Thymallus-thymallus*-Zone" und die „*Barbus-fluviatilis*-Zone" tatsächlich gut gegeneinander abgrenzbare Rheobiozönosen beherbergen. Diese werden nicht nur durch unterschiedliche Artenbestände charakterisiert, sondern auch durch verschiedene Lebensformtypen. Bekannt sind in dieser Hinsicht vor allem die häufig dorsoventral abgeplatteten Sturzbachbewohner. Zu diesen zählen auch die Larven mancher Elminthinae-Species (Coleoptera: Dryopoidea), die noch in anderer Beziehung sehr bemerkenswert sind: So konnte einerseits festgestellt werden, daß jede der mitteleuropäischen Species der Genera *Elmis, Esolus, Oulimnius, Limnius* und *Riolus* mit ihrem für Larva und Imago gleichen Monotopos an einen ganz bestimmten Fließgewässerabschnitt gebunden ist, in dem keine andere kongenerische oder konsubgenerische Art auftritt (STEFFAN 1961b). Zum anderen wurde nachgewiesen, daß die nach Körpermaßen und Gewicht größte Art einer jeden Gattung diejenige Zone des Fließgewässers besiedelt, die durch die kleinste jährliche Temperaturschwankung gekennzeichnet ist. Die nächstkleinere Art jeweils derselben Gattung schließt sich in ihrer biozönotischen Verbreitung in der in Fließrichtung folgenden Zone an, die durch eine etwas größere jährliche Temperaturamplitude charakterisiert ist. Gibt es in einem der erwähnten Genera eine dritte noch kleinere Species, so erstreckt sich deren Monotopos in der Regel über die noch weiter flußabwärts anschließende Zone, die durch eine noch größere jährliche Temperaturamplitude ausgezeichnet ist (STEFFAN 1963, 1964).

Zur Frage der Nomenklatur der Biozönosen nimmt ausführlich CASPERS (1950) Stellung. In der marinen und ebenso in der terrestrischen Zoosoziologie werden Charakterarten und Leitformen zur Charakterisierung und Benennung der einzelnen Gesellschaften herangezogen. Auch in

der Rheobiozönologie werden in Anlehnung an die hergebrachte fischereibiologische Zoneneinteilung der Fließgewässer die Biozönosen stellver-
tretend für die jeweils typische Artenkombination nach einer Charakterart benannt. Wenig günstig erscheint es, daß diese Charakterarten vagil
sind. Vielleicht sollte man besser auf sedentäre oder sessile Pflanzen oder
Tiere des Benthal zurückgreifen und unter diesen Leitformen auswählen.
Darauf wäre später vielleicht ein allgemeines Biozönosen-System aufzubauen mit hierarchischen Gesellschaftseinheiten und Nomenklaturregeln,
so wie es sich in der Phytosoziologie bewährt hat, und wie es für diese
jüngst wieder straff formuliert worden ist (BACH, KUOCH & MOOR 1962).
In ähnlicher Weise schlägt auch CASPERS (1950) vor „eine gewisse Zahl
eine engere Zusammengehörigkeit zeigender Biozönosen als Biozönose-
Familien, größere Verbände als -Ordnungen und weiter als -Klassen"
zusammenzufassen. Auf die Biozönosen der Fließgewässer übertragen,
würde das bedeuten, daß die Quellbiozönosen, die Salmonidae-Biozönosen und die Cyprinidae-Biozönosen in je eine Biozönose-Familie eingeordnet werden müßten. Diese drei Familien könnte man sodann in der
Ordnung der Rheobiozönosen zusammenfassen, und diese wiederum mit
Sumpf-, Moor- und Seen-Biozönose-Ordnungen zur Klasse der Limnobio-
zönosen vereinigen. Ein solches System dürfte jedoch (ungeachtet der
hier gebrauchten typologischen Bezeichnungen) nicht typologisch sein
sondern soziologisch wie das der Phytosoziologie, und wie dieses wäre
sein Geltungsbereich auf einen bestimmten geobiologischen Bezirk begrenzt.

Außer zu einem biozönotischen Ordnungsprinzip kann die kausale
Erklärung des Vorkommens von Pflanzen und Tieren unter bestimmten
klimatischen und edaphischen Verhältnissen und ihres in bestimmter
Weise vergesellschafteten Auftretens auch zu einem geobiologisch-
historischen System führen. Einerzeits wird Auftreten und Verbreitung
einer Art und ebenso einer Gesellschaft bedingt durch die gegenwärtig
herrschenden Umweltbedingungen und andererseits durch die erdge-
schichtliche Entwicklung des engeren und weiteren Lebensraumes.

„Die von sämtlichen Einzelvorkommen einer Gesellschaft eingenommene Fläche" bezeichnet man in der Phytosoziologie als Gesellschaftsareal
(BRAUN-BLANQUET 1964). Betrachtet man anstelle der Pflanzengesellschaft eine aus Pflanzen und Tieren bestehende Lebensgemeinschaft, eine
Biozönose, so umfaßt entsprechend ein Biozönosenareal denjenigen geographischen Bezirk, in dem eine bestimmte Biocoenosis auftritt oder
entsprechend den natürlichen klimatischen und edaphischen Gegeben-
heiten auftreten kann. Vereinigt man die Areale miteinander, die alle
diejenigen Biozönosen bilden, die irgendeiner derjenigen Sukzessionsreihen angehören, die zu einer bestimmten Klimaxgesellschaft hinführen,
so hat man ein Biom vor sich. Im Anschluß nämlich an CLEMENTS &
SHELFORD (1947) definiert TISCHLER (1948) ein Biom als denjenigen
Gesellschaftsbereich, der „sämtliche Lebensgemeinschaften eines Klima-
gebietes, die im Verlaufe der pflanzlichen Sukzession zum gleichen natürlichen Endstadium hinführen", umfaßt.

Als Beispiel sei das Biom des sommergrünen Laubwaldes genannt, wie
es für das mittlere und das nördliche Deutschland typisch ist. Es beginnt

mit bestimmten Ausgangsbiozönosen, entwickelt sich in verschiedenen Sukzessionen über bestimmte Grasflur- und Gebüsch-Biozönosen und endet im Klimaxstadium Buchenwald, Ordnung Fagetalia, Hauptassoziation Fagetum silvaticae. Einen sommergrünen Laubwald gibt es jedoch nicht nur in Europa, sondern z.B. auch in Ostasien und in Nordamerika. Nur mit den Unterschied, daß diese Biome dort nicht von denselben Biozönosen aufgebaut werden: Es gibt andere Sukzessionsformen und die Klimaxgesellschaft ist soziologisch ebenfalls eine andere. Im Typus jedoch haben wir hier wie dort das gleiche Biom vor uns. Es handelt sich in allen drei Fällen um Anteile ein und derselben Formation, den für nördliche gemäßigte Breiten charakteristischen sommergrünen Laubwald. Damit mögen auch die beiden Termini Biom und Formation, die so oft nebeneinander und füreinander gebraucht worden sind, näher definiert sein: Ein Biom ist eine geobiologisch-historische Einheit, die soziologisch definierbar ist. Ein Biom entspricht jedoch nicht einer bestimmten höheren biosoziologischen Einheit (zumindest nicht im phytosoziologischen Sinne), den zugehörigen Biozönosen nächst verwandte können vielmehr ganz anderen Sukzessionsreihen und damit anderen Biomen angehören. Eine Formation ist mehr eine biogeographisch-physiognomische Einheit, die in erster Linie typologisch definierbar ist. Die einzelnen Biome einer bestimmten Formation sind also geobiologisch-soziologische Analoga. Wenn wir versuchen die Fließgewässer-Gesellschaften wenigstens Mitteleuropas in ein geobiologisch-historisches System einzuordnen, so werden wir sehen, daß hier trotz der umfangreichen Bearbeitung der Verbreitungsgeschichte der Süßwassertierwelt Europas durch Thienemann (1950) noch keine Entscheidungen zu treffen sind. Verglichen mit der Biom-Klassifizierung in der Phytosoziologie sind Thienemanns biogeographische Begriffe „Einwanderer aus dem Osten, Einwanderer aus dem Südosten, Nördliche Gletscherrandarten" usw. zu vage, als daß man darauf ein historisch-geobiologisches System aufzubauen vermöchte. Entgegen der Ansicht von Clements & Shelford (1947) hebt Tischler (1950) hervor, daß es nicht angängig sei den Begriff Biom auch auf Meer und Süßwasser auszudehnen: Die bei der Definition eines Bioms zu berücksichtigenden Charakteristika Klimabedingtheit und gemeinsames Klimax-Stadium aller zugehörigen Biozönosen träfen in diesen Lebensbereichen nicht zu. Stellt man aber mehr den historisch-geobiologischen Aspekt der Biome in den Vordergrund, dann müßte dieses Ordnungsprinzip auch für die Fließgewässer Gültigkeit besitzen. Thienemann (1950) deutet z.B. auf die Zugehörigkeit einzelner Rheobiozönosen europäischer Fließgewässer zu verschiedenen geobiologischen Herkunftsbereichen hin. Hingewiesen sei hier nur auf die weitgehende Übereinstimmung der Salmonidae-Biozönosen von Rhein und Donau und auf die Unterschiede in den Cyprinidae-Biozönosen dieser Flüsse. Eine eingehende Klärung des historisch-geobiologischen Gefüges der Fließgewässer-Lebensgemeinschaften Europas und ihre etwaige Biom-Klassifizierung bleibt ferneren Arbeiten vorbehalten. Zu berücksichtigen sind hierbei vor allem die andersartigen Verbreitungsmechanismen, Ausbreitungspotenzen und Siedlungswege der fluviatilen Lebewesen.

Die in einem der vorangegangenen Teilabschnitte behandelte typologische Klassifizierung gründet sich auf Biome als Grundeinheiten und führt zur Formation als dem übergeordneten Begriff. Eine floristisch-faunistische Formation setzt sich also zusammen und ist gekennzeichnet durch Iso-Biome. Wählt man als Ausgangseinheiten für eine Klassifizierung Biozönosen und stellt diese in ihrer physiographischen und biologischen Erscheinungsform einander gegenüber, so gelangt man ebenfalls zu einem typologischen System. Der übergeordnete Begriff ist hierbei der Biozönosentypus, der gekennzeichnet wird durch Isobiozönosen im Sinne von BALOGH (1958). Diese Isobiozönosen zeichnen sich aus durch Vergesellschaftungen, die sich an klimatisch und edaphisch identischen Lebensräumen finden, und die dort gleiche physiologische und morphologische Lebensformen hervorgebracht haben.

Wie vor 50 Jahren auf dem Gebiet der Seenforschung, so bahnt sich heute auch in der Fließgewässerforschung durch die Arbeiten von ILLIES (1961a, 1961b, 1961c) und von ILLIES & BOTOSANEANU (1963) die Aufstellung eines wohl weltweit gültigen typologischen Systems an. Innerhalb einer bestimmten geobiologischen Region, dem Raum eines Bioms, kann eine bestimmte Biozönose an den klimatisch und edaphisch entsprechenden Biotopen immer wieder in ein und derselben charakteristischen Artenzusammensetzung vorkommen. In einer anderen geobiologischen Region dagegen wird der klimatisch und edaphisch gleiche Biotop nicht von einer in der Artenzusammensetzung gleichen, sondern von einer im Artencharakter gleichen Biozönose eingenommen. Wie ILLIES (1961c) nachweisen konnte, beherbergen auch die physiographisch nahezu identischen Biotope der Gebirgsbäche Mitteleuropas und Südamerikas Isozönosen, die sich durch gleiche Lebensformtypen im Sinne von REMANE (1959) auszeichnen. Diese einzelnen miteinander zu vergleichenden Lebensformtypen können als Species demselben Genus angehören oder geographisch vikariierenden Genera desselben Tribus. In anderen Fällen aber können die gleichen physiologisch-morphologischen Lebensformen von Vikarianzpartern gestellt werden, die eine ganz geringe systematische Verwandtschaft besitzen. Immer aber kommt es zu auffälligen Konvergenzerscheinungen.

Um weltweit die sich ökologisch entsprechenden Biozönosen der Fließgewässer, die jeweiligen Isorheobiozönosen, ordnen und vergleichen zu können, führte ILLIES (1961a) zur allgemeinen Benennung derselben die Termini Epi-, Meta-, Hyporhithron und Epi-, Meta-, Hypopotamon ein. Ergänzt wurde diese Reihe noch durch ILLIES & BOTOSANEANU (1963) mit den Termini Eu- und Hypokrenon. Diese einzelnen Termini bezeichnen bestimmte Zonen oder Biozönose-Typen, wie sie im Fließgewässerlauf aufeinander folgen, und wie sie in allen geobiologischen Regionen bei Zugegensein der entsprechenden Isobiotope ausgeprägt sein können. Die ILLIESschen Bezeichnungen stellen also keine neuen Namen für ganz bestimmte Biozönosen dar, sondern Termini für bestimmte Biozönose-Typen. So ist in Mitteleuropa der Biozönose-Typus Epirhithron vertreten durch die Obere *Salmo-trutta-fario*-Biozönose, in Südosteuropa dagegen durch die Obere *Salmo-trutta-labrax*-Biozönose. Das Hypopotamon wird z.B. in Nordwesteuropa dargestellt durch die *Pleuronectes-flesus*-Biozönose, in Südosteuropa dagegen durch die *Acipenser-ruthenus*-Biozönose.

Ebenso entsprechen sich im Bereich des Rhithron in Europa die Familie der Salmonidae-Biozönosen und in Südamerika die der Galaxidae-Biozönosen.

Zur Bezeichnung der einzelnen Stratozönose- und Choriozönose-Typen werden Termini wie Benthon, Psammon, Epilithon, Argillon usw. gebraucht. Die entsprechenden Stratotop- und Choriotop-Typen, an die die einzelnen Zönosetypen gebunden sind, werden diesen entsprechend mit den Termini Benthal, Psammal, Epilithal, Argillal usw. belegt. In Übereinstimmung mit diesen sollten auch für die Biozönose- und Biotop-Typen Termini mit den entsprechenden Endungen einander gegenübergestellt werden: Eukrenon – Eukrenal, Hypokrenon – Hypokrenal, Epirhithron – Epirhithral, Metarhithron – Metarhithral, Hyporhithron – Hyporhithral, Epipotamon – Epipotamal, Metapotamon – Metapotamal, Hypopotamon – Hypopotamal. Die Verwendung der von ILLIES vorgeschlagenen Termini Epirhithron, Metapotamon usw. zur Bezeichnung der Biotop-Typen oder der einzelnen Holozöne, also Biotop und Biozönose zusammengefaßt, ist unangebracht und würde zu neuen Verwirrungen in der ökologischen Nomenklatur führen. In der oben angegebenen Weise jedoch würde die Endung „on" immer zur Kennzeichnung der Namen für Zönosetypen und die Endung „al" für Zönotoptypen aller Gesellschaftsränge vorbehalten bleiben. Sollte es nötig sein das einzelne Holocoen mit einem bestimmten Typus-Namen zu belegen, dann dürften dafür Termini wie Epirhithrocoen, Hypopotamocoen usw. angebracht sein.

Mit dieser typologischen Klassifizierung ist im Bereich der Fließgewässer eine dritte Art der nomothetischen Systembildung durchgeführt. Wesentlich erscheint mir, daß bei künftigen klassifizierenden limnologischen Arbeiten die drei Systeme streng auseinandergehalten werden: Je nach Richtung und Ziel der Einzeluntersuchung wird man entweder dem biozönologischen, dem geobiologisch-historischen oder dem typologischen System der Vorzug geben, wichtig für die weltweite Erforschung der Fließgewässer-Lebewelt sind jedoch alle drei Ordnungsprinzipien.

10. ZUSAMMENFASSUNG

In der vorliegenden Arbeit wurde versucht die Eigenheiten der pflanzlichen und tierischen Vergesellschaftungen in Fließgewässern aufzuzeigen und untereinander und mit terrestrischen zu vergleichen. Rheozönosen zeichnen sich gegenüber terrestrischen Zönosen durch eine größere Siedlungsdynamik aus. Diese beruht einerseits auf dem häufigen Wechsel der Rheozönotope, die aufgrund der erodierenden Wirkung des fließenden Wassers den Charakter von Dauer-Rohböden besitzen. Andererseits wird sie begründet durch den Zönosenwechsel vieler Rheobionten parallel zu jahreszeitlich bedingten Umweltsänderungen oder zu Änderungen in den eigenen Umweltsansprüchen während der Individualentwicklung. Die Rheozönosen gleichen daher pflanzlichen Ruderalgesellschaften terrestrischer Zönotope.

Die nomothetische Betrachtung der Vergesellschaftungen in Fließgewässern führt zur Aufstellung von drei Ordnungsprinzipien, einem biozönologischen, einem geobiologisch-historischen und einem typologischen

Klassifizierungssystem. Die Bedeutung, Anwendung und Terminologie der einzelnen Systeme wird besprochen; sie müssen immer klar voneinander getrennt werden.

Begründungen für die Realität der in Fließrichtung aufeinanderfolgenden Rheobiozönosen werden dargeboten und Anfechtungen diskutiert. Rheophytozönosen und Rheozoozönosen werden besprochen und verglichen; eine genaue Zuordnung und Parallelisierung derselben erscheint aufgrund der bisher unkoordiniert betriebenen Untersuchungen noch nicht möglich. Entsprechend dem Vorgehen bei der ökologischen Erforschung komplexer terrestrischer Gesellschaften wurden die Rheozönotope und Rheozönosen in folgendes Biozönsystem untergliedert: Biotopos – Biocoenosis, Stratotopos – Stratocoenosis, Choriotopos – Choriocoenosis, Merotopos – Merocoenosis.

Es wird vorgeschlagen, aufgrund der größeren Gesellschaftsdynamik der tierischen Lebensvereine der Fließgewässer zur Charakterisierung der einzelnen Zönosen möglichst pflanzliche Vertreter heranzuziehen. Bei der Aufstellung eines gesamt-limnosoziologischen Systems sollten die bekannten phytosoziologischen Einheiten weitestgehend berücksichtigt und die tierischen Siedler diesen zugeordnet werden. In Bereichen, in denen das aufgrund des Fehlens oder Zurücktretens pflanzlicher Siedler nicht möglich ist, sollten die Zönoseeinheiten ähnlich wie in der Phytosoziologie auf Charakter- und Differentialarten gegründet, nach diesen benannt und in ein gleichwertiges hierarchisches Ordnungssystem eingefügt werden.

SUMMARY

1. The objects of the present work are to highlight the characteristics of the different forms of plant and animal association in flowing water, to discuss the different systems of classification and to distinguish the synecological investigation of flowing water both methodologically and terminologically from phytosociology on the one hand, and from the sociology of terrestrial animals on the other, thus achieving a unified branch of research, viz. limnosociology.

2. A body of flowing constitutes a colonisable space which alters ecologically (either gradually or step-wise), mainly in one direction. This colonisable space does not, as a rule, represent a single biotope but rather a succession of biotopes in the downstream direction distinct, not only in physiography but also in the structure and the composition of their specific biocenoses.

3. In order to classify the flowing waters of Central Europe, particular attention was paid to the Planariidae of the stratocenosis benthon and to the Pisces of the stratocenosis necton. Starting from the source, one encounters the zones of colonisation of the following planarian worms: *Crenobia alpina, Polycelis cornuta, Dugesia gonocephala, Planaria lugubris*. The following biocenoses of the flowing waters of Central Europe, based on the zoned occurrence of the corresponding species of fish, may be defined and named, starting from the source: Salmonetum truttae superior, Salmonetum truttae inferior, Thymalletum thymal-

li, Barbetum fluviatilis, Abrametum bramae, Pleuronecte-
tum flesi. The species of Coleoptera (Elminthidae), Ephemeroptera
(larvae), Plectoptera (larvae), Acarina (Hydrachnellidae), etc., occur
vicariously in the different zones or are mutually exclusive and are readily
fitted into this series of biocenoses. A statistical analysis of colonisation
revealed a more or less abrupt change in the species' composition of these
benthal organisms corresponding to the appearence of the fish species
mentioned above, and thus demonstrate the reality of the biocenoses
named after the latter.

4. From the phytosociological point of view conclusions may be reached
about the succeeding zones of distinguishable, yet uniform habitat conditions to be found in flowing water. They are based on the varying
occurrence of algal, moss and phanerogam communities. In regard to the
ecology and sociology of the fluviatile phytoplankton, a tendency towards
increase in the density of the plankton with increasing distance from the
source may be established. One may distinguish an aplanktonic, a tycho-
planktonic and an euplanktonic section along the course of a river. As a rule
associations from the following phytosociological orders: Montio-
Cardaminetalia, Brachythecietalia, Fontinaletalia, Pota-
mogetalia, Phragmitetalia, are found to occur in that order from
source to mouth of the Central European rivers.

5. Phytosociological and zoosociologcial investigations in flowing water
have up to now been mostly carried out completely independently of one
another. Therefore, it is not yet possible to correlate the rheophytoce-
noses and rheozoocenoses, nor to find an exact parallel between the
zonations of flowing waters which are based on phytosociological and
zoosociological principles. There is no doubt, however, that biocenotic
connections exist between the two. The proof of their correspondence
depends on the use of correlated methods of investigation. The clearest
point is the discontinuity between the Salmonidac and the Cyprinidae biocenoses. Both the plants and the animals of the Cyprinidae biocenoses are
distributed chiefly in quiet waters, while the plants and animals of the
Salmonidae biocenoses are restricted to these communities; they are ecologically adapted to the physiographical conditions of this region and
can thrive only there.

6. In regard to the abiotic factor complex, the biocenoses from source
to mouth are distinguished mainly by the decreasing slope, rate of flow
and oxygen content of the water, by the increasing mean temperature, the
increasing diurnal and annual temperature amplitudes, the increasing
fineness of the benthal substratum etc.

7. Corresponding to the customary subdivision in terrestrial ecology of
biotope and biocenosis (referring to the place and the community), the
following concepts are proposed for rheobiocenology: stratotope and
stratocenosis referring to vertical subdivision, choriotope and choriocenosis for horizontal divisions and, for further subdivisions of the latter,
the concepts merotope and merocenosis. A number of stratocenoses,
choriocenoses and merocenoses, based on plant or animal communities,
is discussed.

8. The benthal choriotopes possess many of the characteristics of

,,Rohböden'' which arise on land because of erosion, avalanches, volcanic activity or anthropogenic influence. Because of the erosive action of flowing water, there results a continuous removal, freightage and deposition of sediments of the most diverse types. Within certain limits, the extent and position of the rheochoriotopes may alter irregularly or seasonally; this may lead to the disappearence of one community and the appearence of another. When a particular choriotope which has newly arisen in this fashion is being colonised, the same choriocenoses unfold again and again (within given geological epochs) – each with its characteristic species' composition.

9. Each plant and animal species is dependent on definite environmental factors over its whole geographical and ecological extent, and is therefore limited to a specific ,,Lebensraum''. The potential monotope of a species which may be determined by laboratory experiments, contrasts with the definitive monotope which is restricted under natural conditions by competition etc. From the autecological point of view, that complex of relationships a species connected with a specific monotope is termed a monocenosis.

In flowing water, (just as in other habitats), the monotopes of different species may coincide. Their corresponding monocenoses may also coincide with a definite synecological community unit depending on the degree of stenovalence or euryvalence of these species in relation to a merocenosis, choriocenosis, stratocenosis or biocenosis. In order to characterise a given cenotic unit it is necessary to state whether its constituent species are e.g. stenomerocenose, eurymerocenose and stenochoriocenose etc.

Besides these homotopic species which colonise only one mero-, chorio-, strato- or biotope during their whole life-history, there are also heterotopic species. The latter undergo quite definite alternations of cenoses, either parallel to the changes in their environmental requirements in the course of their individual life-histories, or parallel to the seasonal changes of the environmental factors. Corresponding to the biocenological levels, in which or between which this alternation occurs, one may speak of stenotope-heteromerocenotic, -heterochoriocenotic, -heterostratocenotic, and -heterobiocenotic species. With many insects of flowing water this alternation of cenoses is exhibited as a cyclic colonisation caused by the passive downstream drift of the young larvae and by the active upstream migration of the imagines.

The rheocenoses (as compared with other biological communities) exhibit a high degree of community dynamism; this is conditioned by the alternation of the cenotope in flowing water and by the change of cenosis of many of its inhabitants. It is the choriocenoses of the benthal that especially resemble the ruderal plant communities of land cenotopes in the building up and breaking down of their community structure.

10. Even in the ecological investigation of flowing water there exists, in addition to an idiographic methodology, a monothetic one leading to different systems of classification according as it aims at a functional, causal or typological explanation. Thus, a biocenological, a geobiological-geographical and a typological system of classification are available to embrace the ecological interrelationships in flowing water. In the bio-

cenological system, the natural community relations of plant and animal species are highlighted since they are incorporated into the hierarchical units of biotope-biocenosis, stratotope-stratocenosis, choriotope-chorio-cenosis and merotope-merocenosis. Except for the larger community groups, no uniform nomenclature, based on species' composition or on faithful species (as is usual in phytosociology) is yet available for the Central European rheocenoses.

The biome is the basic unit of the biogeographic historical system of classification. A biome should be defined sociologically to embrace all the biocenoses which, in the course of various succession series, develop towards the same climax grade and which belong to a definite region with a climatic and edaphic character of its own and which has been moulded by palaeogeographic influences. A formation, on the other hand, is a biogeographical and physiognomic unit which is primarily defined typologically. It embraces iso-biomes, i.e. those (analogous) biomes whose biocenoses develop towards a similar climax under identical or similar climatic and edaphic conditions. The relationship of the rheobiocenoses to definite historical and geographical community units has not yet been thoroughly investigated, even in Central Europe.

The basic unit of the typological classificatory system is the bio-cenosis-type. This may be defined by the isobiocenoses which appear in different geobiological regions (though in climatically and edaphically similar biotopes) and which are characterised by similar combinations of species or by similar life forms. The following terms have been introduced for the flowing water biocenosis-biotope types: eucrenon – eucrenal, hypocrenon – hypocrenal, epirhithron – epirhithral, epipotamon – epi-potamal, Metapotamon – Metapotamal, Hypopotamon – Hypopotamal. Several of the biocenosis-biotope types may be sub-divided into the following stratocenosis-stratotope types: neuston – neustal, plankton – planktal, benthon – benthal, herpon – herpal, hyporheon – hyporheal, etc. The stratocenosis – stratotope type, benthon – benthal may be subdi-vided into the following choriocenosis-choriotope types: psammon – psammal, pelon – pelal, argillon – argillal, epiphyton – epiphytal, periphyton – periphytal, epilithon – epilithal, hypolithon – hypolithal, interlithon – interlithal, eurheon – eurheal.

Either the biocenological or the geobiological-historical or the typolog-ical principle of classification may be given preference according to the main direction and purpose of the particular investigation. All three nomothetic classificatory systems are required for the world-wide invest-igation of rheobionts, for comparing and understanding their manner of life, community structure and life history. It is however important to distinguish clearly between these systems both in regard to their use and their pertinent terminology.

11. The authors who, up to now, have denied the possibility of a biocenological division of the community types of flowing water, base their conclusions on a number of false premises.
a) They base their assertions on autecological considerations or they con-sider only the results of autecological investigations.
b) They have attempted to include the communities of water-courses

subject to human influences within a biocenosis system; it would be better to treat them as biocenoids and sub-divide them only according to the system used for saprobic communities.

c) They are unable to assess correctly the alternation of rheocenotopes on the one hand and the alternation of cenoses of the rheobionts on the other; they thus often place too much emphasis on the dynamism of rheocenoses which is much more pronounced than that of terrestrial communities.

12. Because of the more vigorous dynamics of the animal communities of flowing water, the plant communities of the individual rheocenoses should, as far as possible, be used for characterising them. The animal colonisers of the benthal should only be used in a secondary position. In setting up a biocenological system which embraces the whole fluviatile living world, the community units already established by the phytosociologist should be taken into consideration as fully as possible and the animal members should as far as possible be alligned with these. In regions where this is impossible because of the rarity or absence of plant colonisers, the cenotic units should be based on animal character and differential species in a manner parallel to that of the phytosociologists. They may then be named after these species and incorporated into a parallel hierarchical system.

LITERATUR

ALBRECHT, M. L.: Die Plane und andere Flämingbäche. (Ein Beitrag zur Kenntnis der Fließgewässer der Endmoränenzüge der Norddeutschen Tiefebene). – Z. Fischerei N.F. **1**. Berlin 1952.
— Ergebnisse quantitativer Untersuchungen an fließenden Gewässern. – Ber. Limn. Flußstat. Freudenthal **4**. Göttingen 1953.
— Die quantitative Untersuchung der Bodenfauna fließender Gewässer (Untersuchungsmethoden und Arbeitsergebnisse). – Z. Fischerei N.F. **8** Berlin 1959.
— & BURSCHE, E. M.: Fischereibiologische Untersuchungen an Fließgewässern. I. Physiographisch-biologische Studien an der Polenz – Z. Fischerei N.F. **6**. Berlin 1957.
AMBÜHL, H.: Die Bedeutung der Strömung als ökologischer Faktor. – Schweiz. Z. Hydrol. **21**. Basel 1959.
— Die Besonderheiten der Wasserströmung in physikalischer, chemischer und biologischer Hinsicht. – Schweiz. Z. Hydrol. **24**. Basel 1962.
ANDREWARTHA, H. G. u. BIRCH, L. C.: The distribution and abundance of animals. – Chicago 1954.
BACH, R., KUOCH, R. u. MOOR, M.: Die Nomenklatur der Pflanzengesellschaften. – Mitt. flor.-soz. ArbGemeinsch. N.F. **4**. Stolzenau/Weser 1953.
BACMEISTER, A.: Beiträge zum allgemeinen ökologischen Begriffsapparat. – Biol. generalis **16**. Wien 1943.
BALOGH, J.: Lebensgemeinschaften der Landtiere. – Berlin 1958.
BANARESCU, P.: Importance des espèces de goujons (genre Gobio) comme indicateurs des zones biologiques des rivières. – Bul. Institutului de Cercetari Piscicole **15**. Bukarest 1956.
BEHNING, A.: Zur Erforschung der am Flußboden der Wolga lebenden Organismen. – Monogr. Biol. Wolga-Station **1**. 1924.
— Das Leben der Wolga. Zugleich eine Einführung in die Fluß-Biologie. – Die Binnengewässer **5**. Stuttgart 1928.
BERG, K. u. al.: Physiographical studies on the River Susaa. – Fol. Limnol. Scand. **1**. 1943.
— Biological studies on the River Susaa. – Fol. Limnol. Scand. **4**. 1948.

BEYER, H.: Die Tierwelt der Quellen und Bäche des Baumbergegebietes. – Abh. westf. Prov-Mus. Naturk. 3. Münster (Westf.) 1932.

BLUM, L. J.: The ecology of river algae. – Bot. Rev. 22. Paris 1956.

BOURNAUD, M.: Le courant, facteur écologique et éthologique de la vie aquatique. – Hydrobiologia 21. Den Haag 1963.

BRAUN-BLANQUET, J.: Pflanzensoziologische Einheiten und ihre Klassifizierung. – Vegetatio 2. Den Haag 1950.

— Zur Systematik der Pflanzengesellschaften. – Mitt. flor.–soz. ArbGemeinsch. N.F. 5. Stolzenau/Weser 1955.

— Pflanzensoziologie. 3. Aufl. – Wien-New York 1964.

BREHM, V. u. RUTTNER, F.: Die Biozönosen der Lunzer Gewässer. – Int. Rev. ges. Hydrobiol. 16. Berlin 1926.

BUDDE, H.: Die Algenflora des Sauerländischen Gebirgsbaches. – Arch. Hydrobiol. 19. Stuttgart 1928.

— Die Algenflora der Ruhr. – Arch. Hydrobiol. 21. Stuttgart 1930.

— Die Algenflora der Lippe und ihrer Zuflüsse. – Arch. Hydrobiol. 24. Stuttgart 1932.

— Die Algenflora der Eder. – Arch. Hydrobiol. 28. Stuttgart 1935.

BUTCHER, R. W.: Studies on the ecology of rivers. II. The microflora of rivers with special reference to the algae on the river bed. – Ann. Bot. 46. Oxford 1932.

— Studies on the ecology of rivers I. On the distribution of macrophytic vegetation in the rivers of Britain. – J. Ecol. 21. London 1933.

CASPERS, H.: Der Biozönose- und Biotopbegriff vom Blickpunkt der marinen und limnischen Synökologie. – Biol. Zbl. 69. Leipzig 1950.

— Die Einteilung der Brackwasser-Regionen in einem Aestuar. – Arch. Oceanogr. Limnol. Suppl. 11. Venedig 1959.

CLEMENTS, F. u. SHELFORD, V.: Bio-ecology. 3. ed. – New York 1947.

CONRAD, W.: La faune et flore d'un ruisseau de l'Ardenne Belge. – Mem. Mus. roy. d'Hist. Natur. Belg. 99. Bruxelles 1942.

DAHL, F.: Grundsätze und Grundbegriffe der biozönotischen Forschung. – Zool. Anz. 33. Leipzig 1908.

— Grundlagen einer ökologischen Tiergeographie. 2 Bände. – Jena 1921 und 1923.

DAHM, A. G.: Taxonomy and ecology of five species groups in the family Planariidae. – Malmö 1958.

DITTMAR, H.: Ein Sauerlandbach, Untersuchungen an einem Wiesen-Mittelgebirgsbach. – Arch. Hydrobiol. 50. Stuttgart 1955a.

— Die quantitative Analyse des Fließwasser-Benthos. – Arch. Hydrobiol. Suppl. 22. Stuttgart 1955b.

DU RIETZ, G. E.: Zur methodologischen Grundlage der modernen Pflanzensoziologie. – Akadem. Abh. Upsala 1921.

— Vegetationsforschung auf soziationsanalytischer Grundlage. – Handb. biolog. Arbeitsmeth. 11. Berlin – Wien 1930.

ENDERLEIN, G.: Ber. westpreuss. bot.-zool. Ver. 30. Danzig 1908, zit. nach E. NAUMANN: Limnologische Terminologie. Berlin und Wien 1931.

FLÖSSNER, D.: Bergbach-Trikladen im Erzgebirge. – Wiss. Z. Karl-Marx-Univ. 8. Leipzig 1958.

FRANZ, H.: Grundsätzliches über tiersoziologische Aufnahmemethoden mit besonderer Berücksichtigung der Landbiotope. – Biol. Rev. 14. Cambridge 1939.

— Qualitative und quantitative Untersuchungsmethoden in Biozönotik und Ökologie. – Acta biotheor. 9. Leiden 1950.

— Die ökologischen Ordnungsgesetze und der Mensch. – Wissenschaft und Weltbild. Wien 1962.

FREITAG, H.: Einführung in die Biogeographie von Mitteleuropa unter besonderer Berücksichtigung von Deutschland. – Stuttgart 1962.

FRIEDERICHS, K.: Grundsätzliches über die Lebenseinheiten höherer Ordnung und den ökologischen Einheitsfaktor. – Naturwissenschaften 15. Göttingen 1927.

— Die Grundlagen und Gesetzmässigkeiten der land- und forstwirtschaft-
lichen Zoologie. 1. – Berlin 1930.
— Umwelt als Stufenbegriff und als Wirklichkeit. – Stud. gen. 3. Heidelberg
1950.
— Der Gegenstand der Ökologie. – Stud. gen. 10. Heidelberg 1957.
— Zum Kreislauf der Stoffe in der Lebensgemeinschaft. – Arch. Hydrobiol.
54. Stuttgart 1958.
— Einleitung und Schlußwort zum Kolloquium über Biozönose-Fragen.
Freiburg 1959. – Z. ang. Ent. 47. Hamburg 1960.
FRITSCH, E. F.: The encrusting algal communities of certain fast flowing
streams. – New Phytologist 28. London 1929.
GAMS, H.: Prinzipienfragen der Vegetationsforschung. – Vierteljahrsschr.
naturforsch. Ges. Zürich 63. Zürich 1918.
GESSNER, F.: Hydrobotanik, 1. – Berlin 1955
HÜBSCHMANN, A. VON: Einige hygro- und hydrophile Moosgesellschaften
Norddeutschlands. – Mitt. flor.-soz. ArbGemeinsch. N.F. 4. Stolzenau/
Weser 1953.
— Kleinmoosgesellschaften extremster Standorte. – Ibid. 6/7. Stolzenau/
Weser 1957.
— Zur Systematik der Wassermoosgesellschaften. – Ibid. 6/7. Stolzenau/
Weser 1957.
HUET, M.: Note préliminaire sur les relations entre la pente et les popula-
tions piscicoles des eaux courantes. Règle des pentes. – Biologisch Jaar-
boek Dodonaea 13. Gent 1946.
— Aperçu des relations entre la pente et les populations piscicoles des eaux
courantes. – Rev. suisse Hydrol. 11. Basel 1949.
— Biologie, profils en long et en travers des eaux courantes. – Bull. franç.
Piscicult. 175. 1954.
— Influence du courant sur la distribution des poissons dans les eaux
courantes. – Schweiz. Z. Hydrol. 24. Basel 1962.
ILLIES, J.: Die Wasserkäfergesellschaften der Fulda. – Ber. limnol. Flußstat.
Freudenthal 1. Göttingen 1950.
— Zur biozönotischen Gliederung der Fulda. – Ibid. 2. 1951.
— Die Mölle. Faunistisch-ökologische Untersuchungen an einem Forellen-
bach im Lipper Bergland. – Arch. Hydrobiol. 46. Stuttgart 1952.
— Die Besiedlung der Fulda (insbes. das Benthos der Salmonidenregion)
nach dem jetzigen Stand der Untersuchung. – Ber. limnol. Flußstat.
Freudenthal 5. Göttingen 1953.
— Der biologische Aspekt der limnologischen Fließwassertypisierung. –
Arch. Hydrobiol. Suppl. 22. Stuttgart 1955.
— Die Barbenregion mitteleuropäischer Fließgewässer. – Verh. Int. Ver.
Limnol. 13. Stuttgart 1958.
— Retardierte Schlupfzeiten von Baetis-Gelegen (Ins., Ephem.) Naturwis-
senschaften 46. Göttingen 1959.
— Zur Frage der Realität des Biozönose-Begriffes. – Z. ang. Ent. 47. Ham-
burg 1960.
— Versuch einer allgemeinen biozönotischen Gliederung der Fließgewäs-
ser. – Int. Rev. ges. Hydrobiol. 46. 1961a.
— Die Lebensgemeinschaft des Bergbaches. – Die Neue Brehm-Bücherei
289. Wittenberg 1961b.
— Gebirgsbäche in Europa und in Südamerika – ein limnologischer Vergleich.
– Verh. Int. Ver. Limnol. 14. Stuttgart 1961c.
— Die Bedeutung der Strömung für die Biozönose in Rhithron und Potamon. – Schweiz. Z. Hydrol. 24. Basel 1962.
— u. BOTOSANEANU, L.: Problèmes et méthodes de la classification et de la
zonation écologique des eaux courantes, considerées surtout du point de
vue faunistique. – Int. Ver. Theor. Ang. Limnol. Mitt. 12. Stuttgart 1963.
ISRAELSON, G.: The freshwater florideae of Sweden. – Symb. Bot. Upsal.
6. Uppsala 1942.
KNAPP, R.: Einführung in die Pflanzensoziologie. 1: Arbeitsmethoden der

Pflanzensoziologie und Eigenschaften der Pflanzengesellschaften. 2: Die Pflanzengesellschaften Mitteleuropas. – Ludwigsburg 1948.

KNÖPP, H.: Studien zur Statik und Dynamik der Biocönose eines Teichausflußes. – Arch. Hydrobiol. **46**. Stuttgart 1952.

KOLKWITZ, R.: Pflanzenphysiologie. – 2. Aufl. Jena 1922.

KÜHNELT, W.: Aufgaben und Arbeitsweise der Ökologie der Landtiere. – Biologe **9**. München-Berlin 1940.

— Die Leitformenmethode in der Ökologie der Landtiere. – Biol. gen. **17**. Wien 1943a.

— Über Beziehungen zwischen Tier- und Pflanzengesellschaften. – Ibid. **17**. Wien 1943 b.

— Moderne Gesichtspunkte in der Ökologie der Tiere. – Wissenschaft u. Weltbild **1**. Wien 1948.

MARGALEF, R.: Los métodos para la investigación de las comunidades acuáticas adnadas y especialmente las formadas por organismos microscopicos (perifiton, pecton). – Collect. bot. **1**. Barcinone 1947.

— Limnosociología. – Monografias de ciencia moderna **10**. 1947.

— Las associaciones de algas en las aguas dulces de pequeño volumen del N.E. de España. – Vegetatio **1**. Den Haag 1948.

— Regiones limnológicas de Cataluna y ensayo di sistematización de las associaciones de algas. – Collect. bot. **3**. Barcinone 1951.

— Comunidades bióticas de las aguas dulces del noro este de España. – Publ. Inst. Biol. Aplic. **21**. Barcelona 1955.

— „Trophic" typology versus biotic typology, as exemplified in the regional limnology of northern Spain. – Verh. Int. Ver. Limnol. **13**. Stuttgart 1958.

— Ideas for a synthetic approach to the ecology of running waters. – Int. Rev. ges. Hydrobiol. **45**. 1960.

MACAN, T. T.: A review of running waters studies. – Verh. Int. Ver. Limnol. **14**. Stuttgart 1961.

— Factors that limit the range of freshwater animals. – Biol. Rev. **36** Cambridge 1961.

— Biotic Factors in Running Water. – Schweiz. Z. Hydrol. **24**. Basel 1962.

MARLIER, G.: La biologie d'un ruisseau de plaine, le Smohain. – Inst. roy. Sci. Natur. Belg. Mem. **114**. Bruxelles 1951.

MÖBIUS, K.: Die Auster und die Austernwirtschaft. – Berlin 1877.

MÜLLER, K.: Fische und Fischregionen der Fulda. – Ber. limnol. Flußstat. Freudenthal **2**. Göttingen 1951.

— Investigations on the organic drift in North Swedish streams. – Inst. Freshwater Res. Rep. **35**. 1953.

— Die Drift in fließenden Gewässern. – Arch. Hydrobiol. **49**. Stuttgart 1954.

— Produktionsbiologische Untersuchungen in Nordschwedischen Fließgewässern. Teil 3: Die Bedeutung der Seen und Stillwasserzonen für die Produktion in Fließgewässern. – Inst. Freshwater Res. Rep. **36**. 1955.

— Zur Biologie des Junglachses (Salmo salar L.) im Stora und Lilla Lule Älv. – Ber. limnol. Flußstat. Freudenthal **8**. Göttingen 1957.

— Limnologisch-fischereibiologische Untersuchungen in regulierten Gewässern Schwedisch-Lapplands. – Oikos **13**. Kopenhagen 1962.

NAUMANN, E.: Verh. int. Ver. Limnol. **3**. Stuttgart 1927, zit. nach E. NAUMANN 1931.

— Limnologische Terminologie. – Berlin und Wien 1931.

— Grundzüge der regionalen Limnologie. Die Binnengewässer **11**. Stuttgart 1932.

NEISWESTNOWA-SHADINA, E. & LJACHOW, S. M.: Die Dynamik der Bodenbiozönosen der Oka in Abhängigkeit von der Dynamik der hydrologischen Faktoren. – Tr. Zool. Inst. Akad. Nauk. SSSR **7**. 1941.

PALMGREN, P.: Zur Synthese pflanzen- und tierökologischer Untersuchungen. – Acta Zool. Fenn. **6**. Helsinki 1928.

PANKNIN, W.: Zur Entwicklungsgeschichte der Algensoziologie und zum Problem der „echten" und „zugehörigen" Algengesellschaften. – Arch. Hydrobiol. **41**. Stuttgart 1947.

Peus, F.: Auflösung der Begriffe „Biotop" und „Biozönose". – Dtsch. entom.
Z. N.F. 1. Berlin 1954.
Pfeiffer, H. H.: Betrachtungen zum Homogenitätsproblem in der Pflan-
zensoziologie. – Mitt. flor.-soz. ArbGemeinsch. N.F. 6/7. Stolzenau/Weser.
1957.
Philippi, G.: Einige Moosgesellschaften des Südschwarzwaldes und der
angrenzenden Rheinebene. – Beitr. naturk. Forsch. Südw.Deutschl. 15.
Karlsruhe 1956.
Pleskot, G.: Der Stand der biologischen Fließwasserforschung. – Verh.
dtsch. Zool. Ges. Mainz 1948. Leipzig 1949.
— Wassertemperatur und Leben im Bach. – Wetter und Leben 3. 1951.
— Beiträge zur Limnologie der Wienerwaldbäche. – Wetter und Leben,
Sonderh. 2. 1953.
Rabeler, W.: Die planmäßige Untersuchung der Soziologie, Ökologie und
Geographie der heimischen Tiere. – Mitt. flor.-soz. ArbGemeinsch. Nieder-
sachsen. 3. Hannover 1937.
— Zur Systematik und Ökologie von Heuschreckenbeständen nordwest-
deutscher Pflanzengesellschaften. – Mitt. flor.-soz. ArbGemeinsch. N.F. 5.
Stolzenau/Weser 1955.
— Bibliographie zum Fragengebiet Tier- und Pflanzensoziologie (Biozöno-
tik). – Ibid. N.F. 6/7. Stolzenau/Weser 1957.
— Die Tiergesellschaften von Laubwäldern (Querco-Fagetea) im oberen
und mittleren Wesergebiet. – Mitt. flor.-soz. ArbGemeinsch. N.F. 9.
Stolzenau/Weser 1962.
— u. Tüxen, R.: Tiersoziologische Kritik am pflanzensoziologischen Sy-
stem. – Ibid. N.F. 5. Stolzenau/Weser 1955.
Remane, A.: Die Bedeutung der Lebensformtypen für die Ökologie. – Biol.
gen. 17. Wien 1943.
— Regionale Verschiedenheiten der Lebewesen gegenüber dem Salzgehalt
und ihre Bedeutung für die Brackwasser-Einteilung. – Arch. Oceanogr.
Limnol. Suppl. 11. Venedig 1959.
Roll, H.: Die Pflanzengesellschaften ostholsteinischer Fließgewässer. –
Arch. Hydrobiol. 34. Stuttgart 1938.
Ross, H. H.: A synthesis of evolutionary theory.– Englewood Cliffs. N. J.
1962.
— Stream communities and terrestrial biomes. – Arch. Hydrobiol. 59.
Stuttgart 1963.
Ruttner, F.: Grundriß der Limnologie. – Berlin 1962.
Scheele, M.: Systematisch-ökologische Untersuchungen über die Diatomeen-
Flora der Fulda. – Arch. Hydrobiol. 46. Stuttgart 1952.
Schmassmann, H. J.: Untersuchungen über den Stoffhaushalt fließender
Gewässer. – Schweiz. Z. Hydrol. 13. Basel 1951.
— Über die Typen der Fließgewässer. – Arch. Hydrobiol. Suppl. 22. Stutt-
gart 1955.
Schmitz, W.: Grundlagen der Untersuchung der Temperaturverhältnisse in
Fließgewässern. – Ber. limnol. Flußstat. Freudenthal 6. Göttingen 1954.
— Physiographische Aspekte der limnologischen Fließgewässertypen. –
Arch. Hydrobiol. 22. Stuttgart 1955.
— Die Bergbach-Zoozönosen und ihre Abgrenzung, dargestellt am Beispiel
der oberen Fulda. – Arch. Hydrobiol. 53. Stuttgart 1957.
— Zur Frage der Klassifikation der binnenländischen Brackwässer. – Arch.
Oceanogr. Limnol. Suppl. 11. Venedig 1959.
— Fließgewässerforschung – Hydrographie und Botanik. – Verh. Int. Ver.
Limnol. 14. Stuttgart. 1961.
Schönemund, E.: Eintagsfliegen oder Ephemeroptera. In Dahl, Die Tierwelt
Deutschlands und der angrenzenden Meeresteile. – Jena 1930.
Schwenke, W.: Über Biocönosetypen, Populationstypen und Gradocön-
typen. Ein Beitrag zur biocönologischen Fundierung der Massenwechsel-
Erforschung der Insekten. – Ber. 100 Jahrf. dtsch. Ent. Ges. Berlin 1956.

— Grundlegendes über die Biozönose und über Biozönoseforschung. – Z. ang. Entomol. **47**. Hamburg 1960.

SCHWERDTFEGER, F.: Biozönose und Pflanzenschutz. – Mitt. Biol. Bundesanst. **85**. Berlin 1956.

— Ökologie der Tiere. Autökologie. – Hamburg und Berlin 1963.

SEGERSTRÅLE, S. G.: Brackishwater classification. A historical survey. – Arch. Oceanogr. Limnol. Suppl. **11**. Venedig 1959.

SERNOW, S. A.: Allgemeine Hydrobiologie. – Berlin 1958.

SHADIN, W. J.: Die Fauna der Flüsse und Talsperren. – Moskau 1940.

— Das Leben in den Flüssen. In: Das Leben der Binnengewässer der USSR. – Akad. Wiss. Moskau, Leningrad **3**. 1956.

— Wechsel der Biozönose beim Übergang von Fluß zu Stausee. — Schweiz. Z. Hydrol. **24**. Basel 1962.

SMOLIAN, K.: Merkbuch der Binnenfischerei. 2 Bd. – Würzburg 1920.

STAMMER, H. J.: Die Ökologie und der Entomologe. – Entomon **1**. Murnau b. München 1949.

STAVE, URSULA: Botanischer Beitrag zur limnologischen Gliederung der oberen Fulda. – Ber. limnol. Flußstat. Freudenthal **5**. Hann-Münden 1953.

STEFFAN, A. W.: Vergleichend-ökologische Untersuchungen über Wachstum und Ernährung von zwei Salmo trutta-Populationen des nordschwedischen Waldgebietes. – Ibid. **8**. 1957.

— Die deutschen Arten der Gattungen Elmis, Esolus, Oulimnius, Riolus, Aptyktophallus (Coleoptera: Dryopoidea). – Beitr. Entomol. **8**. Berlin 1958.

— Autogenese oder Orthoselektion in der Evolution der Dryops-Arten (Dryopidae, Coleoptera)? – Naturwissenschaften **48**. Göttingen 1961a.

— Vergleichend-mikromorphologische Genitaluntersuchungen zur Klärung der phylogenetischen Verwandtschaftsverhältnisse der mitteleuropäischen Dryopoidea (Coleoptera). – Zool. Jb., Syst. Ökol. Geogr. **88**. Jena 1961b.

— Die Stammes- und Siedlungsgeschichte des Artenkreises Sacchiphantes viridis (Ratzeburg 1843) (Adelgidae, Aphidoidea). – Zoologica **109**. Stuttgart 1961c.

— Zur Evolution der fundatrigenen und virginogenen Anholozyklie im Adelgidae-Genus Sacchiphantes Curtis 1844 (Hemiptera: Aphidoidea). – Beitr. Entomol. **11**. Berlin 1961d.

— Die Artenkreise der Gattung Sacchiphantes (Adelgidae, Aphidoidea). – XI. Int. Kongr. Ent. Wien 1960. Verh. **1**. Wien 1962a.

— Phylogenetische Trends in der Gattung Dryops (Dryopidae, Coleoptera). – Ibid. **1**. Wien 1962b.

— Zur systematischen und phylogenetischen Stellung der Agamospecies in den Adelgidae-Genera (Homoptera; Aphidoidea) – Verh. Dtsch. Zool. Ges. Wien 1962. Leipzig 1962c.

— Ein Beitrag zum Problem der Artwerdung: Wie entstanden die Arten-Formen bei den Fichtengallenläusen? – Umschau **23**. Frankfurt 1963.

— Beziehungen zwischen Lebensraum und Körpergröße bei mitteleuropäischen Elminthidae (Coleoptera: Dryopoidea). – Z. Morph. Ökol. Tiere **53**. Würzburg 1963.

— Biozönotische Parallelität der Körpergröße bei mitteleuropäischen Elminthidae (Coleoptera: Dryopoidea). – Naturwissenschaften **51**. Göttingen 1964.

STEINMANN, P.: Die Tierwelt der Gebirgsbäche, eine faunistisch-biologische Studie. – Ann. Biol. lacustre **2**. 1907.

— Praktikum der Süsswasserbiologie. Die Organismen des fließenden Wassers. – Berlin 1915.

STRENZKE, K.: Die biozönotischen Grundlagen der Bodenzoologie. – Z. Pflanzenern., Düngung, Bodenkde. **45**. Weinheim/Bergstr. 1949.

— Grundfragen der Autökologie. – Acta Biotheor. **9**. Leiden 1951.

— Ökologie der Wassertiere. In: L. v. BERTALANFFY, Handb. Biologie **3**.

— Die ökologische Umwelt. – Ergebnisse der Biologie **27**. Berlin, Göttingen, Heidelberg 1964.

THIENEMANN, A.: Planaria alpina auf Rügen und die Eiszeit. X. – J. ber.
Geogr. Ges. Greifswald. 1906.
— Der Bergbach des Sauerlandes. Faunistisch-biologische Untersuchungen.
– Int. Rev. Ges. Hydrobiol. Suppl. **4.** 1912.
— Die Faktoren, welche die Verbreitung der Süßwasserorganismen regeln.
– Arch. Hydrobiol. **8.** Stuttgart 1913a.
— Der Bergbach des Sauerlandes. Kurze Zusammenfassung der Ergebnisse
faunistisch-biologischer Untersuchungen. – Arch. Hydrobiol 8. Stuttgart
1913b.
— Lebensgemeinschaft und Lebensraum. – Naturwiss. Wschr. N.F. **17.** Jena
1918.
— Die Grundlagen der Biozönotik und Monards faunistische Prinzipien. –
Festschrift für Zschokke Nr. 4. Basel 1920.
— Die Binnengewässer Mitteleuropas. Eine limnologische Einführung. – Die
Binnengewässer 1. Stuttgart 1925.
— Hydrobiologische Untersuchungen an den kalten Quellen und Bächen d.
Halbinsel Jasmund a. Rügen. – Arch. Hydrobiol. **17.** Stuttgart 1926.
— Die Bedeutung des Zeitfaktors für die Besiedlung extremer Lebensstät-
ten. – Z. Naturwiss. **67.** Jena 1932.
— Vom Wesen der Ökologie. – Biol. gen. **15.** Wien 1942.
— Verbreitungsgeschichte der Süßwassertierwelt Europas. – Die Binnen-
gewässer 18. Stuttgart 1950.
— Ein drittes biozönotisches Grundprinzip. – Arch. Hydrobiol. **49.** Stutt-
gart 1954.
— Leben und Umwelt. Vom Gesamthaushalt der Natur. – Hamburg 1956.
TISCHLER, W.: Über die Grundbegriffe synökologischer Forschung. – Biol.
Zbl. **66.** Leipzig 1947.
— Biozönotische Untersuchungen an Wallhecken. – Zool. Jb. Syst. Ökol.
Geogr. **77** Jena 1948a.
— Zum Geltungsbereich der biozönotischen Grundeinheiten. – Forsch.
Fortschr. **24.** Berlin 1948b.
— Grundzüge der terrestrischen Tierökologie. – Braunschweig 1949.
— Kritische Untersuchungen und Betrachtungen zur Biozönotik. – Biol.
Zbl. **69.** Leipzig 1950.
— Der biozönotische Konnex. – Biol. Zbl. **70.** Leipzig 1951.
— Zur Synthese biozönotischer Forschung. – Acta biotheor. **9.** Leiden 1951.
— Synökologie der Landtiere. – Stuttgart 1955.
TÜXEN, R.: Die Pflanzengesellschaften Nordwestdeutschlands. – Mitt. flor.-
soz. ArbGemeinsch. Niedersachsen. **3.** Hannover 1937.
— Sagittaria sagittifolia – Sparganium simplex-Ass. – Mitt. flor.-soz. Arb.
Gemeinsch. N.F. **4.** Stolzenau/Weser 1953.
— Das System der nordwestdeutschen Pflanzengesellschaften. – Ibid. N.F.
5. Stolzenau/Weser 1955.
— Entwurf einer Definition der Pflanzengesellschaft (Lebensgemeinschaft).
– Ibid. N.F. **6/7.** Stolzenau/Weser 1957.
— Die Schichten-Deckungsformel. Zur Darstellung der Schichtung in
Pflanzengesellschaften. – Ibid. N. F. **6/7.** Stolzenau/Weser 1957.
— Zur systematischen Stellung von Spezialisten-Gesellschaften. – Ibid.
N.F. **9.** Stolzenau/Weser 1962.
— , HÜBSCHMANN, A. v. & PIRK, W.: Kryptogamen – und Phanerogamenge-
sellschaften. – Ibid. N. F. **6/7.** 1957.
ULMER, G.: Köcherfliegen, Frühlingsfliegen, Trichoptera. – In: BROHMER,
EHRMANN, ULMER: Tierwelt Mitteleuropas. **6/15.** (Leipzig) 1927.
ULE, W.: Physiographie des Süßwassers. — Leipzig und Wien 1925.
VITÉ, J. P.: Der Ökotop. Ein Beitrag zur Definition des Umwelt-Begriffes. –
Oikos **2.** Kopenhagen 1950.
VOIGT, W.: Karten über die Verbreitung von Planaria alpina und P. gono-
cephala im Siebengebirge und am Feldberg und Alt König. – Sitz.-Ber.
niederrhein. Ges. Naturwiss. u. Heilkde. 1892.

— Über die Wanderungen der Strudelwürmer in unserer Gebirgsbächen. –
Verh. naturhist. Ver. preuss. Rheinld. Westf. 61. Bonn 1904.

ZIMMERMANN, P.: Der Einfluß der Strömung auf die Zusammensetzung der
Lebensgemeinschaften im Experiment. – Schweiz. Z. Hydrol. **24**. Basel
1962.

Du Rietz:

Untersuchungen von Algen-, Moos- und Flechtensynusien schwedischer
Fließgewässer-Biozönosen haben nicht nur ähnliche Differenzierungen der
Lebensgemeinschaften in verschiedenen Teilen der Fließgewässer wie die
von Dr. STEFFAN geschilderten dargelegt, sondern auch bedeutende
Unterschiede zwischen Fließgewässern mit verschiedenen Wassertypen:
an der einen Seite die saueren, kalkarmen, oft humosen Typen, an der
anderen Seite die zirkumneutralen, kalkreichen Typen. In Nordschweden,
wo man jetzt versucht, jedes Flußsystem in eine künstliche Seentreppe zu
verwandeln, werden die Fließwässer-Biozönosen jetzt möglichst eingehend untersucht in Bezug auf sowohl Pflanzen- als auch Tiersynusien.
Dr. GUNNAR ISRAELSSON hat wichtige Arbeiten über die Vertretung der
Rotalgen in verschiedenen Fließgewässertypen veröffentlicht. Dr. NILS
QUENNERSTEDT arbeitet mit Synusien von Diatomeen, Grünalgen,
Blaualgen usw. Ich selbst arbeite vor allem mit Flechtensynusien verschiedener Fließgewässertypen und verschiedener Teile desselben Fluß-
Systems, aber auch mit Moos-Synusien. Diese Flechtensynusien waren
früher wenig bekannt, und sogar die Taxonomie der Arten von *Verrucaria*
und anderen Krustenflechtengattungen der Flußufer ist ungenügend bekannt, u.a. weil die Flechtentaxonomie sich zu viel auf Herbarstudien
beschränkt hat, ohne die phänotypische Modifizierbarkeit der Arten im
Felde genügend zu studieren. Dies gilt auch von den mitteleuropäischen
Fließwasserflechten. Für gut gesammeltes und gut etikettiertes Material
von mitteleuropäischen Fließwasserflechten, gerne ganze Steine welche
die Modifikationen einer Art auf verschiedenen Seiten des Steines zeigen,
wäre ich sehr dankbar. (Jeder Stein sollte gut gewaschen und getrocknet
sein, und für sich in reichlichem Papier eingepackt.).

ÜBER DIE REGULIERUNG DER ARTENZAHL EINIGER PFLANZENGATTUNGEN DURCH BIOZÖNOTISCHE BEDINGUNGEN

von

A. I. Tolmatchev, Leningrad

Das Aufblühen einer Art spiegelt sich vor allem im massenhaften Auftreten ihrer Individuen. Ebenso wird eine große Artenzahl als ein sicheres Zeugnis der Lebenskraft einer Gattung oder einer Familie angesehen. Und es scheint von vornherein als wahrscheinlich, daß die beiden Zeugnisse des Florierens im allgemeinen im Einklang miteinander erscheinen müssen. Es kann auch für wahrscheinlich gehalten werden, daß die durch das massenhafte Auftreten der Individuen sich auszeichnenden Arten regelmäßig zu artenreichen Gattungen gehören müssen.

Solche Beziehungen finden sich in der Natur tatsächlich. So ist die in den gemäßigten Zonen durch auffallenden Artenreichtum hervorragende Gattung *Carex* nicht nur durch die Artenzahl, sondern auch durch ihre weite Verbreitung, die Häufigkeit vieler Arten, durch die Bedeutung mehrerer von ihnen in der Zusammensetzung der Vegetationsdecke ausgezeichnet. In den trockenen Einöden Eurasiens nehmen artenreiche Gattungen wie *Salsola, Calligonum, Artemisia* u.a. eine ähnliche Stellung ein. Im Übergangsgebiete zwischen Taiga und Tundra und in den südlicheren Teilen der letzten sind dieselben Züge der Gattung *Salix* eigen.

Eine entgegengesetzte Stellung nehmen in unseren Floren vor allem die Gattungen ein, deren beste Zeit schon lange verflossen ist. Ihre Arten sind wenig zahlreich, räumlich voneinander getrennt und nur eng verbreitet, oft auch nur durch sparsame Populationen vertreten. Und alle solche Tatsachen erscheinen als ebenso natürlich, wie der Artenreichtum und die große Individuenzahl der Arten aufblühender Gattungen.

Die oben charakterisierten Beziehungen zwischen den Zeugen des Aufblühens von Pflanzengattungen und ihren einzelnen Arten stellen aber kein allgemein gültiges universales Naturgesetz dar. Es gibt Fälle, wo die oben angedeuteten Zeugen des Aufblühens einzelner Arten und der Gattung selbst sich in einem sichtbaren Widerspruch zueinander befinden.

Es gibt Arten – jeder Botaniker kennt eine Menge von ihnen – die durch ihre große Individuenzahl hervorragen und eine wichtige Rolle in der Zusammensetzung der Pflanzendecke spielen, die aber durchaus nicht artenreichen Gattungen angehören. Bisweilen stellen sie in bestimmten Floren nur einen einzigen Vertreter der betreffenden Gattung.

So nimmt z.B. die nur wenige Arten zählende Ericaceen-Gattung *Ledum* eine hervorragende Stellung in der Pflanzendecke des nördlichen gemäßigten Gürtels ein. In den sehr ausgedehnten Waldgebieten der Holarktis treten auf dem ersten Platz in der Struktur der Vegetation nur *einzelne* Vertreter bestimmter Pflanzengattungen hervor. Es steht außer Zweifel, daß Arten wie *Fagus silvatica* L. in Mittel- and Westeuropa, *Picea excelsa* Link im europäischen Norden, *P. obovata* Ledb. in Nordosteuropa und in Sibirien, *Pinus koraiensis* Sieb. et Zucc. im Süden des Amurlandes u.a. als im Aufblühen befindliche Arten anzusehen sind. Aber die Rolle der entsprechenden Gattungen in der Zusammensetzung der Floren der betreffenden Gebiete ist durchaus bescheiden. Einige von den genannten Arten gehören den im allgemeinen ziemlich artenreichen Gattungen an (*Picea*), andere den relativ artenarmen (*Fagus*). Aber auch im ersten Falle ist die betreffende Gattung in jeder einzelner Gegend nur durch vereinzelte Arten vertreten und ihr relativer Artenreichtum ist ausschließlich mit ihrer weiten geographischen Verbreitung verbunden. Unter den krautigen Pflanzen stellt ein entsprechendes Beispiel einer weit verbreiteten und massenhaft vorkommenden Art einer artenarmen Gattung *Phragmites communis* Trin, dar.

Die am meisten typischen Fälle für solchen Widerspruch zwischen der Artenzahl der Gattungen und dem auffallenden Aufblühen ihrer einzelner Arten liefern jedoch die waldbildenden Gehölze. Für das mäßig-nordische Waldgebiet kann es eben als eine allgemeine Regel gelten, daß die herrschende Stellung in der Vegetation (und in der Zusammensetzung der auf einem bestimmten Terrain sich entwickelnden Masse pflanzlichen Stoffes) durch *vereinzelte Arten eingenommen wird, die den* in den betreffenden Floren nur *spärlich vertretenen Gattungen angehören*. Der Widerspruch zwischen dem Anteil solcher Gattungen an der Zusammensetzung der *Flora* (als Artenkomplex) und ihren Arten in der Zusammensetzung der *Vegetation* (als Zönosenkomplex) erscheint in solchen Fällen in seinem äußersten Ausdruck.

Teilweise können die angedeuteten Tatsachen dadurch erklärt werden, daß die in unseren Breiten artenreichsten Gattungen nur krautige Pflanzen umfassen und also in einem Waldlande keine herrschende Rolle in der Vegetation spielen können. Der Widerspruch verschwindet aber nicht, wenn wir unsere Aufmerksamkeit ausschließlich den Gehölzen unseres Landes widmen. So beobachten wir im Norden der UdSSR neben einer einzigen *Picea*-Art (*P. excelsa* oder *P. obovata*) meistens 2–3 *Betula*-Arten, eine ganze Reihe von *Salices* usw. Und doch ist die Bedeutung dieser durch mehrere Arten vertretenen Gattungen als vegetationsbildende Einheiten unvergleichbar geringer als die der einzelnen *Picea*- oder *Pinus*-Art. In einem durch eine reiche, mannigfaltige Gehölzflora ausgezeichneten Gebiete wie dem Kaukasus, nehmen drei Arten von Gehölzen – jede als einziger Vertreter ihrer Gattung – *Fagus orientalis* Lipsky, *Abies nordmanniana* (Stev.) Spach und *Picea orientalis* (L.) Link – eine besondere Stellung als waldbildende Bäume ein. Die durch Angehörige dieser drei Arten gebildete Masse pflanzlichen Stoffes übertrifft die ganze Masse, die durch den Rest der Flora (etwa 6000 Arten, unter ihnen mehr als 200 Bäume und Sträucher) erzeugt wird.

Es steht außer Zweifel, daß Arten wie *Fagus orientalis* oder *Abies nordmanniana*, ungeachtet ihres Alters und ihrer früheren Verbreitung, als aufblühende Elemente der heutigen Flora vom Kaukasus anzusehen sind. Alle drei genannten Arten sind, wie aus den palaeobotanischen

Angaben hervorgeht, relativ alte Bürger der kaukasischen Flora; sie hatten also genug Zeit, um in den günstigen Bedingungen sich in ganze Reihen nahe verwandter Arten der drei genannten Gattungen umzubilden. Das ist aber nicht geschehen. Und obwohl die nötige Voraussetzung für eine solche Umwandlung – die Variabilität der Arten selbst und die unvollkommene Ähnlichkeit der Lebensbedingungen in verschiedenen Teilen des Kaukasus – vorhanden ist, und mehrere ihrer „Nachbarn", vor allem *Quercus*-, *Acer*-, *Sorbus*-Arten, tatsächlich einer aktiven Formen- (und Arten-)Bildung unterworfen sind, wird keine „Tendenz" zur Umwandlung in mehrere Arten der kaukasischen Buche, Tanne und Fichte erkennbar.

Obwohl das verschiedene Umwandlungstempo einzelner Baumarten teilweise durch die ungleiche Plastizität von Angehörigen verschiedener Gattungen gedeutet werden kann, sind die von uns betrachteten Erscheinungen auf diesem Wege kaum erklärbar. Jedenfalls sind mehrere von den waldbildenden Abieteen unseres Landes kaum weniger variabel als andere Baumarten. So bildet z.B. die sogenannte Ajan-Fichte (*Picea ajanensis* Fisch. s.l. – vgl. MAYR, 1890, WASSILJEW 1950) in den verschiedenen Teilen ihres nicht allzugroßen Verbreitungsgebietes (Küsten d. Ochotskischen Meeres, Amurland, Sachalin, Hokkaido, Kamtschatka) mehrere ziemlich gut unterscheidbare Lokalrassen (*P. ajanensis* Fisch. s.str., *P. microsperma* (Lindl.) Carr. u.a.). Bei mehreren anderen *Picea*- und *Abies*-Arten (die gemeine europäische Fichte – *Picea excelsa* – stellt keine Ausnahme dar) ist auch eine Tendenz zur Rassenbildung beobachtet. Und es steht außer Zweifel, daß in Gattungen wie *Picea* und *Abies* die Bildung neuer Arten auch in jüngster Zeit stattgefunden hat. Eine „Schaarung" einander nahestehender Arten dieser Gattungen in irgendeinem Teile ihrer Areale wird aber nicht beobachtet. Die Regel, daß diese Gattungen in jedem einzelnen Teile des Gattungs-Areales nur durch eine minimale Artenzahl (I höchstens 2–3, einander nicht nahestehender Arten) vertreten ist (s. TOLMATSCHEV 1954), scheint allgemein gültig zu sein. Einzelne Arten nehmen in den benachbarten Teilen des Gattungs-Areales (in Ostasien und im Westen Nordamerikas u.a. auf verschiedenen Höhenstufen auf den Gebirgsabhängen) ähnliche Stellungen ein, kommen aber nur selten zusammen vor. Ähnliches kann man auch von den Lärchen-Arten und -Rassen aus der Verwandtschaft von *Larix dahurica* Turcz. verzeichnen (vgl. KOLESNIKOV 1946).

Daß solche Pflanzengattungen wie *Picea* oder *Abies* heute in vollem Florieren stehen, ist außer Zweifel. Das Vorhandensein einiger Relikt-Arten dieser Gattungen (z.B. *Picea omorika* Purk., *P. breweriana* Wats., einige *Abies*-Arten des Mittelmeergebietes u.a.) widerspricht dieser Tatsache nicht. Unbestreitbar ist auch das Aufblühen vieler Arten der genannten Gattungen, wie *Picea excelsa*, *Picea sitchensis*, *Abies alba*, *A. nordmanniana* usw. Die Größe der Gattungsareale, die im allgemeinen bedeutende Artenzahl, das Vorhandesein mehrerer einander nahestehender, bestimmte Teile des Gesamtareales einer „Sammelart" besiedelnder Arten oder Lokalrassen ebenso wie die vielen Arten eigene große Variabilität bezeugen eine bedeutende Plastizität vieler Vertreter solcher Gattungen. Und doch kommen sie, vor allem in Gebieten, wo die Angehörigen der genannten Abietineen-Gattungen als herrschende Gehölze das allgemeine Aussehen der Vegetation bestimmen, als Arten überall nur vereinzelt vor.

Die Beziehungen, die wir bei dem heutigen modus vivendi von Bäumen wie Fichten, Tannen oder Buchen feststellen, scheinen nicht nur für die Jetztzeit charakteristisch zu sein. Insbesondere die jetzt zahlreich vorliegenden palynologischen Angaben zeugen unzweideutig von dem massenhaften Vorkommen einzelner *Picea-* oder *Abies*-Arten in den bergigen Gegenden des nördlichen gemäßigten Gürtels während des Tertiärs. Auch die Fossilien von Buchen kommen in Tertiär-Ablagerungen vorzugsweise als sehr zahlreiche Überreste weniger Arten vor. Ein Zusammenhang zwischen der kolossalen Individuenzahl einzelner Arten und der minimalen Artenzahl jeder Gattung in jedem bestimmten Arealteile scheint diesen Gattungen seit langem eigen zu sein.

Die Gattungen *Taxodium, Sequoia* und *Metasequoia*, die z.Z. nur durch eng verbreitete Relikt-Arten vertreten sind, haben während des Tertiärs eine hervorragende Rolle in der Zusammensetzung der Pflanzendecke auf sehr großem Raume gespielt. Aber auch damals zählten sie nur, ebenso wie heute, gar wenige Arten. Man kann vermuten, daß Arten wie *Sequoia langsdorffii* Heer oder *Taxodium dubium* Heer vom Standpunkt der heutigen Taxonomisten vielleicht als „Sammelarten" zu betrachten sind. Aber wenn es auch tatsächlich so gewesen sein mag, kamen an jeder einzelnen Lokalität auch im Laufe des Tertiärs wohl nur eine einzige Art von *Sequoia* oder *Taxodium* vor. Die Rolle der genannten Gattungen in der Zusammensetzung der Pflanzendecke war über weiteste Räume beherrschend, die Rolle ihrer Arten in der Zusammensetzung der Floren durchaus bescheiden.

Die sehr alte Gattung *Fagus* ist heute durch wenig zahlreiche Arten vertreten. Mehrere von diesen (z.B. *Fagus silvatica* L. *F.orientalis* Lipsky, *F. sieboldi* Endl., *F. ferruginea* Ait.) spielen aber eine hervorragende Rolle in der Zusammensetzung der Pflanzendecke jener Länder, in denen sie einheimisch sind. Aus den palaeobotanischen Zeugnissen geht hervor, daß die Gattung nie eine hohe Artenzahl besaß. Aber das massenhafte Auftreten von Resten einzelner *Fagus*-Arten in tertiären Ablagerungen bezeugt, daß die zönosenbildende „Kraft" der Buchen auch im Tertiär auf hohem Niveau stand. Bescheidene Artenzahl und hohe Individuenzahl einzelner Arten stellen eine seit langem existierende Eigenschaft der Gattung *Fagus* dar.

Die Gattung *Platanus* gehört zu den ältesten Vertretern der Angiophyten-Floren. Ihr heutiges Areal hat typische Züge eines Relikt-Areals. In früheren Zeiten war das Verbreitungsgebiet von *Platanus* bedeutend weiter ausgedehnt als jetzt. Die Platanen (wohl auch einige andere Platanaceen) spielten eine wichtige Rolle als Bestandteile der Waldvegetation der späten Kreide und des frühen Tertiärs. Die Zahl der in palaeobotanischen Werken beschriebenen *Platanus*-Arten ist ziemlich hoch. Ihre Zahl ist aber – wenigstens teilweise – durch die Folgen einer Verkennung der Variabilität der Platanen-Blätter sicher übertrieben worden. Eine geringe Artenzahl scheint nach den neueren Untersuchungen (vgl. ANDREÁNSKY 1952) eine dauernde Eigenschaft der Gattung *Platanus* seit den ältesten Zeiten gewesen zu sein.

Die Erscheinungen verschiedener Zeiten und verschiedener Gebiete
betrachtend, überzeugen wir uns, daß zwischen der Individuenzahl bestimmter Pflanzenarten und ihrer Rolle in der Zusammensetzung der
Vegetation einerseits und der Artenzahl der Gattungen, denen sie angehören, andererseits in ziemlich vielen Fällen kein direkter Zusammenhang
besteht. In mehreren Fällen stellt im Gegenteil zum massenhaften Vorkommen der Individuen bestimmter Arten die Artenarmut der entsprechenden Gattungen ein Gegenstück dar. Und solche Beziehungen
erscheinen als dauerhafte Eigenschaften von bestimmten Pflanzengattungen. In dieser Situation ist es kaum zu bezweifeln, daß zwischen den
beiden Erscheinungen ein gesetzmäßiger Zusammenhang vorhanden sein
muß.

Die prinzipiell mögliche Annahme, daß die Artenbildung im Rahmen
bestimmter Pflanzengattungen durch das Fehlen der nötigen genetischen
Voraussetzungen gehemmt ist, fällt aus, da eben mehrere Vertreter der
von uns betrachteten Gattungen einen ziemlich hohen Variationsgrad
aufweisen, und da die Bildung geographischer Rassen bei mehreren Arten
stattfindet. Die von uns betrachteten Beziehungen stellen auch keinen
allgemeinen Zug unserer Holzgewächse dar. So ist z.B. die Gattung *Acer*
in den beiden durch reichere Gehölzfloren sich auszeichnenden Gebieten
der Sovietunion – dem Fernen Osten und dem Kaukasus – durch zahlreiche
Arten vertreten. Im Kaukasus kommen zahlreiche Arten von *Crataegus,
Pyrus, Quercus* vor. Auf dem kleinen Raum Armeniens allein wachsen
6 Arten der Coniferen-Gattung *Juniperus.* Zahlreiche Arten von *Euony-
mus, Lonicera, Cerasus, Betula* u.a. sind für den äußersten Osten Asiens
charakteristisch. Und überall außerhalb der extrem ariden Gebiete kommen in unserem Lande zahlreiche Arten der weit verbreiteten Gattung
Salix vor. Betrachten wir tropische und subtropische Floren, so fällt
unbedingt die Mannigfaltigkeit der Arten mehrerer baumartiger Gattungen ins Auge. Die Natur einer Pflanze als eines baumartigen Wesens kann
somit keine entscheidende Rolle für das Verhältnis zwischen der Artenzahl der Gattungen und der Individuenzahl der Arten spielen.

Die wichtigste Ursache der unsere Aufmerksamkeit anziehenden
Erscheinungen liegt unseres Erachtens in biozönotischen Bedingungen,
deren regulierende Wirkung auf die Evolutionsvorgänge von vielen
Naturforschern öfter unterschätzt wird. Im Laufe ihrer phylogenetischen
Entwicklung passen sich alle Organismen nicht nur an die physikalischen
oder chemischen Züge des Milieus an. Das Zusammenleben mit anderen
Organismen übt ebenfalls seine richtende Wirkung aus. Sind die Umstände räumlich oder irgendwie anders differenziert, so entsteht die
Möglichkeit der Divergenz, also die Möglichkeit einer Vermehrung der
Zahl eng verwandter Arten. Die Mannigfaltigkeit der Lebensbedingungen
stellt überall einen positiv wirkenden Evolutionsfaktor dar. Die Organismen haben aber nicht nur mit rein äußeren (in weitem Sinne physika-
lisch-geographischen) Lebensbedingungen zu tun. Und dort, wo verein-
fachte, auf großem Raume eindeutig wirkende biozönotische Umstände
vorhanden sind, da müssen sie als ein die Divergenz hemmender Faktor
wirken.

Alle Arten der von uns oben betrachteten Pflanzengattungen stellen

ausschließlich Waldbäume der ersten Höhenstufe dar, die einzeln, oder
nur mit geringer Beimischung von Bäumen anderer Arten[1]), dichte,
einfach gestaltete Waldungen bilden. Sie herrschen im Waldbestand
nahezu absolut. Das massenhafte Zusammenleben mit eigenen Artgenossen ist diesen Bäumen eigen. In großen Zügen von rein äußeren, geographischen Bedingungen abhängig, werden die von diesen Gehölzen
gebildeten Bestände selbst zu mächtigen Umwandlern des Milieus. Und
dessen „biotische Bedingungen" werden eigentlich durch das massenhafte
Gedeihen einer einzigen Baumart bestimmt. Die einfache Struktur der
Waldungen wirkt eben auf verschiedene lokale „äußere" Bedingungen
als ein nivellierender Faktor. Und die Lebensbedingungen jedes einzelnen
Baumes der betreffenden Art werden durch das Zusammenleben mit seinen Artgenossen denen von anderen Individuen praktisch vollkommen
gleichwertig gemacht. Je bedeutender die zönosenbildende Rolle einer
Baumart ist, je unbegrenzter ihr Herrschen in der Struktur der Zönose
auftritt, und je mächtiger die betreffende Art ihre umwandelnde
Wirkung auf die äußeren Bedingungen ausübt, desto mehr werden die
tatsächlich auf jedes einzelne Individuum der Art wirkenden äußeren
Kräfte vereinfacht. Dementsprechend wird die Fähigkeit einer Pflanzenart, durch ihre massenhafte Vermehrung und durch die Bildung reiner
Bestände ihr Aufblühen am deutlichsten auszuüben, „automatisch"
zu einem die Differenzierung einzelner Populationen der Art, und damit
die Bildung neuer Arten hemmenden Faktor. Die Divergenz erscheint
unter diesen Bedingungen nicht. Und *eine* gewordene Art kommt als
einziger Vertreter ihrer Gattung vor.

Obwohl jede Umwandlung der Lebensbedingungen in der Richtung
ihrer Vereinfachung als ein die phylogenetischen Umwandlungen hemmender Faktor wirken muß und die Entwicklung des genotypischen Konservatismus begünstigt, schließen die durch die Bildung einfacher zönotischer
Bcziehungen entstandenen Bedingungen die Variabilität und die Um-
wandlungsmöglichkeit der Arten nicht vollkommen aus. Und da die
eigentlich äußeren, vor allem auf die Gehölze des ersten Stockwerks der
Waldungen wirkenden Kräfte durch die zönotische Struktur der
Pflanzendecke unberührt bleiben, wird ihre differenzierende Wirkung
eben auf die großwüchsigen Waldbäume im Rahmen eines weiteren
Raumes fühlbar. Die räumliche Differenzierung der Arten in geographische Rassen fällt darum nicht aus.

Was die Gattungen betrifft, deren Vertreter keine herrschende Rolle in
der Struktur der Zönosen spielen oder die in Mischbeständen vorkommen,
also es immer mit mehr oder weniger verschiedenen lokalen Bedingungen
des Milieus zu tun haben, so hat die oben ausgesprochene Regel für sie
keine beständige Bedeutung. Wenn eine kleinwüchsige Art ausschließlich
in Wäldern einer bestimmten, einfachen Struktur vorkommt (was für
mehrere „Begleiter" der Fichten- und Tannen-Waldungen festgestellt ist),
werden ihre „Umwandlungstendenzen" scheinbar vollkommen aufgehoben. Kommt die betreffende Art unter fühlbar verschiedenen biozönotischen Bedingungen vor, so kann sie – verschiedenen biotischen Um-

---

[1] Die gemischten Bestände von Fichten und Tannen sind in ihrer ökologischen Auswirkung den „reinen" monodominanten Beständen gleichwertig.

ständen sich anpassend – schneller sich umwandeln, und die Artenzahl der betreffenden Gattung kann auch im Rahmen eines engeren Gebietes ziemlich schnell anwachsen.

Die allgemein bekannte Tatsache, daß mehrere Pflanzengattungen, ungeachtet ihrer untergeordneten Stellung in der Pflanzendecke, durch eine große Artenzahl sich auszeichnen, bezeugt, daß das Aufblühen einer Sippe nicht auf einem einzigen, von vornherein bestimmten Wege erreicht werden kann. Und wenn bei den mächtigen Zönosenbildnern das höchst-mögliche Aufblüh-Niveau durch das Herrschen (im Rahmen jedes be-stimmten Raumes) *einer einzigen* Art der Gattung am deutlichsten sich ausprägt, wird für die Gattungen, die keine solche zönosenbildenden „Alleinherrscher" umfassen, der Weg zur Erweiterung des Lebensraumes, zur Vermehrung der Individuenzahl, also zum fühlbaren biologischen Progreß, nur im Zusammenhang mit dem Anwachsen ihrer Artenzahl erreichbar.

ZUSAMMENFASSUNG

Als sicheres Zeugnis der Lebenskraft einer Familie oder Gattung werden das massenhafte Auftreten ihrer Individuen sowie eine große Artenzahl angesehen. Das Zusammengehen dieser beiden Faktoren ist aber nicht allgemein gültig. Die am meisten typischen Fälle für solchen Widerspruch liefern die waldbildenden Gehölze. Für das mäßig- nordische Waldgebiet kann es als Regel gelten, daß die herrschende Stellung in der Vegetation durch einzelne Arten eingenommen wird, die in den betreffenden Floren nur spärlich vertretenen Gattungen angehören. Dies wird durch Beispiele erläutert. Als Ursache werden biozönotische Bedingungen angesehen, auf deren regulierende Wirkung der Evolutionsvorgänge näher eingegangen wird.

SUMMARY

Both the massive productivity of individuals and the possession of a large number of constituant species are considered to be clear indications of the vigour of a family or genus. However, these two characteristics do not always go hand in hand. The dominant forest tree species are the most typical examples of this anomaly. The following generalisations are pro-posed for the north temperate woodland zone: the dominant role in the vegetation is exercised by species belonging to genera with few represen-tatives in the given flora. Examples are mentioned. Biocenotic conditions are suggested as the cause and their postulated regulatory effect on the evolutionary process is explained.

LITERATUR

ANDREÁNSKY, G.: La répartition des forêts de Platanes en Hongrie à l'époque tertiaire. – Acta biol. Acad. Sci. hung. 3(2). Budapest 1952.
KOLESNIKOV, B. P.: Zur Systematik und Entwicklungsgeschichte der Lär-chen aus der Section Pauciaseriales Patschke. – Materialy po istorii flory i rastitelnosti SSSR", Lfg. II. Moskau u. Leningrad 1946. (Russ.).

Mayr, H.: Monographie der Abietineen des Japanischen Reiches. – München 1890.

Tolmatchev, A. I.: Zur Geschichte der Entstehung und der Entwicklung der Dunkelnadel-Taiga. – Moskau u. Leningrad 1954. (Russ.)

Wassiljew, V. N.: Fichten der Section Omorika Willkm. aus dem fernen Osten. – Bot. Shurn. **35**(5). (Russ.)

Friederichs:

So verständlich der Vortrag im allgemeinen ist, fällt mir doch ein Wort, das darin häufig vorkommt, als mißverständlich auf, nämlich „aufblühen". Es scheint, daß es heißen soll: biologisch erfolgreich sein. Es klingt aber zugleich so, als ob dies gerade jetzt seinen Beginn habe, während doch viele der betreffenden Arten alte Formen sind. Die Bedeutung des Wortes bedarf daher der Klärung.

Schmithüsen:

Die Fragestellung geht uns an, aber eine fruchtbare Diskussion kann ohne erläuternde Stellungnahme des Autors zur Nomenklatur und ohne Genetiker als Gesprächspartner kaum zustande gebracht werden.

Der Autor beschränkt sich überwiegend auf die Nadelhölzer. Diese nehmen in der Gesamtflora eine Sonderstellung ein. Die Mannigfaltigkeit der Holzgewächse ist doch wohl im großen gesehen zunächst eine Funktion der geographischen Breite, wenn man von den Trockengebieten absieht. Das Phänomen der einartigen Wälder geht im großen parallel mit den Grenzräumen der Existenzbedingungen des Baumwuchses. Das zeigt sich bei abnehmender geographischer Breite: einartige Wälder und auch das Einander-Ablösen der einzelnen Arten einer Gattung, das mit der geographischen Breite und mit der Meereshöhe zunimmt. In den einzelnen Vegetationsgebieten gibt es, wie ich das gerade auch in Süd-Amerika studiert habe, in der Baumgrenze überall ein einartiges monotypisches endemisches Nadelholz: Jedes Vegetationsgebiet hat sein besonderes an seiner Baumgrenze, ein ganz allgemeines Phänomen. In Chile findet man von Norden nach Süden in der Höhengrenze über dem Hartlaubgebiet *Libocedrus*, über dem sommergrünen Laubwaldgebiet die *Araucarie*, über dem valdivianischen Regenwald die *Fitzroya* und über dem nächsten den *Pilgerodendron* und schließlich, wo es gar keinen Baumwuchs mehr gibt, auch ein spezifisches einzelnes Nadelholz *Dacrydium*. Jedes Gebiet hat also sein individuelles Nadelholz, das überall in den Grenzräumen wächst. Das ist an der Nordgrenze im Prinzip ähnlich. Und das ist wiederum eine Frage der Zeit. Es sind alles alte Sippen und – da kommen wir zur biozönotischen Betrachtung – es ist eine Frage der Konkurrenz. Jedes der chilenischen endemischen Nadelhölzer steht dort, wo keine andere Baumart mehr wachsen kann. Dort bildet jedes geschlossene einartige Wälder: *Libocedrus, Araucarie, Fitzroya, Pilgerodendron.* Bei uns verhalten sich *Pinus* oder *Picea* entsprechend. Das Sippenentfaltungsproblem in Zusammenhang mit dem ökologischen Gliederungsproblem, mit dem zeitlichen Entwicklungsproblem der standortlichen Gliederung auf der Ebene der Biozönose als Ganzes zu betrachten, halte ich für äußerst wertvoll.

HÜBL:

Vielleicht läßt sich das THIENEMANN'sche Gesetz auch auf die Tatsache der Dominanz weniger Baumarten in den polnahen Gebieten anwenden. Für die Bäume werden die Lebensbedingungen eben schon in Breiten extrem, in denen sie es für Krautige noch nicht sind.

SCHMITHÜSEN:

Das THIENEMANN'sche Gesetz kann man in der Botanik wohl nicht generell anwenden, weil ja die einzelnen Sippen dann ihre eigenen Lebensformen bilden. Das hat die schöne Arbeit von MEUSEL für eine ganze Reihe von Gattungen gezeigt mit ihrer Ausbreitung von den Kanaren bis in die gemäßigte Zone unter Abwandlung der Lebensformen und zugleich der Sippenentfaltung für jede Zone. Höchstens würde man das Gesetz von THIENEMANN auf die Baumarten anwenden können, nicht aber für die anderen Sippen.

HÜBL:

Bei den von TOLMATSCHEW aufgezählten ,,blühenden'' Baumarten handelt es sich durchweg um Klimax-Gesellschaften aufbauende, also Schattholzarten, die durch die Fähigkeit Schatten zu ertragen, den anderen Arten letzten Endes in der Konkurrenz überlegen sind.

SCHMITHÜSEN:

Das Konkurrenzmittel muß nicht der Schatten sein. Es muß nur irgendeine Fähigkeit sein, die der betreffende Baum noch hat und die alle anderen nicht mehr haben. Dies ist das Entscheidende. Die Konkurrenz fällt also von allen Seiten aus. Die Standorte können ganz verschieden sein: z.B. hat *Fitzroya patagonica* zwei Standorte: einmal in der Waldgrenze, dort wo alle anderen Bäume aussetzen, und dann in Mooren im Tiefland. Es handelt sich um Relikt-Standorte. Man muß das Problem der Relikt-Standorte mit heranziehen.

LUTZ:

Der Begriff ,,zönosenbildend'' erscheint etwas einseitig wenn nicht inkonsequent, da Arten mit der Tendenz zum massenmäßigen Kulminieren (Aufblühen?) zunächst eher gesellschafts-(zönosen-)verdrängend als aufbauend wirken.

DIE SOZIOLOGIE AQUATISCHER MIKROPHYTEN

von

Wolfgang Schmitz, Karlsruhe

Landesstelle für Gewässerkunde und wasserwirtschaftliche Planung
Baden – Württemberg

Im folgenden Beitrag, der die Soziologie benthischer aquatischer
Mikrophyten behandelt, sollen allgemeine und methodische Gesichtspunkte in den Vordergrund gestellt werden, wobei ich mich allerdings
hauptsächlich auf Ergebnisse meines spezielleren Arbeitsgebietes, der
Fließgewässer-Hydrobiologie, stützen werde.

Wir wollen zunächst die Begriffe *Makrophyten-* und *Mikrophytengesellschaft* näher bestimmen. Die Makrophytengesellschaften im Wasser
bestehen aus Pflanzen, welche sich von Untergrund deutlich sichtbar
räumlich abheben und in der Regel als Individuum bereits makroskopisch
erkennbar sind. Hierzu wären also alle Phanerogamen zu rechnen und von
den Kryptogamen die Moose, Flechten und flutenden Algen wie *Chlado-
phora* etc. Die Mikrophytengesellschaften umfassen alle mikroskopisch
kleinen Pflanzen des Standortes. Diese treten zwar bisweilen als arten-
reine oder gemischte Kolonien makroskopisch in Erscheinung (Cyano-
phyceen-Polster, Diatomeen-Rasen), sie überziehen aber dabei in der
Regel das Substrat nur unmittelbar flächig und erreichen nur eine geringe Höhenausdehnung. Diese Einteilung bewährt sich im allgemeinen
trotz einiger schwer einzuordnender Grenzfälle aus folgenden Gründen:
1. Makrophyten und Mikrophyten im Wasser sind Vegetationskompo-
nenten ganz verschiedener Größendimensionen, die von den Standort-
faktoren in jeweils ganz verschiedener Weise abhängig sind.
2. Makrophyten können Substrat für Mikrophyten sein, wobei jedoch
keine direkte Bindung des Aufwuchses an bestimmte Makrophytenarten
festgestellt werden kann. In der Regel gedeihen Mikrophyten auf
Makrophyten in annähernd derselben Weise wie auf toten Substraten.
3. Das soziologische Gefüge mikrophytischer Gesellschaften ist wesentlich labiler als es bei makrophytischen Gesellschaftseinheiten der Fall ist.
4. Die Kleinheit der Mikrophyten bedingt eine völlig andere Aufnahmetechnik als bei den Makrophyten. Eine lückenlose Erfassung der Vegetation auf der gesamten mikrophytisch besiedelten Substratfläche ist nicht
möglich. Statt dessen müssen ,,Proben'' vom Standort entnommen werden,
deren floristische Zusammensetzung erst im mikroskopischen Präparat,
zum Teil nach umständlicher Aufbereitung des Materials, festgestellt
werden kann.

In der Praxis ist dieser Umstand für die getrennte soziologische Analyse
der Mikrophytenvegetation entscheidend. Mit der mikrophyten-soziolo-
gischen Aufnahmetechnik nimmt man den Teil der Vegetation auf, der

mit makrophyten-soziologischen Verfahren nicht mehr zu erfassen ist.

Die Soziologie der Mikrophyten ist bisher kaum über erste Ansätze hinausgekommen. Dies liegt vor allem daran, daß den bisherigen Mikrophyten-Untersuchungen im Gegensatz zur terrestrischen Makrophytensoziologie kein begrifflich fundiertes und allgemein anerkanntes System soziologischer Aufnahme- und Auswertungstechnik zugrunde gelegt wurde. Arbeiten verschiedener Autoren sind bei Mikrophyten-Untersuchungen nur mit Schwierigkeiten und unter großen Vorbehalten miteinander vergleichbar. Es erscheint daher eine dringlichere Aufgabe zu sein, einheitliche Beurteilungsgrundlagen für soziologische und ökologische Untersuchungen der Mikrophyten zu schaffen, als ohne solche in der Erforschung der Mikrophyten verschiedenster Standorte oder Gewässer fortzufahren.

Es liegt natürlich die Frage nahe, in welchem Umfange hier das System BRAUN-BLANQUETS und anderer Pflanzensoziologen, das sich besonders durch seine begriffliche Klarheit bewährt hat, übernommen werden kann. Im folgenden soll nun an Beispielen gezeigt werden, daß dieses in der Tat auch für die Untersuchung aquatischer Mikrophyten Anwendung finden kann. Es soll damit gleichzeitig versucht werden, der allgemeinen und konsequenten Anwendung dieser Begriffe und Termini auch bei der Mikrophyten-Untersuchung Geltung zu verschaffen, wo es sich nämlich weitgehend eingebürgert hat, soziologische Begriffe, die in der Makrophytensoziologie klar definiert sind, nach persönlichem Belieben und vielfach dabei im Widerspruch zur makrophytensoziologischen Definition zu benutzen.

Ein erfahrener Pflanzensoziologe vermag bei der Vegetationsaufnahme bereits an Ort und Stelle zu überblicken, ob es sich um einen Bestand mit charakteristischer Artenzusammensetzung handelt, wie groß der Minimalraum dieser Gesellschaft ist, er ist sich ferner über die ungefähren Grenzen des Assoziationsindividuums zumeist im klaren und kann daher die Wahl der Aufnahmefläche mit ziemlicher Sicherheit so treffen, daß die Assoziation richtig erfaßt wird. Bei der Aufnahme mikrophytischer Vegetation muß man auf die floristische Analyse an Ort und Stelle verzichten, aber auch ein vollständiges Aufsammeln der Mikrophyten selbst von relativ kleinen Probeflächen ist nicht möglich. Man muß sich mit einer Auswahl von Proben, die von kleinsten in der Größenordnung von cm^2 liegenden Flächen entnommen werden, begnügen. Es bedarf daher eines gut begründeten Probenentnahmesystems, um dabei soziologisch repräsentatives Material zu erhalten. Dazu muß zunächst die Frage des Umfanges und der Größe der Mikrophyten-Gesellschaftseinheiten geklärt werden.

Das floristische Bild einzelner Proben kann von demjenigen anderer, in unmittelbarer Nachbarschaft gleichzeitig entnommener Proben mitunter ganz erheblich abweichen. Diese Differenzen beruhen zum Teil auf kleinsträumlichen Standortverschiedenheiten, die kausal meist nur schwierig zu deuten sind, zum Teil auch auf dem ökologischen „Zufallsfaktor" der Erstbesiedlung von freien Substraten.

Im Fließgewässer kann man solchen kleinsträumlichen mikrophytischen Vegetationsflecken keineswegs einen Gesellschaftscharakter zuerkennen. Es handelt sich vielmehr um Erscheinungen, die im gruppen-, horst- oder truppweisen Auftreten von Arten in einem Makrophytenbestand ihre Parallele haben. Betrachtet man nämlich die Vegetationsverhältnisse einer größeren Zahl solcher benachbarter Kleinststandorte summarisch, so ergibt sich ein recht typisches soziologisches Gesamtbild, welches sogar für einen ganzen Gewässerabschnitt charakteristisch sein kann und sich andernorts an ähnlichen Standorten in ganz ähnlicher floristischer Zusammensetzung wiederfinden läßt. Die Divergenzen der Kleinstverteilung werden also durch die Zusammenfassung mehrerer Proben einer Unter-

Tab.1. Frequenz und Abundanzverteilung in einer Probenserie der oberen Fulda in der Nähe der Feldbachmündung

Arten der Proben 1-3

	Probenzahl mit der Abundanz						Frequenz
	50	30	15	5	1	+	
Cocconeis pediculus	1	.	.	1	2	.	4/8
Cocconeis placentula	3	2	1	1	.	.	7/8
Navicula gracilis	.	1	2	.	2	.	5/8
Nitzschia linearis	.	.	4	1	1	.	6/8
Cymbella sinuata	.	.	1	3	1	.	5/8
Achnanthes lanceolata	.	.	1	1	2	.	4/8
Navicula cryptocephala	.	.	1	1	4	.	6/8
Nitzschia palea	.	.	1	.	1	.	2/8
Rhoicosphenia curvata	.	.	1	.	4	.	5/8
Synedra ulna	.	.	.	3	3	.	6/8
Achnanthes minutissima	.	.	.	1	2	.	3/8
Cymbella ventricosa	.	.	.	1	4	.	5/8
Melosira varians	.	.	.	1	5	.	6/8
Surirella ovata	.	.	.	1	5	.	6/8
Fragilaria intermedia	.	.	.	.	5	.	5/8
Hantzschia amphioxys	.	.	.	.	2	.	2/8
Meridion circulare	.	.	.	.	3	.	3/8
Navicula radiosa	.	.	.	.	3	.	3/8
Surirella angusta	.	.	.	.	2	.	2/8
Caloneis silicula	.	.	.	.	.	1	1/8
Stauroneis Smithii	.	.	.	.	.	2	2/8

zusätzliche Arten aus
den Proben 4-8

	50	30	15	5	1	+	
Fragilaria virescens	.	.	1	.	.	.	1/8
Gomphonema intricatum	.	.	.	1	.	.	1/8
Navicula gregaria	.	.	.	1	.	.	1/8
Diatoma hiemale v. mesodon	.	.	.	.	2	.	2/8
Diatoma vulgare	.	.	.	.	1	.	1/8
Gomphonema angustatum	.	.	.	.	1	.	1/8
Gomphonema parvulum	.	.	.	.	1	.	1/8
Navicula minima	.	.	.	.	1	.	1/8
Navicula Rotaeana	.	.	.	.	1	.	1/8
Navicula avenacea	.	.	.	.	1	.	1/8
Nitzschia Hantzschiana	.	.	.	.	1	.	1/8
Gyrosigma spec.	.	.	.	.	.	1	1/8
Pinnularia spec.	.	.	.	.	.	1	1/8
Stauroneis spec.	.	.	.	.	.	1	1/8

suchungsstelle eliminiert. Man muß daher eine mehr oder weniger große
Zahl von Einzelproben von einer größeren und mehrere Kleinststandorte
umfassenden Stelle entnehmen und die Einzelergebnisse der floristischen
Analyse der Proben zusammengefaßt betrachten. Hierbei ist zunächst zu
klären, welche Probenzahl von der Untersuchungsstelle der soziologischen
Analyse der Mikrophytengesellschaft Genüge leistet.

Ein Beispiel dafür bietet Tab. 1, in der das Ergebnis einer floristischen
Analyse verschiedener gleichzeitig entnommener Proben einer Untersuchungsstelle aus dem Fulda-Bergbach zusammengefaßt ist. Die Untersuchung von 3 Proben ergab eine Liste von 21 Arten. Wurden 5 weitere
Proben von einer 20 m entfernten Stelle berücksichtigt, so kamen 14
weitere Arten hinzu. Alle neu hinzugekommenen Arten gehören jedoch
den untersten Frequenzklassen an, sie erreichen auch nur in Ausnahmefällen eine größere Abundanz in der Probe. Für die durchschnittliche
Abundanz der einzelnen Arten ergibt sich bei Berücksichtigung der ersten
3 Proben fast derselbe Wert wie bei Berücksichtigung aller 8 Proben
(Tab. 2).

Tab. 2. Mittlere Abundanz verschiedener Arten der
Probenserie der Tabelle 1, berechnet nach den
Ergebnissen von 3 und 8 Proben

	Mittlere Abundanz bei	
	3 Proben	8 Proben
Cocconeis pediculus	5	7,5
Cocconeis placentula	50	30
Navicula gracilis	5	7,5
Nitzschia linearis	5	7,5
Cymbella sinuata	7,5	5
Synedra ulna	5	2,5
Achnanthes lanceolata	2;5	2,5
Achnanthes minutissima	1	1
Cymbella ventricosa	1	1
Fragilaria intermedia	+	+
Hantzschia amphioxys	+	+
Melosira varians	1	1
Meridion circulare	+	+
Navicula cryptocephala	5	2,5
Navicula radiosa	+	+
Nitzschia palea	2,5	2,5
Rhoicosphenia curvata	5	2,5
Surirella angusta	+	+
Surirella ovata	1	1
Caloneis silicula	+	+
Stauroneis Smithii	+	+

Beim Erfassen der Abundanzwerte der höher abundanten Formen
kommt man also mit einer geringeren Probenzahl bereits zum Ziel. Durch
Vermehrung der Probenzahl vergrößert sich jedoch die Gesamtzahl der an
der Untersuchungsstelle feststellbaren Formen. Ein Frequenzdiagramm
unseres Aufnahmebeispieles (Abb. 1) zeigt ziemlich homogene Artenzahlen in den vier höchsten Frequenzklassen, die niedrigste Frequenz-

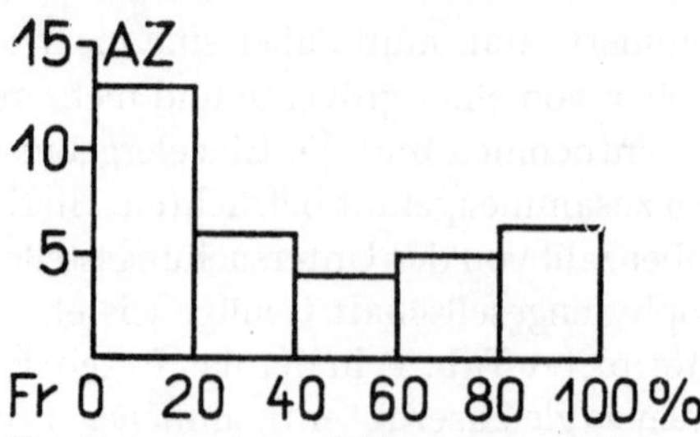

Abb. 1: Frequenzdiagramm einer Mikrophyten-Untersuchung aus dem Fulda-Bergbach (s. Tabelle 1)

klasse hingegen fällt durch besonders hohe Artenzahl auf. Je mehr Proben wir zur mikrophytensoziologischen Analyse heranziehen, um so stärker wird der Anteil der gering frequenten Arten an der Artenliste.

Die Erfassung aller präsenten Arten ist bei der häufig sehr schwierigen Artbestimmung eine zeitraubende Angelegenheit, zumal die Artenzahl in einer Probe häufig bei 50 bis 100, in manchen Fällen sogar noch höher liegen kann. Daher erscheint die Frage gerechtfertigt, wie weit die erwähnten niederfrequenten Arten überhaupt für das soziologische Bild der Mikrophytengesellschaften charakteristisch sind, und ob man nicht in diesem Fall vom allgemeinen Grundsatz der Pflanzensoziologie, den gesamten Artenbestand des Standortes zu erfassen, Abstand nehmen kann. Tatsächlich haben nun Untersuchungen über die Autökologie einzelner Arten eindeutig ergeben, daß die Standortabhängigkeit der Arten nicht an der Präsenz der Arten am Standort beurteilt werden kann, sondern daß die Standortverhältnisse lediglich dafür entscheidend sind, ob Mikrophytenarten hier auch in höherer Abundanz oder Dominanz zur Entwicklung gelangen. Darüber hinaus ist aber ein erratisches Auftreten der Arten an allen möglichen Standorten zu beobachten, die ihnen offensichtlich gar nicht zusagen und an denen sie dementsprechend nicht zu höherer Abundanz gelangen können. Dies ist bei Berücksichtigung der leichten Verbreitungsfähigkeit und im allgemeinen recht großen ökologischen Plastizität der Mikrophyten durchaus verständlich.

Auch in der soziologischen Charakterisierung der Mikrophytenbesiedlung genügt es nun, nur diejenigen Arten eines Standortes heranzuziehen, die wenigstens zu gewissen Zeiten des Jahres einmal in höherer Abundanz vorhanden sind. Die Berücksichtigung aller gering frequenten, erratischen Arten erweist sich als überflüssiger Ballast, der die Übersichtlichkeit der Artenlisten und Tabellen nur erschwert. Dennoch erfordert es ein ziemlich genaues Durchmustern aller vorliegenden Formen einer Probe, bevor man eine solche Entscheidung über die Aufnahme einer Art in die Gesellschaftabelle treffen kann. Ökologisch und soziologisch ohne jeglichen Wert ist es jedoch, wenn man sich bei Mikrophytenuntersuchungen mit der Feststellung der Präsenz der Arten, selbst wenn diese lückenlos erfolgt, begnügt, ohne daß die Mengenverhältnisse berücksichtigt werden.

Weiterhin lehrt die Erfahrung, daß eine einmalige Aufsammlung von einer Untersuchungsstelle kein charakteristisches soziologisches Bild der Besiedlungsverhältnisse ergibt. Im Laufe des Jahres treten erhebliche absolute und relative Häufigkeitsschwankungen einzelner Arten am Standort auf, die nicht unberücksichtigt bleiben dürfen. Der Wechsel in den Vegetationsverhältnissen ist dabei so markant, daß er bisweilen als Sukzession von Gesellschaften aufgefaßt worden ist. Da es sich im allgemeinen jedoch um jahresperiodisch wiederkehrende Schwankungen handelt, muß man diese Veränderungen als Aspektwechsel werten. Zur soziologischen Untersuchung muß man daher Proben der Untersuchungsstelle mindestens einen Jahreszyklus hindurch in regelmäßigen Zeitabständen entnehmen und insgesamt berücksichtigen.

Gewisse Probleme ergeben sich auch im Zusammenhang mit der Präpariertechnik. Die entnommenen Proben müssen ja möglichst weitgehend homogenisiert und, gegebenenfalls nach besonderer Aufbereitung, zu einem mikroskopischen Präparat verarbeitet werden, an dem man erst die qualitative und quantitative soziologische Analyse vollziehen kann. Wir wollen aber hierauf nicht näher eingehen.

Wegen der besonderen Bedeutung der Mengenverhältnisse in der Mikrophytensoziologie müssen wir uns mit der Frage, wie man diese erfassen kann, eingehender beschäftigen.

QUANTITATIVE ANALYTISCHE STRUKTURMERKMALE

Die Mengenverhältnisse werden in erster Linie durch die *Abundanz* oder relative Häufigkeit der Arten in der Probe gekennzeichnet. Ihre Feststellung erfolgt durch Schätzung. Eine Auszählung täuscht nur eine Genauigkeit vor, die gar nicht erzielt werden kann. Von den zahlreichen in Gebrauch befindlichen, nur schwer miteinander vergleichbaren Schätzungsskalen beschränke ich mich darauf, die von HUSTEDT und die von VAN OYE (1937) benutzte zu erwähnen.

Die Skala von HUSTEDT hat sich im praktischen Gebrauch bewährt, zumal HUSTEDT eine Reihe von Schülern mit seiner Schätzungsweise vertraut gemacht hat.

Skala zur Abundanzschätzung von Mikrophyten nach HUSTEDT

mm = Reinmaterial
m = massenhaft
sh = sehr häufig
h = häufig
zh = ziemlich häufig
z = zerstreut
s = selten
ss = sehr selten

Für eine allgemeinverbindliche Schätzungsskala ist zu fordern, daß das Schätzen der einzelnen Abundanzklassen mit Sicherheit zu erlernen ist. Von diesem Standpunkt aus ist der VAN OYE-Skala der Vorzug zu geben, da sie sich an Prozentwerte anlehnt, so daß jederzeit eine Kontrolle der Schätzungsergebnisse durch Auszählen erfolgen kann.

Skala für die Plankton-Abundanzbestimmung nach VAN OYE (1937)

10 = 95–100%
 9 = 90–94%
 8 = 80–89%
 7 = 70–79%
. . . . .   usw.
 1 = 10–19%
0,5 = 1– 9%
 + = weniger als 1%

Die VAN OYE-Skala ist jedoch dem Schätzungsvermögen des Untersuchers nicht gut angepaßt. Höhere Abundanzklassen sind zu stark, niedrigere zu wenig differenziert. In Anlehnung an HUSTEDT's Einteilung, jedoch unter Zugrundelegung von Prozentwerten wurde folgende Abundanzskala aufgestellt, die hier zur allgemeinen Anwendung vorgeschlagen wird.

Neue Skala der Abundanzschätzung von Mikrophyten

$$
\begin{aligned}
90 \;&=\; 80\text{--}100\% \\
70 \;&=\; 60\text{--}80\% \\
50 \;&=\; 40\text{--}60\% \\
30 \;&=\; 20\text{--}40\% \\
15 \;&=\; 10\text{--}20\% \\
\left.\begin{array}{l} 7{,}5 \;=\; 5\text{--}10\% \\ 2{,}5 \;=\; 1\text{--}\ 5\% \end{array}\right\} \; 5 &= 1\text{--}10\% \\
1 \;&=\; \text{ca. } 1\% \\
+ \;&=\; \text{unter } 1\%\,* \\
.\; \;&=\; \text{unter } 0{,}1\%\,**
\end{aligned}
$$

  * bei Mittelwertbildung wird mit dem Wert 0,5 gerechnet.

** . in Tab. 5–8 bedeutet hiervon abweichend: nicht präsent.

Ein Vorteil dieser Schätzungsskala ist es dabei, daß sie die Möglichkeit zur Bildung mathematisch sinnvoller Mittelwerte der Abundanz bietet, die für die soziologische Analyse unerläßlich ist.

Die Frequenz gibt an, in wieviel Proben einer zu gleicher Zeit und vom gleichen Standort entnommenen Serie eine Art auftritt. Die Voraussetzung hierfür ist, daß in jeder Probe etwa die gleiche Individuenzahl bei der Untersuchung berücksichtigt wird. Der Frequenzwert kann wie üblich als Bruch oder in Prozentklassenwerten angegeben werden.

Da die Untersuchungen sich grundsätzlich über einen Jahreszyklus erstrecken müssen, ist es vielfach von Wert zu ermitteln, in wieviel Proben eines ganzen Jahres eine Art an einem Standort vorkommt. Das Ergebnis (in Klassenwerten der Frequenz) wird man unmißverständlich als *Jahreszyklus-Frequenz* bezeichnen können. Die jahreszeitlichen Schwankungen der Mikrophytenvegetation erstrecken sich allerdings weniger auf die Frequenz als auf die Abundanz einer Art. Hier gewinnt in erster Linie die Ermittlung der folgenden Werte Bedeutung:

Die mittlere Abundanz ergibt sich als der Durchschnittswert der Abundanzen einer Anzahl zu einer Probenserie gehörender Proben, die also zur gleichen Zeit und vom gleichen Standort entnommen worden sind.

Man kann entsprechend der Jahreszyklus-Frequenz auch die *Jahreszyklus-Abundanz* ermitteln, wobei man gleichfalls möglichst auf gleichmäßig große Serien bei regelmäßig über das ganze Jahr verteilter Probenentnahme Wert legen sollte.

Die relative Dominanz vermag die relativen Mengenverhältnisse einzelner Arten im soziologischen Gesamtbild besser zu kennzeichnen als die Abundanz, die sich lediglich auf die Individuenzahl, nicht jedoch auf die Größe der einzelnen Formen bezieht. Die Dominanz wird bei der Makrophyten-Vegetationsaufnahme durch Schätzung des Deckungsgrades ausgedrückt. Dieser Begriff ist auf die Soziologie der Mikrophyten nicht direkt übertragbar. Der Deckungsgrad im mikroskopischen Gesichtsfeld hängt von der Individuendichte im Präparat und von der mikroskopischen Vergrößerung ab. Vergleichbare Bezugseinheit kann daher hier nur die

Fläche aller im mikroskopischen Gesichtsfeld vorhandenen Individuen sein, auf deren Flächenwert der Anteil einzelner Arten zu beziehen ist. Zur Kennzeichnung dieses Sachverhaltes wurde der Ausdruck relative Dominanz gewählt. Wie die folgende Tabelle 3 an einem einfachen Beispiel zeigt, ist die Feststellung der relativen Dominanz möglich, wenn die Abundanzen und die relativen Zellgrößenverhältnisse einzelner Arten bekannt sind. Die relative Dominanz kann man in denselben Klassenwerten ausdrücken wie die Abundanzwerte.

Tab.3. Beispiel für die Ermittlung der relativen Dominanz (rel.D.) aus Abundanz (A) und Zellgrößenverhältnis (ZV)

Art Nr.	A	A-Klasse	ZV	relativer Flächenanteil	rel.D.	rel.D.-Klasse
1	50 %	50	2	100	66 %	70
2	25 %	30	1	25	17 %	15
3	25 %	30	1	25	17 %	15
				Σ: 150		

Weil die relative Dominanz nur Relativwerte der Besiedlungsdichte liefert, befriedigt sie als quantitatives soziologisches Strukturmerkmal jedoch nicht ganz.

Dichtigkeit und Besiedlungsdichte stellen Absolutwerte des mengenmäßigen Vorkommens dar. Voraussetzung zur Ermittlung dieser Werte ist es, daß es gelingt, die Mikrophyten einer bestimmten Fläche des Standortes quantitativ zu entnehmen, aufzubereiten und der Mengenermittlung zugänglich zu machen. Auf verschiedene Weise ist versucht worden, hier zu brauchbaren Lösungen zu kommen.

a. Die Glasplattenmethode

Hierbei werden Glasplatten im Wasser mehr oder weniger lange Zeit aufgehängt oder ausgelegt. Der sich auf den Platten im Laufe der Zeit ansiedelnde Aufwuchs wird entweder direkt unter dem Mikroskop auf den Platten untersucht oder es wird eine bestimmte Fläche der Platte quantitativ abgekratzt und anschließend ausgezählt. Diese Methode hat trotz mancherlei Einwänden, die gegen sie erhoben worden sind, ihre gute Berechtigung.

b. Quantitative Kratzproben

Es gelingt mehr oder weniger leicht, von einem aus dem Wasser entnommenen Substrat, z.B. ebenen Steinen, Blättern, Stengeln oder dgl. im feuchten Zustand mit einem Skalpell den Bewuchs einer Oberfläche bestimmten Ausmaßes zu entfernen und nach Aufschwemmen und möglichst gleichmäßiger Verteilung in Wasser in einer Zählkammer die absolute Individuendichte je mm² festzustellen.

Die Ermittlung der Besiedlungsdichte allzu genau zu betreiben, ist angesichts der kleinräumlichen Schwankungen und der Fehlerquellen, die diesen Methoden in jedem Falle anhaften, eine überflüssige Mühe. Die Bestimmung der absoluten Größenordnung der Besiedlungsdichte ist jedoch wichtig, da reine Abundanzwerte bisweilen zu falschen Vorstellungen von der soziologischen Bedeutung einzelner Arten führen können.

Tab. 4. Besiedlungsdichte und Abundanz von Diatomeen im River Tees bei Barnward Castle nach der Glasplattenmethode nach Werten von BUTCHER (1932)

	24.9.29		24.3.30		3.7.30	
	Ind./mm^2	A-Kl.	Ind./mm^2	A-Kl.	Ind./mm^2	A-Kl.
Gesamtzahl aller Algen	203200	.	600	.	238000	.
Meridion circulare	.	.	43	7,5	.	.
Diatoma vulgare	360	+	210	30	.	.
Synedra ulna	3200	1	5	1	2182	1
Synedra acus	.	.	18	2,5	.	.
Synedra tenera	1400	+	130	30	.	.
Ceratoneis arcus	.	.	20	2,5	.	.
Achnanthes minutissima	540	+	2	+	.	.
Gomphonema olivaceum	.	.	2	+	.	.
Cymbella sinuata	.	.	72	15	.	.
Surirella ovata	.	.	2	+	.	.
Achnanthes linearis	700	+	.	.	.	.
Cocconeis placentula	122000	70	.	.	125000	50
Navicula viridula	.	.	.	.	2542	1
Diatoma elongatum	.	.	50	7,5	.	.
Cymbella ventricosa	.	.	7	1	727	+

Ein Beispiel hierfür bieten die quantitativen Untersuchungen von BUTCHER (1932) im River Tees nach der Glasplattenmethode. Vergleicht man in Tab. 4 die von ihm gefundenen Besiedlungsdichten mit den sich daraus ergebenden Abundanzklassenwerten der einzelnen Arten, so findet man zum Beispiel zur Zeit mäßiger Gesamtentwicklung der Vegetation im März für die Arten *Diatoma vulgare* und *Synedra tenera* hohe Abundanzwerte. Dabei zeigen die Arten nicht im entferntesten eine Entwicklung wie andere Arten, z.B. *Synedra ulna* und *Navicula viridula*, zu anderer Zeit, die hierbei jedoch nur geringe Abundanzwerte erzielen.

Die Besiedlungsdichte bezieht sich auf die Individuenzahl pro Flächeneinheit. Aus ihr läßt sich auch noch die *absolute Dominanz* der einzelnen Arten ermitteln. Analog zur relativen Dominanz erhält man diesen Wert, indem man die Zell- bzw. Individuendichte berücksichtigt. Durch Multiplikation der Werte der Besiedlungsdichte mit der Körperflächen- bzw. Volumengröße der Arten ergibt sich die absolute Dominanz als Flächen- oder Volumendominanz.

Ebenso wie von der Abundanz kann auch von Besiedlungsdichte und Dominanz der Jahreszyklus-Mittelwert gebildet werden.

SYNTHETISCHE STRUKTURMERKMALE

Im Mittelpunkt der synthetischen pflanzensoziologischen Arbeit müssen auch bei der Untersuchung der Mikrophyten die Gesellschaftstabellen stehen. Bekanntlich stellt die fertige Gesellschaftstabelle nicht nur eine Aneinanderreihung von Vegetationsaufnahmen dar, sondern sie enthält bereits Ordnungsgrundsätze, welche sich aus dem Vergleich verschiedener Aufnahmen und Gesellschaften erst ergeben. Es soll hier wieder an Hand von Beispielen gezeigt werden, welche Richtlinien für die Mikrophytensoziologie dabei gelten.

Wir haben schon gesehen, daß der BRAUN-BLANQUET sche Assoziationsbegriff, der sich in erster Linie auf die Anwesenheit diagnostisch wichtiger Arten und nur sekundär auf deren Dominanz gründet, für die Mikrophytensoziologie keine Anwendung finden kann. Vielmehr müssen die Abundanz- und Dominanzverhältnisse in den Vordergrund gestellt werden. Bei den meisten Mikrophytenuntersuchungen sind nun die Abundanz-

und Dominanzwerte viel zu wenig exakt erfaßt worden, so daß sie für unsere weiteren Betrachtungen nicht verwendet werden können. Auch die hier im folgenden als Beispiel angeführten Untersuchungen aus dem Fuldagebiet gestatten zur Zeit erst eine Ordnung der Tabellen nach den Jahreszyklus-Abundanzen, nicht jedoch nach Besiedlungsdichte oder absoluter Dominanz. Trotzdem reicht das weitgehend aus, um soziologische Gesetzmäßigkeiten erkennen zu können. Das gleiche gilt auch für den weiteren Mangel dieser Untersuchungen, daß vorerst nur die Diatomeen Berücksichtigung fanden. Allerdings nimmt diese Gruppe unter den Mikrophyten der Fließwasserstandorte an Arten- und Individuenzahl eine beherrschende Stellung ein.

Die Gesellschaftstabelle (5) umfaßt Probenentnahmestellen aus verschiedenen Flüssen des oberen Fuldagebietes, die alle im Übergangsgebiet

Tab.5. Gesellschaftstabelle der Mikrophytozönosen (nur Diatomeen berücksichtigt) im Bereich der unteren Salmonidenzone bis oberen Barbenzone von Flüssen des oberen Fuldagebietes

		mittlere jahreszykl. Abundanz in						
		Fliede	Lüder	Schlitz	Aula	Haune	Beise	Fulda
>10[x]	Navicula gregaria	15	5	15	5	15	15	5
	Navicula avenacea	5	5	1	50	15	15	5
> 4	Cymbella ventricosa	5	5	5	+	15	.	5
	Navicula cryptocephala	5	15	1	5	15	1	.
	Surirella ovata	15	+	1	1	5	1	5
> 1	Cocconeis placentula	1	1	+	+	15	.	5
	Fragilaria intermedia	5	1	+	.	.	+	1
	Meridion circulare	5	+	.	5	+	.	5
	Nitzschia dissipata	5	+	+	.	1.	.	5
	Synedra ulna	1	15	+	+	.	+	1
	Nitzschia palea	+	1	+	+	5	1	1
	Navicula gracilis	.	+	+	1	15	1	5
	Nitzschia linearis	1	.	+	5	1	15	1
	Cyclotella Meneghiniana	1	1	5	+	1	.	.
	Gomphonema parvulum	5	1	+	+	1	.	1
	Rhoicosphenia curvata	5	.	.	+	1	1	.
	Melosira varians	1	1	1	1	1	1	1
> 0,25	Achnanthes lanceolata	5	1	.	.	.	+	;
	Gomphonema angustatum	1	.	.	.	.	.	.
	Navicula viridula	1	+	+	.	.	.	1
	Surirella angusta	5	+	.	.	.	.	1
	Gomphonema olivaceum	.	.	.	.	1	.	1
	Achnanthes minutissima	5	.	.	.	.	+	.
	Cymbella sinuata	+	+	.	1	.	.	.
	Nitzschia amphibia	+	+	1	.	.	.	.
	Navicula protracta	5	.	.	.	.	.	.
	Nitzschia Hantzschiana	1	.	1	.	.	.	.
	Amphora ovalis v. ped.	+	.	.	.	1	+	.
	Diatoma vulgare	1	.	.	.	1	.	+
< 0,25	Fragilaria capucina	+	1	.	.	.	.	.
	Fragilaria construens	+	.	+	.	.	.	.
	Navicula Rotaeana	1	.	.	.	.	.	.
	Caloneis bacillum	+	.	.	.	.	.	.
	Caloneis silicula	+	.	.	.	.	.	.
	Gomphonema constrictum	+	.	.	.	.	.	.
	Hantzschia amphioxys	+	.	.	.	.	.	.
	Navicula hungarica v. c.	1	.	.	.	.	+	.
	Navicula minima	1	.	.	.	.	.	.
	Navicula salinarum	1	.	.	.	.	.	.
	Nitzschia thermalis	1	.	.	.	.	.	.
	Cymbella prostrata	.	.	+	.	.	.	.
	Frustulia vulgaris	.	.	+	.	.	.	.
	Navicula mutica	.	.	+	.	.	.	.
	Navicula Rheinhardtii	.	.	.	.	1	.	.
	Nitzschia apiculata	.	.	.	.	1	+	.
	Nitzschia recta	.	.	.	.	1	+	.
	Thalassiosira fluviatilis	.	.	.	.	.	+	.
	Amphora ovalis v. ped.	+	.	.	.	1	.	.
	Navicula rhynchocephala	+	.	.	.	.	.	.
	Nitzschia sigmoidea	.	.	.	+	.	.	.
	Nitzschia Heufleriana	.	.	.	+	.	.	.
	Cymatopleura solea	.	.	.	.	1	+	.
	Gyrosigma attenuatum	.	.	.	.	1	.	.

[x] durchschnittl. Jahreszyklusabundanz aller Aufnahmen

der tiersoziologischen Salmoniden- und Barbenzone liegen und ähnlichen Standortcharakter aufweisen. In der Liste wurden die Arten nach dem Durchschnittswert geordnet, der sich aus den Jahreszyklusabundanzen aller Untersuchungsstationen für sie ergab. Wir können danach Artengruppen von verschiedener Jahreszyklus-Abundanz aufstellen. Zeichnet man von all diesen Gruppen Stetigkeitsdiagramme (Abb. 2), so wird offenbar, daß die in unserem Falle vorliegende Gesellschaft charakterisiert ist

a. durch eine Gruppe von Arten mit hoher mittlerer Jahreszyklus-Abundanz und absoluter Stetigkeit (*Navicula gregaria – Surirella ovata*)

b. durch eine Gruppe von Arten mit recht hoher mittlerer Jahreszyklus-Abundanz und vorwiegend absoluter bis sehr hoher Stetigkeit (*Cocconeis placentula – Melosira varians*)

c. durch ein Gruppe von Arten mit mäßiger Jahreszyklus-Abundanz und unterschiedlicher, wenngleich bevorzugt höherer Stetigkeit (*Achnanthes lanceolata – Diatoma vulgare*)

d. durch eine Gruppe von geringer Jahreszyklus-Abundanz und verschiedener, doch vorzugsweise geringer Stetigkeit (restliche Arten).

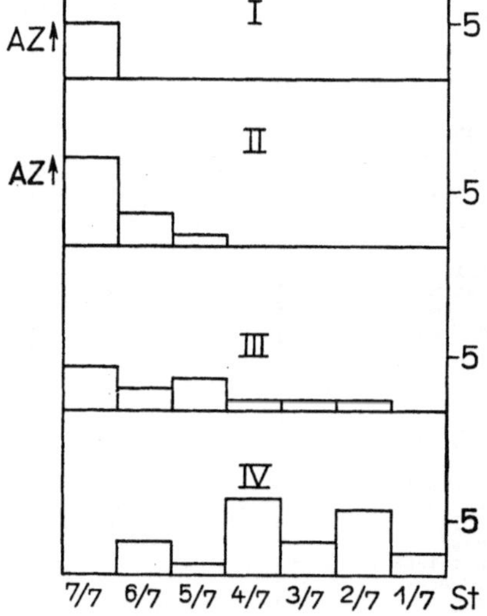

Abb. 2: Stetigkeitsdiagramm (Artenzahl-Stetigkeitsklasse), geordnet nach Abundanzgruppen.

I: Jahreszyklus-Abundanz im Mittel 4 %
II: ,,   ,,   ,,   ,,   1 %
III: ,,   ,,   ,,   ,,   > 0,25%
IV: ,,   ,,   ,,   ,,   < 0,25%

Es ergibt sich eine sehr gute Übereinstimmung der hochabundanten-hochsteten Arten aller Einzelaufnahmen. Keine dieser Arten kann auf Grund ihrer Treueverhältnisse als Charakterart dieser Gesellschaft bezeichnet werden. Die Auswahl der sogenannten Charakterarten bei den Fließwasser-Mikrophyten kann nur auf der Basis der Dominanz- und Stetigkeitsverhältnisse erfolgen. Charakteristisch für den Standort ist insbesondere die gesamte Gruppe der hochabundanten-hochsteten Arten. Unter charakteristischer Artenverbindung in der Mikrophytengesellschaft verstehen wir daher sinngemäß alle Arten, die hier mit höchster Jahreszyklus-Abundanz auftreten und hohe Stetigkeitsgrade aufweisen und u.U. auch noch Arten mit mäßiger Abundanz und hoher Stetigkeit. Alle weiteren Arten sind in der Regel als erratisch anzusehen. Die Artenliste der Tab. 5 ist keineswegs vollständig, eine ganze Reihe von Arten mit noch geringerer Jahreszyklus-Abundanz und Stetigkeit sind in der Tabelle überhaupt nicht mehr aufgeführt.

Daß es sich hierbei um eine für den Standort typische Gesellschaft handelt und nicht etwa um eine für das Fließwasser überhaupt typische zeigt der Vergleich mit Gesellschaftstabellen von anderen Standorten aus dem oberen Fuldabergbach (Tab. 6). Wir sehen hier zwar weitgehend dieselben Arten wie in der ersten Gesellschaftstabelle, aber doch in ganz anderer Abundanzgruppierung, die sich wiederum als charakteristisch erweist.

Die obere Bergbach-Gesellschaft weist eine Reihe von höher abundanten Arten wie *Diatoma hiemale* v. *mesodon*, *Navicula radiosa*, *Fragilaria virescens* usw. auf, die in der in Tab. 5 aufgeführten Gesellschaft in keinem Falle höher abundant anzutreffen waren. Sofern solche Arten in

Tab. 6. Gesellschaftstabelle von zwei Mikrophytozönosen-Standorten (nur Diatomeen berücksichtigt) im Bereich der oberen Salmonidenzone der Fulda bei Obernhausen

	pH-Wert des Wassers	< 7	> 7
15	Achnanthes lanceolata	15	15
> 5	Achnanthes minutissima	7,5	15
	Meridion circulare	7,5	15
	Cymbella ventricosa	7,5	15
	Cocconeis placentula	15	2,5
	Synedra ulna	7,5	7,5
	Diatoma hiemale v. mesodon	2,5	15
	Gomphonema parvulum	7,5	2,5
	Navicula cryptocephala	7,5	2,5
	Gomphonema angustatum	7,5	2,5
2,5	Nitzschia linearis	2,5	2,5
	Nitzschia palea	2,5	2,5
	Surirella angusta	2,5	2,5
> 1	Cymbella sinuata	1	2,5
	Navicula radiosa	1	2,5
	Navicula gracilis	+	7,5
	Nitzschia Hantzschiana	2,5	+
	Navicula Rotaeana	1	1
	Melosira varians	+	2,5
< 1	Fragilaria virescens	1	+
	Navicula minima	+	1
	Navicula seminulum	+	1
	Nitzschia dissipata	.	1
	Navicula gregaria	+	+
	Frustulia vulgaris	+	.
	Pinnularia subcapitata	+	.
	Surirella ovata	.	1
	Eunotia lunaris	1	.
	Eunotia pectinalis	+	.
	Eunotia praerupta	.	.
	Pinnularia gibba	.	.
	Pinnularia leptosoma	.	.
	Pinnularia microstauron	.	.
	Pinnularia viridis	.	.
	Denticula tenuis	.	7,5
	Navicula mutica	.	1

einer hohen Abundanz-Stetigkeitsgruppe nur in einer einzigen Gesellschaft auftreten, wie z.B. *Diatoma hiemale* v. *mesodon*, sind sie ganz besonders zur Charakterisierung der Gesellschaften geeignet. Man kann in diesem Fall von einem hohen Abundanz-Treuegrad sprechen.

Bei näherer Betrachtung der Tab. 5 fällt auf, daß mehrere Arten in etwas höherer Abundanz ausschließlich in einem der untersuchten Gewässer auftreten, in den anderen hingegen meist überhaupt fehlen. Für die Fliede ist dabei die Gruppe *Navicula protracta*, *Navicula hungarica* v. *capitata*, *Navicula salinarum* bezeichnend, alles als salzliebend bekannte Formen, was mit dem erhöhten Natriumchloridgehalt des Fliedewassers im Einklang steht. In der Haune verzeichnen wir als solche Arten *Navicula Reinhardtii* und *Gyrosigma attenuatum*. Ihr Vorkommen steht hier nach den allgemeinen Erfahrungen im Zusammenhang mit dem besonders hohen Kalkgehalt und den auffälig hohen pH-Werten des Haunewassers in Beziehung.

Es zeigt sich also, daß Divergenzen im Chemismus, wenn sie nicht allzu extrem sind, sich auf die charakteristische Artenverbindung der hoch-steten-hochabundanten Arten nicht auswirken. Es treten aber bisweilen zu dieser Gruppe wie im erwähnten Falle noch Zeigerarten, die kenn-

Tab.7. Gesellschaftstabelle von Mikrophytozönosen (nur Diatomeen berücksichtigt) im Fulda-Quellgebiet

1: gefaßte Fuldaquelle
2: weitere Quellen im Fulda-Quellgebiet
3: oberster Quellbach

	1	2	3
Achnanthes lanceolata	90	7,5	15
Meridion circulare	1	30	30
Fragilaria virescens	.	15	5
Gomphonema parvulum	.	7,5	15
Pinnularia subcapitata	.	7,5	5
Eunotia lunaris	.	7,5	5
Synedra ulna	.	5	5
Frustulia vulgaris	.	2,5	5
Navicula cryptocephala	.	2,5	5
Nitzschia Hantzschiana	.	2,5	5
Gomphonema longiceps	.	2,5	+
Cymbella ventricosa	.	1	1
Pinnularia viridis	.	2,5	+
Navicula minima	.	2,5	+
Eunotia pectinalis	.	2,5	+
Navicula bacilliformis	.	1	1
Nitzschia frustulia	.	+	1
Achnanthes minutissima	.	1	+
Nitzschia palea	.	1	.
Navicula dicephala	.	1	+
Pinnularia acrosphaeria	.	+	+
Pinnularia gracillima	.	+	.
Pinnularia interrupta	.	.	+
Pinnularia gibba	.	.	.
Pinnularia borealis	.	.	.
Pinnularia mesolepta	.	.	.
Pinnularia microstauron	.	.	+
Pinnularia nodosa	.	+	+

zeichnend für einen bestimmten ökologischen Sondertyp des Gewässers sind. Fliede und Haune kann man in diesem Falle als Subassoziationen des allgemeinen Gesellschaftstyps auffassen, die angeführten Zeigerarten sind als Differentialarten zu werten.

Wie sich gezeigt hat, können wir die Begriffe der terrestrischen Pflanzensoziologie auch für unsere mikrophytensoziologischen Betrachtungen anwenden. Die Gesellschaftscharakteristik vollzieht sich jedoch nach wesentlich anderen Gesichtspunkten, so daß man für die aufgezeigten Gesellschaftseinheiten vielleicht am besten eine besondere Bezeichnung „Mikrophytozönose" wählt und hierdurch zum Ausdruck bringt, daß es sich um die Vegetation einer bestimmten Schicht und Größenordnung, nämlich der mikrophytischen handelt.[1] Die Mikrophytozönosen können zwar verschiedentlich als alleinige Vegetationseinheiten am Standort auftreten, aber andererseits auch bei gleichzeitiger Anwesenheit anderer, makrophytischer Gesellschaftseinheiten. Da es natürlich nicht sehr glücklich ist, mehrere Assoziationen auf gleichem Raum zu unterscheiden, eine direkte Zuordnung von Makrophyten und Mikrophyten in der Regel nicht möglich ist, so würde der Ausdruck

Tab. 8. Gesellschaftstabelle von Mikrophytozönosen (nur Diatomeen berücksichtigt) aus der Fulda an der Grenze von oberer und mittlerer Salmoniden-Zone

1: bei Feldbachmündung
2: oberhalb Gersfeld

	1	2
Cocconeis placentula	50	15
Navicula gracilis	7,5	7,5
Navicula cryptocephala	5	7,5
Nitzschia linearis	7,5	5
Surirella ovata	5	7,5
Cocconeis pediculus	5	5
Cymbella sinuata	5	5
Cymbella ventricosa	2,5	5
Melosira varians	1	5
Navicula avenacea	.	5
Synedra ulna	5	1
Achnanthes lanceolata	1	1
Fragilaria intermedia	1	1
Gomphonema angustatum	+	1
Gomphonema parvulum	.	1
Meridion circulare	+	1
Nitzschia palea	+	1
Nitzschia dissipata	.	1
Rhoicosphenia curvata	1	.
Surirella angusta	+	1
Achnanthes minutissima	+	+
Navicula radiosa	+	.
Nitzschia Heufleriana	+	+
Navicula gregaria	+	+

[1] Danach wäre auch die Bezeichnung „Synusie" soziologisch zutreffend.

„Mikrophytozönose" diese Parallelgliederung zu den makrophytischen Einheiten am besten zum Ausdruck bringen.

Untersucht man unsere Fließgewässer vom Quellgebiet flußabwärts auf die in ihnen auftretenden Mikrophytozönosen, so läßt sich eine ganze Reihe solcher wohldefinierten Einheiten aufzeigen, von denen in Längsrichtung des Flusses eine die andere ablöst. Wir haben es also mit den typischen Verhältnissen einer wenn auch sehr langgestreckten Zonation zu tun.

An einigen ergänzend aufgeführten Aufnahmetabellen (7 und 8) soll dies deutlich gemacht werden. Die Karte (Abb. 3) vermittelt einen Überblick, in welchem Bereich des oberen Fuldalaufes die einzelnen Mikrophytozönosen-Aufnahmen gemacht worden sind.

Im Quellgebiet dominieren die Arten *Achnanthes lanceolata*, *Meridion circulare*, *Synedra ulna*, *Gomphonema parvulum*, *Fragilaria virescens*, *Pinnularia subcapitata* und *Eunotia lunaris* (Tab. 7).

Im obersten Bergbach-Abschnitt treten die drei letzten Arten zurück zugunsten von *Diatoma hiemale* v. *mesodon*, *Cocconeis placentula*, *Cymbella ventricosa*, *Navicula cryptocephala* und *Gomphonema angustatum*, während die ersten vier Arten weiterhin hier reichlich vertreten sind (Tab. 6).

Noch weiter unterhalb dominiert sehr stark *Cocconeis placentula*, daneben treten am stärksten hervor die Arten *Navicula gracilis*, *Nitzschia linearis*, *Surirella ovata*, *Cocconeis pediculus* und *Cymbella sinuata*. Von den Formen des obersten Bergbaches gehört hier nur *Navicula cryptocephala* in die höchste Abundanzgruppe (Tab. 8).

Schließlich stellen sich am Ende des Salmoniden-Bergbaches als dominante Arten *Navicula gregaria* und *Navicula avenacea* ein. Stark vertreten bleiben weiter *Cymbella ventricosa*, *Navicula cryptocephala* und *Surirella ovata*, wohingegen die anderen Arten, insbesondere die *Cocconeis*-Arten, wieder stärker zurücktreten (Tab. 5).

Es zeigt sich auch bei dieser Gesamtbetrachtung eines Gewässerlaufes, daß die Gesellschaftstabellen auf der Grundlage der Jahreszyklus-Abundanz das soziologische Bild und die Veränderungen im Gesellschaftsgefüge im Falle einer Zonation gut wiedergeben.

Man kann die solcherart definierten Mikrophytozönosen in entsprechender Weise wie die höheren Pflanzengesellschaften bezeichnen. Zweckmäßig ist es dabei, die hochabundanten und hochsteten Arten zur Namengebung heranzuziehen, insbesonders wenn sie mit hohem „Abundanztreuegrad" an die Gesellschaft gebunden sind, wie z.B. *Diatoma hiemale* var. *mesodon*. So läßt sich die Gesellschaft der Tab. 6 als Achnantheto-Diatometum hiemalis bezeichnen. Die Gesellschaften der Tabellen 8 und 5 können als Cocconetum placentulae-pediculi bzw. als Surirelleto-Naviculetum gregariae-avenaceae benannt werden. Es empfiehlt sich aber, solche Bezeichnungen zunächst nur als Hilfsmittel der sprachlichen Verständigung (unter Angabe des Autors und unter Bezug auf dessen Gesellschaftstabellen) zu benutzen, nicht hingegen von vornherein durch Namengebung eine Priorität für die endgültige Benennung solcher Gesellschaften festzulegen. Zu einer solchen wird man erst allgemeinverbindlich kommen können, wenn hinreichendes Erfahrungsmaterial zur Beurteilung vorliegt.

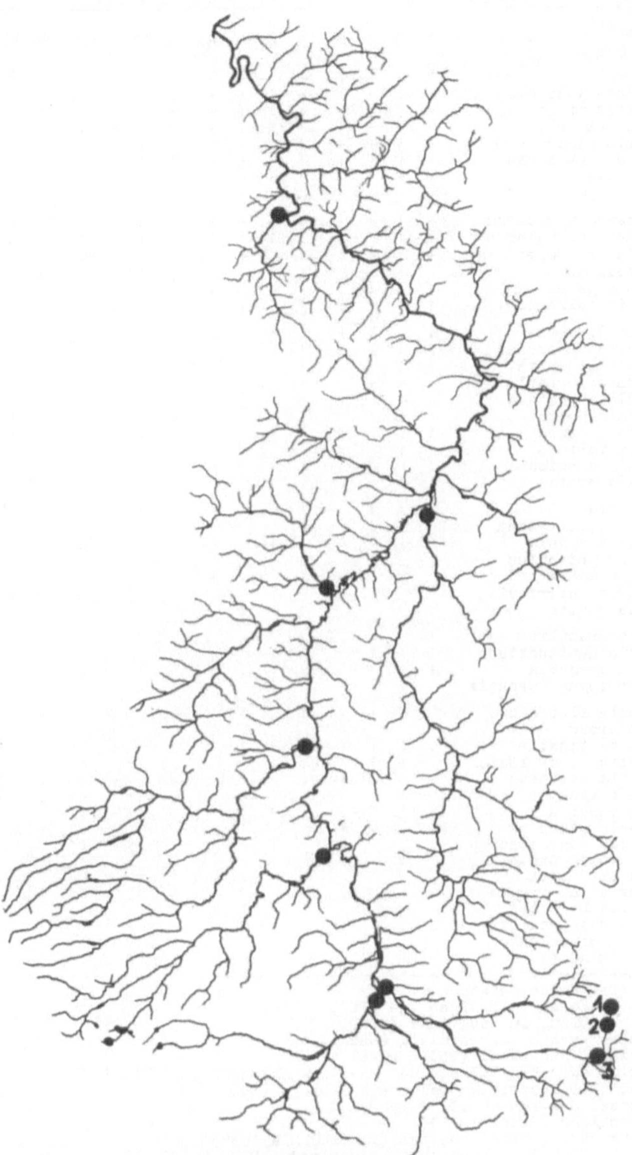

Abb. 3: Karte des oberen Fulda-Flußgebietes.
Lage der Aufnahmestellen der Mikrophytenvegetation (●)
1: Tabelle 7
2: Tabelle 6
3: Tabelle 8, Tabelle 1
unbeziffert: Tabelle 5

Wir wollen an einem Beispiel schließlich noch untersuchen, wie weit solche aus dem Fuldagebiet beschriebenen Mikrophytozönosen auch außerhalb dieses engeren Untersuchungsgebietes typisch sind. Ein solcher Vergleich an Hand der Literatur ist wegen der bestehenden Un-

Tab.9. Gesellschaftstabelle für das "Achnantheto-Diatometum hiemale"
Abundanz hoch (+), mittel (!) und gering (.)

	1	2	3	4	5	6	7	8	9	10	11	12	13	14	15	16
	s	S	S	S	S				s		S	S	S	s		
Achnanthes lanceolata	+	.	!	+	+	!	!	+	+					!	+	+
Achnanthes minutissima	+	+	+	+	+	!	+	+	+	+			+	!	+	+
Meridion circulare	+	+	+	+	+		!	+	+	+	+	.	+	+	+	+
Cocconeis placentula	+	+	+	+	!		.	+	+	!				+		
Cymbella ventricosa	+	+	+	+.	+	!	+	+	+	!	+	+		!	!	!
Synedra ulna	+	+	+	+	+	!	+		+	!	+	.	+	+	+	!
Diatoma hiemale mes.	+	+	+	+	!	!	+	+	+	+	!	!	.	+		
Gomphonema angustatum	+	!	+	!	+	+	+	+	+	!	+	!	.	.	+	!
Gomphonema parvulum	+	!		!	!	!	+		+	!		!	.	.	!	!
Navicula cryptocephala	+	!	!	!	+		+	!	+	!	.	.			!	!
Ceratoneis arcus		+		+	+		.		!	.			!	+		
Nitzschia palea	+	!	!		!	+		!			.	!		!	+	
Frustulia vulgaris	!	.	+	+	!		+		+		+	.			+	+
Navicula Rotaeana	!	+	!	+	!	+					+		+			
Fragilaria virescens	!	!	+	+	!	!					!					
Nitzschia linearis	+	!			!										+	!
Achnanthes linearis		+		+					!				+	+		
Surirella angustata	+	!	.	!	+				.		.			!		.
Cymbella sinuata	!	!	!		!				+					!	+	
Navicula radiosa	!	.		+						.			!	!		.
Melosira varians	!	!		.	+								!	!		.
Nitzschia dissipata	!			!			+							.	!	!
Surirella ovata	!	!		.	.	.								!	.	+
Amphora ovalis			!		!				+	!						
Gomphonema olivaceum			!		+								!			
Navicula viridula					+	+		+								
Cocconeis pediculus					:				.				!	!		
Diatoma vulgare		.			!			+								
Fragilaria intermedia			+										+			
Navicula mutica	!				!		!								.	
Navicula gracilis	!															.
Nitzschia Hantzschiana	!		+													!
Navicula gregaria	!														!	
Navicula rhynchocephala		!					+									
Tabellaria flocculosa		+	+	+	!	.	+				+	+	+	+		
Eunotia arcus			+			.	+				+	+	+			
Eunotia pectinalis	.	!	+		°		!				!		.			
Pinnularia subcapitata	.	+	!	!	!	!						+				
Pinnularia viridis	.		!	+	.				+		+	.		.		
Eunotia exigua	!	!										+				
Eunotia veneris	!		+										!	.		
Pinnularia gibba	.	.	+										.	!		
Pinnularia microstauron	.	.	+		!								!			
Eunotia polydentula	!															
Eunotia praerupta	.					.		.						.		
Pinnularia interrupta	.												!			
Pinnularia borealis							!									
Pinnularia appendiculata							!									
Frustulia Saxonica	.											.	!			
Peronia erinacea												+	!			

1 = oberer Fulda-Bergbach
2 = obere Eder, Rothaargebirge (BUDDE 1935)
3 = Quellablauf im Sauerland (BUDDE 1928)
4 = obere Wutach, Schwarzwald (WEHRLE 1942)
5 = Asmeke, Sauerland (BUDDE 1928)
6 = Mulda zwischen Wilzsch und Aue, Erzgebirge (SCHRÖDER 1939)
7 = Bach bei Escorial, Guadarrama-Gebirge (BUDDE 1929)
8 = Lunzer Seebach (HUSTEDT 1922)
9 = Rhönbäche (RAABE 1951)
10 = Alpenbäche, Urner Reustal (MESSIKOMMER 1934)
11 = Seitenbach des Ebbebaches, Sauerland (BUDDE 1928)
12 = Mulda, oberster Abschnitt bis Wilzsch, Erzgebirge (SCHRÖDER 1939)
13 = Bach im Gebiet von Abisko, Nordschweden (HUSTEDT 1944)
14 = Bäche im Eisrandgebiet des Blamandsis, Norwegen (MÖLDER 1951)
15 = Hügelbäche in Ostholstein (RAABE 1951)
16 = Gauchach im Gebiet der Kalkschichtquellen, Schwarzwald (WEHRLE 1942)

S = Wasser deutlich sauer, s = Wasser z.T. sauer

einheitlichkeit des Verfahrens ökologischer und soziologischer Mikrophytenuntersuchungen nur schwierig und unter Benutzung relativ grober Abundanzmerkmale zu bewerkstelligen. Die Tab. 9 enthält eine solche Zusammenstellung, welche die Ergebnisse der Untersuchungen von 16 verschiedenen europäischen Bergbächen berücksichtigt. Die hohe Stetigkeit der hochabundanten aus dem Fuldabergbach bekannten Spitzengruppe kommt auch hier wiederum sehr deutlich zum Ausdruck.

Ein Vergleich der oberen Bergbach-Mikrophytozönose der Fulda mit der durchschnittlichen Abundanzgruppierung, die aus allen anderen Untersuchungen für die Arten resultiert, ergibt eine fast vollständige Übereinstimmung der charakteristischen Artenverbindung.

Zu bemerken wäre hier noch, daß eine ganze Reihe von Bächen durch das Auftreten einer Anzahl von *Pinnularia-* und *Eunotia*-Arten, die als azidophil bekannt sind, gekennzeichnet sind. In anderen Bächen fehlen diese Arten (Vgl. auch Tab. 6). Das Vorkommen der Arten beschränkt sich in diesem Falle auf die elektrolytarmen Bäche mit pH-Werten, die mehr oder weniger weit unter dem Neutralpunkt liegen. Die einzelnen Arten sind dabei häufig gar nicht hochabundant. Die ganze Gruppe der Arten fällt dagegen quantitativ schon ins Gewicht. Dies sei hier nur als Beispiel dafür erwähnt, daß es zur allgemeinen Regel, bei der soziologischen Mikrophytenaufnahme nur die höherabundanten Arten zu berücksichtigen, auch Ausnahmen gibt.

Mitunter treten im charakteristischen Artenverband der Bergbach-Mikrophytenvegetation zusätzliche, in unserer Liste nicht enthaltene Arten auf. In den Bächen in der Nähe des norwegischen Gletschergebietes des Blaamandsis verzeichnete MÖLDER (1951) unter den hochabundanten Arten neben typischen wie *Diatoma hiemale* v. *mesodon*, *Achnanthes lanceolata*, *Achnanthes microcephala*, *Meridion circulare*, *Synedra ulna* etc. gesellschaftsfremd anmutende Formen wie *Fragilaria construens*, *Tabellaria flocculosa*, *Achnanthes lapponica*, *Cymbella prostrata* u.a. Es zeigt sich aber, daß dies alles Arten sind, die im Schmelzwasser des Gletschers am Gletscherrand selbst reichlich vertreten sind, so daß ihr Auftreten im charakteristischen Artenverband des Achnantheto-Diatometum hiemalis in Eisrandnähe verständlich wird. Gerade in der Möglichkeit, solche Varianten der Gesellschaft auf den Grundtypus zurückführen zu können, bewährt sich, wie man sieht, die nach den Prinzipien der Abundanz und Stetigkeit geordnete Gesellschaftstabelle als soziologischer Maßstab außerordentlich.

Ich möchte es damit bei diesen wenigen Beispielen bewenden lassen und muß die Darlegung weiterer vorliegender Untersuchungsergebnisse einer ausführlicheren Publikation vorbehalten. Jedoch erscheint es mir abschließend notwendig, darauf hinzuweisen, daß eine Reihe von Fragen bei diesem Ansatz zur Erfassung der aquatischen Mikrophytozönosen noch offen steht.

In den hier diskutierten Tabellen waren zum Beispiel nur die Diatomeen berücksichtigt worden, die zur Analyse ja separat präpariert werden müssen. Wenn diese auch nach Artenzahl im Fließwasser vorherrschen, so dürfen andere Gruppen auf die Dauer nicht unberücksichtigt bleiben. Solche Untersuchungen, die auch andere Gruppen berücksichtigen, insbesondere die wichtigen Cyanophyceen, sind zur Zeit noch im Gang, aber noch nicht so weit gediehen, daß schon etwas Verbindliches darüber gesagt werden könnte.

In den Fließgewässern der Alpen weichen die Verhältnisse in der Mikrophytenbesiedlung von denen in unseren Mittelgebirgen etwas ab. Die Besiedlungsverhältnisse sind hier weniger homogen. Es entwickelt sich unter diesen Umständen vielfach ein Mosaik artenreiner Kleinstbestände, die schon an Unterschieden der Vegetationsfärbung mit bloßem Auge kenntlich sind. Dies steht im Zusammenhang mit der wesentlich stärkeren Bewegung des Untergrundes, durch die ständig Bewuchs zerstört wird, wodurch anschließend wieder freies Substrat zur Neubesiedlung zur Verfügung steht. GEITLER (1927) hat schon darauf hingewiesen, daß bei längerer Ruhe des Bachbettes die Besiedlung homogener wird und dabei Arten, die vorher eine geringere Rolle gespielt hatten, merklich vordringen.

Wenden wir uns schließlich den Mikrophytengesellschaften stehender Gewässer zu, so bedarf es hier wieder einer besonderen Aufnahmetechnik. Auch hier haben wir stellenweise wieder stabile kleinräumliche Unterschiede der Mikrophytenvegetation zu verzeichnen. Besonders im Steiluferbereich der Seen kommt dies in einer schmalen Gürtelung der Mikrophytenvegetation im Litoral zum Ausdruck. Diese ist jedoch äußerlich ebenfalls leicht zu erkennen, so daß man die Entnahme der Proben dementsprechend einrichten kann. Die Anwendung analytischer Strukturmerkmale zur Gesellschaftskennzeichnung, wie sie hier geschildert wurden, verspricht aber auch bei der Untersuchung solcher Gewässerstandorte Erfolg.

Schließlich gibt es Schwierigkeiten bei der Zuordnung mancher Algen zu den Mikrophyten oder zu den Makrophyten. Manche Arten erscheinen in frühem Entwicklungsstadium eindeutig als Mikrophyten, während sie später zu typisch makrophytischen Formen auswachsen. Kolonieverbände von *Hydrurus foetidus* oder von *Diatoma hiemale* v. *mesodon* können zu im Wasser flutenden Büscheln auswachsen. Eine quantitative Erfassung nach dem hier aufgezeigten Schema der Mikrophytenuntersuchung wird dann schwierig. Es bleibt hier nur die Möglichkeit, die mikrophytensoziologischen Untersuchungen durch makrophytensoziologische zu ergänzen. So bleibt also auch hier noch manches zu tun übrig.

Ich glaube aber, daß solche Gedankengänge, wie die hier vorgetragenen, dazu beitragen können, solche Untersuchungen stärker in Fluß zu bringen als bisher und daß sie vielleicht Diskussionen auslösen, die hoffentlich zu der dringend notwendigen Vereinheitlichung soziologischer Aufnahme- und Auswertetechnik der Mikrophyten führen werden.

ZUSAMMENFASSUNG

An Beispielen aus der Mikrophytenvegetation fließender Gewässer wird eine floristisch-soziologische Methode entwickelt, um die Mikrophyten-Gesellschaftseinheiten zu erfassen. Gegenüber der hauptsächlich auf Präsenz und Gesellschaftstreue sich gründenden Charakterisierung der terrestrischen Makrophytengesellschaften sind Hauptkriterien für Mikrophytengesellschaften die Abundanz, bzw. Dominanz, und zwar als Mittelwert aller jahreszyklischen Aspekte. Unter konsequenter Anwendung der Terminologie nach BRAUN-BLANQUET läßt sich auch für Mikrophyten-Gesellschaften ein gesellschaftscharakteristischer Artenverband definieren, nämlich durch die analytischen Strukturmerkmale Jahreszyklus-Abundanz bzw. -Dominanz und die synthetischen Merkmale Stetigkeit und Abundanztreue. Grundsätzlich erscheint eine allgemeine

Soziologie der sessilen Mikrophyten auf floristischer Basis möglich. Für weitere Arbeiten in dieser Richtung ist eine Vereinheitlichung der soziologischen Aufnahme- und Auswerteverfahren dringend notwendig.

SUMMARY

1. Aquatic macrophytes and microphytes are components of vegetation, entirely different in size dimensions and hence in sociological aspects. The microphytic community is separately investigated and described in the sence of synusiae. The following conclusions are based on the study of microphytic synusiae of flowing waters.
2. Investigations of aquatic microphytic communities require special sampling techniques and consideration of quantity of occurrence rather than only presence of species and observation of seasonal aspects of communities.
3. Taking into account the special situation of microphytic communities BRAUN-BLANQUET's conception of plant sociology may well be adopted.
4. Quantitative analytical characteristics of microphytic communities as mean abundance, mean annual frequency, relative dominance, population density, and absolute dominance are defined and discussed.
5. Synthetic characteristics of microphytic communities are mainly based on mean annual abundance or dominance. Microphytic communities are composed by a group of species of high mean annual abundance and absolute or nearly absolute constancy together with a group of species of moderate mean annual abundance and different yet preferably higher constancy and a group of low mean annual abundance and generally low constancy.
6. The characteristic species group in macrophytic communities is made up by as well highly abundant as at the same time highly constant species. There is no fidelity of species to the community in the sense of mere presence, but fidelity regarding the abundance. Apart from this group there are a great number of accidental species, entirely unsuitable for any community characterisation, all low in abundance and poor in constancy.
7. These facts are demonstrated for a great number of examples of microphytic communities in mountain streams all over Europa.

LITERATUR

BRAUN-BLANQUET, J.: Pflanzensoziologie. 2. Aufl. – Wien 1951.
BUTCHER, R. W.: Studies in the ecology of rivers. II. The microflora of the rivers with special reference to the algae on the river-bed. – Ann. Bot. **46**: 813–861. 1932.
MÖLDER, K.: Die Diatomeenflora einiger Eisrandstandorte in Norwegen. – Arch. Soc. zool. bot. fenn. „Vanamo" **5**: 126–137, Helsinki 1951.
VAN OYE, P.: Planktonspectra. Eine quantitative Plankton-Beurteilungsmethode. – Int. Rev. Hydrobiol. **35**: 328–338, 1937.

QUELQUES ASPECTS BIOLOGIQUES DE LA REPARTITION DES ALGUES D'EAU DOUCE

par

SERGE VILLERET, Rennes

Les algologues savent, d'expérience, que les eaux continentales abritent une flore algale variable avec la nature des eaux prospectées. Mais l'accord est loin d'être réalisé en ce qui concerne la définition des Associations d'algues. Les opinions sont totalement opposées: les uns rejettent la notion d'association, les autres, au contraire, définissent de telles associations.

Les milieux à eaux acides (tourbières à Sphaignes et eaux associées), se sont révélés particulièrement favorables à l'essai d'une Phycosociologie. Ils offrent, en effet, une florule de Desmidiées caractéristiques et les premières tentatives pour définir des Associations d'algues, calquées sur les modèles proposés par les Phanérogamistes, ont porté sur les relevés sociologiques tirés de l'étude de ces milieux (2, 8, 9). On a étendu alors ces tentatives vers les sociétés planctoniques (3, 6, 8). Finalement, après un départ prometteur, ces essais se sont arrêtés et il est exceptionnel qu'un Algologue se risque actuellement à préciser les contours des Associations définies par ses prédécesseurs. C'est qu'en effet, il est extrêmement rare de retrouver des relevés correspondant à tel ou tel individu d'association. Il faut beaucoup de bonne volonté ou un optimisme certain pour se convaincre de la signification exacte des relevés de populations. A moins de s'en tenir à ce que j'appelle ,,l'association chemin de fer'', où en rangeant soigneusement les espèces dans un relevé, on arrive à insérer- comme un wagon dans une rame – une liste dans une association déjà décrite, on reste hésitant à justifier sa conception. Pourtant les faits d'observation sont là, qui incitent l'algologue à chercher les Desmidiées dans les eaux acides ou bien telle ou telle espèce dans les eaux calcaires. Si nous laissons de côté les stations qui, par leurs conditions, constituent des cas limites dont les propriétés sévères ne peuvent être supportées que par un groupe restreint d'espèces (par exemple les eaux thermales, la neige, les eaux à cours rapide, les sources salines ou bien les eaux éphémères, etc...), le reste des eaux continentales offre une large variété de propriétés physico-chimiques qui ne peut manquer d'imprimer à la flore algale des caractères particuliers.

Il apparaît donc une opposition fondamentale entre la variété des biotopes et l'impossibilité ou la difficulté actuelle à reconnaître des Associations typifiées qui traduisent l'accord entre la végétation et le milieu. Comment expliquer cette opposition? Les raisons en sont nombreuses et nous voudrions en souligner quelques-unes. Tout d'abord nous écarterons la difficulté certaine pour identifier un bon nombre d'espèces. Ce sont là des problèmes que connaît tout systématicien. Il reste alors à préciser la notion de milieu et à envisager la biologie des algues.

Le milieu aquatique correspond à des collections d'eau variées et l'Algologue qui se veut Phycosociologue apprécie subjectivement l'analogie ou les différences entre différentes stations. Il considèrera comme comparables des prises d'échantillon réalisées au niveau des franges à Sphaignes dans les étangs tourbeux, par exemple. Or, nous avons montré l'extrême diversité des conditions qui régnent dans ces stations et l'appauvrissement progressif de la microflore au fur et à mesure que s'installent les conditions polyhumiques (9). En bref, nous dirons que le milieu aquatique est un milieu ouvert présentant (hormis les cas limites rappelés brièvement ci-dessus) une structure en mosaïque. Visiblement, une collection d'eau n'est jamais densément occupée par les populations algales. De plus, l'eau est en large contact avec le sol, rivages et fond, et les échanges entre terre et eau sont nombreux et variés et de répartition inégale (7).

Or, nous n'avons pour apprécier les qualités de l'eau que des mesures physico-chimiques de routine certainement peu utiles pour expliquer à la fois les raisons de l'apparition, du développement et de l'abondance des algues, ou de leur déclin.

Dans certains cas, on a montré une corrélation satisfaisante entre la valeur des concentrations en substances nutritives, nitrates, phosphates ou silice et le développement de plusieurs espèces d'algues (1, 5), mais on ne peut expliquer la variété temporaire et la succession des populations algales en s'en tenant à ces mesures. On a alors pensé à l'intervention des oligoéléments, dont on connaît pour certains d'entre eux – et il s'agit essentiellement des éléments de transition, Cu, Fe, Co, Mn, Mo, etc. – le rôle catalytique. Les résultats ne sont pas probants. En particulier, nous ne connaissons pas avec assez de détail l'action des phénomènes de chélation sur la validité des substances dissoutes à l'état de traces. Enfin, et c'est peut-être là une nouvelle voie d'approche lorsque nous disposerons de moyens d'analyse convenables, il semble bien que de nombreuses espèces d'algues soient des auxotrophes et qu'elles aient alors besoin de substances de croissance. Plus précisément, les espèces qui apparaissent au début de la végétation annuelle se cultivent assez facilement sur milieux simples, au laboratoire, tandis que celles qui se développent plus tardivement, semblent avoir des exigences plus précises qui rendent leur culture plus délicate. Nous entrons là dans la notion du complexe milieu-organisme qui est difficile à préciser. Deux derniers exemples éclaireront cette constatation.

On sait depuis longtemps que les Desmidiées acidophiles prospèrent dans les eaux acides où le rapport des alcalins (Na + K) aux alcalino-terreux (Ca + Mg) est largement supérieur à l'unité. Or, en culture au laboratoire, les rendements sont pratiquement identiques quelque soient les valeurs du rapport précédent. La question se pose de savoir si le facteur considéré intervient vraiment pour régler la présence des algues ou si l'expérience de laboratoire peut-être transposée au niveau des conditions naturelles (11).

Enfin, les membranes des Algues et probablement leur cytoplasme se révèlent avoir des propriétés des résines échangeuses d'ions et jouir de possibilités de chélation. Si nous nous rappelons la dilution des solutions que nous appelons eaux douces, ces phénomènes peuvent jouer un rôle certain dans la définition des milieux.

Ces quelques remarques nous suffiront pour souligner la complexité des phénomènes physico-chimiques liés à la composition des milieux aquatiques. Et la complexité n'est pas moindre si nous nous tournons vers les microphytes.

LA BIOLOGIE DES ALGUES

On doit admettre à l'évidence que la biologie de chaque espèce d'algue est caractéristique bien qu'il existe des mécanismes communs. Si nous voulons comprendre les fondements physico-chimiques de la répartition des algues, c'est-à-dire de leur périodicité et de leur abondance dans la nature, devons-nous alors considérer chaque espèce séparément ? Le travail ne manquera pas! Déjà, les cultures expérimentales ont fourni de nombreux renseignements (influence des sels dissous, concentrations optimales, température, pH, etc...). Mais il serait vain de vouloir transposer brutalement les résultats ,,in vitro'' sur le plan des conditions naturelles. Nous avons montré la variété de l'équipement enzymatique d'une trentaine d'espèces appartenant au même biotope en ce qui concerne la dégradation des uréides glyoxyliques (10). Dans des recherches en cours, nous rencontrons une même variété dans la vitesse d'utilisation des nitrates. On peut espérer que ces études monographiques nous permettront de définir avec VOUK (12) la valence écologique de telle ou telle espèce. Il n'en restera pas moins des difficultés majeures qui tiennent à des causes sous-jacentes à celles que nous venons d'exposer.

Le milieu pour un individu, est tout ce qui l'entoure et qui n'est pas lui même. Il nous faut alors faire intervenir les relations biologiques, biochimiques et physiques entre les organismes. On a défini des compatibilités, des antagonismes et des antibioses (4). Le simple énoncé de ces relations suffit pour en montrer la complexité. Mais encore – et ce n'est pas là une mince difficulté les algues d'eau douce sont pratiquement des végétaux uni- ou paucicellulaires dont le cycle de développement est rapidement parcouru mais qui peuvent subsister à l'état de vie ralentie lorsque les conditions sont moins favorables à leur développement. On peut alors, localement, assister à des superpositions de populations d'algues biologiquement différentes. Et c'est là, à notre avis, la difficulté majeure de l'étude des sociétés d'algues: visiblement, nous exploitons des mélanges (où les contaminations ne sont pas exclues: arrivée d'espèces transportées par les animaux aquatiques, de spores transportées par le vent, etc.). Ainsi, mélanges par brassage et mélanges par superposition des dynamismes particuliers de chaque espèce ou peut-être de groupes d'espèces font-ils régner une confusion très grande dans la définition des sociétés d'Algues.

En conclusion, les remarques ci-dessus risquent d'apparaître fort pessimistes. Les Phycosociologues ont raison d'imaginer des Associations d'Algues d'eau douce. Mais il semble, actuellement tout au moins, difficile de préciser le contour exact et l'articulation de ces Associations. Plongées entièrement dans leur milieu aquatique, les Algues sont probablement de bons tests de la validité du milieu. Mais ce milieu est varié sous une apparente homogénéité et nous ne pouvons examiner, le plus souvent, que des mélanges plus ou moins imprévus.

La taxonomie doit rester la base des recherches écologiques et l'identification des espèces, complète et rapide, doit être le support de tout travail biochimique. L'écologie des Algues sera alors étudiée par l'observation prolongée des stations naturelles et par les expériences de laboratoire. Alors pourrons-nous entreprendre de mieux définir les associations d'Algues.

RÉSUMÉ

Les eaux continentales abritent une flore algale qui est variable selon les propriétés physico-chimiques des eaux. On peut penser établir des associations d'algues qui répondent à ces propriétés. Mais deux ensembles de faits s'opposent à une précise définition de ces associations. D'une part, les milieux aquatiques encore mal connus dans leurs propriétés caractéristiques sont les milieux ouverts, et sont facilement envahis par des algues, organismes microscopiques qui sont transportés de façons diverses, vent, animaux et insectes aquatiques, courants, etc. D'autre part, les Algues elles-mêmes peuvent subir plus ou moins longtemps des conditions défavorables et la présence d'une Algue n'est pas forcément une indication de valeur écologique actuelle. Si l'on ajoute les difficultés d'identification quand il s'agit de certains groupes, on comprendra les incertitudes qui rendent indécis les contours des associations.

SUMMARY

Continental waters shelter a flora of algae varying according to physicochemical properties of the water. It might be thought to establish a classification corresponding to these properties. But two kinds of facts prevent a precise definition of this classification. On one side, aquatic surroundings, about the characteristic properties of which we still know but very little, are open surroundings and likely to be invaded by algae, microscopic organisms which can be transported by the wind or by aquatic animals or insects, or currents etc... On the other hand, algae themselves are liable to undergo unpropitious circumstances for long or short periods of time and the presence of a kind of algae is not necessarily the actual indication of ecological value. Morever, if we consider the difficulties of identification concerning groups, we can easily understand the uncertainty which prevails upon such associations.

1 FOGG, G. E.: The metabolism of Algae. – Methuen's Monogr. on biological subjects. Londen 1953.
2 FRITSCH, F. E.: Some aspects of ecology of freshwater algae. – J. Ecol. **19**: 233–72. 1931.
3 GUERRERO, P. G.: Les algues aériennes espagnoles. – Rev. algol. **1** (3): 152–163. 1955.
4 JAKOB, H., LEFÈVRE, M. et NISBET, M.: Auto- et Hétéroantagonisme chez les Algues d'eau douce. – Ann. Stat. cent. Hydrobiol. appl. **4**: 5–192. 1952.
5 LUND, J. W. J.: Chemical analysis in ecology illustrated from Lake District Tarns and Lakes. 2. Algal differences. – Proc. linn. Soc. Londen 1957: 165–171.
6 MARGALEF, R.: Las associaciones de algas en las aguas dulces de pequeño volumen del Noreste de España. – Vegetatio **1**: 258–284. Den Haag 1949.
7 MORTIMER, C. H.: The exchange of dissolved substances between mud and water in Lakes. – J. Ecol. **29**: 280–329. 1941 and id. **30**: 147–201. 1942.
8 SYMOENS, J. J.: Esquisse d'un système des Associations algales d'eau douce. – Tr. Ass. int. Limnol. théor. et appl. **11**: 395–408. 1951.
9 VILLERET, S.: Contribution à la biologie des Algues des tourbières à Sphaignes. – Bull. Soc. Sci. Bretagne **29**. 246 pp. 1954.
10 — Sur la présence des enzymes des uréides glyoxyliques chez les Algues d'eau douce. – C.R. Acad. Sci. Paris **241**: 90–92. 1955.
11 — et SAVOURE, B.: Recherches expérimentales sur l'autoécologie de quelques Desmidiées acidophiles. – C.R. Soc. Biogéogr. **295**: 34–39. 1957.
12 VOUK, V.: Thermal vegetation and ecological valence theory. – Hydrobiologia **1**: 90–95. 1948.

FRANZ:

Die beiden Vorträge behandeln zwei ganz verschiedene Standorte: Der erste das stark strömende Wasser mit Ausbreitung der Arten durch das Milieu selbst, der andere in den Mooren stehendes Wasser mit ungünstigen Bedingungen für die Arten-Verbreitung. Im ersten Falle leben vorwiegend Diatomeen, im zweiten Desmidiaceen. All das gibt viele Vergleichsmöglichkeiten.

SCHMITHÜSEN:

Herr SCHMITZ hat sehr mit Recht darauf hingewiesen, daß man die eigentliche „Biozönose" als eine räumlich geschlossene Lebensgemeinschaft mit ihrem gesamten Inhalt fassen sollte.

DU RIETZ:

Nach den von mir und anderen in schwedischen Mooren ausgeführten Untersuchungen der Mikrovegetation findet man beim Vergleich der Hochmoorvegetation (im strengsten Sinne der rein ombrotrophen Moorvegetation) und der Niedermoorvegetation, daß die Niedermoore in ihrer Mikrovegetation eine große Anzahl von absoluten Trennarten gegenüber der Hochmoorvegetation aufweist, d.h. daß sich die Hochmoore auszeichnen durch das absolute Fehlen der meisten Mikroorganismen der in Niedermooren bis an die Grenze des Hochmoores häufig vorkommenden Arten. Die Grenze zwischen Hochmoor und Niedermoor, die Mineralbodenwasserzeigergrenze (MbWz-Grenze, vergl. DU RIETZ in Vegetatio V–VI, 1954) ist eines der schönsten Beispiele einer Grenze, die

durch eine große Anzahl von Trennarten absolut und exakt angezeigt
wird. Dagegen ist es uns bis jetzt nicht gelungen, eine einzige sichere
Kennart des Hochmoores zu finden. Trotzdem ist aber das Hochmoor eine
der am besten und am deutlichsten begrenzten Biozönosen, die ich überhaupt kenne. Betreffs der in den Hochmooren Schwedens absolut fehlen-
den Makro- und Mikro-organismen kann auf meine Beispiele und Zusam-
menfassungen in den Exkursionsführern A II b, A II b 2 und A II b 3 bei
dem 7. Internationalen Botanischen Kongress, Stockholm, 1950, und in
Vegetatio V–VI, 1954 hingewiesen werden.

Beim Vergleich zwischen der Mikrovegetation der oligotrophen und
eutrophen Seen Schwedens finden wir eine Reihe von Mikroorganismen,
die in eutrophen Seen häufig vorkommen können, in oligotrophen Seen
aber niemals zu finden sind, unter den Diatomeen z.B. *Rhoicosphenia
curvata*, *Epithemia*-Arten usw.

Betreffs der praktischen Analysenmethoden in der Mikrovegetation
haben mich meine Erfahrungen skeptisch gemacht gegen die Möglichkeit,
Abundanzschätzungen mit irgendeiner vielgradigen Skala vorzunehmen.
Ich selbst habe mich meistens damit begnügt, qualitative Artenlisten mit
verschiedenen Markierungen der dominierenden und der subdominieren-
den Arten zu machen. Dr. ELSALORE FETZMANN (Wien) und Fil. mag. TOM
FLENSBURG (Stockholm) haben aber in Zusammenarbeit mit mir mit
gutem Erfolg durch Zählungen versucht, die relative Menge der verschiedenen Mikroalgen in verschiedenen Moorbiozönosen Südschwedens
zu bestimmen.

SCHMITZ:

Prof. DU RIETZ hat zweifellos Standorte von großer Extremheit untersucht. Wir stellen immer wieder fest, daß es absolute Zeigerarten für
extreme Standorte gibt, die ausschließlich und nicht von anderen
Formen begleitet an diesen Standorten auftreten. Die Solfataren, die
HUSTEDT untersucht hat, sind ähnliche Standorte, wo nur etwa ein
halbes Dutzend Arten immer wieder auftreten und keine anderen vorkommen. Aber wir müssen berücksichtigen, daß dies im Grunde ein
negatives Kriterium ist. *Eunotia exigua* oder *Frustullifia saxonica* sind
nicht absolute Zeigerarten für die Moore. Sie finden sich auch an anderen
Standorten. Aber in den Hochmooren kommen ausschließlich sie vor.
Die Zahl der absenten Arten ist also gewissermaßen ein negativer Zeiger
für diesen Standort.

Ich glaube, daß der Begriff Synusie eine gewisse Parallele zur Mikro-
Phytozönose hat. Es sollte daher möglich sein, die Mikro-Phytozönosen
den Synusien zuzuordnen.

R. TÜXEN:

In den Mikrophyten-Gesellschaften gibt es Arten, die als zufällig (acciden-
tell) bezeichnet werden, und die in den Tabellen z.T. weggelassen wurden.
In den Phanerogamen-Gesellschaften haben wir dasselbe Problem der
zufälligen oder fremden Arten. Die Methode zur Bestimmung des
Minimal-Raumes (Minimi-Areals) einer Pflanzengesellschaft ist allge-

mein bekannt. Wo sich die Kurve der Asymptote nähert, liegt das Minimi-Areal.

Eine entsprechende Methode läßt sich zur Feststellung des Verhältnisses von Artenzahl zu Aufnahmezahl verwenden. Man braucht dazu sehr viele untereinander homogene Aufnahmen von derselben Gesellschaft. Dabei war die Frage, wann die erhaltene Kurve horizontal verläuft. Sie tut es nie! (oder nur in bestimmten Ausnahmen). Auch wenn man 300 oder mehr Aufnahmen von der gleichen Variante einer Gesellschaft untersucht, wird die Kurve (von diesen Aufnahmen) nie horizontal, sondern sie steigt in *gerader* Linie weiter. Ich möchte den Punkt, in dem die Krümmung der Kurve in die Gerade übergeht, als äußerst wichtig bewerten. An diesem Punkt beginnen nämlich die Arten, die man in der Tabelle weglassen kann, d.h. die zufälligen, die keine soziologische Bedeutung mehr für die Gesellschaft als Typ haben. (Wohl können einzelne, sehr seltene diagnostisch brauchbare Arten darunter sein, deren Bedeutung infolge äußerst geringer Stetigkeit allerdings nicht überschätzt werden darf).

Dieser Punkt bezeichnet die „notwendige Aufnahmezahl", die man braucht um die „gesamte (= vollständige) Artenzahl" der Gesellschaft zu bestimmen. Diese „gesamte oder vollständige Artenzahl" ist für die einzelnen Gesellschaften eine sehr charakteristische Größe, die in unserer nordwestdeutschen Vegetation zwischen 1 (Salicornietum strictae) und mehreren hundert Arten schwanken kann. Die „mittlere Artenzahl", ein analytisches Merkmal, schwankt viel weniger. Die „notwendige Aufnahmezahl" variiert ebenfalls sehr stark. Es gibt sehr homogene Gesellschaften wie das Salicornietum, von denen man nur eine einzige Aufnahme braucht. Von weniger homogenen Gesellschaften sind 30,50 oder mehr Aufnahmen nötig, um die vollständige Artenzahl zu erreichen. Wir werden an anderer Stelle auf diese Frage ausführlich zurückkommen. Inzwischen ist dieses Problem an belgischen Gesellschaften behandelt.

BARKMAN:

Ich habe genau die gleichen Erfahrungen gemacht mit Epiphytengesellschaften in Holland. Auch hier wird die Artenzahl bei Ausdehnung einer Probefläche rasch konstant, nimmt aber mit der Aufnahmezahl in einer Assoziationstabelle sogar bei 114 Aufnahmen noch immer gradlinig zu. Deshalb sind Tabellen mit stark verschiedenen Aufnahmezahlen nicht ohne weiteres zu verwenden für die Berechnung von Verwandtschaftskoeffizienten.

Der Beginn der gradlinigen Kurve liegt bei den ziemlich artenarmen Epiphytengesellschaften zwischen 10 und 20 Aufnahmen. Wenn man Verwandtschaftskoeffizienten zwischen Gesellschaften (Tabellen) berechnen will, kann man nicht eine Tabelle mit 40 Aufnahmen mit einer Tabelle von 20 Aufnahmen einer anderen Gesellschaft vergleichen. Weil die Kurve immer ansteigt, hat also die Tabelle von 40 Aufnahmen ohnehin schon eine größere Artenzahl als die andere. In der Formel $\dfrac{a}{a+b}$ wird also a viel zu groß, wenn a die Artenzahl der Tabelle mit vielen Aufnahmen ist. Man kann daher entweder nur die kleinste Zahl

der Aufnahmen der beiden Tabellen, die zu vergleichen sind, für beide
nehmen. Damit verliert man natürlich Informations-Material. Oder man
berücksichtigt nicht die akzidentellen Arten, d.h. Arten von weniger als
10% Präsenz. Wenn man die Arten mit weniger als 10% Präsenz fortläßt,
wird die Kurve waagerecht. Bei 10–20 Aufnahmen sind alle Arten in der
Tabelle enthalten, außer denen, die eine Präsenz von weniger als 10%
haben. Dies Verfahren ist aber nur notwendig für die Berechnung der
Verwandtschaftskoeffizienten. Die wenigpräsenten Arten können jedoch als Kenn- oder Differentialarten wichtig sein. Das ist auch vielleicht
bei den Algen so.

Du Rietz:

Eine Ausnahme von den interessanten und wichtigen Feststellungen
Tüxens über die dauernde Zunahme der Artenzahl mit steigendem Areal
bildet die Makro- und Mikrovegetation der Hochmoore (im strengsten
Sinne). Nach meiner Erfahrung genügt meistens eine kleine Anzahl von
Aufnahmen von Bulten-und Schlenkenvegetation eines Hochmoores um
die gesamte mögliche Artenanzahl, d.h. alle diejenigen Arten, die in dem
extrem nahrungsarmen Milieu des Hochmoores überhaupt wachsen
können, einzufangen. Und danach kann man, solange man sich in einem
einigermaßen einheitlichen Flora- und Klima-Gebiet befindet, beliebig
viele und große Aufnahmen dazufügen, ohne eine einzige Art zu der
Artenliste der Hochmoorvegetation hinzufügen zu können. Dies gilt ebenso von der Makrovegetation wie von der Mikrovegetation des Hochmoores.

Auch in den extremsten Biozönosen des unteren Landstrandes (=
des unteren Geolitorals) der Meeresfelsen findet man analoge Verhältnisse: im Mauro-Calothrixion-Verband (nach der schwarzen Krustenflechte *Verrucaria maura* mit der Blaualge *Calothrix serpulosum* benannt)
genügen wenige Aufnahmen und kleine Areale, um die ganz wenigen
Krustenflechten-Arten und die wenigen Algen-Arten zu erfassen, welche
die Kombination von abwechselnden extremen Austrocknungsperioden
und langwierigen Salzwasserdurchtränkungsperioden in dieser Zone
überhaupt aushalten können.

Auf einen noch extremeren Fall in der Makrovegetation, nämlich die
Salicornia strictissimum-Synusie der Meeresküste hat Prof. Tüxen
schon hingewiesen. Auch Thienemann hat in vielen Arbeiten diese
Verhältnisse der extremsten Standorte behandelt.

Schmitz:

Im Prinzip ist mein Vortrag eine Erweiterung des Hinweises von Prof.
Tüxen auf die Artenzahl -Aufnahmezahl-Kurve und ihre Benutzung für
die Beurteilung der zufälligen Arten. Ich zeigte, daß die Zahl der niederfrequenten Arten immer größer wird, je mehr Aufnahmen man macht.
Man kann also den Gesichtspunkt der Frequenz der Arten zusätzlich und
außerdem noch den Begriff der Abundanz zusätzlich in Rechnung stellen.
Es zeigt sich immer wieder, daß hochabundante Formen in der Regel auch
hochfrequent sind. Beide Erscheinungen ergänzen sich also.

Barkman:

Herr Villeret hat gesagt, daß zwei Desmidiazeenarten, die als Charakterarten der Planktonbiozönose des offenen Wassers dystropher Heidetümpel betrachtet werden, deswegen nicht als solche bewertet werden können, weil sie das ganz Jahr hindurch, also unter den verschiedensten Witterungs- und auch wasserchemischen Bedingungen im Plankton vorhanden sind. Entscheidend ist aber nur, ob sie auch in den anderen Biotopen (Verlandungszonen) auftreten, es sei denn, daß man die verschiedenen Saisonaspekte des offenen Wassers als selbständige Assoziation betrachten will. Liegt hier nicht ein Mißverständnis in der Auffassung des Charakterartenbegriffs vor ? Die Untersuchung von Herrn Schmitz erfolgte mehr von der pflanzensoziologischen, die von Herrn Villeret mehr von der physiologischen Seite.

Trennarten zwischen Gesellschaften und Trennarten zwischen Saisonaspekten einer und derselben Assoziation sollten scharf unterschieden werden.

Villeret:

L'association à Micrasterias truncata et Frustulia saxonica peut être définie dans les tourbières à Sphaignes. Mais l'observation de la flore algale au cours de plusieurs années consécutives nous a montré, dans ces milieux, une succession saisonnière de populations algales différentes dans leur composition globale. Or, pratiquement, nous rencontrons toujours $M.t.$ et $F.s.$ dans nos relevés. Mais nous pensons alors que biologiquement, c'est l'apparition et la disparition de telle ou telle espèce, selon les conditions locales du milieu qui constituent le problème essentiel. En effet, dans une association, il doit y avoir accord entre le milieu et l'organisme. A toute variation du milieu correspond une variation de la microflore. Par conséquent les espèces qui disparaissent ou apparaissent ont une signification écologique précise (qu'il faudra trouver!). Dans ce sens, $M.t.$ et $F.s.$ sont des caractéristiques à large „valence". Elle sont moins exigeantes ou plus résistantes que les espèces à présence brève (la vie d'une algue s'étend sur quelques semaines)! Si nous définissons le milieu tourbeux par son acidité, sa faible teneur en Ca et au contraire sa teneur parfois élevée en substances ferro-humiques alors, ces deux algues sont des caractéristiques. Mais biologiquement elles deviennent compagnes dans d'autres groupements à cause de leur souplesse écologique, ces autres groupements se développant à des saisons déterminées dans les mêmes localités.

Franz:

Vous êtes intéressés à des questions physiologiques. Mais pour la phytosociologie il est intéressant de connaitre les espèces, qui se trouvent dans ces marécages ou ces tourbières continuellement. Ces espèces sont des espèces caractéristiques. Des espèces qui se trouvent seulement dans une certaine saison sont des espèces differéntielles, caractéristiques pour l'aspect saisonnier.

Villeret:

Nous avons à faire à des microphytes, dont la durée de vie est trois semai-

nes, un mois ou deux mois. J'ai pu suivre effectivement la durée de vie
d'après les rythmes de division. Or, si une espèce se développe au mois
d'avril (il faut savoir comment elle passe le reste du temps: par exemple
spores etc.), je trouve qu'elle est aussi caractéristique de l'association pour
le mois d'avril!

Elle avait la condition. Je pense que lorsqu' on veut parler de l'association il faut rechercher l'accord entre les conditions du milieu et les
possibilités de l'organisme. Il faut bien que ça s'accorde. S'il n'y a pas
accord, les algues ne poussent pas. Tandis que si une espèce est capable
de végéter pendant un mois, ça veut dire que les conditions du milieu lui
ont permis de végéter, peut-être y-a-t'il là une sous-association.

La durée de vie des microorganismes est courte. Et par conséquence la
question température peut jouer un rôle et nous aurons une succession
d'association très rapide pendant l'année.

Alors je ne vois pas le problème du point de vue phytosociologique ou
physiologique, je le reprends du point de vue biologique.

SCHMITZ:

Wir müssen grundsätzlich zwei Aspekte auch in der terrestrischen
Vegetationskunde voneinander unterscheiden. Die Annäherung von der
Standortökologie und die von der Floristik her. Ich habe Wert darauf
gelegt, den floristischen Aspekt in den Vordergrund zu stellen. Damit
findet man definierte Gesellschaften. Der andere Aspekt vom Standort her
erweist sich in der Regel als sehr kompliziert, weil der Standort schwer zu
übersehen ist.

Im Verhältnis der Mikrophyten-Vegetation zum pH-Wert verbergen
sich andere Faktoren, z.B. der Betrag des freien CO_2, des $CaHCO_3$, des
$CaCO_3$. Arten, die auf den sauren Bereich beschränkt sind, fehlen im
alkalischen Bereich vielleicht deswegen, weil hier nicht genügend freies
CO_2 vorkommt.

Die Frage, aus welchen ökologischen Gründen eine Besiedelung eines
Standortes zustande kommt, ist in der Regel bei Mikrophyten nur experimentell zu klären, weil man nur so die Standortsfaktoren auseinander
halten kann. Dabei sind große Überraschungen möglich, wie bei den hier
genannten Desmidiaceen, wo in der Kultur die ökologische Valenz eine
ganz andere ist als in der Natur.

DU RIETZ:

Meine Frau, MARGARETA WITTING-DU RIETZ, und ich haben während
vieler Jahre zusammen Untersuchungen über Moorwasserchemie und
Moorvegetation ausgeführt, wobei sie die Wasserchemie, ich die Mikrovegetation und wir zusammen die Makrovegetation untersucht haben.
Auch unsere Ergebnisse zeigen wie bei Herrn VILLERET deutliche Rela-
tionen zwischen Moorwasserchemie, vor allem pH, und Makro- sowohl wie
Mikrovegetation, nicht nur, wenn man Hochmoor und Niedermoor vergleicht, sondern auch, wenn man verschiedene Glieder in der Serie von den
artenarmen und stark saueren bis zu den artenreichen und zirkumneutralen Niedermooren vergleicht. Man muß nach unserer Erfahrung dabei
darauf achten, daß sich das pH eines Moortümpels mit dem wechselnden
Sonnenschein und der wechselnden Assimilation stark verändern kann.

EINIGE EXPERIMENTE ZUM EPIPHYTISMUS IN ZÖNOSEN MARINER ALGEN

von

A. Merola, Napoli

Die gegenseitigen Abhängigkeiten der verschiedenen Glieder einer Pflanzengesellschaft sind nur in wenigen Fällen eingehend untersucht worden. Zahlreiche Naturbeobachtungen lassen jedoch die große Bedeutung dieser Beziehungen erkennen. Ein recht bezeichnendes Beispiel stellt der Epiphytismus dar.

Epiphytismus findet sich bei benthonischen Meeres-Algen außerordentlich häufig, bei Landpflanzen der gemäßigten Zonen dagegen selten. Der auffällige Gegensatz hängt im wesentlichen damit zusammen, daß bei den Algen die Stoffaufnahme (im weiten Sinne des Wortes) der an das Außenmedium grenzenden Zellen eines Individuums in der Regel nicht spezialisiert ist und bei allen Zellen mehr oder weniger gleichartig erfolgt. Das Substrat, mit dem die Algen verhaftet sind, dient dem Individuum in der Regel nur als Ankerplatz und nicht auch als Stofflieferant.

Die Größe epiphytischer Algen kann beträchtliche Ausmaße erreichen und wesentlich die Größe ihrer Tragpflanzen überschreiten. Bemerkenswert groß kann auch sowohl die Zahl der Individuen als auch der Arten sein, die als Epiphyten auf einer einzigen Alge sitzen. In manchen Fällen ist der gesamte Thallus einer Alge von Epiphyten völlig bedeckt. Es versteht sich, daß je nach der Art des Bewuchses die Umweltbedingungen für die beteiligten Pflanzen außerordentlich verschieden und in vielen Fällen auch von Vorteil für die Tragpflanze sind.

Viele benthonische Algen kommen in der gleichen Art und Weise auf leblosem wie auf lebendem Substrat vor, wobei die Entscheidung über den Ort der Ansiedlung sicherlich oft zufallsbedingt ist. Diese Arten würde man fakultative Epiphyten nennen können. Es gibt aber auch Algen, die bisher nur als Epiphyten auf ganz bestimmten Algenarten gefunden wurden und obligate Epiphyten darstellen könnten.

In diesem Zusammenhang sei noch ein anderer Umstand erwähnt. Ohne Zweifel gleichen sich nicht alle Arten hinsichtlich ihrer Fähigkeit, als Substrat für Epiphyten zu dienen. Am gleichen Standort können gleichzeitig neben reich mit Epiphyten besetzten Arten solche vorkommen, die praktisch epiphytenfrei sind und daneben wiederum andere, welche in dieser Hinsicht zwischen diesen beiden Extremen stehen.

Bei den Tieren mariner Biozönosen finden sich natürlich ganz entsprechende Erscheinungen und u.a. auch solche Fälle, wo einzelne Tier- oder Pflanzen-Arten bzw. deren Teile bevorzugt oder gemieden werden. Hier sei ferner auf den Befund von Drach (1951) hingewiesen, wonach benthonische Larven sich nicht auf bestimmten Krustenalgen, den Melobesien, ansiedeln, weil diese wachstumshindernde Stoffe ausscheiden.

Die Zeit reicht leider nicht aus, die ganze Mannigfaltigkeit des Epiphytismus und die damit zusammenhängenden Fragen auch nur aufzuzählen. Schon oft, und zuletzt wohl von DEN HARTOG, wurde darauf hingewiesen, daß der Epiphytismus in marinen Phycozönosen derartig häufig ist, daß fast keine soziologische Untersuchung benthonischer Meeresalgen dieses Phänomen unberücksichtigt lassen kann. Trotzdem wir dank des dafür seit jeher bestehenden großen Interesses zahlreiche Fälle von gegenseitigen Beziehungen zwischen Substratpflanzen und ihren Epiphyten kennen, sind uns deren Natur und Ursachen im wesentlichen verborgen.

Im folgenden sollen einige einfache Versuche mitgeteilt werden, welche das Fehlen von Epiphyten bei benthonischen Meeresalgen zum Gegenstand haben. Als Substratpflanzen wurden zwei Braunalgen gewählt, *Dictyota dichotoma* und *Dictyopteris membranacea*. Diese sind mehrfach als Beispiele für epiphytenfreie Algen angeführt worden (vgl. FUNK 1927, OLLIVIER 1929, p. 73, FELDMANN 1938). Schwärmer (Zygoten und Zoosporen) der Grünalge *Enteromorpha compressa* dienten als Besiedler. Es wurde geprüft, ob *Enteromorpha*-Schwärmer sich auf den Braunalgen festsetzen und ggf. entwicklen konnten.

Die Algen wurden durch das Personal der Zoologischen Station in Neapel aus dem Golf geholt und in das Laboratorium der Station gebracht. Vom apikalen Ende der Braunalgen-Zweige wurden 1–2 cm lange Teile abgeschnitten und in Kulturgefäße aus Glas (sogen. Boveri-Schalen) mit 20 ccm Schreiberlösung gelegt.

VERSUCHE MIT DICTYOPTERIS MEMBRANACEA

Vorausgeschickt seien einige Bemerkungen über die Regeneration von *Dictyopteris membranacea*. Viele Thallusteile begannen bald nach Versuchsbeginn zu degenerieren. Degeneration und Zerstörung erfolgt nach vorheriger Ausbleichung von außen, dem Thallusrand, nach innen zur Mittelrippe, welche am längsten erhalten bleibt. Die Degenerationsprozesse verlaufen bei geringeren Lichtintensitäten sowie bei sehr dichter Packung vieler Thallusteile (25 Stück in einer Schale) langsamer. Auffällig war ein jahreszeitlicher Unterschied. Juni-Material regenerierte überhaupt nicht und degenerierte schneller als September-Material. Letzteres degenerierte nicht nur langsamer, sondern auch weniger, insofern nicht die ganze Thallusspreite zerstört wurde, sondern nur Lakunen am Rande entstanden. Außerdem regenerierte es, teils durch Hyphenbildung am Schnittrand, teils durch Regeneration von Zellen des Lakunenrandes. Erwähnt sei ferner eine polare Differenzierung des Original-Thallus, erkennbar am unterschiedlichen Verhalten von apikalen und basalen Zweigen: Spitzen von Zweigen nahe der Basis regenerieren schneller und bilden deutlich weniger Degenerationsinseln als apikale Zweigspitzen.

Es soll jetzt die Entwicklung der eingebrachten *Enteromorpha*-Schwärmer besprochen werden. Sie besiedeln ziemlich gleichmäßig alle Flächen und haften sehr gut überall am *Dictyopteris*-Thallus. Die Ent-

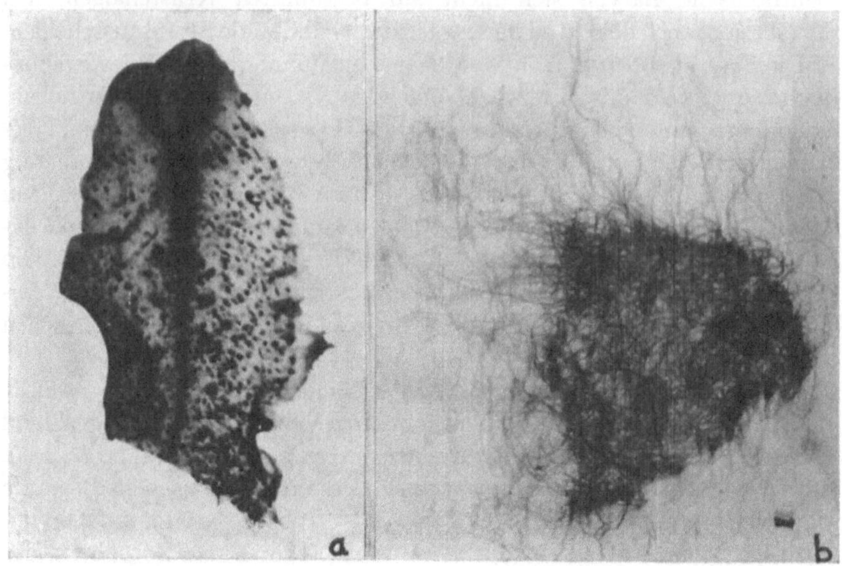

Abb. 1. *Dictyopteris membranacea*, 73 Tage nach Aussaat der *Enteromorpha*-Schwärmer.
a) Intakter Thallus mit kleinen *Enteromorpha*-Keimlingen
b) Degenerierter Thallus mit gut entwickelten Enteromorphen

wicklung der Enteromorphen, die auf dem Glas der Kulturschale sitzen, ist in allen Schalen etwa gleich und sichere Differenzen zwischen Serien mit *Dictyopteris*-Thalli sowohl untereinander als auch im Vergleich zu den Kontrollen ohne *Dictyopteris* ließen sich nicht ausmachen.

Dagegen zeigt die Entwicklung der Enteromorphen auf den *Dictyopteris*-Thalli bemerkenswerte Unterschiede. Folgende Beziehungen zum Ansiedlungsort und zum Thalluszustand sind deutlich erkennbar. *Enteromorpha*-Keime, die auf regenerierenden Thalli sitzen, sind in ihrer Entwicklung stark gehemmt. Diese Hemmung kann so stark sein, daß nach drei Monaten die Keime nicht mehr als höchstens wenigzellig sind. Enteromorphen am Thallusrand sind weniger gehemmt als solche auf der Spreite. Die hemmende Wirkung regenerierender und lebender Gewebe ist augenfällig bei Thalli mit den von regenerierendem Gewebe umgebenen Degenerationsinseln: während viele Keimlinge der Degenerationsinseln gut entwickelt sind, zeigt das umgebende regenerierende Gewebe nur wenige und sehr kleine Keimlinge. Das gleiche Bild findet sich bei Thallusverletzungen.

Auch schwach degenerierende Gewebe haben offenbar noch entwicklungshemmende Wirkungen, wenn auch sicherlich nicht so starke wie gut regenerierende Gewebe. Erläuternd sei hinzugefügt, daß mehrfach beobachtet sowie erschlossen werden konnte, daß entsprechend einem stärkeren Degenerationszustand die Entwicklung der Enteromorphen zunimmt.

Tote und stark degenerierende Thalli hemmen *Enteromorpha* nicht in ihrer Entwicklung. Die nicht hemmende Wirkung toter Gewebe ließ sich auch direkt demonstrieren, und zwar in Versuchen mit abgetöteten

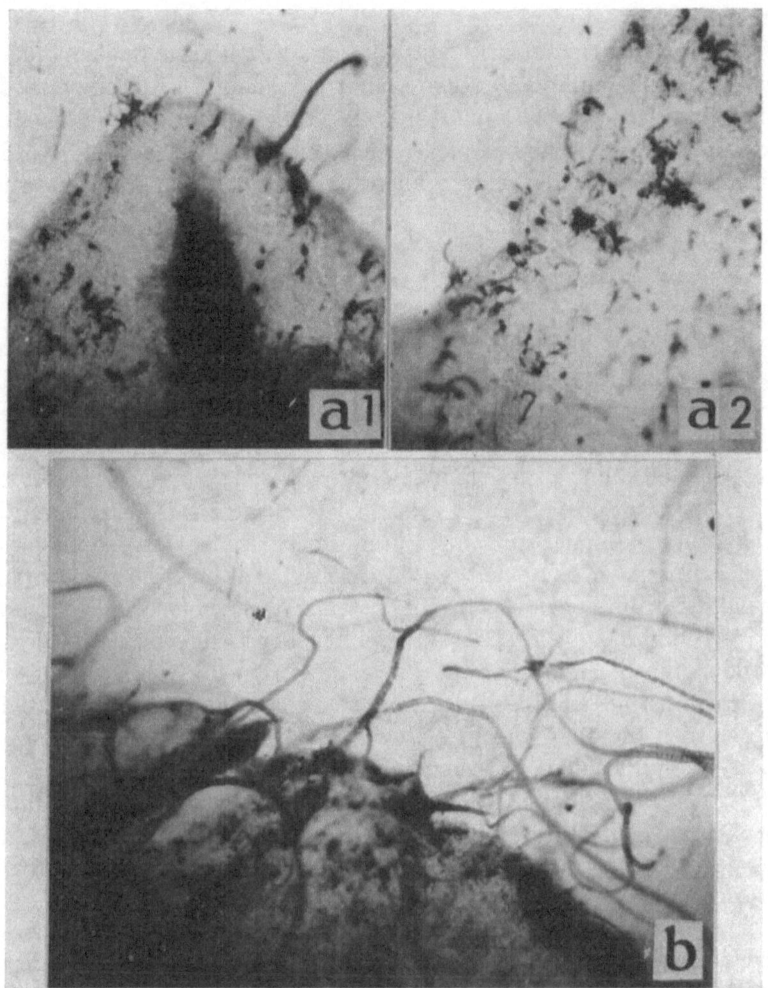

Abb. 2. *Dictyopteris membranacea*, 73 Tage nach Aussaat der *Enteromorpha*-Schwärmer.
a1–a2) Intakter Thallus mit kleinen *Enteromorpha*-Keimlingen
b) Degenerierter Thallus mit gut entwickelten Enteromorphen

Thalli, die vor der Besiedlung mit *Enteromorpha* in kochendem Wasser abgebrüht worden waren.

Regenerierendes Gewebe wirkt zwar auf die auf ihm haftenden *Entero-morpha*-Keime entwicklungshemmend, aber nicht tödlich. Die Keime bleiben sehr schön grün. Hierzu sei noch folgendes erwähnt: Thalli mit Degenerationsinseln und Enteromorphen wurden längere Zeit im Schwachlicht gehalten; infolge der geringen Lichtintensität blieben alle Enteromorphen klein. Nach Überführung der Thalli in Licht normaler Intensität, entwickelten sich die Enteromorphen über den Inseln mit degenerierten Gewebe schnell zu normalen Keimlingen, während die *Enteromorpha*-Keimlinge über dem regenerierenden Gewebe winzig blieben (Abb. 1 und 2).

Eine Hemmwirkung über eine gewisse Distanz ließ sich nicht sicher

nachweisen, obschon oft danach gesehen wurde sowie Versuche eigens
dafür angestellt wurden.

Die Natur der Hemmwirkung ist unklar. Man könnte meinen, daß die
Entwicklungshemmung der Enteromorphen eine Lichthemmung dar-
stellte, da sie auf oder z.T. auch unter dem dunkelbraunen Thallus sitzen
und aus diesem Grunde vielleicht schlechter beleuchtet würden.
Verschiedene Versuche zeigten allerdings, daß diese Vermutung nicht
zutrifft.

VERSUCHE MIT DICTYOTA DICHOTOMA

Thallus-Spitzen von *Dictyota dichotoma* regenerieren leicht. Schon wenige
Tage nach dem Abschneiden beginnt der 1 bis 2 cm lange Thallus-Teil in
Boverischalen mit Schreiberlösung vorzugsweise vom Rand aus an vielen
Stellen zu proliferieren und neue Thallus-Teile zu bilden, die im Vergleich
zum Originalthallus sehr schmal sind.

Zygoten und Zoosporen von *Enteromorpha compressa*, die sich am Glas
der Kulturschale oder auf eingelegten Deckgläschen festgesetzt haben,
entwickeln sich im Vergleich mit Kontrollschalen ohne *Dictyota* anfangs
normal und zahlreich. Auf den Thallusteilen dagegen entwickeln sich nur
wenige Keimlinge, welche zudem merklich langsamer wachsen. Dies gilt
besonders für die Keimlinge auf der Thallusfläche im Gegensatz zu weniger gehemmten Keimlingen des Thallusrandes. Im Laufe der Entwicklung sterben die spärlichen *Enteromorpha*-Keimlinge auf den *Dictyota*-
Thalli ab und nach vier Monaten erscheint der reich verzweigte und
Kräftige *Dictyota*-Thallus frei von Epiphyten. Aber nicht nur die Enteromorphen auf den *Dictyota*-Thalli, sondern auch die Keimlinge auf dem
Glas der Versuchsschale sind nach einiger Zeit gehemmt und sind nach
vier Monaten alle abgestorben.

Diese Beobachtungen zeigen, daß gut regenerierende Thalli von
Dictyota dichotoma anfangs die Entwicklung von unmittelbar auf den
Thalli befindlichen *Enteromorpha*-Keimlingen hemmen und verhindern,
später aber auch die Keimlinge in einiger Entfernung von den *Dictyota*-
Thalli auf dem Glas des Kulturgefäßes an der Entwicklung hindern und
zum Absterben bringen.

Besetzt man Boverischalen an Stelle von 1 oder 2 mit 10 Thallusspitzen
von *Dictyota*, so regenerieren diese nicht, sondern verlieren nach einiger
Zeit ihre goldbraune Färbung, sterben ab und zerfallen. *Enteromorpha*-
Schwärmer, die in reichlich mit *Dictyota* besetzten Schalen ausgesäht
werden, entwickeln sich anfangs in der gleichen Weise wie in Schalen mit
wenig *Dictyota*, sind also anfangs auf den noch gut braunen *Dictyota*-
Thalli gehemmt. Im Laufe der Zeit und mit zunehmender Zersetzung der
Dictyota-Thalli entwickeln sich die *Enteromorpha*-Keimlinge sowohl auf
den *Dictyota*-Pflanzen wie auf dem Glas der Versuchsschalen merklich
besser und sind schließlich ebensogut entwickelt wie in den Kontrollschalen ohne *Dictyota* (Abb. 3). Dies führt schließlich so weit, daß auf
degenerierenden *Dictyota*-Thalli *Enteromorpha*-Pflänzchen zu beobachten
sind, die schon wieder Schwärmer bilden, während auf regenerierenden
Dictyota-Thalli kein einziger *Enteromorpha*-Keimling gefunden wird. Die

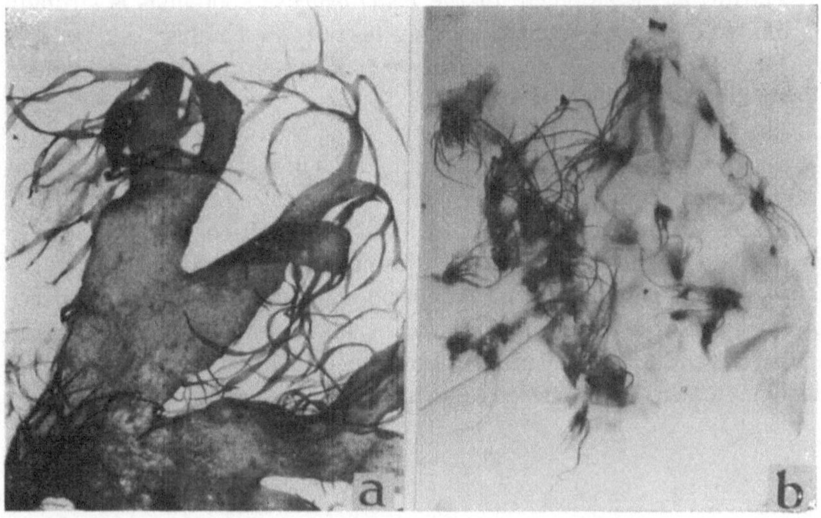

Abb. 3. *Dictyota dichotoma*, 60 Tage nach Aussaat der *Enteromorpha*-Schwär-
mer.
a) Regenerierender Thallus ohne *Enteromorpha*-Keimlinge
b) Degenerierter Thallus mit gut entwickelten Enteromorphen

hemmende Wirkung der *Dictyota*-Thalli geht also nur von lebenden, gut
regenerierenden Thalli aus, nicht aber von degenerierenden Thalli, und
sie betrifft nicht die Ansiedlung der *Enteromorpha*-Schwärmer selbst,
sondern deren Entwicklung.

ZUSAMMENFASSUNG

Die Versuche, *Dictyoteris* und *Dictyota* mit *Enteromorpha* zu besiedeln,
ergaben: 1. Die Ansiedlung der Enteromorphen erfolgt auf den Thalli
beider Braunalgen ungestört. 2. Die Entwicklung der *Enteromorpha*-
Keime ist auf regenerierenden oder lebenden Thallusteilen stark gehemmt.
3. Die Entwicklung der *Enteromorpha*-Keime auf sterbenden oder toten
Thallusteilen ist nicht gehemmt. 4. Die entwicklungshemmende Wirkung
der untersuchten Braunalgen ist offenbar an die Lebenstätigkeit der Zellen
oder Gewebe geknüpft, äußert sich aber außerhalb der letzteren.

Eine Diskussion über die mögliche Natur der Entwicklungshemmung
erscheint angesichts der geringen Zahl von Beobachtungen und der Fülle
von denkbaren Möglichkeiten wenig sinnvoll. Es sei hier nur noch bemerkt
daß die Hemmwirkung für die marinen Algengemeinschaften einen biotischen Faktor darstellen könnte, der von ähnlicher Bedeutung sein könnte
wie die bei Landpflanzen-Gesellschaften experimentell aufgezeigten
Faktoren.

SUMMARY

Attempts to colonise *Dictyopteris* and *Dictyota* with *Enteromorpha* gave
the following results:
1. The establishment of *Enteromorpha* on the Thalli of both genera of
    brown algae occurs freely.

2. The further development of the *Enteromorpha* sporelings is strongly inhibited on regenerating or living portions of Thallus.
3. The development of the *Enteromorpha* sporelings on dying or dead portions of Thallus is not inhibited.
4. The inhibitory action of the brown algae studied is apparently connected with the activity of the living cells or tissues, but is expressed externally to the latter.

A discussion on the possible nature of the inhibition would appear to have little point in view of the small number of observations and of the many plausible possibilities that might be suggested. It may be remarked, however, that this inhibition in marine algae may represent a biotic factor that could have a similar significance to those inhibitory factors which have been demonstrated experimentally in terrestrial communities.

DIE KRYPTOGAMENFLORA EINIGER VEGETATIONS-TYPEN IN DRENTE UND IHR ZUSAMMENHANG MIT BODEN UND MIKROKLIMA

von

J. J. BARKMAN, Wijster, Niederlande
(Mitteilung No. 91 der Biologischen Station Wijster*)

Die Biologische Station Wijster im Nordosten der Niederlande beschäftigt sich seit mehr als einem Jahr unter anderem mit biozönologischen Untersuchungen. Die bisherigen Ergebnisse sind natürlich noch sehr vorläufig und müssen daher mit Vorbehalt betrachtet werden.

Die Biozönologie oder Biosoziologie untersucht die Lebensgemeinschaften von Pflanzen und Tieren. Es wird öfter ein Unterschied gemacht zwischen Pflanzensoziologie und Biosoziologie, aber im Grunde genommen gibt es natürlich nur Lebensgemeinschaften, in denen alle Organismen miteinander verkettet sind. Wenn man dennoch innerhalb dieser Biozönosen bestimmte Organismengruppen für sich studieren will, so kommen rein logischerweise nicht systematische, sondern ökologische Gruppen in Betracht, vor allem die drei Hauptgruppen: Produzenten, Konsumenten und Reduzenten. Zu den Produzenten gehören, wie bekannt, die grünen Pflanzen und chemoautotrophe Pflanzen, (Bakterien), zu den Konsumenten die meisten Tiere, parasitische Pflanzen und insektenfressende Pflanzen, zu den Reduzenten die meisten Pilze und Bakterien, aber auch Regenwürmer, Protozoen usw. Die Pflanzensoziologen beschränken sich auf das Studium der Produzenten, die Tiersoziologen auf das der Konsumenten. Die äußerst wichtige Rolle der Reduzenten wird merkwürdigerweise meist nicht von Soziologen, sondern von Mycologen und Bodenmikrobiologen untersucht. Im Boden verwischt sich übrigens der Unterschied zwischen Pflanzen- und Tiersoziologie.

Außerdem ist hier noch zu bemerken, daß im allgemeinen sowohl die Pflanzensoziologen wie die Tiersoziologen nur kleine Bruchteile der Lebensgemeinschaften untersuchen. Unter diesen Umständen ist es ziemlich unwichtig, ob diese Bruchteile Pflanzen- oder Tiergruppen sind. Dies ist um so mehr wahr, als die ökologischen und soziologischen Unterschiede unter Pflanzen und Tieren oft größer sind als zwischen diesen beiden Gruppen. Im Walde leben Moose und terrestrische Arthropoden, wie z.B. Carabiden, unter gleichen Standortsbedingungen, die von den Umweltfaktoren der Bäume oder des Großwildes völlig verschieden sind.

Bei der ungemeinen Formenfülle des Tierreiches ist es ohne weiteres klar, daß ein einziger Untersucher diese nicht bewältigen kann. Aber auch pflanzensoziologische Untersuchungen sind meistens unvollständig, sogar was die grünen Pflanzen anbetrifft. Es wurde darauf schon hingewiesen in

* Abteilung des Laboratoriums für Pflanzensystematik und -Geographie der Landbauhochschule Wageningen.

einer Publikation über das Mesobromion Süd-Limburgs (BARKMAN 1953).
Die zugehörige Tabelle enthielt 130 Gefäßpflanzen und 88 Moose und
Flechten, während z.B. SCHWICKERATH (1933) für das Mesobrometum
der benachbarten Umgebung von Aachen nur 14 Kryptogamen aufführt.
Derartige Zahlenunterschiede sind natürlich nicht nur regionalen
Faktoren zuzuschreiben.

Bei den heutigen Untersuchungen in Drente habe ich die gleichen
Erfahrungen gemacht. In einem offenen Kiefernforst z.B. notierte ich 17
Gefäßpflanzen und 38 Moose und Flechten, in einem sauren Eichenkratt
8 Gefäßpflanzen und 42 Moose und Flechten, in einem Ericetum 14
Gefäßpflanzen und 27 Moose und Flechten. Der ungeheure Reichtum an
Kryptogamen hat sich also in den verschiedensten Pflanzengesellschaften
bewährt. Es sei aber betont, daß zur vollständigen Aufnahme auch der
kleinsten und spärlich vorhandenen Kryptogamen eine weitaus längere
Zeit benötigt wird als die übliche, nämlich ein bis drei Stunden oder noch
mehr. Im ganzen sind jetzt in 19 Dauerquadraten 79 Gefäßpflanzen und
231 Kryptogamen notiert worden, während die Zahl der Carabiden-
Arten sich auf 82 beläuft.

Unser Forschungsprogramm befaßt sich in erster Linie mit der Frage
nach dem Zusammenhang zwischen Vegetation, bestimmten Tiergruppen und Umwelt, insbesondere zwischen: a) Baum- und Strauchschicht, b) Krautschicht, c) Moosen und Flechten, d) Pilzflora und e)
Tierwelt, und weiter noch die Beziehungen von a-e zum Boden und zum
Mikroklima. Dazu haben wir eine Anzahl Dauerflächen ausgewählt. Auf
jeder Fläche wird das Bodenprofil beschrieben und das pH in jedem
Bodenhorizont elektrometrisch bestimmt. Die zeitraubenden mikroklimatischen Untersuchungen sind noch im ersten Anfang, haben aber
schon einige interessante Tatsachen ans Licht gebracht. Der Einfluß der
Baumschicht auf Teile der Biozönose wird u.a. untersucht im großen
Staatsforst Dwingeloo, wo sich auf dem gleichen Bodentypus (elektrolyt-
armer Flugsand glazialer und fluvio-glazialer Herkunft) neben ursprünglichen Eichenkratts gleichaltrige Forsten von *Pinus sylvestris* L., *Larix
leptolepis* (Sieb. et Zucc.) Gord., *Pseudotsuga menziesii* (Mirb.) Franco und
Quercus robur L. vorfinden, deren waldbauliche Geschichte und Behandlung genau bekannt sind.

Die biozönologische Analyse selbst ist derart zeitraubend, daß sie sich
auf einige Vegetationstypen und vorläufig auf eine oder wenige konkrete
Beispiele für jeden Typus beschränken muß. Besondere Aufmerksamkeit
wird den für die Provinz Drente typischen Biotopen gewidmet, das
heißt den Hochmooren, Heiden und sauren Eichenwäldern. Folgende
Biotope sind 1959 studiert worden:
Quercetum petraeae auf glazialem Geschiebelehm.
A Finsterer *Ilex*-Wald ohne Unterwuchs.
B Finsterer *Ilex*-Wald, *Oxalis acetosella*-Fazies (Übergang zum Querco-
Carpinetum stellarietosum).
C Lichter Niederwald von *Populus tremula* L. und *Sorbus aucuparia* L.
mit *Betula pubescens* Ehrh. und *Quercus robur* L. und einem arten-
reichen Unterwuchs, u.a. *Trientalis europaea* L. und *Polygonatum
verticillatum* (L.) All.

158

Querco-Betuletum:

G Eichenkratt fast ohne Gefäßpflanzen, moosreich.

H Eichenhochwald mit *Molinia*, moosarm.

D, E, F 30– 40-jährige Forsten von D. *Pseudotsuga*, E. *Pinus*, F. *Larix*.

I 3–4 m hohes, dichtes Wacholdergebüsch mit Moosen und Farnen.

K Reine trockene *Empetrum*-Heide mit zerstreuten Wacholdern.

L Trockene *Calluna-Erica-Molinia*-Heide mit zerstreuten Wacholdern.

O Trockene, dichte *Calluna*-Heide.

M Reiner, wechselfeuchter *Molinia*-Bestand (degeneriertes Ericetum),

P Nur im Hochsommer trockene *Molinia-Salix repens-Gymnocolea*-Vegetation mit viel *Gentiana pneumonanthe* L.

N Regenerierendes Ericetum (vor 5 Jahren abgebrannt).

Q, R und T. Hochmoorbülten: Sphagnetum medio-rubelli.

S Hochmoorschlenken: Rhynchosporetum albae.

In jedem Typus sind eine oder einige Dauerflächen ausgewählt worden. Infolge der angewandten Technik und der Spezialisierung der Untersucher ist auch in Beziehung auf die zu untersuchenden Organismengruppen eine Beschränkung notwendig. Die Algen, Bodenpilze und Mikroorganismen werden nicht berücksichtigt; von den Tieren allein die terrestrischen Arthropoden.

Zur Aufnahmemethodik ist folgendes zu bemerken. Für die Baum- und Strauchschichten wird sowohl die wirkliche Gesamtdeckung (Himmelabdeckung) wie der Kronenschluß geschätzt. Für die dominanten Arten wird die Deckung in Prozenten geschätzt, für die übrigen Arten aber nach der üblichen Skala von BRAUN-BLANQUET. Nur die Ziffer 2 wurde weiter unterteilt, weil sie zu heterogen ist: 2 m = sehr zahlreich, aber $< 5\%$ bedeckend, 2a = $5–12\frac{1}{2}\%$ bedeckend, 2b = $12\frac{1}{2}–25\%$ bedeckend. Die Moose und Flechten werden einmal pro Jahr aufgenommen, die höheren Pflanzen 2–3 mal, die Pilze 5 mal oder öfter, die Tiere jede Woche.

Die höheren Pilze bereiten ähnliche methodische Schwierigkeiten wie die Tiere. Bei den Tieren fängt man nur einen Teil der jeweils sich über dem Boden bewegenden Individuen, bei den Pilzen sieht man nur die jeweils Fruchtkörper bildenden Arten. In beiden Fällen werden also nur die in dem einen oder anderen Sinne *aktiven* Individuen beobachtet. Es sind aber gerade die aktiven Individuen, die im Stoffkreislauf und in der Konkurrenz die wichtigste Rolle spielen, so daß dieser methodische Nachteil zugleich ein gewisser theoretischer Vorteil ist. Übrigens wird der genannte Nachteil weitgehend durch die vielfach wiederholte Aufnahme aufgehoben.

Wie notwendig diese Wiederholung ist, zeigt folgendes Beispiel. Im Mai 1959 fand der Pilz *Lyophyllum palustre* (Peck.) Sing. sich nur in den Hochmoorbülten, im Juni nur in den Schlenken. Eine Reihe Aufnahmen im Mai hätte also zur falschen Schlußfolgerung geführt, diese Art sei eine Kennart des Sphagnetum medio-rubelli, während eine Reihe Aufnahmen nur im Juni eine Treue dem Rhynchosporetum albae gegenüber vorgetäuscht hätte. Offenbar sind die Schlenken im Mai noch zu naß oder zu kalt für die Fruchtkörperbildung dieser Pilzart. Sogar innerhalb einer Woche sind große Unterschiede möglich, selbst im

Winter. Im Douglaswald verschwanden vom 30. Dezember 1959 bis zum
8. Januar 1960 drei der neun Arten, während drei neue hinzu kamen,
Mycena vulgaris Fr. ex Pers. sogar mit 28 Exemplaren auf 50 m², während
Mycena epipterygia Fr. ex Scop. von 50 auf 15 Fruchtkörper zurückfiel.

Auch von Jahr zu Jahr kann die Fruchtkörperflora stark wechseln. Im
Douglasfichtenforst wurden im Herbst 1958 6 Pilzarten gefunden, im
Herbst 1959 9 Arten, wovon nur zwei dieselben waren. In einem Eichenkratt waren diese Zahlen 13 bezw. 8. Nicht eine einzige dieser 21 Arten
trat in beiden Jahren zugleich auf.

Für die Tierwelt ist die Struktur der Vegetation oft wichtiger als die
floristische Zusammensetzung. Die vertikale Struktur kann natürlich in
einem einfachen Blockdiagramm ausgedrückt werden, wie das Beispiel in
Braun-Blanquet (1951, Abb. 39) zeigt. Man kann ein derartiges
Diagramm in drei Weisen verfeinern: erstens durch kartografische Darstellung der wirklichen Höhe und Mächtigkeit der Schichten, zweitens
durch Angabe der wirklichen prozentualen Gesamtdeckung jeder Schicht,
anstatt 5 Deckungsgrade anzugeben, und drittens dadurch, daß man
innerhalb dieser Gesamtdeckung (Kronenschluß) die wirkliche Himmel-
abschirmung einzeichnet (Abb. 1).

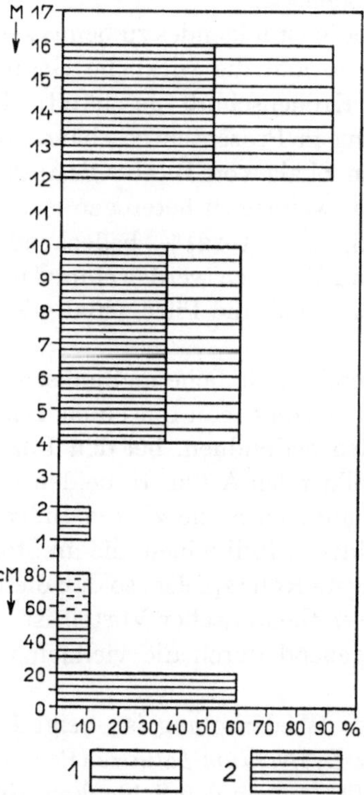

Abb. 1. Schichtendeckung im Quercetum petraeae, Ilex-Oxalis-
Fazies. 1 + 2 = Kronenschluß, 2 = Himmelabdeckung.

Für Spezialuntersuchungen reicht aber auch diese Technik nicht aus.
Hierfür verdient die von Dansereau (1951, 1958) vorgeschlagene Darstellungsweise den Vorzug. Ich habe diese Technik auf unsere Dauerflächen angewandt und möchte sie an Hand von drei Beispielen erläutern

160

(Abb. 2–4). Dabei ist DANSEREAU's Darstellungsweise aber in folgenden Hinsichten verfeinert.

Anstatt 7 Höhenklassen werden die wirkliche Höhe der Pflanzen und auch die Höhenvariation jeder Schicht maßstäblich gezeichnet. Es folgt also aus Abb. 2, daß die Höhe der unteren Baumschicht zwischen 7,5

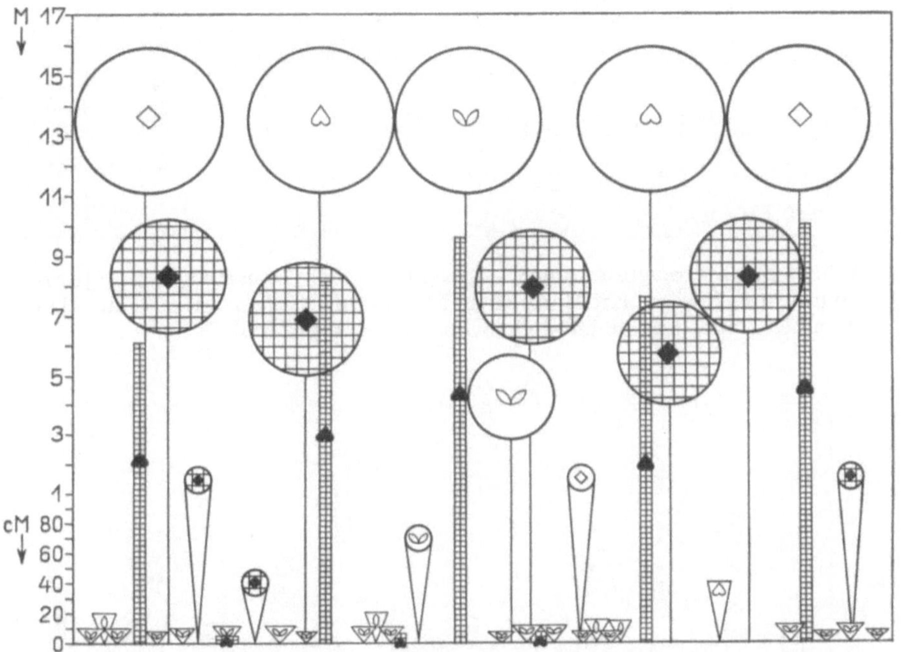

Abb. 2. Strukturdiagramm nach DANSEREAU der Dauerfläche B. Quercetum petraeae, Ilex-Oxalis-Fazies.

und 10 m schwankt, während die Höhe der Unterseite des Kronendaches von 4 bis 6 m variiert. Auch horizontale Höhenunterschiede sind so weit wie möglich angegeben worden. So erhellt aus Abb. 4, daß *Empetrum* hier meistens 20 cm hoch wächst, aber insbesondere an den Wacholdern bis 40–50 cm emporklettert. Auch die Größe der Vegetationslücken in jeder Schicht und die Geselligkeit der Lebensformen ist möglichst genau angegeben worden. So stehen z.B. im Quercetum petraeae die 1–2 m hohen Jungpflanzen von *Ilex* isoliert (Abb. 2), in der *Empetrum*-Heide die 1–3 m hohen Wacholder gruppenweise (Abb. 4). Die Lebensformen innerhalb einer Schicht sind proportional eingezeichnet. So bedeckt die obere Baumschicht in Abb. 2 90% der Dauerfläche und innerhalb dieser Schicht decken die Bäume mit einfachen, großen Blättern und die Bäume mit einfachen, kleinen Blättern je 36%, die Bäume mit zusammengesetzten Blättern 18%. Manchmal ist die Summe der Deckungsprozente der einzelnen Arten oder Lebensformen auch innerhalb einer und derselben Schicht größer als die Gesamtdeckung dieser Schicht, weil die Pflanzenindividuen ineinandergreifen. Dies ist auch in den Diagrammen nach Maßstab zum Ausdruck gebracht, wie Abb. 3 zeigt.

Die Bodenkryptogamen sind bei DANSEREAU sehr wenig differenziert.

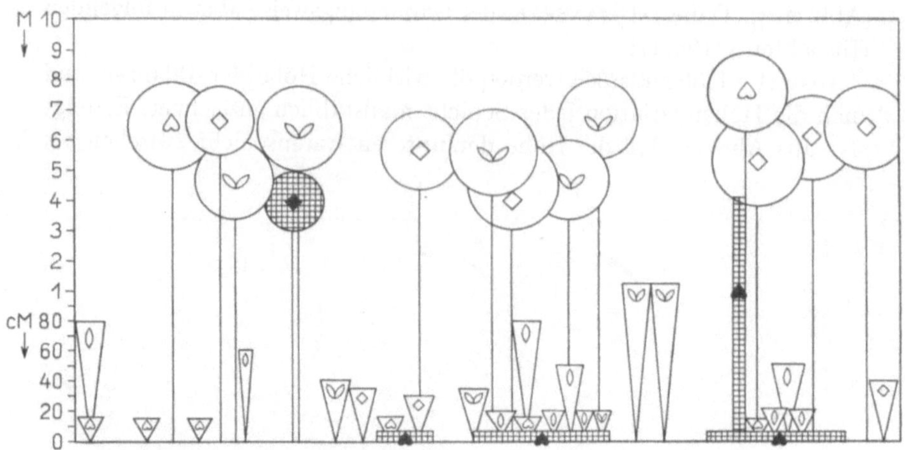

Abb. 3. Strukturdiagramm nach DANSEREAU der Dauerfläche C. Quercetum petraeae. Kräuterreicher Mischwald. *Hedera* kriecht an den
Stämmen empor und bildet stellenweise Bodenteppiche.

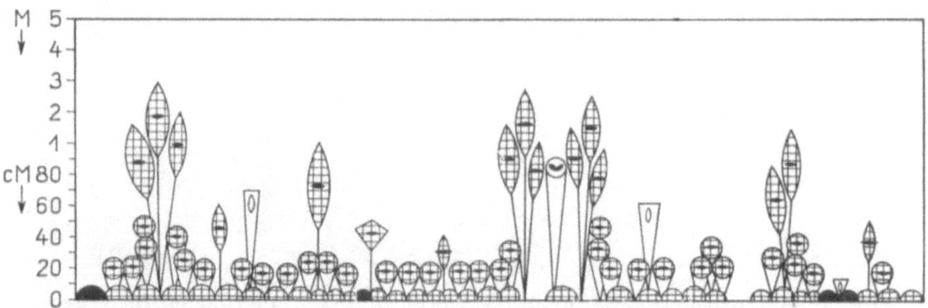

Abb. 4. Strukturdiagramm nach DANSEREAU der Dauerfläche K. Genisto-
Callunetum empetretosum. Fast reine *Empetrum*-Heide mit geschlossenem Moosteppich und zerstreuten Wacholdergruppen.

Er unterscheidet nur „evergreen" (Laubmoose, foliöse Lebermoose;
Schraffierung: horizontal-vertikal kariert) und „evergreen leafless"
(thallöse Lebermoose, Flechten, Algen; Schraffierung; diagonal kariert).
Wegen der besonderen Physiognomie und Ökologie der Flechten habe ich
diese mit einem Sonderzeichen angegeben, nämlich gleichmäßig schwarz
(siehe z.B. Abb. 4).

Besprechen wir nun die bisherigen Ergebnisse. Die Artenzahlen der
terrestrischen Pflanzen und der Epiphyten pro Dauerfläche sind nicht
miteinander korreliert. Auch die Zahlen der Gefäßpflanzen, grünen
Bodenkryptogamen und Pilze scheinen unabhängig voneinander zu
variieren. Herr DEN BOER konnte jedenfalls zwischen keiner dieser
Gruppen eine deutliche positive oder negative Korrelation feststellen.
Was die grünen Bodenkryptogamen (Moose und Flechten) einerseits und
die Pilze andererseits betrifft, ist sogar mit Sicherheit das Fehlen einer
Korrelation festgestellt worden. Auch mit den Zahlen der Moose an sich
und der Flechten an sich zeigen die Pilze keinen Zusammenhang.

LANGE (1923) und LEISCHNER-SISKA (1939) stellten fest, daß der

Reichtum an Pilzen demjenigen der Kräuter und Stauden umgekehrt proportional ist. Es ist mir nicht klar, ob hier mit Reichtum Artenzahl, Individuenzahl oder Deckungsgrad gemeint ist. Jedenfalls sind bei unseren Dauerflächen keine deutlichen Beziehungen der Zahl der Pilzarten zur Zahl der Kräuter und Stauden festzustellen, und ebensowenig zur Zahl der Graminoiden oder zur Gesamtdeckung dieser Pflanzengruppe. Die Zahl der Pilzarten ist aber sehr deutlich negativ korreliert ($\tau =$ $-0{,}481$, p $= 0{,}00736$) mit der Gesamtdeckung der Kräuter und Stauden (Summe der Gesamtdeckungsprozente der niedrigen und hohen Krautschicht). Je dichter also die Krautschicht, um so weniger Pilzarten werden fruchtend gefunden.

Es ist weiterhin versucht worden, die untersuchten Biozönosen vorläufig zu klassifizieren nach einem von mir ausgearbeiteten Verwandtschaftskoëffizienten (BARKMAN 1958), und zwar des Koëffizienten, der sich auf die Gruppenabundanz im Sinne SCHWICKERATH's stützt. Diese Anordnung sagt über die wirkliche Verwandtschaft der abstrakten Biozönosetypen wenig aus, weil jeder Typus nur durch eine oder wenige Dauerflächen repräsentiert ist und zufällige Unterschiede zwischen den Dauerflächen also möglicherweise eine große Rolle spielen. Wenn wir aber die Verwandtschaften für die verschiedenen Pflanzen- und Tiergruppen gesondert berechnen, so lassen sich diese wohl untereinander vergleichen.

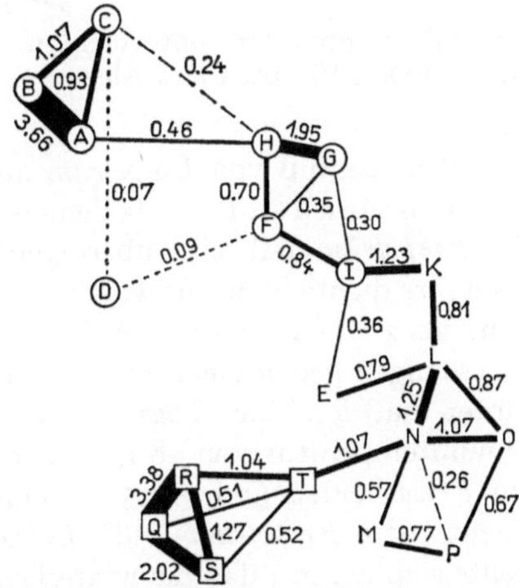

Abb. 5. Verwandtschaftsdiagramm der untersuchten Dauerflächen auf Grund der Gefäßpflanzen.

Abb. 5 zeigt, daß in Hinsicht auf die Gefäßpflanzen das Quercetum petraeae (Dauerflächen A, B und C) eine Sonderstellung einnimmt. Der große Unterschied gegenüber dem Querco roboris-Betuletum (G und H) ist sehr deutlich. Die Nadelwälder E und F schließen sich mehr dieser wie jener Assoziation an. Der sehr offene Kiefernwald E steht den Heiden K–O nahe, was wohl mit dem Lichtklima zusammenhängt. Interessant sind das Wacholdergebüsch (I) und die reine *Empetrum*-Heide (K), die zwischen dem Querco-Betuletum und den *Calluna*-Heiden L–O vermitteln. Die Hochmoore Q–T nehmen auch eine Sonderstellung ein; den Heiden am nächsten steht noch die *Eriophorum vaginatum*-Fazies (T).

Abb. 6 zeigt das Verwandtschaftsdiagramm für die grünen Bodenkryptogamen (Moose, Algen und Flechten). Wiederum tritt die Sonderstellung des äußerst moosarmen Traubeneichenwaldes klar hervor. Die Verwandtschaft der *Empetrum*-Heide K mit den Wäldern ist hier noch mehr ausgeprägt als bei den Gefäßpflanzen. Meiner Ansicht nach wäre

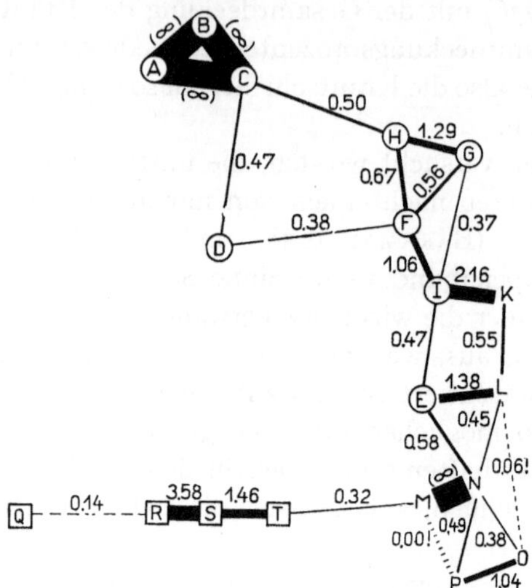

Abb. 6. Verwandtschaftsdiagramm der untersuchten Dauerflächen auf Grund der terrestrischen Moose, Flechten und Algen.

dies vielleicht dem großen Einfluß von *Empetrum* auf das Mikroklima zuzuschreiben, der sich natürlich auf die bodennahen Moose stärker auswirkt als auf die *Empetrum* teilweise überragenden Kräuter. Die Krähenbeere hat durch ihre dichte Struktur wahrscheinlich eine weitaus größere Schutzwirkung als z.B. *Calluna* und *Erica*. Unsere mikroklimatischen Temperaturmessungen geben einen Hinweis in dieser Richtung. Im vergangenen Winter maß ich eines Tages auf der Bodenoberfläche eine nächtliche Minimumtemperatur von –8,1° in der *Empetrum*-Heide, –12,5° und –13,8° in *Erica*-heiden und –16,5° in einer *Calluna*-Heide. In einer anderen Nacht hatte *Empetrum* –2,8°, *Erica* –5,9° und –7,5°, *Calluna* –9,5°. Es stellte sich heraus, daß die winterlichen Minimumtemperaturen unter *Empetrum* sogar höher sind als im (kahlen!) Eichenwald und daß sie denjenigen eines dichten Fichtenwaldes gleichkommen. Auch die sommerlichen Maxima sind stark abgeschwächt. Am heißesten Tag des vergangenen Jahres wurde in 2 m Höhe eine Temperatur von 34,4° gemessen, am Boden in einem Fichtenwald zu gleicher Zeit 30,6°, am Boden in einer *Empetrum*-Heide 26,2°, aber unmittelbar daneben in einer kleinen besonnten Lücke in der Heide 53,8°. Es ist also zu erwarten, daß auch die Lichtstärke, Windgeschwindigkeit und Evaporation unter *Empetrum* stark reduziert sind. Tatsächlich hat die Moosschicht einen hygrophileren Charakter als im Genisto-Callunetum typicum. *Pleurozium schreberi* (Brid.) Mitt. dominiert, *Hylocomium splendens* (Hedw.) Br. et Schimp. und *Lophocolea bidentata* (L.) Dum. sind häufig.

Unter den Nadelwäldern ist der Lärchenwald am stärksten mit den Laubwäldern verwandt, sowohl in Hinsicht auf die Gefäßpflanzen wie auf die Moose und Flechten. Es kommen dafür drei Ursachen in Betracht: 1. Der untersuchte Lärchenwald hat eine dickere Streudecke als die anderen Nadelwälder, nämlich 5,5 cm. In dieser Hinsicht ähnelt er also den Eichenwäldern.
2. Eiche und Lärche sind mit Ahorn die einzigen Baumarten, deren Blattstreu reich ist sowohl an sauren wie an alkalischen Puffersubstanzen.
3. Die Lärche ist bei uns der einzige laubwerfende Nadelbaum.

Der untersuchte Lärchenwald ist mit 26 Moosarten das überhaupt moosreichste aller Dauerquadrate. Auch finden sich hier häufig boreale Moose, im ganzen fünf Arten (*Dicranum majus* Sm., *D. fuscescens* Turn., *Plagiothecium undulatum* (Hedw.) Br. et Schimp., *Ptilium crista-castrensis* (Hedw.) De Not. und *Rhytidiadelphus loreus* (Hedw.) Warnst.), im Kiefernwald dagegen nur zwei, im *Juniperus*-Gebüsch und im Eichenkratt je eine, im Douglasfichtenwald keine. Dies wäre vielleicht dadurch zu erklären, daß die winterlichen Minimumtemperaturen im kahlen Lärchenwald niedriger sind als in den immergrünen Kiefern- und Fichtenwäldern. Zur Untersuchung dieser Frage wurden vergleichende Messungen ausgeführt. Es stellte sich heraus, daß die Minima am Boden im *Juniperus*-Gebüsch im Durchschnitt um 0,7°, im Kiefernwald um 0,8° und im Lärchenwald um 2,0° niedriger sind als im Douglasfichtenwald. Unsere Vermutung wurde also bestätigt. Zwar sind die Minima im Eichenkratt noch um 0,9° niedriger als im Lärchenwald, aber dieser Waldtypus ist für die borealen Arten weniger geeignet, weil die meisten an Nadelwälder gebunden sind.

Was die Heiden anbetrifft, so bestehen bei den Bodenkryptogamen auffällige Verwandtschaftsbeziehungen M–N und O–P, bei den Gefäßpflanzen (und bei den Carabiden) dagegen N–O und M–P. Alle vier Probeflächen gehören pflanzensoziologisch zum Genisto-Callunetum molinietosum; O und besonders P haben dazu einen Einschlag der Subassoziation orchidetosum. Die Gruppen N–O und M–P sind strukturell verschieden (in N und O dominieren ericoide Pflanzen, nämlich *Erica* bezw. *Calluna*, in M und P dominiert *Molinia*). Die Kryptogamengruppen M–N und O–P dagegen sind deutlich mit Bodeneigenschaften korreliert: M und N haben eine dicke Rohhumusschicht, die den Dauerflächen O und P fehlt; das ganze Bodenprofil ist überhaupt viel humoser in M und N, während in O und P in geringer Tiefe Geschiebelehm vorkommt. Schließlich ist die oberflächliche Bodenschicht in M und N saurer (pH 3,9–4,0) als in O und P (pH 4,4–4,6).

Im allgemeinen kann man aber sagen, daß das Verwandtschaftsdiagramm der Dauerflächen für die Moose und Flechten gut mit demjenigen der Gefäßpflanzen übereinstimmt, insbesondere bei den Wäldern.

Abb. 7 zeigt das entsprechende Bild für die Pilze. Nur der Zusammenhang der Quercetum petraeae-Flächen und der Hochmoore ist ein gemeinsamer Zug mit den vorher besprochenen Diagrammen. Im übrigen aber sind die Verhältnisse hier völlig verschieden. Typische Arten für das Quercetum petraeae scheinen zu sein: *Phacidium aquifolii* (DC) Schm. auf Blattstreu von *Ilex*, *Marasmius epiphylloides* Rea an toten Efeu-

blättern, *Helotium aciculare* (Pers). S. F. Gray an moderndem Fallholz,
Pleurotus ostreatus (Jacq.) Fr. an toten *Ilex*-Stämmen, und vielleicht
einige *Clavaria*- und *Typhula*-Arten. Ob diese Pilze Kennarten sind oder
nur Trennarten dem Querco-Betuletum gegenüber, ist eine Frage, die
sich nur entscheiden läßt, wenn auch die Pilzflora des Querco-Carpinetum in Drente bekannt ist.

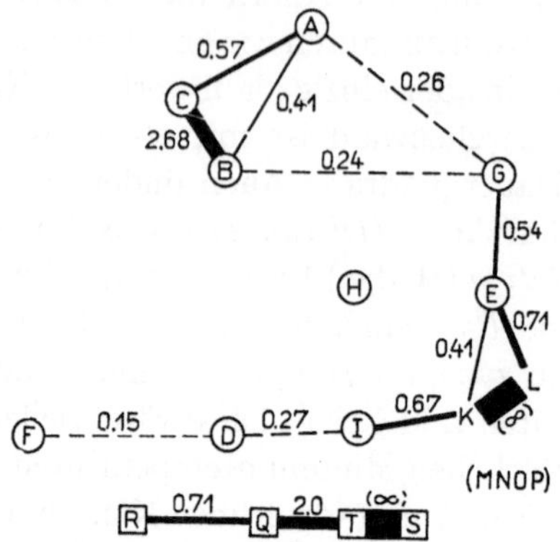

Abb. 7. Verwandtschaftsdiagramm der untersuchten Dauerflächen auf Grund
der höheren Pilze.

Sehr merkwürdig ist der Unterschied zwischen den beiden Assoziations-
individuen des Querco-Betuletum G und H, das erste mit 22, das
zweite mit 0 Pilzarten. Vielleicht wird sich dieser Unterschied in den
nächsten Jahren aber noch etwas ausgleichen.

Auch in den feuchten Heiden M, N, O und P wurde voriges Jahr kein
einziger Pilz angetroffen, wohl aber in den trockenen Heiden K und L,
was in Hinsicht auf die große Dürre von 1959 überraschend erscheint.
Die Mycoflora von K und L ist übrigens fast identisch, dies im Gegensatz
zu den Gefäßpflanzen und besonders zu den Moosen und Flechten. K und
L sind die einzigen untersuchten Heiden mit eingestreuten Wacholdern.
Es wäre also denkbar, daß die Nadelstreu von *Juniperus communis* L.
hier eine entscheidende Rolle spielt, dies um so mehr, als die Pilze in K
und L keine Heidepilze sind, sondern ausnahmslos Nadelwaldpilze! Auch
das dichte *Juniperus*-Gebüsch I hat eine Nadelwaldpilzflora. Wenn wir
einen Unterscheid machen zwischen a) exklusiven Nadelwaldarten, b)
präferenten Nadelwaldarten, c) indifferenten Arten und d) präferenten
Laubwaldarten, so sind die Artenzahlen für I: a7, b2, c5 und d0, für D
(Douglasfichte): a9, b1, c4, d1 (und dazu noch eine Art, die typisch wäre
für Gärten und Äcker), für E (*Pinus*): a4, b2, c3 und d1.

Im Wacholder-Gebüsch sind 64% der Pilze typische Nadelwaldarten
(a + b), im Douglaswald 63%, im Kiefernwald 60%. Das Wacholder-
Gebüsch hat also eine typische Nadelwaldpilzflora. Keine seiner Arten ist
aber spezifisch für *Juniperus* oder hat einen Vorzug für irgend einen anderen Nadelbaum. Es ist dies eine sehr wichtige Tatsache, weil sämtliche
Nadelwälder Hollands künstlich sind und dennoch eine ziemlich reiche und
teilweise spezifische Pilzflora besitzen, die aber nicht ursprünglich sein
kann. Es ist wahrscheinlich, daß sie ihren Pilzbestand aus den natürlichen
Wacholder-Gebüschen bezogen haben.

166

Der Douglasfichtenwald hat als rezenter, künstlicher Vegetationstypus auch in den Gebirgen Europas keine natürlichen Vertreter, wie das bei den Kiefern- und Fichtenforsten Hollands wohl der Fall ist. Die meisten seiner Arten sind nun, wie sich herausgestellt hat, natürlicherweise in *Picea*-Wäldern zuhause, die also diese Forsten einer amerikanischen Baumart mit Pilzen beliefert haben. Was schließlich den Kiefernwald betrifft, ist zu bemerken, daß nur zwei seiner 10 Pilze vorzugsweise unter *Pinus* wachsen, keine aber ausschließlich. Nur eine Art (*Cortinarius cinnamomeus* Fr. ss. Hy) wird in der Literatur auch für Heiden erwähnt; die Moose und Flechten des Kiefernwaldes aber sind fast alle Heidearten.

In den Hochmooren wurden fast nur Pilze gefunden, die anderswo nicht auftreten. Typisch für Bulten wie auch Schlenken ist *Lyophyllum palustre*, typisch für die Bulten allein sind die Frühlingsarten *Galerina paludosa* (Fr.) Kühn, *G. tibiicystis* (Atk.) Kühn. und *Omphalia sphagnicola* Berk. (Kennarten des Sphagnetum medio-rubelli), typisch für die Schlenken ist *Hypholoma elongatum* (Pers. ex Fr.) Ricken, das im November mit Hunderten von Fruchtkörpern auftritt, während nicht ein einziges Exemplar in den Bulten oder sogar in den Übergangsstadien gefunden wurde. Trotzdem ist dieser Pilz höchstens als eine Trennart des Rhynchosporetum zu betrachten, tritt er ja bei uns auch in anderen, nassen, sauren Vegetationstypen und sogar in feuchten Nadelwäldern auf. Dagegen betrachtet FAVRE (1948) alle die fünf genannten Arten als exklusive Pilze des „Sphagnetum". Einen Unterschied zwischen Bulten- und Schlenkenpilzen macht er allerdings nicht.

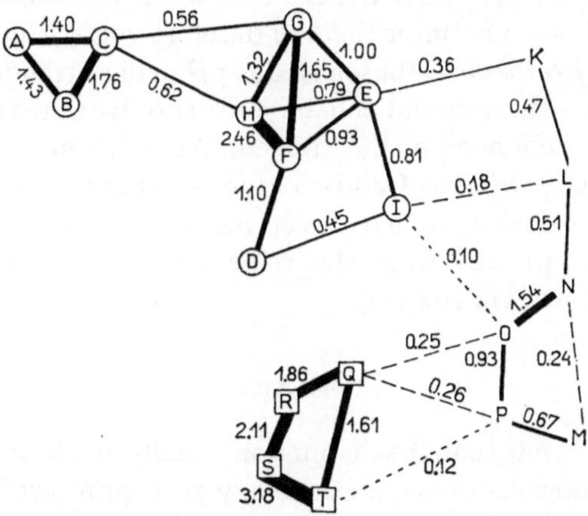

Abb. 8. Verwandtschaftsdiagramm der untersuchten Dauerflächen auf Grund der Carabiden (Laufkäfer).

Es ist schließlich versucht worden, auch für die von DEN BOER bearbeiteten Carabiden ein Verwandtschaftsdiagramm aufzustellen (Abb. 8). Deutlich sind hier vier Gruppen zu unterscheiden: 1. das Quercetum petraeae (A–C), 2. das Querco-Betuletum und die Nadelwälder (D–I), 3. das Genisto-Callunetum molinietosum (M–P) und 4. die Hochmoore (Q–T). Auch hier nehmen die Heiden mit *Juniperus* (K und L) eine Sonderstellung ein. Überraschenderweise stimmt das Verwandtschaftsdiagramm der Laufkäfer mehr mit dem der Gefäßpflanzen wie mit dem der Moose und Flechten überein, obwohl die letzteren in der gleichen Mikroklimaschicht leben wie die Carabiden.

Zum Schluß möchte ich noch einige Bemerkungen machen über die soziologische Stellung des Wacholdergebüsches im Tiefland. So weit mir bekannt ist, ist diese noch nie pflanzensoziologisch bearbeitet worden. In NW-Europa betrachtet man *Juniperus communis* gewöhnlich als einen Begleiter des Genisto-Callunetum. Wo die Wacholder sich dicht zusammenschließen, kann von dieser Assoziation aber nicht mehr die Rede sein. Im dichten Schatten verkümmern *Calluna* und *Empetrum* und bedecken weniger als 10%. Anstatt dessen treten einige Farne auf, nämlich *Dryopteris spinulosa* (O. F. Müll.) Watt, *D. filix-mas* (L.) Schott und *Polypodium vulgare* L. Der Unterwuchs ist demjenigen des Querco-Betuletum ähnlich, aber doch deutlich davon verschieden. Die Moosflora z.B. ist hygrophiler und enthält u.a. *Lophocolea bidentata* (L.) Dum., *Hylocomium splendens* (Hedw.) Br. et Schimp., *Aulacomnium palustre* (Hedw.) Schwgr., *Polytrichum gracile* Dicks., *Drepanocladus uncinatus* (Hedw.) Warnst. und *Sphagnum acutifolium* Ehrh. Auch die Mycoflora ist, wie wir gesehen haben, stark verschieden von der des Querco-Betuletum und eine typische Nadelwald-Mycoflora. Und sogar unter den Gefäßpflanzen findet man andere Arten, z.B. *Holcus lanatus* L., *Rumex acetosella* L., *Stellaria media* (L.) Vill. und *Senecio sylvaticus* L. Es sind dies nitrophile Arten. Ihre Anwesenheit erklärt sich wahrscheinlich teilweise daraus, daß nach LUNDEGÅRDH (1957) in Heiden nur unter *Juniperus* Nitrifikation stattfindet. Auch hat die Nadelstreu eine weniger saure Reaktion. Im Genisto-Callunetum maß ich an offenen Stellen ein Oberflächen-pH von 4,0, unter *Calluna* daselbst von 4,5, unter *Juniperus* 4,8. Im dichten *Juniperus*-Gebüsch ist das pH in der Streudecke sogar 5,1, im A_1-Horizont 4,5, während ich im Querco-Betuletum 4,6 bezw. 3,8–3,9 maß. Obwohl noch nicht genügend Aufnahmen vorliegen, glaube ich also, daß das *Juniperus*-Gebüsch eine selbständige Assoziation darstellt. Das Bindeglied zwischen dieser Assoziation und dem Genisto-Callunetum typicum wäre die reine *Empetrum*-Heide (Genisto-Callunetum empetretosum).

SUMMARY

The author points out that the distinction usually made between phyto-cenology (phytosociology) and zoocenology is a quite artificial one, and that the study of both plant and animal communities is generally far from being complete, even with regard to bryophytes and lichens. At the Biological Station of Wijster (Neth.) the relations between vascular plants, terrestrial bryophytes and lichens, cryptogamic epiphytes, fungi, arthropods, soil, and microclimate are being studied in a number of permanent quadrats. Soil profiles are described, while pH and various microclimatic factors are being measured. Special attention is being paid to vegetation structure, using a refined version of DANSEREAU's method (structure diagrams).

Research is mainly devoted to acid oak woods, conifer plantations, juniper scrub, heath, and *Sphagnum* bogs. The difficulty of mycological research, owing to fluctuations during the season, even within a single week, as well as from year to year, is illustrated by various examples.

An attempt has been made to provisionally classify the biotopes under investigation, according to their floristic and faunistic affinities. The resulting constellations differ according to the taxonomical groups, on which the affinities are based. The Violo-Quercetum (Quercetum petraeae) takes a rather isolated position, whereas the more acid Querco-Betuletum is more closely allied to pine and larch wood. *Empetrum* heath and juniper scrub are more or less intermediate between Querco-Betuletum and *Calluna* heath. *Empetrum* heath differs from *Calluna* heath with regard to moss layer, fungi, and carabid beetles. It contains more hygrophilous and boreal bryophytes, has a richer fungal flora (mostly species of conifer forests), and a very poor carabid fauna. In all these respects it closely resembles coniferous forest; this is ascribed to its special microclimate, with very low maximum temperatures and high minimum temperatures. Of all conifer plantations larch wood, being deciduous, has the lowest minimum temperatures in winter; it also has the highest number of subarctic-subalpine bryophytes!

The number of species of fungi has a significant negative correlation with the total coverage of the herbaceous layer. In moist to wet heath no fungi have been found, in contrast to dry heath: this is probably due to the presence of scattered juniper shrubs in the latter. Juniper scrub is considered to be the indigenous source of the fungal flora of plantations of introduced conifers in the Netherlands. It is a special, independant plant association with higher pH and nitrification rate than the surrounding heath.

Contrary to expectation, the distribution of carabid beetles resembles more that of the vascular plants than that of bryophytes and lichens.

LITERATUR

Barkman, J. J.: De kalkgraslanden van Zuid-Limburg (Mesobrometum koelerietosum cristatae). B. De Cryptogamen. – Publ. natuurhist. Gen. Limb. **6**: 21–30. 1953.
— Phytosociology and ecology of cryptogamic epiphytes. – Van Gorcum, Assen. 1958. XIII + 628 pp.
Braun-Blanquet, J.: Pflanzensoziologie. 2. Aufl. – Wien 1951. 631 pp.
Dansereau, P.: Description and recording of vegetation upon a structural basis. – Ecology **32**: 172–229. 1951.
— A universal system for recording vegetation. – Contr. Inst. Bot. Univ. Montréal **72**, 58 pp. 1958.
Favre, J.: Les associations fongiques des hauts-marais jurassiens et de quelques régions voisines. – Mat. pour la Flore Crypt. Suisse **10** (3). 228 pp. 1948.
Lange, J. E.: Studies in the Agarics of Denmark. V. Ecological Notes. – Dansk bot. Ark. **4**: 1–55. 1923.
Leischner-Siska, E.: Zur Soziologie und Ökologie der höheren Pilze. – Beih. bot. Cbl. **59 B**, 359 pp. 1939.
Lundegårdh, H.: Klima und Boden. 5. Aufl. – Jena 1957. XV + 584 pp.
Schwickerath, M.: Die Vegetation des Landkreises Aachen und ihre Stellung im nördlichen Westdeutschland. – Aachener Beitr. z. Heimatkunde **13**. 135 pp. 1933.

SCHMITHÜSEN:

Kann man daran denken, die Ansammlungen von Hygrophyten unter *Juniperus* mit einer durch die Struktur des Wacholders bedingten zusätzlichen Kondensation aus Nebel nach dem Prinzip der Nebelwälder zu deuten? Vorausgesetzt, daß in einem großen Teil des Jahres Nebel vorkommt.

BARKMAN:

Im Gegensatz zum Gebirgsklima kommt der sogenannte horizontale Niederschlag in Holland weniger vor wegen der seltenen Kombination von Nebel und Wind. Übrigens halten die vielen kleinen Nadeln der dichten Wacholderkrone so viel Niederschlagswasser fest, daß nur wenig zum Boden gelangt.

APINIS:

Der Terminus „Pilzzahl" kann ein quantitativer und auch qualitativer Begriff sein, der den Keimgehalt und die Artenzahl der Pilze in 1 g Böden darstellt.

Er kann aber auch die Fruchtkörperzahl bedeuten. Damit ist aber nicht gesagt, daß die Fruchtkörperzahl die Anwesenheit aller Pilzarten im Standort angibt. Viele Arten vermögen längere Zeit als Myzelien in Böden zu existieren, ohne Fruchtkörper zu bilden.

Der Unterschied im Pilzreichtum der *Empetrum nigrum*-reichen Pflanzengesellschaften und die Armut der Pilzkörper in *Calluna*-reichen Gesellschaften ist m.E. schwer durch Temperaturdifferenzen und Schutzwirkung der Pflanzendecke zu erklären. Nach Untersuchungen RAYNER-NIELSON-JOHNES, BRIAN u.a. weisen diese *Calluna*-reichen Heideböden stark toxische Eigenschaften auf, die die Mykorrhizabildung stark hemmt oder völlig ausschließt und eine ausgesprochen antibiotische Wirkung auf eine Reihe von Boden-Mikroorganismen ausübt.

Die Anreichung der hygrophilen Moose in *Juniperus*-reichen Pflanzengesellschaften kann durch die Anreicherung von stark saurer Streu und von Humus erklärt werden, welche die Wasserdurchlässigkeit dieser Böden stark verminderten und somit die Versumpfung des Bodens einleitet. Die hygrophilen Moose auf den ehemaligen Kiefernwaldböden sind ein Zeichen für eine beginnende Versumpfung (Vermoorung) von diesen Böden.

BARKMAN:

Das Vorkommen einiger hygro- bis hydrophilen Moose im *Juniperus*-Gebüsch hängt wahrscheinlich eher mit der hohen Luftfeuchtigkeit zusammen und als mit der Undurchlässigkeit (infolge Vermoorung) des Bodens: es ist keine dichte A_1-Humusschicht vorhanden, sondern die lockere Nadelstreudecke ruht unmittelbar auf einem durchlässigen A_2-Podsol-Sandhorizont.

R. TÜXEN:

Herr BARKMAN kritisiert die Behandlung der Artenzahlen in Holland und im anschließenden Kreis Aachen: Holland 88 Moose, bei Aachen nur ein

Bruchteil davon in derselben Gesellschaft. Wir kennen diese Schwierigkeiten auch und bemühen uns, sie auszugleichen. Wir machen mit allen unseren Mitarbeitern im zeitigsten Frühling, wenn die Gräser 5–8 cm hoch sind, einige Aufnahmen von Wiesen. Jeder muß auf der gleichen Fläche für sich arbeiten. Dann wird eine Tabelle gemacht. Die Resultate sind außerordentlich interessant: Man kann bei 10 Bearbeitern manchmal 2–3 Subassoziationen unterscheiden von derselben Fläche. Das kommt daher, daß einige Arten im Frühling nicht von allen gefunden werden, weil die Bearbeiter nicht gleichmäßig geübt sind. Aus diesem Grunde machen wir – um die Bearbeitung zu ,,homogenisieren'' – diese Übung jedes Jahr von Neuem.

Die Grünlandwirte haben sich angewöhnt, die Massen der einzelnen Arten im Grünland quantitativ zu schätzen. Da liest man *Poa pratensis* 45%, *Agrostis tenuis* 7%, *Taraxacum* 3% Massenanteil usf. Das sieht außerordentlich exakt aus, zumal die Summe stets genau 100% ist!

Ich habe einmal eine Umfrage gemacht, ob diese Schätzungen nachgewogen worden seien. Von vielen Befragten hat nur einer mitgeteilt, daß seine Schätzungen mit den Wägungen stimmten. Daraufhin haben wir dieselbe Methode hier auf einer Mähwiese durchgeführt mit unseren erfahrenen Grünlandsoziologen, die seit 20 Jahren pflanzensoziologische Aufnahmen machen. Die geschätzten Unterschiede wurden am gleichen Tage durch Wägung der Arten kontrolliert: die Schätzungen wichen manchmal um 300% von einander ab!

VERBREITUNG VON CARABIDEN UND IHR ZUSAMMENHANG MIT VEGETATION UND BODEN

von

P. J. DEN BOER

(Mitteilung der Biologischen Station, Wijster, No. 92)

Obwohl die Fragestellung der zoologischen Forschung, die seit einem Jahre an der Biologischen Station in Wijster vorgenommen wird, in erster Linie eine verbreitungsökologische ist, wage ich es dennoch, einen Vortrag vor dieser Gesellschaft zu halten, weil die Technik dieser Untersuchungen in gleichem Maße biozönologischen Zwecken dienen könnte (BALOGH 1958) und demzufolge auch die Ergebnisse leicht über die Grenzen der Autökologie hinausgehen. Die Fragestellung, die dieser zoologischen Forschung zugrunde liegt, lautet: ,,Welches sind die wichtigsten Faktoren, die den Lebensort (= habitat der englischen Ökologen) bestimmter Tierarten bedingen ?''

I. Diese Fragestellung kann methodologisch ganz verschiedene Untersuchungen veranlassen:

1. Man kann eine einzige Tierart (oft representativ gedacht für eine größere Gruppe) auswählen und an einer geeigneten Stelle im Freien oder im Laboratorium zu analysieren versuchen, welche Faktoren die Populationsdichte am stärksten beeinflussen. Um die wichtigsten Faktoren kennenzulernen, wird es im allgemeinen aber notwendig sein, den Einfluß vieler – oft nebensächlicher – Faktoren zu analysieren.

2. Es ist deshalb praktischer, sich diese Hauptfaktoren so weit wie möglich durch die Natur selber zeigen zu lassen mittels eines Studiums der quantitativen Verteilung der Art über verschiedene Biotope (Dauerflächen). Der Zusammenhang dieser Verteilung mit quantitativ zu fassenden Eigenschaften der Biotope wird öfter mittelbar oder unmittelbar auf diese Hauptfaktoren hinweisen.

Zu diesem Zwecke wurden in den von BARKMAN schon besprochenen Dauerflächen je drei Arthropodenfallen – eine Äthylenglykolfalle und zwei Fallen ohne Flüssigkeit (Fangbüchsen) – eingegraben; das ganze Jahr hindurch wurden jede Woche die gefangenen Tiere gesammelt.

Den Vorteil dieser Methode gegenüber der vorher erwähnten analytischen Methode möchte ich mit einem der vorläufigen Ergebnisse meiner Untersuchungen von 1959 erläutern:

a. *Pterostichus oblongopunctatus* Fbr. wurde in allen untersuchten Wäldern (9 Dauerflächen) gefangen – insgesamt 923 Exemplare –, während kein einziges Exemplar in den acht Dauerflächen außerhalb der Wälder gefangen wurde. Die wichtigsten Faktoren, die den Lebensort bedingen, sind jetzt zu präzisieren als Eigenschaften, die alle Wälder (sowohl immergrüne wie winterkahle Laubwälder, immergrüne wie

winterkahle Nadelforste, halbnatürliche wie Kulturwälder, lichte wie
dunkle Wälder) im Untersuchungsgebiet unterscheiden von „Nicht-
Wäldern".

b. Innerhalb der Wälder ist die quantitative Verteilung von *Pterostichus oblongopunctatus* über die Dauerflächen sehr stark positiv korreliert
(parameterfreie Korrelationsberechnung von KENDALL 1955) mit der
Mächtigkeit der Streuschicht (Mittelwerte von sechzig Messungen pro
Dauerfläche) in diesen Dauerflächen (Abb. 1).[1]). Die Hauptfaktoren dürften

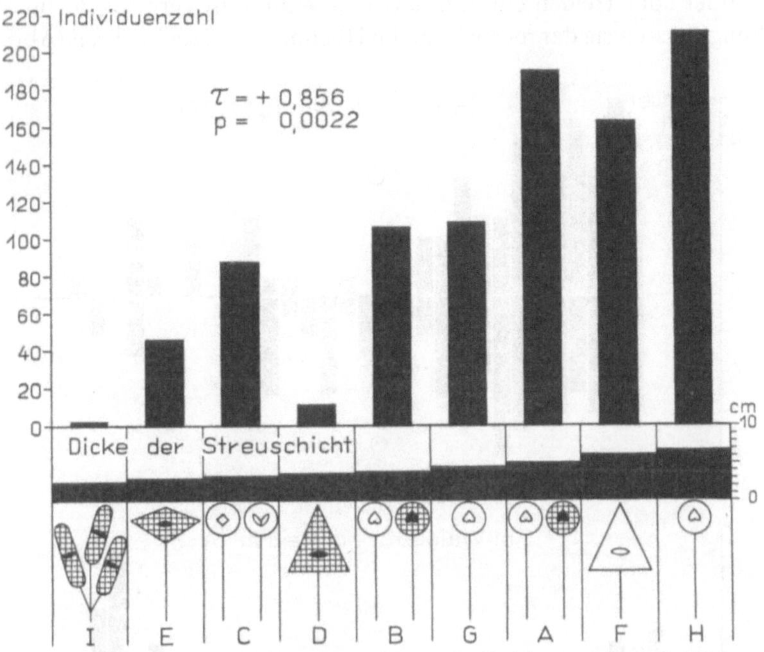

Abb. 1. *Pterostichus oblongopunctatus* Fbr. Individuenzahl und Dicke der
Streuschicht der Dauerflächen 1959.

also mittelbar oder unmittelbar mit dieser Eigenschaft verknüpft sein.
Daß die Mächtigkeit der Streuschicht nicht der einzige wichtige Gelände-
faktor sein kann, folgt daraus, daß auch einige der untersuchten Heiden
eine Streuschicht besitzen (Mächtigkeit der Streuschicht in der Heide
K = 1 cm).

Obwohl die in Frage kommenden Faktoren noch nicht genau angedeutet werden können, zeigt schon dieses Beispiel, daß unsere Forschungs-
methode gleich anfangs eine beträchtliche Beschränkung der Probleme
ergibt und vor einigen falschen Verallgemeinerungen bewahrt.

Das Beispiel von *Pterostichus oblongopunctatus* macht verständlich, daß
es auch für das Studium einer einzigen Art notwendig ist, auf einer Anzahl
verschiedener Dauerflächen zugleich zu arbeiten. Sonst wäre es niemals
deutlich geworden, daß *Pterostichus oblongopunctatus* in Drente eine

[1] Obwohl diese positive Korrelation nicht in allen folgenden Jahren so
stark war wie 1959, hat sich doch gezeigt, daß die Hauptfaktoren, die den
Lebensort dieser Art bedingen, eng mit der Mächtigkeit der Streuschicht zusammenhängen (bestätigt durch Experimente).

exclusive Waldart ist, die aber in einer großen Mannigfaltigkeit von
Waldtypen lebt und dort quantitativ an die Dicke der Streuschicht gebunden ist.

3. Außerdem ist es für das Studium einer einzigen Art notwendig, das
ganze Jahr hindurch Proben zu entnehmen, weil nicht jede Art während
des ganzen Jahres am selben Lebensort zu finden ist. Dies wird am deutlichsten durch den Fall von *Pterostichus nigrita* Fbr. erläutert (Abb. 2). Diese
Art wurde im Frühjahr in Hochmooren gefangen, wo sie sich zweifelsohne
fortpflanzt. Im Herbst wandern die neu geschlüpften Imagines offenbar
in Wälder oder Heiden ein, um dort den Winter zu verbringen; im Vor-
frühling müssen sie dann wieder in die Hochmoore zurückkehren (Abb. 2).

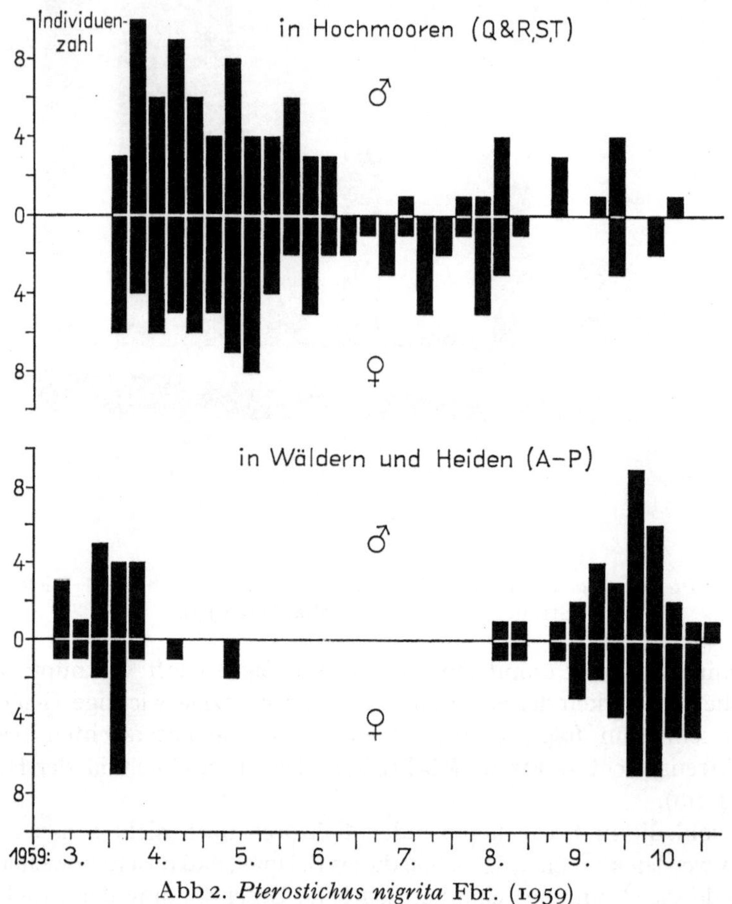

Abb 2. *Pterostichus nigrita* Fbr. (1959)

Bei dieser Art ist also der Fortpflanzungsort offenbar ganz verschieden
vom Überwinterungsort.

4. Auch ist es notwendig, den Lebensort für jedes Untersuchungsgebiet
(z.B. Drente) aufs neue zu bestimmen, weil viele Arten in verschiedenen
Teilen ihres Areals in verschiedenen Biotopen leben. In Skandinavien lebt
Carabus problematicus Hbst. in vollkommen offener oder mit Kiefern ganz
licht bewachsener Heide (LINDROTH, 1945–1949); in Mitteleuropa und
auch in Drente ist die Art aber überwiegend ein Waldtier. *Carabus*

174

arvensis Hbst. dagegen lebt in Skandinavien, Dänemark, England (LINDROTH 1945–1949, LARSSON 1939) und auch in Drente auf offenen oder mit Bäumen ganz licht bewachsenen Heiden. In Deutschland ist die Art offenbar aber ein echtes Waldtier. *Carabus nitens* L. lebt in Finnland und Mitteleuropa an trockenen Stellen, während er in Dänemark, West-Deutschland, England (LINDROTH 1945–1949) und auch in Drente in Hochmooren und auf feuchten Heiden auftritt.

Dieser Biotop-Wechsel in verschiedenen Teilen des Areals einer Art kann wichtige Fingerzeige geben für die wichtigsten Faktoren, welche den Lebensort bedingen. Über *Agonum obscurum* Hbst. zum Beispiel berichtet LINDROTH (1945–1949): „Für versumpfte Laubwälder ganz besonders typisch. In größter Individuenzahl tritt sie in Beständen von *Alnus glutinosa* auf, wo Bäume und Stümpfe auf sockelartigen Erhebungen stehen; sie hält sich mit Vorliebe im nassen Laub der dazwischenliegenden Mulden auf. Diesen typischen Biotop bewohnt die Art auch in Mitteleuropa". In Drente wurde die Art in größter Individuenzahl gefangen in Dauerfläche M, in einer ausgedehnten, dichten Vegetation von *Molinia coerulea* (L.) Moench ohne Bäume oder Sträucher. In dieser Vegetation gibt es aber auch sockelartige Erhebungen mit dazwischenliegenden Mulden. Vielleicht ist die Art an diese eigentümliche Struktur gebunden[1]).
5. Wir haben gesehen, daß die Fallenfangtechnik in gleicher Weise angewendet wird, gleichgültig ob man nur eine Art oder viele Arten zugleich studiert. Da dies nicht nur für diese Arbeitsweise, sondern für die üblichen Techniken der Probeentnahme überhaupt zutrifft, liegt in der Verbreitungsökologie eine vergleichende Methode wohl sehr nahe. Gerade in der Verbreitungsökologie kann nicht erwartet werden, daß die eine untersuchte Tierart repräsentativ wäre (siehe unter I.1) für eine größere systematische oder ökologische Gruppe (z.B. eine Familie oder gar eine Gattung, oder z.B. für Predatore). Nebst genauer Analyse der Bindung an den Lebensort einer oder einiger Tierarten ist es also notwendig, viele Arten miteinander zu vergleichen. Nur eine vergleichende Methode ermöglicht es Gesetzmäßigkeiten aufzufinden.
II.   Da ich von vornherein gute Ergebnisse von einer vergleichenden Verbreitungsökologie erwartete, sind die zoologischen Untersuchungen an der Biologischen Station in Wijster gleich anfangs vergleichend angelegt worden. Wie schon erwähnt, wird in einer Anzahl verschiedener Dauerflächen eine kontinuierliche Probe der aktiven Arthropoden der Bodenoberfläche entnommen; so kann für jede vorhandene Carabidenart (und hoffentlich in der Zukunft auch für andere Tierarten) die quantitative Verteilung über die Dauerflächen bestimmt werden. Die Anzahl der in einer Dauerfläche während eines Jahres gefangenen Exemplare einer Carabidenart nenne ich die Aktivitätsdichte[2]) der Art. Ihre Größe wird bestimmt sowohl von der mittleren jährlichen Populationsdichte wie von der Durchschnittsgröße der individuellen Aktivität. Da es nicht zu

[1] In folgenden Jahren hat sich herausgestellt, daß diese Art überhaupt gebunden ist an sehr feuchte Stellen (sowohl im Walde wie auch auf der Heide).

[2] Als Ergebnis der Diskussion wurde der ursprünglich verwendete Begriff „Oekologische Dominanz" durch „Aktivitätsdichte" ersetzt.

erwarten ist, daß die Durchschnittsgröße der individuellen Aktivität in einer Population genau dieselbe ist in jeder Dauerfläche, wird die Aktivitätsdichte nicht immer ein genaues Maß für die relative Populationsdichte sein, aber wohl ein Maß für den relativen ökologischen Einfluß der Population (je größer z.B. die Aktivität eines Predatorindividuums ist, um so größer wird im allgemeinen sein ökologischer Einfluß sein).

Trotzdem wird die Verteilung der gefangenen Exemplare einer Art über die Dauerflächen (die Verteilung der Aktivitätsdichte) in vielen Fällen (besonders bei stenoklimatischen Arten) doch eine brauchbare Approximation für die Verteilung der relativen Populationsdichten sein.

Wie schon für *Pterostichus oblongopunctatus* gezeigt wurde, wird die quantitative Verteilung jeder Art korreliert mit quantitativ zu fassenden Eigenschaften der Dauerflächen.

An dieser Stelle schließt die zoologische Forschung eng an die botanische an. Mit der Zusammensetzung und Struktur der Vegetation und mit der Morphologie des Bodenprofils hoffen wir viele der Geländefaktoren zu fassen, die mittelbar oder unmittelbar das Milieu der an der Bodenoberfläche lebenden Tiere bestimmen. Chemische, physikalische und strukturelle Eigenschaften des Bodens wirken zurück auf die Zusammensetzung und Struktur der Vegetation, und so kann eine Tierart mittelbar an eine bestimmte Vegetation gebunden sein. Natürlich kann die Bindung an Eigenschaften der Böden auch unmittelbar sein (z.B.: Bodenfeuchtigkeit).

Jedes Mikroklima ist eine lokale Modifikation des Großklimas. Diese Modifikation wird in vielen Fällen hauptsächlich durch die Struktur der Vegetation bedingt. In dieser Weise kann eine Tierart mittelbar an eine bestimmte Vegetationsstruktur gebunden sein. Bei stark beweglichen Tieren kann die Bindung außerdem unmittelbar sein, indem die Struktur einen rein mechanischen Widerstand für die Aktivität darstellen kann.

Wie zu erwarten war, haben die Fallenausbeuten schon nach einem Jahre einige gute Beispiele geliefert von der Bindung an eine bestimmte Vegetationsstruktur:

Die Aktivitätsdichte von *Pterostichus diligens* Sturm und *Amara lunicollis* Schiödte ist pro Dauerfläche stark und positiv korreliert mit der Gesamtdeckung (Gruppenmenge) der Graminoiden (Pflanzen mit einer Grasstruktur) (Schätzungen von BARKMAN) wie Abb. 3 zeigt. *Pterostichus diligens* wurde gefangen in Heiden und Hochmooren (Dauerflächen K–T), *Amara lunicollis* nur in Heiden (Dauerflächen K–P). Es ist also wahrscheinlich, daß *Pterostichus diligens* und *Amara lunicollis* (und vielleicht auch *Amara communis* Panz.) im Untersuchungsgebiet wenigstens in grasreichen Heiden zusammentreffen[1]).

III.   Mit dem letzten Beispiel (Abb. 3) wurden die Grenzen der Autökologie überschritten und der Anschluß an die Synökologie erreicht. Da die Fallenfangtechnik nicht nur verbreitungsökologischen, sondern auch

[1] Diese Korrelationen waren nur 1959 deutlich und vielleicht die Folge der extremen Witterungsverhältnisse in diesem Jahre. Es ist also unbedingt notwendig, mehrere Jahre hintereinander Proben zu entnehmen, um einwandfreie Ergebnisse zu bekommen. Überdies wird es erforderlich sein genaue Messungsmethoden für die Gesamtdeckung zu entwickeln.

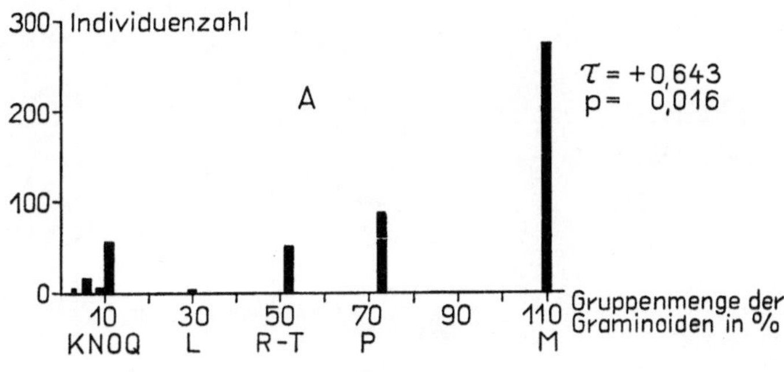

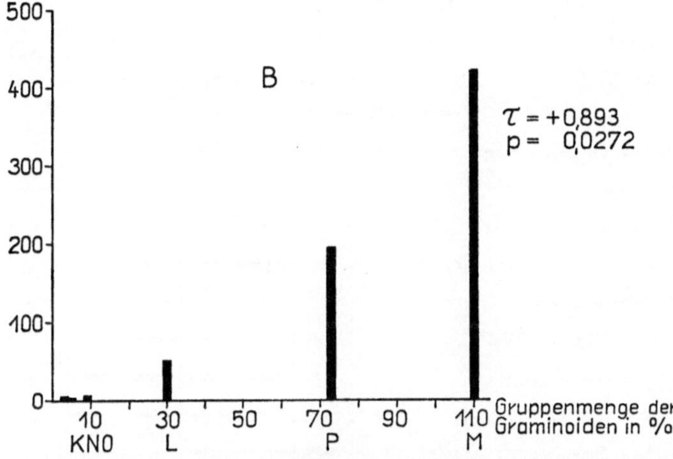

Abb. 3. A = *Pterostichus diligens* Sturm in Heiden und Hochmooren (1959).
B = *Amara lunicollis* Schiödte in Heiden (1959).

biozönologischen Zwecken dienen kann, haben die Fallenbeuten aus 1959 auch einige biozönologische Ergebnisse gebracht.

1. In Abb. 4 ist die Verteilung aller Wald-Carabiden über die neun Wälder dargestellt worden (einzelne Exemplare von Arten, die sicher nicht in Wäldern zu Hause sind (Irrgäste), wurden nicht in Abb. 4 aufgenommen).

Die meisten Arten wurden in Laubwäldern gefangen, besonders im feuchten Eichenwald, d.h. in den Dauerflächen A, B und C. Sechs Arten (*Abax ater* Vill., *Agonum assimile* Payk., *Agonum moestum* Dfts., *Carabus granulatus* L., *Harpalus quadripunctatus* Dej. und *Stomis pumicatus* Panz.) wurden ausschließlich und zwei Arten (*Trichocellus placidus* Gyll. und *Calathus piceus* Marsh.) fast ausschließlich (mehr als 89% der gefangenen Exemplare) in diesen Dauerflächen gefangen. Vielleicht sind einige dieser Arten mittelbar oder unmittelbar an diesen Waldtypus gebunden. Nur die Untersuchung von vielen neuen Dauerflächen in verschiedenen Waldtypen kann hierüber entscheiden. Nur zwei Arten (*Notiophilus rufipes* Marsh. und *Agonum fuliginosum* Panz.) wurden fast ausschließlich (mehr als 90%) im trockenen Eichenwald gefangen, d.h. in den Dauerflächen G und H. Die Nadelforsten F, E und D und das Wacholdergebüsch I besitzen überhaupt keine spezifischen Arten. (Auch *Leistus rufescens* Fbr. ist keine Nadelforst-Art, weil sie auch in Heiden

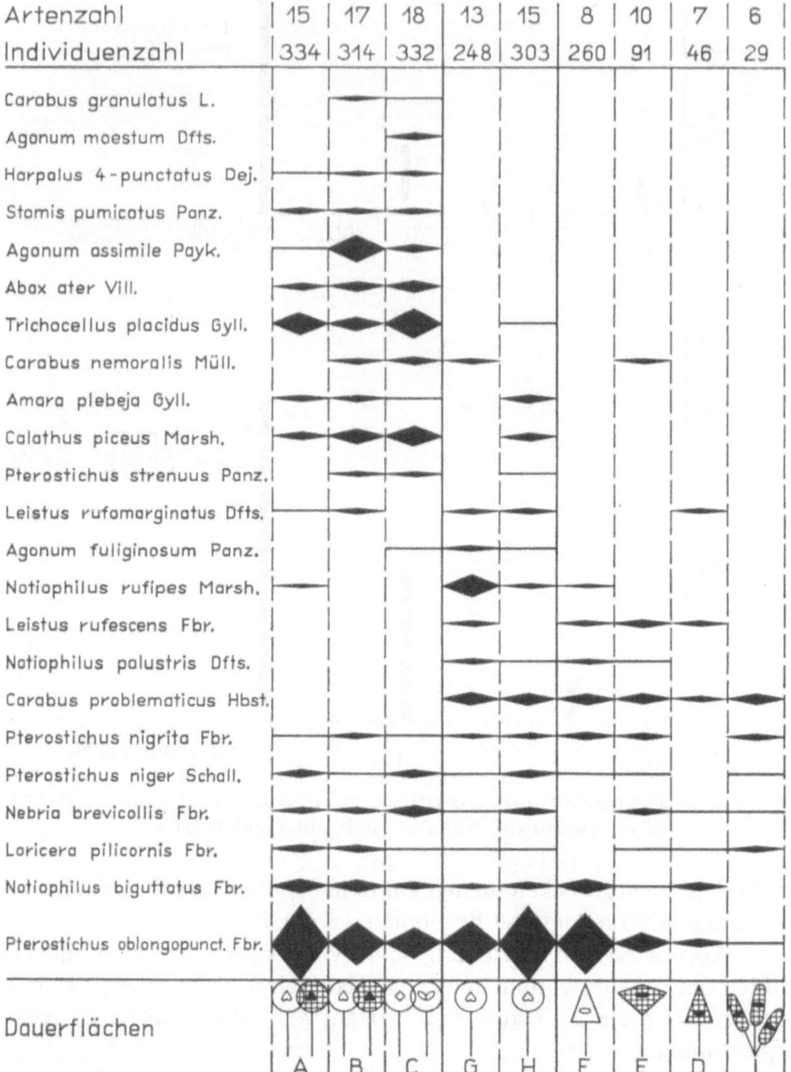

Abb. 4. Verteilung der Waldarten über die Dauerflächen in Wäldern (1959).

(Dauerfläche O) gefangen wurde und außerhalb der Dauerflächen öfter von mir in Laubwäldern gesammelt wurde; außerdem fand HEYDEMANN (1955) die Art in Kulturfeldern).

Es sieht also danach aus, daß die Nadelforsten in Drente keine eigene, sondern nur eine dürftige Laubwald-Carabidenfauna, besonders des trockenen Eichenwaldes besitzen (Abb. 4). In dieser Hinsicht verhalten sich die Carabiden der Nadelforsten offenbar genau so wie die Gefäßpflanzen. Im Gegensatz zu den Verhältnissen bei den Carabiden sind die Moose in den Nadelforsten Drentes mit vielen Arten vertreten. Darunter sind einige typische Nadelwaldarten (BARKMAN). Vielleicht ist nur die Ausbreitungsgeschwindigkeit von nordischen Nadelwald-Carabiden derart, daß sie die Nadelforsten von Drente noch nicht erreicht haben; es ist aber

178

wahrscheinlicher, daß das Milieu der Nadelforsten Drentes (z.B. das Klima) für solche Carabiden nicht geeignet ist.

2. Im Vergleich zu den Niederlanden als Ganzes ist die Provinz Drente reich an borealen und subborealen Carabiden-Arten (nach HORION 1951, 1955): 26% der 139 bis jetzt aus Drente bekannten (und 30% der 84 1959 in Fallen gefangenen) Arten gehören diesen Verbreitungsgruppen an, gegenüber nur 18% für die Niederlande als Ganzes. Die vorjährigen Fallenausbeuten haben außerdem gezeigt, daß in Heiden und Hochmooren sowohl absolut wie relativ mehr boreale und subboreale Carabiden-Arten leben (5–12 = 33–44% der Arten) als in Wäldern (1–5 = 17–29% der Arten, Abb. 5). Es liegt wohl sehr nahe zu vermuten, daß dieses Phänomen eine Folge des bekannten großen Unterschiedes im Mesoklima zwischen Wäldern einerseits und Heiden und Hochmooren andererseits ist, welcher wieder mit der Vegetations- und Bodenstruktur zusammenhängt.

3. Wenn für jede Dauerfläche die Gesamtzahl der gefangenen Carabiden-Individuen verglichen wird mit der Gesamtzahl der Carabiden-Arten, dann stellt sich heraus, daß im allgemeinen eine größere Individuenzahl zusammengeht mit einer größeren Artenzahl ($\tau = +0{,}636$, $p = 0{,}00022$; Irrgäste sind nicht berücksichtigt). Diese merkwürdige Tatsache könnte darauf hinweisen, daß je nachdem mehr „Plätze" für Carabiden-Individuen verfügbar sind, diese von mehr Arten besetzt werden. Offenbar hängt diese Erscheinung mit der gesetzmäßigen Verteilung der Individuen über Arten in einer Probe im allgemeinen zusammen, wie sie von WILLIAMS u.a. (logarithmic series 1943, 1953) gefunden wurde.

Außerdem stellte sich heraus, daß sowohl die Gesamt-Individuenzahl von Carabiden ($\tau = +0{,}447$, $p = 0{,}01016$) wie die Zahl der Arten ($\tau = 0{,}468$, $p = 0{,}00906$) pro Dauerfläche positiv korreliert ist mit der

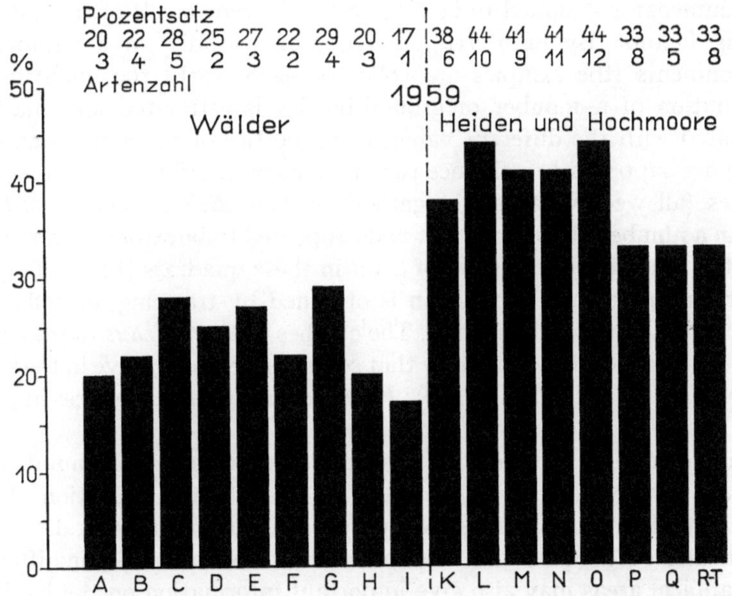

Abb. 5. Prozentsatz borealer und subborealer Arten pro Dauerfläche 1959.

Gesamtdeckung (Gruppenmenge) der Krautschicht (Schätzungen von
BARKMAN). Dies würde darauf hinweisen, daß je größer die Gesamtdek-
kung der Krautschicht ist, desto mehr „Plätze" für Carabiden-Individuen
und für Carabiden-Arten verfügbar sind. Leider sind diese Korrelationen
noch ganz rätselhaft und ich verfüge noch nicht über Fingerzeige hinsichtlich ihrer Bedeutung.

Zum Schluß möchte ich noch einmal betonen, daß alle erwähnten
Ergebnisse nur vorläufig sind, weil die Untersuchungen erst seit einem
Jahre vorgenommen werden und gerade das Jahr 1959 klimatologisch
ein sehr extremes war. 1960 werden die Fallenfänge in einer Anzahl der
Dauerflächen fortgesetzt, während einige Dauerflächen von neuen ersetzt worden sind. Wir hoffen, mehrere Jahre in dieser Weise weiterar-
beiten zu können, damit einwandfreie Ergebnisse erreicht werden. Wenn
eine genügend große Anzahl von Dauerflächen studiert worden ist, ist
es vielleicht auch möglich, charakteristische Arten und Artenkombinationen aufzufinden. Eine weitgehende kausale Analyse der gefundenen
Zusammenhänge zwischen der Aktivitätsdichte einiger Arten und der
Vegetations- (bezw. Boden-)struktur wird erst gut möglich sein, wenn sich
die Biologische Station diesen besonderen Zwecken anpaßt.

SUMMARY

The working method of the zoological investigation which is being carried
out at the Biological Station, Wijster for the last year (1959) is discussed
and the preliminary results are provisionally given. The problem of this
investigation can be formulated thus: „What are the most important
factors causing certain animal populations to be confined to a limited
number of habitats"?

The quantitative distribution of a species over a number of different
environments is assumed to be related to different levels of these determining factors. By uninterrupted trapping (pitfalls) in a number of
environments (the samples are collected each week) the quantitative
distribution of a number of ground-beetles is estimated and may be
compared with the different values of properties of these environments
which are supposed to influence the patterns of distribution. In 1959 the
catches (all weekly samples together) of *Pterostichus oblongopunctatus*
Fbr. in a number of quadrats in woods appeared to be strongly correlated
with the thickness of the layer of litter in these quadrats (Fig. 1) (a good
understanding of this correlation is obtained by trapping in following
years and by some experiments). The catches of *Pterostichus nigrita* Fbr.
(all week-samples together) show that some species do not live in the same
habitat all the year round (Fig. 2); *Pterostichus nigrita* reproduces in peat-
moor and hibernates in woods and heaths.

These examples illustrate the advantages of trapping in a number of
different environments at the same time and of the application of the
comparative method in investigations on distribution in general.

The differences in habitat-selection within the same species in different
geographical areas may also give important information on the habitat-
determining factors; some examples are discussed.

Catches („density of activity") are not only influenced by population density but also by the mean value of individual activity („area of discovery").

An attempt is made to correlate catches with estimations of the density of the vegetation cover (Fig. 3). New methods will be developed for measuring this factor.

Fig. 4 gives the distribution of catches of the ground-beetles of woods over nine quadrats in different types of woodland. Three groups of species can be distinguished: a. the species of moist oak woods (A, B and C); b. the species of dry oak woods (G and H) and c. the species of coniferous woods (F, E, D and I). The woods of group c obviously contain an impoverished fauna of group b.

The province of Drente is relatively rich in boreal and subboreal species of ground-beetles (26% in Drente and 18% in the Netherlands as a whole). The heaths and peat-bogs in Drente contain relatively more boreal and subboreal species than do the woodlands (Fig. 5).

A significant correlation between the catches of all carabid-species together and the number of species in each quadrat ($\tau = +0{,}636$, p $= 0{,}00022$) is found; logarithmic series (WILLIAMS 1953).

LITERATUR

BALOGH, J.: Lebensgemeinschaften der Landtiere. – Budapest 1958.
FISHER, R. A., STEVEN CORBET, A. and WILLIAMS, C. B.: The relation between the number of species and the number of individuals in a random sample of an animal population. – J. An. Ecol. **12**: 42–58. 1943.
HEYDEMANN, B.: Carabiden der Kulturfelder als ökologische Indikatoren. – Ber. 7. Wandervers. dtsch. Entom. Berlin 1954, p. 172–185. 1955.
HORION, A.: Faunistik der deutschen Käfer. – 1941.
— Verzeichnis der Käfer Mitteleuropas, 1. Abt. – Alfred Kerner, Stuttgart 1951.
KENDALL, M. G.: Rank correlation methods. 2nd ed. – Charles Griffin, Londen. 1955.
LARSSON, S. G.: Entwicklungstypen und Entwicklungszeiten der dänischen Carabiden. – Entom. Medd. **20**: 227–547. 1939.
LINDROTH, C. H. K.: Die Fennoskandischen Carabidae. – Vet. Vitt. Samh. Handl. Stockholm 1945–1949.
WILLIAMS, C. B.: The relative abundance of different species in a wild animal population. – J. An. Ecol. **22**: 14–31. 1953.

FRANZ:

Die Erscheinung, daß Arten im Laufe des Jahres wandern, ist von einer nicht geringen Anzahl von Käfer- und Hemipteren-Arten bekannt, z.B. *Oodes gracilis*, einer Art, die im Sommer in feuchten Standorten lebt und sich dort auch vermehrt, und regelmäßig im Winter an xerotherme Standorte fliegt, ebenso in Schweden bei Stockholm, wo ihre Nordgrenze ist, wie in Österreich im Leithagebirge an den xerothermsten Standorten im Winter, wo ich sie unter Steinen und dann später im Sommer am Neusiedlersee im Sumpf fand. Das ist eine allgemeine Erscheinung, die im Zusammenhang mit früheren Diskussionen noch einmal erwähnt werden mag, weil sie quer durch die Biotope geht und unter Umständen ganz verschiedene Korrellationen mit sich bringt. Hier ist eine gewisse Korrelation

zwischen verschiedenen Biotopen notwendig, damit die Art existieren
kann.

Es gibt biozönotisch gesehen keinen größeren Gegensatz, als den
zwischen beschatteten und lichten Biotopen. Die Heidewälder zeigen in
dieser Hinsicht – das gilt nicht nur für die Carabiden – eine enge Verwandtschaft mit den Heiden und mit den Hochmooren, die ebenfalls heliophile
Gesellschaften sind. Der Wasserfaktor spielt hier eine viel geringere Rolle
als die Klimafaktoren (Licht).

Wir wissen nur sehr wenig über die Autökologie der einzelnen Tierarten. Es ist daher so außerordentlich schwierig, das Verhalten der Tiere
in bestimmten Probeflächen richtig zu beurteilen. Ich habe, um diese
Lücke zu füllen und Fehlschlüsse zu vermeiden, in drei Jahrzehnten
umfangreiche Karteien angelegt, in die ich alle nur erreichbaren Funde
der Land-Avertebraten eingetragen habe, aus denen man einigermaßen
ermessen kann, wie sich die Arten tatsächlich in einem breiten Raum
verhalten. Nur so erreicht man eine Kontrolle der Feststellungen in
einem engen Raum. Ich möchte einen Erfahrungsaustausch unter den
Landbiozönotikern empfehlen, für den ich gern zur Verfügung stehe.

FRIEDERICHS:

Was wird unter „Lebensort" verstanden ? Es ist wohl eine Übersetzung
von „Biotop"? Oder ist „habitat" gemeint, das im englischen gleich
„Biotop" wäre ?

Wenn es sich wirklich um das „Habitat" d.h. eine ganz bestimmte
Stelle innerhalb des Biotops handelt, dann weiß ich nicht, wie das für
Carabiden infrage kommt, denn Rückkehrfähigkeit ist m. W. bei ihnen
nicht festgestellt. Sie sind wandernde Arten. Ich bin mit den Carabiden
gut vertraut und kann vieles von dem Gesagten von anderen Orten aus
eigener Erfahrung bestätigen.

DEN BOER:

Mit Lebensort ist nicht Biotop gemeint, weil nach der Meinung des
Referenten Biotop das Milieu einer Biozönose ist und nicht einer Art.
Lebensort ist gemeint als Analogon von Standort (kann natürlich nicht für
Tiere angewendet werden). Es umfaßt die Faktoren an einer Stelle, die
für die Art von Bedeutung sind (abiotische und biotische Faktoren) und
ist also dem Begriff „habitat" von ELTON gleich.

SCHMITHÜSEN:

Wie sichert man sich gegen eine Verfälschung der Ergebnisse durch das
laufende Fangen der Tiere ? Man fängt ja in Kellern die Mäuse so lange,
bis keine mehr da sind.

DEN BOER:

Die Frage, ob der Fallenfang die Populationsdichte der gefangenen Tiere
beeinflußt, kann nicht bei Arthropoden nach Mäusen in Kellern beurteilt
werden, die man vollständig mit Fallen wegfangen kann. Unsere Erfahrungen in den Dünen der Niederlande und auch die Erfahrungen anderer
Forscher (z.B. V. D. DRIFT, I.T.B.O.N., Niederlande) weisen darauf hin,

daß nur ein sehr kleiner Prozentsatz der Population der meisten Arten gefangen wird, der abhängig ist von der Aktivität der Arten. Wahrscheinlich fängt man in vielen Fällen weniger als 1% (wenn eine Falle auf 100 m² oder mehr steht wie in diesen Untersuchungen). Seltene Arten fängt man vielleicht gar nicht.

FRANZ:

Der Ausdruck „Aktivität" bedarf der Kritik. In Fallen werden Arten mit verschiedenem Verhalten in verschiedenem Prozentsatz gesammelt, Auch ist das Jagdgebiet der Arten verschieden. Alle Fallenmethoden ergeben daher kein treues Bild von der Abundanz.

BEZIEHUNGEN ZWISCHEN PFLANZEN-
GESELLSCHAFTEN UND MOLLUSKENFAUNA

von

E. van der Maarel
Oostvoorne (Niederlande) [1]

EINLEITUNG

Die biologische Station „Weevers'-Duin" ist zwar hauptsächlich beschäftigt mit dem Studium der Struktur und Ökologie der Dünenvegetation, wobei besonders Boden und Mikroklima eingehend untersucht werden, doch auch die Biozönologie hat das Interesse der dort arbeitenden Biologen.

1958 haben meine Frau und ich mit einer soziologischen und ökologischen Studie der Molluskenfauna angefangen, dazu inspiriert von Mörzer Bruijns (1947) und Mörzer Bruijns u. Westhoff (1957).

Wir gingen, wie die obengenannten und auch andere Autoren (z.B. Rabeler 1947, Braun-Blanquet 1951) vom Standpunkt aus, die Biozönosen seien die primären biosoziologischen Einheiten in der Landschaft; sie sollen ökologisch homogene Gebiete – die sogen. Biotope – bewohnen, und deren Vegetation sei eine Pflanzengesellschaft.

Diese Umschreibung kann uns befriedigen, wenn nur deutlich vorausgesetzt wird, daß die in der Definition erwähnten Pflanzengesellschaften entweder abstrakte oder konkrete Einheiten sind und nicht die beiden Möglichkeiten offengelassen werden. Am besten halten wir uns an den abstrakten Begriff; damit stellen die Biozönosen also abstrakte Lebensgemeinschaften dar. Leider hat man, wie schon von Westhoff (1951, 1959) für die Vegetationskunde wiederholt betont ist, in der Zönologie diesen Unterschied nicht immer erkannt. Es gibt Zönologen, die mit dem abstrakten Begriff arbeiten - die Westeuropäer – und andere, namentlich in Nord- und Mitteleuropa, mit der Auffassung, die Biozönosen seien reëlle Lebensgemeinschaften (Du Rietz 1930, Balogh 1958).

Die holländischen Forscher (Westhoff u.a. 1959) haben neuerdings vorgeschlagen, neben dem konkreten Phytozönosebegriff den *Zönon* (Coenon, Cenon) als abstrakte Einheit anzuwenden. Ich möchte hier diesen Neubegriff introduzieren und zugleich verfeinern zu *Phytozönon* (Mehrzahl Phytozönonten), so daß der Biozönologie der Begriff *Biozönon* offensteht.

Bei der Untersuchung eines Biozönons soll man sich möglichst auf ein Phytozönon stützen, wobei es dahingestellt bleibt, ob es sich um eine Assoziation, eine Soziation, oder eine willkürliche andere abstrakte Einheit handelt, deren Charakter nicht genauer zu umschreiben ist, weil

[1] Jetzt: Laboratorium voor Plantenoecologie, Rijksuniversiteit Groningen.

184

treue oder dominante Arten fehlen. Für diese Einheit haben die Holländer
den Namen Konsortium vorgeschlagen (WESTHOFF c.s. 1959).

Innerhalb der Biotope lassen sich noch Kleinräume mit vollständiger
ökologischer Homogenität unterscheiden, deren ihnen eigene Lebensgemein schaften nach MÖRZER BRUIJNS (1947) *Merozönosen* genannt werden
können. Eine Spezialform bilden die *Stratozönosen* (BALOGH 1938), d.h.
Lebensgemeinschaften von Schichten. Die Merozönosen sind im allgemeinen mit den von DU RIETZ (1965) während diesem Symposion deutlich gemachten Synusien identisch.

Wenn man innerhalb der Biozönose nur eine einzige Tiergruppe untersucht, hat man doch meistens einen Teil der Biozönose erfaßt, dessen
Konstituenten ungefähr dieselben Lebensansprüche haben – z.B. in der
Ernährung –, und daher zu einer Nische gehören (ELTON 1947) und mit
Recht – nicht nur aus praktischen Gründen – einzeln untersucht werden
dürfen. Für diese Art Lebensgemeinschaft möchte ich den Namen
Taxozönose vorschlagen, abgeleitet vom internationalen Ausdruck Taxon
für irgendeine Sippe. Neben dem Ausdruck Biozönon gelten dann die
Begriffe Mero-, Strato- und Taxozönon.

DIE STELLUNG DER MOLLUSKEN IM BIOZÖNON

Mit diesen Ausgangspunkten im Gedächtnis haben wir nun die Schnekkenfauna, also die Taxozönonten einiger Pflanzengesellschaften, in den
Dünen untersucht.

Dabei interessierte uns vor allem die Frage, ob Molluskenarten, wegen
ihrer Treueverhältnisse Charakterarten im Sinne BRAUN-BLANQUET's
sein oder zu charakteristischen Artenkombinationen zusammengefaßt
werden könnten. Dieser Hypothese ist schon vielfach von den älteren
Malakozönologen widersprochen worden: ÖKLAND (1930) in Norwegen,
BOYCOTT (1934) in England, MÄKELÄ (1938) in Finnland und HELVEG
JESPERSEN (1945) in Dänemark. Man vergleiche die Worte ÖKLAND's:
,,Das Vorkommen der meisten Landschneckenarten ist dermaßen unscharf, daß sich die Biotope und Biocönosen in der Regel nur auf Grundlage von Abundanz und Frequenz ergeben''. Man kann auch sagen:
,,Zu viele Arten sind euryoek, zu wenige sind stenoek''. – Zwar hat
MÖRZER BRUIJNS mit Recht gezeigt, daß die phytozönologische Begründung der oben genannten Untersuchungen nicht immer richtig war, doch
schienen die Konklusionen wohl richtig. –

Die von BURCH (1955, 1956/57) in den Vereinigten Staaten erzielten
Ergebnisse stehen mit dieser Auffassung in Übereinstimmung.

Übrigens wird es deutlich sein, daß eine vollständige Typisierung auf
Treueverhältnissen unmöglich ist, einfach wegen der Tatsache, daß die
Zahl der Pflanzenassoziationen viel – in den Niederlanden etwa 2,5 mal –
größer ist als die Zahl der Schneckenarten.

Es ist MÖRZER BRUIJNS (1947) denn auch nicht gelungen, mehr als nur
einige Kennarten zu finden. Auch zur Aufstellung charakteristischer
Artenkombinationen ist er nicht gekommen.

Doch erscheint es unbedingt notwendig diesen letzten Begriff deutlich
zu begründen und anzuwenden!

Von Zoozönologen sind schon viele analoge und identische Ausdrücke eingeführt (Übersicht bei BALOGH 1958). Auch ein phytozönologischer Ausdruck muß nachdrücklich genannt werden: die „korrelierte Artengruppe" (KULCZYŃSKI 1928), der die Korrelation zwischen bestimmten Arten zugrunde liegt. Man berechnet dafür die Koordinationszahl (AGRELL'scher Index) der Arten (s. BALOGH 1958). [1]

Schließlich muß darauf hingewiesen werden, daß es unbedingt notwendig ist, eine deutliche Umschreibung der charakteristischen Artengruppe und ihrer strukturellen Merkmale zu geben.

METHODEN UND ERGEBNISSE EIGENER ZÖNOLOGISCHER
UNTERSUCHUNGEN

Die Untersuchungen beschränkten sich vorläufig auf die Pflanzengesellschaften der feuchten primären Dünentäler, die erst in diesem Jahrhundert vom Meer abgetrennt worden sind. Die Vegetation ist also sehr jung. Von den verschiedenen Pflanzengesellschaften wurden pflanzensoziologische Aufnahmen gemacht nach der Methode BRAUN-BLANQUET's. Anschließend wurden 5 oder 10 dm² der Probefläche nach der Methode MÖRZER BRUIJNS (1947) sorgfältig nach Mollusken abgesucht. – Zwar gibt es Siebmethoden, die kürzlich von VÁGVÖLGYI (1952) verbessert wurden und zweifellos für die sehr kleinen Arten genauere Ergebnisse garantieren; sie wurden jedoch wegen der langen Zeit, die sie erfordern, nicht angewandt.

Das Minimumareal der Schneckenfauna ist wahrscheinlich nicht größer als etwa 10 dm². MÖRZER BRUIJNS nimmt zwar ungefähr 50 dm² an, BALOGH (1958) aber „viel weniger".

Neun Gesellschaften wurden unterschieden. Zuerst folgt eine kleine Erläuterung ihrer Zusammensetzung:

1. Mentha aquatica – Scirpus maritimus-Konsortium

Diese Gesellschaft wird gekennzeichnet durch die Dominanz der beiden genannten Arten – man spricht auch wohl von Mentha-Scirpus Konsoziation. Sie bewohnt die feuchtesten Stellen der Täler, wo bis vor kurzem ein Salzeinfluß geherrscht hat. Dieser Einfluß findet seinen Ausdruck in einigen Armerion-maritimae-Arten wie *Juncus gerardi, Glaux maritima, Agrostis stolonifera* var. *salina*. Andere konstante Arten sind: *Phragmites communis, Ranunculus flammula, Eleocharis palustris* und *Juncus articulatus*, sowie *Drepanocladus aduncus*.

2. Glaux maritima -Samolus valerandi-Konsortium

Eine Pioniergesellschaft mit Armerion maritimae-Arten wie in der erstgenannten Gesellschaft, aber außerdem *Trifolium fragiferum* und *Centaurium pulchellum*.

3. Centaurio–Saginetum Westhoff 1947

Diese Gesellschaft wird in einer Übergangsform zur folgenden unter-

---

[1] Inzwischen werden vom Verfasser moderne anglo-amerikanische korrelations-statistische Methoden verwendet, deren Ergebnisse hier nicht erwähnt werden können.

sucht. Sie wächst an weniger feuchten Stellen und ist gekennzeichnet durch das Auftreten von Pionierarten aus dem Nanocyperion, wie *Centaurium vulgare, C. pulchellum, Sagina nodosa, Gnaphalium luteoalbum, Carex serotina; Blackstonia perfoliata* ist eine regionale Kennart. Von der nächsten Gesellschaft kommen vor: *Salix repens* – immer niedrig und mit geringer Deckung –, *Parnassia palustris, Acrocladium cuspidatum.*

4. Salix repens – Parnassia palustris-Konsortium

Eine auf die vorige folgende Gesellschaft mit Arten aus dem Caricion davallianae wie *Epipactis palustris, Orchis incarnata, Liparis loeselii, Gentiana amarella* ssp. *uliginosa. – Schoenus nigricans* fehlt in dieser Gesellschaft; von einem Schoenetum nigricantis (vgl. WESTHOFF 1947) ist hier also nicht die Rede. – Es gibt in dem Boden unter dieser Gesellschaft schon eine schwache Humusbildung.

5. Salix repens – Carex trinervis-Konsortium

Vielleicht ist diese Gesellschaft identisch mit der Carex trinervis – Drepanocladus aduncus-Assoziation Duvigneaud (1947) aus den belgischen Dünen. Die Kennarten kommen jedenfalls beide vor, sie sind aber nicht charakteristisch. Es fehlen einige typische Caricion davallianae-Arten wie *Parnassia palustris* und *Gentiana amarella*, weil *Carex trinervis* mit hoher Deckung auftritt, oft zusammen mit *C. nigra.* Diese Gesellschaft kommt auf sehr feuchten, im Winter unter Wasser stehenden Böden vor und ist auch durch Bodeneigenschaften von Gesellschaft 4 völlig verschieden: es gibt eine torfartige Humusbildung mit dem Moos *Drepanocladus aduncus* als „Grundstoff".

6. Mentha aquatica – Phragmites communis-Konsortium

Diese Gesellschaft gleicht physiognomisch der Mentha-Scirpus-Gesellschaft, ist aber fast ausschließlich aus Glykophyten zusammengesetzt. Ihre systematische Stellung ist ganz unbestimmt. Es gibt Arten wie *Ranunculus flammula, Carex nigra, Epilobium parviflorum* (Caricetalia fuscae), *Rumex crispus, Festuca arundinacea, Pulicaria dysenterica* (Agropyro-Rumicion) und *Phragmites communis, Sium erectum* (Phragmition). In der Moosschicht herrscht *Acrocladium cuspidatum* vor.

7. Eupatorium cannabinum – Hippophaë rhamnoides-Konsortium

Eine Strauchgesellschaft mit *Hippophaë,* und *Salix*-Arten: *repens* (bis 1,5 m hoch), *cinerea, aurita.* Die Krautschicht ist fast identisch mit der aus Ges. 8 und besteht aus *Eupatorium cannabinum, Pulicaria dysenterica, Phragmites communis, Galium uliginosum, Mentha aquatica.*

8. Hippophaëto – Ligustretum eupatorietosum Meltzer 1941

Die normale Strauchgesellschaft der feuchten Dünentäler, die auch in den jüngsten Tälern auftritt. Charakterarten sind *Ligustrum vulgare, Rhamnus catharticus, Viburnum opulus;* Differentialarten die oben genannten Sträucher und Kräuter (Ges. 7).

9. Pyrola rotundifolia – Betula alba-Konsortium

Eine Gesellschaft von Böden mit etwa derselben Feuchtigkeit wie die

Böden der Gesellschaften 7 und 8 mit einer niedrigen Baumschicht von
Betula alba (d.h. *Betula verrucosa* und Übergange dieser Art zu *B. pubescens*). In der Strauchschicht dominieren *Hippophaë rhamnoides* und
Salix repens. Diese Gesellschaft kommt also Gesellschaft 7 sehr nahe, ist
jedoch durch das Auftreten von *Pyrola rotundifolia* und *Fragaria vesca*
und den geringeren Anteil der Arten der ,,*Eupatorium*-Gruppe'' (siehe
Ges. 7) davon zu unterscheiden.

Von dem auch in den Dünentälern auftretenden Pyrolo-Salicetum
Meltzer, das eine Stellung zwischen den Gesellschaften 4 und 9 einnimmt,
wurden bisher zu wenig malakozönologische Daten gesammelt.

10. Taraxaco-Galietum Boerboom 1957

Diese Gesellschaft der trockenen Binnendünen mit Arten wie *Festuca
ovina*, *Galium verum*, *Taraxacum rubicundum*, *Thymus pulegioides*,
Lotus corniculatus und *Ononis repens* bietet den Mollusken offenbar keine
guten Lebensmöglichkeiten. Nur einige, meistens tote Individuen weniger
Arten werden gefunden. Diese Gesellschaft ist nur zum Vergleich erwähnt.

Die Zusammensetzung der Molluskenfauna dieser Gesellschaften ist
dargelegt in der Tabelle I.

Von den frequenten Arten ist für jede Gesellschaft die Konstanz und
die Durchschnittsabundanz pro 10 dm² angegeben – auch die toten Individuen sind in die Berechnungen aufgenommen worden. Eine Abundanz
< 1 ist mit x angedeutet. Die akzidentellen Arten sind unten in der
Tabelle erwähnt. Außer diesen Angaben sind einige Daten über die
untersuchten Standortsfaktoren enthalten.

Es ergibt sich, daß die meisten Gesellschaften, an sich oder gruppenweisse,
eine typische Artenkombination besitzen. Nur das Salix repens-Carex
trinervis-Konsortium und das Taraxaco-Galietum sind sehr
schneckenarm. Das Mentha aquatica-Scirpus maritimus-Konsortium hat keine charakteristische Artenkombinaton, vielleicht aber
kann die Wasserschnecke *Aplexa hypnorum* als Differentialart aufgefaßt
werden. Die Gesellschaften 2 und 3 sind nicht nur floristisch, sondern
auch in der Molluskenfauna verwandt. Die Art *Catinella arenaria* (=
Succinea arenaria), die man als ,,Schoenetum nigricantis-'' oder
,,Caricion davallianae-Kennart'' bezeichnet hat (MÖRZER BRUIJNS u.a.
1959), scheint hier mehr Nanocyperion-Art zu sein. *Vertigo angustior*
ist von Dünenwäldern bekannt, war aber bisher auf Voorne nicht gefunden worden. Der Standort auf Voorne, das *Pyrola-Betula*-Gebüsch,
ist mit dem genannten Dünenbiotop sehr gut zu vergleichen, vielleicht
teilweise identisch. *Succinea oblonga* ist nur sehr wenig gefunden worden,
und zwar meistens in dem erwarteten Biotop: Sanddorngebüsch – Ges. 7 –.

Außer den drei letztgenannten Arten sind kaum andere zu finden, die
als (lokale) Charakterarten aufgefaßt werden können. Nur *Trichia hispida*
zeigt eine deutliche Präferenz für das *Eupatorium cannabinum-Hippophaë*-Gebüsch.

Für die Aufstellung charakteristischer Artenkombinationen sollen also
nicht nur die Charakterarten, sondern auch Differentialarten und besonders die ,,eukonstanten'' Arten (BALOGH 1958) mit 75 bis 100%iger

Tab.I. Das Vorkommen von Landmollusken in einigen Pflanzengesellschaften

Werte je Gesellschaft als Paar "K A" (K = Konstanz, A = Abundanz); · = kein Vorkommen.

Gesellschaft (siehe Text)	I MS	V SC	II GS	III CS	IV SP	VI MP	VII EH	VIII EL	IX BP	X TG
Lymnaea truncatula (Müll.)	60 4	50 x	100 20	83 4	43 1	33 x	·	29 x	·	·
Succinea elegans Risso[1]	80 27	50 x	100 52	100 54	71 50	100 27	40 2	29 x	33 x	·
Vallonia pulchella (Müll.)	·	·	50 3	100 12	100 13	100 29	100 13	·	33 x	33 x
Cochlicopa lubrica (Müll.)	20 x	·	17 x	83 2	100 10	33 x	100 10	86 1	100 6	33 x
Vertigo antivertigo Jeffreys	·	·	·	33 x	14 2	67 14	20 x	·	·	·
Nesovitrea hammonis (Ström)	80 5	·	17 x	17 x	43 4	67 3	80 6	100 5	100 19	·
Carychium minimum Müll.	·	·	·	·	14 x	67 6	20 x	·	·	·
Zonitoides nitidus (Müll.)	40 2	50 1	·	·	57 2	33 x	40 6	·	100 3	17 x
Vitrina pellucida (Müll.)	·	·	·	·	14 x	·	80 6	43 x	67 1	·
Trichia hispida (L.)	·	·	·	·	·	·	80 7	77 1	·	·
Arianta arbustorum (L.)	·	·	·	·	·	·	60 1	14 x	33 x	·
Deroceras reticulatum (Müll.)	20 x	·	17 x	50 x	57 1	67 1	60 2	43 1	67 3	·
Deroceras laeve (Müll.)	·	·	·	29 x	29 x	·	20 x	·	·	17 x
Euconulus fulvus (Müll.)	·	·	·	·	43 x	·	20 x	29 x	33 2	·
Deckung Strauchschicht %	15	30	-	30	40	< 5	80	50	50	-
Deckung Krautschicht %	75	30	50	50	60	90	80	80	70	60
Dicke Streuselschicht cm	<0,5	<0,5	< 0,5	< 0,5	< 0,5	< 0,5	1	2,5	3	< 0,5
Grundwasser cm u.Oberfläche	20	20	25	30	30	20-30	> 40	> 50	> 40	>150
Rel.Lichtstärke %	25	35	100	70	40	20	1	1,5	0,4	80
Rel.Feuchtigkeit %	95	90	80	90	80	90	90	95	95	80
Zahl der Aufnahmen	5	2	6	6	7	3	5	7	3	6
Zahl der Molluskenarten	7	3	9	8	15	9	14	11	11	6

Akzidentelle Arten: Aplexa hypnorum (L.): I (1 x); Lymnaea palustris (Müll.): II (2 x); Planorbis contorta (L.): II (1 x); Catinella arenaria (Bonch.-Chant.): II (1 x); Succinea oblonga Drap.: IV (1 x), VII (1 x); Punctum pygmaeum (Drap.): IV (1 x), VIII (1 x); Vallonia costata (Müll.): IV (1 x), VIII (1 x), IX (1 x); Vertigo angustior Yeffreys: IX (1 x); Vallonia excentrica Sterki: X (1 x); Pupilla muscorum (L.): X (1 x).

1) = S.pfeifferi Rossmässler   K = Konstanz   A = Abundanz

Konstanz benutzt werden. Innerhalb der Gruppe dieser Arten gibt die Korrelation, also der AGRELL'sche Index (AGRELL 1945) genauere Auskunft über die Koinzidenz der Arten.

In der Tabelle II sind die Korrelationskoëffizienten der neun gemeinsten Arten dargestellt.

Es zeigt sich deutlich, daß zwischen bestimmten Arten hohe Korrela-

Tab.II. Korrelationskoeffizienten zwischen den
allgemeinen Arten auf Voorne
(etwa 50 Aufnahmen)

	S.e.	L.t.	V.p.	C.l.	D.r.	N.h.	Z.n.	T.h.	V.p.
Succinea elegans		58	49	45	31	32	28	10	3
Lymnaea truncatula			34	25	22	18	14	3	0
Vallonia pulchella				56	33	30	32	12	6
Cochlicopa lubrica					35	62	32	30	14
Deroceras reticulatum						33	16	15	15
Nesovitrea hammonis							34	37	17
Zonitoides nitidus								15	5
Trichia hispida									41
Vitrina pellucida									

tionen auftreten. Nicht in allen Fällen sind diese Korrelationen von gleichem Wert. Z.B. *Succinea elegans* und *Cochlicopa lubrica* sind nur hoch korreliert wegen ihrer weiten ökologischen Valenz und Häufigkeit. Ihre Optima sind ganz verschieden.

Tab.III. Korrelationskoeffizienten zwischen
denselben Arten im Ysseltal (Mörzer Bruijns)
(etwa 100 Aufnahmen)

	S.e.	L.t.	V.p.	C.l.	D.r.	N.h.	Z.n.	T.h.	V.p.
S.e.		11	5	3	27	0	25	4	0
L.t.			11	4	10	2	16	7	0
V.p.				27	19	3	13	40	15
C.l.					33	24	11	51	22
D.r.						9	26	24	17
N.h.							3	20	28
Z.n.								13	8
T.h.									32
V.p.									

Daß die Korrelation vielfach nur regional bedingt ist, zeigt die Tabelle III, in der die Verhältnisse derselben Arten im IJsseltal dargelegt sind (berechnet nach den Aufnahmen MÖRZER BRUIJNS 1947). Die Korrelation zwischen den letztgenannten Arten fehlt wegen des Vorherrschens der Aufnahmen von trockenen Gebieten, in denen *Succinea* fehlt. Doch gibt es in einigen Fällen eine gewisse Übereinstimmung zwischen den beiden Tabellen, z.B.:

Vallonia pulchella – Cochlicopa lubrica, Cochlicopa lubrica – Trichia hispida, Trichia hispida – Vitrina pellucida, alle mit hoher Korrelation, *Succinea elegans – Trichia hispida* und *Vitrina pellucida, Zonitoides nitidus – Vitrina pellucida* mit niedriger Korrelation.

Vorläufig lassen sich für die folgenden Gesellschaften Molluskenkombinationen aufstellen:

– K bedeutet eukonstant oder konstant (d.h. mit 50 bis 75%iger Konstanz) und abundant; D = differenzierend, Ch = (lokal) charakteristisch.

Glaux maritima- Samolus valerandi-Konsortium:

Ch *Catinella arenaria* (wahrscheinlich auch für die folgende Gesellschaft)
K *Succinea elegans, Lymnaea truncatula,* D *Lymnaea palustris*

Salix repens-Parnassia palustris-Konsortium:

K *Vallonia pulchella, Succinea elegans, Cochlicopa lubrica.*

Mentha aquatica-Phragmites communis-Konsortium:

K *Vallonia pulchella, Succinea elegans, Vertigo antivertigo* D *Carychium minimum.*

Eupatorium cannabinum-Hippophaë rhamnoides-Konsortium:

K *Vallonia pulchella, Cochlicopa lubrica, Vitrina pellucida.* (vielleicht Ch), *Trichia hispida* (vielleicht Ch), *Nesovitrea hammonis.* Vielleicht Ch: *Succinea oblonga.*

Hippophaëto-Ligustretum eupatorietosum:

K *Nesovitrea hammonis, Cochlicopa lubrica, Trichia hispida.* – Nur negativ von der vorigen Gesellschaft zu unterscheiden durch die Absenz von *Vallonia pulchella, Zonitoides nitidus.*

Pyrola rotundifolia-Betula alba-Konsortium:

Ch *Vertigo angustior,* K *Nesovitrea hammonis, Zonitiodes nitidus, Cochlicopa lubrica.*

DIE ÖKOLOGIE DER LANDMOLLUSKEN

Die oben erwähnten Ergebnisse über die Präferenz jeder Molluskenart für bestimmte Gesellschaften – die sich aus fast jeder Untersuchung ergibt – müssen durch die in diesen Gesellschaften realisierten ökologischen Faktoren bedingt sein. Für die kausale Erklärung des Vorkommens der Schnecken ist also eine möglichst genaue Kenntnis der „Hauptfaktoren" („master factors") von großer Bedeutung.

Die Literatur gibt schon eine ganze Menge Tatsachen, die aber nur ziemlich selten in zönologischen Studien berücksichtigt werden sind.

Eine kurze Übersicht der wichtigsten Faktoren darf hier zur Einleitung eigener Bestimmungen und Experimente folgen. Der Karbonatgehalt des Bodens ist seit langem untersucht und als sehr wichtig befunden worden (z.B. LAIS 1943). Auf karbonatarmen Böden leben nur wenige Arten in niedrigen Individuenzahlen. Außer der Wichtigkeit für den Aufbau der Schale (die von TRÜBSBACH 1943, 1947 aber bezweifelt wird) hat man auch den möglichen Einfluß auf die Temperatur der bodennahen Luftschicht betont (FRANZ 1931, TRÜBSBACH 1943, 1947). Das pH ist oft als Einzelfaktor betrachtet worden (ATKINS u. LEBOUR 1923, ÖKLAND 1930, BURCH 1955). Vielleicht aber kann man diesen Faktor besser im Zusammenhang mit dem Karbonatgehalt untersuchen.

Die Feuchtigkeit, ein Komplexfaktor, ist wahrscheinlich von der größten Bedeutung für die Verbreitung der Landmollusken. BOYCOTT (1934) hat die Arten bereits nach ihren Wasseransprüchen eingeteilt. Auf die Bedeutung in dieser Hinsicht hat besonders FISCHER (1939) hingewiesen.

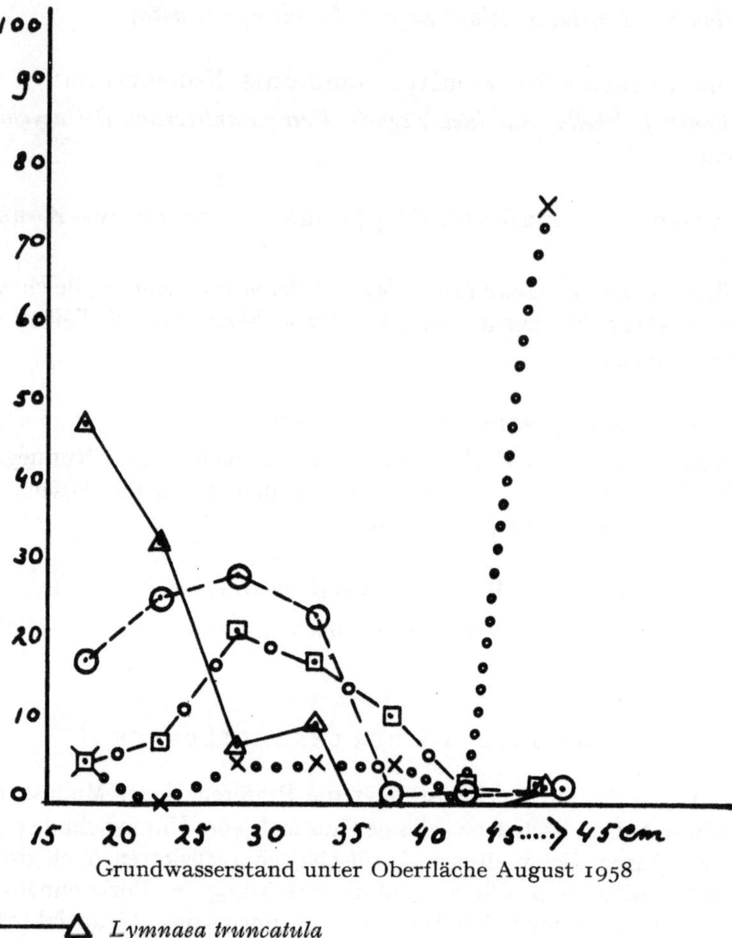

Abb 1. Das Vorkommen einiger Landmollusken bei verschiedenen Grundwasserständen.

Doch fehlen bisher genauere Untersuchungen der Einzelfaktoren des Komplexes, z.B. der täglichen Schwankungen der Wasserdampfspannung, das Vorkommen flüssigen Wassers in und auf dem Boden, der Evaporation, der Taubildung.

Austrocknungsversuche sind ausgeführt worden von RIEPER (1912), KÜNKEL (1916), FRÖMMUNG (1954) u.A.

Die Ernährung ist unzweifelhaft ein wichtiger Faktor, doch ist ihr Einfluß auf die Verbreitung nicht sehr groß. Es gibt fast keine Bindungen an bestimmte Wirtspflanzen. Die Hauptbestandteile der Nahrung sollen vermoderte Pflanzenreste sein (KÜHNELT 1950, FRÖMMING 1954).

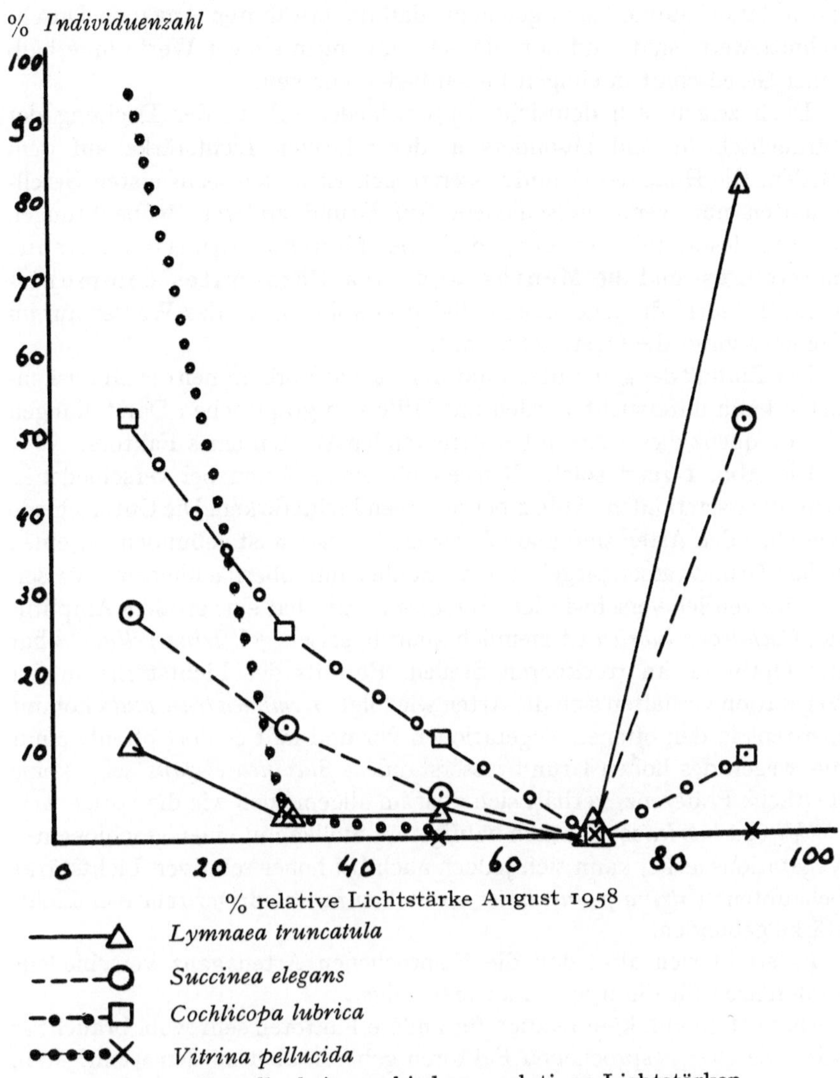

Abb. 2. Dasselbe bei verschiedenen relativen Lichtstärken.

ERGEBNISSE EINIGER ÖKOLOGISCHER BEOBACHTUNGEN UND EXPERIMENTE

In den untersuchten „Molluskenquadraten" wurden einige ökologische Faktoren bestimmt, u.a. die Deckungswerte der Vegetationsschichten, die relative Humidität und die Lichtstärke in der bodennahen Luftschicht. Die beiden letzten Faktoren wurden immer im Verhältnis zu den Werten in 1 m Höhe im Freien betrachtet.

Die Humiditätswerte, die z.T. an verschiedenen Tagen und Stunden bestimmt sind, können nicht ohne weiteres miteinander verglichen werden. Jedoch zeigen sich Unterschiede zwischen den Gesellschaften.

Weiter wurden noch bestimmt der Grundwasserstand, die Art und Masse der Streu und gelegentlich das pH, der Humusgehalt, der Karbonatgehalt und die Feuchtigkeit des Bodens. Die Ergebnisse dieser Bestimmungen sind teilweise auch in der Tabelle I zusammengefaßt. – Es sei noch darauf aufmerksam gemacht, daß die erwähnten Angaben Durchschnittswerte sind, und daß die Schwankungen einiger Werte innerhalb einer Gesellschaft in einigen Fällen bedeutend sind.

Doch zeigen sich deutliche Unterschiede, z.B. in der Deckung der Strauchschicht und besonders in der relativen Lichtstärke auf dem Boden. Die Höhe des Grundwasserspiegels ist in den sechs ersten Gesellschaften nur wenig verschieden. Auf Grund anderer Beobachtungen konnte festgestellt werden, daß die Mentha aquatica-Scirpus maritimus- und die Mentha aquatica-Phragmites communis-Gesellschaft die feuchtesten Böden bewohnen, wo das Wasser nur im Sommer unter die Oberfläche sinkt.

Der Einfluß der genannten Faktoren auf das Vorkommen der Molluskenarten kann untersucht werden mit Hilfe von graphischen Darstellungen der Frequenz dieser Arten bei variierenden Werten eines Faktors.

Die Abb. 1 zeigt solche Kurven für einige Arten bei verschiedenen Grundwasserständen, Abb. 2 bei relativen Lichtstärken. Die Unterschiede zwischen den Arten sind klar: *Lymnaea truncatula* ist gebunden an einen hohen Grundwasserspiegel, d.h. an Stellen mit oberflächlichem Wasser, das nur zeitlich verschwindet; *Succinea elegans* hat eine größere Amplitude; *Cochlicopa lubrica* ist ziemlich „euryhygrisch"; *Vitrina pellucida* hat das Optimum an trockneren Stellen. Betreffs der Lichtstärke in der Vegetation verhalten sich die Arten wie folgt: *Lymnaea truncatula* kommt meistens in den offenen Vegetationen vor und hält es dort offenbar nur aus wegen des hohen Grundwasserstandes; *Succinea elegans* zeigt keine deutliche Präferenz, verhält sich aber im allgemeinen wie die vorige Art; *Cochlicopa lubrica* ist deutlich häufiger an Stellen mit einer geschlossenen Vegetationsdecke, kann sich jedoch auch bei hoher relativer Lichtstärke behaupten; *Vitrina pellucida* ist an Stellen mit niedriger relativer Lichtstärke gebunden.

Es ergibt sich also, daß die besprochenen Arten ganz verschiedene Präferenzen für die beiden Faktoren zeigen.

Diese Methodik könnte auch für andere Faktoren sehr wohl brauchbar sein. Die zwei besprochenen Faktoren gehören aber zu den wichtigsten, denn sie sind wahrscheinlich ein guter Ausdruck von zwei der wichtigsten Existenzfaktoren der Schnecken: das Auftreten flüssigen Wassers in den oberen Bodenschichten und die Behauptung eines niedrigen Verdunstungsniveaus in der bodennahen Luftschicht.

Ein Ausbau dieser korrelationsökologischen Untersuchungen des Einflusses der Hauptfaktoren auf die Verbreitung der Landmollusken könnte von Bedeutung sein für eine Vertiefung unserer Einsicht in die Gesetzmäßigkeiten der Mollusken-taxozönonten.

Experimente: Eine weitere Vertiefung dieser Kenntnis können uns die Ergebnisse ökologischer Experimente schenken. Meine Frau hat diese mit einigen Arten gemacht. Von den Ergebnissen – die in einer Sonderpublikation weiter erwähnt werden sollen - folgt hier zum Schluß eine Zusammenfassung: *Cochlicopa lubrica* verträgt die Austrocknung bei verschiedener relativer Humidität (von 50–97%) am besten. *Succinea elegans* hat eine schlechtere Resistenz, während *Vitrina pellucida* ganz schnell austrocknet: schon bei RH 97% haben die Tiere nach einigen

Tagen 60% ihres Gewichts verloren und nach fünf Tagen sind die meisten gestorben.

Cochlicopa lubrica hatte nach einigen Wochen noch 50% ihres Gewichtes und überlebte diese Experimente monatelang! Eine genaue Untersuchung der Schließhaut und der Verhältnisse für ihre Gestaltung müssen bei den Untersuchungen wohl eingeschaltet werden!

ZUSAMMENFASSUNG

Die zönologischen Untersuchungen sollen sich auf eine pflanzensoziologische Beschreibung gründen.

Es ist zu verantworten, sich auf eine einzigen Tiergruppe zu beschränken und zu versuchen, charakteristische Artenkombinationen für die pflanzensoziologischen Einheiten aufzustellen. Man hüte sich aber vor einer prämaturen Benennung solcher Tiergesellschaften, wie es z.B. VÁGVÖLGYI (1955) für Molluskengesellschaften gemacht hat. In einigen Fällen eignen sich Tiergruppen vielleicht für die Aufstellung derartiger Gesellschaften und sogar für ihre Klassifizierung in einem hierarchischen System (QUÉZEL et VERDIER 1953). Die Mollusken eignen sich nicht für eine Verwendung als Charakterarten für Pflanzengesellschaften – die kürzlich von MÖRZER BRUIJNS u.a. 1959 versuchten Einfügungen der Molluskenarten in höhere synsystematische Einheiten wie Verband und Ordnung hatten aber in einigen Fällen doch Erfolg.

Unsere Untersuchungen haben gezeigt, daß es nämlich für viele verwandte Pflanzengesellschaften charakteristische Kombinationen gibt, in denen zwar nur wenige Charakter- und Differentialarten auftreten, die hochkonstanten Arten aber den Hauptbestandteil bilden. Zur Erklärung der Verbreitung der Molluskenarten in den Pflanzengesellschaften sind mit Erfolg einige Milieufaktoren untersucht und ihre Korrelation mit der Präsenz der Arten in Betracht gezogen worden.

Schließlich wird betont, daß Experimente den ökologischen Korrelationsuntersuchungen zur weiteren Vertiefung unserer Kenntnis der Molluskentaxozönonten folgen müssen.

SUMMARY

Coenological investigations should be based on phytosociological descriptions.

It is reasonable to study only one single zoological group and try to establish characteristic species combinations corresponding to the phytosociological units. One should, however, avoid a premature naming of such animal communities, as has been done by VÁGVÖLGYI (1955) for mollusc communities. In certain cases, zoological groups may be suitable for establishing such communities and even for their classification in a hierarchical system (QUÉZEL & VERDIER 1953).

The Mollusca are less suitable as characterspecies of plant communities; nevertheless the recent attempt of MÖRZER BRUIJNS et al. (1959) to incorporate the molluscan species into higher plant sociological units, such as alliance and order, succeeds in certain cases.

Our investigations have shown that characteristic combinations of species do exist for several related plant communities, in which only a few character and differential species occur, the principal components being species of high constancy.

In order to explain the distribution of the molluscan species in plant communities, a number of habitat factors have been investigated and their correlation with the occurrence of the species considered.

Finally, it should be stressed that further experimental work on the correlation with ecological factors must be done in order to deepen our knowledge of the different molluscan taxa.

LITERATUR

AGRELL, I.: The collemboles in nests of warmblooded animals with a method for sociological analysis. – Kgl. fysiogr. Handl. N.F. **56** : 1–19. 1945.
ATKINS, W. G. R. et LEBOUR, M. V.: The Hydrogen Ion Concentration of the soil and of natural waters in relation to the Distribution of snails. – Sci. Proc. roy. Dublin Soc. N.S. **17**: 233–240. 1923.
BALOGH, J.: Biosoziologische Studien über die Spinnen-Fauna des Sashegy (Adler Berg) bei Budapest. – Festschr. Strand **4**: 464–499. 1938.
— Lebensgemeinschaften der Landtiere. – Berlin-Budapest 1958.
BOERBOOM, J. H. A.: Les pelouses sèches des dunes de la côte néerlandaise. – Acta bot. neerl. **6**: 642–680. 1957.
BOYCOTT, A. E.: The habitats of Land Mollusca in Britain. – J. Ecol. **22**: 1–38. 1934.
BRAUN-BLANQUET, J. Pflanzensoziologie. 2. Aufl. – Wien. 1951.
BURCH, J. B.: Some ecological factors of the soil affecting the distribution and abundance of landsnails in Eastern Virginia. – Nautilus **69**: 62–69. 1955.
— Distribution of land-snails in plant associations in Eastern Virginia. – Nautilus **70**: 60–64, 102–105. 1956/57.
DU RIETZ, G. E. :Vegetationsforschung auf soziationsanalytischer Grundlage. In: Abderhalden, Handb. biol. Arbeitsmeth. **11**, 5: 293–480. 1930.
— Biocoenosen und Synusien. – Referat Int. Sympos. Biosoz. Stolzenau. Dieser Bericht p. 23. 1965.
DUVIGNEAUD, P.: Remarques sur la végétation des pannes dans les dunes littorales entre la Panne et Dunkerque. – Bull. Soc. Bot. Belg. **79**: 123–140. 1947.
ELTON, C.: Animal Ecology. – London 1947.
FISCHER, P. H.: Sur l'habitat et l'hygrophilie des Succinées. – J. Conchil. **83**: 111–128. 1939.
FRANZ, H.: Bedeutung des Mikroklimas für die Faunenzusammenstellung auf kleinem Raum. – Z. Morph. Ökol. Tiere **22**: 587–628. 1931.
FRÖMMING, E.: Biologie der mitteleuropäischen Landgastropoden. – Berlin 1954.
HELVEG JESPERSEN, P.: Ecological and zoogeographical studies on the land- and fresh-water Mollusks of the South-Fünen Archipelago. – Vid. Medd. dansk Nat. For. **108**: 169–232. 1945.
KULCZYŃSKI, ST.: Die Pflanzenassoziationen der Pienninen. – Bull. Inst. Acad. Sci. Cracovie **7–10**. Suppl. **2**. Serie B: 57–203. 1928.
KÜHNELT, W.: Bodenbiologie, mit besonderer Berücksichtigung der Tierwelt. – Wien. 1950.
KÜNKEL, K.: Zur Biologie der Lungenschnecken. – Heidelberg 1916.
MÄKELÄ, T.: Über das Auftreten von Landsgastropoden in verschiedenen Waldtypen in der Gegend von Suoniomi, Südwestfinnland. – Ann. Univ. Turkuensis **6** A–11: 1–29. 1938.
MELTZER, J.: Die Sanddorn-Liguster-Assoziation (Hippophaëto-Ligustretum). – Nederl. kruidk. Arch. **51**: 385–395. 1941.

Mörzer Bruijns, M. F.: Over levensgemeenschappen. – Diss. Deventer-Utrecht. On biotic communities. SIGMA Commun. **96**. 1947.
— en Westhoff, V.: Aantekeningen over de Molluskenfauna van het Groene Strand op Voorne. Levende Natuur **60**: 223–225. 1957.
—, Regteren Altena C. O. v. and Butot, L. J. M.: The Netherlands as an environment for land Mollusca. – Basteria, Suppl. **23**: 132–174. 1959.
Økland, F.: Quantitative Untersuchungen der Landschneckenfauna Norwegens. – Z. Morph. Ökol. Tiere **16**: 748–804. 1930.
Quézel, P. et Verdier, P.: Les méthodes de la phytosociologie sont-elles applicables à l'étude des groupements animaux? – Vegetatio **4**: 165–181. 1953.
Rabeler, W.: Die Tiergesellschaft der trockenen Callunaheiden in Nordwestdeutschland. – Jber. naturhist. Ges. Hannover **94–98**. 1947.
Rieper, H.: Studien an Succinea. – Ann. Soc. Mal. Belg. **47**: 125–192. 1912.
Trübsbach, P.: Der Kalk im Haushalt der Mollusken. – Arch. Moll. **75**: 1–23. 1943.
— Ibid. 2, mit besonderer Berücksichtigung des physiologischen Vorganges der Schalenbildung. – Ibid. **76**: 145–162. 1947.
Vágvölgyi, J.: A new sorting method for snails applicable also for quantitative researches. – Ann. Mus. Hist. nat. Hung. S.N. **3**: 101–105. 1952.
— The coenological Examination of the Mollusks of the Töreki Marsh. – Ibid. **6**: 197–204. 1955.
Westhoff, V.: The vegetation of dunes and salt marshes on the Dutch Islands of Terschelling, Vlieland and Texel. – Diss. Utrecht. 1947.
— An analysis of some concepts and terms in vegetation study or phytocoenology. – Synthese **8**: 194–206. 1951.
—, Barkman, J. J., Doing Kraft H. en Leeuwen, C. G. v.: Enige opmerkingen over de terminologie in de vegetatiekunde. – Jaarb. Kon. ned. bot. Ver. 1959: 44–46. 1959.

Friederichs:

Man muß darauf achten, daß keine neuen Begriffe ohne Not eingeführt werden. Natürlich findet ein gewisser Wandel und eine gewisse Auslese mit der Zeit statt, aber dabei ist große Vorsicht nötig.

R. Tüxen:

Ich möchte eine Warnung aussprechen vom Standpunkt der pflanzensoziologischen Systematik aus. Herr van der Maarel hat uns gesagt, daß er im Gegensatz zu Mörzer Bruijns zu keiner Charakterart gekommen sei. Wenn man seine Pflanzengesellschaften auf Charakterarten untersuchen wollte, kann man wohl keine bekommen. Das sind nämlich keine allgemein geltenden *Assoziationen* unserer Küsten, sondern das sind wahrscheinlich ganz lokale Arten-Kombinationen, die Ausschnitte darstellen aus Gesellschaften, d.h. systematisch reproduzierbaren Einheiten von allgemeinerer Verbreitung. Man sollte, und das haben ja andere biozönologische Untersuchungen sehr klar gezeigt, von deutlich definierten und allgemein verbreiteten Pflanzengesellschaften ausgehen. Dann wird man klare, zu verallgemeinernde Ergebnisse bekommen, auch in der Korrelation mit Tierarten. Ich halte eine sehr mühsame Berechnung von Korrelationen und anderen Werten solange für verfrüht, als man nicht als Basis sehr klar und allgemein gültig definierte Pflanzengesellschaften zu Grunde gelegt hat.

FRANZ:

Ich möchte diese Bemerkung mit ein paar Worten für die Zoologie ergänzen:

Die Arten, die in den gezeigten Untersuchungsflächen auftreten, kennen wir alle aus den Alpen und aus Mitteleuropa auch. Aber die Schlußfolgerungen, die wir dort ziehen, sind zunächst viel vorsichtiger. Um zu einigermaßen klaren Ergebnissen zu kommen, machen wir es so, wie Prof. TÜXEN es angedeutet hat: Wir gehen von klaren, einander sich scharf gegenüberstehenden Biotopen aus und suchen dann gegen die Mitte zu vorzudringen. Auf diese Weise kommen wir zu einigermaßen fundierten Ergebnissen.

Coclitoba lubrica, ein bei uns überaus häufiges Tier, findet sich bei uns auf frischen Talwiesen sozusagen allgemein. Diese Talwiesen sind natürlich ein abgeleiteter anthropogener Biotop. Die Art ist bei uns wahrscheinlich in den Auen zu Hause und von da in diese Flächen ausgewandert und befindet sich nun dort in einem Biotop, in dem sie sich sehr gut vermehren kann und ist daher wahrscheinlich zu größerer Besatzdichte gelangt, als im ursprünglichen Biotop. Aber solche Fragen kann man nur dann, wenn man auf einer genügenden Breite der Vergleichsflächen arbeitet, richtig beurteilen. Das ist sicherlich mit ein Grund, warum man bisher bei den Schnecken noch nicht sehr weit gekommen ist. Ich möchte damit die schönen autökologischen Vergleichsuntersuchungen, die hier von den Schnecken vorgelegt wurden, nicht entwerten. Aber man sollte diese nun in einen breiteren Raum hineinstellen. Nun ist der holländische Raum ja verhältnismäßig uniform, wenn wir ihn etwa mit den Alpen vergleichen. Auch der schwedische Raum ist in der Hinsicht verhältnismäßig uniform. Je weiter wir nach Süden kommen, desto mannigfaltiger wird es, und desto leichter ist es dann allerdings auch hier, Unterschiede festzustellen. Dazu kommt die wesentlich größere Artenmannigfaltigkeit im Süden. (Vgl. z.B. den Abschnitt über die Schnecken in meinem NO-Alpenwerk).

THE SOIL FAUNA IN THE OSIERBEDS OF THE BRABANTSE BIESBOSCH

by

P. C. HEYLIGERS, Utrecht

INTRODUCTION

The investigated osierbeds are lying in the center of the freshwater tidal delta formed by the area of the Brabantse Biesbosch outside the dikes. Recently ZONNEVELD (1960) published a detailed thesis about this landscape from the geological and pedological as well as from the ecological point of view. One of his main subjects was the study of the striking influence of the tides on the soil and vegetation.

The aim of my investigation was to examine the composition of the soil fauna of the osierbeds (willow coppice) in relation to this remarkable milieu.

A report (HEYLIGERS 1955) treated the results of this study at length which will be published in a book about the Biesbosch (VERHEY, HEYLIGERS, LEBRET a. ZONNEVELD 1961). In this paper the results will be summarized shortly.

FACTORS OF THE MILIEU (fig. 1 and 3)

The factors of the milieu are discussed fully in HEYLIGERS (1955) and ZONNEVELD (1960). Only the factors important for the soil fauna will be mentioned here.

The amplitude of the tide is 2 m. Most osierbeds are situated so high that not every tide is flooding them. The frequency of flooding, viz. the number of flooding high tides expressed as the percentage of the total numbers of high tides in a year, decreases when the height of the surface increases. Also the duration of flooding is an important factor. The average duration comes to $4\frac{1}{2}$ hours for the lowest osierbeds (60 cm below Mean High Tide level) and diminishes till two hours for places about M.H.T. level; for higher localities this value remains about the same.

Another important factor of the milieu is the soil condition. In general the soil is a fairly heavy clay soil. Fig. 1 gives the relation between the water content of the topsoil and the height of the surface. The broad relation between water content and aeration is also mentioned here. In general the following conditions can be distinguished:

A: very soft, muddy, not ripened, totally reduced soils;

B: soft, reduced, little ripened soils; in the topsoil a brown hue and rust concretions to a depth of 15 to 45 cm;

C: to an average depth of 20 cm well aerated, rather stiff soils; to 50 cm
  certainly aerated but showing traces of reduction;
D: to an average depth of 70 cm well aerated, fairly good ripened, stiff
  soils; topsoil less compact and of a crumbly structure (fig. 3).

In the groundwater, fluctuations are occurring caused by the tidal day-
rhythm and the neap tide-spring tide-rhythm (fig. 3). In the osierbeds
lying about or higher than M.H.T. level, air remains in the pores of the
soil between the groundwater table and the flooded surface.

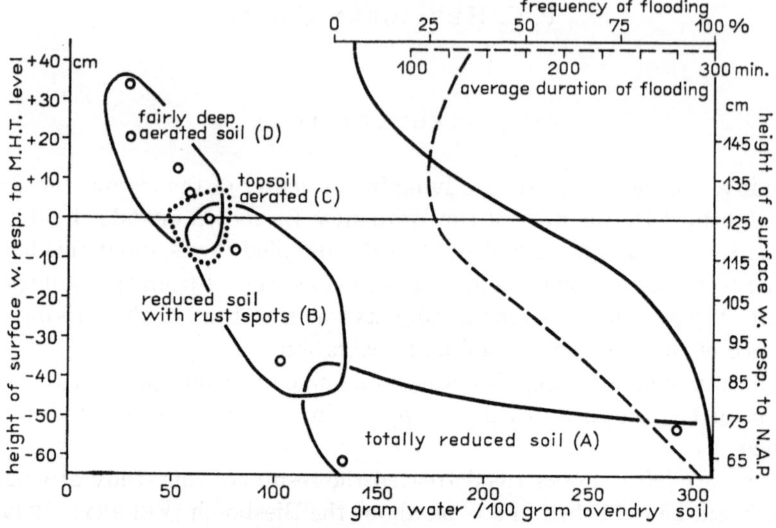

Fig. 1. Amplitude of the osierbed soils with respect to the height of surface
and the water content of topsoil. Considering the condition of aeration these
soils are divided in four groups. In this diagram also the frequency of flooding
and the average duration of flooding are plotted against the height. Compare
text. M.H.T. = Mean High Tide, N.A.P. = Normal Amsterdam Level. Open
circles: investigated localities for soil fauna.)

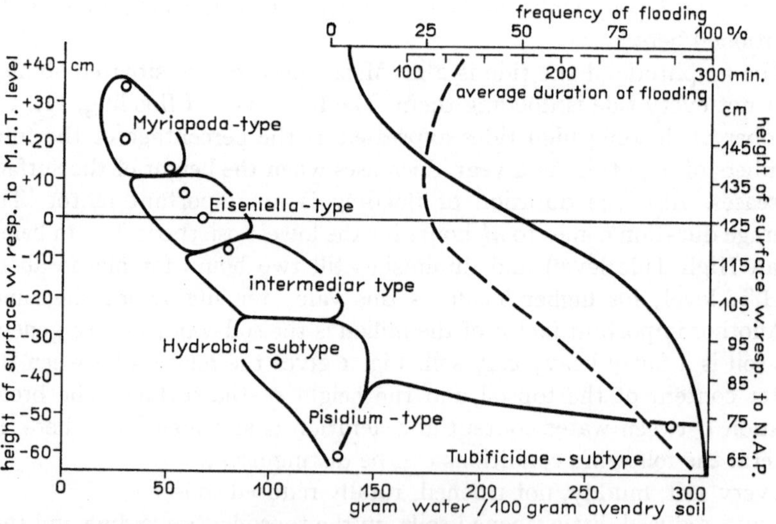

Fig. 2. Amplitude of the soil fauna types with respect to the height of surface
and the water content of topsoil. Compare fig. 1.

200

The vegetation is important for the soil fauna mainly as supplier of organic material and for its rooting zone. Especially in the higher lying osierbeds the fallen leaves are rapidly mixed with the topsoil and decomposed.

INVESTIGATED LOCALITIES

Since the facts about the factors of the milieu were not worked out fully, we had to take our samples from the soil fauna according to our experience, regarding in the first place the vegetation; for meanwhile the differences in vegetation expected to be caused by tide and soil were known. The investigated spots are demonstrated in figure 1 and 2 by open circles.

During the elaboration a gap in the series of samples became evident about 20 cm – M.H.T.level. For the rest the series appeared to suit the purpose: to gain a broad survey about the horizontal distribution of the soil fauna.

METHOD OF SAMPLING

In order to catch the animals, samples of 1 litre were taken from the upper 5 cm of the soil. They were sifted out in water with a double sieve, the upper one with meshes of $1\frac{1}{2}$ mm, the lower one with meshes of $\frac{1}{2}$ mm. The residu was examined with the unaided eye in a plate with water. In this way only a part of the fauna was sampled. The following scheme demonstrates this.

Division of the soil fauna with regard to the individual length of the principal groups (VAN DER DRIFT 1951, modified)

MICROFAUNA	MESOFAUNA	MACROFAUNA	MEGAFAUNA
		Coleoptera	
		Diptera	
	Collembola		Amphibia
	Araneida		
	Acari	Chilopoda	
		Diplopoda	
	Tardigrada	Isopoda	Muridae
		Amphipoda	Insectivora
	Rotatoria	Gastropoda	
Rhizopoda		Sphaeriidae	
		Enchytraeidae	
	Nematoda	(Mermis) Hirudinea	
		Lumbricidae	
		Tubificidae	

| 0.02 | 0.2 | 2.0 | 20 | 200 mm |

So our sieves checked mainly the macro- and the megafauna. The sieve with fine meshes serves as a sieve for safety, since long but thin animals can pass the upper sieve. It is not possible to collect the mesofauna with the unaided eye.

The minimum number of samples of one locality was determined in a spot of the osierbeds of the Driesen Hennip, where I already checked a rich soil fauna. Two series of samples were taken. One series consisted of 5 simple samples, the other one of 6 mixed samples. One mixed sample was composed of 10 samples of 1 decilitre, taken dispersed over the locality. The increase of the total number of found species appears from the following summary:

	simple sample					mixed samples					
	1	2	3	4	5	1	2	3	4	5	6
Number of species, resp. other taxa, found in the first sample	16					24					
Number occurring in each following sample more than in the preceding ones		9	8	9	2		6	8	5	3	0
Summation of the number of species, resp. other taxa		25	33	42	44		30	38	43	46	46

So mixed samples are somewhat preferable when we want to obtain an idea about the average composition of the soil fauna. Catching with 3 mixed samples already more than 80% of the total number of caught species, 4 or 5 samples give a nearly complete idea. Since collecting animals from the samples required much time and only a limited time for research was available, we took 3 mixed samples from each locality.

A disadvantage of mixed sampling was the fact, that from long animals such as Lumbricidae and Diplopoda often only a part of the specimens was sampled.

For testing our method of examination 5 simple samples were desiccated in Tullgren apparatusses, as described by VAN DER DRIFT (1951). In this apparatus the sample is spread on a sieve with coarse meshes and desiccated by electric bulbs. The animals creep down and fall via a funnel into a catching jar. The washing out-method appeared to give better results for the samples of the Biesbosch than the desiccation-method. The latter influenced harmfully Enchytraeidae, Metatrichoniscoides, Itonididae larvae and Gastropoda, while also injured Lumbricidae did not leave the samples.

After the execution of the total sampling in september and october 1953 I identified the animals. As much as possible I tried to establish the species; the insect larvae, however, were identified to the family, although this was not always possible for Diptera larvae. Nearly each identification is verified by specialists.

THE HORIZONTAL DISTRIBUTION OF THE SOIL FAUNA
(Table 1, fig. 2)

In the lowest situated osierbeds, consequently with the highest frequency of flooding and submersed about a quarter of the day, a population occurs which is found normally on constantly submersed places. According to a higher situation the character of the community is changing into a land fauna. Particularly the Gastropoda are a good example. However there are ,,land-inhabitants'' which are living on rather low places: Enchytraeidea, *Metatrichoniscoides leydigii*, Staphylinidae-, Cantharidae- and Itonididae larvae, while Collembola, Dryopidae larvae and Araneida are found on still lower level. On the other hand there are also ,,water-inhabitants'' which are found up to the higher osierbeds: Hirundinea and *Candona sarsi*.

In the composition of the fauna of some localities typical conformity appeared to exist, in the composition of others, however, great differences occurred. For this reason it was possible to distinguish four communities, henceforth called soil fauna types (in analogy with vegetation types). Table 1 gives from each of these types the average composition of a sample; some less important species c.q. other taxa are omitted. The supposed amplitude of these types with respect to the height and the water content

Soil fauna types of the osierbeds of the Brabantse Biesbosch	Myriapodatype	Eiseniellatype	intermediar type	Pisidium-type Hydrobiasubtype	Tubificidaesubtype
Frequency of flooding in %	8	35	65	85	99
Height in cm w.resp.to M.H.T.	+35	+10	−10	−25	−65
Average water content of topsoil (gr water/100 gr ovendry soil)	40	65	95	120	150–300
Lumbricidae : Lumbricus rubellus	8				
Dendrobaena rubida	6				
Allolobophora spp.	1				
Isopoda : Haplophthalmus mengei	2				
Chilopoda: Necrophloeoph.longic.	1				
Diplopoda : Brachydesmus superus	+				
Brachyiulus littoralis	+				
Symphyla : Symphylella vulgaris	+				
Coleoptera : Staphylinidae	+				
Carabidae larvae	+				
Elateridae larvae	1				
Diptera : Itonididae larvae	12				
Tipulidae larvae	3				
Empididae larvae	2				
Gastropoda : Agriolimax spp.	+				
Retinella nitidula	+				
Zonitoides nitidus	1				
Patula rotundata	2				
Cochlicopa lubrica	1				
Platyhelm.: Tricladida terricola	+	+			
Isopoda: Trichoniscoides albidus	18	+			
Lumbricid.: Eiseniella tetraedra		2			
Gastropoda : Vallonia pulchella		1			
Vallonia excentrica		+			
Amphipoda : Orchestia cavimana	+	1			
Hirudinea : Haemopis sanguisuga	+	+			
Isopoda: Metatrichonisc.leydigii	10	5			
Coleoptera: Staphylinidae larvae	1	3			
Cantharidae larvae	+	+			
Gastropoda : Hygromia hispida	+	+			
Vitrea crystallina	2	4			
Succinea spp.	2	1			
Carychium minimum	6	71	······		
Diptera: Itonidid.larv. other sp.	23	2	······		
Enchytraeidae	49	44	······	10	
Collembola : Onychiuridae	13	8	······	2	
Coleoptera : Dryopidae larvae	+	1	······	+	
Araneida	+	+	······	+	
Hirudinea : Trocheta bykowskii	+	2	······	3	
Nematoda : Mermis sp.	+	4	······	2	
Ostracoda : Candona sarsi	+	1	······	7	
Dipt.:Tendiped.:Smittia sp.larv.		+	······	+	
Gastropoda : Limnaea truncatula		2	······	2	
Pseudamnicola confusa				1	
Hydrobia jenkinsi				40	
Lamellibranch.:Pisidium obtusale				10	
Sphaerium corneum				+	
Coleoptera : Haliplidae larvae				+	+
Gastropoda: Planorbis leucostoma				2	+
Lamellibranch.: Pisidium nitidum				7	2
Pisidium cinereum				8	2
Pisidium personatum				10	1
Tubificidae					600
Lamellibranch.: Pisidium milium					2
Pisidium subtruncatum					10
Mean numb. of ind./litre topsoil	175	175		150	650

Full lines: species typical for the type.
Broken lines: species less typical in this type.
Dotted lines: species expect to occur in the intermediar type.

The numbers give the average amount of individuals in a mixed sample of one litre soil. +: average number smaller than 1.
(Some less important groups and species are omitted.)

of the topsoil is given in fig. 2. It will certainly be possible to refine this division in soil fauna types by continued investigation.

I called the community of the osierbeds with a frequency of flooding exceeding 85% the *Pisidium*-type, because this type is characterized by several *Pisidium* species. In the most muddy soils (condition of aeration A) very many tubificids occur: Tubificidae-subtype. They are less frequent when the soil is somewhat less soft and they are missing in the normal soft soils (B). On these plots enchytraeids already occur and this

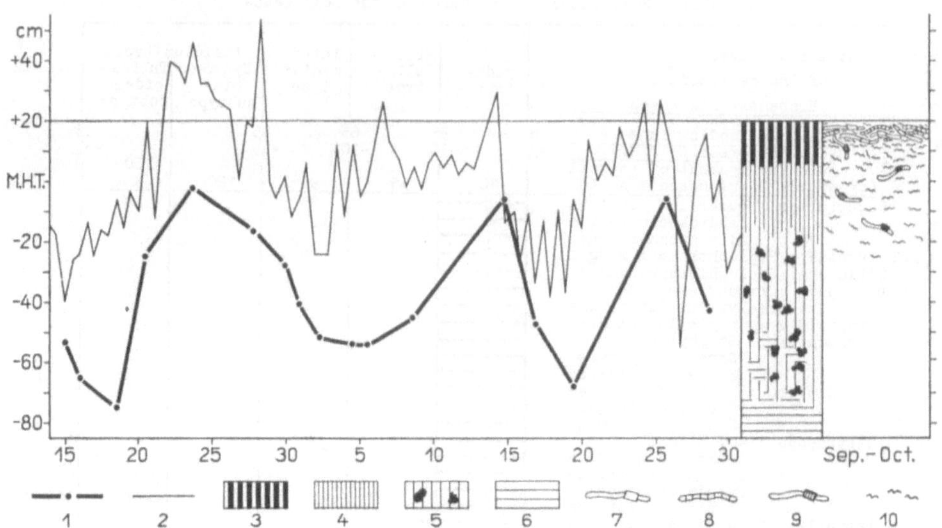

Fig. 3. Driesen Hennip. Fluctuation of groundwater in relation to the high tide heights; soil conditions and scheme of the vertical distribution of some worms.
1 = groundwater table, 2 = high tide heights outside the soil; in the soil profile: 3 = soil with a crumbly structure, 4 = aerated and very humose, 5 = aerated, with rust spots, 6 = reduced; 7 = *Lumbricus rubellus*, 8 = *Dendrobaena rubida*, 9 = *Allolobophora* ssp., 10 = Enchytraeidae.

type is named *Hydrobia*-subtype after the frequent *Hydrobia jenkinsii*. Also *Candona sarsi* is found here rather numerously. This type has several species in common with the less frequently flooded osierbeds.

The *Eiseniella*-type is lying about M.H.T.-level, occurring on soils with a condition of aeration C or on the rather little ripened soils with condition D. Characteristic species are *Eiseniella tetraedra*, an amphibious living lumbricid, and both *Vallonia* species. *Carychium minimum* is very frequent here. This type has many species in common with the highest, least flooded type, the Myriapoda-type, which occurs on the more ripened soils of the osierbeds. Practically only ,,land-inhabitants" are living in this community. Beside the characteristic ,,Myriapoda" group, the Isopoda and insect larvae of several families, a rich population of lumbricids is found here, which may reach the very high density of 1100 individuals per square metre.

The situation of the *Eiseniella*-type with respect to the *Pisidium*-type and their composition of species obliged to add an intermediate type. This type will be found on the less soft soils of condition B. Unfortunately there are no respresentative samples. The sampled osierbed with this type of soil had no herbaceous layer and the soil fauna appeared to be very poor: 24 individuals per litre soil. Of the 12 species c.q. other taxa, eleven occur as well in the *Eiseniella*-type as in the *Hydrobia*-subtype. The other species was *Eisenia rosea*, a lumbricid, found in 3 ind./litre. So these samples are not typical enough to give a good idea about this intermediate type.

204

So the tide has a great influence on the composition of the soil fauna community. Probably the duration of flooding is the most important factor below M.H.T.-level and the frequency of flooding above this level. The influence of the soil condition was already stated at the subdivision of the *Pisidium*-type. From a more detailed sampling in the other types we may expect to find also a differentiating influence.

VERTICAL DISTRIBUTION OF THE SOIL FAUNA (table 2, fig. 3).

Also in the Driesen Hennip the vertical distribution was investigated. The soil fauna of this osierbed belongs to the Myriapoda-type (fig. 2, middle circle). To a depth of ½ m a mixed sample was taken from each 5 cm. According to the depth of occurence two groups can be distinguished.

The first one is limited to the upper zone of 5 to 10 cm, where the soil has a crumbly structure. In this zone the litter is consumed and hence there is a high content of little decomposed organic material. Typical representatives of this group are Lumbricidae with red pigment, ,,Myriapoda'' and Gastropoda.

The other group occurs deeper, viz. to the zone where the dark brown colour of the clay soil merges into a light brown one and where the decomposition of organic matter is finished (30 to 40 cm below surface). Typical members of this group are *Allolobophora* spp., Enchytraeidae, *Tricladida terricola*, *Symphylella vulgaris*, and *Metatrichoniscoides leydigii*. The groundwater rises during the periods with spring-tides into the dark brown layer to about 25 cm below the surface. It is not examined whether the animals retreat above the groundwater or are submersed during some days.

Rust concretions found in the light brown layer are lacking in the dark brown zone. This points to the homogenizing influence of the fauna in this dark brown layer.

Tab. 2. Vertical distribution of the soil fauna in well aerated soil (The numbers give the amount of individuals in one mixed sample of the above mentioned soil layer)

Depth in cm below the surface	0	5	10	15	20	25	30	35	40	45	50
Tricladida terricola			3	4	2	2	5	2	1		
Allolobophora spp.		2					1	1	1		
Enchytraeidae		60	13	13	8	9	5	3	2		
Elateridae larvae		2		1			1		1		
Mermis sp.			2	5	3			1			
Symphylella vulgaris			2		1	1		2			
Collembola, Onychiuridae		31	6	8	12	10	1	1			
Diptera fam. indet.		8			1	1	3				
Metatrichoniscoides leydigii		8	14	4	7	1					
Itonididae larvae		62	15	1							
Staphylinidae larvae		3		1							
Vitrea crystallina		4	1								
Patula rotundata		2									
Carychium minimum		4									
Zonitidae sp.		3									
Lumbricus rubellus		11									
Dendrobaena rubida		11									
Trocheta bykowskii		1									
Trichoniscoides albidus		6									
Candona sarsi		1									
Necrophloeophagus longicornis		2									
Brachydesmus superus		1									
Araneida		1									
Carabidae larvae		1									
Tipulidae larvae		1									
Empididae larvae		4									
Tot. numb. of ind./litre soil		253	60	40	39	27	16	11	5	0	0

In other localities the vertical distribution is not examined, but probably the found distribution is characteristic for the well aerated soils (D). With less aerated soils (C) the fauna will be concentrated in the upper 10 to 20 cm, while in the badly aerated, soft soils (B and A) the animals will occur only in the uppermost centimetres. So only the samples of the *Pisidium*-type give a good idea about the *total* composition of the soil fauna.

REMARKS ABOUT SOME SPECIES

In my report the distribution and the requirements for their environment of the single species and groups are discussed at length. For this reason only some rare species will be mentioned here.

The leeches *Haemopis sanguisuga* and *Trocheta bykowskii* are predators of worms occurring in the osierbeds: Lumbricidae, Enchytraeidae and Tubificidae. In Holland *Trocheta* is only known to be found in a few places. It occurs outside the osierbeds very numerously on mudflats (DEN HARTOG a. VAN ROSSUM 1957).

The Biesbosch is the only locality in Holland of the ostracode *Candona sarsi*, where it was discovered in 1938 (DEN DULK 1951). Outside Holland this species is known from five localities in Germany and one, since lost, in Norway.

Among the Isopoda the specimens of *Trichoniscoidus albides* are some of the first ones sampled in the Netherlands. During 72 years the species *Metatrichoniscoides leydigii* was missing because of the fact that the type-specimens as well as the type-locality had been lost. Meanwhile this species was described under a new name which is withdrawn after the rediscovery. At present *Metatrichoniscoides* is known from four places, located in Sweden, Finland, Holland and France (HOLTHUIS 1956).

Pseudamnicola confusa is a snail recently discovered in the Biesbosch. It appeared to be strongly bound to the occurrence of the plants *Polygonum hydropiper, Callitriche* and some other ones, in the osierbeds only found in the lower lying parts. In its distribution the species is limited to the fresh water tidal area (BUTOT 1960).

Thus the osierbeds appeared to be a favourable biotope for several rare and ecologically almost not studied species.

SUPPLEMENTARY INVESTIGATIONS OF THE HORIZONTAL DISTRIBUTION OF THE EPEDAPHIC SOIL FAUNA

In the experimental plot in the Driesen Hennip, with a frequency of flooding of 20%, I investigated the actively on-the-soil-moving animals, especially Carabidae.

They were trapped by tins, dug in the ground up to the rim (method described by VAN DER DRIFT 1951). These tins had a depth of 12 cm and a diametre of 10 cm; in the bottom were some small holes for draining the rain- and tidal water. From March till October 1953 at least six tins were dug in.

A great difficulty of the tidal biotope is the flooding of the terrain by which the animals float out of the tins. Sometimes the holes become blocked and the water remains in the tin. Such a tin does not serve anymore till the next control. Small species escaped out of the tins because the walls remained moist. Mainly the bigger Carabidae were sampled in a more reliable way.

For these reasons another type of trap was designed. From April till July 1954 three of these altered tins were tested beside the normal tins. The construction of this tin is based on the possibility to make a part of it un-approachable for the flooding water. For that purpose the tin was divided into two parts by an oblique wall (fig. 4). During flooding the enclosed air

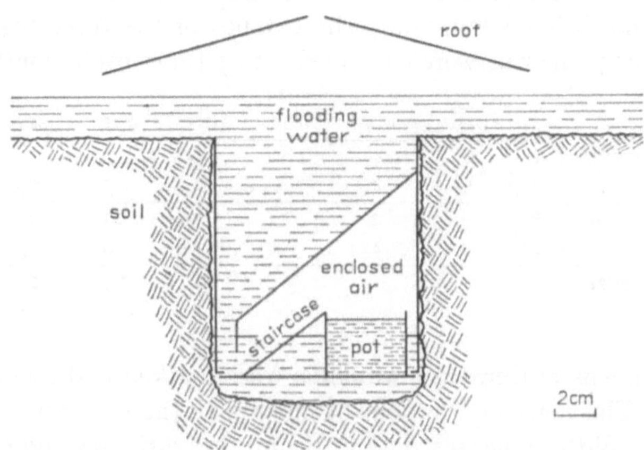

Fig. 4. Altered tin for trapping in the tidal area.

in the airtight space inside will prohibit the entrance of water in this part. On the detachable bottom a pot is fixed. Its rim must be so high that the water can not enter it. This height can be calculated, for the height of the water in the tin is dependent on the height of the high water above the sur-face. The trapped animals are expect to go via the staircase to the pot in which they are preserved by alcohol 96% or a solution with 70% aethylene glycol. Preserving prevents escape and the animals devouring each other. A roof above the tin arrests falling leaves.

These improved tins also present difficulties, for sometimes the narrow entrance is blocked by crumbles of earth, and several specimens do not go up the staircase. However the numbers of species as well as of individuals caught in these altered tins were considerable greater than in the normal tins. Especially many species of smaller Carabidae were trapped, further Diplopoda, Isopoda, etc. For catching bigger Carabidae these tins appeared to be too small.

As the technical difficulties of trapping with tins were not yet overcome totally, it is useless to given here the results in detail. They are discussed in my report. Here only the principal catches are summarized.

Hirudinea: *Haemopis sanguisuga.* Gather themselves in the tins be-cause of the humid and rather dark shelter.

Amphipoda: *Orchestia cavimana.* Especially numerous on the lower lying plots (*Eiseniella*-type).

Isopoda: *Trachelipes rathkei.*

Diplopoda: *Brachydesmus superus, Brachyiulus littoralis, Cylindroiulus teutonicus, Iulus scandinavius.* So we gained from the Amphi-, Iso- and Diplopoda completing data for the soil samples.

Dermaptera: *Forficula auricularia.*

Heteroptera: *Nepa cinerea.* Also mainly on the lower places (*Eiseniella*-type). This animal, normally found in water, leads nearly a land-life here.

Coleoptera: the principal species of Carabidae are summarized in table 3, group B.

Amphibia: *Bufo bufo, Rana temporaria* and *Triton vulgaris.*

The scheme below summarizes the catches of the three big ground-beetles in 1953 (the tins were controled 6 to 7 times each month.)

		april	may	june	july	aug.	sep.	oct.
Carabus granulatus	♂	16	24	18	6	6	–	1
	♀	5	2	–	1	5	23	1
Platysma nigrum	♂	–	2	1	5	23	20	1
	♀	–	2	1	5	8	3	1
Platysma vulgare	♂	1	–	3	1	19	18	1
	♀	–	–	–	2	7	4	4

The specimens of *Carabus granulatus* were marked and released after the control. This marking was done by cutting off the outermost tip of the wing-cover. With some restrictions from the ratio recaught marked animals/caught not marked animals the density of the population can be calculated. It appeared that the average density for *Carabus granulatus* was one male on 4 sq.m.

From an investigation by which tins also were dispersed over adjacent places the distribution of both *Platysma* species appeared to be limited to the locatily of the Myriapoda-type.

Table 3 gives the distribution of the principal species of Carabidae. Except those for group B the observations are rather incidental and mainly done without trapping tins. So the idea given in the table is a general one. The species belonging to group A are living on localities never reached by the normal tides and which are only flooded during exeptional high storm tides, viz., mounds for osierworker-sheds and polderdikes. Group B and C occur in the osierbeds with resp. a community of the Myriapoda-type and of the *Eiseniella*- and intermediate type. In osierbeds lying still lower no Carabidae are observed. However ground-beetles occur on such low places outside the osierbeds, viz., at the eroded levels of rough herbage and reed marshes. During flooding the animals creep away in cavities in the soil. Therefore only the smaller species which can hide themselves easily occur in this biotope.

A typical example of the selecting influence of the tide on the fauna is the distribution of the ants, Formicidae. The only species found outside the dikes, *Lasius niger niger*, lives exclusively on the highest places, for instance together with Carabidae of group A on the mounds, and also in the heads of pollard-willows. On the lower spots they are able to settle themselves, as we observed on a osierbed-embankment with a Myriapoda-

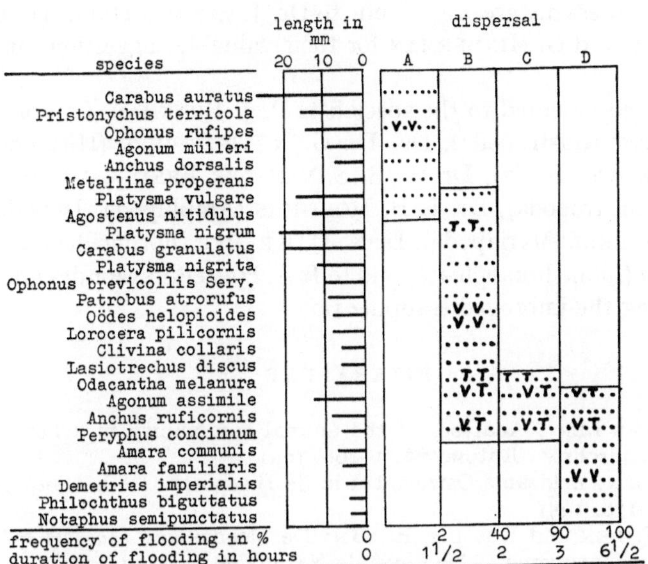

Tab.3. Distribution of some Carabidae
(Compare text)

V: species also observed in "veek" (vegetal debris, floating during flood).
T: species also observed on trees upon branches and/or under bark.

Dispersal
Group A: on mounds for osierworker-sheds.
Group B: in rel. high situated osierbeds, mainly belonging to the Myriapoda-type.
Group C: in lower situated osierbeds, of the Eiseniella- and intermediar type.
Group D: in marshes, mainly at the eroded levees.

For dispersal read: distribution.

type. This small colony perished during a period of great high water heights.

CONCLUSION AND SUMMARY

In osierbeds of different height in situation about fifty samples of one litre soil were taken for investigation of soil fauna. The results of their analyses gave us an insight into the influence of the tide and soil condition on the composition of the soil fauna. It was possible to distinguish four types, which have a different amplitude with respect to these factors (table I, fig. 2). The vertical distribution in the well aerated soils goes as far as the zone where the decomposition of organic matter is completed (table 2, fig. 3). In the badly aerated and very muddy soils the fauna is concentrated in the uppermost soil layer. Supplementary data about some groups, mainly Carabidae, were sampled by means of trapping tins and other observations (table 3).

Among the sampled species several were also important from a faunistical point of view, viz. *Trocheta bykowskii, Candona sarsi, Trichoniscoides albidus, Metatrichoniscoides leydigii* and *Pseudamnicola confusa.*

ACKNOWLEDGEMENTS

I want to express my great gratitude to Dr. J. VAN DER DRIFT, Dr. Ir. I. S. ZONNEVELD and G. MINDERMAN for their valuable suggestions and support.

I am much indebted to the specialists P. J. BRAKMAN (Carabidae), L. J. M. BUTOT (Gastropoda), Dr. Th. G. N. DRESSCHER (Hirudinea), A. DEN DULK (Ostracoda), Dr W. S. S. VAN DER FEEN – VAN BENTHEM JUTTING (Gastropoda), Dr. L. B. HOLTHUIS (Amphipoda, Isopoda), Dr. C. A. W. JEEKEL (Myriapoda), Dr K. U. KRAMER (Formicidae) and J. G. J. KUYPER (Lamellibranchiata) and to Ir A. HEYLIGERS for designing and constructing the improved trapping tins.

LITERATURE

DRIFT, J. VAN DER : Analyses of the animal community in a beech forest floor. – Tijdschr.v . Entom. **94**: 1–168. 1951.

DULK, A. DEN: Zeldzame Ostracoden in de Biesbosch. De Levende Natuur **54**: 176–178. 1951.

HARTOG, C. DEN and ROSSUM, E. VAN: De bloedzuiger *Trocheta bykowskii* in de benedenrivieren. – De Levende Natuur **60**: 228–233. 1957.

BUTOT, L. J. M.: *Pseudamnicola confusa* (Frauenfeld, 1863) algemeen in de Biesbosch (Gastropoda, Prosobranchia). – Basteria **24**: 60–64. 1960.

HEYLIGERS, P. C.: Biosociologische studies in de grienden van de Brabantse Biesbosch. – Stencilled report. Rijksinstituut voor Veldbiologisch Onderzoek ten behoeve van het Natuurbehoud (RIVON, Institute for Nature Conservation Research). Bilthoven 1955

HOLTHUIS, L. B.: Isopoda en Tanaidacea. – Fauna van Nederland, afl. XVI. Sijthoff, Leiden 1956.

VERHEY, C. J., HEYLIGERS, P. C., LEBRET, T. and ZONNEVELD, I. S.: De Biesbosch, land van het levende water. Thieme, Zutphen. 1961.

ZONNEVELD, I. S.: De Brabantse Biesbosch, a study of soil and vegetation of a freshwater tidal delta. – Meded. Stichting v. Bodemkartering, Bodemk. Stud. **4**. 1960.

About literature for identification and for the justification of the nomenclature: see HEYLIGERS (1955).

FRANZ:

Eine ganz ähnliche Artenkombination findet sich in den Auwäldern der großen Flüsse Oesterreichs. Der Wasserfaktor ist hier absolut vorherrschend.

ÜBER ZUSAMMENHÄNGE IM ARTENBESTAND VON PFLANZEN, BODENKLEINTIEREN UND MIKROBEN DES HOCHMOORES, NEBST ÖKOLOGISCHEN AUSBLICKEN

von

JOSEF L. LUTZ † und GABRIELE TRAITTEUR-RONDE, München

Vegetationskundlich-mikrobiologischer Teil
bearbeitet von J. L. LUTZ † *München, unter Verwendung eines Manuskriptes*
von Dr. TH. BECK *und Dr.* H. POSCHENRIEDER, *München.*

Die Hochmoore des bayerischen Alpenvorlandes sind physiognomisch meist von Beständen der Latsche oder Spirke (*Pinus mugo* Turra fa. *frutescens* bzw. *arborea*) bestimmt. Je nach dem Oberflächengefälle der Hochmoore gehören solche Bestände entweder noch zur Assoziation des Sphagnetum medii praealpinum oder zum Vaccinio-Mugetum. Bei geringem Oberflächengefälle herrscht das Sphagnetum medii praealpinum ohne *Pinus mugo* vor.

Auf Grund zahlreicher Vegetationsaufnahmen aus dem Alpenvorland kann das Sphagnetum medii in einige Subassoziationen, Varianten und verschiedene Fazies gegliedert werden.

Im Kontakt mit diesen charakteristischen Hochmoorgesellschaften, mit ihnen Phytozönosenkomplexe bildend, treten auch noch Gesellschaften des Übergangsmoores auf. Häufig bilden sie nur Fragmente und können bei bestimmter Gesellschafts-Entwicklungstendenz in der Weise aufgelöst werden, daß im Sphagnetum medii nurmehr einzelne übergreifende Arten verbleiben. Sie werden dann zu ökologischen bezw. syngenetischen Differentialarten innerhalb des Sphagnetum medii. Dies gilt vor allem für einige Arten des Rhynchosporion, insbesondere für *Rhynchospora alba* und *Sphagnum cuspidatum*. Aus diesem Grunde wurden auch zwei Gesellschaften des Rhynchosporion: Rhynchosporetum albae mit dominierender *Rhynchospora fusca* und Caricetum limosae (*Rhynchospora alba-Sphagnum cuspidatum*-Schlenke) in die Untersuchung einbezogen.

Verschiedene Subassoziationen des Sphagnetum medii kommen in ungestörter Ausbildung auch auf einer größeren Dauerbeobachtungsfläche in den südlichen Chiemseemooren vor, die von der Moorforschungsstelle Bernau der Bayerischen Landesanstalt für Landkultur und Moorwirtschaft laufend betreut wird. Es werden dort auf natürlichem und kultiviertem Hochmoor Messungen und Beobachtungen klimatologischer, hydrologischer, bodenphysikalischer, agrikulturchemischer, vegetationskundlicher und anderer Art durchgeführt [1]. Mit Rücksicht darauf wurden auch Dauer-Testflächen für biozönologische Untersuchungen eingerichtet.

Die Kleinmorphologie dieser Flächen wurde 1957 kartiert. Gleich-

---

[1] Die Ergebnisse dieser Untersuchungen werden an anderer Stelle veröffentlicht.

zeitig wurde das Kleinrelief in einem oder mehreren Schnitten nivelliert. Ferner wurden typische Ausschnitte der Vegetation in 1/4 m²-Rahmen aufgenommen. Zur zoologischen Probennahme dienten in den Jahren 1957 und 1958 unmittelbar anschließende Parallelflächen. Die Vegetation jeder Probestelle wurde ebenfalls mittels 1/4 m²-Rahmen aufgenommen und ist in zusammengefaßter Darstellung in folgender Tabelle enthalten[1].

Einheit	D	E	J	A	C	B'	B
Rhynchospora fusca	63.68						
Sphagnum subsecundum	15.55						
Carex elata	0.68						
Chrysohypnum stellatum	2.82						
Molinia coerulea	0.65		17.97				
Drepanocladus intermedius	5.00	0.27					
Drosera intermedia	10.91	0.30					
Rhynchospora alba	0.36	38.42	0.05	0.26			
Carex limosa		0.32					
Scheuchzeria palustris		1.12					
Sphagnum cuspidatum		57.63		0.03			
Drosera rotundifolia		0.02	0.87	0.30	0.03	0.55	
Vaccinium oxycoccus		0.32	17.97	0.30	8.03	1.81	1.25
Sphagnum rubellum		0.02	34.23	68.63	13.11	9.08	29.51
Eriophorum vaginatum		1.47	2.01	22.68	15.00	5.97	0.03
Polytrichum strictum			0.01	1.52	2.32	53.32	23.57
Calluna vulgaris			0.58	0.26	3.40	11.40	30.84
Andromeda polifolia			0.30	3.02	7.18	1.55	0.41
Sphagnum magellanicum			21.97	2.02	50.69	15.80	3.11
Sphagnum recurvum			0.03	0.05	x.		0.20
Sphagnum papillosum				0.02	0.22		
Aulacomnium palustre			4.02	0.06	x		2.16
Dicranum bergeri							7.59
Dicranum undulatum							0.01
Sphagnum acutifolium							0.01
Pleurozium schreberi						0.26	0.41
Artenzahl	8	10	12	13	11	9	13

x = Anteil kleiner als 0,01 %.

Es kamen damnach folgende Einheiten zur Untersuchung und Auswertung:

D = Rhynchosporetum (Schwingrasen, Stettner See).

E = Caricetum limosae (*Sphagnum cuspidatum-Rhynchospora alba*-Schlenke im Lagg, Schwarze Gumpe bei Rimsting).

J = Sphagnetum medii molinietosum, Rhynchospora alba-Variante (Schwingrasenrand, Stettner See).

A = Sphagnetum medii rhynchosporetosum (südliches Chiemseemoor).

C = Sphagnetum medii typicum mit kleinen *Sphagnum cuspidatum*-Schlenken (südliches Chiemseemoor).

B' = Sphagnetum medii typicum mit ausgedehnten Rasen bezw. Bülten von *Polytrichum strictum* (südliches Chiemseemoor).

B = Sphagnetum medii typicum, Calluna-Bülten-Fazies (südl. Chiemseemoor).

Vorstehende Reihenfolge ist auf Grund der pflanzlichen Artenkombination (s. Tabelle) aufgestellt. Sie entspricht annähernd abnehmender Nässe. Eine Anordnung unserer Einheiten nach abnehmenden Feuchtig-

[1] Ermittlung der Gesamt-Tabellen-Menge für jede Einheit und Beziehung der Art-Menge darauf in Prozenten.

keitsansprüchen[1] der Bodenkleinfauna weicht davon zunächst in folgender Weise ab (vgl. das folgende Referat von G. RONDE):

Vegetation D E J A C B' B

Kleinfauna D E B' J C A B

Läßt man aus dieser Reihe vorläufig die kritische Einheit B' fort, dann besteht nurmehr ein geringfügiger Unterschied in der Auffassung der Stellung von A und C.

Für die Anordnung auf Grund der Vegetation würden auch die Kleinmorphologie und das Nivellement sprechen: Zunahme der Größe sowohl des räumlichen Rhythmus als auch der maximalen Erhebung über die O-Quote des Nivellements.

Eine endgültige Deutung von B' erfordert noch Nachuntersuchungen mit genauerer Berücksichtigung der Jahresperiodizität.

Im Vordergrund unserer Untersuchungen stand jedoch allgemein die Frage: Sind im natürlichen Hochmoor (einschließlich einiger wichtiger Kontakt- und Ersatzgesellschaften) Parallelen vorhanden zwischen Vegetation, Bodenkleinfauna und Mikroben. Diese Frage wird trotz der Schwierigkeit bezüglich der Einheit B' im Referat von G. RONDE positiv beantwortet und erläutert werden.

Zur Mikrobenfrage möchte ich gleich hier Stellung nehmen. Die einschlägigen Untersuchungen wurden innerhalb unseres Teams von den Herren Dr. BECK und Dr. POSCHENRIEDER ausgeführt.

Neben Beobachtungen jahreszeitlich bedingter Schwankungen der Populationsdichte und der Aktivität der Mikroorganismen (Zellulose- und Pektinabbau, Atmungsintensität, Nitrifikation und Eiweißzersetzung) ist die Feststellung einiger gesicherter Zusammenhänge zwischen Pflanzenbeständen und Mikrobenvergesellschaftungen von Interesse.

Zunächst zeigen, wie nicht anders zu erwarten, natürliches und kultiviertes Hochmoor bedeutende Unterschiede. Für unsere gegenwärtige Betrachtung sind zwei Feststellungen wichtig:

1) Als regelmäßige, standortgebundene Moorbewohner kommen vier Artengruppen in Frage: Fluoreszierende Bakterien aus der artenreichen Familie *Pseudomonas*, ferner Mikrokokken, Achromobakteriaceen und Bazillen.

2) Der Anteil dieser vier Gruppen ist in unseren daraufhin untersuchten Vegetationseinheiten A, C, B und E verschieden, wie das Schaubild auf S. 214 zeigt.

Der Anteil der Pseudomonaden geht etwa parallel mit der Wuchsintensität der betreffenden Gesellschaftseinheiten. Er ist am größten in der für unsere unbestockten Hochmoore repräsentativen, optimalen Subassoziation des Sphagnetum medii typicum. Umgekehrt verhält sich der Anteil der Bazillen. Im gleichen Sinn, wie letztere, jedoch weniger ausgeprägt, verhalten sich Mikrokokken und Achromobakteriaceen.

Daraus ergibt sich, daß auch in mikrobieller Hinsicht ähnliche Parallelen bestehen wie bezüglich der Bodenkleinfauna. Dies bestätigt die Brauchbarkeit der pflanzensoziologischen Definition der einschlägigen Standorte (Biotope) auf Grund der gesamten Artenkombination, wobei

[1] Die allerdings nach dem heutigen Forschungsstand nur überschlägig beurteilt werden können.

allerdings auch der pflanzliche Mengenanteil zu berücksichtigen ist (s. Tabelle).

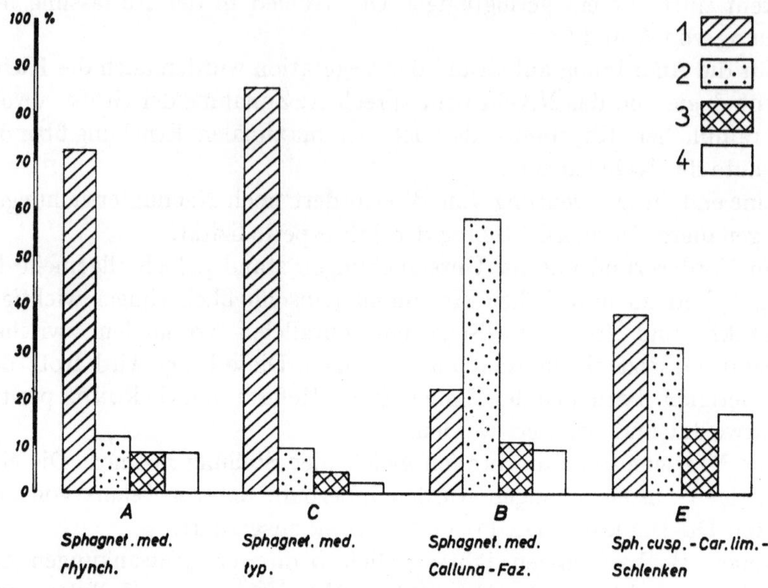

1 = Pseudomonaden, 2 = Mikrokokken,
3 = Akromobakteriaceen, 4 = Bazillen

Die Mitberücksichtigung der Bodenkleinfauna, der Mikroben, der Kleinmorphologie der Vegetation u.a. dürfte jedoch darüber hinaus in verschiedener Richtung Möglichkeiten der diagnostischen Ergänzung und Verfeinerung und dcr ökologischen Vertiefung eröffnen.

Abschließend sei auf einen Mangel vorliegender Untersuchungen hingewiesen. Es war nicht möglich, für die wichtige Bearbeitung der Algen und der Rhizopoden geeignete Mitarbeiter zu finden, so daß diese Komponenten der Hochmoorbiozönosen unseres Gebietes vorläufig leider als Lücken zu buchen sind.

ÜBER ZUSAMMENHÄNGE IM ARTENBESTAND VON PFLANZEN, BODENKLEINTIEREN UND MIKROBEN DES HOCHMOORES NEBST ÖKOLOGISCHEN AUSBLICKEN: BODENZOOLOGISCHER TEIL

bearbeitet von

GABRIELE TRAITTEUR-RONDE, München

Bei der intensiven Nutzung der Böden gewinnt die Möglichkeit, „Kleintiergesellschaften" als Anzeiger für die biologischen und wirtschaftlichen Eigenschaften eines Bodens heranzuziehen, an Bedeutung. Zur Zeit bemüht sich die Bodenzoologie, den großen Vorsprung aufzuholen, den die Pflanzensoziologie in der Untersuchung von Biozönosen gewonnen hat. Das Ziel zoozönotischer Studien ist die Erforschung von „Tiervereinen" oder „Synusien", d.h. von Beständen von Tieren, die unter gleichen Standortsbedingungen in mehr oder weniger gleicher Artenzusammensetzung anzutreffen sind.

Bodenzoologische Untersuchung auf pflanzensoziologischer Grundlage ist nicht nur aus methodischen Erwägungen notwendig, sondern auch deshalb, weil zwischen den Lebensäußerungen der Bodenkleinfauna und denen der Pflanzen enge Beziehungen bestehen.

Unter diesem Gesichtspunkt wird in folgenden Ausführungen eine vergleichende Analyse der vorherrschenden Kleintiergruppen in den eingangs von Herrn Prof. Dr. LUTZ beschriebenen Moorbiotopen versucht.

Das Ergebnis beschränkt sich auf den Zeitraum von 1956–1959 und liegt vor für: Nematoden = Fadenwürmer, Oligochaeten = Höhere Würmer, Acari = Milben, Myriapoden = Tausendfüßler, Collembolen = Springschwänze, sowie Gelegenheitsfunde von Coleopteren = Käfer und Hymenopteren, vor allem Ameisen.

Es wird versucht, auf Grund der ermittelten Kleintierpopulationen biozönotische „Mikro-Einheiten" auszuscheiden. Als Ausgangsmaterial dienen umfangreiche Artenlisten, deren ökologische Zusammenhänge nach Möglichkeit nicht zerrissen, sondern klar dargestellt werden sollen.

Aus technischen Gründen muß hier auf die Wiedergabe dieser Tabellen verzichtet werden.

Das eingehende Studium der Kleintierpopulationen der untersuchten Hochmoor-Biotope ergibt eine klare Ausscheidung von 20 „ökologischen Kleintiergruppen" für die obere, besiedelte Hochmoorschicht.

KURZE CHARAKTERISTIK DER EINZELNEN ÖKOLOGISCHEN GRUPPEN

1. Nematoden = Fadenwürmer (Gruppe a, b, c)

Alle untersuchten Biotope weisen eine weitgehend verarmte Mischfauna auf, die aus Süßwasser- und Moosbewohnern besteht. Es wurden insgesamt 3 „ökologische Gruppen" ausgeschieden: Die *Dorylaimus carteri-*

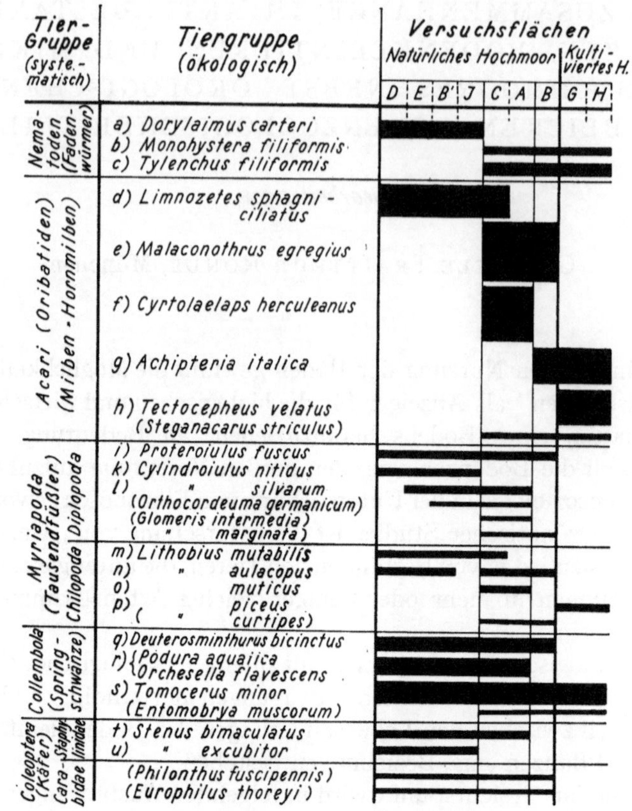

Tier-Gruppe (syste.-matisch) — **Tiergruppe (ökologisch)** — **Versuchsflächen** (Natürliches Hochmoor | Kulti-viertes H.)

Spalten: D | E | B' | J | C | A | B | G | H

Nematoden (Fadenwürmer):
a) *Dorylaimus carteri*
b) *Monohystera filiformis*
c) *Tylenchus filiformis*

Acari (Oribatiden) (Milben - Hornmilben):
d) *Limnozetes sphagni-ciliatus*
e) *Malaconothrus egregius*
f) *Cyrtolaelaps herculeanus*
g) *Achipteria italica*
h) *Tectocepheus velatus* (*Steganacarus striculus*)

Myriapoda (Tausendfüßler) Chilopoda Diplopoda:
i) *Proteroiulus fuscus*
k) *Cylindroiulus nitidus*
l)   "   *silvarum* (*Orthocordeuma germanicum*) (*Glomeris intermedia*) (" *marginata*)
m) *Lithobius mutabilis*
n)   "   *aulacopus*
o)   "   *muticus*
p) ("   *piceus curtipes*)

Collembola (Springschwänze):
q) *Deuterosminthurus bicinctus*
r) {*Podura aquatica* / *Orchesella flavescens*
s) *Tomocerus minor* (*Entomobrya muscorum*)

Coleoptera (Käfer) Cara-bidae Staphylinidae:
t) *Stenus bimaculatus*
u)   "   *excubitor*
(*Philonthus fuscipennis*)
(*Europhilus thoreyi*)

Abb. 1: Ausscheidung von 20 ökologischen Kleintiergruppen, nach systematischen Gesichtspunkten gegliedert.

Gruppe der extrem nassen bis wechselfeuchten Schwingrasen und Schlenken mit 6 Arten, die *Monohystera filiformis*-Gruppe mit 3 Arten und die *Tylenchus filiformis*-Gruppe mit 3 Arten. Die beiden letztgenannten Gruppen besiedeln wechselfeuchte, trockne und kultivierte Standorte des Untersuchungsgeländes.

2. *Acari = Milben*

Oribatiden = Hornmilben (Gruppe d ,e, f, g, h)

Ein wichtiges Kleinfaunenelement bilden in den untersuchten Biotopen die Horn- oder Moosmilben unter den Milben. Mit ihrer Bearbeitung wird eine Reihe von Untersuchungen in norddeutschen Böden (STRENZKE 1952) und süddeutschen Hochmooren (POPP 1959) fortgesetzt. Der Schwerpunkt der Oribatidenfauna liegt in den Bülten und Schwingrasen, aber auch in kultivierten Böden ist ihr Anteil vorherrschend. Diese Tiergruppe hat im Untersuchungsgebiet mit 107 bestimmten Arten einen überragenden Anteil an der Gesamtpopulation.

Im Gebiet wurden 5 ,,ökologische Kleintiergruppen" ermittelt, die sich, dem Artenreichtum entsprechend, alle durch vikariierende Charakterarten kennzeichnen lassen: Die *Limnozetes sphagni-ciliatus*-Gruppe der extrem nassen bis wechselfeuchten Schwingrasen mit 10 Arten, die *Malaconothrus egregius*-Gruppe der wechselfeuchten Sphagneten und trocknen *Calluna*-Bülten mit 21 Arten, die *Cyrtolaelaps herculeanus*-Gruppe der wechselfeuchten Torfmoose mit 18 Arten, die *Achipteria italica*-Gruppe trockner *Calluna*-Bülten und Kulturböden mit 8 Arten, sowie die *Tectocepheus velatus*-Gruppe der Hochmoorwiese und des Hochmoorackers mit 7 Arten. Die Hochmoorwiese (G) wird im Zusammenhang mit Kultivierungsmaßnahmen der Hochmoore gesondert behandelt. Gruppe h) nimmt in faunistischer Hinsicht eine Sonderstellung ein. Die Arten, einschließlich ihrer zahlreichen Begleiter, sind nicht auf Wiesen- und Ackerböden beschränkt. Sie treten auch in anderen Biotopen auf, z.B. im Waldboden. Nur ganz wenige Arten scheinen absolut waldfeinlich und für offenes Gelände kennzeichnend zu sein.

3. Myriapoden = Tausendfüßler (Gruppe i, k, l, m, n, o, p)

Tausendfüßler treten im Untersuchungsgebiet relativ häufig auf, jedoch handelt es sich nicht ausschließlich um Moorbewohner. Es ist eine bunt zusammengesetzte Fauna, deren Optimum im Walde liegt.

Innerhalb der Diplopoden lassen sich 3 ,,ökologische Kleintiergruppen'' ausscheiden, die nur je 2 Arten enthalten: die *Proteroiulus fuscus*-Gruppe des ,,natürlichen Hochmoores'', die *Cylindroiulus nitidus*-Gruppe der nassen Schlenken, und die *Cylindroiulus silvarum*-Gruppe wechselfeuchter bis staunasser Sphagneten. Die Gruppen verteilen sich mit scharfen Abgrenzungen über alle untersuchten unberührten Hochmoorbiotope.

Innerhalb der Chilopoden können 4 ,,ökologische Kleintiergruppen'' ermittelt werden mit je 2 Arten und zwar die *Lithobius mutabilis*-Gruppe staunasser bis wechselfeuchter Orte, die *Lithobius aulacopus*-Gruppe extrem nasser Schwingrasen, wechselfeuchter und trockner Biotope, die *Lithobius muticus*-Gruppe wechselfeuchter Sphagneten und die *Lithobius piceus*-Gruppe, die sich auf Hochmoorwiese und Hochmooracker beschränkt.

Betrachtet man die Ergebnisse der Untersuchungen für sich getrennt nach ,,naß'', ,,wechselfeucht'', ,,trocken'' und ,,kultiviert'', so sind in den nassen Rhynchosporeten detritusfressende Diplopoden den räuberisch lebenden Chilopoden gegenüber im Übergewicht. Im Gesamtbild halten sich beide Gruppen etwa die Waage, hier und dort dominieren sogar Chilopoden.

4. Collembolen = Springschwänze (Gruppe q, r, s)

Die Springschwänze geben ein weiteres Beispiel für die Massenentwicklung einer Tierklasse an den untersuchten Standorten. Die Fauna zeichnet sich durch Individuenreichtum und Artenarmut aus. Von 28 Arten kommen nur 13 häufiger vor. Mit Ausnahme der trocknen *Calluna*-Bülten und kultivierten Hochmoorstandorte ist eine gleichmäßige Collembolengemeinschaft festzustellen, die kaum Beziehungen zu bestimmten Pflanzengesellschaften zeigt. Es konnten 3 ,,ökologische Kleintiergruppen'' festgestellt werden: die *Deuterosminthurus bicinctus*-Gruppe mit 4 Arten, die die ,,natürlichen Biotope'' des Hochmoores besiedelt, die *Podura aquatica-Orchesella flavescens*-Gruppe mit 6 Arten der nassen bis wechselfeuchten Rhynchosporeten und Sphagneten, und die *Tomocerus minor*-Gruppe mit 5 Arten, die alle untersuchten Hochmoorbiotope bevölkert

Die hier gefundenen Collembolen-Arten lassen sich zwanglos in
Gisin's System einordnen. Die Formen des „Atmobios", die die obere
Streuschicht bewohnen, gehören nach dem Autor zur „*Orchesella flaves-
cens*-Synusie der Wälder", die Tiere des „mesophilen Hemiedaphons",
die die etwas tieferen Schichten des Bodens besiedeln, gehören zur
„*Tomocerus*-Synusie der Wälder". Alle übrigen Arten sind außerhalb der
Moore weit verbreitet.

5. *Coleopteren = Käfer* (Gruppe t und u)

Die Käfer erfüllen den Lebensraum der untersuchten Moorbiotope in
größter Formenmannigfaltigkeit, von der die Abb. 1 nur einen mangel-
haften Eindruck bietet. Die Arten sind nur dann angegeben, wenn sie eine
gesicherte „ökologische Kleintiergruppe" repräsentieren. Die Fauna ist
nach unvollständigen Funden durch Artenreichtum (57) aber Individuen-
armut gekennzeichnet. Von vielen Formen wurden nur einzelne Exemplare gefunden, zahlreiche Arten kommen unregelmäßig vor. Arten, die
fest an bestimmte Pflanzengesellschaften gebunden sind, finden sich besonders unter den typisch bodenbewohnenden Familien der *Staphyliniden*.
Für das Untersuchungsgebiet konnten innerhalb der Staphyliniden 2
Kleintiergruppen (ökologisch) mit Sicherheit ermittelt werden: die *Stenus
bimaculatus*-Gruppe mit 2 Arten, die das natürliche Hochmoor mit Ausnahme der trocknen *Calluna*-Fazies besiedelt, und die *Stenus excubitor*-
Gruppe mit 3 Arten, die sich auf die extrem nassen Rhynchosporeten und
Sphagneten beschränkt.

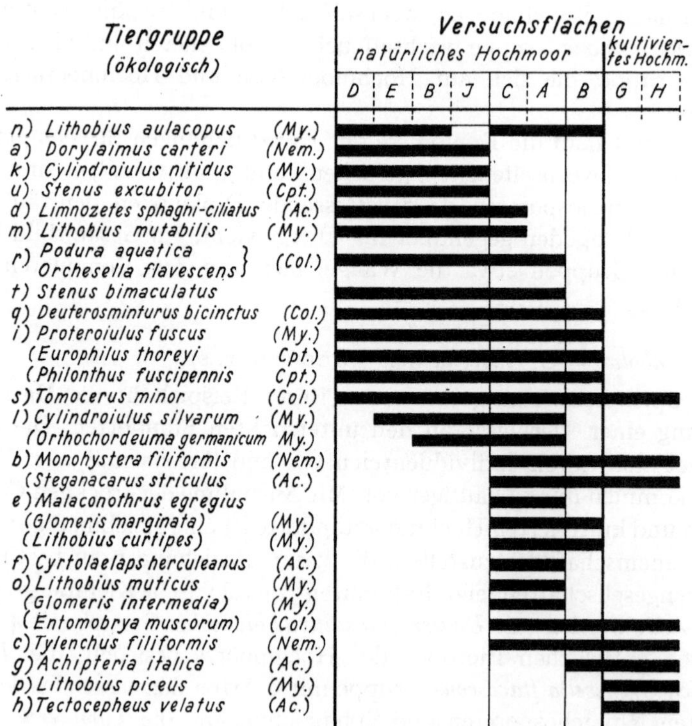

Abb. 2: „Ökologische Kleintiergruppen", pflanzensoziologisch geordnet.

Wie an den Versuchsflächen A–H dargelegt wurde, besteht eine Beziehung charakteristischer Kleintierarten zu pflanzensoziologischen Einheiten.

Insgesamt lassen sich für das untersuchte Hochmoorgebiet mindestens vier Groß-Einheiten herausheben, die in den Abb. 1 und 2 durch senkrechte Striche gekennzeichnet sind. Sie umfassen:

1. Die Biotope D, E, B' und I = Rhynchosporetum, *Sphagnum cuspidatum-Carex limosa*-Schlenken, Sphagnetum medii typicum mit *Polytrichum strictum*-Bülten und Sphagnetum medii molinietosum, Rhynchospora alba-Variante.

2. Die Biotope C und A = Sphagnetum medii typicum mit *S. cuspidatum*-Schlenken und Sphagnetum medii rhynchosporetosum.

3. Biotop B = Sphagnetum medii typicum, Calluna-Fazies.

4. Biotop G und H = Kulturböden, Hochmoorwiese = Calthion und Hochmoor-Acker = Bidention.

Die einzelnen Biotope mit ihren pflanzensoziologischen Kleingesellschaften sind von Faunenelementen besiedelt, die einander mit gleitenden Übergangen ablösen.

Das natürliche Hochmoor ist nur in den obersten, ca. 0–30 cm tiefen Schichten von Kleintieren besiedelt, die darunter liegende tote Torfschicht zeigt keine Faunenelemente.

Extrem nasse Standorte wiesen nur in den oberen 8–10 cm tiefen Horizonten Bodenkleintiere auf.

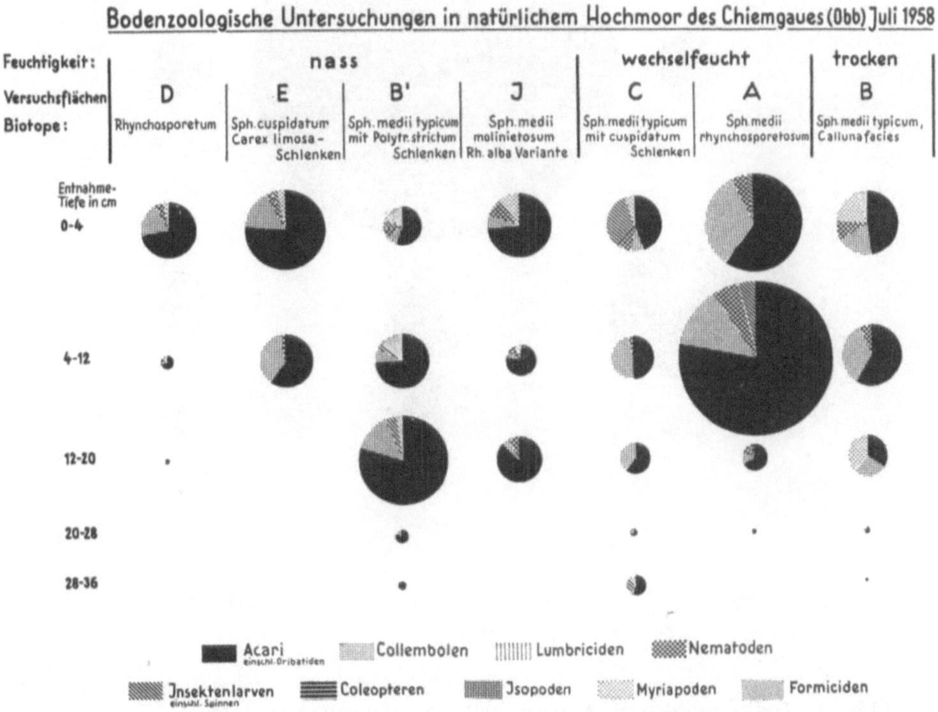

Abb. 3: Individuen- und Artenverteilung der Bodenkleinfauna im natürlichen, unberührten Hochmoor.

Bodenmikroskopische Untersuchungen stimmen mit den bodenzoologischen Befunden überein. Fraßspuren, Kavernen und Losung sind bei humusmorphologischen Dünnschliffen für die vertikalen Hochmoorschichten ermittelt worden.

Der Abb. 3 ist ferner zu entnehmen, daß Oribatiden in sämtlichen Biotopen vorherrschen, sie übertreffen mit ihrer Artenfülle alle übrigen Mikroelemente um ein Vielfaches. Ihre Massenentfaltung scheint in gewissen Grenzen direkt vom Humusgehalt des Substrates abzuhängen. Der Wasserfaktor spielt nur in extremen Fällen eine begrenzende Rolle.

Im jahreszeitlichen Dichtewechsel bleibt der Artenbestand aller untersuchter Kleintiergruppen annähernd unverändert.

Seit Jahren unter Kultur stehende ehemalige Hochmoore zeigen eine lebhaftige Kleintiertätigkeit und reiche Besiedlung in den oberen Schich-

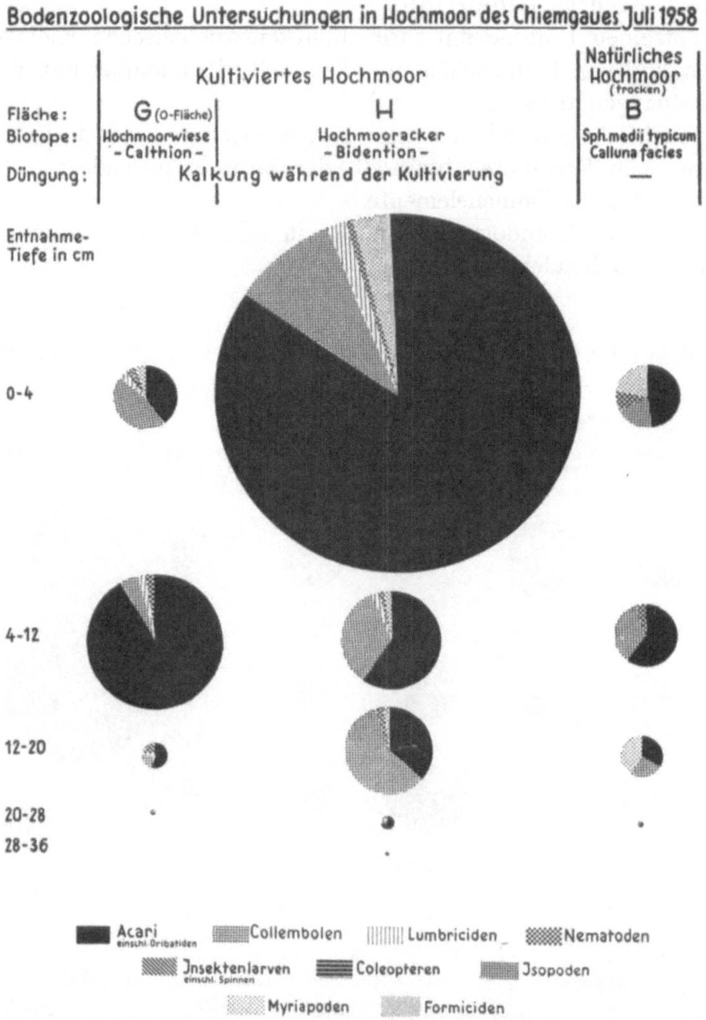

Abb. 4: Individuen- und Artenverteilung im kultivierten Hochmoor und einem danebenliegenden unberührten Hochmoorstandort mit seiner Kleintierbesiedlung zum Vergleich.

220

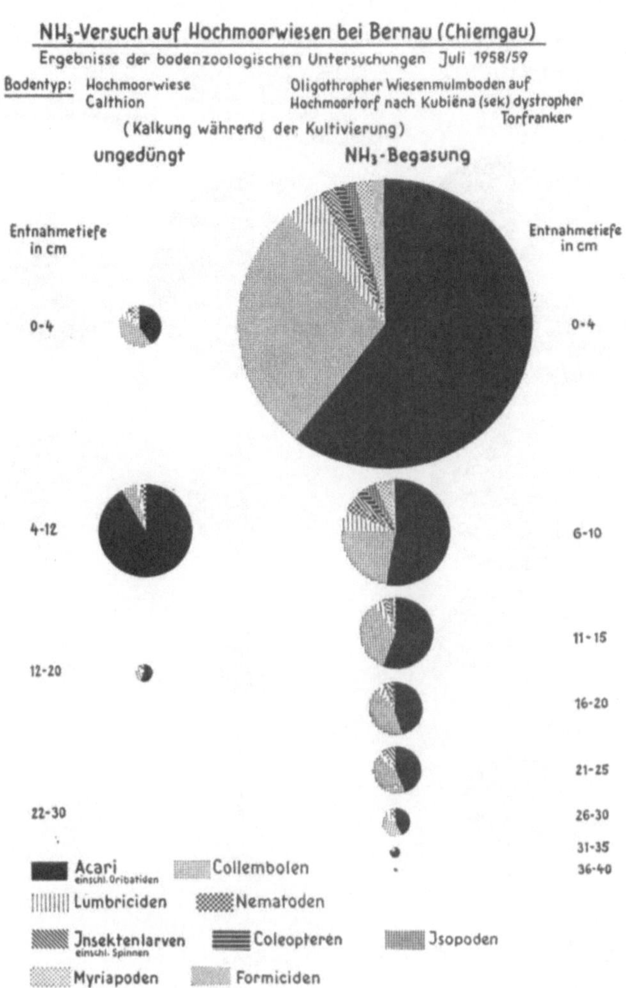

Abb. 5: Hochmoorwiese (G), urbargemacht; Hochmoorwiese (G'), urbargemacht mit zusätzlicher NH₃-Düngung, die vor 5 Jahren eingeleitet wurde.

ten. Die Fauna erfährt durch die Kultivierungsmaßnahmen Verschiebungen in Arten- und Individuenzahl. Besonders deutlich ist dies bei
Biotop G und G' = Hochmoorwiese zu beobachten.

Ergänzende Untersuchungen an kultivierten Niedermooren ergeben
folgendes Übersichtsbild (Abb. 6).

Vergleichsweise nehmen die Lebensbedingungen für die Bodenkleinfauna in den kultivierten Niedermoorböden in der Reihe von Karlshuld
bis Schleißheim ab, horizontal und vertikal.

ZUSAMMENFASSUNG

1. Die „Kleintiergesellschaften" des Bodens wurden an Hand zahlreicher
Einzel- und Serienproben in 13 ausgewählten Moorbiotopen Oberbayerns
eingehend untersucht. Davon lagen im „natürlichen Hochmoor" 7, im
„kultivierten Hoch- und Niedermoor" 6 Untersuchungsflächen.

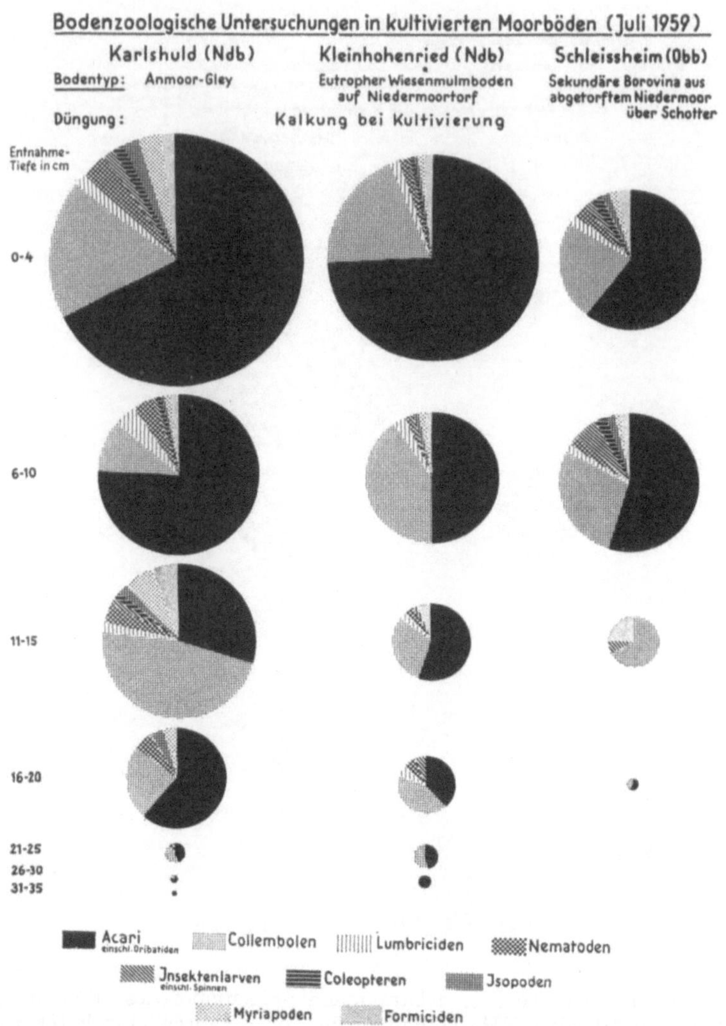

Abb. 6: Mit schwindendem Humusanteil sind geringere Individuen- und Artenzahlen in der oberen Bodenschicht zu beobachten.

2. An Hand der faunistischen Analyse wurden für das Hochmoorgebiet 20 „ökologische Kleintiergruppen'' unterschieden.

3. Für die 7 Biotope des „natürlichen Hochmoores'' können nach ihrer pflanzensoziologischen Zugehörigkeit drei voneinander verschiedene Einheiten von Kleintiergruppen (ökologisch) ausgeschieden werden.

4. Es fehlen in den mineralstoffarmen, sauren Moorböden (Hoch- und Niedermoor) alle kalkbedürftigen Bodenorganismen, ganze systematische Tiergruppen wie Enchytraeiden, Regenwürmer, Gehäuseschnecken, Asseln und eine Reihe von Tausendfüßlern.

5. Die Kulturböden des Hoch- und Niedermoores bilden eine Einheit von Kleintiergruppen für sich. Sie sind durch Moor-, Heide- und Waldbewohner sehr gut gekennzeichnet.

6. Die Faunenelemente der Moorböden, die dem Waldboden entstammen,

enthalten auch kalkbedürftige Formen, z.B. kleine Regenwurmarten. Die „Kleintiergesellschaften" repräsentieren hier einen eigenen biologischen Bodentypus, der durch weitere Untersuchungen noch schärfer umschrieben werden muß.

7. Die Dynamik des Humusschwundes geht aus den Ergebnissen der genutzten, nicht gedüngten Moorstandorte deutlich hervor.

SUMMARY

1. The soil microfauna communities of 13 bogland biotypes in upper Bavaria have been thoroughly investigated by means of many separate and series probes. Of this number, seven of the study sites lay in „natural raised-bog" and six in „cultivated raised and low-bog".

2. Twenty ecological groups of microfauna species have been distinguished in the raised-bog area.

3. For the seven „natural raised-bog" biotypes, three ecologically distinct groups of microfauna species have been distinguished, based on their phytosociological affinities.

4. In the oligotrophic, acid peat of raised and low-bog, all calcicole soil organisms as well as whole systematic groups such as Enchytraeidae, earthworms, snails, woodlice and many Millipedes are absent.

5. Cultivated raised and low-bog soils form an independent soil microfaunal unit. They are very well characterised by species originating from bog, heath and woodland.

6. The faunal elements of the bog soils, which are derived from the woodland soil, also contain lime requiring forms, for example, small earthworm species. The microfaunal communities represent here a particular biological soil type, which must be more sharply defined by further investigations.

7. The results from unmanured bog habitats which are under agricultural use throws clear light on the dynamics of humus disappearance.

LITERATUR

LUTZ, J. L., POSCHENRIDER, H., RONDE, G., SCHMEIDL, SCHWAIBOLD: Zur Charakterisierung von Biocönose und Biotop des Übergangsmoorwaldes. — Forstw. Cbl. **76** (9/10). 1957

POPP, E. u. RONDE, GABRIELE: Studien zur Waldbodenkleinfauna — Forstw. Cbl. **76** (3/4). 1957.

STRENZKE, K.: Untersuchungen über die Tiergemeinschaften des Bodens: die Oribatiden und ihre Synusien in den Böden Norddeutschlands — Zoologica. Stuttgart 1952.

APINIS:

Die schönen Untersuchungsergebnisse von Prof. LUTZ zusammen mit seinen Mitarbeitern haben die Zusammenhänge zwischen einer wohldefinierten sehr genau gefaßten Pflanzendecke oder Pflanzenassoziation und den mikrobiologischen Verhältnissen in den Böden sehr klar gezeigt. Zur Zeit ist es sehr schwierig für die Mikrobiologen genaue Artenlisten aufzustellen. Dennoch liefern schon die Gattungen, die wir hier gesehen haben,

Acetobacter, Bazillen, Kokken u.a. den Beweis, daß diese Populationen sehr scharf von einander getrennt und im klassischen Sinne sehr gut floristisch definierbar sind. Ich möchte Prof. Lutz fragen, ob auch Bodenpilze in diese Untersuchungen einbezogen sind, vielleicht die wenigen Actinomyceten, die da vorkommen können.

Lutz:

Die vorhandenen Myzelien sind zwar berücksichtigt, aber weder Artbestimmungen noch weitere Kulturen konnten vorgenommen werden. Auch hier fehlte uns ein geeigneter Mitarbeiter, so daß diese Frage nur ganz am Rande behandelt werden konnte. Bei der endgültigen Veröffentlichung wird darüber noch einiges mitgeteilt werden.

Du Rietz:

Ich habe mit dem größten Interesse diese beiden Vorträge angehört, habe ich doch vor 9 Jahren einen wunderbaren Tag mit Prof. Lutz und anderen auf dem Murnauer Moos verbracht, und auch einige andere oberbayerische Moore studieren können. Es ist für einen nordischen Moorsoziologen sehr erfreulich zu hören und zu sehen, wie die Kollegen in Bayern die Moorforschung in vielen Richtungen weiter getrieben haben als wir bis jetzt im Norden; nämlich wie es ihnen gelungen ist, Tier- und Pflanzengruppen in die Untersuchung hineinzubeziehen, die dazu geeignet sind, neues Licht auf die Moorbiozönosen zu werfen.

Wenn ich die Tabelle von Prof. Lutz mit nordischen Augen betrachte, so habe ich den Eindruck, daß eine Fläche von den anderen stark abweicht. Ich würde in der Natur sagen, hier müsse Mineralbodenwasser aufquellen. Wenn diese Probefläche von artenärmerer Moorvegetation umgeben wäre, dann würde ich mit meiner Terminologie und Begriffsbildung sie als ein Niedermoor-Fenster im Hochmoor bezeichnen: Niedermoor in sehr weitem Sinne, einschließlich des Zwischenmoores der bayerischen Forscher. Denn nach meinen Erfahrungen sind alle diese Arten mit Ausnahme von den beiden letzten und vielleicht von *Molinia* – bei uns wenigstens – Zeiger von Mineralbodenwasser Einfluß.

Der Einschlag von *Drepanocladus intermedius* muß wenigstens von einem geringen Zufluß von mehr oder weniger kalkhaltigem Mineralbodenwasser herrühren. Bei uns würde auch *Molinia* niemals auf einem Hochmoor im strengen Sinne vorkommen. Sie ist bei uns eine scharfe Trennart in den Niedermooren gegen die Hochmoore. Aber meine Beobachtungen in Bayern machen mich zweifeln, ob nicht dort durch irgend eine mir unbekannte Ursache *Molinia*, vielleicht durch Brand oder stärkere Zufuhr von kalkhaltigem Staub, sich im Hochmoor einstellt. Alle anderen Arten können bei uns in der exklusivsten Hochmoorvegetation vorkommen.

Kann man aus den gesamten Listen der Kleintiere und auch der Bakterien usw. irgend einen deutlichen Unterschied zwischen diesen Probeflächen und den anderen finden ?

Unter den Sphagnologen bestehen verschiedene Meinungen über die kritische Gruppe, die unter *Sphagnum recurvum* zusammengefaßt wird. Der große Sphagnologe Paul in München nimmt *Sphagnum recurvum* als eine kollektive Art. Wir im Norden versuchen, HARALD LINDBERG und JENSEN folgend, das kollektive *Sphagnum recurvum* zu spalten in *Sphagnum apiculatum*, das wir als eine gute Kennart des armen Niedermoores bezeichnen, und das wir niemals im Hochmoor und auch niemals im reichen Niedermoor finden, in *Sphagnum parvifolium*, das auf die Randgebiete der echten Hochmoore im strengen Sinne hinausgeht, aber kaum und nur zufällig in den zentralen Hochmoorteilen gefunden wird, und zuletzt in *Sphagnum amblyphyllum*, das bei uns eine ziemlich anspruchsvolle Art ist, die den reicheren der armen Niedermoore angehört. Es wäre für unser Studium dieser äußerst interessanten und wertvollen Untersuchung sehr gut, wenn wir wissen würden, welche von den kleineren taxonomischen Einheiten hier unter *Sphagnum recurvum* gemeint ist.

Ebenso wichtig wäre es, diese Untersuchungsergebnisse mit der Mikroalgen-Vegetation zu vergleichen. Das wird vielleicht einmal möglich sein: es wächst ja in den Alpenländern jetzt eine sehr aktive Schule unter der Leiterschaft von Prof. HÖFLER auf, die sich mit diesen Mikroalgen-Vereinen in den alpenländischen Mooren beschäftigt.

Zuletzt möchte ich diese Arbeitsgemeinschaft zu dieser Erweiterung der Moorforschung um das Studium früher wenig berücksichtigter Tiergruppen herzlich beglückwünschen.

LUTZ:

Zur Unterscheidung der Einheiten: Die Mineralbodenwassergrenze liegt genau dort, wo Prof. DU RIETZ sie vermutete.

Die Kleintiere können erst bei genauerer Prüfung der vollständigen Tabellen beurteilt werden. Nach unserer vorläufig orientierenden Untersuchung kann noch nichts Endgültiges gesagt werden.

Wir unterscheiden sehr gut *Sphagnum parvifolium*, das bei uns in der Regel in Gesellschaft mit *Pinus mugo* vorkommt. Ich möchte es sogar als lokale Charakterart des Vaccinio-Mugetum bezeichnen. Nach der Systematik von PAUL unterscheiden wir *Sphagnum mucronatum = apiculatum* und *Sphagnum amblyphyllum*. *Amblyphyllum* ist auch bei uns anspruchsvoller als *apiculatum*, das auch nach unseren Beobachtungen etwa in der Mitte zwischen *parvifolium* und *amblyphyllum* steht. Bei sehr sorgfältiger Bestimmung jeder Probe könnte man auch hier diese Abstufung durchführen.

Die Mikroalgen sind im Eggstedter See-Gebiet von Prof. HÖFLER und seinen Mitarbeitern untersucht worden, allerdings nicht im eigentlichen Hochmoorgebiet.

FRANZ:

Es ist erstaunlich, wie tief hier die Bodentiere in das Moor eindringen. Bisher ist mir in den Alpen-Mooren eine so tiefe Besiedelung nicht begegnet. In der letzten Auflage der Bodenkunde von SCHEFFER und SCHACHTSCHABEL lesen wir, daß die mikrobielle und Bodentier-Belebung nur in den allerobersten Zentimetern stattfindet, was auf Grund dieser Feststellungen zu revidieren wäre. Auch die ganze Humusentwicklung in den Hochmooren gewinnt einen neuen Aspekt.

Von der zoozönotischen Seite her habe ich zwei Anliegen als Frage und als
Bitte: Es wurde von 20 „Synusien" gesprochen. Diese „Synusien" sind nach
einzelnen Arten benannt. Der Großteil dieser Arten sind kommune Arten,
die weit über das Hochmoor hinaus verbreitet sind, wie *Torileymus
carteri*, die nahezu in jedem Boden vorkommt. Und für viele andere
Arten hat Frau Dr. RONDE ja selbst angedeutet, daß es teils Arten der
Heide, teils des Waldes sind, die also keinesfalls charakteristisch sind für
das Moor. Einzelne sind es wohl, wie *Limnozetes* u.a.

Eine Bezeichnung dieser Synusien nach solchen für den betreffenden
Biotop nicht charakteristischen Arten halte ich nicht für zweckmäßig.
Ich möchte gerne die Erfahrungen der Pflanzensoziologen dazu hören.
Denn wir müssen uns auch hier auf eine Linie einigen, um gemeinsam
vorzugehen. Ich habe es in der Bodenzoologie vermieden, eine Bezeichnung
von Tiersynusien nach Arten vorzunehmen, weil ich der Meinung war, es
wäre noch verfrüht. Ich habe es für den Raum der Hohen Tauern seinerzeit
gemacht und die Bezeichnungen gelten für den hochalpinen Raum auch
heute noch mit ganz geringen Korrekturen. Aber ich habe dort bewußt
Arten genommen, die für die betreffenden Räume, in denen die Synusien
vorkommen, absolut charakteristisch sind und als Trennarten gegenüber
den Nachbarräumen auftreten. Das kann man hier größtenteils nicht
sagen. Dann habe ich in diesen Synusien alle Kleintiere zusammengefaßt,
die in dem betreffenden Raum leben, d.h. ich habe nicht eine eigene
Synusie für Nematoden und eine für Milben und für Collembolen geschaffen, sondern ich habe eine Synusie gemacht, in der alle diese Tiere zusammen waren. Ich glaube, daß das allein der richtige Weg ist. Denn die
Synusie fasse ich so, und das ist eine Frage an Herrn Prof. DU RIETZ,
daß ich sage, die Gesamtheit der Tiere, die etwa in einem Moospolster am
Boden oder am Stamm eines Baumes vorkommen, sind als Synusie zu
fassen. Die pflanzlichen Mikroben gehören auch dazu. Das andere sind
vielleicht Teilsynusien, die auch jedenfalls nicht separat zu benennen sind.
Sonst kommen wir zu einem Wust unübersichtlicher Namen; wir müssen
mehr zusammenfassen!

Diese Fragen möchte ich rein methodisch hier zur Diskussion stellen,
weil ich die große Aufgabe in diesem Symposion sehe, daß wir uns methodisch näherkommen.

RONDE:

In der Literatur findet man sehr häufig Angaben über Ausscheidungen
von „Synusien" im Sinne einzelner „Tiergruppen", z.B. in STRENZKE'S
„Oribatiden der Moore Norddeutschlands", einer sehr umfangreichen
Arbeit. Bei meinen Oribatiden-Gruppen habe ich mich diesem Verfahren
angeschlossen, um später vielleicht einmal zu vergleichen.

FRANZ:

Ich wäre dafür, nicht Nematoden, Collembolen und Oribatiden zu trennen.
STRENZKE mußte das noch tun, da er nur Oribatiden untersuchte. Aber
wir müssen darüber hinaus zu den *tatsächlichen* Synusien kommen.

R. Tüxen:

Die Pflanzensoziologen sind aufgefordert worden. Darum erlaube ich mir zu diesem Problem der Benennung der Synusien Stellung zu nehmen. Wenn wir das hier gehörte auf unsere Pflanzengesellschaften übertragen würden, in denen wir ja viel weniger Arten, aber im Prinzip doch die gleichen Verhältnisse haben, so würde das bedeuten, daß wir *Carex*- oder Cyperaceen-Synusien ausscheiden, Gramineen- oder Moos-Synusien abtrennen, weil wir gerade einen guten *Carex*-Spezialisten haben (verglichen mit Herrn Strenzke und seinen Oribatiden). Aber wir können doch nicht unsere Wälder oder unsere Wiesen in diese sippensystematischen Gruppen trennen, sondern wir betrachten alles das, was in einem homogenen Wald oder auf einer einheitlichen Wiese wächst als eine Gesellschaft. Die sippensystematischen Einheiten spielen nicht die Rolle der Trennungsgruppen für Synusien, die man als eigene soziologische Einheiten betrachten könnte. Ich bin also ganz mit den Bemerkungen von Herrn Franz einverstanden.

Franz:

In die Synusie kann ich nur etwas hineinnehmen, das sich im Raumanspruch zueinander ordnet. Ich kann das in der Vegetation ja auch nur so machen. Wir haben die Schwierigkeiten bei Herrn Kollegen Schmidt gesehen, der die Makrophyten und die Mikrophyten zunächst getrennt behandeln muß, weil es sich um zwei räumliche Kategorien handelt. Unter Umständen können wir auch die Makro- und Mesofauna des Bodens nicht mit der Mikrofauna ohne weiteres in die gleiche Synusie hineinbringen. Regenwurm und Amöbe leben immerhin noch in derselben Schicht, während Reh, Hirsch und Vögel in ganz anderen Lebensbereichen vorkommen.

Mit großer Begeisterung habe ich den Synusiebegriff von Prof. Du Rietz aufgegriffen, weil wir nur durch diesen Begriff die verschiedenen Synusien, welche die einzelnen Schichten des großen Lebensraumes des Biotops besiedeln, mosaikartig in den großen Raum einordnen können. Wir brauchen diese kleineren Einheiten, um das räumlichen Mosaik entsprechend darstellen zu können. Die Vegetationskunde mit ihrer ungeheuren Erfahrung kann uns hier wertvolle Hinweise geben. Das ist keine Kritik, sondern eine Diskussion, damit wir uns auf der gleichen Ebene zusammenfinden.

Du Rietz:

Ich will mich nur sehr vorsichtig über Tier-Synusien äußern. Ich möchte lieber ein Beispiel von der Algenvegetation zeigen. Wenn man in einem Bach oder an einem Seeufer eine Fadenalgen-Synusie hat mit z.B. *Cladophora glomerata* und diese im Mikroskop betrachtet, findet man oft auf diesen Cladophorafäden eine reiche mikrophytische Mikroalgen-Vegetation mit *Synedra*-Arten, Epithemien, *Cocconeis*-Arten und anderen Diatomeen und Chaetophoraceen und anderen kleinen Algen. Es scheint mir in diesem Falle vielleicht besser, diese als epiphytische Synusien auf der *Cladophora*-Synusie zu betrachten. Ebenso wie wir die Flechten und Moose auf einem Baum als epiphytische Synusien betrachten.

Wenn in einer Hochmoorschlenke in einem dichten Teppich von Faden-
algen wie *Zygogonium ericetorum* vereinzelte nicht fadenförmige Des-
midieen, Diatomeen und andere Mikroalgen liegen, kann man dies entweder als zwei Synusien oder als eine Synusie betrachten. Wenn in einer
anderen Schlenke nur vereinzelte *Zygogonium*-Fäden etc. in einem Brei
von nicht fadenförmigen Mikroalgen eingemischt sind, fassen wir dies am
Besten als eine Synusie auf.

Bei den Tieren finde ich es schwieriger. Was macht man mit einer
Hochmoorschlenke mit einer Menge von mikrospischen Tieren, in der
eine große *Dolomedus*-Spinne umherkriecht oder große Wasserkäfer sich
bewegen? Können wirklich diese großen Spinnen und Insekten als zur
selben Synusie gerechnet werden wie die kleinen Rotatorien, die Nematoden, die Rhizopoden usw.? Das ist doch vielleicht etwas schwierig. Auf
der anderen Seite scheint es mir ganz deutlich, daß in Hochmoorschlenken
die Rhizopoden, die Rotatorien, vielleicht auch die Nematoden und die
kleinen Mikroalgen zusammen eine Synusie bilden, so daß man dort kaum
die pflanzlichen und tierischen Bestandteile scheiden sollte.

Auf den Bulten sind z.B. die Isopoden wie *Lithobius*-Arten so groß, daß
man sie vielleicht nicht gern mit den Oribatiden und den Mikroalgen zusammen wirft. *Ich finde, die Frage ist schwer zu beantworten, und ich
meine, man muß gründlich darüber nachdenken.*

Lutz:

Ich möchte hier Frau Dr. Ronde etwas verteidigen, und zwar aus folgendem Grund: Es lag uns nicht in erster Linie daran, uns auf den Begriff
Synusie und seine Anwendung festzulegen. Wir wollten zunächst einmal
überhaupt eine Gliederung, im Sinne etwa einer pflanzensoziologischen
Tabelle. Was uns zunächst bewegt hat, war festzustellen, gibt es hier
gemeinsame und sich ausschließende Arten? Wir wollten also versuchen,
die Kleintiere des Bodens mit zur Differenzierung des Gesamtartenbestan-
des der Biozönose zu verwenden. Genau wie man es mit Differentialarten
macht. Und deshalb ist es für unsere Zwecke zunächst auch gleichgültig
gewesen, ob die Synusien nach Ubiquisten benannt werden oder nach
Moor-Spezialisten. Denn die entscheidende Frage für uns war ja zunächst
nur, wie weit differenzieren bestimmte Bodenkleintiere innerhalb der
Gesellschaft des Sphagnetum medii. Es ist also praktisch alles eine
provisorische Benennung. Ich bin sehr erfreut über die Diskussion, die
uns entsprechende Ausblicke und Auswege ermöglicht. Unsere Arbeit hat
sich zunächst nur auf südliche und einige nördliche Chiemsee-Moore erstreckt und konnte also nur aus lokaler Sicht gesehen werden.

Franz:

Ich hätte die Bitte, bei der Publikation mit solchen Namengebungen vorsichtig zu sein, weil sie ein gewisses Prioritätsrecht erhalten.

Lutz:

Wir werden uns darauf beschränken von Gruppen zu sprechen: Differenzierende und nicht differenzierende Kleintier-Gruppen.

Barkman:

Die Schwierigkeiten werden doch eigentlich gelöst vom Autor des Synusie-Begriffs selbst: Prof. Gams hat ja 1918, als er diesen Begriff begründete, Synusien ersten, zweiten und dritten Grades aufgestellt, und mit diesen drei Typen kommt man, glaube ich, aus diesem Dilemma.

DIE HETEROPTERENBESIEDLUNG DER
SALZSTELLE BEI HECKLINGEN

von

HEINZ HIEBSCH, Dresden

Die Salzstellen in den Bezirken Halle und Magdeburg sind von jeher ein beliebtes Sammelgebiet vieler Entomologen gewesen, jedoch ist über die Fauna der Salzstelle bei Hecklingen recht wenig bekannt geworden.

Die Salzstelle, die ihre Entstehung wahrscheinlich der günstigen Zirkulation der Wässer in den Spalten der Verwerfung Neundorf-Löderburg (Auslaugung der salzführenden Schichten des Salzstockes bei Staßfurt) verdankt, ist von relativ großflächigen Salzpflanzengesellschaften bedeckt. Je nach Salzgehalt und Bodenfeuchtigkeit hat sich auf ca. 2 ha eine Salzflora entwickelt, die neben scharfen Abgrenzungen der einzelnen Gesellschaften auch alle Übergänge von trockneren zu feuchten Varianten derselben aufweist und sie für faunistisch-ökologische Untersuchungen sehr geeignet erscheinen ließ. Das Gebiet liegt im Zentrum des Mitteldeutschen Trockengebietes mit einem Jahresniederschlag von nur 491 mm (langjähriges Mittel).

In 18 Exkursionen wurde in der Zeit von Mai 1948 bis Juli 1959 das Gelände mit folgenden bekannten Methoden besammelt:

Keschern	(50 Schläge je Pflanzengemeinschaft am Fangtag in der Zeit von 10–12 Uhr)
Bodenabsuche	(1/2 m² eine halbe Stunde lang abgesucht)
Fallenfang	(je 2 Gläser in einer Pflanzengesellschaft mit 4% igem Formol als Konservierungsflüssigkeit).

Damit wurde der Versuch unternommen, einen Überblick über die Spinnen-, Wanzen- und Käferfauna zu erhalten.

Die Wanzenbesiedlung und die Lebensweise der charakteristischen Arten soll hierbei etwas genauer betrachtet werden.

Die quantitative Erfassung der Besiedlungsdichte ergab mit den drei Methoden voneinander abweichende Ergebnisse. Diese Tatsache ist bedingt durch die unterschiedliche Lebensweise der einzelnen untersuchten Tiergruppen, aber auch durch einige Nachteile, die den einzelnen Methoden unter bestimmten Bedingungen anhaften. Es zeigte sich, daß die Fallen für den Fang vieler Wanzenarten wenig geeignet sind, gute Ergebnisse jedoch damit beim Fang von Cydnidae am Nordrand des Süßen Sees erzielt wurden.

Von den reinen Grasbewohnern der Salzstelle, die nur bei regnerischem Wetter in den unteren Stengelpartien oder zur Überwinterung am Boden angetroffen wurden, konnten nur vereinzelte Tiere in Fallen gefangen werden. Eine große Rolle spielt bei diesen Arten die Fähigkeit, an senkrechten Glaswänden emporzuklettern und bei nur geringer Benetzung mit Konservierungsflüssigkeit der Falle zu entrinnen.

Es konnte des öfteren beobachtet werden, daß sich einige Wanzenarten nicht ins Unbekannte fallen lassen, wie es die Spinnen und Käfer tun, sondern an der Fallenglaswand hinunter- und herauflaufen. Selbst die typischen Bodentiere, die Saldidae, waren zwar etwas häufiger, aber in keiner Weise regelmäßig in den Fallen zu finden. Häufungen von Fallenfunden waren in der Zeit der vorletzten Larvenstadien, dem vermehrten Auftreten von Jung-Imagines und nur in den letzten Wochen des Vorkommens der betreffenden Art zu verzeichnen.

Für den Fang von Käfern und Spinnen bewährte sich das Fallenaufstellen gut. Allerdings darf der Fallenfang für die Erfassung der betreffenden Fauna nicht als alleinige Methode angewandt werden. Es wurden z.B. einige charakteristische Arten der Salicornia-Gesellschaft in Hecklingen (*Bembidion varium, Tachys scutellaris, Anthicus humilis*) nicht in Fallen gefangen. Die Anwendung von nur einer Methode würde selbst für die ausschließlich am Boden lebenden Arten ein falsches Bild ergeben.

Im allgemeinen sind für die Erfassung der Wanzen die Bodenabsuche und Keschern für die Untersuchung von Grasland die geeignetsten Methoden. Das Sieben konnte wegen zu hoher Bodenfeuchtigkeit nicht durchgeführt werden.

Bei der Auswertung der quantitativen Fänge lassen sich auf Grund der verschiedenen Häufigkeit in den einzelnen Pflanzengesellschaften gewisse ökologische Beziehungen ermitteln. Jedoch ist es hierbei oft schwierig, aus dem Bedingungsgefüge die ausschlaggebenden Faktoren für das mehr oder weniger starke Auftreten bestimmter Arten herauszufinden.

Es ist deshalb notwendig, während der ersten Untersuchungen und im Anschluß an den gewonnenen Überblick über die Fauna des Gebietes sich eingehender mit der Biologie der charakteristischen Arten und ihren Beziehungen innerhalb der Lebensgemeinschaft zu beschäftigen. Nur über die Biologie der Charakterarten kann man m.E. einen Einblick in das komplizierte Beziehungsgefüge der gesamten Biozönose gewinnen.

Nach den zahlreichen biologischen Beobachtungen der charakteristischen Wanzenarten und den festgestellten Besiedlungsschwerpunkten sollen im folgenden die engen Beziehungen zwischen Pflanzengesellschaften und den Wanzenarten herausgearbeitet werden. (Siehe Anlage: Systematische Zusammenstellung der an der Salzstelle bei Hecklingen gefangenen Heteropteren-Arten unter Angabe der Zahl der Fänge und der Individuenzahl in den einzelnen Pflanzengesellschaften, S. 236).

Die Salicornia-Gesellschaft tritt in einer feuchten und einer trockneren Ausbildungsform auf. Neben den unterschiedlichen Wuchsformen (im feuchten Bereich bildet *Salicornia herbacea* 5–6, im trockenen Bereich 2–3 Wirtel aus, bei freistehenden Pflanzen von *Salicornia* und *Suaeda maritima* flacher, sparriger Wuchs) reicht die Bodenbedeckung in der trockenen Ausbildungsform von fast vegetationslosem Boden bis zu 30%.

Der Salzgehalt des Bodens betrug hier am 8.April 2,06% Cl⁻ und am

15. Juli 4,16% Cl⁻ (Bestimmung durch Titration mit Silbernitrat und Kaliumchromat als Indikator).

Als Charakterarten der Pioniergesellschaft der Salzstelle sind *Halosalda lateralis* und *Orthotylus rubidus* anzusehen. *Halosalda lateralis* bevorzugt auf Grund ihrer vorwiegend springenden Fortbewegungsweise die offenen, mit wenig Vegetation bestandenen Flächen.

Je nach Jahreszeit konnte eine Verlagerung der Besiedlungsdichte festgestellt werden. Im Frühjahr traten auf dem sich schneller erwärmenden trockneren Boden der Quellerflur die ersten Larven der im Eizustand überwinternden Art bereits Mitte April auf. In diesem Bereich war bis Ende Mai die Larvenentwicklung abgeschlossen und Anfang Juni konnten die ersten Pärchen in Kopulation beobachtet werden.

Im feuchten Bereich waren die ersten Larvenstadien fast 14 Tage später festzustellen, so daß Larvenstadien den ganzen Sommer über angetroffen wurden.

Das Auftreten von Larven der ersten Stadien im Juli in den trockenen *Salicornia*-Beständen spricht für eine 2. Generation, was jedoch bei den Freilandbeobachtungen nicht genau bewiesen werden konnte.

Halosalda lateralis ist zoophag. Bei der Haltung einiger Tiere in einer Petrischale nahm sie tote Chironomidae, Syrphidae, Muscidae und Collembolen an. Eine Beobachtung der Nahrungsaufnahme an der Salzstelle ist nicht geglückt.

Orthotylus rubidus ist eine weitgehend phytophage Art und lebt nach Angabe verschiedener Autoren an *Suaeda, Salsola, Atriplex, Salicornia* und anderen Salzpflanzen. Die 142 registrierten Saugbeobachtungen stammen nur von *Salicornia*. Für das Untersuchungsgebiet ist diese Art daher als monophag zu bezeichnen. Sie überwintert ebenfalls im Eizustand. Die Eier werden bis Mitte Oktober in das schwammige Gewebe der *Salicornia*-Stengel abgelegt. Im Frühjahr werden die Eier vielfach aus dem verfaulenden Pflanzengewebe zu Boden gespült und Ende April bis Anfang Mai mit dem Hervorbrechen der Keimblätter von *Salicornia* schlüpften die ersten Larven. Je nach Erwärmungsgrad des Bodens ist der Schlüpftermin unterschiedlich und die Larvenzeit ist dementsprechend verschoben. Bis zur Imaginalhäutung, der 5 Larvenstadien vorausgehen, benötigt *O. rubidus* ca. 6 Wochen. Eine zweite Generation schlüpfte bereits Ende Juli. In den feuchteren, kühleren, mit *Salicornia* bestandenen Senken waren Larven der letzten Stadien bis Anfang Oktober anzutreffen. Diese vom Frühjahr bis in den Herbst reichende Entwicklungszeit der Art läßt darauf schließen, daß schroffer Witterungswechsel von nur geringem Einfluß ist.

Neben diesen beiden Charakterarten, bei denen der Salzgehalt des Bodens in Verbindung mit den Pflanzen und Tieren, die ihnen als Nahrung dienen, ausschlaggebend ist, kommen *Salda litoralis, Saldula saltatoria, Saldula pallipes* und *Piesma quadrata* auch an salzfreien Standorten vor. Sie erreichen aber auch in der Salicornia-Gesellschaft zum Teil eine hohe Besiedlungsdichte und sind als ständige Begleitarten dieser Gesellschaft anzusehen.

Salda litoralis hat als ausgesprochenes Bodentier, das im Gegensatz zu den anderen Saldidae nur kurze Sprünge bei schneller Flucht vollbringt, seine Hauptverbreitung in den vegetationsärmeren *Salicornia*-Beständen. Sie ist aber auch in der Lage, in den dichten Pflanzengesellschaften sehr geschickt umherzulaufen. Sie konnte nur von Anfang Juni bis Mitte August gefunden werden. Ihre Imaginalzeit ist sehr kurz. Eine Nahrungsaufnahme bei *S. litoralis* war nicht selten zu beobachten. Sie ist in der Auswahl der Beute nicht wählerisch. Bewegungslose Tiere von Syrphidae, die an den Salzstellen häufigen *Nemotelus*-Arten und deren Larven, durch den Schlüpfakt geschwächte oder tote Larven und z.T. Imagines von *Orthotylus rubidus, Halosalda lateralis, Henestaris halophilus* und der eigenen Art nahm sie an.

In der Literatur wird sie auf Grund des häufigen Vorkommens an der Meeresküste und an den Binnensalzstellen als halophil bezeichnet. Versucht man eine Zuordnung zu halobiont, halophil oder haloxen, müßte man mehr von den regionalen Verbreitungen der einzelnen Arten ausgehen, denn das Verhalten der Arten am Rande ihres Verbreitungsgebietes ist oft ein anderes als im Zentrum des Areals. *Salda litoralis* ist eine nordische Art, was nach JORDAN u. WENDT (1938) in ihrer kurzen Imaginalzeit zum Ausdruck kommt. Für das Untersuchungsgebiet ist sie als halophil anzusehen.

Saldula saltatoria und *S. pallipes* treten oft gemeinsam an Ufern von Gewässern sehr häufig auf. Die optimalen Lebensbedingungen finden sie auf den vegetationsarmen Flächen in Wassernähe. Die Bevorzugung der Meeresküste bei *S. pallipes* (BUTLER 1923, und JENSEN-HAARUP 1912) wie auch die größere Zahl der Funde an den Salzstellen im mitteldeutschen Trockengebiet (RAPP 1944) lassen vermuten, daß der Salzgehalt in Verbindung mit höherer Bodenfeuchtigkeit für eine günstige Entwicklung von Einfluß ist, wie es auch ältere Autoren bereits zum Ausdruck brachten.

Für *Piesma quadrata*, die in den letzten 50 Jahren als Verursacher der Blattkräuselkrankheit in Deutschland z.T. erheblichen Schaden auf den Rübenfeldern angerichtet hat, ist die Bezeichnung mit halophil für diese Art (GULDE u. SACK 1921) nicht mehr zutreffend. An der Salzstelle wurde sie als phytophage Art in einer verhältnismäßig geringen Besiedlungsdichte auf und unter *Salicornia herbacea* und an *Atriplex hastata* festgestellt.

Dem Salicornietum schließt sich dann eine großflächige Puccinellia distans – Aster tripolium-Gesellschaft an. In den trockneren Zonen dieses Bereichs ist *Aster tripolium* überwiegend mit *Agrostis*- und *Festuca*-Arten vergesellschaftet. Auf feuchterem Boden bildet stellenweise *Puccinellia distans* größere Horste aus. In feuchten Senken dominiert *Glaux maritima* in Begleitung von *Triglochin maritima* und *Plantago maritimum*. In deren Nähe treten mehr oder weniger große Horste von *Juncus gerardi* auf.

Der Salzgehalt betrug hier am 8. April 0,24% Cl⁻ und am 15. Juli 0,62% Cl⁻. In den Randzonen zur Salicornia-Gesellschaft hin tritt eine Häufung von *Spergularia salina* und *Sp. marginata* auf.

Als Charakterart dieser Gesellschaft ist *Henestaris holophilus* anzusehen. Sie überwintert als Imago und hat ihre Hauptentwicklungszeit im August und September, in einer Zeit, wo die Pflanzenentwicklung der Salzwiese ihren Höhepunkt erreicht hat. Auch bei dieser Art wurde die Einwirkung der Temperatur als auslösender Faktor für die Aktivität der einzelnen Individuen angenommen. Die in den Randzonen des trockneren *Salicornia*-Bereichs überwinternden Individuen waren bereits Mitte April in Kopula anzutreffen. In den bevorzugten Überwinterungsplätzen, den *Juncus gerardi*-Horsten, waren die Tiere z. T. paarweise noch in winterlicher Ruhestellung vorhanden. Die durch die unterschiedlichen mikroklimatischen Verhältnisse entstandene Verzögerung von Kopulation und Eiablage brachte ein Auftreten von Larven bis Anfang Oktober mit sich.

Die Hauptzeit der Larvenentwicklung (5 Stadien) erstreckt sich von Mitte Juni bis Ende Juli. Die Eier werden zwischen die Blattscheiden von *Puccinellia distans* in Reihen von durchschnittlich 4–6 Stück abgelegt und gelangen innerhalb von 12 Tagen zur Entwicklung. Die Larven wie auch die Imagines konnten hauptsächlich an *Puccinellia distans* saugend beobachtet werden. Außerdem wurden noch besaugt: *Aster tripolium*-Samen (besonders im Winter), Keimpflanzen von *Aster tripolium, Spergularia marginata, Salicornia herbacea, Triglochin maritimum,* bewegungslose Syrphidae, *Nemotelus*-Arten, Larven und Imagines der eigenen Art (letztere jedoch nur bei Haltung in einem Zuchtglas).

Nach dem Verhalten an der Salzstelle ist die Hauptnährpflanze *Puccinellia distans,* an der die Art selbst und die Larven vielfach unter den Horsten auftraten. Auf Grund ihrer hohen Besiedlungsdichte und des umfangreichen „Speisezettels" ist sie natürlich in allen die eigentliche Salzwiese umgebenden Pflanzengesellschaften vereinzelt anzutreffen.

Für die *Juncus gerardi*-Horste ist *Agramma melanoscela* als charakteristisch zu bezeichnen. WAGNER (1940) stellt Juncaceen als Nährpflanzen noch in Frage.

Nach dem Fang von 212 Individuen nur in den *Juncus gerardi*-Horsten (auch an der Salzstelle westlich der Numburg und bei Sülldorf wurde A. *melanoscela* nur an und unter *Juncus gerardi* gefunden) kann man *Juncus* als Hauptnährpflanze für gesichert ansehen. Der ganze Lebenszyklus (Kopulation von Anfang April bis Anfang Juni, Eiablage, Larvenentwicklung von Mitte Mai bis maximal 2. Julidrittel und Überwinterung) erfolgt im *Juncus gerardi*-Bestand. MÜLLER (1942) hat an der Numburg ein Massenauftreten von Juli bis Anfang August verzeichnet. An der Hecklinger Salzstelle fiel das häufige Auftreten von Jung-Imagines in die gleiche Zeit.

Eine größere Häufigkeit auf den Salzwiesen erreichten noch die gefundenen *Exolygus*- und *Orthops*-Arten. Sie sind euryök. KULLENBERG (1944) hat sie an 63 Pflanzenarten festgestellt und konnte dabei eine Bevorzugung der Compositen nachweisen. Diese Beobachtung deckt sich mit der an der Salzstelle. Die Hauptentwicklungszeit von *Exolygus rugulipennis* und *Exolygus pratensis* setzte mit der Blütezeit von *Aster tripolium* ein.

Die nach Westen angrenzende halophytenreiche Ruderalpflanzengesellschaft ist besonders durch die Anlage einiger Schrebergärten, die nach kurzer Bewirtschaftung aber wieder vernachlässigt wurden (1945), entstanden. Der wechselnde Aufbau des Bodens bewirkt, daß neben Ruderalpflanzen salzliebende und allgemeine Wiesenpflanzen auftreten. *Agrostis stolonifera* und *Potentilla anserina* bilden die dominierenden Pflanzenarten. Auf den trockneren Standorten sind *Festuca rubra* und *Hordeum nodosum* neben *Daucus carota, Odontites rubra, Melilotus dentatus, Lotus tenuifolius, Trifolium fragiferum* vertreten. Mäßig feuchte Stellen sind von den verschiedenen Meldenarten (*Atriplex patula, A. hastata* und *A. tatarica*), *Chenopodium rubrum, Apium graveolens* und *Tussilago farfara* bedeckt.

Stöcke von *Althaea officinalis* und mehr oder weniger große Horste von *Juncus* und *Scirpus* sind in das Übergangsgebiet zum eigentlichen reinen *Phragmites*-Bestand von ca. 5 ha eingestreut. Der Salzgehalt betrug hier am 8. April 0,05% Cl⁻, am 15. Juli nur noch 0,04% Cl⁻.

Diese Pflanzengesellschaft ist die artenreichste mit einem hohen Bestand von Gramineen und ist deshalb ein Sammelplatz der typischen Graslandbewohner. Nach KULLENBERG (1944) besiedeln *Stenodema calcaratum, Trigonotylus ruficornis* und *Teratocoris antennatus* feuchte Lokalitäten, was für die Salzstelle im gleichen Maße zutrifft.

Notostira elongata, Capsus ater und *C.a.* f. *tyrannus* sowie *Chlamydatus pulicarius* bevorzugen mehr die trockneren Bereiche der Ruderalflur. Diese Arten, die alle polyphag sind, strahlen bis in die Salzwiese aus und *Teratocoris antennatus* zeigte dabei eine Bevorzugung der *Juncus*-Horste. *Nabis rugosus* ist eine eurytope Art, die keinen besonderen Indikationswert besitzt, aber an der Salzstelle eine Vorliebe für dichtere Pflanzenbestände zeigt.

Die als Einzeltiere gefangenen Arten hatten zum Teil einen höheren Feuchtigkeitsanspruch (*Chartoscirta cocksi, Ch. cincta, Saldula opacula, Cymus claviculus*) und waren vorwiegend zwischen den *Juncus*-Horsten zu finden. Die übrigen Arten sind weitgehend euryök und stellen keine Besonderheiten für das Gebiet dar.

Zusammenfassend läßt sich sagen, daß sich bei einer Bearbeitung der Heteropterenfauna für die Abgrenzung der einzelnen Lebensgemeinschaften an den Salzstellen die Pflanzengesellschaften gut als Grundlage verwenden lassen.

Nach diesem Überblick über die Heteropteren-Besiedlung der Salzstelle bei Hecklingen soll noch kurz das zukünftige Arbeitsprogramm der Zweigstelle Dresden des Instituts für Landesforschung und Naturschutz Halle der Deutschen Akademie der Landwirtschaftswissenschaften zu Berlin umrissen werden. Es ist geplant, die Fauna einiger Restgehölze und Hecken auf verschiedenen Böden und in unterschiedlichen Höhenlagen zu untersuchen.

Als Beobachtungsflächen sind ein Restgehölz in dem Lößgebiet der Lommatscher Pflege in einer Höhe von 200 m, ein Gehölz auf Quader-Sandstein bei Oelsa, 300 m hoch, und die Steinrückenlandschaft bei Oelsen (Biotitgneis) in 600 m Höhe ausgewählt worden. Es ist dabei vorgesehen, mit folgenden Methoden zu arbeiten:

Fallenfang, Sieben, Bodenabsuche, Keschern, Klopfen. Es sollen alle mit den angeführten Methoden erfaßbaren Tierarten ausgewertet werden. Bei dem sehr umfangreichen Programm soll im ersten Jahr auf die quantitativen Fänge das Hauptgewicht gelegt und im folgenden Jahr auf die biologischen Eigenheiten der charakteristischen Arten und ihre

Beziehungen zur belebten und unbelebten Umwelt eingegangen werden.
Das Ziel der Arbeit soll sein, einen Einblick in die vielfältigen Wechselbeziehungen zwischen der Tierwelt der Restgehölze und Hecken zu der der umgebenden Feld- und Wiesenflächen zu geben. Dabei soll die Besiedlungsdichte der einzelnen Arten auf den verschiedenen Böden und Höhenstufen berücksichtigt werden.

Systematische Zusammenstellung der an der Salzstelle bei Hecklingen gefangenen Heteropteren-Arten unter Angabe der Zahl der Fänge[x]) und der Individuenzahl in den einzelnen Pflanzengesellschaften

| Pflanzengesellschaft | Phragmites | | | Ruderal | | | Juncus gerardi | | | Puccinellia | | | Salicornia | | |
Fangmethode	K	B	F	K	B	F	K	B	F	K	B	F	K	B	F
Saldidae:															
Halosalda lateralis Fall.	.	2.2	.	.	.	2.2	.	.	.	.	3.6	4.20	1.6	8.96	5.68
Salda litoralis L.	.	4.5	.	.	2.2	.	.	1.1	.	.	2.3	.	.	7.24	5.56
Saldula saltatoria L.	.	3.4	.	.	2.2	.	.	3.4	.	.	1.1	.	.	6.10	.
Saldula pallipes F.	.	.	.	.	.	.	.	.	.	.	.	.	.	5.7	3.4
Saldula opacula Zett.	.	.	.	.	.	.	.	2.3	.	.	1.1	.	.	.	1.1
Chartoscirta cincta H.S.	.	.	.	.	1.1	.	.	2.3	.	.	1.1	.	.	.	.
Chartoscirta cocksi Curt.	.	.	.	.	.	.	.	2.3	.	.	1.1	.	.	.	.
Nabidae:															
Nabis ferus L.	.	.	.	2.3	.	.	.	.	.	1.1	.	.	.	.	.
Nabis rugosus L.	.	.	.	5.9	6.9	.	2.5	3.3	.	4.7	1.1	.	.	.	.
Anthocoridae:															
Anthocoris nemorum L.	.	.	.	.	.	.	1.1	.	.	.	.	.	.	.	.
Orius niger Wlff.	.	.	.	1.1	.	.	.	.	.	.	2.4	.	.	.	.
Orius minutus L.	.	.	.	.	.	.	1.1	.	.	.	.	.	.	.	.
Miridae:															
Capsus ater L.	.	.	.	3.3	2.3	.	.	1.1	.	1.1	.	.	.	.	.
Capsus ater tyrannus F.	.	.	.	2.7	4.14	.	1.2	.	.	4.11	.	.	.	.	.
Orthops kalmi L.	.	.	.	4.7	.	.	.	.	.	.	.	.	.	.	.
Exolygus rugulipennis Papp.	1.3	.	.	3.31	5.8	1.1	3.9	3.3	.	5.59	2.2	.	.	.	.
Exolygus pratensis L.	.	.	.	3.3	.	.	2.4	.	.	1.3	.	.	.	.	.
Orthops campestris L.	.	.	.	.	.	.	1.2	.	.	.	.	.	.	.	.
Adelphocoris lineolatus Gz.	.	.	.	3.4	.	.	2.3	.	.	2.3	.	.	.	.	.
Adelphocoris annulicornis Shlbg.	.	.	.	1.2	.	.	1.1	.	.	2.4	1.2	.	.	.	.
Stenodema calcaratum Fall.	4.11	3.5	.	4.16	3.4	1.2	2.3	.	.	3.4	.	.	.	.	.
Notostira elongata Geoffr.	2.2	.	.	6.41	5.8	1.3	3.8	1.1	.	5.18	.	.	.	.	.
Trigonotylus ruficornis Geoff.	2.3	.	.	4.27	2.5	.	3.15	4.16	.	6.21	.	.	.	.	.
Trigonotylus pulchellus Hhn.	.	.	.	1.3	.	.	.	.	.	1.1	.	.	.	.	.
Teratocoris antennatus Boh.	2.3	.	.	1.1	.	.	4.18	2.5	.	2.5	1.1	.	.	.	1.1
Leptopterna ferrugata Fall.	.	.	.	.	.	.	1.1	.	.	.	.	.	.	.	.
Pithanus maerkeli H.S.	.	.	.	1.4	2.5	.	1.1	.	.	.	.	.	1.1	.	.
Orthotylus rubidus Put.	.	.	.	.	.	.	.	.	.	.	.	.	5.33	11.311	3.4
Chlamydatus pulicarius Fall.	.	.	.	3.10	4.8	1.1	.	.	.	.	.	.	.	.	.
Chlamydatus pullus Reut.	.	.	.	1.2	1.2	.	.	.	.	.	.	.	.	.	.
Tingidae:															
Agramma melanoscelis Horr.	.	.	.	.	.	.	7.136	11.76	.	.	.	.	.	.	.
Lygaeidae:															
Cymus claviculus Fall.	.	.	.	.	.	.	1.2	.	.	.	.	.	.	.	.
Henestaris halophilus Burm.	.	.	.	2.25	8.15	2.4	5.91	12.106	2.3	6.283	15.241	1.1	1.1	5.5	1.1
Stygnocoris rusticus Fall.	.	.	.	.	2.3	.	.	.	.	.	.	.	.	.	.
Piesmidae:															
Piesma quadrata Fieb.	.	.	.	2.3	.	.	.	.	.	.	.	.	.	2.26	3.21
Pentatomidae:															
Podopsi nuncta F.	.	.	.	.	2.3	.	.	1.1	.	.	.	.	.	.	.
Gesamtindividuenzahl	22	16		202	92	13	301	225	3	425	259	21	41	479	137

Zeichenerklärung: K = Keschern, B = Bodenfang, F = Fallenfang.

[x]) Die Zahl vor dem Punkt gibt an, wie oft diese Art gefangen wurde, die Zahl hinter dem Punkt stellt die Anzahl der Individuen dar.

ZUSAMMENFASSUNG

In dem Jahreszyklus 1958/59 wurde an der Salzstelle bei Hecklingen die noch weitgehend unbekannte Wanzenfauna untersucht.

Die angewandten Fangmethoden (Keschern, Bodenabsuche und Fallenfang) werden in ihrer Brauchbarkeit für den Fang der einzelnen Tiergruppen diskutiert.

Das an der Salzstelle auf verhältnismäßig kleinem Raum auftretende Salz-, Feuchtigkeits- und Lichtgefälle ermöglicht einige Aussagen über die ökologischen Ansprüche der dominanten Arten.

Nach ihrer Hauptverbreitung in den einzelnen Pflanzengesellschaften,

236

die sich in diesem Falle für eine ökologische Einstufung der Wanzenfunde gut eignen, wurden die häufiger gefundenen Arten entsprechend den biologischen Beobachtungen charakterisiert.

SUMMARY

The still largely unknown hemipteran fauna of a saline habitat near Hecklingen has been investigated over the period 1958/59.

The efficiency of the sampling methods (nets, soil examination and vertical trap) for the capture of the different animal groups is discussed.

The occurrence of salinity, moisture and light gradients within a relatively small space at the saline site permits a number of conclusions to be drawn about the ecological requirements of the dominant species.

At the site investigated the plant communities have been found to form a satisfactory framework for an ecological grading of the Hemiptera found. The more commonly occurring species have thus been characterised according to the communities in which they are mainly found.

LITERATUR

BUTLER, E. A.: A Biology of the British Hemiptera – Heteroptera. – London 1923.

GULDE, J. u. SACK, P.: Die Salzfauna von Nauheim und Wisselsheim. – Ber. Senckenbg. Ges. **51**: 49–59. 1921.

JENSEN-HAARUP, A. C.: Taeger, in: Danmarks Fauna. – København 1912.

JORDAN, K. H. C. u. WENDT, A.: Zur Biologie von Salda litoralis L. – Stettin ent. Ztg. **99**: 273–292. 1938.

KULLENBERG, B.: Studien über die Biologie der Capsiden. – Zool. Bidr. Uppsala **23**: 1–522. 1944.

MÜLLER, G.: Ergänzung zur Thüringer Rhynchotenfauna. – DEZ **1942**: 40–137, 1942.

WAGNER, E.: Die deutschen Serenthia-Arten. – Verh. Ver. naturk. Heimatforschg. Hamburg **28**: 1–27. 1940.

WAGNER, E.: Heteroptera – Hemiptera – In: Tierwelt Mitteleuropas IV: L.3 (H.Xa) 173 S. 1961.

AUFBAU UND GLIEDERUNG DER MESOPHILEN LAUBMISCHWÄLDER IM MITTLEREN UND OBEREN WESERGEBIET UND IHRE TIERGESELLSCHAFTEN

von

WILHELM LOHMEYER und WERNER RABELER, Stolzenau/Weser

Während der beiden Vegetationsperioden 1955 und 1956 sind von Herrn Dr. RABELER in 11 verschiedenen Waldgesellschaften des oberen und mittleren Wesergebietes tiersoziologische Studien durchgeführt worden, über deren Ergebnisse er anschließend berichten wird. Meine Mitarbeit hat sich darauf beschränkt, ihn bei der Auswahl und Abgrenzung der Aufnahmeflächen zu beraten.

Die Aufnahmeflächen-Wahl sollte grundsätzlich einem Pflanzensoziologen überlassen bleiben, der sich in den Pflanzengesellschaften, die der Tiersoziologe zu untersuchen gedenkt, gründlich auskennt und der mit allen deren Ausbildungsformen vertraut ist und diese im Gelände sicher ansprechen kann.

Wir haben uns für insgesamt 15 meist ältere und aus Naturverjüngung hervorgegangene homogene Probebestände in floristisch klar umrissenen und eindeutig definierten Waldgesellschaften entschieden. Sechs davon entfallen auf den Perlgras-Buchenwald (Melico-Fagetum), dessen Verbreitungszentrum, soweit man bis jetzt beurteilen kann, im Weser- und Leinebergland liegt.

In der Triaslandschaft des Nethegaues zwischen dem Eggegebirge und der Oberwesertalung nimmt das Melico-Fagetum auch heute noch ausgedehnte Flächen ein. Dieser nährstoffliebende Buchenwald hält sich hier vorwiegend an gut drainierte, basenreiche Böden über karbonatreichem Grundgestein und bekleidet sowohl die Hänge als auch die Rücken und Plateaus der Muschelkalk-Berge. Zu seinen regionalen Charakterarten zählen Waldmeister (*Asperula odorata*), Waldgerste (*Elymus europaeus*) und Einblütiges Perlgras (*Melica uniflora*). *Asperula* und *Melica* greifen zwar in bestimmte, zum Melico-Fagetum vermittelnde Ausbildungen des Querco-Carpinetum über, ihre Massenentfaltung haben sie jedoch im Melico-Fagetum, das bis auf ganz wenige Ausnahmen von den Querco-Carpinetum-Charakterarten gemieden wird.

Infolge der großen bestandesbildenden Kraft ihrer Hauptholzart, der Buche (*Fagus silvatica*) erscheinen die Melico-Fageten auf den ersten Blick recht einförmig. Bei eingehender Betrachtung zeigen sich aber, je nach Boden, Relief und Exposition, deutliche Unterschiede im floristischen Gefüge, namentlich des Unterwuchses und nicht zuletzt in den Wuchsleistungen der Buche.

Unsere Melico-Fagetum-Probebestände verteilen sich auf vier verschiedene Subassoziationen. Zwei Aufnahmeflächen liegen im Bereich des

238

Melico-Fagetum typicum oder, genauer gesagt, seiner Athyrium-Variante. Diese Buchenwald-Gesellschaft siedelt in ebenen, windge-schützten Lagen ebenso wie an sanft geneigten bis lehnen, gegen starke Sonneneinstrahlung geschützten Hängen. Sie bevorzugt hier die basen-reichen, eutrophen und biologisch sehr tätigen Braunerden mittlerer bis großer Entwicklungstiefe. Das Bild der gut entwickelten und zuweilen dicht geschlossenen Krautschicht bestimmen außer den Assoziations-Charakterarten anspruchsvolle, für unsere mesophilen Laubmischwälder bezeichnende Arten wie Aronstab (*Arum maculatum*), Goldnessel (*Lamium galeobdolon*), Waldveilchen (*Viola silvatica*) und Waldsegge (*Carex silvatica*), um nur einige der stetesten Vertreter zu nennen. Dazu gesellt sich als häufigster Begleiter der Sauerklee (*Oxalis acetosella*). Die meist locker eingestreuten Varianten-Differentialarten Frauenfarn (*Athyrium filix-femina*) und Hexenkraut (*Circaea lutetiana*) sind zugleich Frischezeiger und deuten auf einen ausgeglichenen Wasserhaushalt hin.

Dank der guten Wasser- und Nährstoffversorgung und des hohen Kalkgehaltes in geringer, von den Pflanzenwurzeln noch erreichbarer Bodentiefe wächst die Buche zu stattlichen, geradschäftigen Bäumen heran. Sie herrscht nahezu unangefochten, und selbst unter einem nahezu geschlossenen Kronendach stellt sich ihre Naturverjüngung reichlich ein.

Als Probefläche für die Untersuchungen von RABELER wurde zum Vergleich auch ein Bestand des Melico-Fagetum typicum am Nordabfall der Rehburger Berge, eines isolierten, bis 135 m über NN aus dem Flachland aufragenden Kreidehöhenzuges, gewählt. Hier, schon weit außerhalb seines geschlossenen Verbreitungsgebietes, ist das Melico-Fagetum floristisch etwas verarmt. Doch dürfte das Fehlen von *Arum maculatum* und *Elymus europaeus* in erster Linie durch den geringeren Basengehalt der im Rehburger Berg anstehenden Kreide-Tonmergel bedingt sein.

An absonnigen frischen Unterhängen und in schattseitigen Hang-mulden der Muschelkalkberge des Nethegaues wird das Melico-Fage-tum typicum häufig vom Melico-Fagetum dryopteridetosum abgelöst, einer besonderen Subassoziation, die reich mit dürreempfind-lichen Farnen wie *Dryopteris linnaeana* und *Athyrium filix-femina* ausgestattet zu sein pflegt. Mehr noch als die Athyrium-Variante des Melico-Fagetum typicum verlangt diese Gesellschaft eine gleich-mäßige Wasserversorgung. Ihre mittel- bis tiefgründigen Böden werden gewöhnlich aus Lößfließerden gebildet, die häufig mit Gehängeschutt des Muschelkalks oder des oberen Buntsandsteins durchsetzt sind. Unsere Probefläche liegt in einem Bestand der an basenreiche, eutrophe Braun-erden gebundenen Arum-Variante. Hier erreicht die Buche Höhen bis zu 40 m. Aber auch die beigemischten Eschen zeigen hervorragenden Wuchs.

Das geophytenreiche Melico-Fagetum allietosum ist ein echter Kalkbuchenwald, der vornehmlich flach- bis mittelgründige Rendzinen an absonnigen Hängen besiedelt und nur gelegentlich auf Plateaus über-greift, wenn diese gegen starke Windeinwirkung geschützt sind. In ihren Beständen bildet der Bärlauch (*Allium ursinum*), die häufigste Differen-tialart dieser Subassoziation, ausgedehnte und zuweilen dichte Herden.

Nach dem Austreiben im zeitigen Frühjahr bestimmen zunächst seine
saftig grünen Blätter und bald darauf sein weißer Blütenflor den Aspekt
der Krautschicht, aber schon wenige Wochen später ändert sich das Bild
vollkommen. Die oberirdischen Teile des Bärlauchs vergilben und ver-
rotten rasch. Während der Sommermonate bis zum Herbst geben Waldmeister (*Asperula odorata*), Goldnessel (*Lamium galeobdolon*), Waldveilchen (*Viola silvatica*) und Sauerklee (*Oxalis acetosella*) den Ton an. Die
Buche bildet prächtige Bestände auf den Wuchsorten sowohl der typischen als auch der durch *Athyrium filix-femina*, *Stachys silvatica* und
Circaea lutetiana unterschiedenen Variante des Melico-Fagetum
allietosum. Sie herrscht nahezu unangefochten. Am ehesten vermögen
sich noch Esche und Bergahorn neben ihr zu behaupten.

Die flach- und mittelgründigen Rendzinen auf den trockenen Hoch-
flächen, den exponierten Rücken oder sanft geneigten Südhängen der
Muschelkalkberge namentlich im östlichen Teil des Nethegaues sind mit
Perlgras-Buchenwäldern bestockt, die ihrer gesamten Artenverbindung
nach zum Melico-Fagetum elymetosum gehören. Richtiger wäre es,
diese Gesellschaft Melico-Fagetum lathyretosum zu nennen, denn
ihre guten Trennarten sind *Lathyrus vernus* und *Anemone hepatica*.
Elymus europaeus kann hier wie *Dactylis aschersoniana* stark angereichert
sein, findet sich aber gar nicht selten auch in anderen Subassoziationen
des Melico-Fagetum. Außer den hochsteten Assoziations-Charakterarten und Subassoziations-Differentialarten beherbergt die Krautschicht
fast regelmäßig *Lamium galeobdolon*, *Viola silvatica*, *Arum maculatum*,
Anemone nemorosa, *Polygonatum multiflorum*, *Mercurialis perennis*,
Anemone ranunculoides und *Vicia sepium*. Nach hygrophilen Kräutern
und Gräsern sucht man vergebens. Kennzeichnend für das Melico-
Fagetum elymetosum ist auch sein Gehölzreichtum. In der Strauchschicht wachsen *Daphne mezereum*, *Crataegus oxyacantha* und *C. monogyna*, *Corylus avellana*, *Rosa canina*, *Prunus spinosa* und *Sorbus aucuparia*.

Infolge unzureichender Wasserversorgung vor allem während der
Haupt-Vegetationsperiode ist die Buche in ihrer Konkurrenzkraft deutlich geschwächt. Sie muß Feldahorn (*Acer campestre*), Esche (*Fraxinus
excelsior*), Bergahorn (*Acer pseudoplatanus*), Hainbuche (*Carpinus betulus*), Stiel- und Traubeneiche (*Quercus robur* und *petraea*) neben sich
dulden. Stark gefördert werden diese Holzarten durch nieder-oder
mittelwaldartige Bewirtschaftung. Dann kann es geschehen, daß Hainbuche, Esche oder selbst Eiche zur Vorherrschaft gelangen und daß
Waldbilder entstehen, die mehr an Eichen-Hainbuchenwälder als an
echte Buchenwälder erinnern. RABELER hat zwei Bestände untersucht,
einen jungen, der aus Naturverjüngung hervorgegangen ist, und einen
älteren, der zahlreiche Eichenüberhälter und bis in die obere Baumschicht
durchgewachsene Hainbuchen-, Feldahorn-, und Eschenstockausschläge
enthält.

Das Melico-Fagetum elymetosum leitet von den echten Perlgras-
Buchenwäldern zu einer anderen ausgesprochen thermophilen Buchen-
wald-Assoziation, dem Seggen- oder Orchideen-Buchenwald (Carici-
Fagetum) über, dessen Verbreitungsschwerpunkt weiter südlich in
Gebieten mit hohen Sommer-Temperaturen liegt. Diese Gesellschaft hält

sich an die skelettreichen und oft sehr flachgründigen Böden der trocken-
warmen, lehnen bis steilen Muschelkalkhänge. Ihre Baumschicht ist noch
reicher als die des Melico-Fagetum elymetosum. Neben der zwar
herrschenden, aber wenig wuchsfreudigen Buche sind fast regelmäßig
Sorbus torminalis und *Acer campestre* und in bescheidenerer Anzahl auch
*Quercus robur, Quercus petraea, Fraxinus excelsior, Acer pseudoplatanus,
Acer platanoides, Carpinus betulus, Taxus baccata* am Bestandesaufbau
beteiligt. *Taxus* und *Carpinus* bleiben in der Regel unterständig. Der
größte Teil unserer Orchideen-Buchenwälder ist bis in die jüngere Zeit als
Niederwald bewirtschaftet worden, weil die Naturverjüngung nur spärlich ankommt. Die Folge davon war, daß sich vielerorts die Lichthölzer
auf Kosten der Buche breitgemacht haben. Bemerkenswert ist das vereinzelte subspontane Vorkommen der wärmebedürftigen Walnuß (*Juglans
regia*), die hier zwar nie zur vollen Entwicklung gelangt, den einmal er-
worbenen Platz aber jahrelang zu behaupten vermag. Bei einigermaßen
dichtem Kronenschluß pflegt die Strauchschicht nur schwach entwickelt
zu sein. Ihren floristischen Grundstock bilden *Daphne, Crataegus* und
Rosa canina, weniger stet sind *Viburnum opulus, Cornus sanguinea,
Lonicera xylosteum* und *Prunus spinosa*. Kennzeichnend für das Carici-
Fagetum sind vor allem zwei Orchideen, *Cephalanthera grandiflora* und
C. rubra. Zur Abgrenzung gegen das Melico-Fagetum können im
Weserbergland außerdem Elsbeere (*Sorbus torminalis*), Schwalbenwurz
(*Vincetoxicum officinale*), Pfirsichblättrige Glockenblume (*Campanula
persicifolia*), Bergsegge (*Carex montana*), Duftprimel (*Primula veris*) und
mit gewisser Einschränkung auch Maiglöckchen (*Convallaria majalis*)
und Fingersegge (*Carex digitata*) dienen. Trotz ihres Artenreichtums
bleibt die Krautschicht gewöhnlich schütter. Auf den Lücken siedeln
sich Trockenheit liebende und ertragende Moose an. Das gilt namentlich
für solche Bestände, die unter starkem Windeinfluß stehen und aus denen
das Fallaub bis auf Reste fortgeblasen ist. Hervorzuheben wäre noch das
häufige Vorkommen von Pilzen aus der Gattung *Clavaria*, die in anderen
Fagetalia-Gesellschaften viel seltener zu finden sind.

Wir haben für die tiersoziologischen Untersuchungen zwei Probeflächen im Carici-Fagetum ausgeschieden, eine im Carici-Fagetum
typicum und eine im Carici-Fagetum seslerietosum. Die durch
Sesleria coerulea und *Carex humilis* ausgezeichnete Subassoziation ist im
Weserbergland wenig verbreitet und auf extrem flachgründige, feiner-
dearme, bis zur Oberfläche steinig-grusige Muschelkalkböden an steilen
sonnseitigen Hängen beschränkt. Ihre beiden Differentialarten scheinen
Reliktpflanzen natürlicher Blaugras-Trockenrasen der Epipactis atro-
purpurea-Sesleria-Ass. zu sein, die heute noch am Steilabfall des
Räuscheberges bei Corvey in unmittelbarem Kontakt mit dem Carici-
Fagetum seslerietosum vorkommen und ehemals wohl größere,
später vom Buchenwald eroberte Flächen eingenommen haben.

Die wärmsten und zugleich trockensten Standorte des Muschelkalk-
gebietes bleiben dem Eichen-Elsbeerenwald (Querco-Lithospermetum) vorbehalten, der mit dem Carici-Fagetum zwar durch zahlreiche
thermophile Arten verbunden ist, darüber hinaus floristisch aber durchaus eigene und für uns beinahe etwas fremdartig anmutende Züge erkennen

läßt. Das Querco-Lithospermetum als nördlichste Vorpostengesellschaft des submediterranen Quercion pubescenti-petraeae hat im Weserbergland nur noch räumlich jeweils eng begrenzte inselartige Vorkommen. Seine bevorzugten Wuchsorte sind nach Süden oder Südwesten gerichtete vollbesonnte Bergnasen und Hangrücken. *Quercus robur*, *Quercus petraea*, *Sorbus torminalis* und *Acer campestre* scheinen der Buche hier an Lebens- und Regenerationskraft ebenbürtig, wenn nicht gar überlegen zu sein; aber auch die Massen- und Wertleistungen dieser Holzarten halten sich in bescheidenen Grenzen. In Dürrejahren treten bei der Buche regelmäßig Trockenschäden auf, die dazu führen können, daß ganze Äste absterben. Die ungewöhnlich reichhaltige Krautschicht ist hauptsächlich mit wärme- und lichtbedürftigen und -ertragenden Arten bestückt. Von diesen sind *Lithospermum purpureo-coeruleum*, *Bupleurum longifolium* und *Hypericum montanum* örtlich für die Gesellschaft besonders kennzeichnend. Zu den weniger treuen und häufiger in das Carcici-Fagetum übergreifenden Charakterarten gehören *Sorbus torminalis* und *Campanula persicifolia*.

Von den im Weserbergland verbreiteten azidophilen Wäldern ist lediglich ein Hainsimsen-Buchenwald der Oxalis-Variante des Luzulo-Fagetum typicum in die Untersuchungen einbezogen worden. Der ausgewählte Bestand wächst an einem absonnigen, blockschuttreichen Unterhang mit meso- bis oligotropher podsoliger Braunerde.

Dank ihrer windgeschützten schattigen Lage bleiben die Böden vor extremer Austrocknung bewahrt. Sie sind aber basenarm und biologisch recht träge. Dementsprechend geht die Streuzersetzung nur langsam vonstatten. Ein großer Teil der Rottestoffe bleibt als Moder oberflächlich liegen. Darüber breitet sich eine geschlossene Fallaubdecke.

Den Hauptbestand bildet die Buche. Esche und Bergahorn, die aus benachbarten *Melica*-Buchenwäldern reichlich anfliegen und auch zur Keimung gelangen, gehen schon als Jungwüchse wieder zu Grunde. Auch die Krautschicht beherbergt nur wenige Arten. Gräser und Kräuter mit hohen Nährstoffansprüchen fehlen ihr vollständig. Am häufigsten begegnet man der Hainsimse (*Luzula nemorosa*), nach der dieser Buchenwald benannt worden ist. Dazu gesellen sich in der Oxalis-Variante des Luzulo-Fagetum außer Sauerklee (*Oxalis acetosella*) noch einige Farne: *Athyrium filix-femina*, *Dryopteris austriaca* ssp. *spinulosa* und, wenn die Böden, wie in unserer Aufnahmefläche, blockreich sind, vor allem *Dryopteris austriaca* ssp. *dilatata*.

Die restlichen Probeflächen liegen im Flachland, und zwar in der Querco-Carpinetum-Landschaft unmittelbar nördlich des Wesergebirges. Sie sind verteilt auf drei floristisch und ökologisch deutlich voneinander abweichende hygrophile Gesellschaften des ungemein formenreichen Querco-Carpinetum. Im Querco-Carpinetum ist die Vorherrschaft der Buche (*Fagus silvatica*) gebrochen. *Quercus robur* und *Carpinus betulus*, neben *Stellaria holostea* die häufigste Assoziations-Charakterart, laufen ihr nach Stetigkeit und Menge den Rang ab.

Das Querco-Carpinetum athyrietosum, die typische Subassoziation der durch *Athyrium filix-femina*, *Deschampsia caespitosa*, *Carex remota* und *Circaea lutetiana* unterschiedenen hygrophilen Subassoziations-Gruppe, ist der feuchte Eichen-Hainbuchenwald schlechthin. Seine krautreiche Variante mit so anspruchsvollen Frühlingsblühern wie *Arum maculatum, Primula elatior* und *Ranunculus ficaria* und *Ranunculus auricomus* hält sich an eutrophe Gleye und Pseudogleye. Der ausgewählte, etwa 120 Jahre alte Probebestand im Unternammer Holz stockt auf tiefgründigen, von kalkreichem Grundwasser beeinflußten Hochflutlehmen der Weser. Obgleich das deutlich zweischichtige Kronendach starken Schatten wirft, läßt der Unterwuchs an Üppigkeit nichts zu wünschen übrig. Gräser und vor allem Kräuter bilden einen bunt zusammengesetzten dichten Pflanzenteppich, der den Boden nahezu lückenlos deckt. Die anfallende Streu wird innerhalb eines Jahres zersetzt. Zu Beginn der Vegetationszeit findet man fast nur noch Reste des vorjährigen Eichen-Fallaubes.

Im Schaumburger Wald hat RABELER einen Eichen-Hainbuchenwald der Polytrichum-Variante des Querco-Carpinetum athyrietosum untersucht. Die Gesellschaft besiedelt hier staunasse und schwach saure, sandiglehmige Grundmoränenböden vom Typ der mesotrophen Pseudogleye. Ihre Bestände sind, verglichen mit denen der Arum-Variante, recht artenarm. Edellaubhölzer wie *Fraxinus, Prunus avium* und *Acer pseudoplatanus* fallen ganz aus. Auch die Buche ist hier nicht kampfkräftig genug, um sich gegenüber der Stieleiche stärker durchsetzen zu können. In der zweiten Baumschicht herrscht die Hainbuche fast unumschränkt. Von den bezeichnenden Sträuchern und Stauden der anspruchsvollen Laubmischwälder sind in der Polytrichum-Variante lediglich *Crataegus oxyacantha* und *C. monogyna, Corylus avellana, Rosa canina, Milium effusum, Carex remota, Anemone nemorosa* und *Polygonatum multiflorum* einigermaßen stet. Ihnen gesellen sich aber regelmäßig einige für die floristische Abgrenzung der Polytrichum-Variante wichtige azidophile Arten hinzu: *Lonicera periclymenum, Sorbus aucuparia, Frangula alnus, Mnium hornum* und *Polytrichum attenuatum.*

Schließlich sind noch zwei gut entwickelte Altholzbestände der Arum-Variante des Querco-Carpinetum asperuletosum in die Untersuchungen einbezogen worden. Floristisch unterscheidet sich diese Gesellschaft von den krautreichen *Athyrium*-Eichen-Hainbuchenwäldern, mit denen sie eine große Zahl nährstoffliebender Arten wie *Arum maculatum, Primula elatior, Ranunculus ficaria, Stachys silvatica, Lamium galeobdolon* und die Feuchtigkeitszeiger *Athyrium filix-femina, Deschampsia caespitosa* und *Circaea lutetiana* gemeinsam hat, durch *Asperula odorata, Melica uniflora* und den meist höheren Mengenanteil von Buche. *Melica uniflora* ist im Querco-Carpinetum asperuletosum des Flachlandes jedoch selten zu finden und fehlt auch in unseren Probeflächen vollständig. Stieleiche, Esche, Buche, Bergahorn und Hainbuche gedeihen vorzüglich und bilden prächtige Bestände. Während die echten Eichen-Hainbuchenwälder meist an periodisch stärker vernäßte Gleye und Pseudogleye gebunden sind, besiedeln die Gesellschaften der Asperula-Subassoziation vorwiegend Braunerde-Gleye, deren oberflächennahe Horizonte nur selten und nur kurzfristig vom Grundwasser durchfeuchtet werden.

Es hätte einen zu großen Zeitaufwand bedeutet, wenn die tiersoziologischen Untersuchungen noch auf sämtliche natürliche Waldgesellschaften des mittleren und oberen Wesergebietes ausgedehnt worden wären. Wir haben aber versucht, wenigstens die wichtigsten Ausbildungsformen der großflächig verbreiteten Wald-Assoziationen, namentlich des Querco-Carpinetum und Melico-Fagetum, zu erfassen. Unberücksichtigt geblieben sind hingegen das Alnetum glutinosae der nährstoffreichen und das Betuletum pubescentis der nährstoffarmen Bruchwaldtorfe, das azidophile Fago-Quercetum, das Fraxino-Ulmetum der Weseraue, das bachbegleitende Stellario-Alnetum und das Carici-Fraxinetum und das auf eu- bis mesotrophen Naßgleyen stockende Pruno-Fraxinetum.

DIE TIERGESELLSCHAFTEN

von

WERNER RABELER

Von den Tiergesellschaften der Laubmischwälder läßt sich noch kein so abgerundetes Bild geben wie von den Pflanzengesellschaften. Bei den tiersoziologischen Untersuchungen, von denen hier zu berichten ist, handelte es sich zunächst ganz einfach darum, in den ausgewählten Probewäldern für einige Tiergruppen die dort vorkommenden Arten festzustellen, um dann durch einen Vergleich der Ergebnisse eine Vorstellung von der charakteristischen Artenzusammensetzung der Tiergesellschaften zu gewinnen. Zu diesem Zweck wurden in jedem der Probebestände in etwa monatlichen Abständen von Mai bis September oder Oktober jeweils die Streuschicht, die Krautschicht und die Strauchschicht untersucht. Die Ergebnisse lassen sich am besten an Hand einiger Tabellen erläutern, und zwar zeigen die ersten Tabellen, nach Tiergruppen gesondert, wie sich die Tierarten über die Waldgesellschaften verteilen. Dabei soll in diesem kurzen Referat nicht so sehr auf einzelne Arten oder überhaupt auf Einzelheiten eingegangen werden, sondern in mehr grundsätzlicher Form auf einige charakteristische Züge der Artengruppierung aufmerksam gemacht werden.

Tab.1. __Schnellkäfer__ (Col. Elateridae)

	Querco-Lithospermetum	Carici-Fagetum seslerietosum	Carici-Fagetum typicum	Carici-Fagetum typicum	Melico-Fagetum elymetosum	Melico-Fagetum elymetosum	Melico-Fagetum typicum	Melico-Fagetum typicum	Melico-Fagetum allietosum	Melico-Fagetum dryopteridetosum	Querco-Carpinetum asperuletosum	Querco-Carpinetum asperuletosum	Querco-Carpinetum athyrietosum	Querco-Carpinetum athyrietosum	Luzulo-Fagetum
Ort:	Be	Hö	Be	Be	Be	Be	Rb	Nh	He	Nh	Wi	Rb	Rö	Fr	Nh
Dolopius marginatus L.			5.8	2.2	1				1.2	3.4	5.5	2.2	1	1	1
Limonius parvulus Panz.	2.2	2.2	1	1											
Athous haemorrhoidalis F.	1		2.2	1.2	3.7	2.5			1	3.8		1			
Agriotes pilosus Panz.			1	1	1		1								
Athous vittatus Fabr.					1	5.11	1	1.3	2.6	2.3	4.24	3.3	1.2	2.8	1
Athous subfuscus Müll.						1	2.4	2.5	2.19	3.3	1.2	1.4	1.2		3.14
Agriotes acuminatus St.					2.3	1		1		2.3	1				
Agriotes pallidulus Ill.					1					1	3.11				
Adrastus pallens Fabr.	1						1.3				3.11				
Athous longicollis Oliv.			1						1						
Limonius minutus L.					1										
Athous niger L.									1						
Elater sanguinolentus Sch.											1				
Corymbites pectinicornis L.														1.2	

245

Die Tab. 1 zeigt die Verteilung der Schnellkäfer in den untersuchten
Waldgesellschaften. Bei der Betrachtung dieser wie der folgenden Tabellen kommt es vor allem auf drei Gesellschaften an, den Seggen-Buchenwald (Carici-Fagetum), den Perlgras-Buchenwald (Melico-Fagetum)
und den Eichen-Hainbuchenwald (Querco-Carpinetum). Von diesen
Waldgesellschaften wurden jeweils mehrere Bestände untersucht, so daß
sich hier schon einige Vergleichsmöglichkeiten ergeben. Der Eichen-
Elsbeerenwald (Querco-Lithospermetum) und der Hainsimsen-
Buchenwald (Luzulo-Fagetum) wurden nur mit je einem Bestand
berücksichtigt; sie sind zur Ergänzung mit in die Tabellen aufgenommen
worden. Die Zahlen nennen die absoluten Fangergebnisse. Die erste
Ziffer bedeutet die Zahl der Fänge, in denen die Art vertreten war; die
zweite Zahl gibt die Individuenmenge in diesen Fängen insgesamt an.
Die Abkürzungen der Ortsnamen beziehen sich auf Beverungen, Höxter,
Neuenheerse und Herste im östlichen Westfalen und auf Rehburg,
Wiedensahl, Röcke und Frille in der Gegend zwischen Minden und dem
Steinhuder Meer.

Bei den Schnellkäfern zeigt sich nun, daß einige wenige Arten sich
durch größere Stetigkeit und Wohndichte aus den übrigen Arten herausheben. Sie kommen sämtlich in mehreren Gesellschaften vor, aber gewisse
Unterschiede deuten sich an. *Dolopius marginatus*, ein sehr eurytopes
Waldtier, lebt in den meisten oder wahrscheinlich in allen Laubmisch-
waldungen, wenn auch vielleicht mit Unterschieden in der Wohndichte.
Dagegen häufen sich die Funde, bei teilweise hoher Frequenz und Menge,
für *Athous subfuscus* und besonders für *Athous vittatus* im Eichen-Hainbuchenwalde und im Perlgras-Buchenwalde. In den sehr streuarmen
Seggen-Buchenwäldern wurden sie nicht gefunden, während *Athous*

Tab.2. Schnaken (Dipt.Tipulidae)
Stelzmücken (Dipt.Limoniidae)

		Carici-Fagetum			Melico-Fagetum						Querco-Carpinetum				
	Querco-Lithospermetum	seslerietosum	typicum	typicum	elymetosum	elymetosum	typicum	typicum	allietosum	dryopteridetosum	asperuletosum	asperuletosum	athyrietosum	athyrietosum	Luzulo-Fagetum
Ort:	Be	Hö	Be	Be	Be	Be	Rö	Nh	He	Nh	Wi	Rb	Rö	Fr	Nh
Limonia modesta Wied.	4.4	2.2	5.9	2.3	1.4	3.16	3.36	35	2.4	2.4	5.18	6.17	3.11	2.7	1
Limonia dumetorum Mg.	2.2		2.2	1		1				4.5	2.2	2.3	1	1	1
Epiphragma ocellaris L.		1			3.4	5.11				1	1				1
Limonia maculata Schumm.		3.4	2.2		3.3	4.9			1.4						
Tipula scripta Mg.					1	2.2	1.2			1	2.2	2.2	1	2.2	2.2
Limonia nubeculosa Mg.		1			2.2	2.3			1	1	1.2	11.20	2.4	1.2	
Limnophila discicollis Mg.	2.2				2.2	3.5				2.6	1	3.3	2.4		1
Limonia tripunctata Fbr.					2.3	1.3					2.6	2.6	1		1
Molophilus flavus Goetg.								1.2	1.2	1		1		1	
Tipula flavolineata Mg.		1			1.2					1	1.3				
Tipula irrorata Macq.		1				1					1				
Tipula hortorum L.		1			1										
Limonia nigropunctata Sch.		1				2.6									
Limonia quadrinotata Mg.		1.2								1					
Tipula hortulana Mg.									1		1.2			1	
Limnophila nemoralis Mg.										1			1	1.6	
Pales quadrifaria Mg.													1	1	
Tipula pseudirrorata Gtg.														1	1

haemorrhoidalis diese Wälder besiedelt, aber nur wenig im Eichen-Hainbuchenwalde aufgewiesen wurde.

In der Tabelle sind sämtliche Schnellkäferarten aufgeführt, die überhaupt in den Probewäldern nachgewiesen wurden. Es sind verhältnismäßig wenig Arten. Die folgenden Tabellen sind sämtlich gekürzt. Von Ausnahmefällen abgesehen, sind nur die steteren oder doch mindestens in zwei Probewäldern angetroffenen Arten aufgeführt.

Die Tab. 2 faßt die Tipuliden und Limoniiden, Schnaken und Stelzmücken, zusammen. In der Verteilung der Arten zeigen sich im wesentlichen dieselben Artengruppierungen wie bei den Schnellkäfern, teilweise aber etwas besser ausgeprägt. Von den in allen Gesellschaften lebenden Arten ist *Limonia modesta* absolut stet und in oft großer Zahl gefangen. Besonders gut vertreten sind Arten, die dem Perlgras-Buchenwalde und dem Eichen-Hainbuchenwalde gemeinsam sind, unter ihnen *Tipula scripta*, die einzige Tipuliden-Art, die in den Laubmischwäldern mit größerer Stetigkeit und Wohndichte gefunden wurde. Es ist ein in Nordwestdeutschland in Wäldern sehr allgemein verbreitetes Tier. Für die Laubmischwälder charakteristisch könnten die mehr vereinzelt gefundenen *Tipula hortorum* und *Tipula hortulana* sein.

In Tab. 3 sind die Wanzenfunde zusammengestellt. Die Wanzen spielen in vielen Biozönosen teils als pflanzensaugende, teils als räuberisch lebende Tiere eine erhebliche Rolle. In den Laubmischwäldern ist die Wanzenfauna aber verhältnismäßig artenarm, und sie ist sehr einfach gegliedert. Nur drei eurytope Arten treten stärker hervor, sie sind absolut stet in allen Gesellschaften, und zwei von ihnen haben auch größere Wohndichte: In der Strauchschicht *Lygus pratensis*, in der Krautschicht *Stenodema laevigatum*. Dazu kommt mit deutlich geringerer Wohndichte, aber ebenso allgemein in diesen Wäldern verbreitet *Nabis pseudoferus*,

Tab. 3. Wanzen (Hem. Het.)

	Querco-Lithospermetum	Carici-Fagetum			Melico-Fagetum						Querco-Carpinetum				Luzulo-Fagetum
		seslerietosum	typicum	typicum	elymetosum	elymetosum	typicum	typicum	allietosum	dryopteridetosum	asperuletosum	asperuletosum	athyrietosum	athyrietosum	
Ort:	Be	Hö	Be	Be	Be	Be	Rb	Nh	He	Nh	Wl	Rb	Rö	Fr	Nh
Stenodema laevigatum L.	3.13	3.18	3.9	2.3	2.2	3.16	3.30	2.13	2.5	3.4	3.7	3.6	1.3	2.5	1
Lygus pratensis L.	2.4	4.6	2.2	2.6	1	3.3	2.3	2.6	3.8	2.7	2.4	1		2.2	1
Nabis pseudoferus Rem.	2.2	3.3	4.4		1	3.4	1	1	1	1	2.3	1.3		1	1.4
Phytocoris tiliae F.	1				1				2.2						
Lygus rugulipennis Popp.			1			1				1					
Nabis ferus L.					1	1				1	1	1			
Nabis limbatus Dhlb.					1.3						1			2.4	
Stenodema holsatum F.						1	2.3							2.8	
Nabis apterus F.					1							2.2			
Phytocoris longipennis Fl.					1						1	1	2.2	3.12	
Cyllecoris histrionicus L.										1.2	1	1	1		
Monalocoris filicis L.											2.2			1	
Nabis rugosus L.	1	1													
Metatropis rufescens H.S.				1											
Bryocoris pteridis Fall.										3.5	1				3.28
Calocoris schmidti Fieb.													1.3		

ein carnivores Tier. Alle übrigen Arten treten demgegenüber sehr zurück. Die Artengruppierungen, die bei den Schnellkäfern und Stelzmücken zu erkennen waren, deuten sich infolge der geringen Stetigkeit der meisten Arten nur schwach an. Dagegen tritt hier eine Artengruppierung in Erscheinung, die ihr Hauptvorkommen in einer einzelnen Gesellschaft hat, in den Eichen-Hainbuchenwäldern. In dieser Gesellschaft häufen sich die Funde einiger strauchbewohnenden Arten: zu nennen sind *Phytocoris longipennis* und *Cyllecoris histrionicus*. Im ganzen genommen sind die Unterschiede zwischen den Assoziationen, vielleicht nur wegen der geringen Stetigkeit der Arten, nicht scharf ausgeprägt, und es sind auch kaum Arten da, in denen man Charaktertiere vermuten könnte. *Calocoris schmidti* lebt hier im mittleren Wesergebiet an der Nordgrenze seiner Verbreitung und scheint hier an Eichen-Hainbuchenwälder gebunden zu sein.

Ganz besonders gut kommen die Unterschiede zwischen den Laubmischwäldern in der Verteilung der Laufkäferarten zum Ausdruck (Tab. 4). Die Artengruppierungen, die in den bisher vorgeführten Tabellen zu sehen waren, sind auch hier vorhanden, besser als dort aber sind hier auch Arten vertreten, die hauptsächlich in einer der untersuchten Waldgesellschaften gefunden wurden. Das bedeutet nicht, daß diese Arten Charaktertiere dieser Assoziationen sein müßten. So ist *Notiophilus biguttatus* ein in Wäldern sehr verschiedener Art verbreiteter Käfer, aber innerhalb der Querco-Fagetea zeigt er eine auffallende Verdichtung des

Tab. 4. Laufkäfer (Col. Carabidae)

	Querco-Lithospermetum	Carici-Fagetum			Melico-Fagetum						Querco-Carpinetum				Luzulo-Fagetum
(Subass.)		seslerietosum	typicum	typicum	elymetosum	elymetosum	typicum	typicum	allietosum	dryopteridetosum	asperuletosum	asperuletosum	athyrietosum	athyrietosum	
Ort:	Be	Hö	Be	Be	Be	Be	Rb	Nh	He	Nh	Wi	Rb	Rö	Fr	Nh
Abax ater Vill.	2.2		2.2	1		3.4	1	2.2	2.2	1		1	1.2		2.2
Lorocera pilicornis Fbr.	2.2	3.8		1	1			2.5		1	2.2		2.4	1	1
Abax parallelus Dft.	1.2							1				3.4	2.2	1	
Molops piceus Panz.	1		1	1.2								1.3			
Abax ovalis Dft.	3.3	1.3		2.2	2.4	3.5	2.2	1	3.5	2.3					1
Pterostichus madidus Fbr.	3.5	2.2	2.2	3.4				1	4.6	1					1
Molops elatus Fbr.			1	2.2	1	1.3		1							
Pterost.oblongopunctatus F.							3.7	1	1	1		5.8	1	2.6	2.2
Trechus 4-striatus Schrk.						1		4.9		3.3		1	1.4		
Harpalus latus L.								2.2			4.7				
Notiophilus biguttatus F.	1	2.3	6.17	4.12	1.2						1	1	1		
Notiophilus rufipes Curt.		4.7													
Trichotichnus laevicollis Dft.							2.2	4.7	2.14	3.6		1			1
Pterostichus metallicus Fbr.							1		3.3	2.2		1			1
Nebria brevicollis F.											1.2	2.2	2.2	1	
Pterost.vulgaris L.											3.7	1	1.2		
Pterost.strenuus Panz.											1			3.3	
Epaphius secalis Payk.											3.7			2.4	
Agonum assimile Payk.											1.2			1	
Agonum mülleri Hbst.	2.2								1		1.2				
Carabus problematicus Hbst.					1			1				1			1
Carabus nemoralis Müll.		1					1								
Carabus auronitens F.								1						1	
Calosoma inquisitor L.											1				1

Vorkommens in den Seggen-Buchenwäldern. Auch *Nebria brevicollis*
ist keine Charakterart des Eichen-Hainbuchenwaldes, sie kommt sogar
außerhalb von Wäldern vor, aber bei einem Vergleich der hier untersuchten Waldgesellschaften deuten die Funde darauf hin, daß die Art die
Eichen-Hainbuchenwälder jedenfalls sehr viel dichter besiedelt als etwa
den Perlgras-Buchenwald; vielleicht differenziert sie diese beiden Gesellschaften voneinander. Weiter ist nun aber auch hervorzuheben, daß die
Laufkäfer verhältnismäßig viele Arten stellen, die in den Laubmischwäldern ihre Hauptverbreitung haben. Während bei den Schnellkäfern,
den Stelzmücken, den Wanzen gerade unter den häufigeren und steteren
Bewohnern dieser Wälder eurytope Arten überwiegen oder doch stark
hervortreten, sind mehrere der häufigsten Laufkäferarten dieser Wälder
mehr oder weniger eng an die Querco-Fagetea-Gesellschaften gebunden, so *Molops piceus, Molops elatus, Pterostichus metallicus, Pterostichus
madidus, Trichotichnus laevicollis*. Auch die in diesen Wäldern am all-
gemeinsten verbreitete Art, *Abax ater*, läßt sich dazu zählen, wenn sie auch
verhältnismäßig stark darüber hinausgeht.

Schließlich ist in Tab. 5 noch die Verteilung der Rüsselkäfer wiedergegeben. Bei diesen pflanzenfressenden Tieren spricht die Bindung an die
Nahrungspflanzen bei der Umgrenzung des Vorkommens mit, man sieht
es sehr deutlich beispielsweise am Buchenspringrüßler *Rhynchaenus fagi*,
der die Buchenwälder absolut stet und sehr dicht besiedelt, in den Eichen-
Hainbuchenwäldern aber nur sehr vereinzelt nachgewiesen wurde. Auch
bei den pflanzenfressenden Tieren entscheidet das Vorkommen der Nah-

Tab. 5. **Rüsselkäfer** (Col. Curculionidae)

	Querco-Lithospermetum	Carici-Fagetum			Melico-Fagetum						Querco-Carpinetum				Luzulo-Fagetum
		seslerietosum	typicum	typicum	elymetosum	elymetosum	typicum	typicum	allietosum	dryopteridetosum	asperuletosum	asperuletosum	athyrietosum	athyrietosum	
Ort:	Be	Hö	Be	Be	Be	Be	Rb	Nh	He	Nh	Wi	Rb	Rö	Fr	Nh
Phyllobius argentatus L.		1.3	3.8	1.2	1	4.19	3.5	5.14	3.16	3.12	5.9	3.3	2.5	1.4	2.3
Sciaphilus asperatus Bonsd.	1		2.5		2.2	1				3.5		3.3	2.2	1	
Tropiphorus carinatus Müll.			1.3	1		1	1		1				1		
Strophosomus melanogrammus F.		1							1	7.15	1.3			1	9.36
Rhynchaenus fagi L.	4.6	5.10	6.25	2.6	4.11	2.5	1.5	6.59	7.89	3.47	22		1		4.55
Polydrosus sericeus Schall.	2.2	2.4	2.8	2.2	2.4	5.9			1.2				1		
Apion flavipes Payk.					1	3.4				2.2	1	1	1		
Ceutorrh. contractus Mrsh.					1				3.4	1	2.5		2.2		1
Stereonychus fraxini Deg.					3.4				1		1	1			
Liosoma deflexum Panz.							1		1				1	1.3	
Brachysomus echinatus Bonsd.	1.2	1	1	1.3											
Otiorrhynch. porcatus Hbst.	1		2.2		1										
Polydrosus mollis Ström.	1.2			1		1.2									
Polydrosus pterygomalis Boh.					7.12	6.27		1	1.2				1		
Otiorrhynchus uncinatus Germ.				1	1				1						
Rhinomias forticornis Boh.					2.2	1									
Orobitis cyaneus L.						2.2			1						
Polydrosus tereticollis Deg.							1.5	2.6							1
Curculio glandium Mrsh.				1							2.3	1	2.7		
Coeliodes erythroleucus Gm.											2.2	1	1		
Ceutorrhynchus rugulosus H.											2.2		1	1	
Trachodes hispidus L.							1				1.2	1			
Sirocalus floralis Payk.		1									3.7			2.2	

rungspflanze nicht allein über die Verbreitung, die gesamten ökologischen Bedingungen wirken auch auf diese Tiere ein; wenn eine Art, wie *Rhynchaenus fagi*, ihrer Nahrungspflanze an verschiedene Standorte folgt, so hat doch die Nahrungspflanze wiederum bestimmte Gesellschaftsbindungen, und manche Arten kommen durchaus nicht überall vor, wo sie geeignete Nahrungspflanzen finden. Darauf ist hier nicht weiter einzugehen; die Tabelle soll hier nur anschaulich zeigen, daß sich auch bei diesen pflanzenfressenden Tieren eine standörtliche Gruppierung nach Pflanzengesellschaften beobachten läßt, wie sie ganz ähnlich bei den vorwiegend carnivoren Laufkäfern zu sehen war. Die Gesamtökologie der Standorte macht sich auch in der Verteilung dieser pflanzenfressenden Tiere bemerkbar. Die ernährungsbiologische Bindung an Pflanzenarten ist nur ein Faktor, der das Vorkommen mitbestimmt. Sie kann bei einzelnen Arten sehr stark ausschlaggebend sein, sie fügt sich aber, im ganzen gesehen, wie die Wirksamkeit aller Einzelfaktoren in die Komplexwirkung der am Standort wirkenden Umweltfaktoren ein.

Überblickt man die Artenverteilung in den fünf Tabellen im ganzen, so zeigt sich, daß die einzelnen berücksichtigten Familien oder Ordnungen sehr verschieden stark zur faunistischen Charakterisierung und Differenzierung der Laubwaldbiozönosen beitragen. Bei den Wanzen überwogen die eurytopen Arten. Bei den Stelzmücken und den Schnellkäfern waren zwar gute differenzierende Artengruppen vorhanden, aber kaum Arten mit Hauptvorkommen in einer Assoziation – wenigstens gilt das für die steteren Arten, unter den vielen mehr vereinzelt nachgewiesenen Arten können sehr wohl auch Charakter- und Differentialarten der Assoziationen sein, das läßt sich noch nicht beurteilen. Bei den Laufkäfern und Rüsselkäfern dagegen kamen alle Differenzierungen zwischen den drei hauptsächlich untersuchten Waldgesellschaften gut zum Ausdruck. Auch bei der faunistischen Untersuchung anderer Gruppen von Pflanzengesellschaften kann man Ähnliches beobachten. Diese Erscheinung ist ganz erklärlich. Es ist von vornherein nicht anzunehmen, daß jede Tierartenfamilie Arten aufweist, die nun gerade auf die Unterschiede zwischen zwei Laubwaldgesellschaften reagieren oder sich gar auf die ökologischen Bedingungen etwa des Perlgras-Buchenwaldes spezialisiert haben. Man kann das auch allgemeiner ausdrücken und sagen, daß jede Pflanzengesellschaft auch faunistisch ein eigenes Familienspektrum hat und daß damit zusammenhängend bestimmte Familien auch mehr oder bessere Differentialarten für sie stellen als andere Familien.

Berücksichtigt man bei der Untersuchung einer Biozönose mehrere Tierartenfamilien, so wächst die Wahrscheinlichkeit, daß man mit dem größeren Artenbestand auch mehr Arten erfaßt, die in der einen oder anderen Weise auf die ökologischen Unterschiede zwischen den untersuchten Standorten und ihren Pflanzengesellschaften reagieren. Die Biozönose umfaßt alle Tier- und Pflanzenarten, die an einem Standort zusammenleben. Je mehr Tierfamilien berücksichtigt werden, desto besser muß die charakteristische Artenzusammensetzung der einzelnen Biozönose herauskommen und damit zugleich auch die Unterschiede zwischen den Artenbeständen der verschiedenen Biozönosen.

In Tab. 6 sind nun aus den vorigen Tabellen die Arten mit größerer

Stetigkeit zusammengefaßt, sei es, daß sie stet durch alle Gesellschaften hindurchgehen, sei es, daß sie nur in ein oder zwei Gesellschaften stet gefunden wurden. Hinzugefügt sind einige Arten aus anderen Tiergruppen, die hier nicht gesondert besprochen worden sind. In dieser Tabelle treten nun alle die Artengruppierungen, die sich bereits bei den einzelnen Familien stärker oder schwächer andeuteten, sehr viel schärfer hervor. Eine starke Artengruppe besiedelt alle diese Waldgesellschaften: die in die Tabelle aufgenommenen Arten sind durchweg in jedem Laubmischwald zu finden. Andere Arten sind dem Seggen-Buchenwalde und dem Perlgras-Buchenwalde gemeinsam, eine dritte Gruppe verbindet den Perlgras-Buchenwald und den Eichen-Hainbuchenwald. Und jede der drei Assoziationen wird von einer Artengruppe bevorzugt. Eine Ausnahme scheint der Seggen-Buchenwald zu machen: seine steteren Arten werden durchweg ebenso häufig im Eichen-Elsbeerenwalde gefunden. Das erklärt sich wohl daraus, daß diese beiden Waldgesellschaften trockenwarmer Standorte im Wesergebiet ihre Nordgrenze erreichen, die Probebestände gehören zu den nördlichsten Wäldern dieser Art. Gerade manche ihrer

Tab.6. **Gruppierung der Tierarten nach Gesellschaften**

	Querco-Lithospermetum	Carici-Fagetum			Melico-Fagetum						Querco-Carpinetum				Luzulo-Fagetum
		seslerietosum	typicum	typicum	elymetosum	elymetosum	typicum	typicum	allietosum	dryopteridetosum	asperuletosum	asperuletosum	athyrietosum	athyrietosum	
	Be	Hö	Be	Be	Be	Be	Rb	Nh	He	Nh	Wi	Rb	Rö	Fr	Nh
Limonia modesta Wied.	4.4	2.2	5.9	2.3	1.4	3.16	3.36	3.5	2.4	2.4	5.18	6.17	3.11	2.7	1
Stenodema laevigatum L.	3.13	3.18	3.9	2.3	2.2	3.16	3.30	2.13	2.5	3.4	3.7	3.6	1.3	2.5	1
Lygus pratensis L.	2.4	4.6	2.2	2.6	1	3.3	2.3	2.6	3.8	2.7	2.4	1		2.2	1
Nabis pseudoferus Rem.	2.2	3.3	4.4		1	3.4	1	1	1	1	2.3	1.3		1	1.4
Abax ater Vill.	2.2		2.2	1		3.4	1	2.2	2.2	1		1	1.2		2.2
Phyllobius argentatus Mg.		1	3.8	1.2	1	4.19	3.5	5.14	3.16	3.12	5.9	3.3	2.5	1.4	2.3
Rhynchaenus fagi L.	4.6	5.11	6.25	2.6	4.11	2.5	1.5	6.59	7.89	3.42	2.2		1		4.55
Abax ovalis Dft.	3.3	1.3		2.2	2.4	3.5	2.2	1	3.5	2.3					1
Athous haemorrhoidalis F.	1		2.2	1.2	3.7	2.5		1	3.8			1			
Pterostichus madidus Fbr.	3.5	2.2	2.2	3.4				1	4.6	1					1
Limonia maculata Mg.		3.4	2.2		3.3	4.9				1.4					
Molops elatus Fbr.			1	2.2	1	1.3		1							
Agriotes pilosus Panz.			1	1	1			1							
Athous vittatus Fabr.					1	5.11	1	1.3	2.6	2.3	4.24	3.3	1.2	2.8	1
Tipula scripta Mg.					1	2.2	1.2			1	2.2	2.2	1	2.2	2.2
Allolobophora caliginosa (Sav.)			1		3.4	5.10		2.14	3.6	4.16	6.17	4.4	5.13	1	
Apion flavipes Payk.					1	3.4			2.2		1	1	1		
Athous subfuscus Müll.						1	2.4	2.5	2.19	3.3	1.2	1.4	1.2		3.14
Philonthus decorus Grav.							3.3	1	3.3	2.4	8.15	4.7	4.4	2.3	
Lumbricus rubellus Hoffm.							2.4	3.3	1	2.2	6.13	3.6	4.11	3.9	3.4
Pterost. oblongopunctatus F.							3.7	1	1	1	5.8		1	2.6	2.2
Leptothorax nylanderi (F.)	8.88	3.49	3.9	6.80											
Limonius parvulus Panz.	2.2	2.2	1	1											
Brachysomus echinatus Bonsd.	1.2	1	1	1.3											
Anthobius sorbi Gyll.	2.5		2.5												
Ectobius sylvestris Poda.	2.2			1.2											
Hermaeophaga mercurialis F.	1			1	4.12	3.8		2.2			1				
Agriotes acuminatus Steph.					2.3	1		1	2.3		1				
Trichotichnus laevicollis St.							2.2	4.7	2.14	3.6		1			1
Pterostichus metallicus Fbr.							1		3.3	2.2		1			1
Nebria brevicollis Flor.											1.2	2.2	2.2	1	
Phytocoris longipennis L.											1	1	2.2	3.12	
Campsicnemus curvipes Wied.											1	1	1	1	
Coeliodes erythroleucus Gm.											2.2	1	1		
Cyllecoris histrionicus L.										1.2	1	1	1		
Ceutorrhynchus rugulosus Hbst.			1								2.2		1	1	

mehr charakteristischen, wärmeliebenden Arten werden hier schon fehlen
oder unter den mehr vereinzelt auftretenden Arten zu suchen sein, die
hier nicht in die Tabelle aufgenommen worden sind. Diese Tiergesellschaften müssen erst im südlichen Hauptverbreitungsgebiet dieser
Wälder untersucht werden, ehe sich das beurteilen läßt. Sieht man aber
von dieser starken Artenübereinstimmumg mit dem Querco-Lithospermetum ab, so hat auch das Carici-Fagetum eine Artengruppe,
die den beiden anderen hauptsächlich untersuchten Waldgesellschaften
im ganzen fehlt.

Weiter läßt sich aus dieser Tabelle nun aber auch ersehen, daß jede
dieser Waldgesellschaften eine eigene Tiergesellschaft hat, die sich durch
ihre Artenzusammensetzung in charakteristischer Weise von den anderen
unterscheidet. Vergleicht man die drei am besten untersuchten Gesellschaften, so zeigt sich, daß sie zwar eine ganze Reihe steter Arten gemeinsam haben. Aber mit den gemeinsamen Arten verbinden sich im Seggen-
Buchenwalde, im Perlgras-Buchenwalde und im Eichen-Hainbuchenwalde jeweils andere Arten, und jeder dieser Assoziationen fehlen
Tierarten, die in den anderen Gesellschaften mit einiger Regelmäßigkeit
vorkommen. Da sich diese Gesellschaften ganz entsprechend auch durch
ihre Pflanzenarten-Verbindungen unterscheiden, bedeutet das, daß jede
dieser Waldgesellschaften eine eigene charakteristische Biozönose mit
eigenem biozönotische Beziehungs- und Wirkungsgefüge hat.

In dieser Tabelle sind die Arten nach ihrem Vorkommen und ihrer
Stetigkeit so angeordnet, daß die Unterschiede zwischen den Gesellschaf-
ten insgesamt am besten sichtbar werden. Hier stehen Arten zusammen,
die im Walde selbst teilweise kaum miteinander in Berührung kommen,
etwa *Rhynchaenus fagi*, der an der Buche lebt, im Unterwuchs und an den
Bäumen, und der Laufkäfer *Abax ovalis*, der sich am Boden aufhält.
Innerhalb des Waldes teilt sich die Tiergesellschaft noch wieder in kleinere
Artengemeinschaften auf. Dabei sprechen die biologischen Beziehungen
zwischen den Arten mit, vor allem spielt aber auch die wohnräumliche
Aufgliederung des Waldes nach seiner Struktur und seinen Strukturteilen
eine in mancher Hinsicht durchgreifende Rolle dabei.

In Tab. 7 ist für den Eichen-Hainbuchenwald die Verteilung der Arten
auf die Schichten dargestellt wiederum mit Beschränkung auf die steteren
Arten. In der Strauchschicht, in der Krautschicht, in der Streuschicht
lassen sich eigene Artengemeinschaften unterscheiden. Auch diese kleinen
Gemeinschaften haben eine ganz charakteristische Artenzusammensetzung. Wenn der Laufkäfer *Nebria brevicollis*, wie die vorige Tabelle
zeigte, im Melico-Fagetum nicht gefunden wurde und vielleicht als
Differentialart des Eichen-Hainbuchenwaldes gegenüber dem Perlgras-
Buchenwalde aufgefaßt werden kann, so differenziert er innerhalb des
Eichen-Hainbuchenwaldes die Artengemeinschaft der Streuschicht von
der Bewohnerschaft der Vegetationsschichten.

Verhältnismäßig am deutlichsten sondert sich die Artengemeinschaft
der Streuschicht von den anderen ab. Ein richtiges Bild würde sich allerdings erst ergeben, wenn auch die eigentliche Bodenfauna berücksichtigt
würde, zwischen der Streufauna und der Bodenfauna bestehen ähnliche
Verbindungen und Zusammenhänge, wie die Tabelle sie für Krautschicht

und Strauchschicht zeigt. Aber auch jede dieser beiden Schichten hat ihre eigenen Tierarten, und man könnte sie als eigene Artengemeinschaften von Pflanzen und Tieren herausarbeiten. In diesen kleinen Artengemeinschaften rücken nun auch manche biologisch eng miteinander verknüpfte Arten enger zusammen. Es sind zwar wohnräumlich bestimmte Gemeinschaften, aber die Zugehörigkeit ist bei vielen Arten unmittelbar durch Nahrungsbeziehungen bedingt. So folgen manche Pflanzenfresser ihrer Nahrungspflanze in die Schichten: der Blattkäfer *Lema lichenis* und die Wanze *Stenodema laevigatum* leben an Gräsern, die Wanzen *Cyllecoris histrionicus* und *Phytocoris longipennis* an Sträuchern, freilich nicht ausschließlich phytophag.

Die Artengemeinschaften dieser Schichten sind also gut charakterisiert, aber sie sind biologisch und ökologisch wenig selbständig. Sie sind durch die Lebenstätigkeit von Tierarten und Einzeltieren, die sich durch den ganzen Waldbestand von einer Schicht zur anderen bewegen, viel enger miteinander verknüpft als etwa zwei benachbarte Wälder, zwischen denen ja auch ständig Tiere hin und her wechseln; und sie sind vollkommen in das synökologische Faktorengefüge der Biozönose Wald eingefügt und davon abhängig. Sie sind nur vorhanden, wenn der ganze Wald vorhanden

Tab.7. Gruppierung der Tierarten nach Schichten im Eichen-Hainbuchenwald

Querco-Carpinetum

	Strauchschicht aspe. Wi	aspe. Rb	athyr. Rö	athyr. Fr	Krautschicht aspe. Wi	aspe. Rb	athyr. Rö	athyr. Fr	Streuschicht aspe. Wi	aspe. Rb	athyr. Rö	athyr. Fr
Phytocoris longipennis Flor.	1	1	2.2	2.11								
Campsicnemus curvipes Wied.	1	1	1	1								
Coeliodes erythroleucus Gm.	2.2	1	1									
Cyllecoris histrionicus L.	1	1	1									
Limonia modesta Wied.	1.2	1.3	1.7	1.2	4.16	5.14	2.4	1.5				
Athous vittatus Fbr.	2.4		1.2	1.5	2.20	2.2		1.3	1			
Dolopius marginatus L.	2.2		1		3.3	1		1	1			
Phyllobius argentatus L.	2.6	2.2		1.4	3.3	1	3.5					
Curculio glandium Mrsh.	1		1		1.2	1	1.6					
Limonia nubeculosa Mg.	1.2	3.8				8.12	2.4	1.2				
Tipula scripta Mg.	1	1		2.2	1	1	1					
Lygus pratensis L.	1.3			1	1	1		1				
Ceutorrhynchus rugulosus Hbst.	1		1		1			1				
Athous subfuscus Müll.	1.2						1.4	1.2				
Sciaphilus asperatus Bonsd.		1	1				2.2	1		1		
Propylaea 14-punctata L.	1		1	1	2.5	5.14	2.4	1.5				
Lema lichenis Voet.				1	2.2	2.4	4.17	4.23				
Stenodema laevigatum L.					3.7	3.6	1.3	2.5				
Limonia tripunctata Fbr.					2.6	2.6	1					
Limonia dumetorum Mg.					2.2	2.3	1					
Limnophila discicollis Mg.					1	3.3	2.4					
Nabis pseudoferus Rem.				1	2.3	1.3						
Apion flavipes Payk.					1	1	1					
Tachyporus solutus Er.				1	1	1.2		1				1
Philonthus decorus Grav.	1.2		1					1	7.13	4.7	2.3	1.2
Nebria brevicollis F.									1.2	2.2	2.2	1
Pterostichus vulgaris L.									3.7	1	1.2	
Notiophilus biguttatus F.									1	1	1	
Stilicus rufipes Germ.									1	2.3		1
Lorocera pilicornis Fbr.									2.2		2.4	1
Tachyporus obtusus L.			1	1.2				1	1		1.2	1.2
Pterost.oblongopunctatus F.										5.8	1	2.6
Abax parallelus Dft.										3.4	2.2	1
Lathrobium brunnipes F.										1	1	2.3
Atheta fungi L.									1		2.3	

ist, und sie bedingen sich gegenseitig: wo die Artengemeinschaft der Krautschicht vorhanden ist, sind auch die Artengemeinschaften der Streu und des Bodens vorhanden. Wohl kann eine der Schichten in manchen Beständen schlecht ausgebildet sein, aber das steht immer im Zusammenhang mit der Beschaffenheit der anderen Schichten und des ganzen Waldes, und wenn sie ausgebildet ist, dann in der Artenzusammensetzung, wie es der Ökologie der ganzen Biozönose entspricht.

Betrachtet man die Tierarten aller Schichten zusammen, die ganze Tiergesellschaft dieser Biozönose, so schält sich hier aus der großen Zahl von Tierarten, die in Eichen-Hainbuchenwäldern zu finden sind, ein Kern von Arten heraus, die – zunächst auf das Wesergebiet bezogen – regelmäßig und teilweise in größerer Zahl in den Beständen dieser Waldgesellschaft leben. Sie geben sich dadurch als ein wesentlicher Bestandteil dieser Biozönose zu erkennen, es sind Arten, die in das Gefüge der Lebensbeziehungen im Eichen-Hainbuchenwalde gesetzmäßig eingegliedert sind. Nach der Untersuchung von vier oder, wie beim Perlgras-Buchenwalde, von sechs Probewäldern kann natürlich noch nicht vorausgesetzt werden, daß die Gruppe dieser besonders steten Arten schon richtig erfaßt ist. Manche Arten können zu stark repräsentiert sein, mehr einzeln gefundene Arten, die in dieser Tabelle gar nicht erscheinen, können im Durchschnitt aller Bestände des Gebiets sehr stet sein, und die Schwankungen nach Jahren lassen sich noch nicht erkennen. Aber die vergleichende Untersuchung einiger gut charakterisierter Bestände einer Waldgesellschaft gibt doch schon manchen Einblick in die typische Artenzusammensetzung der Biozönose, und das heißt auch in die Lebensvorgänge, die für diese Wälder bezeichnend sind.

ZUSAMMENFASSUNG

Während der Vegetationsperioden 1955 und 1956 wurden in verschiedenen Waldgesellschaften des oberen und mittleren Wesergebietes tiersoziologische Studien durchgeführt. Sechs der Waldgesellschaften gehören dem Melico-Fagetum an, drei dem Carici-Fagetum; ferner wurden untersucht ein Hainsimsen-Buchenwald (*Oxalis*-Variante des Luzulo-Fagetum typicum) und vier hygrophile Gesellschaften des Querco-Carpinetum.

In 5 Tabellen werden die in diesem Gesellschaften gefundenen Schnellkäfer, Schnaken und Stelzmücken (Tipuliden und Limoniiden), Wanzen, Laubkäfer und Rüsselkäfer dargestellt. Mit einer weiteren Tabelle wird veranschaulicht, dass jede Waldgesellschaft eine eigene Tiergesellschaft beherbergt. Für den Eichen-Hainbuchenwald wird auch die Verteilung der Arten auf die verschiedenen Schichten tabellarisch wiedergegeben.

SUMMARY

During the growing season of 1955 and 1956 zoosociological investigations were carried out in various woodland communities of the upper and middle Weser valley. Six of the woodland stands belonged to the Melico-Fagetum, three to the Carici-Fagetum; in addition one stand of the

Oxalis-variant of the Luzulo-Fagetum typicum and three communities of the Querco-Carpinetum were investigated.

Five tables show the distribution in these communities of the following groups: Elateridae, Tipulidae, Limoniidae, Hemiptera, Heteroptera, Carabidae and Curculionidae. Another table shows clearly that each woodland community has its own specific animal community. The distribution of the species in the different layers of the Querco-Carpinetum is also shown.

FRANZ:

Wir haben sehr herzlich für diese schönen Darstellungen zu danken, die in wunderbarer Weise die Beziehungen zwischen der Pflanzen- und Tiergemeinschaft gezeigt haben.

SCHMITZ:

Es war besonders erfreulich zu hören, in welchem Maße sich Pflanzensoziologie und Tiersoziologie einander nähern und man den Versuch macht, gemeinsame biozönotische Beziehungen zu erkennen. Auch rein methodisch ist einiges aufschlußreich. Der Vortrag von Dr. RABELER im Vergleich zu dem vorher vorgetragenen über die Tiersoziologie der Hochmoore in Bayern veranlaßt mich doch, eine Bitte auszusprechen im Hinblick auf die noch ausstehenden Publikationen der tiersoziologischen Ergebnisse aus Bayern.

Bei Herrn RABELER's Tabellen war sehr schön zu sehen, daß die Reichweite der einzelnen Arten über die einzelnen Pflanzengesellschaften hinaus etwas ausklang ohne abrupten Wechsel. Diese Tatsache, die wohl allgemein zu beobachten ist, schien in der Darstellung der bayerischen Hochmoorverhältnisse etwas vereinfacht, wo man scharfe blockdiagramm-ähnliche Grenzen setzte. Ich möchte meinen, daß es doch vielleicht zweckmäßiger wäre, hier die Streuung über diese Grenzen hinaus noch mit einzubeziehen. Das kam in den Absolutzahlen von Herrn RABELER ja sehr schön zum Ausdruck.

Wenn wir uns nun grundsätzlich fragen, welche Ursachen es sind, die uns berechtigen, diese Verbindung zwischen Pflanzensoziologie und Tiersoziologie zu suchen, so sind die Probleme etwas komplex. Einmal kann ja eine direkte Bindung des Tieres an dem Vorkommensort einer Pflanze vorherrschen. Wir haben das Beispiel von *Rhynchaenus fagi* hier gehört und es ist klar, daß diese Art im wesentlichen an die Fageten gebunden ist und daß sie im Querco-Carpinetum zurücktreten muß, weil die Pflanzenart, an die das Tier primär gebunden ist, dort auch zurücktritt. Weitere Parallelen können dann bestehen, wenn bestimmte ökologische Faktoren auf Pflanzen und Tiere in der gleichen Weise wirken, und zwar wird das besonders dann der Fall sein, wenn es Faktoren sind, die allgemein stark eingreifen, also beispielsweise die Feuchtigkeit des Standortes oder gar die Überflutung, wie wir an der Mollusken-Fauna gesehen haben. Da wird man auch zu solchen Parallelen kommen. Dann wird es aber Fälle geben, wo die Pflanzenverbreitung wahrscheinlich gänzlich anderen Gesetzmäßigkeiten folgt als die Tierverbreitung, wo also keine direkten Parallelen bestehen. Im Grunde wird sich daher immer wohl ein Bild einstellen, daß ein bestimmter Komplex von Tierarten sich einer pflanzlichen Gesellschaft zuordnen läßt, daß das bei andern aber nicht so stark ist.

Aus der eigenen Erfahrung der hydrobiologischen Untersuchung der Fließgewässer kann ich dazu noch dies beitragen: In unserem Untersuchungsgebiet der oberen Fulda sind seit einer Reihe von Jahren auch zoologische Untersuchungen gemacht worden. Dort liegen die Verhältnisse etwas einfacher und übersichtlicher deswegen, weil eine ausgesprochene Zonation zu beobachten ist, in der die Gesellschaftseinheiten von der Quelle flußabwärts zu verfolgen sind. Man kann dabei die Verbreitung einzelner Tierarten betrachten. Gewisse Arten nehmen flußabwärts ab, andere nehmen zu, dazwischen zeigen andere Arten eine obere oder untere Begrenzung. Wenn wir uns bemühen, Gesellschaftseinheiten, Synusien oder ähnliches zu entwickeln, dann ist das immer nur unter Zusammenfassung aller dieser Aspekte möglich. Auf den ersten Blick mag ein solches Verbreitungsbild relativ verwirrend sein, aber wenn man mit der genügenden Gründlichkeit statistisch vorgeht, werden sich doch in etwa bestimmte Schwerpunkte des Artenwechsels oder biozönotischer Besiedelung finden lassen, die man dann kurvenmäßig zum Ausdruck bringen kann. Man muß dabei nach der Übersichtlichkeit gruppieren. Das dürfte wohl das generelle Kriterium sein, um das wir uns hier bemühen müssen. Man arbeitet also hochabundante und hochstete Gruppen heraus, oder man läßt die wenig steten Arten weg. Wir müssen primär zwar die Forderung stellen, nach Möglichkeit alles zu berücksichtigen, bei der Auswertung werden wir uns aber nach Maßgabe dessen, was wir bei der Analyse finden, beschränken und Ballast weglassen müssen.

RONDE:

Es gibt bei den Boden-Kleintieren Gesellschaften, die sich vertikal gliedern, nicht nur horizontal, so daß man bei der Aufstellung von Synusien eigentlich mehr räumlich denken sollte als flächenmäßig. Es gibt Gruppen der Boden-Oberfläche, der mittleren und der tieferen Bodenschichten.

HÜBL:

Die bisherigen Vorträge scheinen gezeigt zu haben, daß der grundlegende Unterschied zwischen der Makrophyten-Soziologie und der Tier-Soziologie (einschl. der Mikrophyten-Soziologie) darin besteht, daß der Bearbeiter von Makrophyten-Gesellschaften von physiognomisch unmittelbar kenntlichen Gruppierungen ausgehen kann, während der Bearbeiter von Tiergesellschaften dies nicht kann. Es stehen ihm als Ansatzpunkt der Bearbeitung seiner Einheiten zwei Wege offen: Er kann entweder die ökologische Amplitude zahlreicher Arten untersuchen und die Grenzen dort ziehen, wo die meisten artökologischen Grenzen liegen (einen solchen Weg hat Herr SCHMITZ in seinem Diskussionsbeitrag für die Hydrobiologie gezeigt), oder der Bearbeiter untersucht den Artenbestand der durch die Makrophyten-Soziologie vorgegebenen Einheiten.

Wir müssen versuchen statistisch festzustellen, welche Zusammenhänge bestehen, wobei wir auf charakteristische Artenverbindungen stoßen, aus denen sich später dann Charakterarten herauslösen lassen. Wir nehmen auf die Vegetation nur soweit Rücksicht, als sie Standortsdifferenzen anzeigt, um sie wie auch die Böden und das Relief als Indikator zu verwenden, um Standorte mit vermutlich gleichartiger ökologischer Valenz bezw. gleichem Biotop-Charakter zum Vergleich miteinander auszuwählen, also die Vegetation gewissermaßen als Leitfaden zu benutzen, ebenso wie das Relief und die Bodeneigenschaften und vielleicht sogar unter Umständen gewisse andere Indikatoren, wie Kulturbeeinflussung usw., die sich auch noch heranziehen lassen. Im übrigen müssen wir zunächst statistisch vorgehen. Dabei müssen wir zunächst, mit Ausnahme einer gewissen Orientierung, die wir an der Vegetation vornehmen, unabhängig von der Makrophytenvegetation, sowohl bei der Mikrophytenvegetation wie bei den Kleintieren vorgehen. Es kann ja der Fall eintreten, daß diese schönen Koinzidenzen, die wir in den letzten Vorträgen vorgeführt bekommen haben, einmal nicht zutreffen. Ich darf aus meiner Erfahrung in der Bodenbiologie sagen, daß sie dort nicht immer so klar sind mit der Makrovegetation, weil eben hier Faktoren mitsprechen, wie z.B. historische, die weit zurückreichen über den Wirkungsbereich der derzeitigen Pflanzendecke, und daß wir derartige Unterschiede nicht erfassen, wenn wir von vornherein das Axiom aufstellen, daß hier eine Koinzidenz vorhanden sein muß.

Nachbemerkung. Eine ausführlichere Bearbeitung wurde inzwischen an anderer Stelle veröffentlicht: W. Rabeler. Die Tiergesellschaften von Laubwäldern (Querco-Fagetea) im oberen und mittleren Wesergebiet. – Mitt. flor-soz. Arbeitsgem. N.F. **9**:200-229. Stolzenau/Weser 1962.

GRÜNLANDGESELLSCHAFTEN ALS BRUTBIOTOP EINIGER LIMICOLEN

von

WALTER ERNSTING †, Stolzenau/Weser

Arbeiten aus der Bundesanstalt für Vegetationskartierung

Daß enge Beziehungen zwischen der Vegetation und dem Lebensraum, besonders dem Brutbiotop und der Siedlungsdichte vieler Vögel bestehen, ist seit den Untersuchungen PALMGREN's (1928 ff.) in zunehmendem Maße erkannt, aber immer noch nicht ausreichend erforscht worden. PALMGREN hat zwei Methoden auf ihre Zuverlässigkeit in Zusammenhang mit der Vegetation geprüft: Die Linientaxierung und die Kontrollgebietstaxierung. Bei Anwendung der meist allein möglichen Methode der Kontrollgebietstaxierung zur Feststellung der Siedlungsdichte ist eine möglichst genaue Kenntnis der Pflanzengesellschaften und ihrer kartenmäßigen Ausdehnung Voraussetzung für eine vergleichbare Ergebnisse liefernde Bearbeitung.

Die bisher vorliegenden Arbeiten behandeln fast ausschließlich die Vogelwelt in Wäldern, Forsten oder Parkanlagen und sind meistens auf Holzarten und ihre Bonität, auf waldbauliche Bestandestypen und nicht auf klar beschriebene Pflanzengesellschaften bezogen. In den Schilfgürteln von Gewässern haben KÖNIG (1952) am Neusiedlersee und FRANZISKET (1955) am Dortmund-Ems-Kanal die Siedlungsdichte der Vogelwelt bearbeitet.

In einem Grünlandgebiet ist m.W. meine Arbeit über die Vogelwelt der Seewiesen bei Bodenteich (1931) die einzige geblieben. Mein Wunsch, die Siedlungsdichte in einem Marschgebiet in Zusammenhang mit der pflanzensoziologischen Kartierung zu untersuchen, ließ sich lange Zeit nicht verwirklichen. Denn im zeitigen Frühjahr, wenn dort die meisten Vogelarten brüten und ihre Jungen aufziehen, wurden nur pflanzensoziologische Aufnahmen gemacht. Die Kartierungsarbeit begann meist erst nach der Getreideernte. Dann war es aber für ornithologische Untersuchungen zu spät.

Im Jahre 1959 wurden nun bereits Anfang Mai etwa 30 ha Grünland an der Unterweser bei Motzen kartiert. Diese Gelegenheit habe ich genutzt und gleichzeitig auf den bearbeiteten Flächen die Nester der Brutvögel eingezeichnet. Dabei sind die Nester der Limicolen systematisch gesucht, die einiger Singvögel nur zufällig gefunden worden. Diese sind deshalb hier fortgelassen worden.

Auf den etwa 30 ha großen Flächen wurden 21 pflanzensoziologische Einheiten im Maßstab 1:3000 kartiert, von denen die meisten dem Lolio-Cynosuretum und der Bromus racemosus-Senecio aquaticus-Ass. angehören. In diesem Mosaik der Pflanzengesellschaf-

ten liegen die Nistplätze der untersuchten Vogelarten ungleich häufig
verteilt und einige Gesellschaften enthalten überhaupt keinen Nistplatz.
Fast alle Nistplätze liegen in den Feuchtwiesen und feuchten Mähweiden.
Völlig frei von Nistplätzen war in diesem Gebiet, wo die Vögel noch die
Wahl hatten, das Lolio-Cynosuretum typicum in allen seinen
Ausbildungen.

Um den Faktor Wasser bei der Auswahl des Nistplatzes der Limicolen
dieses Gebietes überprüfen zu können, habe ich von der Vegetationskarte
eine Wasserstufenkarte abgeleitet.

Wir unterscheiden fünf Wasserstufen, von denen in unserer Karte nur
zwei von Bedeutung sind.

Stufe 3: Mit normaler Wasserversorgung.

Stufe 4: Mit mäßigem Wasserüberschuß.

Beide Stufen sind in der Karte noch einmal unterteilt worden: In der
Stufe 3 haben die grundwasserabhängigen Gesellschaften die Signatur 2
und in der feuchten Stufe 4 die häufiger überfluteten Gesellschaften die
Signatur 3 erhalten.

In den mehr oder weniger stark vom Grundwasser beeinflußten Gesellschaften liegen nun sämtliche aufgefundenen Nistplätze. Das ist ein
deutlicher Hinweis auf die Bedeutung grundwasserbeeinflußter Pflanzengesellschaften für die Fortpflanzungsbiologie dieser Limicolen. Die
Nester der einzelnen Arten liegen in den fraglichen Wasserstufen verschieden verteilt. In der optimalen Stufe mit grundwasserabhängiger
Vegetation (Signatur 2) befanden sich das Nest des Großen Brachvogels
(*Numenius arquata*) und fast alle Nester des Kiebitzes (*Vanellus vanellus*).
Drei Nester der Kiebitze lagen in der besonders im zeitigen Frühjahr
überflutungsgefährdeten feuchten Stufe (Signatur 3). Bei der Betrachtung
dieser Nester auf der Karte sieht man, daß sie alle nur unmittelbar am
Rande der nasseren Zone liegen. Diese Nester enthielten Mitte Mai noch
Eier, waren also wohl sicher Nachgelege. Der Brutplatz war erst nach dem
Abtrocknen im Frühjahr ausgewählt worden.

Die anderen drei Arten: Rotschenkel (*Tringa totanus*), Bekassine
(*Capella gallinago*), Uferschnepfe (*Limosa limosa*), die später im Frühjahr
zur Brut schreiten als der Kiebitz, hatten ihre gut versteckten Nester
ausnahmslos in der feuchten Stufe angelegt. Das stimmt mit allen Gele-
genheitsbeobachtungen von Gelegen dieser Arten überein, die ich in
vielen Grünlandgebieten zwischen Rhein und Elbe machen konnte.
Erwähnenswert ist noch die Tatsache, daß alle Jungkiebitze in Motzen
ausnahmlos im Gebiet der feuchten Stufe gefunden wurden. Anscheinend
herrschen dort die besten Voraussetzungen für eine erfolgreiche Aufzucht
dieser auf weiche tierische Nahrung angewiesenen Jungvögel. Man versteht nun auch das Kartenbild, daß die Nester besonders gern dort liegen,
wo in kurzer Entfernung solche auch in Trockenzeiten noch feuchten
Zonen erreicht werden können.

Bei meinen Untersuchungen bei Bodenteich konnte ich in den Seewiesen,
die damals nicht so fein wie hier nach der Vegetation gegliedert waren,

beim Kiebitz eine Dichte von 0,76 Paar/ha feststellen. Das stimmt mit der Dichte in Signatur 2 bei Motzen mit 0,78 recht gut überein, während bei einer Nichtbeachtung der Gesellschaftsunterschiede in diesen 30 ha nur eine Dichte von 0,5 erreicht würde.

Sehr ähnlich sind die Verhältnisse bei der Bekassine, wo die Dichte in dem nasseren Teil der Gebiete, also im „3" Bereich der Wasserstufenkarte, um 0,3 Paar/ha liegt. Die Häufigkeit des Brachvogels bei Bodenteich war halb so groß wie in der Wesermarsch, was auch die Häufigkeit der Beobachtung dieses auffallenden Vogels erkennen ließ. Der Große Brachvogel liebt besonders die grundwasserbeeinflußte normale Stufe und zieht die Wiese der Weide vor.

Ort und Zeit d. Untersuchung:	Motzen/Unterweser 1959								Bodenteich 1931	
	Flächen verschiedener Wasserstufe						Gesamt			
Größe des Gebietes in ha:	3,0		16,6		10,4		30,0		420	
	a	b	a	b	a	b	a	b	a	b
Vanellus vanellus L.	.	.	13	0,78	3	0,29	16	0,53	317	0,76
Tringa totanus L.	.	.	.	.	1	0,10	1	0,03	.	.
Gallinago gallinago L.	.	.	.	.	4	0,39	4	0,13	124	0,30
Limosa limosa L.	.	.	.	.	1	0,10	1	0,03	.	.
Numenius arquata L.	.	.	1	0,06	.	.	1	0,03	13	0,03

a = Zahl der Brutpaare, b = Brut-Dichte (Paar/ha).

WASSERSTUFENKARTE,

abgeleitet von der Vegetationskarte ausgesuchter Flächen bei Motzen/ Weser (Meßtischblatt Nr. 2817 Vegesack), Maßstab 1 : 3000.

Für hohes Ertragspotential ausreichend mit Wasser versorgt
1 Durch die wasserhaltende Kraft des Bodens bedingt (Lolio-Cynosuretum typicum in 5 Varianten)
2 Durch Grundwasser beeinflußt (Lolio-Cynosuretum lotetosum in 4 Varianten u. Bromus racemosus – Senecio aquaticus-Ass., Subass. von Bromus mollis)
3 *Geringes Ertragspotential infolge mäßigen Wasserüberschusses, durch Überflutungen verstärkt* (Lolio-Cynosuretum lotetosum, Var. von Glyceria fluitans; Bromus racemosus – Senecio aquaticus-Ass., Subass. von Carex fusca)
4 *Sehr geringes Ertragspotential infolge hohen Wasserüberschusses* (Rumex crispus – Alopecurus geniculatus-Ass., Subass. von Glyceria fluitans; Caricetum gracilis)

Kennzeichnung der Brutstätten:

5 *Vanellus vanellus* (L.)   7 *Tringa t. totanus* (L.)
6 *Gallinago g. gallinago* (L.)   8 *Limosa l. limosa* (L.)
9 *Numenius a. arquata* (L.)

VOGELSCHUTZ

Die Kartierung bei Motzen wurde durchgeführt, weil ein neuer großer Hauptvorfluter gebaut werden sollte, was inzwischen geschehen ist. Durch die Entwässerungen werden die Lebensräume dieser im ständigen Rückgang sich befindenden Arten weiter verringert. Auf Grund der ökologischen Beharrungstendenz (PEITZMEYER 1942) brüten dann oft

260

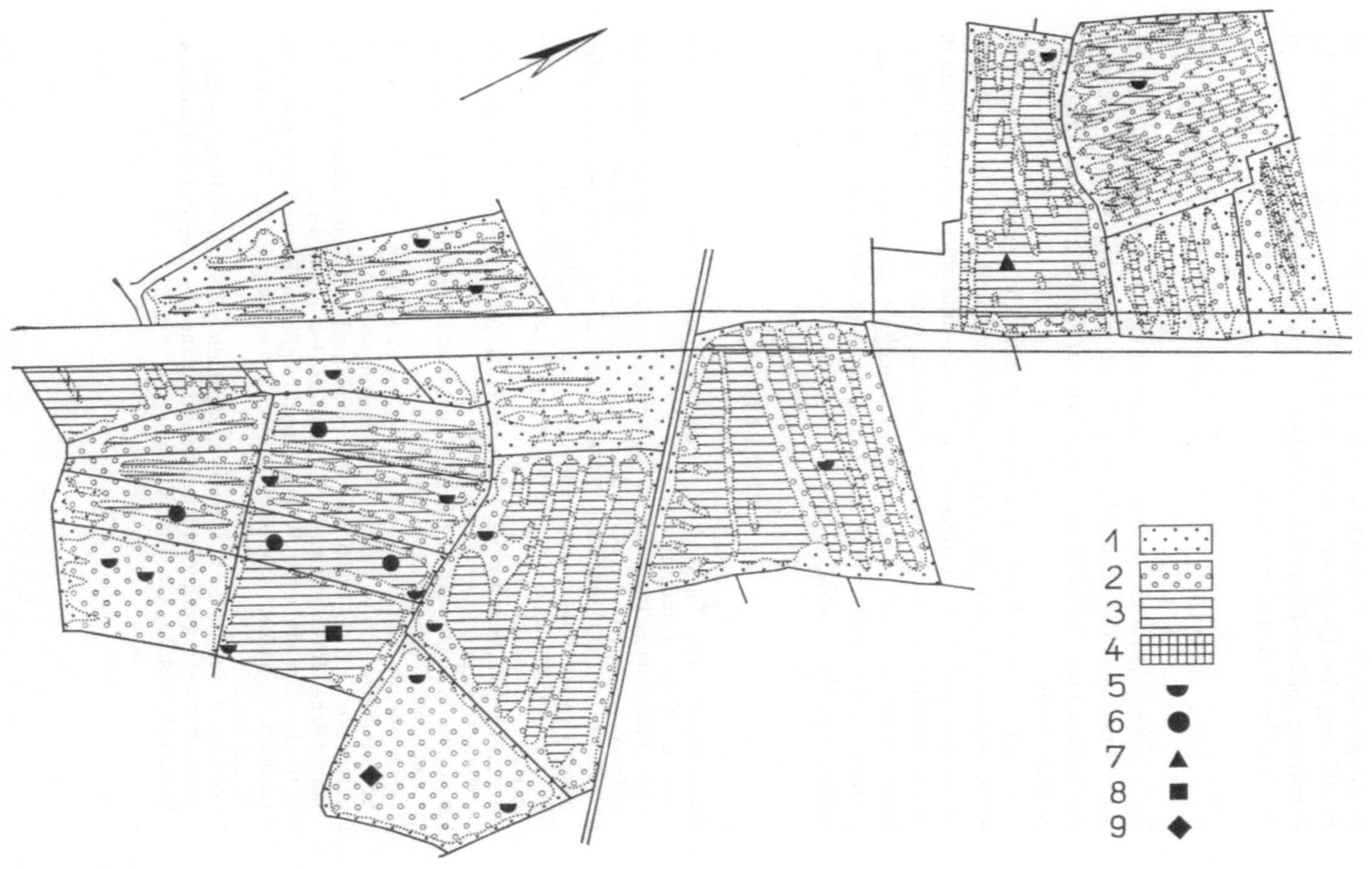

1
2
3
4
5
6
7
8
9

noch jahrelang diese Vögel auf verändertem Standort. Wahrscheinlich
erzielen sie dort keine ausreichende Nachzucht und die Art geht mit
zunehmender Geschwindigkeit von Jahr zu Jahr weiter zurück. Deshalb
ist der gesetzliche Schutz vieler bedrohter Arten nicht viel mehr als eine
Beruhigung des Gewissens, wenn man nicht gleichzeitig auch für die
Erhaltung solcher Pflanzengesellschaften sorgt, auf welche diese Arten
als Brutbiotop angewiesen sind.

SUMMARY

Early in May 1959 acarthography of vegetation was made on the lowland
of the Weser near Vegesack (about 30 ha of grassland). On this occasion
the nests of breeding birds were searched out (families: Charadriidae and
Scolopacidae).

A map of water degrees was diverted from the vegetation map. The
water degrees comprehend 21 phytosociological unities in 4 water-stages.
As the map and the table are showing the breeding places are only lying in
plant-communities with influence of subsoil-water, but differently distributed in the particular water-degrees. Finally it was pointed to the importance of the protection of moisten biotopes proper to the preservation
of these species of birds.

LITERATUR

ERNSTING, W.: Die Vogelwelt der Seewiesen bei Bodenteich. – Jh. naturw.
    Ver. Lüneburg. Lüneburg 1934.
— Die Pflanzengesellschaften auf den späteren Spülflächen am Rande des
    Ollen-Weser-Kanals bei Motzen. – Manuskr. Stolzenau/Weser 1960.
FRANZISKET, L.: Quantitative Untersuchungen zur Brut des Teichrohr-
    sängers (Acrocephalus scirpaceus). – J. Ornith. 4. Berlin 1955.
KOENIG, O.: Oekologie und Verhalten der Vögel des Neusiedlersee-Schilf-
    gürtels. – J. Ornith. 3/4. Berlin 1952.
NIETHAMMER, G., KRAMER, H. u. WOLTERS, H. E.: Die Vögel Deutschlands.
    Artenliste. – Frankfurt a. Main 1964.
PALMGREN, P.: Zur Synthese pflanzen- und tierökologischer Untersuchungen.
    – Acta zool. fenn. 6. Helsingsfors 1928.
— Quantitative Untersuchungen über die Vogelfauna in den Wäldern
    Südfinnlands. – Acta zool. fenn. 7. Helsingsfors 1930.
PEITZMEYER, J.: Die Bedeutung der oekologischen Beharrungstendenz für
    faunistische Untersuchungen. – J. Ornith. 3/4. Berlin 1942.
TÜXEN, R.: Ein einfacher Weg zur nachträglichen Feststellung von Ent-
    wässerungsschäden. – Mitt. Flor.-soz. Arbeitsgem. N.F. 3. Stolzenau/
    Weser 1952.
TÜXEN, R. u. PREISING, E.: Erfahrungsgrundlagen für die pflanzensoziolo-
    gische Kartierung des westdeutschen Grünlandes. – Angew. Pflanzensoz. 4.
    Stolzenau/Weser 1951.

DAS REISFELD ALS KOMPLEXE BIOZÖNOSE

von

Akira Miyawaki, Yokohama, z.Zt. Stolzenau/Weser

EINLEITUNG

Über die Begriffe Biozönose und Ökosystem ist in Japan besonders nach dem zweiten Weltkriege lebhaft diskutiert worden. Heute werden in Japan die Biozönosen eingehend studiert. (Man braucht bei uns gemeinsam mit diesem Begriff die Ausdrücke „Biotop'' und an Stelle den Wortes Biozönose „Ökosystem (Numata 1955/58, Kira 1960 u.a.). Um fruchtbare Ergebnisse über Biozönosen zu erzielen, müssen Tier- und Pflanzensoziologen und Ökologen gemeinsam arbeiten und sich wechselseitig ergänzen. Es gibt jedoch erst sehr wenige wirklich gemeinsame Arbeiten, weil zuerst die Pflanzen- und die Tiergesellschaften für sich untersucht worden sind. Wir glauben aber, daß wir bald die enge Zusammenarbeit von botanischen, zoologischen und auch pedologischen und anderen Fachleuten im Bereich der Naturwissenschaften beginnen können.

Das Reisfeld ist eines der extremsten anthropogenen Biotope, die durch vielseitige konzentrierte menschliche Einflüsse entstanden sind. Besonders die japanischen Reisfelder werden durch intensive landwirtschaftliche Technik sehr sorgfältig kultiviert. Auf diesem halbgeschlossenen Biotop bilden zahlreiche Pflanzen- und Tierarten eine „komplexe Biozönose''. Durch jahreszeitliche Veränderungen der Umwelt mit gleichzeitig wirkenden entsprechenden menschlichen Einflüssen wandeln sich diese Lebensgemeinschaften.

Um diese Biozönose, die von vielschichtigen Pflanzen- und Tiergemeinschaften auf ihrem besonderen Biotop gebildet wird, statisch sowie auch dynamisch zu erfassen, muß man zuerst ihre Grundlagen und das von ihnen abhängige Subjekt, die Beziehungen zwischen den Pflanzengesellschaften und den Standortsbedingungen objektiv studieren und deuten.

Ich werde hier zuerst als Grundlage für die vollständige Reisfeld-Biozönose, in deren Pflanzengesellschaften die Reispflanze *Oryza sativa* L. selbst vorherrscht, den dynamischen Gleichgewichtszustand der Biozönose mit den Standortsbedingungen und besonders mit den menschlichen Einflüssen darstellen und daran anschließend die Reisfeldgesellschaften der europäischen und anderer Gebiete vergleichend diskutieren.

263

Die japanischen Reisfelder, die 55% des gesamten Kulturlandes Japans einnehmen, werden in Mittel- und SW-Japan, wo im Winter Bewässerung möglich ist, als Winterkultur-Acker genutzt. Die zweimal im Jahr kultivierte Fläche erreicht etwa ein Drittel (37%) der gesamten Reisfelder Japans. Auf diese verteilten sich Getreide mit 66 %, Gemüse mit 17 %, *Astragalus sinicus* L. und andere Gründüngungspflanzen mit 17 % (Statistical Yearbook of Ministery of Agriculture and Forestry Japans 1957). Außerhalb der Reiskulturzeit, die im allgemeinen in Japan vom Juni bis Oktober dauert, liegen die übrigen 2/3 der Fläche des gesamten Reisanbaugebietes brach. Diese Reisfeldbrachen, die vom Herbst bis zum Frühling dauern, liegen vorwiegend in N-Japan oder in höheren Lagen oder in schwer zu entwässernden Gebieten. Nach ihrem Wasserzustand werden diese Winterbrachfelder nach verschiedenen Feuchtigkeitsstufen von trocken bis naß unterschieden. Außer in Hokkaido und einigen nördlichsten Teilen von Honschu, wo die Winter sehr streng sind, werden die Winterunkrautgesellschaften auf den gut entwässerten frischen Feldern hauptsächlich von *Astragalus sinicus* L., *Alopecurus aequalis* Sobol. var. *amurensisohwi*, *Cardamine flexuosa* With, *Nasturtium palustre* DC, *Lapsana apogonoides* Maxim. und anderen gebildet.

Durch örtliche feinere Unterschiede des Wasserhaushaltes im Boden werden Arten und Mengen dieser Gesellschaft leicht variiert. Auf schwer zu entwässernden oder fast den ganzen Winter unter Wasser stehenden Feldern kommen gar keine oder nur ganz bestimmte Unkrautarten spärlich vor.

Die winterlichen Unkrautgesellschaften der trockenen Reisfelder sind nicht ganz genau dieselben wie die eigentlichen Ackerunkrautgesellschaften auf trockenen Feldern, denen sie zwar äußerlich durch den Getreideaspekt mit *Triticum aestivum* L., *Hordeum vulgare* L. var. *hexastichon* Aschers. u.a. gleichen. Im Wintergetreide, das in den Reisfeldern angebaut wird, können nur die Unkrautarten vom Herbst bis zum späten Frühling wachsen, deren Samen während der drei- bis viermonatigen Wachstumzeit des Reises im Sommer unter dem Wasser, das manchmal bis über 40° sich erwärmt, überleben können. Alle übrigen Unkrautarten, die als Samen auch hierher gelangen, werden durch die eigentümlichen Standortsbedingungen am Keimen oder am weiteren Wachstum gehindert. Durch diese Wasserbedingungen bilden sich verschiedene Pflanzengesellschaften aus. Die verschiedenen Biotope (Standorte) mit den ihnen eigenen Pflanzengesellschaften bedingen auch eigene Tiergesellschaften, die sich mit jenen kombinieren, d.h. auf jedem Biotop, auch wenn seine Unterschiede gegen andere durch die Wasserbedingungen des Bodens nur klein sind, bilden sich eigene, verschiedene Biozönosen aus.

Vom Ende des Frühlings bis zum Anfang des Sommers werden diese Winterunkrautgesellschaften durch die Tätigkeit des Menschen beim Reispflanzen völlig zerstört und verschwinden. Die Winterkulturpflanzen werden geerntet und unter Wasser werden alle Gründüngungs- und Unkrautpflanzen eingepflügt. Die während des trockenen Zustandes der Felder gebildete Biozönose wird dadurch völlig zerstört.

Von Ende Mai im Norden (Hokkaido) bis Anfang Juli in SW-Japan werden auf den sehr sorgfältig frisch gepflügten Reisfeldern die jungen Reispflanzen, die im Reisbeet besonders gepflegt worden sind, ausgepflanzt. Von diesem Augenblick ab zeigen alle Reisfelder von Norden bis Süden in ganz Japan, deren Winteraspekt so gänzlich verschieden war, eine durchaus gleichförmige Physiognomie als viereckige grüne Farbtupfen auf dem Wasserspiegel. Die Reispflanzung ist der Ausgangspunkt für die neue komplexe Biozönose der Reisfelder. In dieser Zeit gibt es in den Reisfeldern außer *Oryza sativa* L. selbst und *Echinochloa crus-galli* (L.) P.B. var. *hispidula* (Retz.) Honda noch keine weiteren Unkrautarten. *Echinochloa crus-galli* wird manchmal mit den Reissämlingen ungewollt zusammen gepflanzt, weil ihre Samen denen des Reises beigemischt waren.

In diesen Reinbeständen kommen schon nach einer Woche mehrere der eigentlichen Reisfeldunkräuter auf: Arten, die nicht das geringste mit jenen zu tun haben, die vor der Reispflanzung dort wuchsen. Trotz fast wöchentlichen Jätens durch Handarbeit oder mit Maschinen, bilden sich in allen Reisfeldern ziemlich gleichförmige Reispflanzengesellschaften aus. Sie sind, wie kürzlich berichtet wurde (MIYAWAKI 1960, 345–402), entsprechend den Klimaeigenschaften ihrer Standorte von Norden bis Süden zu den Ryukyu-Inseln in fünf Assoziationen gegliedert worden:

Das Alismetum canaliculati mit den Kennarten *Alisma canaliculatum* A.Br. et R. *Rotala hippuris* Makino wächst in Hokkaido im heutigen klimatisch bedingten Grenzgebiet der Reiskulturen.

Das Alismetum orientalis mit den Kennarten *Alisma orientales* Juzep., *Eriocaulon robustius* Makino und *Monochoria korsakowii* Reg. et Maack gedeiht im Hauptkulturgebiet in Hokkaido und Aomori, dem nördlichsten Teil Honshus.

Das Sagittario-Monochorietum mit den lokalen Kennarten *Sagittaria pygmaea* Miqu., *Sagittaria aginashi* Makino u.a. kommt auf ganz Honshu, Shikoku und Kyushu vor, d.h. im Hauptreiskulturgebiet Japans.

Auf den übrigen Reisfeldern auf den Ryukyu-Inseln findet sich das Blyxo-Monochorietum mit *Blyxa coreana* (Lév.) Nakai, das auf Grund der gemeinsamen Kennarten *Monochoria vaginalis* Presl. var. *plantaginea* (Roxb.) Solms-Laub., *Dopatrium junceum* Hamilt. u.a. mit dem Sagittario-Monochorietum zu der Assoziationsgruppe der Monochorieten zusammengeschlossen wurde.

Als letzte Assoziation ist das Scirpetum planiculmis mit *Scirpus planiculmis* Fr. Schm., als Kennart auf die schweren tonigen Böden der Korallenkalke im Südteil Okinawas beschränkt.

Der Wasserspiegel dieser Reisfelder, der optimal 5–10 cm tief gehalten werden muß, bleibt bis zum Abschluß der Reisblüte, die im allgemeinen von Ende August bis Anfang September erfolgt, auf gleicher Höhe. Während dieser Wachstumszeit bilden sich im Reisfeld mehrschichtige Pflanzen- und Tiergesellschaften aus.

Die Reisfelder Japans, in denen *Oryza sativa* L. natürlich immer vorherrscht, bilden mit *Echinochloa crus-galli* (L.) P.B. var. *hispidula* (Retz.) Honda, *Cyperus difformis* L., *Rotala indica* (Willd.) Koehne u.a. den Verband Oryzo-Echinochloion oryzoidis, Bolós et Masclans 1955, der zugleich die Ordnung Cypero-Echinochloetalia oryzoides Bolós et Masclans 1955 und die Klasse Oryzetea sativae Miyawaki 1960 darstellt. Diese Gesellschaften sind nach unserer heutigen Kenntnis in Europa, in N-Italien, S-Frankreich, in Spanien, Portugal, vielleicht auch in Ungarn und in anderen Erdteilen, in Asien, in Indochina, auf Sumatra, in W-Afrika in Senegal und auf Madagaskar verbreitet. In allen diesen Gebieten enthalten sie eigene territoriale Charakterarten und bilden verschiedene Assoziationen aus, von denen bisher acht bekannt sind.

Neben diesen eigentlichen echten Reisfeld-Gesellschaften aber wachsen im Reisfeld verschiedene Pflanzenarten, die eigentlich zu anderen Gesellschaften gehören und im Reisfeld durch feinere Unterschiede der Standortsbedingungen entweder gut entwickelte eigene Gesellschaften oder deren Fragmente ausbilden.

Die Standortseigenschaften in den Reisfeldern sind durch mikroklimatische, edaphische und vor allem durch physikalische und chemische Wasserbedingungen sehr verschieden. Daher dringen in diesen beweglichen Biotop außer den echten Reisfeld-Assoziationen auch verschiedene Wasser- und amphibische Gesellschaften ein, deren optimale Standorte außerhalb der Reisfelder, so in Teichen, in Kanälen, auf Dämmen und anderen nassen Standorten liegen. Alle diese verschiedenen Pflanzengesellschaften zusammen bilden in den Reisfeldern eine mehrschichtige Biozönose, die aus zahlreichen Phanerogamen und Kryptogamen, besonders auch Algen-Assoziationen zusammengesetzt wird, und die in N-Italien schon von PIGNATTI 1957, von TOMASELLI 1958 und 1959, PIGNATTI e TOMASELLI 1959 studiert worden ist und auch in Japan neuerdings eingehend untersucht werden konnte (MIYAWAKI 1960). Die feinen Unterschiede und Veränderungen des Standortes bilden häufig Mosaik-Komplexe, wie die mehrjährigen Untersuchungen über ungarische Reisfelder durch Herrn Dr. UBRIZSY, Budapest gezeigt haben (frdl. briefliche Mitteilung vom 31.7.1959).

Wir sahen schon, daß die japanischen Reisfeld-Gesellschaften vom Norden im heutigen Reiskultur-Grenzgebiet Hokkaidos bis zum Süden (Ryukyu-Inseln in der subtropischen Region) sich entsprechend dem Wandel der durchschnittlichen Jahrestemperaturen von 5,2° C in Kami-Otoineppu im nördl. Hokkaido bis 25° C auf der Iriomote-Insel in der Ryukyu-Gruppe und auf Grund der Böden (Moorböden mit pH 3,5 – 4,5 im nördl. Japan bis zu den Korallen - Kalkböden pH 7,0–7,8 auf den Ryukyu-Inseln und sehr schwer durchlässigen Tonen) in fünf verschiedene Assoziationen mit jeweils eigenen Charakterarten und charakteristischen Artenverbindungen gliedern lassen. Aber auch innerhalb der einheitlichen Gesellschafts-Areale wachsen neben diesen Assoziationen, durch feine Unterschiede der Standorte bedingt, Pflanzen des Nano-

cyperion, des Bidention, der Lemnetea, der Potametea, der
Phragmitetea und anderer Gesellschaften mit den Reispflanzengesellschaften zusammen.

Besonders zahlreich sind die Arten des Nanocyperion und der
Potametea, die durch den Wasserzustand sowie durch den Durchlässig-
keitsgrad der Böden bedingt werden. Sie kennzeichnen räumlich verteilte
Subassoziationen, deren Differentialarten dem Nanocyperion (auf
austrocknenden oder durchlässigen Böden) oder den Potametea (auf
immer unter Wasser stehenden oder schwer durchlässigen Böden) entstammen. Die Reiserträge der japanischen Felder gehen mit diesen Subassoziationen parallel (MIYAWAKI 1960, Tab. 10)[1].

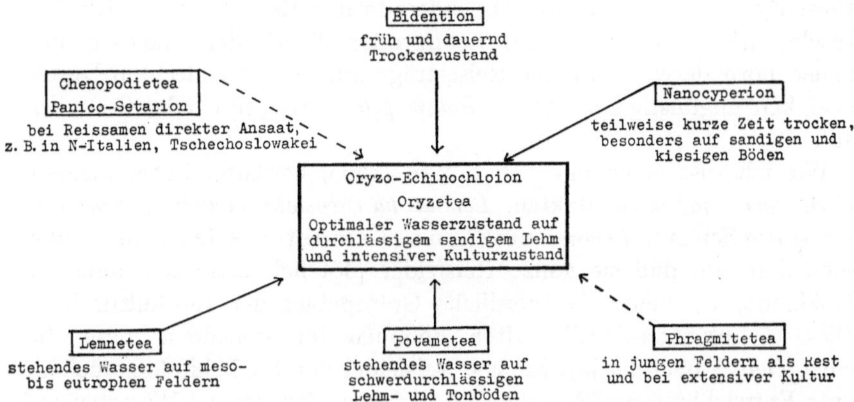

Abb. 1. Das Reisfeld als komplexe Biozönose

Abb. 1 zeigt ein Schema des beweglichen (dynamischen) Gleichgewichts-
zustandes der Vegetation unserer japanischen Reisfelder. Wenn nach der
Pflanzung des Reises im späten Frühling bis zum frühen Sommer auf den
Reisfeldern der Boden einmal austrocknet, kommen neben den Arten der
Oryzetea Bidention-Arten wie *Bidens tripartitus* und *Polygonum
hydropiper* auf. Wenn in der warmen Sommerzeit wenig Wasser oder gar
kein Wasser den Boden bedeckt, keimen an diesen Orten sofort Nanocyperion-Arten wie *Lindernia pyxidaria* L., *Ludwigia prostrata* Roxb.,
Elatine triandra Schk. *Eclipta alba* (L.) Hassk. u.a. Schon 1–2 Tage
Wasserfreiheit genügen für die Keimung dieser Arten, ebenso wie auch
in Europa (mündl. Mitteilung von Herrn Dr. W. LOHMEYER über europäische Nanocyperion-Gesellschaften im Kolloquium der Bundesanstalt am 15. Jan. 1960).

---

[1] Die durchschnittlichen Reiserträge betragen im Sagittario-Monochorietum, dessen Typische Subass. 89 % und dessen Subass. v.
Lindernia pyxidaria 11 % einnimmt, auf den japanischen Hauptinseln
Honshu, Shikoku, Kyushu 35 Doppelzentner/ha, im Blyxo-Monochorietum, dessen Subass. v. Lindernia 39 %, dessen Typische Subass.
24 % und dessen Subass. v. Najas 37 % bedeckt, auf den übrigen
Ryukyu-Inseln 27–30 Doppelzentner/ha. Im Scirpetum planiculmis,
dessen Typische Subass. 18 %, dessen Subass. v. Najas 82 % einnimmt, beläuft sich der Ertrag auf den schwer durchlässigen Korallen-
Kalkböden im S-Teil Okinawas nur auf 24–27 Doppelzentner/ha.

Die japanischen Reisfelder werden sehr sorgfältig kultiviert und jeder Bauer besichtigt alle drei Tage oder noch häufiger seine Felder. Aber immer den genau gleichen Wasserspiegel zu halten, ist bei den stark wechselnden Niederschlägen und bei der verschiedenen Durchlässigkeit der Böden sehr schwierig und nur möglich an Orten, die unter besonders günstigen Bewässerungsbedingungen stehen oder auf lehmigen oder tonigen, sehr schwer zu entwässernden Böden. Darum wachsen im allgemeinen in den Reisfelden Japans mit Ausnahme des Scirpetum planiculmis auf den Korallen-Kalkböden im südl. Okinawa mehrere Nanocyperion-Arten mit hoher Stetigkeit.

Dagegen kommen auf den schwer durchlässigen Lehm- und Tonböden bei immer gleichem Wasserstand Potametea-Arten wie *Potamogeton distinctus* A. Benn, *Najas minor* Alb., *Marsilea quadrifolia* L., *M. crenata* Presl, *Zygnema* spec. u.a. vor. Besonders in den Reisfeldern der Ryukyu Inseln, die hauptsächlich auf Lehm oder Ton-Böden wachsen und daher normalerweise für die Reiserträge infolge der schlechten Durchlässigkeit ungünstig sind, treten *Potamogeton*-Arten mit hoher Stetigkeit auf.

Wie ich zusammen mit Jes Tüxen (1960) berichtet habe, wachsen *Utricularia japonica* Makino, *Lemna paucicostata* Hegelm., *Spirodela polyrrhiza* Schleid., *Lemna minor* L. u.a. Lemnetea-Arten, manchmal so schnell heran, daß sie ganze Reisfelder plötzlich bedecken, außer in Hokkaido, wo heute das nördliche Grenzgebiet der Reiskultur liegt. Diese Lemnetea-Gesellschaften kommen im stehenden meso- bis eutrophen Wasser der japanischen Reisfelder vor. Sie behindern auch die gute Entwicklung der Reispflanzen, wenn sie den ganzen Wasserspiegel bedecken und dadurch das Sonnenlicht und die Wärme hindern, in das Wasser einzudringen und die Temperatur desselben zu erhöhen.

Außer durch edaphische Faktoren und durch sie bedingte Wassereigenschaften beeinflussen der Grad der Kulturtechnik des Menschen, die Geschichte der Reisfelder und ihre Abstammung von der Urvegetation die Zusammensetzung der Reis-Biozönose.

Wo die Samen des Reises unmittelbar im Frühling auf den Acker gesät werden, was in Japan heute nur noch an sehr wenigen Stellen geschieht, wachsen nach einiger Zeit eigentliche Frühlingsunkraut-Arten wie *Alopecurus aequalis* Sobol. var. *amurensis* (Komas.) Ohwi, *Beckmannia syzigachne* (Steud) Fernald, *Ranunculus sceleratus* L. u.a.. Auf den vergleichbaren Feldern Europas wachsen zur selben Zeit *Stellaria media*, (L.) Vill, *Chenopodium album* L., *Setaria glauca* (L.) P.B., *Veronica anagallis-aquatica* L., *Ranunculus repens* L., *R. acris* L., *Rumex acetosella* L., *Trifolium repens* L., *Lolium multiflorum* Lauk ssp. *italicum* (A.Br.) Volkart u.a. Arten der Chenopodietea und anderer Gesellschaften, wie aus der Tschechoslowakei von Hejný 1957 und aus N-Italien von Tomaselli 1958 berichtet worden ist.

Die Geschichte der Reisfelder, d.h. die Dauer ihrer Benutzung zur Reiskultur und die Intensität der Kulturmaßnahmen, beeinflussen das Auftreten von Phragmitetea-Arten in ihrer Menge und Stetigkeit, die sehr verschieden sein kann. Wenn man Tabellen von japanischen und europäischen Reisfeld-Gesellschaften miteinander vergleicht, bemerkt man zuerst sehr große Unterschiede. In europäischen Reisfeldern, besonders in S-Frankreich, treten oft mit höchster Stetigkeit Phragmitetea-Arten wie *Bulboschoenus maritimus* (L.) Palla, *Scirpus tabernaemontani* (C.C. Gmel.) Palla, *Schoenoplectus mucronatus* (L). Palla, *Phragmites communis* Trin. u.a. auf, die heute in japanischen Reisfeldern kaum vorkommen. Die japanischen Reisfelder sind viel älter als die europäischen. Die Kulturmethode in Japan ist dementsprechend viel intensiver und die Vorbereitung für die Pflanzung äußerst sorgfältig. Meistens werden Zwischenkulturen gebaut und die Unkräuter während der Reiswachstumzeit mit der Hand oder mit Maschinen sorgfältig gejätet. Wo der Wasserspiegel optimal immer zwischen 5 und 10 cm auf durchlässigen sandig-lehmigen Böden gehalten werden kann und der Kulturzustand sehr intensiv ist, treten alle übrigen Arten außer den Oryzo-Echinochloion-Arten sehr zurück. Der Reisertrag auf diesen besten Feldern ist der höchste. Aber in Wirklichkeit ändern sich die Standortsbedingungen auch im gleichen Reisfeld durch kleinste topographische Unterschiede und dadurch veränderte Wasserbedingungen, die durch verschiedene Subassoziationen gekennzeichnet werden.

Der Mensch möchte natürlich nur den Reis (*Oryza sativa* L.) selbst unter optimalen Standortsbedingungen kultivieren, und er versucht daher immer alles zu tun, um die besten Lebensbedingungen für seinen höchsten Ertrag zu schaffen. Trotz fast wöchentlicher Pflegearbeiten und Unkrautvernichtung, zuletzt sogar durch chemische Unkrautvernichtungsmittel (2–4 D. u.a.) wachsen auf diesem für die Reispflanze zusagenden vom Menschen geschaffenen Biotop, dennoch die zu ihm passenden Unkrautarten der Oryzetea, die fast alle ephemere Pflanzen sind und die schneller als der Reis wachsen können. Hier bildet also das Reisfeld eine eigene Gesellschaft aus der Klasse der Oryzetea. Kleine lokale Abänderungen des Biotops erlauben das Eindringen von Arten aus Gesellschaften des Nanocyperion, der Lemnetea, der Potametea, des Bidention u.a., die mosaikartig mehrschichtige Planzengesellschaften innerhalb des Reisfeldes ausbilden und insgesamt mit den Reisgesellschaften zusammen gedeihen.

Diese vielschichtige Biozönose lebt, bis im September das Wasser von den Reisfeldern abgelassen wird. Sie entwickelt sich je nach den Wetterbedingungen und den dadurch erzeugten wechselnden Temperaturen und Wasserzuständen, den Einflüssen des Menschen, von Krankheiten des Reis, von Wirkungen schädlicher Insekten (Mehltau, *Chilo simplex* Butler, *Oxya japonica* Willemse, *Sogata furcifera* Horváth u.a.) Alle diese Gesellschaften, die miteinander durch vielseitige Kontakte und wechselseitige Einflüsse verbunden sind, stehen in einem dynamischen Gleichgewicht auf dem komplexen Biotop.

Im Laufe der Zeit wachsen die Reispflanzen immer höher und üppiger heran, die meisten anderen Pflanzen aber müssen nach ihrer Vernichtung durch Jäten immer wieder von neuem keimen. Dadurch wird der Abstand zwischen dem Reis (*Oryza sativa* L.) und den Unkräutern in gut kultivierten Feldern immer größer. Ende August werden die Reispflanzen schon über 1 m hoch und bedecken das ganze Feld. Dadurch gehen die anderen Arten außer *Echinochloa* allmählich zurück. Im September, wenn nach der Blüte des Reises die Früchte zu reifen beginnen, ist das Wasser von den Feldern endgültig abgelassen worden. Während dieser Zeit haben die überlebenden Unkrautarten aller Gesellschaften ebenfalls Früchte getragen und beginnen zu vertrocknen. Einige wenige mehrjährige Arten welken in ihren Oberteilen. Vom Oktober bis Anfang November werden die Reispflanzen abgemäht; die sommerliche Reisfeldgesellschaft, die als vielschichtige Biozönose auf dem mosaikartigen Biotop bis jetzt gedieh, ist vernichtet.

Schon im September, nach dem endgültigen Ablassen des Wassers, keimen auf den Reisfeldern Winterunkräuter wie *Alopecurus aequalis* Sobol. var. *amurensis* (Komar.) Ohwi, *Astragalus sinicus* L. u.a. Nach der Reisernte kann man auf den Reisfeldern von weiten nur die verblichenen Stoppeln auf dem dunklen Boden sehen. Aber zwischen ihnen laufen schon, je nach den Bedingungen der Standorte, die verschiedenen Winterpflanzen auf.

Klima, besonders die Wintertemperaturen, Wasserzustand (stets trocken, frisch, naß oder infolge von schwierigen Entwässerungsmöglichkeiten staunaß), Winterkulturpflanzen wie *Triticum, Hordeum* oder Gemüse oder Gründüngungspflanzen bilden jeweils verschiedene neue Aspekte der Biozönosen des Winters. Auf diese Weise sind die Lebensgemeinschaften des Reisfeldes mit dem Wechsel der Jahreszeit einer rhythmischen Veränderung unterworfen. So entsteht im Laufe der Zeit in Reisfeldern, in denen früher Phragmitetea-Gesellschaften wuchsen, wie jetzt noch deren Reste in europäischen Reiskulturen besonders in S-Frankreich zeigen, oder wo in neu kultivierten Reisfeldern Jugoslawiens Arten des Eleocharetum ovatae auftreten (HORVATIĆ 1950), die spezifische Reisunkraut-Gesellschaft. Die Reste der Ursprungsgesellschaften der Reisfelder verschwinden erst nach langer Dauer der Reiskultur, wie unsere Untersuchungen in Japan gezeigt haben.

In Japan bilden außer den Oryzetea-Arten unter der heute üblichen Reiskultur-Wirtschaft Pflanzen des Nanocyperion, der Potametea, der Lemnetea u.a. soziologischer Einheiten, je nach den Mikrostandorten auf den mosaikartigen Biotopen, die vielschichtige Biozönose.

TIERGESELLSCHAFTEN DER REISFELDER JAPANS [1]

Die Tiergesellschaften der japanischen Reisfelder werden in neuerer Zeit eingehender studiert, nachdem von KATO (1953) u.a. erkannt wurde, daß hier wirklich eine Gesellschaft einzelner Individuen vorliegt, die miteinander in einem Gleichgewicht stehen. In den kühleren Teilen Japans, in Hokkaido und N-Honshu, erscheinen bald nach der Reis-Pflanzung Arten wie *Lema oryzae* Kuwayama (rice leaf beetle) und *Agromyza oryzae* Munakata (rice leaf mine) in Mengen, die den wärmeren Gebieten fehlen. Aber in der späten Entwicklungsphase des Reises, Mitte Juli bis August, verschwinden diese Unterschiede, und die Reisfelder ganz Japans sind dann durch schädliche Heuschrecken, wie z.B. *Nepho-*

[1] Die Herren M. ARAI, Y. ITÔ und Dr. M. NUMATA haben mir bereitwillig die Materialien und die Literatur über die Tiergesellschaften der Reisfelder in Japan gesandt. Dafür darf ich hier ihre Namen nennen und ihnen danken.

tettix bipunctatus cincticeps Uhler (green rice leaf hopper) gegenüber
allen anderen Biozönosen ausgezeichnet.

Wie die Pflanzengesellschaften sind auch die Tiergesellschaften der
Reisfelder von den besonderen Kulturmethoden her bestimmt. Gerade
die Pflanzzeit des Reises ist für das Auftreten bzw. das Zurückdrängen
einiger Schädlinge von besonderer Wichtigkeit. Je früher der Reis gepflanzt werden kann, desto höher sind im allgemeinen die Erträge. Früh
gepflanzter Reis ist jedoch besonders anfällig gegen sehr gefährliche
Schädlinge wie *Chilo simplex* Butler (rice stem borer). Neben den bekannten Kunstdüngern werden auch seit 1950 gegen solche Schadinsekten
chemische Mittel wie DDT, BHC und Paration gespritzt. Die Harmonie
zwischen Schadinsekten und ihren tierischen Feinden wird dadurch
empfindlich gestört. Wird z.B. gegen *Chilo simplex* und andere früh
auftretende Schädlinge BHC angewandt, vermehren sich später *Ne-
photettix bipunctatus* und seine Verwandten sehr stark und richten
große Schäden an. Durch das BHC u.a. sind außer den Schadinsekten
auch ihre natürlichen Feinde wie Hymenoptera (Hautflügler) und vor
allem Arachnida (Spinnen) zum großen Teil vernichtet, die später der In-
vasion der Heuschrecken nicht mehr Herr werden (KOBAYASHI 1958,
1961, MIYASHITA 1958, ITÔ, MIYASHITA and SEKIGUCHI 1962).

Die japanische Reiswirtschaft steht also vor dem Problem, der Schädlinge Herr zu werden, ohne durch die Insektizide erst recht Katastrophen
hervorzurufen, die wie eine Kettenreaktion ins Uferlose anschwellen. Seit
1954 hat das Ministerium für Landwirtschaft und Forsten in Japan als
besonderes Studienobjekt geplant, den Einfluß von chemischen Insektiziden auf die natürlichen Feinde von Reisschadinsekten zu untersuchen.
Bis jetzt sind schon durch einige Berichte von KOBAYASHI 1958, 1961,
ITÔ et coll. 1962 die oben erwähnten wichtigen Beziehungserscheinungen
klar geworden. Führende Stellen der japanischen Landwirtschaft schla-
gen schon heute vor, die Regulierung der Schädlinge dem natürlichen
Gleichgewicht zwischen allen Arten der Biozönose möglichst zu überlassen
und den Gebrauch von Insektiziden weitgehend einzuschränken.

Zum Schluß darf ich Herrn Prof. Dr. Dr. h. c. R. TÜXEN für seine
Betreuung und Unterstützung meiner Arbeit während meines zweijähri-
gen Studienaufenthaltes in der Bundesanstalt für Vegetationskartierung
in Stolzenau/Weser auch hier herzlich danken.

ZUSAMMENFASSUNG

Das Reisfeld ist einer der extremsten anthropogenen Biotope, auf dem
zahlreiche Pflanzengesellschaften eine „komplexe Biozönose" bilden.
Der Autor unterscheidet 5 Reispflanzengesellschaften, auf deren jahreszeitliche Veränderungen und die Struktur ihrer Biozönose er weiter ein-
geht. Auch streift er kurz die Gefahr der chemischen Bekämpfungs-
mittel.

SUMMARY

A rice field is one of the most extreme anthropogenic biotopes in which
several plant communities form a ,,complex biocenosis". Five communities of rice fields have been distinguished and their phenology and the
structure of their biocenoses is further discussed. The dangers of chemical
herbicides are also mentioned.

LITERATUR

HEJNÝ, S.: Eine Studie über die Ökologie der Echinochloa-Arten (Echi-
nochloa crus galli [L.] P. Beauv. und Echinochloa coarctata [Stev.]
Koss.). – Biol. Práce **III**/5. 115 pp. Bratislava 1957.
HORVATIĆ, St.: Beitrag zur Kenntnis der Unkrautvegetation der Reisfelder
in Jelas-Polje bei Slavonski Brod (Kroatien, Jugoslawien). – Glašn. biol.
Sekc. Ser. II/B, **2**/3: 5–12. Zagreb 1950. (Serbokroat, m. dtsch. Zsfg.).
ITÔ, Y., MIYASHITA, K. and SEKIGUCHI, K.: Studies on the predators of the
rice crop insect pests, using the insecticidal check method. – Jap. J. Ecol.
12. Sendai 1962.
KATO, M.: Sakumotu-Gaichugaku-Gairon (Einleitung in die Schadinsekten
des Getreides). – Tokyo 1953. 306 pp. (Japan.).
KIRA, T.: Plant ecology. Vol. II. – Tokyo 1960. 402 pp. (Japan.)
KOBAYASHI, T.: Tierische Feinde gegen Chilo simplex Butler. – Plant Pro-
tection, Tokyo **12**: 259–266. Tokyo 1958. (Japan.)
— The effect of insecticidal application to the Rice Stem Borer on the
Leafhopper populations. – Tokyo. 126 pp. (Japan. with engl. summary).
Ministerium für Landwirtschaft und Forsten: Statistisches Taschenbuch für
Land und Forstwirtschaft und Fischerei. – Tokyo. 1958. 289 pp. (Japan.)
MIJAJI, D. and MORI, S.: Ecology of animals. Tokyo 1953. 221 pp. (Japan.)
MIYASHITA, K.: Insektizide, Schadinsekten und ihre tierischen Feinde. –
Nogyogizitu-Kenkyu (Landw. Technik) **13**: 169–173. 1958. (Japan.)
MIYAWAKI, A.: Pflanzensoziologische Untersuchungen über Reisfeld-
Vegetation auf den Japanischen Inseln mit vergleichender Betrachtung
Mitteleuropas. – Vegetatio **9**: 345–402. Den Haag 1960. (Deutsch mit
engl. summary)
— u. TÜXEN, J.: Über Lemnetea-Gesellschaften in Europa und Japan. –
Mitt. flor.-soz. Arb. Gemeinsch. N.F. **8**: 127–135. Stolzenau/Weser 1960.
NUMATA, M.: Methology of ecology. – Tokyo 1953. 245 pp. (Japan.)
— Plant ecology. Vol. I. Tokyo 1959. 588 pp. (Japan.)
PIGNATTI, S.: La vegetatione delle risaie pavesi (Studio fitosociologico). –
Arch. bot. e biogeogr. ital. **33** (4a Ser. **2**: 3–68. Forlì 1957. (Ital. con riassunto tedesco.)
— e TOMASELLI, R.: Recenti studi fitosociologici sulle risaie. – Arch. bot.
e biogeogr. ital. **35** (4a Ser. **4**): 40–45. Forlì 1959. (Italiano con riassunto
tedesco.)
TOMASELLI, R.: Aspetti della vegetatione in risaie da vicenda del Pavesi e
del Vercellese prima e dopo il diserbo. – Arch. bot. e biogeogr. ital. **34** (4a
Ser. **3**): 217–253. Forlì 1958. (Ital. con riassunto inglese.)
— Aspetti della vegetatione in risaia da vicenda delle zone periferiche e in
risaia stabile. – Atti Ist. bot. Univ. Labor. Crittog. Pavia, Casale Monfer-
rato, S.V. **17**: 3–15. Pavia 1959. (Ital. con riassunto inglese.)

R. TÜXEN:

Nach der soziologischen Bearbeitung der japanischen Reisfelder und
ihrer Unkräuter durch Herrn MIYAWAKI handelt es sich hier um einen
Komplex sehr verschiedener soziologisch-systematischer Einheiten, nicht
aber um eine einzige Assoziation mit ihren Unkräutern, mit Arten der

Chenopodietea, der Lemnetea, der Potametea, der Phragmitetea und anderen. O. DE BOLÒS und MASCLANS haben den Verband
Oryzo-Echinochloion, den sie geschaffen haben, in die Phragmitetea eingeordnet. Es erweist aber sich offenbar als besser, wenn man
die Reisvegetation als eine Gruppe von selbständigen Pflanzengesellschaften betrachtet, die sich von den verschiedenen ökologischen
Seiten in wechselndem Maße in die eigentliche Reis-Gesellschaft
einschieben.

Unser entsprechendes Problem in Europa, auf das ich hinweisen möchte,
ist das der Acker-Unkrautgesellschaften. Wir haben eine Rotation im
Ackerbau zwischen Hack- und Halmfrüchten, z.B. Kartoffeln und
Roggen. Wir haben uns seit langem gewöhnt von Gesellschaften zu
sprechen, die in den Hackfrüchten, d.h. in den Sommerfrüchten leben, die
im Frühling keimen, und die wir z.B. im Polygono-Chenopodion
zusammenfassen. Wir unterscheiden von ihnen die Gesellschaften, die aus
Herbstkeimern bestehen, und die in den Winterfrüchten wachsen, und
nennen sie bei uns jetzt Aperetalia spica venti. SISSINGH faßte
zunächst diese beiden Gesellschaftsgruppen zu einer Ordnung der
Violetalia arvensis zusammen. Immer stärker wurden dann die Be-
strebungen, die Gesellschaften der Sommer- und der Winter-Unkräuter
weiter zu trennen. Im Mediterrangebiet können sich in den ausgedehnten
Weingärten, in denen bis in den Frühling hinein alle Arten durch Hacken
vernichtet werden, nur Sommer-Unkräuter einstellen, deren Gesellschaften zur Klasse der Chenopodietea gerechnet werden. Von dieser Klasse
werden die Gesellschaften der Herbstkeimer im Wintergetreide als
Secalinetea scharf unterschieden.

Seit langem diskutieren wir in Mitteleuropa diese Frage. Nachdem
OBERDORFER sich auch in S-Deutschland für diese beide Klassen entschieden hat, sind auch wir zu dem Entschluß gekommen, auch bei uns
diese Einteilung zu übernehmen, obwohl durch die intensive Rotation
eine sehr starke Durchmischung – wie in den Reiskulturen – in wechselnder Stärke immer wieder auftritt. Es ist kaum möglich, bei uns ein Winter-
getreidefeld ohne Chenopodietea-Arten und ebensowenig ein Kartoffel-
feld ohne Aperetalia-Arten aufzunehmen. Aber da in großen Gebieten,
wie im Mediterran-Gebiet so auch im SO Europas offenbar doch eine sehr
klare Trennung dieser beiden Klassen vorhanden ist, müssen wir, obwohl
sie sich bei uns durchmischen, uns nach jenen Gebieten richten, in denen
sie sauber getrennt vorkommen. Bei uns müssen wir daher auch mit
einer komplexen Biozönose rechnen, wie sie in den Reisfeldern vorkommt.

Darum sind uns die Untersuchungen der japanischen Reisfelder und
die Vergleiche auf Grund der Literatur so aufschlußreich gewesen, und
wir sind Herrn MIYAWAKI sehr dankbar, daß er aus seinem Lande diese
Probleme so klar gedeutet hat.

Ich möchte auf die extrem entgegengesetzte Auffassung von UBRISZY
hinweisen, die von RADEMACHER und anderen übernommen worden ist,
wonach Sommer- und Winterfrüchte und ihre Unkräuter in Mitteleuropa
auf gleichen Böden nur eine einzige Biozönose sein sollen, die am besten
auf den Brachen aufzunehmen sei. Das wäre dasselbe, als wollte man in

einem Wald, der stark aufgelichtet, d.h. von Schlagpflanzen durchsetzt
ist, die vollständige Pflanzengesellschaft erblicken, weil es sich hier um
einen Regenerations-Zyklus handelt, der für uns aus zwei klar geschiede-
nen, allerdings zeitlich und räumlich sich oft stark durchdringenden soziologischen Einheiten besteht.

Franz:

Den eben gehörten Vortrag halte ich deswegen für so bemerkenswert, weil
er einen der am extremsten anthropogen beeinflußten Standorte behandelt. Selbst hier wirkt sich die Verwendung von Insektiziden – um nur
dieses besonders eindrucksvolle Problem herauszugreifen – noch als
Störung eines Gleichgewichtes aus, das sich selbst auf diesem Standort
eingestellt hat.

Schwerdtfeger:

Die von Dr. Miyawaki besonders herausgestellten Gefahren der
Insektizide dürfen nicht überschätzt werden. Es werden nur vorzeitig
Gleichgewichte wiederhergestellt, die wenige Wochen später von der
Natur selbst wieder geschaffen werden. Es sind bis dahin aber schwere
wirtschaftliche Schäden eingetreten, so daß eine rechtzeitige Bekämpfung
bei einseitiger Vermehrung bestimmter Insekten unerläßlich ist (Beispiel
Rübenfliege). Bei dem von Herrn Miyawaki erwähnten BHC wird es sich
um DNC handeln, welches ebenso wie 2,4 D nicht angereichert, sondern
abgebaut wird. – Gegenüber dieser kaum wahrscheinlichen Anreicherung
wäre es jedoch interessant, wie weit bei der intensiven Kultur auf den
zahlreichen verschiedenen Bodentypen eine Degradierung oder eine
Verarmung an Spurennährstoffen eintritt und dadurch neben einer Er-
tragsbeeinflussung eine Veränderung der komplexen Biozönose des
Reisfeldes festzustellen ist. Die Frage dürfte noch vordringlicher sein als
die nach der Wirkung der Insektizide.

Franz:

Es ist mir keine Veröffentlichung über die Biologie der Reisböden bekannt,
ich selbst habe auch noch nicht Gelegenheit gehabt die Bodenbiozönosen
der Reisfelder zu studieren.

Miyawaki:

1957 und 1958 hat Dr. Kamosita vom Japanischen National-Landwirt-
schaftsinstitut sehr eingehend Boden-Probleme in ganz Japan studiert.
Moorböden ergeben die schlechtesten Reiserträge, obwohl das Wasser
dort leicht zu halten ist. Ehemalige Wald- und Grünlandböden, die auf
sandigem Lehm durchlässig sind, geben bei ausreichender Bewässerung
beste Erträge. Dies reflektieren die Pflanzengesellschaften in den Subassoziationen: Hier wachsen Nanocyperion-, auf Moor- und Tonböden
Potametea-Arten, die in den Reis-Gesellschaften besondere Subassoziationen erzeugen.

Schlichting:

Auf die Bemerkung von Herrn Schwerdtfeger wird zu bedenken gegeben, daß der Abbau von Insektiziden in gut durchlüfteten Böden nicht o.w. auf diese, während längerer Zeit reduzierende Bedingungen aufweisende Böden übertragen werden darf. Zur Frage der Bodenverarmung wird bemerkt, daß nach Berichten von Sachkennern eine gewisse Gefahr in der Sulfidanreicherung als Folge fortgesetzter Düngung mit sulfatreichen Düngemitteln gesehen wird, und daß Anhaltspunkte für die Vermutung vorliegen, daß die „Reismüdigkeit" mit einer Armut an mobiler Kieselsäure zusammenhängt.

FRANZ:

In den Reisfeldern liegen nach Herrn MIYAWAKI bodenbedingte Standortsunterschiede durch verschiedene Durchlässigkeit vor. Nach den Erfahrungen der Sumpf-Biozönosen müssen sich diese Verhältnisse auf die Tierwelt und auch auf die pflanzlichen Mikroben auswirken, so daß diese Standorte in ihrer Tierwelt auch unter dem Einfluß der starken kulturbedingten Veränderung des Biotops nicht vollkommen gleich sind, wie sich das ja auch in den Unkräutern gezeigt hat. Das ist auch für die Frage der Schädlingsbekämpfung wichtig.

Es geht hier aber nicht in erster Linie um die Bodenorganismen, sondern um Schädlinge in der Krautschicht, wie die Heuschrecken. Die Feinde dieser Schädlinge leben ja auch in der Krautschicht, wie Parasiten und Räuber (Carnivoren).

Die Massenvermehrung der Heuschrecken ist auf Störung der die Vegetationsschicht besiedelnden Synusie zurückzuführen, indem offenbar durch die Insektizide Räuber und Parasiten geschädigt werden, durch die der Heuschreckenbestand reduziert und in erträglichen Grenzen gehalten wird.

Die Bodenbiozonösen dieser Reisfelder dürften noch unbekannt sein; es wäre sehr interessant, sie zu untersuchen, weil sie durch die Kultur besonders intensiv beeinflußt sind und wahrscheinlich eine besondere Reaktion der Bodenorganismen zeigen dürften.

Ob Insektizide wirksam eingesetzt werden können, ist wohl eine Frage des Experiments und kann nicht theoretisch vorhergesagt werden. Ich glaube, daß die Anwendung der Insektizide Veränderungen nach sich zieht, und ich möchte mich der Ansicht von Herrn SCHLICHTING anschließen, daß man mit der Anwendung der Insektizide doch nach Möglichkeit vorsichtig sein und sie immer wieder überwachen muß. Denn gerade vom DDT wissen wir ja, daß es leider viel resistenter ist, als es uns lieb ist, und daß seine hemmungslose Anwendung in den USA in den letzten Jahren sehr stark reduziert wurde, weil man z.B. im menschlischen und tierischen Organismus unliebsame Folgeerscheinungen feststellen mußte.

Zum Ende des heutigen Tages darf ich sagen, wenn ich dieses reiche Programm überblicke, daß ich selbst außerordentlich beeindruckt bin, daß dieser Tag mir, und ich glaube wohl, Ihnen allen, sehr viel Anregendes geboten hat und zeigt, daß in der Biozönoseforschung in den letzten Jahrzehnten große Fortschritte gemacht worden sind. Ich kann mich nur den Äußerungen von Herrn Dr. SCHMITZ anschließen, der auch stark beeindruckt war von der starken Annäherung der verschiedenen Teilarbeitsgebiete, die sich hier abzeichnen. Daraus leitet sich geradezu die Notwendigkeit diktatorisch ab, daß wir uns zusammensetzen und auch methodische und nomenklatorische Folgerungen ziehen und uns stärker als bisher aufeinander abstimmen. Ich darf allen Herren Referenten und Diskussions-Rednern herzlich danken.

DIE VEGETATIONSTYPEN VON SURINAME
IM ZUSAMMENHANG MIT BODEN
UND TIERWELT

von

J. C. LINDEMAN, Utrecht

Der größte Teil Surinames besteht aus sehr altem Hügel- und Bergland, das zu der Guyana-Hochebene gehört und meistens sehr tiefe Verwitterungsböden auf Urgestein aufweist, die bewachsen sind mit Regenwald. Nur in der Mitte finden wir einen Sandsteinblock, den Tafelberg, der einzige große Rest einer wahrscheinlich früher sehr ausgedehnten mesozoischen Sedimentationsdecke, der jetzt eine Savannenvegetation mit vielen durch Isolation entstandenen endemischen Arten trägt.

'Nördlich des alten Landes erkennen wir drei viel jüngere Landschaftgürtel, die von Ost nach West breiter werden: Erst den Savannengürtel, bestehend aus tertiären küstennahen Flußablagerungen wechselnd von sehr armem weißem Sand zu Lehm und sandigem Ton, wovon jener die Savannen trägt. Dann folgt die alte Küstenebene, ein altes Wattgebiet mit sehr staubigen Tonböden, die hinter feinsandigen Nehrungen entstanden, deren höchste ausgelaugt sind und kleine Savannen tragen. Das alte Watt ist durch spätere Transgression des Meeres stark erodiert und zu Schollen reduziert worden, die durch einzelne mit jüngerem Ton gefüllte Sumpfstreifen getrennt sind. Zuletzt bis an die heutige Küste folgt die junge Küstenebene aus schwerem angeschwemmtem Seeton mit alten Strandwällen, die zum Teil kurz nach einander in Bündeln durch Meeresströmungen abgesetzt worden sind, zum Teil – meistens im Westen – isoliert liegen und in Suriname ebenso wie die alten Nehrungen „Ritsen" genannt werden. Sie bestehen aus grobem oder feinem Sand oder stellenweise aus Muschelschalen. Nur ein ziemlich kleiner Teil der heutigen Küstenlinie wird von einem solchen Strandwall eingenommen, dessen schmaler Strand eine Pioniervegetation von *Ipomoea pes-caprae* und *Canavalia maritima* nahe der Hochwasserlinie und dessen Rücken ein artenarmes Gestrüpp trägt. Unter dem mittleren Meeresniveau besteht das Vorland, ebenso wie an der übrigen Küste, aus weichem Schlick, auf dem bei Ebbe tausende von Vögeln Nahrung suchen, besonders im Winter viele ziehende Stelzvögel aus Nord-Amerika, daneben auch Reiher und die einheimischen roten Ibisse, die heute in einem großen Gebiet geschützt sind.

Die ganze Küste ist immer in Bewegung und, wo ein Strandwall fehlt, bewachsen mit einem dichten eintönigen Mangrovenwald von *Avicennia nitida*, der an Stellen, wo die Küste angefressen wird, mit einem meterhohen Kliff endigt, aber wo die Küste anwächst, ihr wie ein Pionier folgt, sobald sich der Ton gesetzt hat. Hinter diesem oft kilometerbreiten

Avicennia-Wald, wo nur Crustaceen zwischen den eigenartigen emporragenden Atemwurzeln leben, ist die junge Küstenebene ein unendlicher Sumpf mit nur den „Ritsen" als trocknen Bändern, die den Wasserhaushalt regulieren und somit auch die Vegetation bestimmen. Am Hinterrand der Mangrove findet man einige lagunenartige Seen, die wahrscheinlich durch Einbruch des Meeres entstanden sind. Sie sind $\frac{3}{4}$ bis $1\frac{1}{2}$ m tief, und ihr Brackwasser, worin *Ruppia* und Grünalgen leben, ist durch einige Verbindungen mit dem Meere ein Laichplatz für ziehende Fische, die auch Schutz suchen in der *Nymphaea*-Gesellschaft, die in stillen Winkeln an der Südseite den Aufmarsch der dichten tierarmen Sumpfvegetation von *Typha angustifolia* und *Cyperus articulatus* einleitet, die mit unserem Phragmition zu vergleichen ist. Hier ist auch ein reiches Tierleben von Kaimans, Vögeln, Wasserinsekten und Wasserschnecken vorhanden. Diese Gruppe liefert die Nahrung für einen weihenähnlichen Raubvogel, den Schnecken-Akka, der seine Beute an festen Stellen verzehrt und dort ganze Haufen von Schneckenhäusern aufbaut.

Allmählich geht schon im leicht brackischen Sumpf die Krautervegetation über ein farnreiches Stadium in einen einfacheren niedrigen Sumpfwald über. Weiter landeinwärts in den süßen Sümpfen finden wir andere Kräutergesellschaften, wo in sehr trockenen Jahren der Sumpf gebrannt hat, und als Klimax einen Sumpfwald, der wohl artenarm, aber bis 25 m hoch und gut geschlossen ist. Weil das Sumpfwasser fast sauerstofffrei ist, fehlt auch fast alles Tierleben im Wasser und auch darüber ist es spärlich.

In der alten Küstenebene hat sich in den seichten Sümpfen ein Moorwald entwickelt mit *Symphonia globulifera*, einem Baum mit Stelzwurzeln, die erst im Boden wachsen und dann knieartige Atemwurzeln bilden. Andere Charakterarten sind *Virola surinamensis*, ein Baum mit Brettwurzeln, dessen Holz für Sperrholzfabrikation verwendet wird, und die Palme *Euterpe oleracea*, deren schlanke Stämme sich in Gruppen aus einem Kissen von Adventivwurzeln mit Atemfunktion erheben und in ausgewachsenem Zustand zum Kronendach reichen. In den tiefen Sümpfen dagegen, deren Becken während der obengenannten Transgression ausgeräumt und nur zum kleineren Teil wieder mit Ton gefüllt sind, finden wir ein Cyperaceenmoor, das mit unseren Binsenschneide-Feldern (*Cladium mariscus*) zu vergleichen ist und sogar auch auf einer schwimmenden, durch die Rhizome ziemlich festen Torfschicht vorkommt.

Die höchsten Teile der Schollen tragen Regenwald, sie werden aber während der großen Regenzeit größtenteils überschwemmt. In der Trockenzeit hingegen ist die obere Bodenschicht gut durchlüftet, was sich im Profil durch die braune Farbe verrät. Weiter zeigt hier der Boden eine eigentümliche Oberflächenstruktur, die man in Suriname „kawfoetoes" nennt, was Kuhfüsse bedeutet, weil es aussehen kann, als ob Vieh auf dem nassen Boden getrampelt hat. Die Abmessungen der Bulten und Rinnen schwanken aber stark, und ihr Entstehen ist noch nicht genügend geklärt, wenn auch bekannt ist, daß Erosion während der periodischen Schwankungen des Wasserstandes dabei eine wichtige Rolle spielt. Durch die bessere Durchlüftung beschränkt sich die Vegetation und auch die Bodenfauna, wie Regenwürmer, hauptsächlich auf die Bulten. Im Gegen-

satz zum Sumpfwald mit immer nassen und nicht durchlüfteten Böden
möchte ich die Formation auf diesen Böden mit Marschwald bezeichnen,
in Übereinstimmung mit dem von BEARD im Englischen gemachten
Unterschied zwischen „swamp" und „marsh forest".

Nur wo sich im Boden in geringer Tiefe undurchlässige Schichten vorfinden, die den Wasserhaushalt weiter stören, haben sich andere Vegetationstypen entwickelt. In den „Ritsen" im östlichen Teil ist dies klar zu
verfolgen. In den jungen küstennahen „Ritsen" sind die Sandkörner
noch von einem gelben Eisenhäutchen überzogen, und es findet sich
tiefer nur ein nichtverhärtetes unscharfes Einwaschungsband. Bei den
älteren Sandrücken ist die Podsolierung weiter fortgeschritten. Erst bei
größerer Entfernung vom Meere wird der Wald höher, üppiger und arten-
reicher und nähert sich dem Regenwald. In den alten Nehrungen hingegen
ist die Podsolierung vollständig und der Sand ganz gebleicht bis zu der
harten, humusreichen Urbank, die dort in $1-1\frac{1}{2}$ m Tiefe liegt und nur an
den flachen Hängen gegen die Marschen an beiden Seiten allmählich verschwindet. Auf Grund dieser Beschaffenheit wird auf den flachen Teilen
in der Regenzeit das Wasser gestaut und fließt zum Teil oberflächlich ab,
während in der großen Trockenzeit der Vorrat zu gering ist, um für die
Vegetation bis zum Schluß auszureichen, womit nach BEARD die Bedingungen für eine natürliche Savannenvegetation gegeben sind. Tatsächlich finden wir hier richtige Savannenstreifen mit einer offenen Kräuter-
und Halbsträuchervegetation mit Sträuchergruppen, deren Arten aus der
Savannenregion eingewandert sind. Gegen die Abhänge, wo der Wasserhaushalt weniger extrem wird, schließen sich erst die Sträucher zu einem
hohen Gestrüpp zusammen, worauf Zonen von etwas xeromorphem Wald,
Marschwald und Sumpfwald zum tiefen Sumpf hin folgen. Die Degrada-
tionsstadien vom Hochwald zur Savanne fehlen in dieser Region an der
Grenze der jungen zur alten Küstenebene, aber im zentralen Teil Surinames findet man dort den intermediären xeromorphen Wald, der lokal
Savannenwald genannt wird. Diese Benennung bringt sowohl die räumlichen und edaphischen Beziehungen, als auch die floristische Verwandtschaft mit den Gesträuchgruppen der Savanne gut zum Ausdruck.

Außer auf podsoliertem Sand findet man den Savannenwal dauch dort,
wo undurchlässiger weißer Kaolin den staubreichen Lehm des alten
Wattbodens unterlagert, der alternierenden Überschuß und Mangel an
Bodenwasser hervorruft. Nur wo die Indianer diesen in Trockenzeiten
leicht brennbaren Wald regelmäßig abgebrannt haben, hat sich eine
sekundäre Savanne eingestellt, die oft freistehende, feuerresistente Knor-
pelbäumchen von *Curatella* und *Byrsonima* trägt und dann einem schlechten Obstgarten ähnelt. Manchmal schrumpft der Boden beim Eintrock-
nen so stark, daß die Oberfläche in Polygone zerreißt, was bei sehr
geringem Gefälle zur Bildung der obengenannten „Kawfoetoe" führt. Nur
im Osten, wo die alte Wattfläche fast unzerschnitten ist, finden wir ausgedehnte Savannen dieser Art, die wohl durch Schichterosion nach dem
Brennen beständig geworden sind, weil einerseits bei unserem Besuch
Brandspuren fast fehlten, andererseits die Wurzelschicht über dem
Kaolin nur ungefähr 40 cm betrug, gegenüber 70–100 cm unter den vergleichbaren, kleinen Savannen weiter westlich. Im Osten stehen die

wechselnassen Lehmsavannen auch in direkter Verbindung mit Sandsa-
vannen des eigentlichen Savannengürtels. Die Sandlager sind meist viele
Meter stark und so flach, daß bei schwerem Regen das Bodenwasser bis
an und über die Oberfläche gestaut wird, obwohl undurchlässige Bänke
erst in einer Tiefe von drei oder mehr Metern vorkommen, dann allerdings hier und da einige über einander. Von den nasse Savannen tragen-
den Plateaus führen sehr flache Rinnen zeitweise das Oberflächenwasser
ab, um erst an den Hängen im Walde in immer Wasser führende Bäche
überzugehen. In der Savanne sind diese Wasserbahnen, die auch in der
Trockenzeit im Untergrund feucht bleiben, von Weitem kenntlich durch
hohe *Mauritia*-Palmen, die talabwärts bald einen Unterwuchs von
Sträuchern bekommen. Die Randteile der Plateaus zwischen den Wasserbahnen liegen manchmal etwas höher als die nasse Savanne. Durch
die bessere Dränage steigt hier das Grundwasser nie bis an die
Oberfläche und sinkt in Trockenzeiten rascher ein, so daß der Wasser-
mangel maximal ist. Diese Teile tragen eine trockene Savannenvegetation,
deren Sträuchergruppen manche Arten mit denen der nassen Savanne
gemein haben, mit dazwischen weißen Sandflächen mit einem sehr offenen,
artenarmen Bestand von Kräutern und Halbsträuchern. An den flachen
Hängen, wo allmählich die Perioden der Bodentrockenheit abnehmen,
folgt eine Zonierung von geschlossenem Savannengebüsch über niedrigen,
dünnstämmigen Wald zu hohem Savannenwald, der neben typisch xeromorphen Arten auch schon mehr mesophytische Arten in der Kronenschicht enthält, die er mit dem Regenwald gemein hat. Mit dem letzten
Typ endet die Reihe, sobald wir den gebleichten Sandboden verlassen und
auf lehmigen Sand oder schwerere Böden übergehen.

In dieser wechselnden Landschaft sind die nicht zahlreichen großen
Pflanzenfresser, Hirsche und Tapire, zu Hause, die gelegentlich in den
Plantagengegenden, wo der Mensch die Landschaft abgewandelt hat,
weit nach Norden vordringen. Eine Hirschform hat die jungen „Ritsen"
auf natürlichem Wege erobert und ist als Strandhirsch bekannt. Spuren
des Tapirs sind im Innern des Landes auf den Savannen des Tafelberg-
plateaus in rund 1000 m Höhe gefunden worden.

Das Hinterland des alten Guyanaplateaus ist mit einem fast ununter-
brochenen Waldkleide bedeckt, bis an die flache Wasserscheide an der
Südgrenze, wo sich noch fast unerforschte, ausgedehnte Savannen befinden. Im Innern gibt es als Unterbrechungen einige Granitdome, wie
den Voltzberg, der wie ein kahler Zuckerhut aus dem Walde aufragt und
nur auf seinem Gipfel eine grüne Kappe xeromorphen Gestrüpps trägt.
Dieselben Sträucher finden sich auch in Gruppen in Vertiefungen auf
einigen weiter offenen Granitplatten an seinem Fuße. Nur in Spalten,
Rinnen und kleinen flachen Aushöhlungen, wo sich Regenwasser und
Staub ansammeln, können nach einem Pionierstadium von Algen und
Moosen Kräuter gedeihen, die langsam eine Art Trockentorf bilden. Diese
Torfschicht scheint sich nur in größeren Aushöhlungen ungestört entwickeln zu können und dann Strauchwuchs zu gestatten. Im Aussehen
gleicht die Vegetation einer Savanne, und viele Arten sind dieselben oder
nahe verwandt mit den Arten der geschilderten Savannen, so daß hier
wohl von Felssavanne gesprochen werden darf. Wo sich auf Granit ein

flachgründiger sandiger Boden entwickelt hat, kommt stellenweise ein myrtaceenreicher xeromorpher Wald vor.

Eine dritte Form xeromorphen Waldes, die wir als Bergsavannen-Wald bezeichnet haben, findet sich dort, wo auf Plateaus in den Bergen und Hügeln durch langwährende Lateritisation starke Bauxitlager entstanden sind, oberflächlich abgeschlossen von einer harten Ferrit-schicht mit nur sehr wenig Boden in den Löchern. Dieser Wald ist geschlossen, aber licht und daher bis fast zum Boden reichlich mit Epiphyten behangen. Er zählt viele eigene Arten, unter denen Myrtaceen und Sapotaceen vorherrschen, und hat vielfach eine Krautschicht von großen Bromeliaceen.

Zum Schluß soll noch einiges über die Flußsysteme gesagt werden. Die vier großen Flüsse erreichen das Meer durch Estuarien, deren Ufer Mangrove tragen. Auf den Uferwällen setzt sich der *Avicennia*-Wald der Küste fort. Der Schlick der Gezeitenzone wird hier eingenommen von einem Waldsaum von *Rhizophora mangle*, die an der Küste nur vereinzelt und dann auf Sand vorkommt. Vom Stamm und den größeren Ästen wachsen bogenförmige Stelzwurzeln herunter, die, wo sie von Salzwasser umspült werden, mit Meeresalgen bewachsen sind. Im Schlick hausen Krabben und in den Kronen Reiher und Kormorane. Die mittelgroßen Flüsse hingegen sind alle während der Ablagerung der Strandwälle westwärts zu den Estuarien abgelenkt worden. Im brackischen Gezeitengebiet tragen die Ufer dieselben beiden Waldbänder, nur wird der *Avicennia*-Streifen schmaler durch zunehmenden Einfluß von aussüßendem Regenwasser hinter den Uferwällen und in den Innenbuchten mit schwacher Strömung ersetzt ein Gebüsch den Saumwald, an dem hier alle drei *Rhizophora*-Arten und *Laguncularia* beteiligt sind. Es ist die „brantimaka", *Machaerium lunatum*, eine schön purpurn blühende Papilionacee die aber schwer bewehrt ist wie eine stachlige Rose und einen breiten undurchdringlichen, weit über das Wasser hinaushängenden Saum bildet.

Nur im mesohalinen Gebiet kommt auf kurze Strecken ein gemischter Mangrovenwald mit *Carapa* und *Bactris minax*, einer Stachelpalme, vor. Hier findet man auch die ersten echten Lianen.

Weiter stromauf wächst auf den Uferwällen ein palmenreicher Marschwald, wo die Gezeitenbewegung eine Durchlüftung der oberen Bodenschicht zuläßt. Nur am nassen Uferrande gehen *Avicennia* und *Rhizophora racemosa* bis weit in das immer-süße Gebiet hinauf, zuerst noch in schmalen Bändern, aber dann nur noch in kleinen vereinzelten Gruppen, so weit der Rückstrom ihre schwimmenden Keimlinge herbeiführen kann und diese gelegentlich noch ein offenes Plätzchen finden zwischen der hier dominierenden Riesen-Aracee *Montrichardia arborescens* mit aufrecht stehenden, armdicken, dornigen, drei bis vier Meter hohen Krautstämmen. Der Waldsaum ist hier reich behangen mit Lianen und Epiphyten und von vielen Vögeln und anderen Tieren belebt.

In dem Savannengürtel und in ihrem Oberlauf haben die Flüsse auch auf ganze Strecken Terrassen gebildet, die in der Regenzeit überflutet werden und einen artenreichen Marschwald tragen. Wo harte Gesteins-Gänge im Untergrund des alten Landes die Flüsse kreuzen, finden wir Stromschnellen, deren Lebewelt aus besonders angepaßten Pflanzen

und Schnecken besteht, Diese Arten haben zum Teil ein sehr kleines
Areal, das sogar auf einige Stromschnellen nur eines Flusses beschränkt
sein kann. Die meeresalgenähnlichen Podostemaceen heften sich an die
Felsen im schnellen Strom, und sobald sie beim Fallen des Wasserstandes
in den Spülsaum kommen, blühen sie in wenigen Tagen und lassen ihren
staubfeinen Samen in einer Woche reif werden, ehe die Pflanzen vertrocknen. Wo der Strom weniger stark ist und in Spalten etwas Sand gefangen ist, halten sich selbst zwei kleinblättrige Sträucher, ein *Solanum*
und eine Myrtacee, *Psidium guianense*, deren regelmäßig umspülte Äste
mit ein oder zwei hygrophytischen, schwarz austrocknenden Moosen behangen sind.

Die trägen, kleineren Nebenflüsse und Bäche schließlich werden größtenteils begleitet von schönen, artenreichen Auenwäldern, meist mit einer
üppigen Krautschicht. Sie zeichnen sich aus durch ein reiches, farbiges
Insektenleben von Schmetterlingen und Libellen, und auch Baum-
frösche sind hier zahlreich.

SUMMARY

The larger part of the country belongs to the old hills and low mountains
of the Guayana shield, mostly covered by rain forest on very deeply
weathered soils, up to the savanna on the low watershed at the southern
border. Interruptions are only the Tafelberg, a block of sandstone with
savannas on top, and some granite domes, bare but for a green cap of
xeromorphic scrub. North of the old land we find three much younger
belts. First the savanna belt with fluviomarine tertiary sediments, varying from bleached white sand to loam and sandy clay. The very flat areas
of deep white sand carry savanna vegetation, the rest forest. Then follows
the old coastal plain formed by silting up of wide lagoons behind fine-
sandy offshore bars. Except in the East this old plain is dissected by a
later transgression of the sea. These gullies have only partly been filled
with younger sediments and form now deep swamps with herbaceous
vegetation, often on a floating peat layer. The remaining flats of the old
plain are flooded for the greater part in the rainy season and covered
with marsh forest, only the drier parts bearing rain forest. Last comes the
young coastal plain which has been built gradually by deposition of sea
clay along the coast, at times interrupted by the forming of coastal bars
when the rivers had brought down sand bodies, or by shifts in the sea
currents causing local abrasion of the coast.

The present coast offers a few small sandbars with beach vegetation, but
most of it is clay covered with a forest belt of the mangrove *Avicennia*,
pioneering where the coast grows, ending with a small cliff where it
retreats. Behind this belt we find some shallow lagoons with a rich animal
life and from here starts the succession over herbaceous types to swamp
forest. On the sandbars grows dry-land forest, their soils show gradual
leaching with mature podsols only in the bars of the old coastal plain.
The impeded drainage results here in alternating flooding and desiccation,
tolerating no forest but wet savanna. Savanna forest is found only where
the alternation is less severe, and where soilwater is never in excess but

lacks periodically. The end of this sere is the dry savanna type at the excessively drained borders of the sand flats in the savanna belt.

While for the vegetation the water regime in the soil is the master factor, for the animal life the quality and availability of surface water in the proximity is important as well.

Literatur mit Karten und Photos in ,,The Vegetation of Suriname'', auch erschienen in ,,Mededelingen Bot. Museum & Herb. Rijksuniv. Utrecht'' (die Nummern sind in Klammer eingefügt):
vol. I p. 1. 1953. J. C. LINDEMAN: The vegetation of the coastal region of Suriname. (No. 113)
vol. I p. 2. 1959. J. C. LINDEMAN & S. P. MOOLENAAR: Preliminary survey of the vegetation types of northern Suriname. (No. 159)
vol. II. 1960. J. P. SCHULZ, Ecological studies on rain forest in northern Suriname. (No. 163)
vol. III. 1963. P. C. HEYLIGERS: Vegetation and soil of a white-sand savanna in Suriname. (No. 191)
vol. IV. im Druck. J. VAN DONSELAAR: An ecological and phytogeographic study of northern Surinam savannas.

ZUSAMMENHÄNGE ZWISCHEN BAKTERIEN-
BESATZ DES BODENS UND VEGETATION

von

Wolfgang Haber, Münster (Westf.)

Daß innerhalb des Gefüges einer Landbiozönose Pflanzengesellschaft und Boden eine Einheit bilden, gilt heute mit Recht als Selbstverständlichkeit. Während aber die Pflanzengesellschaften in Mitteleuropa dank Braun-Blanquet und Tüxen und ihrer vielen Mitarbeiter in ihrer Zusammensetzung genau erforscht und in einem übersichtlichen System geordnet worden sind, bestehen hinsichtlich der zugehörigen Böden noch manche Unklarheiten. Diese betreffen weniger die physikalischen und chemischen als die biologischen Eigenschaften des Bodens. Der Boden ist so reich an vielfältigem Leben in Gestalt von zahlreichen verschiedenen Organismengruppen, daß es gerechtfertigt ist, von ihm als einer eigenen Biozönose zu sprechen. Ihre Mitglieder lassen sich aber nicht so bequem erfassen wie diejenigen oberirdischer Biozönosen. So ist erst in letzter Zeit durch die Arbeiten von Kühnelt, Franz u.a. ein einigermaßen umfassendes Bild vom Reichtum der Bodenfauna geschaffen worden. Doch die wohl bedeutendste Gruppe der Bodenbewohner, die als Bodenmikroorganismen zusammengefaßten Bodenpilze und Bodenbakterien, sind aus biozönotischer Schau immer noch sehr unvollkommen bekannt.

Zwar ist die große Bedeutung der Bodenmikroorganismen als Reduzenten im Stoffkreislauf in der Natur durch zahllose Untersuchungen gewürdigt worden, die die eigene Forschungsdisziplin der Bodenmikrobiologie gebildet haben und in Winogradsky und Waksman berühmte Bearbeiter fanden. Doch handelt es sich hierbei hauptsächlich um physiologische Studien, deren Aussagewert für das Verständnis des biozönotischen Gefüges nur begrenzt ist; denn ihre Grundlage sind fast immer Kulturen von Mikroorganismen auf besonders hergestellten Medien, die die standörtlichen Zusammenhänge völlig verändern und sogar eine ganz anders geartete Bodenflora schaffen können.

Nun ist die standortgerechte Erfassung der Bodenmikroorganismen außerordentlich schwierig und im Fall der Bodenpilze z.Zt. noch gar nicht möglich. Sie setzt in jedem Fall eine direkte Beobachtung von Bodenteilchen mit Hilfe des Mikroskopes voraus, die aber bis heute nur selten die Identifizierung der Mikroorganismen gestattet – und gerade diese kann erst die Grundlage einer Gliederung und Systematisierung bilden. Man muß sich angesichts solcher Hindernisse mit dem Möglichen begnügen. Dazu gehört im Falle der Bodenbakterien die Feststellung ihrer *Zahl* in einem gegebenen Boden, d.h. ihrer Besatzdichte, vergleichbar etwa dem Deckungsgrad einer bestimmten Organismengruppe in

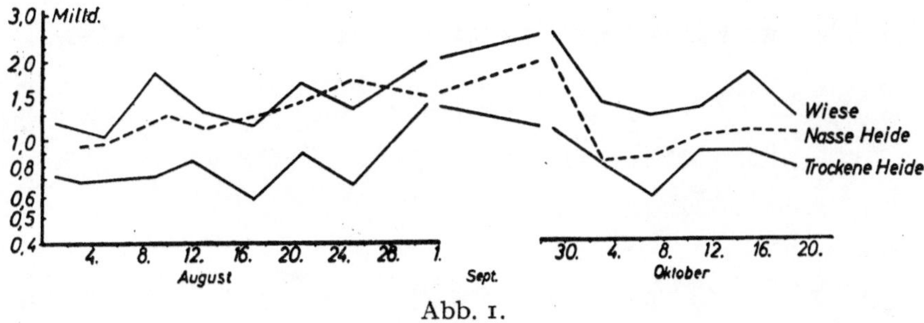

Abb. 1.

einer oberirdischen Biozönose. Damit beschränkt man sich auf die einfachste registrierbare Erscheinung einer Gruppe von Lebewesen.

Die zahlenmäßige Bestimmung des Bakterienbesatzes im Boden ist möglich geworden, seitdem die Direktbeobachtungs-Methoden des Bodens durch die Einführung von Farbstoffen, die Bodenteilchen und Bodenorganismen verschieden färben, wesentlich vervollkommnet worden sind. Es gibt heute zwei Methoden, welche die direkte Ermittlung der Bodenbakterienzahlen erlauben: diejenige von JONES u. MOLLISON (1948), bei der dünne Filme einer Boden-Agar-Suspension gefärbt und mikroskopiert werden (STÖCKLI 1956), und die fluoreszenzmikroskopische Zählmethode mit Acridinorange nach STRUGGER (1949, dazu BURRICHTER 1953, HABER 1959). Die letzte Methode ist einfacher und rascher und daher für biozönotische Untersuchungen wohl vorzuziehen. Mit ihr konnte Verf. in größerem Umfang Naturböden auf ihren Bakterienbesatz untersuchen. Dabei wurde jeweils vom Pflanzenbestand ausgegangen, d.h. das Problem vom botanischen, also vegetationskundlichen Standpunkt angepackt. Mit Rücksicht auf die rasche Veränderlichkeit der Bakterienzahl wurden die Zählungen stets über längere Zeiträume ausgedehnt und dabei die wichtigsten Standortsfaktoren, Bodentemperatur und -feuchtigkeit, registriert.

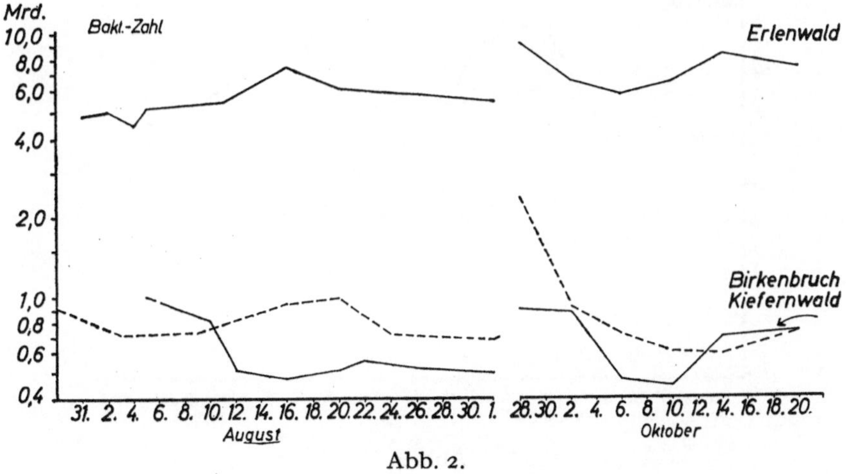

Abb. 2.

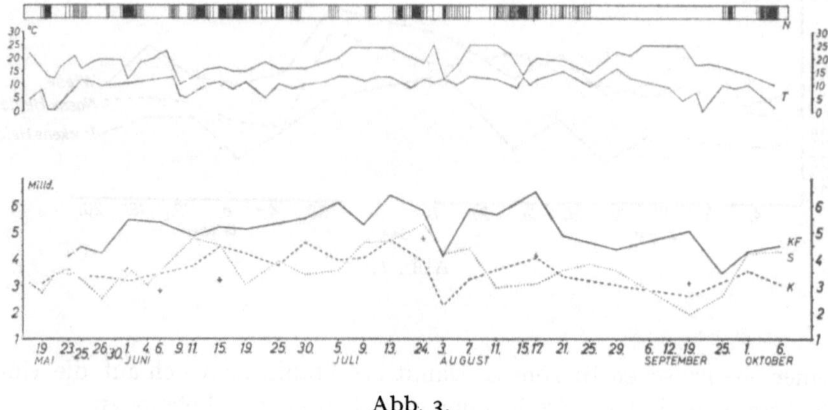

Abb. 3.

Einige Beispiele für solche Zählserien seien hier veranschaulicht. Abb. 1 und 2 zeigen den Bakterienbesatz im Oberboden von je drei Pflanzengesellschaften des offenen Geländes und Waldgesellschaften im Naturschutzgebiet „Heiliges Meer" bei Osnabrück während der beiden Monate August und Oktober. (Die systematische Stellung dieser Gesellschaften ist nicht festgelegt worden). Im offenen Gelände zeigen der Wiesen- und der trockene Heideboden klare Bakterienbesatz-Unterschiede, aber einen parallelen Gang der Werte. Der Bakterienbesatz des Bodens der Nassen Heide entspricht in etwa dem des Wiesenbodens, doch ist der Gang der Werte anders. Bei den Waldböden unterschieden sich Birkenbruch und Kiefernwald nicht gesichert voneinander, der Schwarzerlenwald mit weitaus höherem Bakterienbesatz aber deutlich von beiden; die Übereinstimmungen im zeitlichen Verlauf sind jedoch undeutlich.

Weitere Böden wurden anläßlich eines Studienaufenthaltes in Kärnten untersucht. Abb. 3 zeigt die Bodenbakterienzahlen einer durch Kahl-

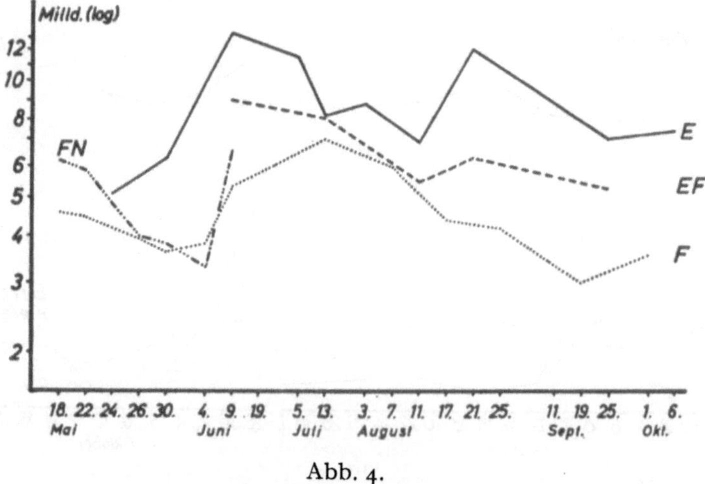

Abb. 4.

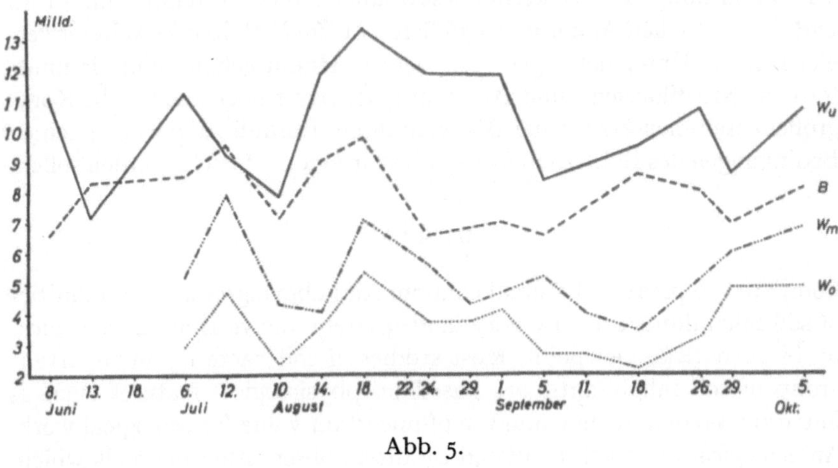

Abb. 5.

schlag entstandenen *Calluna*-Heide(S), eines *Calluna*-reichen(K) und eines Heidelbeer-reichen Kiefernwaldes (KF), die an einem sonnseitigen Berghang der montanen Stufe im Nockgebirge nebeneinander lagen. Der höchste Bakterienbesatz zeigte sich im Heidelbeer-reichen Kiefernwald, der *Calluna*-reiche Kiefernwald und die Heide unterschieden sich darin im Mittel nicht, aber wiederum lag der Unterschied im Rhythmus der zeitlichen Änderungen. Dieser stimmte nur in den beiden Waldböden überein. Dasselbe war in der folgenden Zählserie (Abb. 4) zu beobachten, in der ein Schwarzerlenwald, ein Schwarzerlen-Fichtenwald und ein Fichtenwald, alle auf anmoorigem Boden eines Hochtälchens im gleichen Gebiet, gegenübergestellt wurden. Auch hier waren die Bakterienbesatz-Unterschiede der Böden deutlich; wie am „Heiligen Meer" war der Schwarzerlenwaldboden am bakterienreichsten. Ein weiterer Vergleich dieser Art hatte Pflanzengesellschaften zum Gegenstand, die an einem Berghange von 520 bis 590 m Meereshöhe von unten nach oben einander ablösten: unten ein Bach-Eschen-Erlenwald (B) und seine Ersatzgesellschaft, eine Kleinseggenwiese (Wu), darauf folgend eine einschürige Goldhaferwiese (Wm), ein Halbtrocken- und ein Trockenrasen. Die beiden Trockenrasen-Böden unterschieden sich nicht im Bakterienbesatz und sind in Abb. 5 als eine Linie (Wo) wiedergegeben. Sonst waren die Unterschiede wiederum sehr klar; bemerkenswert aber ist, daß jeweils die Trockenrasen und die Goldhaferwiese sowie die Kleinseggenwiese und der Bruchwald einen ähnlichen Rhythmus der zeitlichen Änderungen erkennen ließen.

Die Ergebnisse zeigen, daß die allgemeinen Bakterienbesatzzahlen der Böden in den untersuchten Pflanzengesellschaften ausgeprägte Unterschiede in ihrer Höhe und, unabhängig davon, auch im Rhythmus ihrer zeitlichen Änderungen aufweisen. Diese scheinen bei ähnlichen Pflanzengesellschaften gleichsinnig zu verlaufen. Wenn diese Besatzzahlen auch über die Bakterienarten als solche nichts aussagen, und damit kein soziologisches Bild, sondern nur Ganglinien ergeben, so ist doch die allgemeine Individuendichte dieser Gruppe von Bodenlebewesen als ein weiteres Maß der Belebtheit des Bodens wertvoll und schließt in Form einer diagnostischen Ergänzung eine Lücke in der quantitativen Bio-

zönoseforschung. Die Bakterienbesatzzahlen, ihre Verteilung im Profil
und ihre zeitlichen Änderungen stehen z.Zt. im Mittelpunkt weiterer vergleichender Untersuchungen, in denen Humusgehalt und Humus-
formen, Nitrifikations- und Ammonifikationsvermögen sowie die Korn-
größenzusammensetzung der Böden in ihrem Einfluß auf die allgemeinen
Bedingungen des Bakterienlebens in Naturböden erforscht werden sollen.

SUMMARY

Compared to plant and animal communities above ground, communities
of soil inhabitants are only very inadequately known from an ecological
or biocoenotical viewpoint. Most studies of soil bacteria, an important
group of soil inhabitants, are based on physiological features such as
nutritional requirements, and are of uncertain value for ecological work.
An ecological approach is offered by direct observation methods which,
however, have to destroy the very environment of the soil bacteria. A
quick method of this kind, using soil suspensions in a fluorescent dye,
was employed for a largescale counting of soil bacteria. This does not
allow identification of genera or species, thus leaving unknown the
floristic composition, stratification, or vitality of their community, but
yields such important community properties as population density, cover,
general periodicity and sociability.

It could be shown that in the soils (A-horizons) of a number of plant
communities (both mesic and xeric grassland, heathland, and forests in
NW-Germany and the southeastern Alps) there was a characteristic
pattern of bacterial abundance and/or periodicity. In forest soils, however,
differences in abundance and periodicity were less distinct than in grassland and heathland soils. It may be concluded that in the latter ones
bacterial communities are dominant, while in forest soils other groups of
soil organisms not distinguishable by this method reduce bacterial
dominance.

LITERATUR

BURRICHTER, E.: Beiträge zur Beurteilung von Böden auf Grund fluoreszenz-
    mikroskopischer Untersuchungen ihrer Mikroflora. – Z. Pfl. Ernähr. Düng.
    Bodenk. **63**: 154. 1953.
HABER, W.: Vergleichende Untersuchungen der Bodenbakterienzahlen und
    der Bodenatmung in verschiedenen Pflanzenbeständen. – Flora 147: 1–34,
    1959.
— Bodenbakterienzahlen und Bodenatmung in ihrer Beziehung zur Vege-
    tation. – Veröff. geobot. Inst. Rübel **35**: 69–76. 1959.
— Zur Ökologie des Bodenlebens in verschiedenen Pflanzengesellschaften. –
    Ber. dtsch. bot. Ges. **71**: 399–410. 1958.
JONES, P. C. T. and MOLLISON, J. E.: A technique for the quantitative esti-
    mation of soil microorganisms. – J. gen. Microbiol. **2**: 54. 1948.
STÖCKLI, A.: Die Zahl, Größe, Form und Verteilung der autochthonen Boden-
    bakterien. – Landw. Jb. Schweiz **5**: 47. 1956.
STRUGGER, S.: Fluoreszenzmikroskopie und Mikrobiologie. – Hannover 1949.

DU RIETZ:

Wir haben einen Einblick gewonnen in den Reichtum der hier geschilderten Bakterien-Synusien. Wir hoffen, ein anderes Mal auch über die Arten-Differenzierung in diesen Synusien etwas zu hören.

FRANZ:

An meinem Institut werden seit mehreren Jahren von meinem Mitarbeiter W. LOUB und meiner Tochter GERTRUD FRANZ Untersuchungen über die Mikroben-Synusien (Bakterien und Bodenpilze) in verschiedenen Böden durchgeführt. Es wird einerseits der Massenwechsel (quantitativ bei den Bakterien) und andererseits die Artenzusammensetzung der Mikroflora im Laufe des ganzen Jahres untersucht. Es zeigen sich im Jahreswechsel und in der Artenzusammensetzung sehr große Unterschiede.

An den Standorten mit Sommertrockenheit besteht ein Massenwechsel mit einem Maximum im Frühjahr (Mai), einer Sommerdepression und einem nochmaligen Anstieg im Herbst nach Wiederbefeuchtung, der immer stärker ausgeprägt wird, je mehr wir uns. dem kontinentalen pannonischen Klima zuwenden und je flachgründiger und stärker austrocknend die Böden werden (z.B. Rendzinen und ähnliche Böden), während in sommer-feuchten Gebieten, wo keine Sommertrockenheit eintritt, bei den Bodentieren ein Maximum mit dem Temperaturoptimum sich ausbildet.

Bei den Bakterien und ganz besonders bei den Pilzen und an dem Verhältnis von Bakterien zu Pilzen kann man eine gewisse Parallele zu ökologischen Bodentypen-Gruppen feststellen. Eine Gruppe von Böden im sommertrockenen Klima (gewisse Rendzinen, Tschernoseme u.a.) zeigen eine ganz andere Artenkombinationen als etwa Braunerden oder als anderes Extrem die Podsole. Wir kennen eine ganze Reihe von Pilzen, die für Podsole absolut charakteristisch sind, und zwar von Lappland über die Alpen, bis nach S-Europa (Spanien). Es sind hier also Zusammenhänge vorhanden, die nachdem die Bodentypen mit der Vegetation in Zusammenhang stehen, auch gegeben sind. Wie weit die anthropogene Beeinflussung der Vegetation hier entscheidend ist, kann noch nicht gesagt werden. Der nächste Schritt wird sein, daß wir, nachdem wir von möglichst natürlichen Standorten ausgegangen sind, nun die anthropogen veränderten untersuchen wollen. Hier wäre der Vergleich mit anderen Erfahrungen wertvoller. Ich würde mich freuen, wenn Sie in Verbindung mit Herrn LOUB treten würden.

THERMOPHILE MIKROORGANISMEN IN EINIGEN DAUERGRÜNLANDGESELLSCHAFTEN

von

ARVIDS E. APINIS, Nottingham

Schon im Jahre 1813 berichtete HOOKER über die thermophilen Blaualgen. 1837 publizierte SCHWABE seine Beobachtungen über die Entwicklung der Blaualgen und Diatomeen in den heißen Quellen von Karlsbad, wo eine Temperatur von 50 bis 70° C vorherrschte. Bei vielen nachfolgenden Untersuchungen über die Algenvegetation der Thermen aller Kontinente stellte sich heraus, daß die Blaualgen noch in Quellen mit einer Temperatur von 80 bis 85° C zu finden sind. Die Grünalgen überstehen weniger hohe maximale Temperaturen um 50 bis 60° C (vgl. VOUK 1929, COPELAND 1936). Bei Diatomeen sollen die maximalen Temperaturen zwischen 40 und 50° C liegen (vgl. SCHWABE 1837, COPELAND 1936).

Die ersten Hinweise über die Existenz der thermophilen Bakterien sind bei HOOKER (1854) und BREWER (1866) zu finden. Im Jahre 1879 beschrieb MIQUEL eine Bakterie, die bei 70° C zu wachsen vermag. Die anderen Mikrobiologen entdeckten eine größere Zahl von thermophil-heterotrophen Bakterien- und Aktinomyzetenarten in Nahrungsmitteln, Wasser, Boden, Dünger und Exkrementen, als auch in Abfällen und organischen Massen der industriellen und landwirtschaftlichen Betriebe. Die autotroph-thermophilen Arten wurden bei Eisenbakterien (MIYOSCHI 1897), Schwefelbakterien (MIYOSCHI 1897, DUFRENOY 1921) und nitrifizierenden Bakterien (CAMPBELL 1932) aufgefunden.

Die erste thermophile Pilzart, *Mucor pusillus*, wurde von LINDT im Jahre 1886 beschrieben. Im Jahre 1899 berichtete TSIKLINSKY über eine andere thermophile Pilzart, *Thermomyces lanuginosus*, die bei 55° C zu wachsen vermag. MIEHE (1907) entdeckte weitere thermophile Pilzarten im selbsterhitzten Heu und NOACK (1912) konnte diese in Erde, Waldstreu, Früchten, Vogelnestern, Exkrementen jeder Art und auf Vogelfedern und tierischen Haaren finden. MALTSCHEWSKAYA (1939) berichtete über weitere thermophile Pilzarten aus Torf; WAKSMAN, UMBREIT u. CORDON (1939) fanden diese in kultivierten Böden und Kompost.

Nach dem unterschiedlichen Verhalten der verschiedenen Aktinomyzeten-, Bakterien- und Pilzarten gegenüber der Temperatur (vgl. SCHILLINGER 1898, BERGEY 1919, MORRISON u. TANNER 1924, CAMERON u. EASTY 1926, IMSCHENEZKY 1944, HENSEN 1957, INGRAHAM u. STOKES 1959) unterscheidet man drei Hauptgruppen von Arten: psychrophile, mesophile und thermophile Arten. Die letzte Artengruppe läßt sich weiter in die folgenden Stufen einteilen (APINIS 1953/59):

1. Stenothermophile Arten mit Temperaturoptima über 55° C, Maxima bei 75° C bis 80° C, die kaum oder gar nicht bei einer Temperatur von 38° bis 45° C wachsen.
2. Bei thermophilen Arten liegen die Optima zwischen 40° und 50° C mit maximalen Temperaturen bei 58° bis 65° C und Minima bei den meisten Arten bei 26° und 28° C, in wenigen Arten Minima auch bei 18° C.
3. Die thermotoleranten Arten wachsen in sehr weiten Temperaturgrenzen, bei Zimmertemperatur und auch bei 48° C.
4. Die fakultativ thermophilen Arten gedeihen gut bei 25° bis 35° C, aber die maximale Temperaturgrenze von 48° C wird nicht überschritten.

Nach unseren allgemeinen Vorstellungen scheint es, daß für die thermophilen und stenothermophilen Mikroorganismen, die sich gar nicht bei Zimmertemperatur zu entwickeln vermögen, sehr beschränkte Existenzmöglichkeiten in der gemäßigten Zone vorliegen. Im Gegensatz dazu steht eine weite Verbreitung der thermophilen Mikroorganismen auf der Erde (NOACK 1912). Diese und auch andere Tatsachen und Meinungsverschiedenheiten veranlaßten mich, die alluvialen Böden und auch die Pflanzendecke bestimmter Grünlandgesellschaften auf die Anwesenheit der thermophilen Mikroorganismen, insbesondere auf die der thermophilen Pilze zu untersuchen.

BÖDEN UND PFLANZENGESELLSCHAFTEN

Das Vorkommen der thermophilen Bakterien, Aktinomyzeten und Pilze wurde in Böden der drei Vegetationsprofile im Flußtal Trent bei Attenborough, unweit Nottingham (England), in den Jahren 1950 bis 1952 systematisch untersucht. Diese Arbeit wurde in den Jahren 1959 bis 1960 fortgesetzt und das Vorkommen der thermophilen Pilze auf bestimmten abgestorbenen Wiesengräsern bearbeitet.

Die untersuchten alluvialen Böden sind schon früher erwähnt (APINIS 1953, 1958, 1959 u. 1960). Diese sind von fünf Pflanzengesellschaften besiedelt:
1. Die frischen Wiesen und Weiden des Lolio-Cynosuretum nehmen die größte Fläche im Flußtal ein, auf mehr oder weniger gut drainiertem, wenig ausgelaugtem Alluvium, das ein A–C Bodenprofil aufweist.
2. Die periodisch überflutete Weide ist eine charakteristisch ausgebildete Ranunculus repens-Alopecurus geniculatus-Assoziation, die die kleinen Teiche, Bachläufe und Altwässer umsäumt. Der nasse Boden hat ein A–G Bodenprofil.
3. Die nasse, quellige Weide auf Gleiboden ist eine Ranunculus repens-Alopecurus geniculatus-Assoziation, Variante mit Agrostis stolonifera.
4. Der Sumpfboden an den Ufern der Altwässer, Teiche, und Bäche ist vom Glycerietum maximae besiedelt.
5. Das Scirpo-Phragmitetum ist an Altwasser gebunden und bildet an diesen Stellen einen braunen Torfboden aus.

Im Jahre 1887 berichtete GLOBIG über eine weite Verbreitung der thermophilen Bakterien und Aktinomyzeten in Böden der gemäßigten und tropischen Zone. Dies wurde später von FADYEN und BLAXALL (1894), TSIKLINSKY (1898, 1899, 1903), DE KRUYFF (1909 u. 1913), NOACK (1912), BERGEY (1919), KROHN (1923), MICHOUSTINE (1926, 1935, 1947, 1950), FEIRER (1928), JEGOROVA (1938), IMSCHENEZKY (1938, 1939, 1945) und MALTSCHEWSKAYA (1939) bestätigt. Die meisten Untersuchungen über die thermophilen Organismen des Bodens tragen häufig einen allgemeinen Charakter und es ist verhältnismäßig wenig über die Artenzusammensetzung und Ökologie dieser Flora bekannt.

Bei der Untersuchung der erwähnten alluvialen Böden wurde drei Fragen eine besondere Beachtung zu teil: 1) Vergleich des Aktionmyzeten-, Bakterien- und Pilzgehaltes in verschiedenen Böden bestimmter Pflanzengesellschaften, 2) das dynamische Verhalten dieser Organismen in verschiedenen Jahreszeiten und 3) die Artenzusammensetzung einer Gruppe dieser Organismen, i.e. die der thermophilen Pilze.

Die Keimzahlen der Bakterien, Aktinomyzeten und Pilze der untersuchten Böden sind für 1 g Trockensubstanz berechnet (Inkubationstemperatur 38° C). In Abbildungen 1, 2 und 3 als auch in 4, 5 und 6 ist die Zahl der thermophilen Mikroorganismen aus einer Bodentiefe von 1–5 cm, 20–25 cm, 45–65 cm und 100–105 cm gegeben. Der Keimgehalt der Pilze (F), Aktinomyzeten (A) und Bakterien (B) ist in den Textfiguren 1, 2, 3 für die Sommermonate Juli und August angegeben um einen Vergleich zu ermöglichen in den zwei Vegetationsprofilen. Den höchsten Gehalt an Bakterien (B) weist der nasse Ranunculus repens-Alopecurus geniculatus-Weideboden in beiden Vegetationsprofilen auf (Abb. 1 u. 2). Aktinomyzeten (A) sind reichlich in dem Lolio-Cynosuretum und im nassen Ranunculus repens-Alopecurus geniculatus-Boden vorhanden. Der Glycerietum maximae-Sumpfboden

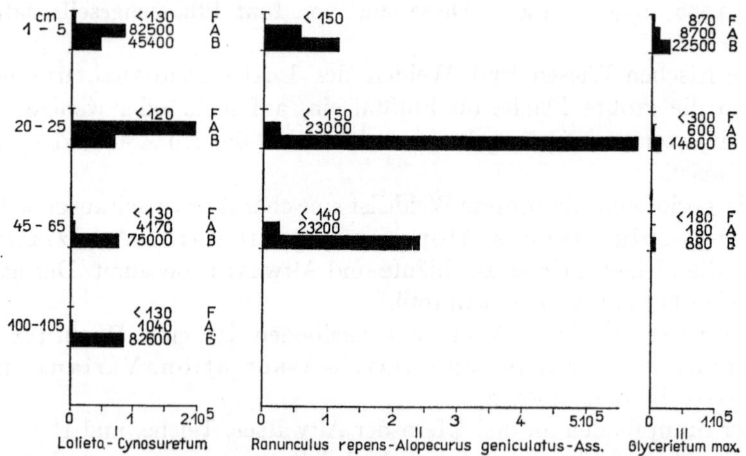

Abb. 1. Zahl der thermophilen Mikroorganismen in drei verschiedenen Böden (im 1. Vegetationsprofil), Juli 1952.
A = Aktinomyzeten, B = Bakterien, F = Pilze in 1 g Boden.

292

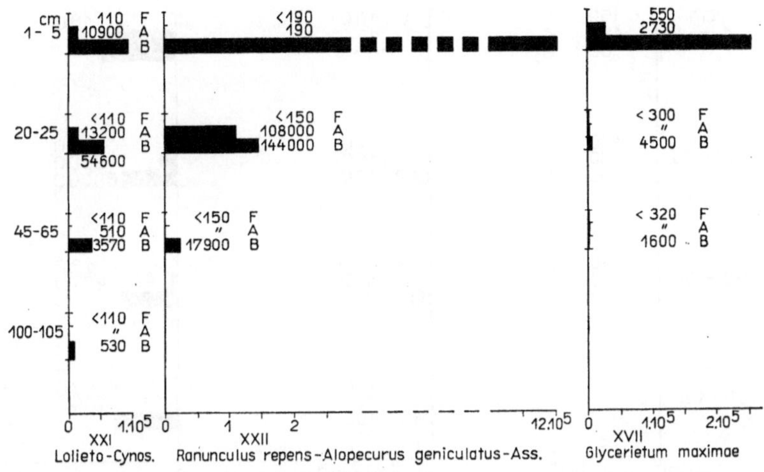

Abb. 2. Thermophile Mikroorganismen in drei verschiedenen Böden (im 3. Vegetationsprofil), Juli 1952.

A = Aktinomyzeten, B = Bakterien, F = Pilze in 1 g Boden.

enthält in tieferen Lagen wenig thermophile Mikroorganismen, jedoch ist die oberste Bodenschicht verhältnismäßig reich an thermophilen Pilzen. Der unterschiedliche Keimgehalt in verschiedenen Bodentiefen, wie auch in verschiedenen Böden beruht wahrscheinlich auf Bodenfeuchtigkeit und Durchlüftung. So ist der ziemlich trockene Lolio-Cynosuretum-Boden ärmer an Bakterien als derjenige der nassen Ranunculus repens-Alopecurus geniculatus-Ass., aber der Glycerietum maximae-Sumpfboden weist im Sommer, wegen des hohen Sauerstoffdefizites (APINIS 1959) in tieferen Schichten gleichfalls einen sehr niedrigen Keimgehalt auf. Auch eine unterschiedliche Durchlüftung verursacht einen verschiedenen Keimgehalt in den drei Sumpfböden (Abb. 3): Der hohe Gehalt an thermophilen Mikroorganismen im Scirpo-Phragmitetum ist ein Beweis für eine höhere Durchlüftung. Dagegen ist im *Glyceria maxima*-Sumpfboden während der warmen Sommermonate, wo

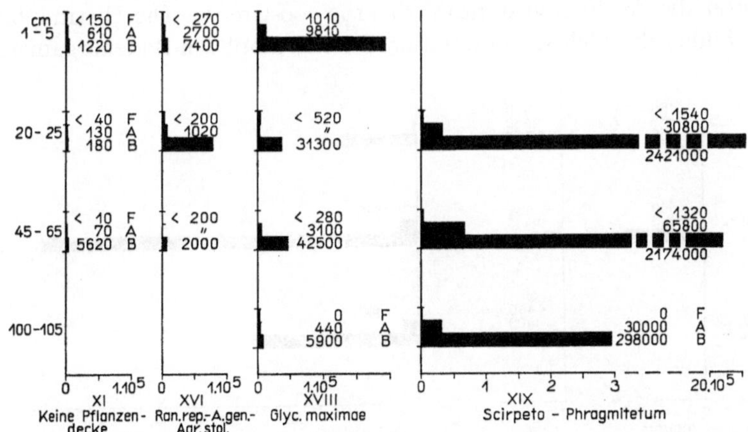

Abb. 3. Thermophile Mikroorganismen in vier verschiedenen Sumpfböden, August 1952.

A = Aktinomyzeten, B = Bakterien, F = Pilze in 1 g Boden.

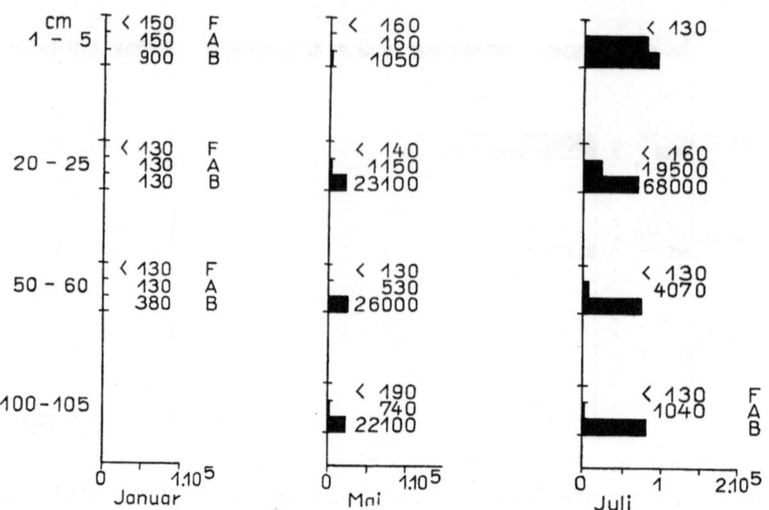

Abb. 4. Zahl der thermophilen Mikroorganismen im Lolio-Cynosuretum-Boden I, 1952.
A = Aktinomyzeten, B = Bakterien, F = Pilze in 1 g Boden.

die Zersetzung der Pflanzenreste schnell vor sich geht, ein hohes Sauerstoffdefizit mit einer sehr niedrigen Keimzahl verbunden. Im Sumpfboden der Ranunculus repens-Alopecurus geniculatus-Ass.,
Var. v. Agrostis stolonifera XVI tritt das Sauerstoffdefizit im
Gleyhorizont bei einer Tiefe von 45–65 cm ein, aber der niedrige Keimgehalt in der oberen Bodenschicht ist durch die Austrocknung verursacht. Der vegetationslose, sumpfige Boden (Abb. 3, XI) weist einen
äußerst niedrigen Keimgehalt auf, der wahrscheinlich durch das Fehlen
einer Pflanzendecke verursacht ist.

Die höchsten Keimzahlen sind bei Bakterien zu finden, die manchmal
über 2 Millionen in 1 g Boden ausmachen. Der Aktinomyzetengehalt ist
häufig bedeutend niedriger als bei den Bakterien und erreicht öfters 1000
und 10 000 in 1 g Boden. Verhältnismäßig selten (in Sumpfböden) überschreitet die Aktinomyzetenzahl die 100 000-Grenze. Die thermophilen
Pilze bilden die kleinste Population der thermophilen Bodenorganismen

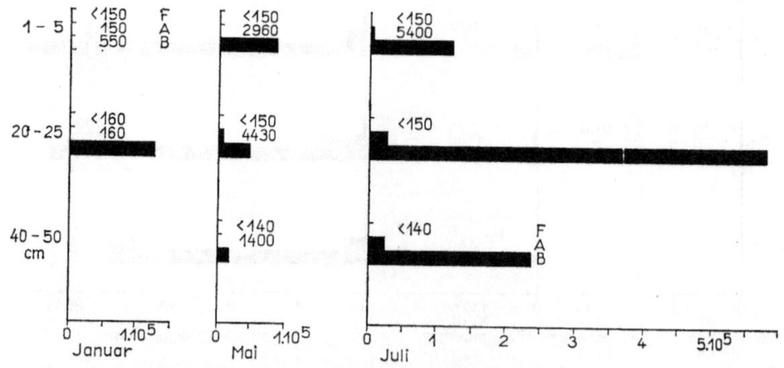

Abb. 5. Zahl der thermophilen Mikroorganismen im Ranunculus repens-
Alopecurus geniculatus-Boden II, 1952.
A = Aktinomyzeten, B = Bakterien, F = Pilze in 1 g Boden.

aus. Ihre Zahl überschreitet selten 100 in 1 g Boden. Nur in der obersten
Schicht der Sumpfböden wurden höhere Pilzzahlen gefunden, aber auch
diese überschreiten gewöhnlich nicht die 1000-Grenze.

Der Gehalt an thermophilen Bakterien, Aktinomyzeten und Pilzen in
den untersuchten alluvialen Böden ist nicht konstant, sondern unterliegt
ziemlich regelmäßigen, starken jahreszeitlichen Schwankungen. Dies ist
an drei Böden vorgeführt: Lolio-Cynosuretum-Weideboden I
(Abb. 4), Ranunculus repens-Alopecurus geniculatus Boden
(Abb. 5) und Glycerietum maximae-Sumpfboden III b (Abb. 6). Die
quantitativen jahreszeitlichen Veränderungen sind nicht gleichartig in
allen Böden, sondern ein jeder Boden der entsprechenden Pflanzengesellschaft weist einen ziemlich eigenartigen Verlauf auf. Auch einzelne
Organismengruppen verhalten sich verschieden. So weist der gut durch-
lüftete Lolio-Cynosuretum-Boden (Abb. 4) und der nasse Ranunculus repens-Alopecurus geniculatus-Boden (Abb. 5) den höchsten
Keimgehalt im Juli auf und den niedrigsten im Januar. Der Glycerietum
maximae-Sumpfboden (Abb. 6) hat ebenfalls im Winter (März) eine
niedrige Keimzahl, aber die höchste Keimzahl für Bakterien (B) im
Mai, die bei 38° C die 600 000-Grenze überschreitet. Im August geht die
Zahl der Bakterien sehr stark zurück, jedoch ist die Zahl der Pilze
(F) und Aktinomyzeten (A) höher als im Mai.

Die Bodenpilze wurden eingehend auf ihren quantitativen Anteil an
dieser Mikroflora, Artenzusammensetzung und Dynamik in diesen
Böden untersucht. Darüber wird an anderer Stelle (APINIS 1960) ausführlich berichtet. Es ist hier nötig, Folgendes über das Vorkommen
der Pilze aus dieser Arbeit zu entnehmen, um die grundsätzlichen Züge
in der Verbreitung näher zu verfolgen:
a) In den untersuchten alluvialen Böden wurden keine stenothermophilen Pilzarten gefunden. Die wärmeliebenden Pilze dieser Böden sind
durch die thermophilen, thermotoleranten und fakultativ thermophilen

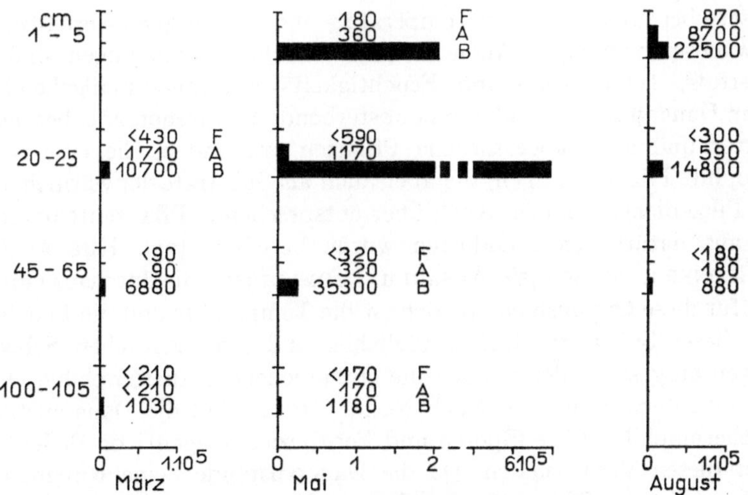

Abb. 6. Zahl der thermophilen Mikroorganismen im Glycerietum maximae-Sumpfboden IIIb, 1952.
A = Aktinomyzeten, B = Bakterien, F = Pilze in 1 g Boden.

Arten (siehe p. 298) vertreten, an die sich einige mesophile Arten anschliessen, die noch fähig sind, bei 38–40° C gut zu wachsen.

b) Die Verteilung der wärmeliebenden Pilze in diesen Böden zeigt einige bemerkenswerte Züge, die wahrscheinlich durch physikalisch-chemische und biotische Bodenfaktoren bedingt sind. So sind z.B. *Allescheria* und *Sporocybe* mehr auf Lolio-Cynosuretum-Böden beschränkt, aber *Talaromyces* an nasse Ranunculus repens-Alopecurus geniculatus-Böden gebunden.

c) Die Hauptverbreitung (Menge und Artenzahl) ist mit den oberen Horizonten des Bodenprofils bei allen untersuchten Böden verbunden.

d) Dynamisch verhalten sich die meisten thermophilen Pilzarten anders als die Bakterien: Eine höhere Präsenz der meisten Arten ist in den Herbst- und Wintermonaten zu verzeichnen, mit einem Minimum im Frühling.

Die erwähnten quantitativen und qualitativen Eigentümlichkeiten der im Boden vorkommenden thermophilen Bakterien, Aktinomyzeten und Pilze veranlaßt zur Annahme, daß diese Organismen eine durchaus natürliche Bodenmikroorganismengruppe darstellen. Eine Bestätigung dieser Ansicht findet man schon bei NOACK (1912), der vegetatives Wachstum der thermophilen Pilze in der oberen Bodenschicht feststellte. Auch wird über genügend hohe Bodentemperaturen aus weiten Gebieten der nördlichen Hemisphäre (HUBER 1937, GEIGER 1950 u. VAARTAJA 1954) berichtet, die das natürliche Vorkommen der thermophilen Mikroorganismen in Böden ermöglichen.

DAS VORKOMMEN AUF ABGESTORBENEN GRÄSERN

MIEHE (1907), NOACK (1912), AINSWORTH u. AUSTWICK (1955) konnten verschiedene thermophile Mikroorganismen, insbesondere Pilze, im Heu nachweisen. NOACK (1912) und APINIS (1953) stellten fest, daß diese thermophilen Pilze sehr gut auf sterilisiertem Laub und sterilisierten Gräsern bei entsprechenden Temperatur- und Feuchtigkeitsverhältnissen zu wachsen vermögen. Auch unter natürlichen Bedingungen sind die Substrat-, Temperatur- und Feuchtigkeitsverhältnisse maßgebend. In einem Dauergrünland sind immer absterbende Pflanzenorgane, besonders Blätter und auch abgestorbene Pflanzen vorhanden, die eine reiche mesophile Pilzflora tragen, die aber auch als Substrate der wärmeliebenden Pilze dienen können. Auch über entsprechende Pflanzentemperaturen aus natürlichen Standorten wurde berichtet (vgl. HUBER 1937, WAGGONER u. SHAW 1952, ANSARI u. LOOMIS 1959), die durchaus günstig sind für diese Organismen. Jedoch ist die Temperatur und die Feuchtigkeit dieser Substrate starken täglichen und jahreszeitlichen Schwankungen ausgesetzt, denen auch die entsprechenden thermophilen Organismen unterworfen sind. Nach NOACK (1912) sind die Dauerzustände der thermophilen Pilze (Sporen und Perithezienanlagen) von Bedeutung unter diesen Verhältnissen. Da die Dauerzustände keine Ruheperiode besitzen, sind sie fähig, sofort nach dem Eintritt von günstigen Lebensbedingungen die weitere Entwicklung fortzusetzen. Die Anwesenheit von Dauerzuständen (Dauermyzelien, Gemmen und Perithezien-Anlagen) in abgestorbenen Gräsern kann als weiterer Beweis dienen, daß die thermophilen Pilze diese Substrate tatsächlich unter natürlichen Verhältnissen nutzen und sich außerhalb des Bodenbereiches entwickeln. Um den eben erwähnten Umstand zu prüfen, wurden am 19. März 1960 die noch aufrecht stehenden toten Halme und Blätter folgender sechs Gräserarten eingesammelt: *Phragmites communis* Stengel (aus 1958) und Blätter (1959) im Scirpo-Phragmitetum, *Glyceria maxima* (1959) im Glycerietum maximae, *Deschampsia caespitosa* (1959) in der Ranunculus repens-Alopecurus geniculatus-Ass., *Dactylis glomerata* (1959) und *Lolium perenne* (1959) im Lolio-Cynosuretum. Im Laboratorium wurden die einzelnen Gräser des eingesammelten Materials fein zerschnitten, in 5 g-Portionen eingewogen, mit sterilem Wasser gewaschen und gespült und dann jede Portion in 150 ml Wasser sehr fein in eine Suspension aufgeteilt, 1 ml aus dieser Suspension in eine Petri-Schale mit Bodenextraktagar gegossen (10 Platten für jede Portion) und bei 38° C bebrütet. Nach 24 und 48 Stunden wurden alle Mikroorganismenkolonien gezählt, der Ursprung der Pilzkolonien bestimmt und auch die Artenbestimmung der Pilzkolonien durchgeführt. Die Resultate sind in Tabelle 1 zusammengestellt. Aus dieser Tabelle geht hervor, daß fast alle Pilzkolonien der wärmeliebenden Arten sich aus Dauermyzelien entwickelten, die in abgestorbenen Gräsern überwinterten und erhalten geblieben sind. Quantitativ sind die abgestorbenen Gräser etwas reicher an thermophilen Pilzen als die entsprechenden Böden. Auch ein ziemlich hoher Gehalt an thermophilen Bakterien und Aktinomyzeten ist ebenfalls bezeichnend. Sonst ist die Flora der thermophilen Pilzarten der abgestorbenen Gräser dieselbe wie die der Böden.

Für die beiden anderen Versuche über das Vorkommen der thermophilen Pilze auf abgestorbenen Gräsern, toten Halmen und Blättern wurden im November und Dezember 1959 11 Grasarten von demselben

Tab.1. Zahl der thermophilen Mikroorganismen in aufrecht stehenden, abgestorbenen Gräsern aus dem alluvialen Grünlande, März 1960

	Zahl in 1 g Trockensubstanz			Entwicklung der Pilzkolonien aus (1 g Trockensubstanz)			Pilzarten in 1 g Trockensubstanz
	Bakterien	Aktinomyzet.	Pilze	Myzel	Sporen	Unbest.	
Glyceria maxima	128300	1560	550	250	10	290	50 Absidia ramosa 500 Aspergillus fum.
Phragmites communis Stengel	660	90	30	30	–	–	20 Aspergillus fum. 10 Myc. sterilia
Phragmites communis Blätter	23360	1730	100	80	–	20	100 Aspergillus fum.
Deschampsia caespitosa	28700	260	100	80	–	20	30 Absidia ramosa 50 Aspergillus fum. 10 Myc. sterilia 10 Trichoderma vir.
Dactylis glomerata	21350	1330	40	30	–	10	30 Aspergillus fum. 10 Myc. sterilia
Lolium perenne	1460	200	50	20	–	30	20 Absidia ramosa 10 Mucor pusillus 20 Trichoderma vir.

Tab. 2. Das Vorkommen auf abgestorbenen Gräsern (Zahlenwerte 1 - 10 entsprechen 10 - 100 %)

Substrate / Arten	Thermophile					Thermotolerante				Fak. therm.				Mesophile Arten								Standorte
	Allescheria terrestris	Chaetomium thermophile	Mucor pusillus	Talaromyces duponti	Thermomyces lanuginosus	Absidia corymbifera u. A. ramosa	Aspergillus fumigatus	Monascus purpureus	Sporotrichum species	Aspergillus niger	Melanospora fimicola	Rhizopus arrhizus	Thielavia sepedonium	Aspergillus chevalieri	Aspergillus nidulans	Chaetomella horrida	Chaetomium simile	Omphalia species	Endomyces lactis	Sordaria fimicola	Trichoderma viride	
Glyceria maxima	2	.	3	.	2	6	10	.	5	.	.	1	.	.	.	2	1	.	.	.	.	Glycerietum maximae
Phragmites communis	5	.	2	.	2	6	10	.	5	.	.	2	.	.	.	1	1	2	.	.	.	Scirpo-Phragmitetum
Typha latifolia	5	.	5	.	5	8	10	.	5	.	.	.	3	.	.	.	.	.	.	.	.	" "
Agropyron repens	5	.	.	5	10	.	10	.	5	.	.	.	.	.	.	.	.	.	.	.	.	
Agrostis stolonifera	5	.	.	.	5	.	10	5	.	.	.	5	.	.	.	.	.	.	.	.	.	Ranunc. repens-Alopec. genic.-Ass.
Deschampsia caespitosa	4	1	6	.	3	7	10	2	3	.	.	1	.	1	.	1	.	.	.	2	.	
Cynosurus cristatus	.	.	8	.	3	5	10	.	.	.	3	.	.	.	.	.	.	.	.	.	.	Lolio-Cynosuretum
Dactylis glomerata	8	.	4	.	2	9	10	.	.	2	.	3	.	.	2	2	.	.	.	.	2	" "
Holcus lanatus	9	.	6	.	2	4	10	.	7	.	.	5	.	.	.	.	.	.	.	.	.	" "
Lolium perenne	4	2	5	.	7	9	10	.	2	.	.	4	.	.	4	5	.	.	.	.	.	" "
Phleum pratense	7	2	9	.	7	5	10	2	.	2	.	5	.	.	.	.	.	.	2	.	.	" "

Dauergrünland eingesammelt und in ähnlicher Weise wie vorher behandelt. Die Beobachtungen an diesem umfangreicheren Material sind in Tabelle 2 zusammengefaßt. Daraus geht hervor, daß die Artenzusammensetzung auf toten Gräsern derjenigen auf den entsprechenden Böden ziemlich ähnlich ist. Doch quantitativ und auch qualitativ ist die thermophile Pilzflora der abgestorbenen Gräser reicher als die der entsprechenden alluvialen Böden. 5 thermophile, 5 thermotolerante und 4 fakultativ thermophile Arten wurden festgestellt (Tab. 2), zu denen 8

298

sporadisch vorkommende mesophile Arten hinzukommen, die bei 38° C
noch ziemlich gut zu wachsen vermögen. *Chaetomium thermophile,
Aspergillus niger* und *Rhizopus arrhizus* sowie auch die mesophilen *Aspergillus chevalieri, A. nidulans, Chaetomium simile* und *Omphalia* species
wurden überhaupt nicht in diesen Böden festgestellt und scheinen vorwiegend an außerhalb des Bodens befindliche Pflanzenreste gebunden, wo
eine Konkurrenz der Bodenmikroflora und auch der Einfluß der physikalisch-chemischen Bodenfaktoren ausgeschlossen ist.

So ist auch die Verteilung der thermophilen Pilzarten auf aufrecht
stehenden toten Gräsern eine andere als die in den Böden: z.B. *Allescheria*
und *Thermomyces* sind meistens auf trockene und mäßig überschwemmte
Weideböden beschränkt, doch ist ihr Vorkommen keineswegs an abgestorbene Gräser dieser Pflanzengesellschaften gebunden; es erstreckt
sich aber auf Gräser aus allen Dauergrünlandgesellschaften. Dasselbe ist
der Fall bei *Mucor pusillus*. *Absidia* und *Sporotrichum*-Arten sind bedeutend häufiger auf abgestorbenen Gräsern als in verschiedenen Grünlandböden. Dagegen kommt *Trichoderma viride* mehr in alluvialen Böden vor
als auf toten Wiesengräsern. Bei *Talaromyces* ist das Vorkommen im
Boden und auf abgestorbenem *Agropyron repens* an die Ranunculus
repens-Alopecurus geniculatus-Ass. gebunden.

Das häufige Vorkommen der thermophilen Pilze auf toten Gräsern der

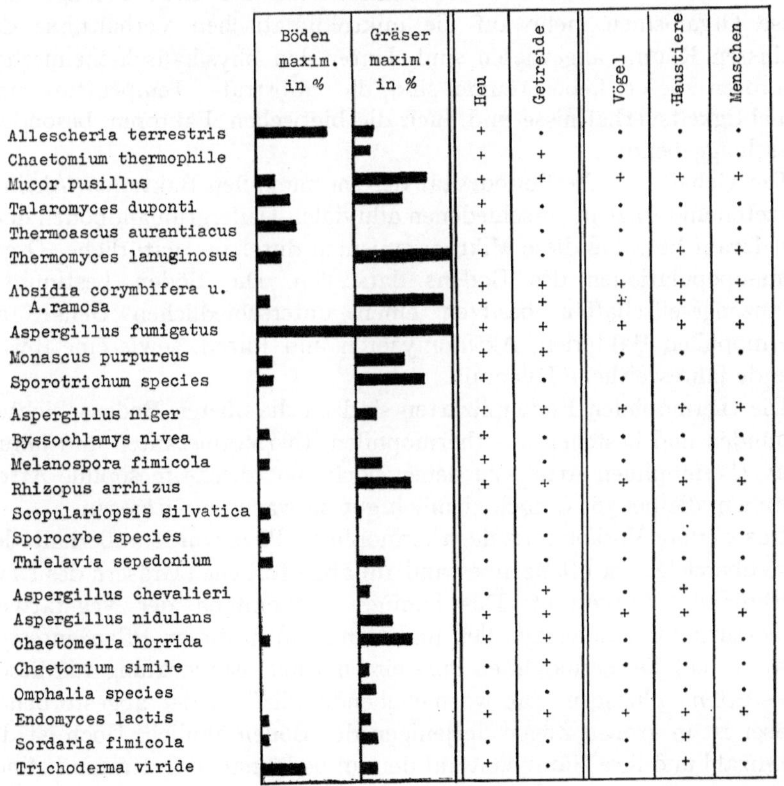

Tab. 3. Das Vorkommen der thermophilen Pilze in Böden und toten Gräsern
in alluvialem Dauergrünlande sowie ihr Vorkommen (Literaturangaben mit
+ bezeichnet) auf Heu und Getreide wie auch in Menschen, Haustieren und
Vögeln

	Böden maxim. in %	Gräser maxim. in %	Heu	Getreide	Vögel	Haustiere	Menschen
Allescheria terrestris			+	.	.	.	.
Chaetomium thermophile			+	+	.	.	.
Mucor pusillus			+	+	+	+	+
Talaromyces duponti			+	.	.	.	.
Thermoascus aurantiacus			+	.	.	.	.
Thermomyces lanuginosus			+	.	.	+	+
Absidia corymbifera u.			+	+	+	+	+
A. ramosa			+	+	+	+	+
Aspergillus fumigatus			+	+	+	+	+
Monascus purpureus			+	+	.	.	.
Sporotrichum species			+	.	.	.	.
Aspergillus niger			+	+	+	+	+
Byssochlamys nivea			+	.	.	.	.
Melanospora fimicola			+	.	.	.	.
Rhizopus arrhizus			+	+	+	+	+
Scopulariopsis silvatica			.	.	.	.	.
Sporocybe species			.	.	.	.	.
Thielavia sepedonium			.	.	.	.	.
Aspergillus chevalieri			.	+	.	+	.
Aspergillus nidulans			+	+	+	+	+
Chaetomella horrida			+	+	.	.	.
Chaetomium simile			.	+	.	.	.
Omphalia species			.	.	.	.	.
Endomyces lactis			+	+	+	+	+
Sordaria fimicola			.	.	.	+	.
Trichoderma viride			+	.	.	+	.

untersuchten Grünlandgesellschaften weist auf eine höhere Erwärmung dieser Pflanzenreste hin, die durch die Sonneneinstrahlung verursacht sind und günstige Lebensbedingungen für wärmeliebende Pilzarten schaffen. Dies bedeutet, daß die thermophilen Pilze, sowie auch andere thermophile Mikroorganismen, bedeutend mehr uneingeschränkte Existenzmöglichkeiten in gemäßigten Zonen haben als zur Zeit allgemein angenommen wird.

Das Vorkommen der thermophilen Pilze auf abgestorbenen Gräsern ist eng mit ihrem Vorkommen auf Heu verbunden, weil das letzte Substrat eine sehr ähnliche Pilzflora (vgl. MIEHE 1907) aufweist. Auch ihr Vorkommen auf Getreide ist ähnlich. Dabei sind weitere biozönotische Beziehungen dieser Pilze zum Tierreich wahrscheinlich, wie das schon von AINSWORTH u. AUSTWICK (1955) angedeutet wurde. AINSWORTH u. AUSTWICK (1955, 1959) hatten die in Großbritannien vorkommenden tierischen Mykosen (Aspergillosen, Mukormykosen und Toxikosen) untersucht und das Vorkommen bestimmter thermophiler Pilzarten, wie z.B. *Aspergillus fumigatus*, *Absidia*-Arten, *Mucor pusillus* und *Rhizopus*-Arten, in diesen Mykosen festgestellt (Tab. 3). Einige thermophile Pilzarten sind auch aus Mykosen der Menschen bekannt (vgl. EMMONS 1950, AINSWORTH u. AUSTWICK 1959 und RIDDEL u. STEWART 1958).

ZUSAMMENFASSUNG

Die weltweite Verbreitung der thermophilen Mikroorganismen unter verschiedenen klimatischen Verhältnissen auf der Erde bezeugt, daß diese Organismen mehr auf die mikroklimatischen Verhältnisse der kleinsten Räume angewiesen sind. Unter den physikalisch-chemischen Faktoren dieser Lebensräume sind die Substrat-, Temperatur- und Feuchtigkeitsverhältnisse und auch die biotischen Faktoren besonders ausschlaggebend.

Der Gehalt und die Periodizität der thermophilen Bakterien, Aktinomyzeten und Pilze in verschiedenen alluvialen Dauergrünlandböden deuten darauf hin, daß diese Mikroorganismen durchaus natürliche Organismenpopulationen des Bodens darstellen. Die Böden bestimmter Pflanzengesellschaften besitzen einen unterschiedlichen Gehalt an thermophilen Bakterien, Aktinomyzeten und Pilzen, sowie eine abweichende jahreszeitliche Dynamik.

Die thermophilen Bodenpilzarten sind an die oberen Bodenschichten gebunden und bestehen aus thermophilen, thermotoleranten und fakultativ thermophilen Arten, zu denen noch sporadische mesophile Arten kommen, die bei 38° C noch ziemlich gut zu wachsen vermögen.

Das weitere Vorkommen der thermophilen Pilze wurde außerhalb des Bodenbereiches im Pflanzenbestand auf abgestorbenen Gräsern des Dauergrünlandes festgestellt. Das häufige Vorkommen der vegetativen Dauerzustände (Dauermyzelien und Gemmen) in diesen Pflanzenresten beweist, daß die thermophilen Pilze eine normale Entwicklung auf diesen Substraten vollziehen. Die wärmeliebende Pilzflora der abgestorbenen Gräser ist in großen Zügen derjenigen der Böden ähnlich. Doch ist die Artenzahl und ihre Häufigkeit auf den im bodennahen Luftraum befindlichen Pflanzenresten bedeutend höher als in den entsprechenden Böden, wobei die edaphisch bedingten Unterschiede in der Artenpopulation viel weniger für die außerhalb des Bodens befindlichen Substrate hervortreten.

Das Vorkommen von bestimmten thermophilen Pilzarten in alluvialen Böden und auf toten Gräsern des Dauergrünlandes ist mit ihrem Vorkommen im Heu verbunden und deutet auf weitere biozönotische Beziehungen (Krankheitserreger) zu Menschen und Tieren hin.

SUMMARY

Distribution of thermophilous actinomycetes, bacteria and fungi is discussed in general and their relations to temperature are reviewed in regard to their occurence in certain alluvial soils and in the vegetation of Trent Valley near Nottingham.

Their presence in the surface layers of the soil and in plant debris appears to be a natural phenomenon because these are periodically warmed up by radiation of the sun and thus suitable conditions are created for their development, while their occurrence in deeper soil layers may be due to translocation by water and deposition by soil fauna. However, in relation to other soil microorganisms the number of such thermophiles is small (cf. textfigs. 1–3). Thus the number of thermophilous bacteria seldom exceeds 2 millions in 1 g dry soil rich in organic residues; actinomycetes are represented in a lesser degree with c. 100 to 10.000 rarely exceeding 100.000, whereas fungi constitute the smallest group usually present by no more than 100 in 1 g dry soil.

In general, the numbers of thermophilous microorganisms differ in various soil types and show distinct variation throughout the seasons of the year (cf. textfigs. 4–6).

Occurrence of the thermophilous fungi is considered in particular. They appear in soil at higher frequencies in autumn and in winter but are at their lowest in the spring. Most of the thermophilous fungi show a wide distribution in various alluvial soil types with slight preference for one or another soil except *Allescheria* and *Sporocybe* which are confined to the soil of Lolio-Cynosuretum pasture, and of *Talaromyces* confined to the wet soil of Ranunculus repens-Alopecurus geniculatus pasture. This ecological separation of thermophilous fungi in various soils is less apparent in surface grass debris in different types of vegetation (cf. tab. 1 & 2). Thus examination of still upright grass culms and dead leaves attached to senescent plants showed that occurrence of most thermophilous fungi, except *Talaromyces* and *Thermoascus*, is not bound to a particular grass species. Furthermore, it appeared that the frequency of thermophilous fungi is much higher in plant debris than in soil. Such fungi were found in plant debris as clusters of mycelia, gemmae or as initials of perithecia which, apparently, secure their survival during cold or dry weather. Still, the occurrence of certain species of thermophilous fungi recorded from various soils and vegetation of these alluvial grasslands is not restricted to such habitats and substrata exclusively

but they are known to occur also in certain infections of animals and man
(cf. tab. 13).

LITERATUR

AINSWORTH, G. C. a. AUSTWICK, P. K. C.: A survey of animal mycoses in
Britain: Mycological aspects. – Trans. Brit. myc. Soc. **38**: 369–386. Cam-
bridge 1955.
— Fungal diseases of animals. – Commonwealth Agricultural Bureaux,
Farnham Royal, Bucks. England 1959.
ANSARI, A. W. u. LOOMIS, W. F.: Leaf temperatures. – Am. J. Bot. **46**: 713–
717. Lancaster 1959.
APINIS, A. E.: Distribution, classification and biology of certain soil in-
habiting Fungi. – Ph. D. Thesis. Nottingham 1953.
— Über das Vorkommen niederer Pilze in alluvialen Böden bestimmter
Pflanzengesellschaften. – Mitt. flor.-soz. Arb. Gemeinsch. N.F. **8**: 110–117.
Stolzenau/Weser 1960.
— Occurrence of thermophilous microfungi in certain alluvial soils near
Nottingham. – Mskr. 1960.
BERGEY, D. H.: Thermophilic bacteria. – J. Bact. **4**: 301–306. Baltimore
1919.
COPELAND, J.: Yellowstone thermal Myxophyceae. – Ann. N.Y. Acad. **36**.
New York 1936.
DE KRUYFF, E.: Les Bacteries thermophiles dans les Tropiques. Zbl. Bakt.
Abt. 2. **26** : 65. Jena 1910.
EMMONS, Ch.: The natural occurrence in animals and soil of fungi which
cause disease in man. – Proc. Seventh int. Bot. Congr. p. 416–421. Stock-
holm 1950.
FEIRER, W.: Studies of some obligate thermophilic bacteria from soil. - Soil
Sci. **23**: 47–56. New Brunswick 1927.
GEIGER, R.: The climate near the ground. – Cambridge, Mass. 1957.
GLOBIG, L.: Über Bakterienwachstum bei 50–70° C. – Z. Hyg. **3**: 294–391.
Leipzig 1887.
HUBER, Br.: Mikroklimatische und Pflanzentemperaturregistrierungen mit
dem Multithermographen von Hartmann u. Braun. – Jb. wiss. Bot. **84**:
671–709. Leipzig 1937.
IMSCHENEZKY, A. A. a. SOLNZEWA, L. I.: The growth of aerobic thermophilic
bacteria. – J. Bact. **49**: 539–546. Baltimore 1945.
INGRAHAM, J. L. a. STOKES, J. L.: Psychrophilic Bacteria. – Bact. Rev. **23**:
97–108. Baltimore 1959.
KROHN, V.: Studien über thermophile Schizomyzeten. – Ann. Acad. Sci.
fenn., Ser. A **21**. Helsinki 1923.
LINDT, W.: Mitteilungen über einige neue pathogene Schimmelpilze. –
Arch. Exp. Path. u. Pharm. **21** : 269–298. Leipzig 1886.
MAC CLUNG, L. S.: Studies on anaerobic bacteria III. Historical review and
technique of culture of certain thermophilic anaerobes. – J. Bact. **29**:
173–187. Baltimore 1935.
MAC FADYEN, A. a. BLAXALL, F. R.: Thermophilic Bacteria. – J. Path.
Bact. **3**. London 1896.
MICHOUSTINE, E. N.: Termofilnye mikroorganizmi v prirode i praktike.
(Thermophile Mikroorganismen in Natur und Praxis). – Moskau 1950.
MIEHE, H.: Die Selbsterhitzung des Heues. – Jena 1907.
MIQUEL, P.: Monographie d'un bacille vivante au-del de 70°. – Ann. Microgr.
1. Paris 1879.
MIYOSHI, M.: Studien über Schwefelwasserbildung und die Schwefelbacterien
der Thermen von Yumoto bei Nikko. – J. coll. Sci. Imp. Univ. Tokyo **10**.
Tokyo 1897.
MORRISON, L. E. a. TANNER, F. W.: Studies on thermophilic bacteria. I. –
Bot. Gaz. **77**: 171–185. Chicago, III. 1924.

Noack, K.: Beiträge zur Biologie der thermophilen Organismen. – J. wiss.
  Bot. **51**: 593–648. Leipzig 1912.
Riddel, R. W. u. Stewart, G. F.: Fungous diseases and their treatment. –
  Butterworth u. Co Ltd., London 1958.
Schillinger, A.: Über thermophile Bacterien. – Hyg. Rdsch. **8**: 568.
  Berlin 1898.
Tsiklinsky, P. V.: Recherches sur les microbes thermophiles. – Thèse
  dissert. Genève 1903.
Tüxen, R. u. Preising, E.: Erfahrungsgrundlagen für die pflanzensozio-
  logische Kartierung des westdeutschen Grünlandes. – Angew. Pfl. Soziol. **4**.
  Stolzenau/Weser 1951.
Vaartaja, O.: Temperature and evaporation at and near ground level on
  certain forest sites. – Can. J. Bot. **3**: 760–783. Ottava 1954.
Vouk, V.: Biologische Untersuchungen der Thermalwässer Kroatiens und
  Slavoniens. – Akad. Wiss. u. Künste d. Süd-Slaven **8**. Zagreb 1929.
Waggoner, P. E. a. Shaw, R. H.: Temperature of potato and tomato leaves.
  – Plant Phys. **27**: 710–724. Lancaster, Pa. 1954.
Waksman, S., Umbreit, W. a. Cordon, G.: Thermophilic actinomycetes
  and fungi in soil and compost. – Soil Sci. **47**: 37–54. Baltimore, Md. 1939.
Zycha, H.: Mucorinae. – Kryptogamenflora der Mark Brandenburg VIa.
  Berlin 1935.

Du Rietz:

Der Vortrag gab einen Einblick in ein sehr wenig bearbeitetes Gebiet. Ich
glaube, wir sind alle darüber einig, daß es für die Entwicklung unserer
Wissenschaft sehr wertvoll wäre, wenn mehr Mikrobiologen wie der
Vortragende ihre Untersuchungen im Rahmen der Biozönosen durchführen würden.

Schmitz:

Die beiden Vorträge, die sich mit den Untersuchungen über den Bak-
teriengehalt der Böden befaßten, veranlassen mich, auf einen grundsätzlichen Punkt zu kommen. Wenn wir Biozönosen betrachten, können wir
das vom statischen Aspekt, der beispielsweise den Besiedlungstypus an
Hand einer Artenliste berücksichtigt, oder vom dynamischen, ökologischen
Aspekt tun. Das letzte ist m.E. interessanter, denn es bringt die kausalen
Beziehungen näher.

Insofern ist die Artenliste, die zu Gesellschaften führt, zunächst ein
Hilfsmittel der Abgrenzung. Wir erkennen den ökologischen Typus an
seinem Artengefüge.

Wenn wir prinzipiell die Forderung stellen, alles zu erfassen, dann
würde das doch wohl etwas überspitzt sein. Es hat sich z.B. gezeigt, daß
die Bestimmung der Gesamtzahl der Bakterien sehr aufschlußreiche
Beziehungen zwischen der Gesellschaft und dieser Gesamtzahl bringen
kann. Einzelne Bakterienarten zu bestimmen um der soziologischen
Forderung genüge zu tun, zielt aber vielleicht an dem eigentlichen
Problem etwas vorbei. Denn es wird praktisch unmöglich sein, zur
quantitativen Erfassung dieser einzelnen Arten zu kommen. Wir müssen
hier selektiv arbeiten, Spezial-Nährböden verwenden, um einzelne Arten
herauszuziehen, und damit verändern wir auch die Aktivitäten. Es fragt
sich hier also, ob die Bakteriologie sich nicht mehr den biochemischen-
mikrobiologischen Eigenschaften des Bodenkomplexes widmen solle, als
zu sehr auf Vollständigkeit der Artenlisten zu zielen. Ich glaube, daß es
praktisch gar nicht anders sein wird, weil man eigentlich nur diese Fragen
untersuchen kann.

DIE BODENBIOZÖNOSEN UND IHRE BEDEUTUNG FÜR DIE BODENGENESE

von

HERBERT FRANZ, Wien

Überall auf der Erde beobachten wir, daß die Bodenentwicklung von Initialstadien der Bodenbildung ausgehend so lange fortschreitet, bis die bodenauf- und -abbauenden Prozesse unter der Komplexwirkung der Standortsfaktoren ins dynamische Gleichgewicht gekommen sind. Wir wissen heute, daß an diesem Aufbau der Bodendecke und auch an einem späteren Umbau vorhandener Böden biologische Prozesse hervorragend beteiligt sind und daß diese Prozesse verschieden ablaufen, je nachdem, welche Bodenbiozönosen an ihnen mitwirken.

Man kann die Gesamtheit der Vorgänge, die an der Entstehung eines Bodens beteiligt sind, in vier Gruppen einteilen:

1. in Vorgänge des Stoffabbaues, zu denen auf der anorganischen Seite die Verwitterung der Muttergesteine und der sie zusammensetzenden Minerale, auf der organischen Seite die Verrottung der organischen Reste der Vegetation und der Bodenorganismen gehören,

2. in Vorgänge der Stoffneubildung, wozu auf der anorganischen Seite die sekundären Tonminerale, Metalloxyde und andere Zerfallprodukte der Gesteine, auf der organischen Seite die Humusstoffe im weitesten Sinne zu rechnen sind,

3. in Vorgänge der Stoffwanderung bezw.-verlagerung, die einen wesentlichen Beitrag zum Aufbau des Bodenprofils leisten und

4. in Strukturbildungsprozesse, die den Wasser- und Lufthaushalt der Böden maßgebend mitbestimmen.

Jede dieser vier Gruppen wird vom biologischen Geschehen im Boden direkt oder mindestens indirekt beeinflußt, was nachfolgend etwas weiter ausgeführt werden soll.

Für den Abbau der mineralischen Substanz ist die Produktion von Säuren durch Pflanzen und Tiere von größter Bedeutung. Neben der CO_2-Produktion bei der Atmung und der aus dem CO_2 mit dem Bodenwasser gebildeten Kohlensäure spielt die Abscheidung z.T. viel stärkerer organischer Säuren durch lebende Organismen und die Einwaschung wasserlöslicher organischer Säuren aus dem Bestandesabfall eine entscheidende Rolle. Die Zersetzung der Gesteine und Primärminerale der Böden ist nicht bloß eine Nebenerscheinung der Lebensvorgänge im Boden, sondern in vielen Fällen ein gezielter biologischer Prozeß.

Dies tritt besonders klar bei den Pioniergesellschaften zu Tage, die nackten Fels besiedeln. Die Lithobionten (FALGER 1914) können ihren extremen Lebensraum nur besiedeln, weil sie befähigt sind, die Gesteins-oberfläche chemisch anzugreifen. Ebenso kann, wie ARISTOVSKAYA (1956) angeführt hat, der *Podsolierungsprozeß* als ein aktiver biologischer Prozeß anfgefaßt werden. In einem an Mineralnährstoffen extrem verarmten Substrat können nur noch Organismen existieren, die durch Abscheidung von Säuren in der Lage sind, schwer zersetzliche Minerale aufzulösen und so letzte Mineralstoffreserven des Bodens zu mobilisieren.

Daß die Bestandesabfallzersetzung Werk der Bodenorganismen ist, wurde schon im vorigen Jahrhundert klar erkannt. Sie verläuft verschie-den je nach der Bodenbiozönose, die diese Leistung vollbringt. Neben Bakterien kommt dabei Pilzen und kleinen Bodentieren eine hervorragen-de Rolle zu.

Der Ausdruck eines verschiedenen Zersetzungsverlaufes sind die Humusformen, die wir in der Natur vorfinden. Sie sind stets das Produkt der Tätigkeit einer ganzen Organismengemeinschaft, häufig allerdings der dominierenden Tätigkeit weniger Organismenarten. Jede Biozönose arbeitet anders und führt zu anderen Zersetzungsprodukten.

Wie außerordentlich subtil die Unterschiede sind, mit denen wir zu rechnen haben, geht aus Kompostierungsversuchen hervor, die G. GISIN (1952) in Genf durchgeführt hat. Er legte aus gleichem Fallaub eines Gartens im Herbst je einen Komposthaufen an der Nord- und Südseite eines Gebäudes an. Wie zu erwarten, erwies sich zu Beginn des Frühlings die Besiedlung der beiden Komposte, es wurden nur die Collembolen untersucht, standortbedingt als verschieden. Es wurde nun der Kom-post von der Nordseite des Gebäudes auf die Südseite übertragen und unmittelbar neben dem dort schon vorhandenen gelagert. Beide Kom-postmieten wurden durch Bretter mit einem Abstand von nur 20 cm getrennt. Man hätte nun erwarten können, daß sich die Collembolen-Gemeinschaft beider Komposte angleichen würde, das war aber nicht der Fall. Selbst als eine Probe des einen Komposthaufens, reichlich mit Collembolen besiedelt, auf den zweiten Komposthaufen übertragen wurde, blieben die Unterschiede erhalten, die mitübertragenen Collembolen gingen, sofern sie nicht Arten angehörten, die beiden Komposten gemein-sam waren, zu Grunde. Man muß daraus schließen, daß in beiden Kom--posten verschiedene Zersetzungsvorgänge vor sich gegangen waren und daß diese das Milieu so nachhaltig bestimmten, daß ein Ausgleich durch nachträgliche Herstellung gleicher Standortbedingungen nicht mehr möglich war.

Dieser Versuch zeigt ebenso wie die große Mannigfaltigkeit der Humus-formen, daß die Zersetzung der organischen Substanz wie die Humus-bildung nicht nach einem Schema abläuft. Trotzdem kann man für den Fall der Zersetzung der organischen Substanz und die Humusbildung unter optimalen Bedingungen doch gewisse Phasen des Gesamtablaufes unterscheiden (vgl. LOUB in FRANZ u. LOUB 1959).

Als eine erste Phase können schon die Veränderungen angesehen wer-den, die sich in den pflanzlichen Geweben nach deren Absterben voll-ziehen, bevor der Bestandesabfall auf oder in den Boden gelangt. Hiezu gehört z.B. die herbstliche Verfärbung der Blätter vor dem Laubfall.

In dieser Phase reagieren nach SCHEFFER u. SCHACHTSCHABEL (1960) vor allem aromatische Zellbestandteile und Eiweißstoffe miteinander.

Eine zweite Phase stellt die Zerstörung noch lebender Samen, Wurzeln und Triebe in der Bestandesabfalldecke dar. Sie erfolgt teils durch Zerbeißen oder Abschaben seitens bestimmter Bodentiere, teils durch pilzlichen Angriff. In einer weiteren Phase werden im Plasma und Zellsaft gelöste Stoffe beim Abstreifen der Zellen frei. Organische Säuren, Eiweißabbauprodukte, Phosphatide, Lipoide und verschiedene Pflanzenfarbstoffe diffundieren durch die Zellwände. Sie werden entweder unmittelbar von Bodenorganismen als Nahrung aufgenommen oder gelangen in den Boden, wo sie z.T. durch die Ton- und Humussubstanz adsorbiert werden.

Eine sehr wichtige Phase der Bestandesabfallzersetzung stellt die mechanische Zerkleinerung und unter bestimmten Bedingungen Vermengung der organischen Reste mit dem Mineralboden dar. Es handelt sich dabei um Leistungen der detritophagen Bodentiere. An der Einmischung des Bestandesabfalles in den Mineralboden sind jeweils bestimmte Tiergruppen, in gemäßigten Klimaten bestimmte Regenwürmer, in den Tropen Termiten, in der mediterranen Hartlaubregion Diplopoden und Isopoden vorherrschend beteiligt.

Eine weitere Phase stellt der chemische Abbau und die teilweise Humifizierung der organischen Reste dar. Die Vorgänge sind verschieden, je nachdem, ob die Umsetzung in einer Auflagehumusdecke vor sich geht oder in der obersten Mineralbodenschicht. Sie können allein von pflanzlichen Bodenorganismen oder von diesen im Zusammenwirken mit detritophagen Kleintieren bewirkt werden. Eine rein chemische Zersetzung der organischen Substanz ohne Mitwirkung von Organismen scheint es nicht zu geben. Selbst Hochmoortorfe sind ja, wie die interessanten Referate von LUTZ und RONDE auf diesem Symposium gezeigt haben, bis zu beträchtlicher Tiefe von Bodenorganismen besiedelt. Die Bestandesabfallzersetzung verläuft je nach Klima (besonders Temperatur und Feuchtigkeit), Art der organischen Reste und, wie schon gesagt, je nach der daran beteiligten Organismengemeinschaft verschieden. Die einzelnen chemischen Substanzen werden nach dem Grade ihrer Zersetzbarkeit rascher oder langsamer zersetzt. Am raschesten vollzieht sich der Abbau der wasserlöslichen Kohlehydrate (Monosaccharide, Pektine, Eiweißreste). Es folgt die Zersetzung der inkrustierten Gewebeteile, die reich an Zellulose und Lignin sind. Für den Abbau dieser Stoffe ist die Oberflächenvergrößerung durch mechanische Zerkleinerung besonders wichtig. Die Zellulosezersetzung ist von einer starken Vermehrung der zellulosezersetzenden Mikroorganismen begleitet, sie vollzieht sich um so rascher, je günstiger die chemischen Eigenschaften der Substrate sind. Neben annähernd neutraler Bodenreaktion spielen die pflanzenaufnehmbaren Mengen an Kohlenstoff, Stickstoff und Phosphorsäure eine wichtige Rolle. Nach SCHEFFER u. SCHACHTSCHABEL (1960) ist ein C : N-Verhältnis von etwa 20 : 1 und ein C : P-Verhältnis von etwa 150–200 : 1 als optimal anzusehen. Am schwersten vollzieht sich die Zersetzung ligninhaltiger Gewebe, an ihr sind Basidiomyzeten maßgeblich beteiligt.

Beim Zelluloseabbau entstehen neben CO_2, CH_4 und H als Abbaupro-

dukte auch Säuren, so Essigsäure, Valeriansäure und Buttersäure. Die
beim Zellabbau entstehende Zellulose und Glucose wird von Pilzen z.T. zu
Zitronensäure, Apfelsäure oder Oxalsäure vergoren. Auch Uronsäuren
werden im Zuge der Abbauprozesse gebildet. Die Bedeutung dieser Substanzen für die Bodenversauerung liegt auf der Hand.

Ein Teil der organischen Substanzen wird mineralisiert, ein anderer in
Form von Humus im Boden auf Vorrat gelegt. Die Humusanreicherung
bedeutet nicht bloß eine Substanzanreicherung, sondern auch eine
Speicherung chemischer Energie im Boden. Eine solche kann sich unter
sonst gleichen Bedingungen in um so höherem Maße vollziehen, je spar-
samer der Energieverbrauch der Bodenbiozönose ist. Dieser ist dann am
sparsamsten, wenn im Zuge der Stoffumsetzung in optimaler Menge
wachstumsfördernde Wirkstoffe gebildet werden.

Die Bildung der Humusstoffe ist ein so schwieriges chemisches Kapitel,
daß darauf im Rahmen dieses Vortrages nicht eingegangen werden kann.
Es sei nur so viel gesagt, daß Humusstoffe aus ganz verschiedenen organischen Ausgangssubstanzen gebildet werden können. Bei der Bestandesabfallzersetzung der Wälder scheint die Humusbildung aus Lignin vor-
zuherrschen, in den Steppenböden dagegen die Humusbildung aus
Produkten des Eiweißstoffwechsels der Mikroorganismen, während bei
geringem Sauerstoffzutritt offenbar auch Kohlehydrate wesentlich zur
Humusbildung beitragen.

Der Gesamtprozeß ist so komplex, daß die Veränderung eines einzigen
Faktors bereits beträchtliche Verschiebungen im Gesamtgeschehen zur
Folge haben muß. Es sei dies an dem Beispiel des Temperatureinflusses
illustriert.

Bei hoher Temperatur und optimaler Feuchtigkeit kommt es zu üppi-
gem Pflanzenwachstum und damit zu reichlicher Bestandesabfallnach-
lieferung. Zugleich ist auch die Tätigkeit der Bodenorganismen optimal.
Man trifft deshalb, wenn der Mensch nicht störend eingreift, sehr artenreiche Bodenbiozönosen mit hoher Besiedlungsdichte des Bodens. Bei
sinkender Temperatur und gleichbleibender Feuchtigkeit klingt, was
WELTE (1949) besonders klar formuliert hat, die mikrobielle Tätigkeit in
viel stärkerem Maße ab, als das hinsichtlich der Erzeugung von Pflan-
zenmasse der Fall ist. Dies führt zu einer für die Humusbilanz der Böden
ausschlaggebenden Divergenz zwischen Anlieferung und Zersetzung der
organischen Substanz. Die bekannte Erscheinung, daß im humiden
Klimabereich die Böden der Tropen humusärmer sind als die gemäßigter
Breiten und diese wieder humusärmer als die der subarktischen Waldgebiete, hat nicht bloß große Bedeutung für die Umsetzung der organischen, sondern ebenso auch der anorganischen Bodenkomponenten.
Selbst Tonbildung, Tonumformung und Tonzerfall werden davon maßgebend mitbestimmt. Damit ist auch bereits der Einfluß des biologischen
Geschehens auf die Stoffneubildung im Boden aufgezeigt, so daß darauf
nicht weiter eingegangen werden muß.

Ich komme damit zur Gruppe der Vorgänge, die zur Stoffwanderung
bzw.-Verlagerung im Boden führen. Mit Recht wird dabei dem Wasser
eine maßgebende Rolle zugeschrieben. PALLMANN hat den Boden ein
Perkolationssystem genannt, die feste Bodensubstanz ein Filtergerät,

durch welches das Sickerwasser, bzw. der kapillar gehobene Grundwasser-
strom, gelöste bzw. suspendierte Substanzen transportiert. Trotzdem
darf der Einfluß des Wassers nicht überschätzt und nur im Rahmen des
Gesamtgeschehens gesehen werden.

Der Wasserzufuhr zum Boden steht die Verdunstung und besonders die
Wasserentnahme durch die Vegetation gegenüber. Die Vegetation ent-
nimmt dem Boden mit gelösten Stoffen beladenes Wasser und liefert
einen Teil der aufgenommenen Substanzen in Form des Bestandesabfalles (oberirdisch als Streuauflage und unterirdisch als abgestorbene
Wurzelmasse) wieder an den Boden zurück. Dabei vollziehen sich beträchtliche Substanzverlagerungen, auf die vor allem von forstboden-
kundlicher Seite hingewiesen worden ist. Ebenso bewirkt die mechanische
Bodendurchmischung durch die Bodentiere einen beträchtlichen Sub-
stanztransport. Auf nordwestdeutschen Dauergrünlandflächen passiert
nach A. FINK innerhalb eines Jahrzehntes die gesamte Krume den Darm
der Regenwürmer. In den Tropen konzentrieren die Termiten einen
beträchtlichen Teil der Tonsubstanz in ihren Galerien. Mit dieser mechanischen Bodenverlagerung ist i.a. zugleich eine beträchtliche Bodenlocke-
rung und Durchmischung verbunden. Bei den Termiten erfolgt allerdings
im Gegenteil eine Zementierung bestimmter Bodenschichten. Die Locke-
rung kann bei den Regenwürmern solche Ausmaße erreichen, daß dieselben unerwünscht sind, weil sie auf Kulturflächen Schäden verursachen.

Das Produkt der biologischen Bodendurchmischung ist die Krümelbildung. Krümel sind poröse Aggregate, die Luft und Wasser enthalten.
Sie saugen wie ein Schwamm Wasser auf. Krümelstruktur bedingt eine
hohe Wasser- und Luftkapazität des Bodens und damit optimale Bedingungen für das Bodenleben. Das Bodenleben schafft sich durch Krümelbildung selbst den Lebensraum, dieser wächst somit bei zunehmender
Intensität des Bodenlebens. Der Krümelbildung wirkt der Strukturver-
fall durch innere Erosionswirkung des Sickerwassers im Boden entgegen.
Diese Mikroerosion (nach SEKERA 1953) erreicht um so geringere Ausmaße, je intensiver die Lebendverbauung des Bodens ist. An ihr sind Bakterien, Pilze und Phanerogamenwurzeln beteiligt. Auch Schleimaus-
scheidungen pflanzlicher und tierischer Bodenorganismen spielen hier
eine Rolle.

Wie im einzelnen das Zusammenspiel der verschiedenen Organismen
bei den verschiedenen pedogenetischen Prozessen ist, bedarf noch eingehender Erforschung. Es steht außer Zweifel, daß es an verschiedenen
Standorten und damit auch in verschiedenen Böden anders verläuft. In
vielen Fällen dominieren einzelne Organismengruppen, an größeren
Bodentieren in den Tschernosemen die Regenwürmer, in vielen subtropischen und tropischen Böden die Termiten, in den Macchiengehölzen
des Mediterrangebietes Diplopoden, in degradierten Macchien vielfach
Isopoden. Die Böden der trockenen Savannen scheinen kaum von echten
Bodentieren beeinflußt zu sein, die biologische Steuerung pedogenetischer
Prozesse ist dort äußerst gering. Mein Mitarbeiter W. LOUB (1960) hat in
umfangreichen jahreszyklischen Untersuchungen der Bakterien- und
Pilzgemeinschaften zahlreicher Böden nachweisen können, daß bestimmten ökologischen Gruppen von Böden, für deren Gruppierung der Gang

von Bodenfeuchte und -wärme im Jahreslauf, aber auch der Boden-
chemismus maßgebend ist, ganz verschiedene Mikrobengemeinschaften
entsprechen. Dasselbe gilt, wie schon aus meinen früheren Arbeiten hervorgeht (vgl. u.a. FRANZ 1943, 1950), für die Bodenfauna.

Dieselben lassen sich allerdings in ihrer räumlichen Verteilung nicht
ohne weiteres mit den Makrophytenassoziationen zur Deckung bringen,
da sie ein viel kleinräumigeres Mosaik bilden und überdies z.T. anderen
Verteilungsgesetzen gehorchen. Die kleinräumige Verteilung der Bodenbiozönosen läßt es zweckmäßig erscheinen, sie dem Vorschlag von E. DU
RIETZ auf diesem Symposium folgend als Synusien zu bezeichnen und zu
beschreiben. In den meisten Fällen wird sich eine bestimmte Anzahl
terricoler Synusien einer Makrophytenassoziation zuordnen lassen, wobei
sich das Gesamtareal eines Synusienkomplexes mit dem der Bestände
einer bestimmten Makrophytenassoziation weitgehend decken wird.

In Räumen mit sehr alter Bodenfauna, wie etwa großen Teilen des
Mediterrangebietes und der Tropen, wird dies allerdings nicht der Fall
sein. Hier ist nach meiner Erfahrung mindestens die Verteilung der
Bodentiere großenteils durch Faktoren bedingt, die weit in der Vergang-
genheit zurückliegen und die gegenwärtige Vegetationsverteilung nicht
mehr beeinflussen. Es erweist sich die Bodenfauna als wesentlich orts-
gebundener und dabei konservativer als die überwiegende Mehrzahl der
höheren Pflanzen.

ZUSAMMENFASSUNG

Es wird dargelegt, daß alle wichtigen Prozesse, die bei der Bodentenwick-
lung ablaufen, direkt oder indirekt vom biologischen Geschehen im
Boden beeinflußt werden. Dies wird an Beispielen des Stoffabbaues, der
Stoffneubildung, der Stoffwanderung und der Strukturbildung gezeigt.
Eingehender wird die Umformung der organischen Substanz im Boden
durch die Bodenorganismen erörtert und gezeigt, daß zwischen Bodenbiozönosen und Humusformen eine enge Korrelation besteht.

Die terricolen Organismengemeinschaften besiedeln eng umgrenzte
Lebensräume und wechseln mit deren Beschaffenheit oft von Quadratmeter zu Quadratmeter. Sie bilden ein kleinräumiges Mosaik, daß mit
den Pflanzengesellschaften nicht ohne weiteres zur Deckung gebracht
werden kann.

SUMMARY

It is suggested that all the important processes involved in pedogenesis
are influenced, either directly or indirectly, by the biological phenomena
occurring in the soil. This is demonstrated for the following examples:
degradation and synthesis of substances, their transport, and the development of soil structure. The transformation of organic matter by the soil
organisms is more fully discussed and a correlation between the soil biocenoses and the different humus types is demonstrated.

The communities of soil organisms occupy sharply delimited volumes
and may vary from one square meter to another as the properties of their

surrounding environment alter. They thus form a small scale mosaic
which does not necessarily correspond exactly with the plant community
growing overground.

LITERATUR

ARISTOVSHAYA, T. V.: VIe Congr. Internat. Sci. du Sol, Paris 1956, **III–43**,
  Vol. C, p. 263 ff.
FALGER, F.: Z. dtsch. mikrograph. Ges. **6**: 1–7. 1914.
FINK, A.: Z. Pfl. Ernähr. Düng. Bodenk. **58**: 120–145. 1952.
FRANZ, H.: Denkschr. Akad. Wiss. Wien, math.-nat. Kl. **107**. 552 pp., 14 Taf.
  1943.
— Bodenzoologie als Grundlage der Bodenpflege. – Berlin 1950. X u. 316 pp.
— u. W. LOUB: Bodenbiologische Untersuchungen an Walddüngungs-
  versuchen. – Zbl. ges. Forstwes. **76**: 129–162. 1959.
GISIN, G.: Ökologische Studien über die Collembolen des Blattkomposts.
  – Rev. Suisse de Zool. **59**: 543–578. 1952.
LOUB, W.: Die mikrobiologische Charakterisierung von Bodentypeu. –
  Bodenkultur, Wien **A 11**. 1960.
SCHEFFER, F. u. SCHACHTSCHABEL, P.: Lehrbuch der Agrikulturchemie und
  Bodenkunde. I. Teil: Bodenkunde. 5. Aufl. – Stuttgart 1960. 332 pp.
SCHERA, F.: Z. Pfl. Ernähr. Düng. Bodenk. **55**: 193–201. 1951.
WELTE, E.: Z. Pfl. Ernähr. Düng. Bodenk. **46**: 244–278. 1949.

DU RIETZ:

Wir danken Herrn Kollegen FRANZ herzlich für diese weit- und tiefblik-
kende vielseitige Einführung in eine Reihe der zentralsten Probleme der
Biozönologie in ihrem Zusammenwirken mit der Bodenkunde. Ich hoffe
ernsthaft, daß der Plan von Prof. FRANZ, eine internationale Arbeitsgemeinschaft zu gründen, gelingen wird, durch die es möglich sein wird,
diese Probleme weiterzuführen.

DIE SYNTHESE PEDOGENETISCHER UND ÖKOLOGISCHER FRAGESTELLUNG BEI DER INTERPRETATION VON BODENANALYSEN

von

ERNST SCHLICHTING, Kiel

Die Pedologie ist die Disziplin, welche die Brücke zwischen der unbelebten und der belebten Natur schlägt, also zwischen Petrologie und Biologie vermittelt. Aus dieser Mittlerstellung resultiert, daß die Pedologen ihr Forschungsobjekt unter erdgeschichtlichen, also genetischen Aspekten (indem sie gleichsam zurück zum Gestein blicken) oder unter ökologischen Aspekten (indem sie gleichsam nach vorn zu den Lebensbedingungen für die Organismen[1] schauen) betrachten können. Dieser Dualismus ist bereits kennzeichnend für die historische Entwicklung der Bodenkunde, die ja ihre praktischen Wurzeln einerseits in der Geologie und andererseits in der Agrikulturchemie hat.

Er führte zunächst zu verschiedenen Auffassungen über das *Wesen des Bodens,* die ihren Niederschlag in Begriffsdefinitionen fanden. Die pedogenetisch orientierte Richtung sah in dem Boden zunächst nur ein Produkt der Oberflächenmetamorphose von Gesteinen, abstrahierte also von seiner Eigenart, Lebensraum zu sein. So konnte v. RICHTHOFEN (zit. n. JOFFE 1949) Boden als eine Art pathologischen Zustand des Gesteins definieren, und noch bei RAMANN (1893) heißt es: Boden ist die oberste Verwitterungsschicht der festen Erdrinde. Auf der anderen Seite sah die ökologisch orientierte Richtung im Boden ein Substrat für das Wachstum von Organismen, berücksichtigte also nicht, daß für ihn eine bestimmte Entwicklung charakteristisch ist. MITSCHERLICH (1954) hat das ausdrücklich für belanglos erklärt; für ihn war Boden ein Gemenge pulverförmiger fester Teilchen, Wasser und Luft, das mit Pflanzennährstoffen versehen ist. LUNDEGÅRDH (1954) definiert Boden als den Teil der Erdrinde, der Pflanzen trägt. Im Laufe der Zeit hat sich aber eine Synthese angebahnt, und so bezeichnen wir als Pedosphäre denjenigen Bereich der Erdrinde, in dem die Lithosphäre durch Atmosphärilien und Organismen umgewandelt wird (LAATSCH u. SCHLICHTING 1959.)

Verschiedene Auffassungen über das Wesen des Bodens führten zu verschiedenen Systemen der *Bodeneinteilung.* Früher standen sich Einheiten wie Granitboden und Waldboden ziemlich unvermittelt gegenüber. Die Entdeckung von DOKUTSCHAJEW, daß die Eigenschaften der Böden sowohl vom Ausgangsmaterial als auch von den Umweltkräften abhängen, wird oft als Begründung der Pedologie bezeichnet; sie führte zu einer Annäherung der Prinzipien in den neuen Bodeneinheiten, den Bodentypen. Aber im Laufe der Zeit wurde von den ökologisch orientier-

---

[1] im folgenden auf Pflanzen ausgerichtet.

ten Pedologen gegen diese genetischen Bodentypen geltend gemacht, bei ihnen würden ökologische Gesichtspunkte noch zu wenig berücksichtigt; so vertrat LEEPER (1956) kürzlich die Auffassung, daß bei der Bodeneinteilung nur die gegenwärtigen reellen Eigenschaften Gewicht haben sollten. Wir haben Bodentypen unter Einbeziehung litho- (ggf. phyto-)gener Eigenschaften als korrelative Merkmalsgruppen definiert, die charakteristische Umwandlungsformen der Lithosphäre repräsentieren, und sind der Auffassung, daß die Einheiten damit auch ökologisch besser umschrieben sind (LAATSCH u. SCHLICHTING 1959). Daraus ist natürlich nicht zu folgern, daß einem bestimmten Bodentyp immer ein bestimmter Vegetationstyp entsprechen müsse; denn einmal können verschiedene Merkmalskombinationen phytozönotisch äquivalent sein, und zum anderen wirken sich Veränderungen der Umweltkräfte schneller auf die Vegetation aus, als sie den Boden umprägen.

Diese Unterschiede mußten zwangsläufig zu verschiedenen Methoden der *Bodencharakterisierung* führen. Vertreter der genetischen Richtung trieben Verwitterungsstudien z.B. mit Bauschanalysen (kennzeichnend dafür ist die „Genetische Bodenlehre" von BLANCK 1949), und fragten nicht näher – zumindest nicht aus wissenschaftlichem Interesse – nach den vom Boden ausgehenden Wirkungen. Vertreter der ökologischen Richtung wiederum ermittelten die Gehalte der Böden an pflanzenverfügbaren Nährstoffen z.B. durch Experimente mit der Pflanze selbst (kennzeichnend dafür wäre die „Bodenkunde" von MITSCHERLICH 1954) und fragten nicht näher nach der Ursache. Zwar deutet sich auch hier eine Synthese an, aber man kann heute noch eine gewisse Bevorzugung z.B. von Körnungs-, mob. Fe-, S-, T- und V-Wert-Analysen auf der einen Seite und von Austausch-Ca-, Laktat-P- und -K-Analysen auf der anderen beobachten, wobei dem Analysenprogramm nur Kalkgehalt und pH gemeinsam zu sein scheinen. Ein solcher Dualismus wäre nicht beunruhigend, wenn er nur in der Verschiedenartigkeit der praktischen Aufgaben der betreffenden Bearbeiter begründet läge. Da aber die Vermutung nicht ungerechtfertigt erscheint, daß er verschiedenen Denkweisen entspringt, ist es wohl angebracht, die methodisch-logischen Grundlagen einer Synthese auch auf diesem Gebiet etwas eingehender zu erläutern.

Eine solche Synthese ist nötig. Das ergibt sich einmal aus unserem Erkenntnisstreben. Wir können die Vegetationsdecke nicht begreifen, ohne den Standort zu kennen, und wir können die Standortseigenschaften nicht begreifen, ohne die Bodengenese zu kennen, und diese ist wiederum das Integral aller ökologischen Bedingungen über die Zeit. Zum anderen spricht die Zweckmäßigkeit dafür: Eine sinnvolle Kombination würde unsere Kenntnisse bei gleichem Aufwand viel schneller anwachsen lassen; denn es wäre im gegebenen Falle doch *derselbe* Boden zu kennzeichnen.

Beim Versuch einer Synthese muß man sich aber der zwischen den beiden Seiten a priori vorhandenen Unterschiede vergegenwärtigen. – Sie liegen einmal im *Untersuchungsobjekt*. Für die pedogenetische Fragestellung sind die verschiedenen Horizonte des Bodenkörpers (des „Solums") sowie das Ausgangsmaterial zu kennzeichnen und für die ökologische die verschiedenen Lagen des Wurzelraumes (den man in analoger Weise als „Rhizum" bezeichnen könnte); „Solum" und „Rhizum"

brauchen nicht identisch zu sein. In der Regel sind die verschiedenen
Horizonte pedogenetisch gleich wichtig, während ökologisch die verschiedenen Lagen nach dem Grade ihrer Durchwurzelung zu bewerten sind
(das gilt einmal für jede Einzelpflanze und zum anderen für die verschiedenen Pflanzen einer Gesellschaft). – Die *Untersuchungsmethoden*
unterscheiden sich insofern, als pedogenetisch die Art und die räumliche
Verteilung der Stoffe interessiert (z.B. der Tonmineralbestand), ökologisch dagegen meist die davon ausgehenden Wirkungen im Vordergrund
stehen (z.B. Kationen- und Wasserbindung). – Endlich bestehen wesentliche Unterschiede in der *Auswertung* der ermittelten Daten. Pedogenetisch wird aus dem Solum-Ausgangsmaterial-Vergleich der Reaktionsab-
lauf erschlossen, wobei das Ausgangsmaterial (Gestein und Streu) in
jedem Einzelfall zu ermitteln, der ursprüngliche Zustand in jedem Hori-
zont zu rekonstruieren ist (bes. problematisch beim Humuskörper).
Ökologisch wird aus dem Vergleich zwischen Eigenschaften des „Rhi-
zums" und Ansprüchen der Vegetation der Standortkomplex [1] zusammengesetzt, wobei wahrscheinlich auch die Vegetationsansprüche in jedem
Einzelfall zu ermitteln sind. Für beide Fragestellungen gilt aber, daß
Einzeldaten von geringem Wert sind und daß eine Überprüfung der
Folgerungen durch die vergleichende Profilbetrachtung nötig ist.

Wir wollen im folgenden untersuchen, welche Möglichkeiten für eine
Synthese bestehen, wie also die erwähnten Unterschiede auszugleichen
sind. – Bei der Auswertung werden die Unterschiede um so geringer, je
mehr bei der pedogenetischen Fragestellung die rezente Bodenbildung,
also die Bodendynamik, in den Vordergrund rückt, da diese ein Abbild
der Lebensbedingungen für die Organismen ist, und je mehr bei der
ökologischen Fragestellung die künftigen Lebensbedingungen der Organismen interessieren, da dieses Leistungspotential durch den gegenwärtigen Aufbau, also die Statik des Bodens, gegeben ist. Bisher vornehmlich zur Charakterisierung der Bodendynamik für ökologische Zwecke
herangezogene Meßdaten (z.B. Veränderungen des „aktiven" Mn, KOSE-
GARTEN 1956) könnten ebenso mit Vorteil zur Kennzeichnung der Bodentypen benutzt werden wie umgekehrt die bislang vornehmlich zur
Charakterisierung des Bodenaufbaues für genetische Zwecke verwandten
Werte zur besseren Kennzeichnung von Standorteinheiten dienen könnten (z.B. Mineralbestand, v. ENGELHARDT 1937).

Bei den Untersuchungsmethoden werden die Unterschiede um so geringer, je mehr aus der Art und der Anordnung der Stoffe ihre Wirkung
(im einzelnen und im Zusammenhang mit anderen) vorhersagbar wird;
das ist eine Frage der im Laufe der Zeit gewonnenen Erfahrungen. Grundsätzlich ist jede Bodeneigenschaft sowohl für die genetische als auch für
die ökologische Fragestellung von Belang; z.B. haben erst die aus rein
ökologischen Gründen durchgeführten Spurenelementanalysen die große
Bedeutung der Chelatbildung für die Bodengenese klar werden lassen,
und andererseits werden z.B. die bislang vornehmlich aus genetischen
Gründen bestimmten Gehalte an mobiler Kieselsäure uns vermutlich den
P-Haushalt mancher Böden besser verstehen lassen. Es sollte also nicht
die Analyse für genetische Zwecke der ökologischen gegenüberstehen,

[1] wir unterstellen hier ein großklimatisch einheitliches Gebiet.

sondern nur eine Ausrichtung der pedogenetisch interessierenden Daten auf die Bedürfnisse von Organismen vorgenommen zu werden brauchen. Dann wäre also lediglich eine „Übersetzung in die Sprache der Pflanzen" nötig (das hat eine qualitative und eine quantitative Seite: z.B. statt Angaben über die Glimmergehalte solche über die darin enthaltenen K-Reserven und ihre Nachlieferbarkeit). Das wird um so besser möglich sein, je sinnvoller die Untersuchungsmethoden beiden Zwecken angepaßt sind.

Am Beispiel der Kennzeichnung des Mineralkörpers bzw. der Versorgung der Pflanzen mit lithogenen Nährelementen soll das etwas verdeutlicht werden (natürlich ist z.B. die Kennzeichnung des Humuskörpers bzw. die Versorgung der Pflanzen mit atmogenen Nährelementen oder die Kennzeichnung des Bodengefüges bzw. der Wasser- und Luftversorgung der Pflanzen genau so wichtig). Die direkte Mineralanalyse erfaßt nur relativ große (bzw. in großen Mengen vorhandene), $\pm$ stabile (also $\pm$ definiert zusammengesetzte) Minerale, so daß diese Daten bei uns mehr zur Kennzeichnung des Leistungspotentials dienen. Bei großer Verwitterungsintensität (z.B. in den Tropen) sind sie aber eine vorzügliche Grundlage der Standortsbeurteilung. Mittels spezifischer(!) Extraktionsmittel kann man den Mineralbestand aus der chemischen Analyse erschließen. Bestimmte Mengen eines Elements in bestimmten Fraktionen (d.h. in bestimmten Bindungsformen vorliegend) lassen sich nicht nur pedogenetisch ausdeuten, sondern in relativ einfacher Weise auch ökologisch, denn sie repräsentieren ja einen bestimmten Vorrat von bestimmter Verfügbarkeit. Wie hoch diese Verfügbarkeit jeweils für verschiedene Pflanzen zu veranschlagen ist, muß allerdings experimentell im Einzelfall oder aber statistisch z.B. mit Pflanzenanalysen auf verschiedenen Böden geprüft werden (vgl. z.B. SCHÖNNAMSGRUBER 1959). In eine solche Eichung gehen zwar die Durchwurzelbarkeit des Bodens und antagonistische Einflüsse anderer Ionen auf die Aufnehmbarkeit des betreffenden Elementes mit ein, aber für unsere Problemstellung ist sie ausreichend genau.

Früher war man bestrebt, die Lösungskraft der Wurzeln mit Extraktionsmitteln möglichst genau nachzuahmen und die Daten an einem Material zu eichen, das möglichst alle ökologischen Bedingungen umfaßte. Es resultierten Mischfraktionen, die eine genetische Ausdeutung kaum zuließen, die aber auch ökologisch oft enttäuschten, und zwar dann, wenn ein Boden vom statistischen „Durchschnittsboden" merklich abwich. Es besteht daher bereits die Tendenz, die Nährelementgehalte in definierten Fraktionen zu bestimmen, diese Fraktionen mit verschiedenen Faktoren zu multiplizieren und die Summe als die verfügbare Menge anzusehen. Die folgenden Beispiele sollen verdeutlichen, in welcher Weise die Parallelisierung von Extraktionsverfahren und Bindungsform erfolgen kann.

Als Beispiel für die Parallelisierung von Bindungsform und Verfügbarkeit ist bei Mn der Faktor angegeben, den FINCK (1956) für Hafer (also 1 Vegetationsperiode) auf Podsolen und Braunerden Schleswig-Holsteins fand. Wären diese Faktoren bei einem Boden für verschiedene Pflanzen und verschiedene Wachstumszeiten bekannt, so könnte eine Aussage für alle gewünschten Zwecke gemacht werden.

Allgemein gilt: Je detaillierter die Bodenanalyse, desto günstiger sind

$$
\begin{array}{lll}
 & & \text{H}_2\text{O–Mn} = \\
\text{H}_2\text{O–Ca} = \text{Lösungs–Ca} & \text{H}_2\text{O–K} = \text{Lösungs–K} & \quad\text{Lösungs–Mn} \\
\text{NH}_4\text{Cl–Ca} = & \text{Laktat–K} = & \text{Mg(NO}_3)_2\text{–Mn} = \\
\quad\text{Austausch–Ca} & \quad\text{Austausch–K} & \quad\text{Austausch–Mn}
\end{array} \left.\right\} \times 1
$$

$$
\begin{array}{lll}
 & & \text{Hydrochinon–} \\
\text{verd. HCl–Ca} = & \text{Kolt–Tr }[1]\text{–K} = & \text{Mn} = \text{instab.} \\
\quad\text{Carbonat–Ca} & \quad\text{Illit–K} & \text{Mn – Oxyde}
\end{array} \left.\right\} \times 0{,}05
$$

$$
\begin{array}{lll}
 & & \text{Dithionit–Mn} \\
\text{HF–Ca} = \text{Silikat–Ca} & \text{HNO}_3\text{–K} = & \quad = \text{stab.} \\
 & \quad\text{Glimmer–K} & \text{Mn–Oxyde} \\
 & \text{HF–K} = & \text{HF–Mn} = \\
 & \quad\text{Silikatgitter–K} & \quad\text{Silikat–Mn}
\end{array} \left.\right\} \times 0(?)
$$

die Bedingungen sowohl für die pedogenetische als auch für die ökologische Interpretation (z.B. gestattet der S-Wert nur eine allgemeine Aussage über den Basenhaushalt, der S_K-Wert eine solche über den K-Haushalt). Ein vollständiges Analysenprogramm kann und soll hier nicht entworfen werden; es sei nur noch darauf hingewiesen, daß für die Standortsbeschreibung natürlich nicht Konzentrationswerte (z.B. $^0/_{00}$), sondern Mengen (z.B. g/m^2) interessieren, daß also die Mächtigkeit der untersuchten Lage und ihr Raumgewicht immer zu bestimmen sind (auch für die Kennzeichnung von Bodentypen wären Mengenangaben von Nutzen). Natürlich wird bei manchen Analysen nach wie vor die einseitige Ausdeutung im Vordergrund stehen (z.B. bei der Bestimmung des Zr-Gehaltes als Indexelement). Andererseits gibt es viele Daten, die bislang nicht vielseitig genug interpretiert wurden (z.B. das Verhältnis T-Wert : Feldkapazität zur Kennzeichnung der Bedingungen für Ionenaustauschprozesse).

Endlich werden die Unterschiede hinsichtlich der Untersuchungsobjekte ebenfalls um so geringer, je mehr bei der genetischen Interpretation nach der Bodendynamik und bei der ökologischen nach dem Leistungspotential gefragt wird; denn einerseits wird das „Rhizum" immer das Solum beeinflussen und andererseits ist das Solum potentiell immer „Rhizum". Diese engen Beziehungen sind besonders bei der Untersuchung des Humuskörpers gegeben.

Das *Ziel dieser Synthese* ist die Ermittlung von pedogenetisch und ökologisch gültigen, also pedologischen Gesetzen; denn es ist ja unser Bestreben, die Natur nicht nur zu beschreiben, sondern sie auch zu verstehen. Den Standort aus der Bodenentwicklung zu begreifen, ist Aufgabe der Pedologen, die der Phytologen ist es, die Phytozönose aus den Standorteigenschaften und der Physiologie der Pflanzen zu deuten. Das sei wiederum an einem Beispiel erläutert. Bei der Bildung von Raseneisenstein werden (vermutlich infolge Wanderung an Redoxgradienten) im Vergleich zu den Podsolen der Umgebung als Hauptbestandteile Fe und Mn akkumuliert, als Nebenbestandteile P und Mo durch deren Reaktion mit Fe. Ökologisch ist nun für raseneisenhaltige Böden (namentlich bei Versauerung) ein recht hohes Fe- und Mn-, aber ein sehr geringes P- und

---

[1] Bestimmung nach KOLTERMANN u. TRUOG (vgl. SCHROEDER, 1955). Die vorhergehende Fraktion ist jeweils von der folgenden zu subtrahieren. Natürlich sind die Werte ökologisch um so einfacher zu interpretieren, je schwächer das Extraktionsmittel ist.

Mo-Angebot charakteristisch (Schlichting 1960). Es wäre also von Interesse, zu erfahren, welche Pflanzengesellschaft sich speziell an diesen Standorten ansiedelt und warum sie es tut.

ZUSAMMENFASSUNG

Aus dem Wesen des Bodens resultiert, daß man ihn unter genetischem oder ökologischem Blickwinkel betrachten kann. Das darf aber nicht zu der Auffassung führen, daß sich zwei verschiedene Disziplinen der Erforschung der Böden widmeten; vielmehr sollte es das Anliegen der Pedologie sein, janusartig in beide Richtungen zu blicken und damit *ein* Bild vom Boden zu entwerfen. Das muß seinen Niederschlag ebenso in den Methoden der Bodeneinteilung wie in denen der Bodenkennzeichnung finden. Es wird dargelegt, wie trotz einiger a priori vorhandener Unterschiede eine Synthese von pedogenetischer und ökologischer Fragestellung bei der Bodenanalyse möglich erscheint. Ziel einer solchen Synthese ist es, die verschiedenen Bodeneinheiten umfassend zu kennzeichnen, um pedologisch gültige Gesetze zu finden.

SUMMARY

It results from the nature of the soil that one can consider it from the genetic or ecological point of view. That must not, however, lead to the opinion that two different disciplines devote themselves to the investigation of the soils; it should rather be the aim of Pedology, to look ,,Janus-like'' into the past and the future and thus conceive *one* picture of the soil. That should lead to certain methods of soil classification as well as of soil characterization. It is put forward, in spite of the a priori existing differences, how a synthesis of pedogenetic and ecological questioning with soil analysis appears possible. The aim of such a synthesis is to comprehensively characterize the different soil units, in order to find out pedological laws.

LITERATUR

Blanck, E.: Einführung in die genetische Bodenlehre als selbständige Naturwissenschaft und ihre Grundlagen. – Vandenhoeck u. Ruprecht, Göttingen 1949.

Engelhardt, W. v.: Chemie d. Erde **11**: 17–37. 1937.

Finck, A.: Landw. Forsch. **3**: 147–154. 1956.

Joffe, J. S.: Pedology. – Pedology Publications, New Brunswick 1949.

Kosegarten, E.: Z. Pfl. Ernähr. Düng. Bodenk. **73**: 25–39. 1956.

Laatsch, W. u. Schlichting, E.: Z. Pfl. Ernähr. Düng. Bodenk. **87**: 97–108. 1959.

Leeper, G. W.: J. Soil Sci. **7**: 59–64. 1956.

Lundegårdh, H.: Klima und Boden. 4. Aufl. – Fischer, Jena 1954.

Mitscherlich, E. A.: Bodenkunde für Landwirte, Forstwirte und Gärtner. 7. Aufl. – Parey, Berlin 1954.

Ramann, E.: Forstliche Bodenkunde und Standortslehre. – Springer, Berlin 1893.

Schlichting, E.: Z. Pfl. Ernähr. Düng. Bodenk. **90**: 204–208. 1960.

Schönnamsgruber, H.: Ber. dtsch. bot. Ges. **72**: 220–229. 1959.

Schroeder, D.: Landw. Forsch. **8**: 1–7. 1955.

Du Rietz:

Wir müssen vor allem vermeiden, daß die Bodenkunde sich zu starr
in einem künstlichen Schema festlegt. Ich habe es immer als etwas
unangenehm empfunden, daß man sich an die traditionellen A- und
B-Einheiten so gebunden fühlt. Für mich als Pflanzenökologen ist
es nicht ganz leicht, eine reine Humusschicht und z.B. in einem
Podsolboden die Bleicherdeschicht unter dem Buchstaben A zusam-
menzuwerfen. Dies sind für mich absolut verschiedene Dinge. Ich
habe immer gewünscht, daß es geprüft werden sollte, ob man die
reine Humusschicht als eine der ersten Hauptabteilungen und die Mine-
ralerde als einen Gegensatz dazu betrachten könne. Man könnte nun dagegen wohl nur einwenden, daß es praktisch sei, ein altes viel verwendetes
Schema beizubehalten. Wir, die wir in Gebieten arbeiten mit reinem
Auflagehumus über Bleicherde sind darüber einig, daß diese beiden
Horizonte sehr verschieden sind.

Schlichting:

Das ist eine Frage der Horizont-Nomenklatur, die im Augenblick bei
den Bodenkundlern sehr in Bewegung ist. Ich kann also nicht behaupten,
daß meine jetzige Äußerung in einem Jahr noch richtig sein wird. Im
Augenblick schlägt man vor, die Humushorizonte L (litter) zu nennen und
darin Unterabteilungen zu unterscheiden. Es gibt noch andere Probleme,
daß man beispielsweise A_1 und A_2 heute auch als A_h und A_e bezeichnet.
Es ist außerordentlich schwierig für einen Bodenkundler, ganz einfach zu
definieren, was ein A-Horizont ist. Wir schleppen historischen Ballast mit
uns, weil diese Fragen wohl auch etwas mit National-Ressentiments
verbunden sind.

Franz:

Weil wir heute in der Bodenkunde und auch in der Biozönotik mehr
morphologisch sehen als vor zehn oder zwanzig jahren, ist eine präzisere
Fassung mancher Begriffe nötig. Dadurch besteht aber die Gefahr, daß es
zu einer Flut neuer Bezeichnungen kommt, und davor habe ich denselben
Schrecken wie Herr Prof. Friederichs. Es wäre gut, so konservativ zu
bleiben, daß das, was wir unterscheiden müssen, noch unterschieden
werden kann.

Ich möchte ferner darauf hinweisen, daß in dem Weg, den Kollege
Schlichting hier angedeutet hat, eine ungeheure Hoffnung in der Pedologie besteht. In dieser Richtung manifestiert sich das Bestreben, zwei wesentliche Gesichtspunkte zusammenzuführen, von denen jeder eine Berechtigung hat, und von denen jeder einen Blickwinkel, aber eben nur
einen, dartut. Wir müssen sie vereinigen. In dieser Vereinigung in einer
Form, die nun für die Analysen eine Ausdeutung sowohl nach der pedogenetischen wie nach der physiologisch-ökologischen Seite ermöglicht,
besteht die Möglichkeit einer kolossalen Vertiefung der Bodenkunde und
gleichzeitig einer engeren Liierung der bodenkundlichen Erkenntnisse
mit den vegetationskundlichen, mit den bodenbiologischen und minera-
logisch-geologischen, so daß der Ausdruck für das, was wir bisher mit
aufnehmbaren Nährstoffen bezeichnet haben, außerordentlich oberfläch-

lich und mangelhaft gewesen ist. Mit dem Versuch, diese Dinge zu untermauern und sie in eine viel solidere Form zu bringen, gewinnen wir sehr große Hoffnungen, die wohl auch für den Ökologen von größter Bedeutung sind. Damit möchte ich auch die Bedeutung dieses Referates für unser Symposion herausstellen.

APINIS:

Ich bin sehr dankbar für die klaren Ausführungen von Prof. SCHLICHTING über den physikalisch-chemischen Standpunkt in ökologischen und bodenkundlichen Fragen. Die logischen Konsequenzen liegen auch sehr klar und sehr hoffnungsvoll vor uns. Doch möchte ich einige biologische Gedankengänge hervorgeben und diese vielleicht an einigen Beispielen von Wurzelraum und Bodenkörper beleuchten. Dies sind rein pedologische Begriffe und ich wäre glücklich, wenn ich einen Boden finden könnte, wo nur diese vorlägen, und nichts anderes.

Bodendynamik ist, wie wir aus vielen Untersuchungen gelernt haben, geologisch bedingt. Sie ist ökologisch sehr wichtig für alle Pflanzengesellschaften, Kulturböden usw. Bodendynamik ist aber auch ein Produkt aller pflanzlichen und tierischen Aktivitäten in der Erdoberfläche unter gegebenen klimatischen Verhältnissen. Manche ökologisch wichtigen Bestandteile und Bodenfaktoren, wie z.B. Humus-Stickstoff, sind beinahe völlig mit der Mikroorganismen-Aktivität und mit der Pflanzen- und Tierwelt verbunden. Auch andere ökologische Faktoren sind eng mit dem lebenden Boden verbunden (z.B. P-,K- und Wuchsstoffversorgung). Wir können z.B. die Stickstoff-Frage gar nicht rein pedogenetisch begreifen. Es ist der lebendige Körper des Bodens, der uns die Antwort gibt. Da ist eine vertiefte biologische Boden-Analyse und Auswertung nötig, z.B. in der Periodizität des Stickstoffgehaltes, der Nitrate, der Nitrite, der Wuchstoffänderungen usw. Deshalb liegt der Boden nicht nur in einer physikalisch-chemischen Form, sondern mehr als ein „Organismus" vor uns. Andererseits ist die höhere Pflanze heute nicht mehr so einfach, wie sie es im vorigen Jahrhundert war, als die klassische Pflanzen-Physiologie alle ökologischen Fragen beantworten wollte. Sie hat uns sehr gute Dienste geleistet, doch viele Fragen, das können wir jetzt sagen, können nicht auf einem solchen Wege eine Antwort finden. Die Pflanze selbst ist zu kompliziert geworden heute. Nehmen wir das Wurzelsystem: Ein reines Wurzelsystem für ökologische Fragen und Faktoren existiert gar nicht mehr als ein Absorptionsorgan. Zwischen diesem Wurzelsystem der Pflanze und dem Boden ist noch ein drittes System, ein biologisches System eingeschaltet in Form der Rhizospäre, von Symbiose-Formen usw., das sehr komplex ist. Deswegen scheint es mir schwierig, alle Fragen auf physikalisch-chemischem Wege zu beantworten. Aber ich möchte nicht sagen, daß die heutige Bodenphysik und -chemie nicht viel Gutes für die ökologische Forschung leisten kann, da die Methoden, die heute zur Verfügung stehen, zu diesen bodenbiologischen und bodenmikrobiologischen Fragen eine sehr weitgehende Antwort geben. Deshalb würde ich es begrüßen, daß die Bodenphysiker und Bodenchemiker Hand in Hand mit Pflanzensoziologen arbeiten und

vielleicht dann in dieser engen Zusammenarbeit die Probleme der jetzigen
Ökologie klarer vor Augen treten.

Schlichting:

Die exakte Erfassung von „Solum" und „Rhizum" ist sicher problematisch. Methoden zur pedogenetischen Kennzeichnung des Humuskörpers und zur ökologischen Charakterisierung der Versorgung mit
„atmogenen" Nährstoffen (z.B.N) wurden aus Zeitgründen nicht erwähnt.

VORLÄUFIGE ERGEBNISSE DER STOLZENAUER LYSIMETER-MESSUNGEN

von

R. Tüxen

Der Aufforderung von Herrn Prof. Franz, etwas über unsere Lysimeter-untersuchungen mitzuteilen, folge ich gern. Unsere Stolzenauer Lysimeter, die seit einigen Jahren laufen, sind im gewachsenen Boden eingelassen, ohne das Bodengefüge zu zerstören. Sie sind außerdem in sorgfältig ausgesuchte, klar definierte Pflanzengesellschaften eingebaut worden, um ihre Ergebnisse an Hand der Vegetationskarte verallgemeinern zu können. Wir hegten die Hoffnung, die verschiedenen Pflanzengesellschaften auf die Durchlässigkeit ihrer Böden zu eichen. Man erfaßt ja, wenn man ein Lysimeter in Sand-, Lehm- oder Tonboden einbaut, zunächst nur den Boden. Wenn man aber das Lysimeter in eine bestimmte Pflanzengesellschaft setzt, so erfährt man zugleich den Einfluß der Vegetation, die gesamte Interzeption, die Evapo-Transpiration ebenso wie die Durchlässigkeit des Bodens, denn die Pflanzengesellschaft ist ja vom Boden abhängig, also zeigt sie ihn mit an. Wenn wir nun unsere Pflanzengesellschaften in eine Karte eintragen, so müßte es möglich sein, wenn wir die einzelnen Gesellschaften auf die Durchlässigkeit ihrer Böden eichen können, über ein größeres Gebiet anzugeben, wieviel Prozente des Niederschlags im Bereich der einzelnen Pflanzengesellschaften zum Grundwasser hinunter versickern.

Für die allgemeine Wasserplanung könnte man damit also an Hand der Vegetationskarte sagen, wieviel Wasser etwa in einem Einzugsgebiet eines Flusses jährlich in das Grundwasser gelangt und ohne seinen Vorrat zu schwächen, genutzt werden kann.

Es hat sich herausgestellt, daß unsere Annahme zum Teil richtig, zum Teil falsch war. Wir erwarteten sagen zu können, dass die Echinochloa crus galli-Spergula arvensis-Assoziation, das Veronico-Fumarietum officinalis, oder die Alchemilla arvensis-Matricaria-chamomilla-Assoziation unserer Äcker durch ihre Böden jeweils einen bestimmten Prozentsatz des Niederschlags durchlassen. Das hat sich in dieser Form nicht als richtig erwiesen, sondern im Laufe etwas längerer Zeiträume verhalten sich diese Unkrautgesellschaften der Kartoffeln und Rüben und des Getreides, von denen wir angenommen hatten, daß sie durch die Wirkung der herrschenden Feldfrüchte recht abweichend seien, auf derselben Fläche recht ähnlich.

Man erhält dagegen sehr klare Beziehungen, wenn man die Durchlässigkeit der Böden auf die *heutige potentielle natürliche* Vegetation bezieht.

Da zeigt sich, wie kürzlich von Prof. SCHRÖDER schon mitgeteilt worden ist, daß z.B. im potentiellen Fraxino-Ulmetum nur wenige Prozente der Niederschläge ins Grundwasser gelangen, daß aber auf der anderen Seite im potentiellen Fago-Quercetum oder gar im Querco-Betuletum weit mehr, bis über die Hälfte der Niederschläge versickern. Dazwischen liegt das Querco-Carpinetum. Eine Karte der potentiellen natürlichen Vegetation erlaubt schon aus diesen vorläufigen Meßergebnissen, die durch längere Ablesungen besser gesichert werden müssen, eine vorläufige Vorstellung von der Grundwasser-Erneuerung durch die Niederschlage zu gewinnen.

Wir hoffen durch eine größere Zahl von Lysimetern, die zu den vorhandenen zusätzlich eingebaut werden sollten, zu einem umfangreichen und gesicherten Beobachtungsmaterial über die Grundwasser-Erneuerung in den Böden der verschiedenen potentiellen natürlichen Vegetationseinheiten zu kommen.

Viel aufschlußreicher für die Boden- und Vegetationskunde und auch für andere Fragen ist aber die chemische Zusammensetzung des abfließenden Wassers. Wir meinen damit nicht Sondererscheinungen, wie einen starken Phenolgeruch im Abflußwasser eines Lysimeters in einer *Calluna*-Heide oder auch das Auftreten von Milben im Wasser eines anderen, Erscheinungen, die wir nicht erklären konnten, sondern wir meinen den Gehalt an Kationen und Anionen im Abflußwasser. Es war sehr schwierig, für die Durchführung dieser Analysen die notwendigen Mittel zu erhalten. Man konnte fast den Eindruck gewinnen, daß solche Untersuchungen unerwünscht seien. Inzwischen sind aber seit einiger Zeit von Herrn Dr. HÖLL, Hameln, solche Analysen gemacht worden.

Die Ergebnisse dieser Untersuchungen unter den Äckern sind außerordentlich aufregend: Die Stichproben ergaben bisher:

Chloride	5.6 –	124 mg/l
Sulfat:	30 –	100 mg/l
Phosphat:	0	
Nitrat:	–	600 mg/l
Nitrit:	0.8 –	3 mg/l
Ammoniak:	–	1 mg/l (fast stets vorhanden)

Die beiden Heide-Lysimeter, die etwa 1 km von einander entfernt sind, zeigen nur Spuren von diesen Stoffen!

Herr Dr. HÖLL wird jetzt einige Lysimeter genauer studieren und die Analysen aliquoter Mengen ihrer Abläufe mit der Düngung vergleichen. Hierbei zuverlässige Angaben zu bekommen, ist natürlich schwierig und eine reine Vertrauensfrage.

Mit der Düngung wird offenbar, besonders auf den durchlässigen Böden, ein gewisser Mißbrauch getrieben, indem ein großer Teil der leicht löslichen organischen und anorganischen Stoffe nicht von den Pflanzen aufgenommen werden kann, sondern durch die Niederschläge in das Grundwasser gebracht wird und dieses vergiftet!

LITERATUR

SCHRÖDER, G.: Die Wasserwirtschaft 1960. S. 46.

Falls durch ein Lysimeter 300 mm durchlaufen, d.h. je ha 3000 m³, ergäbe das bei 600 mg NO₃/l eine Auswaschung von 500 kg N im Jahr. Das ist zehnmal soviel wie man düngt. Das heißt also, daß dieser Wert nur selten einmal erreicht werden dürfte. Auf der anderen Seite wissen wir größenordnungsmäßig, daß von der gegebenen Düngung beim Stickstoff im besten Falle 80%, im ungünstigsten 50% in der Ernte wieder erscheint. Wenn wir damit rechnen, daß die Düngung 60 kg N/ha = 240 kg Nitrat/ha beträgt, dann können höchstens 120 kg Nitrat in Grundwasser erscheinen, und das wäre dann eine Maximal-Konzentration, die 40 mg/l entsprechen würde. Der Wert von 600 mg scheint also etwas hoch zu liegen.

TÜXEN:

Diese 600 mg sind nur einmal gemessen worden als Maximalwert.

SCHLICHTING:

Dann wird sich das sehr schnell im Grundwasser verdünnen.

FRANZ:

Alle Lysimeterversuche haben leider Fehler, die wir nicht ausschalten können. Die meisten haben, abgesehen davon, daß sie nicht in gewachsenen Böden liegen (was hier ja bewußt vermieden worden ist) den Fehler, daß sie irgendwie überstehen, und daß daher die Niederschläge nicht vergleichbar sind mit der Umgebung. Auch das ist hier vermieden dadurch, daß sie eingesenkt sind. Aber eines läßt sich auch hier nicht vermeiden. Man schneidet eine Bodensäule aus dem gewachsenen Zusammenhang heraus und erzeugt damit unten eine künstliche Trennfläche, welche die Leitbahnen durchschneidet, so daß man nur in den Kapillaren hängende Menisken hat und nicht mehr ein Durchfluß erfolgt, der normal wäre; abgesehen davon fehlt dann natürlich auch der kapillare Hub, wenn ein solcher da wäre. Dazu kommt noch, daß die Pflanzenwurzeln sich im Lysimeterkörper abweichend verhalten, so daß die im natürlichen Boden vorhandenen seitlichen Ausgleichsvorgänge hier notwendigerweise verhindert werden. Infolgedessen hat man einen geringeren Durchfluß. Der Fehler ist wahrscheinlich in Sandböden am geringsten, aber je bindiger die Böden sind, desto größer. Der Vergleich dieser Böden erbringt also nicht ohne weiteres die zu erwartenden Unterschiede. Aber man bekommt natürlich zwischen Böden, die in der Korngröße und in der Struktur verschieden sind, die also ein anderes Leitsystem, eine andere Durchlässigkeit bezw. andere Kapillarität haben, gleichbleibende Fehler, so daß sich zwischen den verschiedenen Böden immer wiederkehrende Unterschiede ergeben. Infolgendessen erhält man von den natürlichen Pflanzengesellschaften, die ja an bestimmte Böden gebunden sind, sehr klare Unterschiede, während die Kulturen, die nicht an bestimmte Böden gebunden sind, nicht diese Unterschiede ergeben. Insofern sind diese Ergebnisse von allergrößtem Interesse.

ZUR ENTWICKLUNGSGESCHICHTE VON ACKERBIOZÖNOSEN

von

Jes Tüxen, Stolzenau/Weser

Die historische Entwicklung der Ackerbiozönosen wird im wesentlichen von der Geschichte des Ackerbaues bestimmt. Wir werden darum zunächst zusammentragen, was über den historischen und prähistorischen Ackerbau bereits bekannt ist, damit wir diese Erkenntnisse zur Entwicklung der Unkrautgesellschaften und der Tiergesellschaften, die auf den Äckern leben, in Beziehung setzen können.

Wenn von Geschichte des Landbaus die Rede ist, denkt man unwillkürlich zunächst an die Einführung der Kunstdünger gegen Ende des 19. Jahrhunderts, die an Stelle der rund 2000 Jahre lang bewährten Plaggenwirtschaft trat. Von 1820 bis 1939 konnten die Ernten etwa um einen Faktor 4,5 gesteigert werden (Hamann 1956). In den letzten Jahrhunderten der frühen Eisenzeit, also um die Zeitwende und etwas früher, im Süden Europas früher als im Norden, fand ein anderer Wechsel der Ackerbaumethoden statt, bei dem nicht nur eine neue Düngeweise, eben die Plaggendüngung aufkam (Niemeyer 1958, J. Tüxen 1958), sondern auch neue Feldfrüchte eingeführt wurden. Die seit dem Neolithikum gebauten Getreide Einkorn (*Triticum monococcum*), Emmer (*Triticum dicoccum*), Zwergweizen (*Triticum compactum*), verschiedene Gersten (*Hordeum sativum* coll.) werden ziemlich plötzlich von Roggen (*Secale cereale*), wenigstens im nördlichen Mitteleuropa auch vom Hafer (*Avena sativa*) abgelöst. Die Getreidearten des Neolithikum und der Bronzezeit wurden in den altdiluvialen Flachländern des nördlichen Mitteleuropas ausschließlich auf den für unsere Begriffe wertlosesten, vom Querco-Betuletum als potentielle natürliche Vegetation besiedelten armen Sandböden angebaut. Mit der Einführung des Roggens werden diese Böden verlassen und die Wuchsorte des Fago-Quercetum für den Anbau gerodet, die bis etwa 1900 als Ackerland bevorzugt wurden. Gleichzeitig wird der seit dem Neolithikum verwendete primitive Hakenpflug durch den Beetpflug ersetzt, der beidseitig mit einem Streichbrett ausgerüstet war (Born 1957). Diese in ihren Auswirkungen bedeutendste Umwälzung in der Geschichte der landwirtschaftlichen Kulturmethoden scheint nach allem nicht klimatisch bedingt zu sein. Schon Jankuhn (1952) sucht sicher mit Recht die Gründe für diese Erscheinung im Bereich wirtschaftlicher Entwicklungen.

Noch früher, nämlich an der Wende von der Bronzezeit zur frühen Eisenzeit, fand ein anderer, in seinen Auswirkungen unbedeutenderer Wandel in den Anbaumethoden statt. Die in der Bronzezeit mit Vorliebe

besiedelten und beackerten schweren Böden, in Schleswig-Holstein fast
ausschließlich die Jungmoräne (JANKUHN 1952), in Niedersachsen
Talungen (J. TÜXEN 1960) werden mit dem Übergang zur Eisenzeit aufgegeben und an ihrer Stelle Sandböden kultiviert. Das bedeutet etwa für
Schleswig-Holstein, wo Sandböden und Lehmböden so deutlich räumlich
getrennt liegen, eine Völkerwanderung kleineren Ausmaßes. Von
JANKUHN werden klimatische Ursachen für diesen großräumig nachweis-
baren Wechsel der Kulturböden verantwortlich gemacht. Dieser Ansicht
kann jedoch nicht unbedingt zugestimmt werden, da die Vegetations-
geschichtler in ihren Meinungen über die nacheiszeitliche Klimaentwick-
lung durchaus nicht übereinstimmen (vgl. OVERBECK 1952, WATERBOLK
1954, SCHMITZ 1952), so daß diese für unser Thema auch unbedeutendere
Frage zunächst offen bleiben muß.

Nach der herrschenden Ansicht (KRAUSE 1954, LOHMEYER 1954, J.
TÜXEN 1958) soll wenigstens ein großer Teil der Unkrautarten Heimat-
rechte in Ufergesellschaften (vor allem Bidention) haben, was auch von
TISCHLER (1958) ausdrücklich für die Tiergesellschaften der Äcker festgestellt wird. Nach einer eingehenden Überprüfung der Frage im Zusammenhang mit der Klärung der europäischen Systematik der Klassen der
Bidentetea, Chenopodietea und Secalinetea kann diese Meinung
jedoch nicht länger aufrecht erhalten werden (POLI u. J. TÜXEN 1960).
Unkräuter und möglicherweise auch die Tiere benutzen die Ufer der
Flüsse und Meere lediglich als Wanderstraßen, auf denen sie aus den mediterranen und irano-turanischen Regionen nach Mitteleuropa vorgedrungen
sind. Da sie auf diesen Standorten günstige Lebensmöglichkeiten vorfinden, werden sie mehr oder weniger stet auch heute dort gefunden.

Vegetationsgeschichtliche Untersuchungen unterrichten über die
Einwanderungszeit der Unkräuter auf die Äcker. Die Arten können
danach in Archaeophyten, d.h. solche mit weit zurückliegender Ankunftszeit, und in Neophyten, deren Erscheinen in Mitteleuropa etwa seit dem
ersten Drittel unseres Jahrtausends bis heute nachgewiesen werden kann,
eingeteilt werden. Unter den Archaeophyten sind eine große Zahl von Arten, die bereits aus dem Neolithikum oder aus der Bronzezeit als Unkräuter oder Kulturpflanzen nachgewiesen sind. Listen solcher Arten
stimmen bei den einzelnen Autoren (BERTSCH, A. 1955, BERTSCH, K.
1932, 1950, HELBAEK 1954, LÜDI 1955, PFAFFENBERG 1947) recht gut
überein. Darum darf man schließen, daß die Unkrautflora dieser frühesten
Zeiten des Ackerbaus uns relativ vollständig bekannt ist. In der Bronzezeit sind andererseits nur wenige Unkrautarten neu eingewandert, so daß
die bis zum Ende der Bronzezeit vorhandenen Pflanzen als eine Gruppe
zusammengefaßt werden sollen. Die übrigen als Archaeophyten bezeichneten Arten können mit einiger Sicherheit als Einwanderer jüngerer
Zeitabschnitte angesehen werden. Von dieser Gruppe wissen wir nur von
wenigen Pflanzen die genaue Ankunftszeit. Wir gliedern die Unkräuter
nach ihrer Einwanderungszeit auf die Äcker also in drei Gruppen.

1. Im Neolithikum und der Bronzezeit vorhandene Archaeophyten
2. Jüngere Archaeophyten
3. Neophyten.

Das Auftreten der jüngeren Archaeophyten darf wohl als eine Folge

der Aufgabe der schweren Böden gegen Ende der Bronzezeit zugunsten
der leichten Sandböden in der frühen Eisenzeit angesehen werden. Die
landwirtschaftlich viel bedeutendere Epoche um Christi Geburt mit dem
Wechsel der Feldfrüchte und der Einführung der Plaggendüngung zeichnet sich dagegen bisher in der Einwanderungsgeschichte der Unkräuter
nicht ab.

Betrachtet man die Ankunftszeit der Unkräuter nun nach der soziologischen Zugehörigkeit der Arten zu den Klassen der Chenopodietea
(Sommerfrüchte) und der Secalinetea (Winterfrüchte), so ergeben sich
eine Reihe weiterer Erkenntnisse. Werden die von Vegetationsgeschicht-
lern genannten Artenlisten des Neolithikum und der Bronzezeit, auch
noch der frühen Eisenzeit, nach ihrer geographischen Herkunft geordnet,
so zeigt sich ein deutliches Überwiegen der Chenopodietea-Arten im
Norden (Nordwest-Deutschland, Dänemark), während im Süden, z.B. in
der Schweiz, die Chenopodietea- und Secalinetea-Arten sich etwa
die Waage halten. Man darf darin vielleicht einen Hinweis sehen, daß im
nördlichen Mitteleuropa noch lange das Getreide als Sommerfrucht gebaut wurde, während im zentralen Mitteleuropa von Anfang an vielleicht
neben Sommerfrüchten das Getreide als Winterfrucht gebaut wurde.

Im einzelnen ergeben sich für sämtliche Charakterarten der Gesell-
schaften der Chenopodietea und Secalinetea folgende prozentuale
Anteile an den genannten einwanderungsgeschichtlich gegliederten
Artengruppen.

	Neolithikum + Bronzezeit	Jüngere Archaeophyten	Neophyten	?
Chenopodieta (50 Arten)	36.0	34.0	**28.0**	2.0
Secalineta (68 Arten)	29.4	**61.8**	8.8	–

Der große Anteil der Neophyten von fast einem Drittel aller Arten der
Chenopodietea zeigt deutlich den „ungesättigten" Charakter der
Klasse, um einen Vergleich aus der Chemie heranzuziehen. Demgegenüber sind die Gesellschaften der Secalinetea seit langer Zeit in ihrem
Artengefüge stabil und haben kaum neue Arten in sich aufgenommen.
Damit erklärt sich auch die Eignung der Chenopodietea-Gesellschaften
als Meßinstrument für ökologische Faktoren und Standortseigenschaften,
indem eben durch Neueinwanderer das an sich schon labile Gefüge verändert werden kann und so Arten-Gruppierungen erzeugt werden, die auf
Faktoren und Eigenschaften der Standorte geeicht sind. Die Gesellschaften der Secalinetea stellen dagegen sehr stumpfe Zeiger dar und können
nur in Ausnahmefällen mit Erfolg etwa auf Bodeneigenschaften geeicht
werden.

Weitere Beziehungen zur Landwirtschaftsgeschichte ergibt die Untersuchung der Verbände nach der Einwanderungszeit ihrer Charakterarten.

Übereinstimmend in beiden Klassen fehlen die Arten der Gesellschaften der Sandböden (Panico-Setarion und Arnoserion) noch in der
Bronzezeit vollständig, trotzdem solche Böden wenigstens im Neolithikum schon beackert wurden (J. Tüxen 1960). Diese Standorte müssen in
den ältesten Zeiten des Ackerbaus also von Gesellschaften des Polygono-

	Neolithikum + Bronzezeit	Jüngere Archaeophyten	Neophyten	?
Chenopodietea				
Panico-Setarion (7 Arten)	–	85.8	14.3	–
Polygono-Chenopodion (16 Arten)	43.8	31.3	18.8	6.3
Secalineta				
Arnoserion (3 Arten)	–	66.6	33.3	–
Aphanion (8 Arten)	25.0	62.5	12.5	–
Linion (6 Arten)	16.7	66.7	16.7	–

Chenopodion bzw. des Aphanion mitbesiedelt worden sein. Man darf darin wohl eine Bestätigung für die in der Eisenzeit deutlicher werdende nacheiszeitliche Klimaverschlechterung sehen, in deren Gefolge die Sandböden podsoliert wurden. Im Aphanion und auch im nachweislich bronzezeitlichen Linion der Leinfelder könnte sich die Klimaverschlechterung möglicherweise ebenfalls in der Aufnahme neuer Arten ausgewirkt haben; doch ist die Möglichkeit fehlender älterer Nachweise einzelner in diese Gesellschaften gehörender Unkräuter nicht auszuschließen.

Über das Alter der Assoziationen erlaubt die Methode meiner früheren Ansicht entgegen (J. TÜXEN 1958) keine sicheren Aussagen. Es deutet vielmehr manches darauf hin, daß der Zusammenschluß der Arten zu Assoziationen noch in der Bronzezeit ein ganz anderer war wie von der Eisenzeit bis heute.

Auf ein bisher unerwähntes Ereignis im Verlauf der Geschichte des Ackerbaues läßt das Verhalten der nw-deutschen Panico-Setarion-Gesellschaften in Bezug auf das Alter der von ihnen besiedelten Felder schließen. Bei der Eichung etwa der Panicum crus-galli-Spergula arvensis-Ass. auf diese Standortseigenschaft ergeben sich nämlich durch Artengruppen markierte soziologische Einheiten, die Feldstufen genannt werden, mit einer Altersgrenze um die Zeit der ersten Jahrtausendwende unserer Zeitrechnung (J. TÜXEN 1958). Im deutschen Mittelgebirge erscheint zu Anfang des 7. Jahrhunderts der Streichbrettpflug und löst den älteren Beetpflug ab. Gleichzeitig werden die älteren Flursysteme in die bekannten Langstreifen verwandelt (BORN 1957). Es erscheint nicht ausgeschlossen, daß dieser Wandel der Bestellungsmethoden in NW-Deutschland erst einige Jahrhunderte später Eingang gefunden hat, und sich in der Altersgrenze der Feldstufen in der Panicum crus-galli-Spergula arvensis-Ass. ausprägt.

Als Endprodukt der jahrtausendelangen Entwicklung der Ackerbiozönosen, die wir zu schildern versucht haben, steht nun nicht etwa ein stabiler Zustand vor uns, sondern wir sind Zeugen einer neuen geradezu stürmisch verlaufenden Umwälzung alles bisher Erreichten. Die durch die starke Bevölkungszunahme seit dem vorigen Jahrhundert verursachte Notwendigkeit der Mehrproduktion an Feldfrüchten, deren erste Folge die Einführung der Kunstdüngerwirtschaft war, hat das biotische Gleichgewicht auf den Feldern empfindlich gestört. Unkraut- und Schädlingsbekämpfungsmittel vernichten die für das optimale Gedeihen der Feldfrüchte notwendigen Mitglieder der Biozönosen und lassen nur die Kulturpflanzen ungeschoren. Wie gefährlich solche Eingriffe sein können, zeigt etwa das Beispiel des Rebhuhns (*Perdix perdix*), das in seiner

Jugend vorwiegend von Insekten, später aber von Unkräutern lebt (BRÜLL 1953). Wo diese aber vernichtet werden, müssen sich diese Tiere notgedrungen vom Getreide ernähren.

Abbauprodukte der Unkraut- und Schädlingsbekämpfungsmittel und überschüssige Mengen von Kunstdüngern aber werden vom Regen ins Grundwasser verfrachtet. Untersuchungen solcher Sickerwässer in Lysimetern sind dringend notwendig und werden wohl manche Überraschung ergeben.

Nun sind ohne Zweifel bei früheren Änderungen der landwirtschaftlichen Methoden zunächst ebensolche ,,Fehler'' gemacht worden, aus denen man aber gelernt hat, wie z.B. die rund 2000 Jahre fast unverändert beibehaltene Plaggenwirtschaft lehrt. Darum scheint es, als ob wir der Landwirtschaft noch etwas Zeit geben müssen, daß sie zu neuen Einsichten kommt und diese maßvoll nutzt.

ZUSAMMENFASSUNG

In den letzten Jahrhunderten der frühen Eisenzeit fand in Europa ein Wechsel der Ackerbaumethoden statt, bei dem nicht nur die Plaggendüngung aufkam, sondern auch neue Feldfrüchte eingeführt wurden. Die Ackerunkrautarten können in Archaeophyten und Neophyten eingeteilt werden. Die älteren Archaeophyten sind relativ vollständig bekannt, von den jüngeren kennt man nur von einigen die genauen Ankunftzeiten.

Im Norden überwiegen die Arten der Chenopodietea, im Süden halten sich die Chenopodietea- und Secalinetea-Arten die Waage. Die Gesellschaften der Secalinetea sind seit langer Zeit in ihrem Artengefüge stabil. Die Chenopodietea-Gesellschaften eignen sich als Meßinstrument für ökologische Faktoren und Standorteigenschaften.

Durch die starke Bevölkerungszunahme wird eine neue, geradezu stürmisch verlaufende Umwälzung alles bisher Erreichten verursacht.

SUMMARY

In the later centuries of the early Iron Age in Europe a change in agricultural methods took place. Not only was manuring by ,,Plaggen'' (sods taken from heath) introduced, but a number of new crops was also introduced. The weed species may be divided into archeophytes and neophytes. Our knowlege of the older archeophytes is relatively complete but we know the exact time of arrival of only a few of the more recent ones.

In northern Europe, the Chenopodietea species are more common, in the south the Chenopodietea and Secalinetea species are about equal. The species-complement of the Secalinetea has been stabilised for a relatively long time. The Chenopodietea communities may be used as measures of the ecological and habitat factors.

The rapid increase in human population is causing a new and dramatic change in all these established equilibria.

LITERATUR

BERTSCH, A.: Das Pollendiagramm vom ehemaligen Schussensee bei Ravensburg. – Veröff. Landesst. Naturschutz u. Landsch. Pflege Baden-Württ. **23**. Ludwigsburg 1955.
— Herkunft und Entwicklung unserer Getreide. – Mannus **31** (2). Leipzig 1939.
— Die Pflanzenreste der Pfahlbauten von Sipplingen und Langenrain im Bodensee. – Bad. Fundber. **2** (9). Freiburg i. Br. 1932.
— Nachträge zur vorgeschichtlichen Botanik des Federseerieds. – Veröff. Landesst. Naturschutz u. Landsch. Pflege Baden-Württ. **19**. Stuttgart 1950.
BORN, M.: Siedlungsentwicklung am Osthang des Westerwaldes. – Marburger geogr. Schr. **8**. Marburg 1957.
BRÜLL, H.: Forschungen zur Biologie des Rebhuhns in Deutschland. – Wild u. Hund **56** (16). Hamburg 1953.
HAMANN, H.: Diskussionsbeitrag zu: FLAIG, W. Zur Grundlagenforschung auf dem Gebiet des Humus und der Bodenfruchtbarkeit. – Arb. Gemeinsch. Forsch. d. Landes Nordrhein-Westfalen **60**. Köln u. Opladen 1956.
HELBAEK, H.: Prehistoric food plants and weeds in Denmark. – Danmarks geol. Unders. 2. R. **80**. Studies in Vegetational History in honour of Knud Jessen. 29th Nov. 1954. København 1954.
KRAUSE, W.: Über die Herkunft der Unkräuter. – Natur u. Volk **86**. Frankfurt a. M. 1954.
JANKUHN, H.: Klima, Besiedlung und Wirtschaft der älteren Eisenzeit im westlichen Ostseebecken. – Archaeologia geographica **3** (1/3). Hamburg 1952.
LOHMEYER, W.: Über die Herkunft einiger nitrophiler Unkräuter Mitteleuropas. – Vegetatio **5/6**. Braun-Blanquet-Festschr. Den Haag 1954.
LÜDI, W.: Beitrag zur Kenntnis der Vegetationsverhältnisse im Schweizerischen Alpenvorland während der Bronzezeit. In: W. N. GUYAN u.a., Das Pfahlbauproblem. – Monogr. Ur- u. Frühgesch. **11**. Basel 1955.
NIEMEYER, G.: Erste Ergebnisse von C_{14}-Datierungen in der Kulturlandschaftsgeschichte Nordwestdeutschlands. – Ber. dtsch. Landesk. **20** (1). Remagen 1958.
OVERBECK, F.: Das Große Moor bei Gifhorn. – Schr. Wirtschaftswiss. Ges. z. Stud. Niedersachsens N.F. **41**. Bremen 1952.
PFAFFENBERG, K.: Getreide- und Samenfunde aus der Kulturschicht des Steinzeitdorfes am Dümmer. – **94**. – **98**. Jber. naturhist. Ges. Hannover f. d. Jahre 1942/43 bis 1946/47. Hannover 1947.
POLI, E. u. TÜXEN, J.: Über Bidentetalia-Gesellschaften Europas. – Mitt. flor.-soz. Arb. Gemeinsch. N.F. **8**. Stolzenau/Weser 1960.
ROTHMALER, W.: Der Ackerbau im Neolithikum Mitteleuropas. – Ausgrabungen u. Funde 1956 (2). 1956.
SCHMITZ, H.: Klima, Vegetation und Besiedlung. – Archaeologia Geographica **3** (1/3). Hamburg 1952.
TISCHLER, W.: Synökologische Untersuchungen an der Fauna der Felder und Feldgehölze. (Ein Beitrag zur Ökologie der Kulturlandschaft.) – Z. Morph. Ökol. Tiere **47**. Berlin 1958.
TÜXEN, J.: Stufen, Standorte und Entwicklung von Hackfrucht- und Garten-Unkrautgesellschaften und deren Bedeutung für Ur- und Siedlungsgeschichte. – Angew. Pfl. Soziol. **16**. Stolzenau/Weser 1958.
— Pflanzengesellschaften als Zeiger historischer Vorgänge und Zustände. – Nachr. aus Niedersachs. Urgesch. Hildesheim 1960.
WATERBOLK, H. T.: De praehistorische mens en zijn milieu. Een palynologisch onderzoek naar de menselijke invloed op de plantengroei van de diluviale gronden in Nederland. – Diss. Groningen 1954.

Du Rietz:

Wir haben Pflanzengesellschaften kennengelernt, von denen manche glauben, daß sie sich nicht für eine pflanzensoziologische Behandlung eignen, von denen Sie hier aber sehr schön gezeigt haben, daß sie sich sehr gut dazu eignen und auch gezeigt haben, wieviel man dadurch gewinnen kann, daß man auch die historischen Ursprünge näher studiert.

Schlichting:

Ich möchte eine kurze Bemerkung machen, die im Zusammenhang steht mit einigen Hinweisen auf Probleme der Bodennutzung, die heute gemacht worden sind. Man sollte ja sicherlich den Landbau als eine solche konstruktive – ich sage häufig korrektive – Ökologie oder Biozönotik auffassen, und manches, was dort gemacht wird, hat einzig und allein korrektiven Charakter, beispielsweise die Mineraldüngung. Ich will hier keinesfalls Übertreibungen entschuldigen, sondern nur sagen, daß wir etwas biologisch Richtiges tun, wenn wir Böden mit Mineraldünger anreichern, die von Natur aus zu arm für bestimmte Pflanzen wären. Wenn wir schon einmal Pflanzen auf diese Böden bringen, dann müssen wir die Böden auch in einen Zustand versetzen, daß sie diese Pflanzen ernähren können. Es scheint mir von Belang, daß man diesen Gesichtspunkt einmal berücksichtigt, daß dies eine Korrektur eines natürlichen Gleichgewichts ist, das man durch den Pflanzenanbau selbst gestört hat.

Du Rietz:

Der dritte Abschnitt unseres Symposion ist jetzt zu Ende. Bevor ich das Präsidium dem Präsidenten des vierten Abschnittes übergebe, ist es für mich eine angenehme Pflicht, allen aktiven Mitarbeitern, sowie allen anderen Teilnehmern dieses Symposions herzlich zu danken für ihre wertvolle Mitwirkung zur glücklichen Durchführung dieses Abschnittes. Vor allem möchte ich aber dem Urheber und der Zentralgestalt dieses Symposions, meinem lieben Freund Reinhold Tüxen, einige Worte der Dankbarkeit sagen. Daß dieses Symposion bis jetzt so außerordentlich gelungen, anregend und ergebnisreich gewesen ist, ist weitgehend Dein Verdienst. Durch Deine Begeisterung für die möglichst allseitige Erweiterung und Vertiefung der Biosoziologie und durch Deine eigenen weiten und tiefen Interessen und Kenntnisse hast Du vermocht, einen Kreis von Kollegen und Schülern zusammenzubringen, der sich für die Aufgaben dieses Symposion geeignet erwiesen hat. Deine begeisterte, kluge und freundliche Leitung unserer Arbeit hat aus uns allen das beste Mögliche herausgeholt. Die Pflanzensoziologie wird immer noch als ein Sturmzentrum betrachtet und als der Gegensatz zu einer Scientia amabilis. Wir, die glücklich genug gewesen sind, mit Dir zusammenarbeiten zu dürfen und Dich im Naturzustand zu sehen und zu hören, wissen aber alle, in wie hohem Grade eine Wissenschaft unter Deiner Führung in Wirklichkeit selbstverständlich eine wahre Scientia amabilis wird und wieviel Du dazu beigetragen hast, einen freundlichen Ton und eine freundliche Argumentierung in unsere biozönologische Wissenschaft hereinzubringen, auch wenn wir Probleme debattieren, in denen unsere Meinungen immer noch mehr oder weniger weit auseinandergehen können. Darf ich mein Präsidium damit schließen, Dir meine Bewunderung zu bezeugen, nicht nur für Deine eigenen pflanzensoziologischen Einsätze, sondern auch für Deine Belebung und Führung einer lebhaften und erfolgreich wirkenden Synusie von jüngeren Pflanzensoziologen und für den weiten und tiefen Überblick der nordwestdeutschen Vegetation, der hier dadurch entstanden ist, und auch für Deine Organisation und Führung von diesem Symposion, soweit es bis jetzt durchgeführt ist. Herzlichen Dank!

Präsident: Prof. Giacomini:

Ich danke für die Ehre, hier präsidieren zu dürfen, aber ich denke, diese Ehre gilt viel mehr den jungen Pionieren der italienischen Pflanzensoziologie.

ZUSAMMENHANG ZWISCHEN WILDBESTAND UND WALDGESELLSCHAFT

Zur Frage der Ermittlung wirtschaftlich tragbarer Wildbestände mit Hilfe der Vegetationskartierung

von

KAREL MRÁZ

Aus dem Forschungsinstitut für Forst- und Jagdwesen der Čs. Akademie der Landwirtschaftswissenschaften zu Praha in Zbraslav-Strnady

EINLEITUNG

Das Wild stellt einen natürlichen und wichtigen Bestandteil der Biozönose des Waldes dar. Man kann sich Wald ohne Wild kaum vorstellen. Es kann jedoch nicht bestritten werden, daß das Wild durch Holzartenverbiß und andere Einwirkungen große Schäden erzeugt. Deswegen bemühen sich Waldbauer wie auch Jäger um die Klärung der Frage, warum das Wild diese Schäden anrichtet und wie man ihnen vorbeugen könnte.

Heute ist man allgemein zu der Überzeugung gekommen, daß Teile einzelner Organe der Holzarten, vor allem des Jungwuchses, einen unentbehrlichen Bestandteil der Nahrung des Wildes darstellen. Es ist dies einerseits deswegen, weil es im Ablauf des jährlichen Vegetationszyklus Phasen gibt, wo praktisch keine andere Nahrung vorhanden ist im Winter, (der im Sinne der Biologie des Wildes vom Januar bis März dauert), andererseits deswegen, weil diese Art von Nahrung angesichts ihrer Struktur und ihrer biochemischen Eigenschaften günstigen Einfluß auf die Verdauung von Gräsern und Kräutern ausübt, und darüber hinaus auch günstig auf die Weidefrequenz und die Rumination einwirkt, weshalb sie auch im Sommer (wenn auch in geringerem Maße) unentbehrlich ist, wie aus Untersuchungen von BUBENÍK, LOCHMAN, SEMIZOROVÁ und FIŠER (1957) hervorgeht.

Die Frage, warum diese physiologische Notwendigkeit des Wildes, Holzarten zu äsen, in Wirtschaftswäldern oft untragbare Ausmaße annimmt, während man in naturnahen Wäldern kaum ihre Folgen spürt, wird auf Grund ausgedehnter Untersuchungen vieler Forscher auf folgende Weise erklärt: BUBENÍK und Mitarbeiter (1957), TEMPLIN (1957) u.a., sehen die Gründe in der ungenügenden Dichte des Vorkommens der als Wildnahrung geeigneten Holzarten und in der Dichte der Wildpopulation im Wirtschaftswald wie auch in Störungen des Tagesrhythmus der Weide durch Beunruhigung des Wildes. Andererseits wird u.a. auf die unregelmäßige Verteilung der Nahrungsquellen im Wirtschaftswald im Gegensatz zum Naturwald hingewiesen, was große Konzentrationen des Wildes auf Kahlflächen und Lichtungen hervorruft, wo die Schäden dann besonders groß werden (S. MOTTL 1954, J. KESSL u. B. FANTA 1955 usw.).

Für alle Maßnahmen, die Wildschäden im Walde beseitigen oder

verringern sollen, ist die Feststellung der verfügbaren Vorräte an Wildnahrung im Jagdrevier bzw. die Taxation oder Bonitierung auf Grund des
ermittelten Ernährungswertes oder -potentials die Vorbedingung. Der
Wildbestand muß dem Ernährungspotential des Revieres angemessen
sein, was entweder durch Regelung des Wildbestandes, durch Erhöhung
des Ernährungswertes durch Anbau geeigneter Pflanzen, Füttern oder
beides zu erreichen ist. Bei übermäßigem Wildstand helfen keine Schutzmittel. Wie Templin (1957) berichtet, beseitigte das hungernde Wild
sogar bei der Äsung die mechanischen Schutzmittel, die ihm Schmerzen
und Entzündungen bereiteten.

METHODEN DER INVENTARISIERUNG DER NAHRUNGSVORRÄTE

Den Methoden der Ermittlung des Ernährungswertes von Jagdrevieren
wurde in der ČSR große Aufmerksamkeit gewidmet. Früher wurde die
zulässige Höhe des Wildbestandes ohne Rücksicht auf die Umwelt festgesetzt. In neuerer Zeit wurde das geologische Substrat berücksichtigt;
J. Sekera z.B. hält einen Rehwildbestand von 10 Stück auf Kalkstein-
böden, 6–7 Stück auf Sandstein- und 5 Stück auf Urgesteinsböden (pro
100 ha) für angemessen. E. Ueckermann (1952) berücksichtigt neben
dem Klima vier Umweltfaktoren: Fläche der anliegenden Äcker, Fläche
der Wiesen im Jagdrevier, Artzusammensetzung der Waldbestände und
das Gestein.

Neuerlich wurde bei uns in dieser Hinsicht besonders die Zusammensetzung der Vegetation hervorgehoben. Mit Recht sagt S. Mottl (1954),
daß die Vegetation als Ausdruck der Umwelt und zugleich Produzent der
Nahrung des Wildes der beste Zeiger des Ernährungswertes von Jagdrevieren ist. Er hat eine sehr beachtenswerte Methode entwickelt, die auf
der Schätzung des Flächenanteiles von sechs „Biotopen" (1. Strauchschicht, 2.–4. Kraut-„Formation" in Laub-, Nadel- und gemischten Alt-
beständen, 5. Schlagvegetation, 6. Wiesen, Felder usw.) im Jagdrevier
begründet ist. Für einzelne „Biotope" gibt er einen bestimmten Wert an; der
davon abgeleitete Wert des Revieres entspricht einem in Tabellen angegebenen Wildbestand. Bei der Ermittlung der Werte der „Biotope" wurde sowohl
die Zusammensetzung der Wildnahrung als auch die Bevorzugung gewisser Pflanzenarten und einzelner „Biotope" durch das Wild neben der
Gesamtmenge der zugänglichen Nahrung in Betracht gezogen. Leider
hat Mottl die Nahrungsvorräte der „Biotope" als Ganzes zu ermitteln
versucht, ohne die Zugehörigkeit ihrer Teile zu verschiedenen Pflanzengesellschaften in unserem Sinne zu berücksichtigen. Seine Untersuchungen, die z.T. auf dem Material von J. Melichar und Mitarbeitern aufbau-
ten, haben recht interessante Ergebnisse durch Vergleich der Ernährungswerte eines Reviers im Rehwild-Reservat in den Karpathen (Naturwald)
und eines anderen im Wirtschaftswald des Brdy-Kammwaldes gebracht.
Der Wirtschaftswald war im Sommer nur um ein Geringes unterlegen,
während er im Winter sogar überlegen war (23100 kg auf 100 ha gegenüber 22260 kg), was durch die Häufigkeit von Vaccinien, *Calluna* und
Rubus-Arten bedingt ist.

Einfacher ist die Methode von J. Melichar (1954, 1957 usw.), welche die Feststellung der Menge der im Winter zugänglichen Nahrung anstrebt, denn im Winter wird ihr Minimum erreicht, welches für die Größe der Wildschäden entscheidend ist. Dies wird durch Anlage zahlreicher Probeflächen vor allem auf Schlagflächen, Zählung und Messung der Höhen der jungen Holzartenindividuen erreicht. Zur Ermittlung des Gewichtes der Jahrestriebe, die als Nahrung in Frage kommen, hat MELICHAR (1957) Tabellen für einzelne Holzarten und deren Höhen zusammengestellt. Außerdem werden Vaccinien und Heide auf mehreren 1 m² großen Flächen gewogen und ihre Gesamtfläche geschätzt.

Angesichts der angeführten Tatsachen liegt der Gedanke nahe, die Waldgesellschaften bzw. Waldtypen und ihre kartenmäßige Darstellung zur Ermittlung des Ernährungspotentials von Jagdrevieren heranzuziehen. Wenn es im Laufe künftiger geplanter Untersuchungen gelingen würde, für einzelne Waldgesellschaften oder deren Gruppen den Ernährungswert in tabellarischer Form festzusetzen, würde die Waldtypenkarte die direkte Ermittlung des Ernährungspotentials des ganzen Revieres ermöglichen.

Neben der Menge der Nahrung sind auch weitere Umweltfaktoren für das Wild wichtig (warme und trockene Orte und Schutz für die Ruhezeit, der Zeitpunkt der Belebung der Vegetation im Frühjahr, die Bodeneigenschaften, welche die Saftigkeit und den Geschmack der Nahrung bedingen usw.); alle können ohne weiteres in Zusammenhang mit Waldgesellschaften gebracht werden.

Bekanntlich bevorzugt das Wild einige Pflanzenarten bzw. deren Teile als Nahrung. Diese sind wieder an verschiedene Pflanzengesellschaften in verschiedenem Ausmaß gebunden. Auf Grund zahlreicher botanischer Analysen des Mageninhaltes von Rehwild (MELICHAR u. FIŠER 1958) können besonders folgenden Arten hervorgehoben werden:

Holzarten: Eichen, Kiefer, Hainbuche, Heide (*Calluna*), Heidelbeere, Liguster, Brombeere, Fichte, Robinie, Himbeere, Wildrosen, Roßkastanie, Feldahorn usw. (nach abnehmender Vertretung geordnet),

Kräuter: *Trifolium* (bes. *medium*), *Chamaenerion angustifolium*, *Fragaria* usw.,

Gräser: *Agropyron repens*, *Poa nemoralis* u. *pratensis* u.a.,

Kulturpflanzen: Rüben, Luzerne, Kartoffel, *Raphanus raphanistrum* usw., und schließlich Pilze, die mit etwa 2 % vertreten sind. In Einzelfällen kännen im Winter (Januar) die Heidelbeere und die Heide (*Calluna*) bis 100 % der Nahrung bilden.

Um zu beweisen, daß die Waldgesellschaften eine gute Grundlage zur Ermittlung des Ernährungswertes der Reviere bilden, ist es nötig, besonders folgende Fragen zu klären;
a) inwieweit unterscheiden sich verschiedene Waldgesellschaften eines Gebietes in Bezug auf Nahrungsproduktion (quantitativ und qualitativ),
b) durch welche Umstände sind diese Unterschiede bedingt,

c) inwieweit unterscheidet sich der Grad der Wildschäden in einzelnen
Waldgesellschaften,

d) welche Vegetationseinheiten (welcher Rangordnung) sind dabei zu
berücksichtigen,

e) welche Unterschiede in der derzeitigen Vegetation (Bestandestypen,
Altersstadien usw.) müssen unterschieden werden?

Diese Arbeit ist bestrebt, einen kleinen Beitrag zur Lösung dieser
Fragen zu bringen.

METHODIK

Das untersuchte Revier wurde waldtypologisch kartiert (es wurden also
Flächen unterschieden, die einzelnen natürlichen Waldgesellschaften entsprechen). Für jeden Waldtyp wurden Aufnahmen in verlichteten, für die
betreffende Gesellschaft charakteristischen Beständen verschiedener
Holzarten und auf Kahlflächen erarbeitet. Außerdem wurden daselbst
auf 100 qm großen Flächen Anzahl, Höhen und Durchmesser der (natürlich wie auch künstlich) verjüngten Holzartenindividuen ermittelt. Die
Pflanzen wurden dabei in drei Gruppen je nach dem Grad der Beschädi-
gung eingeteilt.

UNTERSUCHUNGSGEBIET

Das untersuchte Revier liegt im Brdy-Kammwald, in der Eichen-Buchen-
Übergangsstufe, mit mittl. Jahresniederschlag von 520–550 mm, mittl.
Jahrestemperatur 7,3 – 7,9° C. Muttergestein vorwiegend Tonschiefer.
Näheres über die Bodenverhältnisse vgl. B. Mařan 1949. Waldgeschicht-
liche Untersuchungen (V. Samek 1957) zeigen, daß Eiche und Buche am
häufigsten waren, örtlich herrschte die Tanne vor.

Im Revier kommen folgende Waldgesellschaften vor:

1. Bodensaurer subkontinentaler Eichenwald (Festuco ovinae-
Quercetum) auf flachgründigen, sehr trockenen, skelettreichen Böden
(Oligotrophe Braunerde bis Semipodsol), meist auf sanften sonnigen
Hängen. Natürliche Holzarten: Eiche, weniger Birke, vereinzelt Kiefer.
Bestände: Ki, Ei, Ki/Ei. Bodenvegetation: *Festuca ovina, Deschampsia
flexuosa, Veronica officinalis, Poa angustifolia, Calluna, Genista tinctoria,
G. germanica, Euphorbia cyparissias, Galium verum* usw. Ziemlich arten-
arm.

2. Subkontinentaler Eichenwald (Potentillo albae-Quercetum) auf
flachgründigen, wechseltrockenen, etwas feinerde- und humusreicheren
Böden, meist in ebener Lage oder Flachmulden, meist an feuchtere Typen
angrenzend. Natürliche Holzarten: Eiche, (Wildobst?). Bestände: Ki,
Ki/Ei, Ki + Fi. Bodenvegetation: *Potentilla alba, Filipendula hexa-
petala, Galium boreale*; dominant: *Brachypodium pinnatum, Deschampsia
flexuosa, Festuca ovina*; weiter *Lilium martagon, Trifolium alpestre,
Betonica officinalis* usw., in besonderer Ausbildung dominiert: *Vaccinium
myrtillus*. Sehr artenreich.

3. Bodensaurer Tannen-Eichenwald (Abieto-Quercetum) auf tieferen,
wechselfeuchten, feinerdereichen Böden, die in verschiedenem Grade die

Tendenz zur Pseudovergleyung aufweisen, in ebener Lage bis sanften
Schatthängen im kühleren, sanft nach N–O geneigten Teil des Reviers
und in Flachmulden. Natürliche Holzarten: Eiche, Tanne, (Fichte?), Birke
usw. Bestände: Fi, Fi + Ki, Fi + Ei, Ki/Ei. Bodenvegetation: *Luzula
pilosa, L. nemorosa, Potentilla erecta, Hypochoeris radicata,* auf Lichtungen *Juncus*-Arten, dominant *Festuca ovina, Deschampsia flexuosa,*
ferner *Melampyrum vulgatum, Brachypodium pinnatum, Poa nemoralis,
Vaccinium myrtillus* usw., in besonderer Ausbildung *Calamagrostis
villosa* faziesbildend, etwas *Molinia arundinacea.*

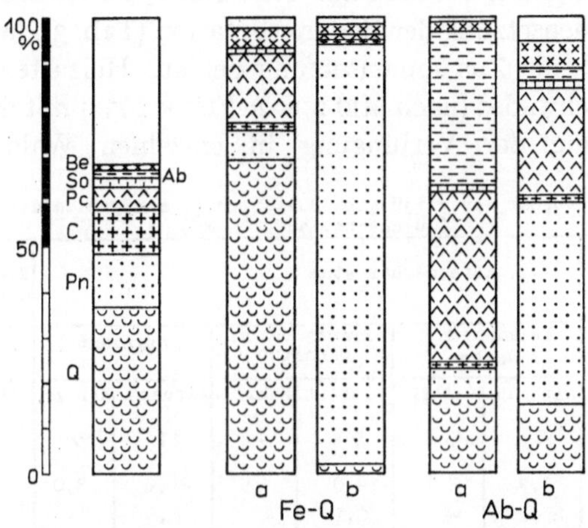

Vergleich des durchschnittlichen Anteils der einzelnen Holzarten an der
Nahrung des Rehwildes (linke Säule) mit dem zugänglichen Wintervorrat
an Holzartenorganen (vor allem Sprosse) in zwei Waldgesellschaften des
Hügellandes.

Be = *Betula pendula*   Pc = *Picea excelsa*
Ab = *Abies alba*   C = *Carpinus betulus*
So = *Sorbus aucuparia*   Pn = *Pinus silvestris*
Q = *Quercus petraea (sessiliflora)*
Fe-Q = Festuco-Quercetum (= Quercetum medioeuropaeum,
      resp. Ass. Quercus-Genista tinctoria Klika p.p.)
Ab-Q = Abieto-Quercetum
a = Durchschnitt für Altbestände
b = Durchschnitt für Jungwuchs
      (natürliche und künstliche Verjüngung) auf Kahlflächen
Der Anteil ist in Gewicht-% angegeben.

4. Bodensaurer Buchen-Eichenwald (Luzulo-Quercetum mit *Calamagrostis arundinacea*) auf mittleren, durchlässigen, skelettreichen,
sauren Böden vom Typ der oligotrophen Braunerde, oft podsoliert, oft in
ebener Lage bis flachen Erhöhungen. Natürliche Holzarten: Eiche, Buche.
Bestände: Ki, Ki + Fi, Ki/Ei, Fi. Bodenvegetation wie im Festuco-
Quercetum, dazu viel *Luzula nemorosa, Calamagrostis arundinacea*
u.a.m.

5. Anspruchsvoller Hainbuchen-Tannenwald (Carpino-Abietum) auf
tiefen, lehmigen, kräftigeren, schwach wechselfeuchten Böden, meist in
ebener Lage oder auf sanften schattigen Hängen. Natürliche Holzarten:
Tanne, Hainbuche, Eiche, Linde usw. Bestände: Fi, Fi + Ei, Fi + Ki.
Bodenvegetation: nebst Arten des Abieto-Quercetum häufig *Oxalis*

acetosella, Hepatica nobilis, Sanicula europaea, Stellaria holostea, Brachypodium silvaticum usw.

Die übrigen Gesellschaften (Equiseto-Abietum, Lysimachio vulgaris-Alnetum, Stellario nemorae-Alnetum, Acero-Carpinetum, Carpino-Fagetum) sind flächenmäßig bedeutungslos.

FOLGERUNGEN AUS DEM BEARBEITETEN MATERIAL

Die Unterschiede der einzelnen Waldgesellschaften in bezug auf ihren Ernährungswert gehen deutlich aus Tab. 1 u. 2, ferner aus Diagr. 1 und aus der Zusammensetzung der Bodenvegetation (Tab. 3). hervor.

Der Vergleich der Zusammensetzung der aus Holzarten bestehenden Nahrung des Rehwildes (nach MELICHAR-FIŠER 1958) mit der Holzartenzusammensetzung der Verjüngung in einzelnen Waldgesellschaften

Tab. 1. Anzahl der verjüngten Holzarten in einigen Waldtypen (durchschn. auf 100 m^2)

Waldgesellschaft	Abieto-Quercetum						Festuco ovinae-Quercetum typicum	
Ausbildung	Melampyrum vulgatum		Brachypodium pinnatum		insgesamt			
Stadium	Altbest.	Kahlfl.	Altbest.	Kahlfl.	Altbest.	Kahlfl.	Altbest.	Kahlfl.
Zahl d. Flächen (je 100 m^2)	4	3	7	4	11	7	7	8
Fichte	33,7	12,7	14,0	4,5	21,2	8,0	3,7	1,6
Tanne	23,2	–	0,1	–	8,5	–	–	–
Kiefer	10,0	3,7	7,8	0,7	8,6	2,0	9,4	–
Lärche	4,7	–	–	–	1,7	–	2,3	4,2
Eiche	36,2	22,7	38,3	16,5	37,5	19,1	96,3	9,9
Hainbuche	–	–	3,4	2,0	2,2	1.1	1,7	0,7
Birke	11,0	40,0	6,5	21,5	8,2	29,4	9,6	20,4
Aspe	1,5	–	0,3	7,2	0,7	4,1	3,4	4,7
Salweide	–	11,3	2,7	13,0	1,7	12,3	0,8	1,1
Eberesche	5,5	9,3	0,6	1,0	2,4	4,6	0,7	0,4
Summe d. natürl. Verjüngung	125,8	99,7	73,7	66,4	92,7	80,6	127,7	43,0
Natürl. u. künstl. Verjüngung	159,0	224,0	74,1	121,0	105;0	165,1	127,7	136,0

Tab. 2. Vertretung der dem Rehwild zugänglichen Holzarten in einigen Waldtypen nach dem Gewicht der Jahrestriebe (durchschn. je 100 m^2 in Gramm)

Waldgesellschaft	Abieto-Quercetum				Festuco-Quercetum			
Stadium	Altbestand		Kahlfläche		Altbestand		Kahlfläche	
Zahl d. Flächen	1.1		7		7		8	
	g	%	g	%	g	%	g	%
Fichte	533	37,7	599	23,6	149	15,6	41	0,8
Tanne	474	33,7	62	2,4	–	–	–	–
Kiefer	85	6,0	1112	43,8	66	6,9	4904	92,8
Lärche	10	0,7	102	4,0	12	1,3	55	1,2
Eiche	255	17,9	401	15,8	660	68,9	93	1,7
Hainbuche	10	0,7	20	0,8	7	0,8	28	0,5
Birke	29	2,1	146	5,7	46	4,8	139	2,6
Aspe	3	0,2	16	0,6	13	1,3	17	0,3
Salweide	4	0,3	32	1,3	1	0,1	4	0,1
Eberesche	10	0,7	29	1,2	3	0,3	2	0,0
Sonst.	–	–	20	0,8	–	–	–	–
Insgesamt	1413	100,0	2539	100,0	957	100,0	5283	100,0

	Festuco-Quercet.	Potentillo-Querc. myrt.	Potentillo-Querc. filip.	Abieto-Querc. desch.-melamp.	Abieto-Querc. calam. vill.	Carpino-Abietum melamp.	Carpino-Abietum oxalid.
Vaccinium myrtillus	-	15-50	-	1-5	2	1-5	1-5
Vaccinium vitis- idaea	-	+-2	-	-	2	-	-
Calluna vulgaris	1-20	-	-	-	-	-	-
Rubus spec.	(+-1)	+	+	+-2	+	1-5	1-5
Rubus idaeus	(+-5)	+-5	+	+-2	(+-2)	1-5(10)	1-5(10)
Rosa spec.	(+)	+	+	+	+	+	+
Chamaenerion angustifolium	(+)	+	+-1	+(-5)	+(-5)	+(-5)	+(-5)
Trifolium sp.div.	(+)	-2	1-3	+	-	5	1
Dactylis glomerata + Poa nemoralis	-	2	-	2-15	-	5-10	5-15
Calamagrostis arundinacea	-	5	1-5	+-5	+-1	1-40	1-5

Die in Klammern angegebenen Werte gelten für Kahlflächen.

(durch den Gewichtsanteil der Jahrestriebe ausgedrückt) im Diagr. 1 ist nur bedingt möglich, da die durchschnittliche jährliche Zusammensetzung der Nahrung mit dem Wintervorrat an Trieben verglichen wird. Im Sommer wird sich das Verhältnis zugunsten der Laubhölzer infolge des durch Belaubung vergrößerten Gewichtes der Triebe verschieben; das Verhältnis unter den Laubhölzern dürfte etwa gleich bleiben. Große qualitative Unterschiede sind deutlich sichtbar. Quantitative Unterschiede werden nach Einbeziehung der Krautschicht deutlicher, als die Angaben über Holzarten ersehen lassen. Die Vertretung der einzelnen Arten von Nahrung in verschiedenen Jahreszeiten zeigen folgende Angaben von MELICHAR u. FIŠER (1958):

Monate	Blätter	Triebe	Samen	Rinde, Holz usw.	zusammen %
IV–VI	38	10	—	—	48
VII–IX	44	7	15	—	66
X–XII	34	15	11	0,1	60
I–III	8	28	28	4	68

	Kräuter	Gräser	Kulturpfl.	Farne	Pilze	zusammen %
IV–VI	36	6	—	—	—	42
VII–IX	18	4	7	—	5	34
X–XII	8	4	25	1	2	40
I–III	8	19	3	—	—	30

Die Unterschiede in dieser Beziehung unter den einzelnen Pflanzengesellschaften sind unmittelbar durch den Einfluß des Standortes und der Vegetation auf das Wachstum der Pflanzen (und die Auswahl der Arten) sowie auch mittelbar, besonders durch verschiedene Massenproduktion durch verschiedene Holzarten, Beeinflussung des Verhaltens des Wildes usw. bedingt.

Die Wildschäden sind in einzelnen Pflanzengesellschaften ungleich groß. Wegen Platzmangel kann hier nur kurz festgestellt werden, daß Naturverjüngung weniger leidet als die künstliche, unter Schirm weniger als Kahlfläche, auf Flächen der an Nahrung reicheren Pflanzengesellschaften weniger als auf denen der ärmeren.

Es ist nötig, möglichst scharf ökologisch definierte und abgegrenzte Einheiten zu unterscheiden, meist also Subassoziationen, in besonderen Fällen sogar Varianten, wie dies auch bei der Waldtypenkartierung geschieht. Sie können sich in Bezug auf den Ernährungswert sehr unterscheiden (das Abieto-Quercetum mit dominierender *Calamagrostis villosa* besitzt im Gegensatz zu den übrigen Ausbildungen nur sehr spärliche Verjüngung und fast keine Vaccinien).

Man wird natürlich aus praktischen Gründen bestrebt sein, möglichst wenige Bestandestypen und Stadien gesondert zu beurteilen. Es ist jedoch unbedingt nötig, die Ernährungswerte getrennt für lichte Altbestände (und entsprechend verlichtete jüngere) und Kahlflächen anzugeben. In geschlossenen, dunklen Beständen kann praktisch mit keinem Nahrungsvorrat gerechnet werden.

Diese Teilergebnisse lassen wohl den Schluß zu, daß die Möglichkeit, für Vegetationseinheiten den Ernährungswert zu ermitteln und dann auf Grund ihrer Karten den Wert ganzer Reviere und den ihm entsprechenden wirtschaftlich tragbaren Wildbestand zu ermitteln, tatsächlich besteht. Die Arbeiten würden dadurch sehr beschleunigt und verbilligt werden, da die Anlage und Bearbeitung spezieller Probeflächen zur Ermittlung der Nahrungsvorräte in größerem Ausmaße entfallen könnte. Außerdem würde es einen nicht unwesentlichen Beitrag zum Aufbau der Biozönologie bedeuten.

ZUSAMMENFASSUNG

Um Wildverbißschäden im Walde herabzusetzen, müssen wir bestrebt sein eine objektive Methode der Ermittlung der Ernährungsfähigkeit des Waldes für das uns interessierende Wild (hier Rehwild) zu finden. Es wird versucht zu zeigen, daß dazu die Ergebnisse der Vegetationskartierung herangezogen werden können, wodurch das ganze Verfahren wesentlich billiger wird, indem die Vegetationskartierung auch für andere Zwecke (Waldbau usw.) durchgeführt wird.

Die Untersuchungen wurden in einem Forstrevier im Mittelböhmischen Hügelland (Eichen-Buchenstufe) durchgeführt. Hier kommen vor allem bodensaure Eichenwälder (Festuco-Quercetum), subkontinentale Eichenwälder (Potentillo-Quercetum), Tannen-Eichenwälder (Abieto-Quercetum), reiche Hainbuchen-Tannenwälder (Carpino-Abietum) und bodensaure Eichen-Buchenwälder (Luzulo-Quercetum) vor. Die Unterschiede zwischen einzelnen Waldgesellschaften in Bezug auf ihre Ernährungsfähigkeit sind aus Tabelle 1, 2, 3 und Diagr. 1 ersichtlich. Die Unterschiede sind unmittelbar durch den Einfluß des Standortes und der Vegetation auf das Wachstum der als Wildnahrung (vor allem der Winternahrung, die entscheidend ist) wichtigen Pflanzen bedingt, aber auch mittelbar.

Die Ernährungsfähigkeit muß getrennt für lichte (meist alte) Bestände und für Kahlschläge angegeben werden; bei geschlossenen, meist jungen, dunklen Beständen kann praktisch mit keiner Ernährungsfähigkeit gerechnet werden.

Wie unsere späteren Untersuchungen in Ostböhmen zeigen, müssen mehr als früher auch andere Pflanzen (nebst Holzarten) berücksichtigt werden, wie z.B. *Rubus fruticosus*, wintergrüne Arten (*Vinca minor*), Gräser.

SUMMARY

The relationship between number of deer and woodland plant communities (regarding the question of determining productive deer stock with the aid of vegetation mapping) was investigated.

In order to reduce grazing damage caused by deer in woodland we must endeavour to find an objective method for estimating the feeding capacity of woodland for the animal in which we are interested (in this case roe deer). An attempt is made to show that the results of vegetation mapping can be applied for this purpose. In this way costs will be lower since the vegetation mapping will be useful for other purposes (woodland management etc.) as well.

The investigations were carried out in a forest district in the upland area (oak-beech zone) of central Bohemia. Here are found mainly acidic oakwoods (Festuco-Quercetum), subcontinental oakwoods (Potentillo-Quercetum), fir-oakwood (Abieto-Quercetum), rich hornbeam-firwoods (Carpino-Abietum) and acidic oak-beech woods (Luzulo-Quercetum). The differences between individual woodland communities in relation to their feeding capacity are evident in Tables 1, 2, 3 and in Diagram 1. The differences noted are directly and also indirectly conditioned by the influence of the habitat and of the vegetation on the growth of the important deer fodder plants (especially of the winter fodder, which is the decisive factor).

The feeding capacity of open (mostly old) stands is given separately from clear-felled areas; closed, dark stands, mostly young, produce practically no deer fodder.

As our later investigations in eastern Bohemia show, plants other than woody species must be considered more than previously, e.g. *Rubus fruticosus*, evergreen species (*Vinca minor*), grasses.

LITERATUR

BUBENÍK, A., LOCHMAN, J., SEMIZOROVÁ, I., FIŠER, Z.: Äsung der Waldholzarten durch die Cerviden vom Standpunkt ihrer physiologischen Bedürfnisse. – Sborn. Lesnictví **30**: 347–352. 1957. (Tschech.)

KESSL, J., VANĚK, J., FANTA B.: Wildschädenanzeiger für Forstkulturen. – Práce VÚL **7**: 5–75. 1954. (Tschech.)

KESSL, J., FANTA, B.: Ursachen des Holzartenverbisses durch das Wild. Sborn. Lesnictví **28**: 85–94. 1955. (Tschech.)

MAŘAN, B.: Der Einfluß des Standortes in den Wäldern von Dobříš. – Čs. Les **29**: 12–14, 172–174. 1949. (Tschech.)

MELICHAR, J.: Einige Ergebnisse der Analysen des Mageninhaltes der Cerviden. – Práce VÚL **7**: 77–96. 1954.

— Methoden der Inventarisierung von Vorräten der Winternahrungsquellen für das Hochwild. – Sborn. Lesnictví **30**; 353–355. 1957. (Tschech.)

— Fišer, Z.: Ausnutzung der natürlichen Nahrungsvorräte durch das Rehwild. – Schlußbericht d. Forschungsinst. f. Forst u. Jagd, Zbraslav-Strnady 1958. (Tschech.)

Mottl, S.: Bonitierung der Jagdreviere mit Rehwild. – Práce VÚL **7**: 97–129. 1954. (Tschech.)

Samek, V.: Gemischte Buchenwälder des Brdy-Kammwaldes. – Sborn. Lesnictví **30**: 537–546. 1957. (Tschech).

Templin, E.: Wildschadenverhütung in der DDR. – Sborn. Lesnictví **30**: 355–357. 1957.

Ueckermann, E.: Rehwild und Standort. – Graz 1952.

Anmerkung: Fast alle zitierten Arbeiten haben eine deutsche Zusammenfassung.

BEZIEHUNGEN DER ENCEPHALITIS ZU DEN NATÜRLICHEN PFLANZENGESELLSCHAFTEN

von

SLAVOMIL HEJNÝ und von B. ROSICKÝ

Botanisches Institut der Tschechoslowakischen Akademie der Wissenschaften, Průhonice bei Praha, und Parasitologisches Institut der Tschechoslowakischen Akademie d. Wissenschaften, Praha

Die Zecken-Encephalitis, welche vom Virus der Zecken-Encephalitis hervorgerufen wird, gehört in Mitteleuropa zu den schwersten Erkrankungen des zentralen Nervensystems und in manchen Gegenden ist sie sogar eine der häufigsten Krankheiten (RAŠKA 1954, BÁRDOŠ, ROSICKÝ 1959 u.a.). Auf den Menschen wird das Virus der Zecken-Encephalitis (im weiteren nur ZE) von der Zecke (*Ixodes ricinus* L.) übertragen, kann sich aber auch durch das Trinken roher Ziegenmilch verbreiten.

Bisher wurde festgestellt, daß die ZE in der USSR, der Tschechoslowakei, in Ungarn, Österreich, Jugoslawien, Polen, Finnland, Schweden auftritt. In der letzten Zeit wurden auch aus Bulgarien, Rumänien und Albanien Krankheitsfälle gemeldet. Es ist wahrscheinlich, daß diese Krankheit auch in anderen Ländern vorkommt, aber vorläufig noch der Beachtung entgangen ist.

Die schweren Erkrankungen und die starke Verbreitung in Mitteleuropa hatten zur Folge, daß viele Forscher ihr Augenmerk auf die mit der ZE verbundenen praktischen und theoretischen Fragen lenkten. Es liegen zahlreiche Arbeiten über die Klinik, Epidemiologie, Virologie, Parasitologie, medizinische Zoologie und das Phänomen der natürlichen Herde der ZE vor.

Vor uns stand die Frage, ob auch die Phytozönologie zur Klärung des Phänomens der natürlichen Herde der ZE, welche eine der Grundlagen für die epidemiologischen Kenntnisse über die ZE bildet, beitragen kann. Wir gingen von der Voraussetzung aus, daß das Vorkommen der Zecken an bestimmte Biotope gebunden ist und die ZE in Waldmassiven mit einer genügend starken Zecken-Population auftritt.

In der vorliegenden Arbeit versuchen wir unsere bisherigen, diese Frage betreffenden Ergebnisse zusammenzufassen. Sie beziehen sich auf die periodischen Herde der ZE, welche an Waldmassive gebunden sind und wo das Wild die wichtigste Blutquelle für die Zeckenweibchen darstellt. Die Arbeit des Geobotanikers bestand im Folgenden: a) einer eingehenden Analyse der Gesellschaften der einzelnen Ökotope, wobei besonders die Struktur der analysierten Gesellschaften beachtet wurde, b) der Analyse der Ökotope des ganzen natürlichen Herdes, c) der synthetischen Bearbeitung der breiteren Umgebung der Herde auf Grund von Vegetationskarten. Diese Arbeitsmethode, welche mit einer parasitologischen und zoozönologischen Analyse der einzelnen Herde verbunden war, also eine enge Zusammenarbeit des Geobotanikers mit dem Parasitologen darstellt, lenkte die Frage der Spezifität der natürlichen ZE-Herde in Böhmen in neue Bahnen.

Einige diese Frage betreffende Ergebnisse werden in den Arbeiten von ROSICKÝ, HAVLÍK, HEJNÝ (1959), RADVAN u.a. (1959), ROSICKÝ, HEJNÝ (1959) behandelt.

Die Anwendung der den Bedingungen der natürlichen Herde der übertragbaren Krankheiten angepaßten geobotanischen Methoden ermöglicht eine sehr genaue Charakteristik der Lebensbedingungen im natürlichen Herde und gestattet es auch, sehr feine Einzelheiten zu unterscheiden, die bei Anwendung anderer Kriterien übersehen werden oder überhaupt nicht registriert werden können. Eine solche Bewertung erfordert eine genaue Kenntnis der Pflanzengesellschaften und ihrer Komponenten. Wir sind überzeugt, daß in Zukunft Arbeiten, welche sich mit der Analyse des Phänomens der natürlichen Herde befassen, diese geobotanische Methode nicht umgehen können werden, denn sie ermöglicht eine weitere Vertiefung und Präzisierung der Forschungen auf diesem Gebiet.

Vom epidemiologischen Standpunkt gehört die ZE zu den Krankheiten, die in natürlichen Herden auftritt. In der Natur ist im Laufe der Entwicklung in manchen Ökotopen eine Zirkulation des Erregers einer bestimmten Krankheit zwischen den Gliedern ihrer Biozönosen entstanden und zwar meistens zwischen den Reservoir-Tieren, welche Vertebraten sind, und den Überträgern, die meistens den Gliedertieren angehören. Wird der Mensch in einem solchen Ökotop von viriphoren Überträgern befallen, oder kommt er mit einem anderen möglichen Weg der Verbreitung des pathogenen Agens in Berührung, so kommt es häufig zur manifesten Erkrankung an der Zoonose, welche in der gegebenen Biozönose auftritt. Diese natürliche Erscheinung in Beziehung zum Menschen und zu den Haustieren wurde vom ökologischen Standpunkt zum ersten Male von PAVLOVSKIJ (1939, 1948), ROSICKÝ (1956), BORCHERT (1959) eingehend analysiert und begründet. PAVLOVSKIJ (1956, p. 16) definiert die natürlichen Herde der übertragbaren Krankheiten wie folgt: „Ein natürlicher Herd ist ein Teil des Gebietes, eines bestimmten geographischen Typs mit Biotopen, wo sich im Laufe der Evolution bestimmte interspezifische gegenseitige Beziehungen zwischen dem Krankheitserreger (Mikroorganismus) und seinem Überträger (oder seiner Überträger), welcher den Erreger vom Donoren auf die Rezeptoren überträgt, entwickelt haben, und zwar unter Mitwirkung von Umweltbedingungen, welche die Zirkulation des Erregers zwischen den Gliedern solcher Biozönosen fördern oder dieselben wenigstens nicht stören." Schon aus dieser Definition, welche vom Autor an Hand zahlreicher Beispiele von Krankheiten der verschiedensten Etiologie bewiesen wird, geht hervor, daß eine Krankheit, die in natürlichen Herden auftritt, an bestimmte Biotope und ihre Biozönosen gebunden ist.

Alle bisherigen, die natürlichen Herde betreffenden Arbeiten, sowohl aus der UdSSR, aus anderen Staaten, wo ähnliche Forschungen durchgeführt werden, als auch aus Staaten, wo die Theorie von PAVLOVSKIJ nicht berücksichtigt wird, beweisen eindeutig die Gebundenheit der natürlichen Herde an bestimmte Biozönosen. Dies ist verständlich, denn wir wissen, daß ein pathogenes Agens nicht vom Menschen kommt; seine Existenz kann in der Natur nur so erklärt werden, daß der Krankheitserreger gemeinsam mit seinem Wirt, das Reservoir-Tier und der Überträger, Gliedern der Biozönose eines betimmten Biotopes angehören. Hierbei kann es sich um die verschiedensten Erreger, von Viren bis Helminthen, handeln. Zur Biozönose rechnen wir also auch die Endoparasiten ihrer Angehörigen; ohne diesen Aspekt kann die angeführte Erscheinung nicht richtig gewertet werden. Hieraus folgt selbstverständlich auch die Zugehörigkeit zu höheren ökologischen und biozönologischen Einheiten.

Vom epidemiologischen Standpunkt sind die Zecken die wichtigsten Überträger der ZE, in Mitteleuropa die Art *Ixodes ricinus* L. Diese Art ist bestimmten Umweltbedingungen angepaßt, welche für beschattete Standorte, besonders Waldbestände und Gesträuch, charakteristisch sind. Außer der abiotischen Komponente ist ihr Auftreten auch von der Existenz von Wirten, verschiedenen Wirbeltieren, abhängig, welche den Zecken in ihren aktiven Entwicklungsstadien Nahrung, d.h. Blut bieten.

Die Zoozönosen, denen *Ixodes ricinus* angehört, sind ähnlich wie andere Zoozönosen von Phytozönosen mit ähnlichen Ansprüchen an die Umweltbedingungen abhängig (edaphische Faktoren, Bodenrelief, Mikroklima etc.). Die Phytozönosen, die Pflanzengesellschaften, betrachten wir als Grundlage, auf der sich das Leben der Biozönose abspielt. Im natürlichen Herd gilt das natürlich auch für das Leben des Erregers, der Reservoir-Tiere und Überträger. Die Pflanzengesellschaften, in denen bestimmte Wirbeltiere mit ihren Ekto- und Endoparasiten im weitesten Sinne des Wortes leben (diese stellen im natürlichen Herde Reservoir-Tiere, Überträger und Erreger dar), zeigen also die Ansprüche der Tiere an die Umweltbedingungen (Mikroklima, Nahrung usw.) auf. Es muß beachtet werden, daß in manchen Fällen die Pflanzengesellschaft selbst in Hinsicht auf die Möglichkeit eines Unterschlupfes, der Nahrung, der Beschattung usw. eine wichtige Rolle spielt.

Von diesem Gesichtspunkt können die Biozönosen nach den Phytozönosen charakterisiert werden. Dies gilt natürlich auch für Biozönosen, welche für die natürlichen Herde mancher Krankheiten wichtig sind.

Auf Grund der Untersuchung der natürlichen Herde in verschiedenen Teilen Böhmens, (die analytischen Angaben werden in einer selbständigen Arbeit angeführt), gelangten wir zur Ansicht, daß die natürlichen Herde der ZE an einen bestimmten Komplex von Pflanzengesellschaften gebunden sind und daß zwischen dem Herd und den Pflanzengesellschaften im Rahmen der einzelnen voneinander abhängigen Biozönosen in bestimmten Ökotopen (Landschaftszellen) eine enge Beziehung besteht, welche mit Hilfe der Pflanzengesellschaften bestimmbar ist.

Es wurde festgestellt, daß im natürlichen Herde der ZE regelmäßig Auenwälder (Waldsümpfe) mit den Assoziationen Stellario-Alnetum, Fraxino-Alnetum resp. Carici remotae-Fraxinetum wie auch an nasse bis schwach periodisch überflutete Standorte gebundene Pflanzengesellschaften auftreten. Außerdem findet man hier regelmäßig Gesellschaften des Verbandes Carpinion, Querco-Carpinetum, Querco-Tilietum (Quercus robur-Tilia cordata-Ass. MORAVEĆ 1956

Mscr.). Der Auenwald (Waldsumpf) nimmt im natürlichen Herde der ZE eine zentrale Lage ein und bildet sozusagen seinen Kern, so daß man von einer bestimmten Kern - Assoziation in Beziehung zum gesamten Herd sprechen kann. Diese Assoziation hält die Feuchtigkeit auf und verlangsamt ihren Abfluß, ermöglicht die Existenz kleiner Wirbeltiere und der Zecken, gewährt den migrierenden Komponenten der Zoozönosen Erfrischung und Nahrung. Dieser Kern kann daher als Kernbiozönose bezeichnet werden. Der Feuchtigkeitsgrad des Biotops und sein Rhythmus bedingen das Leben der Zoozönose und regulieren oft die Dynamik der Populationen der wichtigsten Tierglieder des natürlichen Herdes.

Das Querco-Carpinetum umgibt den natürlichen Herd der ZE gleichsam als Saum-Assoziation. Diese ermöglicht in den feuchten Jahreszeiten, im Frühjahr und im Herbst, in der optimalen Phase der Valenz des natürlichen Herdes die volle Sättigung und Entwicklung der zoozönotischen aktiven Komponenten, besonders der Zecken-Population. Wir bezeichnen sie als Saum-Biozönose. Um klarzustellen, ob jeder Kontakt der angeführten Assoziationen, d.h. des Kerns (Stellario-Alnetum, Fraxino-Alnetum) und des Saumes (Assoziationen des Verbandes Carpinion), in der Prognose als ZE-Herd betrachtet werden kann, ist es notwendig, von der Analyse der Gesellschaften des Kernes und des Saumes auszugehen. Dies ermöglicht es, die Besonderheiten der Herdkomplexe zu definieren.

a) *Der Charakter des Kernes*

Die Analyse der Pflanzengesellschaften in den einzelnen Herden hat ergeben, daß die Kern-Assoziation nicht von einem homogenen, typisch entwickelten Bestand gebildet wird, sondern daß die Schicht E_1 ziemlich auffallend nach der Dominante und nach Kodominanten gegliedert ist, welche auf einer verhältnismäßig kleinen Fläche abwechselnd auftreten, so daß der Kern strukturell recht mannigfaltig ist. So treten z.B. in

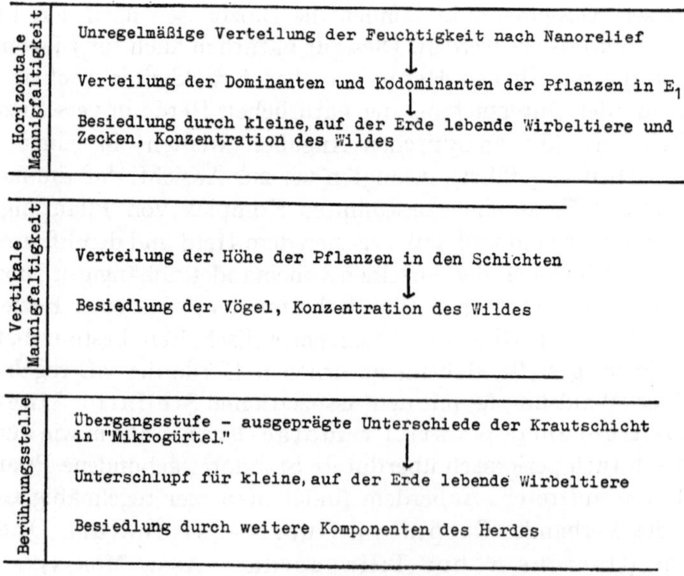

der Assoziation Stellario-Alnetum *Aegopodium podagraria, Urtica dioica, Impatiens noli-tangere, Stellaria nemorum* u.a. als Dominanten oder Kodominanten auf.

Diese strukturelle Mannigfaltigkeit der Pflanzengesellschaft, welche als Mosaik homogener Segmente erscheint, wird noch durch die Existenz einer Übergangsstufe zwischen Kern und Saum verstärkt. Hier kommen an der Berührungsstelle Arten beider Assoziationen vor.

Aus der Analyse der Kern-Assoziationen (Kern-Biozönose) unter diesem Gesichtspunkt geht hervor, daß die Mannigfaltigkeit der Pflanzenkomponenten die Grundbedingungen für die Aufrechterhaltung der Glieder des Herdes bildet. Diese Mannigfaltigkeit hängt mit den charakteristischen Eigenschaften des Ökotops zusammen (Veränderungen in der Wasserversorgung nach dem Nanorelief und die damit zusammenhängenden Veränderungen in den Populationen der zoozönotischen Glieder). Die Aufrechterhaltung des Herdes wird also vor allem durch die Eigenschaften der Struktur der Pflanzengesellschaften möglich gemacht, indem diese einerseits mannigfaltige Möglichkeiten für die Besiedlung durch Tiere bieten und andererseits die häufige Sättigung der Kern-Biozönose durch migrierende Arten ermöglichen.

b) *Der Charakter des Saumes*

Die Analyse hat ergeben, daß die Assoziation des Saumes (Querco-Carpinetum, Querco-Tilietum) nicht wie der Kern an einen engen Raum gebunden ist, sondern eine breitere Ausdehnung besitzt, wobei ein Teil des Bestandes in der Nähe des Kontaktes mit dem Kern meistens degradiert ist. In der Schicht E_3 herrschen hier in der angeführten Assoziation fremde Gehölze vor oder sind wenigstens zahlreich vertreten (am meisten *Picea excelsa*). Außer diesen Bedingungen spielt eine besonders wichtige Rolle die Übergangsstufe, der unmittelbare Kontakt zwischen Kern und Saum, welcher von den E_1-Komponenten beider Assoziationen gebildet wird und zur Aufrechterhaltung des Herdes beiträgt. Unter diesen Bedingungen ist für das pathologische Agens des natürlichen Herdes der ZE seine *Kleinräumigkeit* spezifisch.

Nicht jeder Kontakt der angeführten Assoziationen ist also ein natürlicher ZE-Herd, kann aber als ,,potentieller Herd'' aufgefaßt werden, dessen Potenz bei Erfüllung der angeführten Grundbedingungen, also Mannigfaltigkeit der Struktur der Kern-Assoziation und teilweise Degradierung der Saum-Assoziation bei Ausbildung einer charakteristischen Übergangsstufe realisiert werden kann.

Die Tatsache, daß die natürlichen Herde der übertragbaren Krankheiten an bestimmte Komplexe von Pflanzengesellschaften, welche eine bestimmte Struktur besitzen, gebunden sind, bildet eine charakteristische Grundlage für die weitere theoretische und angewandte Forschung auf diesem Gebiete. Dies beweist, daß die Phytozönologie auch für die Ziele des Gesundheitswesens praktisch ausnutzbar ist.

ZUSAMMENFASSUNG

Vom epidemiologischen Standpunkt sind die Zecken (in Mitteleuropa

Ixodes ricinus) die wichtigsten Überträger der Zecken-Encephalitis. Untersuchungen in Böhmen haben gezeigt, daß die natürlichen Herde der Zecken-Encephalitis an einen bestimmten Komplex von Pflanzengesellschaften gebunden sind.

Der Auenwald mit den Assoziationen Stellario-Alnetum, Fraxino-Alnetum resp. Carici remotae-Fraxinetum nimmt eine zentrale Lage ein, so daß man von Kern-Assoziationen des gesamten Herdes sprechen kann. Das Querco-Carpinetum umgibt den natürlichen Herd als Saum-Assoziation. Auf die Charaktere des Kernes und des Saumes wird näher eingegangen.

SUMMARY

From the epidemological point of view, mites (*Ixodes ricinus* in Central Europa) are the most important carriers of mite-encephalitis. Investigations in Bohemia have shown that the natural foci of mite-encephalitis are connected with certain complexes of plant communities.

The floodplain woodlands with Stellario-Alnetum, Fraxino-Alnetum or Carici remotae-Fraxinetum take up a central position so that one may speak of a nucleus -association of the focus. The Querco-Carpinetum surrounds the natural focus as a mantle association. The nature of the nucleus and mantle are further discussed.

LITERATUR

BÁRDOŠ, V., ROSICKÝ, B.: Natural foci of some virus infections of man in Slovakia. – J. Hyg. Epidemiol. Microbiol. Immunol. **3**: 237–248. 1959.

BORCHERT, A.: J. N. Pawlowski, Leben und Werk. – VEB Deutsch. Verl. Wiss. Berlin 1959. p. 177.

PAVLOWSKIJ, J. N.: Probleme der natürlichen Herde übertragbarer Krankheiten. Konferenz über parasitologische Probleme. – Thesen der Vorträge. Dez. 1939, Moskau–Leningrad. AN SSSR, 3–7. 1939. (Russ.)

— Leitfaden der Parasitologie des Menschen mit Berücksichtigung der Überträger von Infektionskrankheiten. Bd. 2. – Moskou–Leningrad, Aufl. AN SSSR, p. 527–1022. 1948. (Russ.)

— Grundlagen zur Lehre von den natürlichen Infektionsherden menschlicher Erkrankungen. In: Prírodné ohniská nákaz, Aufl. SAV, Bratislava, p. 15–28. (Tschech. mit dtsch. Zusfg.)

RADVAN, R., HANZÁK, J., HEJNÝ, S., REHN, F., ROSICKÝ, B.: Demonstration of elementary foci of tick-borne infections on the basis of microbiological, parasitological and biocenological investigations. – J. Hyg. Epidemiol. Microbiol. Immunol. **4**: 81–93. 1960.

RAŠKA, K.: Československá klíšťová encefalitis. – SZN, Praha 1954, p. 91.

ROSICKÝ, B.: Die Anwendung der Lehre des Akademikers E. N. Pavlovskij über das Prinzip natürlicher Herde menschlicher und tierischer Infektionskrankheiten auf die Verhältnisse in Mitteleuropa. In: Probleme der Parasitologie, p. 45–48. – Akademie-Verl., Berlin 1956.

— Notes on the classification of natural foci of tick-borne encephalitis in Central and South-east Europe. – J. Hyg. Epidemiol. Microbiol. Immunol. **3**: 431–443. 1959.

— HAVLÍK, O., HEJNÝ, S.: Organisation and methods of work of Czechoslovak parasitologists in the investigation of infections occuring in natural foci. – J. Hyg. Epidemiol. Microbiol. Immunol. **3**: 150–161. 1959.

— HEJNÝ, S.: The degree of cultivation of a region and the epidemiology of natural foci of infection. – J. Hyg. Epidemiol. Microbiol. Immunol. **3**: 249–257. 1959.

R. Tüxen:

Herr Hejny nennt die Umgebung der verseuchten Pflanzengesellschaften „Saum-Biozönosen". Ich möchte vorschlagen, dieses Wort hier nicht zu verwenden, weil der Ausdruck „Saum" schon für eine ganz bestimmte Art von Gesellschaften des Waldrandes festgelegt ist. Man könnte vielleicht besser von „Kontakt-Biozönosen" sprechen und würde damit ein neutrales Wort für denselben Begriff haben.

BIOSOZIOLOGIE UND NATURSCHUTZ

von

ERNST PREISING, Hannover

Die Natur fast aller Länder der Erde geht infolge der überstürzten Intensivierung der Wirtschaft einer weitgehenden Uniformierung und Verarmung ihrer Biozönosen entgegen. Land-, Vieh- und Forstwirtschaft versuchen mit moderner Bodenbearbeitung, Düngung, Regelung des Wasserhaushaltes, Schädlingsbekämpfung usf. die natürlichen und naturnahen Biozönosen durch wenige marktwirtschaftlich interessante Nutzpflanzen und Nutztiere zu ersetzen. An vielen Beispielen ist nachzuweisen, daß zahlreiche natürliche und halbnatürliche Biozönosen schon restlos vernichtet oder bis auf kleine Reste verschwunden oder gestört und damit für die Forschung unwiederbringlich verloren sind. Die verbleibenden anthropogenen Biozönosen werden durch die intensive Wirtschaft in ihren Standortsbedingungen und ihrem Artenbestand einander angeglichen und verarmen gleichzeitig. Wenn auch in vielen Ländern Beispiele bemerkenswerter Biozönosen als Naturreservate geschützt sind, so sind doch nachstehende Folgerungen aus dieser Lage zu ziehen:

1. Vordringliche Erforschung der von Vernichtung bedrohten Biozönosen und Biozönosenkomplexe,
2. Schutz wertvoller Biozönosen und Biozönosenkomplexe als Reservate für Forschung und Lehre.

GIACOMINI:

Wir danken Prof. PREISING für die Mitteilung seiner Ergebnisse über die so wichtige Frage der Naturschutzgebiete. Wir wollen uns auch freuen, daß unsere so schöne und komplexe Disziplin, die Biozönologie, schon so verschiedenartige Anwendungsmöglichkeiten gefunden hat. Ich danke allen Kollegen für ihre freundliche Mitwirkung.

R. TÜXEN:

Das nächstjährige Stolzenauer Symposion möchte auf Anregung unserer tschechischen Kollegen das Thema anthropogene oder synanthrope Vegetation behandeln: Stehen wir doch unter dem Eindruck, daß eine ganze Reihe sehr weit verbreiteter Biozönosen in den nächsten Jahren verschwunden sein werden durch die Wirkung von Technik und Gift. Ich denke vor allem an die heutigen Acker-Biozönosen. Wenn wir noch etwas von ihren Lebenserscheinungen und Lebensäußerungen studieren wollen, so wird es höchste Zeit und darum haben wir sehr gerne diese Anregung von Herrn Kollegen Dr. HEJNÝ, Pruhonice bei Prag, aufgegriffen.

Jetzt kann ich ruhig gestehen, daß ich in großer Sorge war gerade um
dieses Symposion. Es ist ja immer ein Wagnis, Einladungen für ein Symposion zu versenden, weil man nicht sicher wissen kann, ob jemand kommen wird. Und in diesem Falle wünschten wir, neben den Vertretern der
Botanik auch Zoologen möglichst in einem gewissen Gleichgewicht beider
Disziplinen hier zu haben. Jetzt sind wir sicher, daß unser Wunsch in
Erfüllung gegangen ist, und wir dürfen wohl den Eindruck haben, daß
unsere Veranstaltung gelungen ist, und daß sie mit dem vorigen Symposion über Vegetationkartierung sich messen kann. Wir haben diese Tage
ganz erfüllt mit unserem Nachdenken und unserem Tun. Wenn wir uns
nun bereichert um neues Wissen, neue Klarheit, aber auch um neue
Fragen trennen und zufrieden sind mit dem Ergebnis unserer Anstrengun-
gen, so ist das ganz allein Ihr Verdienst, denn Sie haben das Symposion
gemacht. Für die Durchführung der technischen Hilfestellungen danke
ich meinen Mitarbeitern. Mein Dank gilt aber vor allem unseren verehrten
vier Präsidenten, die anregend und klug die Aussprachen geleitet haben,
ebenso allen Rednern der Vorträge und der Diskussionen und allen
anderen Teilnehmern unseres schönen Symposions. Ich hoffe, daß Sie alle,
spätestens im nächsten Jahre, wiederkommen zu neuer freundschaftlicher
Gemeinschafts-Arbeit und zur Förderung unserer Wissenschaft.

Im vorigen Jahre habe ich nach den überwältigenden Eindrücken vom
Internationalen Botaniker Kongreß in Montreal, wo fast dreitausend
Kollegen aus allen Erdteilen, aus allen Ländern mit den verschiedensten
Sprachen und Religionen sich zusammengefunden hatten wie eine große
Familie, um über ihre wissenschaftlichen Fragen zu sprechen, sich gegen-
seitig anzuregen, zu helfen und zu fördern, für meine Freunde einen
kleinen Aufsatz geschrieben mit dem Titel: „Das Fest der Freundschaft"
Ich möchte Ihnen sagen, daß diese drei Tage mir wieder ein wahres Fest
der Freundschaft gewesen sind. Dafür danke ich Ihnen!

FRIEDERICHS:
Nach den erhebenden Worten von Prof. TÜXEN möchte ich im Namen der
anwesenden Zoologen noch dieses sagen:

Ich muß in Bezug auf die Zusammensetzung unserer Versammlung an
THIENEMANN's Unterscheidung von Produzenten, Konsumenten, und
Reduzenten denken. Wie die Existenz der Konsumenten durch die der
Produzenten bedingt ist, so die Anwesenheit der hier attachierenden
Zoologen durch die Existenz der zur Internationalen Vereinigung für
Vegetationskunde zusammengeschlossenen Phytologen. Selbst Reduzen-
ten in Gestalt von Mikrobiologen sind vertreten. Ich finde, wir bilden
zusammen eine prächtige, aber noch lange nicht gesättigte Biozönose, in-
dem noch viele in Betracht kommende Zoologen beiseite stehen.

Die Umwelt unserer Lebensgemeinschaft, Stolzenau, scheint uns
günstiger als das Getriebe einer Großstadt. Herr Kollege TÜXEN, schöp-
ferisch darüberstehend, hat mit seinen Mitarbeitern die günstigen Lebensbedingungen geschaffen und die ganze Biozönose, um in diesem Bilde zu
bleiben, ist sicherlich eins mit mir in der Dankbarkeit dafür, die ich
namens der Zoologen ausspreche. Also Herr Kollege TÜXEN, seien Sie
sehr aufrichtig bedankt. Diese Frühlingstage werden uns sicherlich in
dauernder schöner Erinnerung bleiben.

BERICHTE ÜBER DAS INTERNATIONALE STOLZENAUER SYMPOSION FÜR BIOZOSIOLOGIE 1960.

1. FRANZ, H.   – 1960 – Das internationale Symposium für Biosoziologie von 20. bis 22. April 1960 in Stolzenau/Weser (BRD). – Bodenkultur A 11: 199–201. Wien.

2. FRANZ, H.   – 1961 – Das Internationale Symposion für Biosoziologie in Stolzenau/Weser (20. bis 22. April 1960).-Arch. Natursch. Landsch.Forsch. 1: 85–87. Berlin.

3. FURRER, E.   – 1960 – Lebensgemeinschaften. Ein Internationales Symposion in Stolzenau/Weser. – Neue Zürcher Ztg., Abendausg. Nr. 1794 v. 24.5.60, Bl. 11. Zürich.

4. FURRER, E.   – 1961 – Bericht über das Internationale Symposion für Biosoziologie in Stolzenau/Weser vom 20. bis 22. April 1960. – Vegetation 10: 149–159. Den Haag.

5. MIYAWAKI, A.– 1959 – Ein kurzer Bericht über das Internationale Symposion für Biosoziologie vom 20–22 April 1960 in Stolzenau/Weser, Deutschland. – Jap. J. Ecol. 10: 249–260. Sendai. (Jap./dtsch.).

6. POLI, EMILIA – 1961 – Relazione sul Simposio internationale di Biosociologia (Stolzenau/Weser), 20–22 April 1960), – Boll. Bot. Univ. Catania, Ser. 3, 2: 43–73. Catania. (Italien.)

VEGETATIO
ACTA GEOBOTANICA

ORGANE OFFICIEL DE L'ASSOCIATION INTERNATIONALE DE PHYTOSOCIOLOGIE

<table>
<tr><td>

Editors:

J. BRAUN-BLANQUET, Montpellier
R. TÜXEN, Stolzenau

</td><td>

Secretary:

ROGER MOLINIER
Laboratoire de Biologie Végétale,
Faculté des Sciences, Marseille

</td></tr>
</table>

Vegetatio publishes original contributions on plantsociology, contributions from the important fields of ecology, history of the flora (including analysis of pollen) and plantgeography; papers on new problems, views and methods as well as those which deal with less known subjects; papers on applied plantsociology; a personal column and reviews of new books and pamphlets.
One volume is published a year. Contributions in English, French, German, Italian or Spanish.
Every paper is accompanied by a short summary, and by a second one, written in an alternative language.

From the contents of recent volumes

Tallon, G. (Arles) — La flore des rizières de la région d'Arles et ses répercussions sur la culture du Riz.

Jenik, J. (Praha) — Die Wind- und Schneewirkungen auf die Pflanzengesellschaften im Gebirge Belanské Tatry.

Hosokawa, T. (Fukuoka) — On the Synchorological and Floristic Trends and Discontinuities in regard to the Japan-Liukiu-Formosa Area.

Pottier-Alapetite, G. (Tunis) — Intérêt phytogéographique de la Région de Sedjenane en Tunisie.

Reisigl, H. & H. Pitschman (Innsbruck) — Obere Grenzen von Flora und Vegeation in der Nivalstufe der Zentralen Ötztaler Alpen (Tirol).

Klement, O. (Hannover) — Die Stellung der Flechten in der Pflanzensoziologie.

Bornkamm, R. (Göttingen) — Vegetation und Vegetationsentwicklung auf Kiesdächern.

Lebrun, J. (Louvain) — Quelques remarques sur la flore et la végétation du Canada (Ontario Méridional—Québec, région de Montréal).

Labrique, J. P. (Louvain) — La mesure en courant continu de la conductivité électrique des eaux.

Runge, F. (Münster/Westf.) — Jährliche Schwankungen der Individuenzahl in einer nordwestdeutschen Heide.

Devred, R. F. E. (Bruxelles) — Nouvelle méthode mécanografique d'investigation phytosociolgique en forêt équatoriale.

Géhu, J. M. (Lille) — Les Groupements végétaux du Bassin de la Sambre Française.

Passarge, H. (Eberswalde) — Zur Soziologischen Gliederung der S a l i x c i n e r e a-Gebüsche Norddeutschlands.

Chaudhri, I. I. (Hyderabad) — The Vegetation of Karachi.

Oppenheimer, H. R. (Rehovot) — Observations botaniques dans des orangeraies abandonnées.

Ponyatovskaya, V. M. (Leningrad) — On Two Trends in Phytocoenology.

Jeník, J. (Praha) — Bibliography of the Geobotanical Literature of Czechoslovakia (1949—1960).

Bericht über das internationale Symposion für Biosoziologie in Stolzenau/Weser vom 20. bis 22. April 1960 (E. Furrer).

Dr. W. JUNK PUBLISHERS — 13, VAN STOLKWEG — THE HAGUE (The Netherlands)

Vegetationskartierung

Bericht über das Internationale Symposion in Stolzenau/Weser 23.—26. März 1959.

Mitarbeiter

Apinis, Barz, Bertovic, de Boer, Doing Kraft, Fukarek, Gaussen, Hejny, A. Horvat, I. Horvat, Küchler, Lohmeyer, Long, Major, Marschall, Matuszkiewicz, Meisel, Molinier, Mraz, Neuhäusl, Noirvalise, Offner, Samek, Scamoni, Schmithüsen, Schwickerath, Seibert, Speidel, Suzuki, Steubing, Tideman,Trautmann, J. Tüxen, R. Tüxen, Wagner, Walther, Wenzel, Wraber, Ziani, Zonneveld.

VIII und 500 Seiten   holl. Gulden 91.—

Anthropogene Vegetation

Bericht über das Internationale Symposion in Stolzenau/Weser 27.–30. März 1961.

   I.   Kryptogamen-Gesellschaften
  II.   Acker- und Ruderal-Gesellschaften
 III.   Grünland-Gesellschaften
 IV.   Wald- und Forstgesellschaften.

Mitarbeiter

Barkman, Bornkamm, Brüll, Brun, Ellenberg, Hejny, Horvat, Hundt, Krippelova, Kutschera, Lohmeyer, Marschall, Mayer, Meisel, Merker, Müller, Neuhäusl, Oberdorfer, Pignatti, Poli, Saarisalo-Taubert, Scamoni, Schäfer, Schlüter, Schretzenmayer, Schwerdtfeger, Seibert, Sioli, Teles, Trautmann, J. Tüxen, R. Tüxen, Walther, Westhoff, Zonneveld.

Pflanzensoziologie und Palynologie

Bericht über das Internationale Symposion in Stolzenau/Weser 16.–19. April 1962.

Mitarbeiter

Andersen, Apinis, Benninghoff, Couteaux, Deichmüller, Dücker, Genrich, Grosze-Brauckmann, Havinga, Heim, Klinge, Krippel, Lang, Mayer, Munaut, Perring, Rehagen, Rey, Seralj, Steffan, Trautmann, R. Tüxen, Welten, v. Zeist, Zoller, Zonneveld.

Pflanzensoziologie und Landschaftsökologie

Bericht über das Internationale Symposion in Stolzenau/Weser 8.–11. April 1963.

Mitarbeiter

Ant, Balatova, Barz, Berger-Landefeldt, Bommer, Buchwald, Ellenberg, Fabijanic, Feise, Gracanin, Haber, Hartmann, Jovanovic, Kohler, Lohmeyer, Lötschert, Mattick, Meisel, Müller, O'Sullivan, Pietsch, Prenk, Roberty, Rodi, Schäfer, Schmithüsen, Schwickerath, Seibert, Siede, Steubing, Sukopp, Trautmann, Troll, J. Tüxen, R. Tüxen, van der Poel, Voisin †, Vollrath, Weimann.

Pflanzensoziologische Systematik

Bericht über das Internationale Symposion in Stolzenau/Weser 23.–26. März 1964.

Mitarbeiter

Balatova Barkman, Beeftink, Diemont, Foerster, Follmann, Fukarek, v. Glahn, Hejny, Krausch, Lohmeyer, Malmer, Miyawaki, Moore, Moravec, Müller-Stoll, Neuhäusl, Oberdorfer, Ohba, O'Sullivan, Pignatti, Schwerdtfeger, Schwickerath, Segal, Soó, Suzuki, R. Tüxen, Westhoff.

Experimentelle Pflanzensoziologie

Bericht über das Internationale Symposion in Rinteln 12.–15. April 1965.

Herausgeber

REINHOLD TÜXEN

3261, Todenmann üb. Rinteln

Dr. W. JUNK PUBLISHERS — 13, VAN STOLKWEG — THE HAGUE (The Netherlands)